Teubner Studienbücher Physik

Johann Bienlein, Roland Wiesendanger

Einführung in die Stuktur der Materie

Johann Bienlein, Roland Wiesendanger

Einführung in die Struktur der Materie

Kerne, Teilchen, Moleküle, Festkörper

Springer Fachmedien Wiesbaden GmbH

Bibliografische Information der Deutschen Bibliothek
Die Deutsche Bibliothek verzeichnet diese Publikation in der Deutschen Nationalbibliographie; detaillierte bibliografische Daten sind im Internet über <http://dnb.ddb.de> abrufbar.

Prof. Dr. Johann Konrad Bienlein
Geboren 1930 in Bayreuth, Schule in Coburg, Studium und Promotion (1958) in Erlangen bei Prof. Dr. Fleischmann, dort auch Wissenschaftlicher Assistent und Habilitation.
Weitere wissenschaftliche Tätigkeiten am Oak Ridge National Laboratory/TN/USA und bei CERN/Genf, 1967 Berufung als Leitender Wissenschaftler zu DESY/Hamburg, 1971 Professor an der Universität Hamburg, Gastaufenthalte bei CERN/Genf, Stanford/CA/USA und der ETH-Zürich/Schweiz. 1998 Honorarprofessor am Henryk Niewodniczanski Institut für Kernphysik in Krakau/Polen

Prof. Dr. Roland Wiesendanger
Geboren 1961 in Basel, Schweiz. Physikstudium, Promotion und Habilitation in Experimenteller Physik an der Universität Basel. Seit 1993 Professor am Institut für Angewandte Physik und Zentrum für Mikrostrukturforschung der Universität Hamburg. Seit 1998 Leitung des Kompetenzzentrums Nanoanalytik. Zahlreiche Auszeichnungen: Gaede-Preis 1992, Max Auwärter-Preis 1992, Karl Heinz Beckurts-Preis 1999, Mitglied der Deutschen Akademie der Naturforscher Leopoldina 2000, Philip Morris-Preis 2003 u.a.

1. Auflage April 2003

Alle Rechte vorbehalten
© Springer Fachmedien Wiesbaden 2003
Ursprünglich erschienen bei B. G. Teubner / GWV Fachverlage GmbH, Wiesbaden 2003
Der B. G. Teubner Verlag ist ein Unternehmen der Fachverlagsgruppe BertelsmannSpringer.
www.teubner.de

Das Werk einschließlich aller seiner Teile ist urheberrechtlich geschützt. Jede Verwertung außerhalb der engen Grenzen des Urheberrechtsgesetzes ist ohne Zustimmung des Verlags unzulässig und strafbar. Das gilt insbesondere für Vervielfältigungen, Übersetzungen, Mikroverfilmungen und die Einspeicherung und Verarbeitung in elektronischen Systemen.

Die Wiedergabe von Gebrauchsnamen, Handelsnamen, Warenbezeichnungen usw. in diesem Werk berechtigt auch ohne besondere Kennzeichnung nicht zu der Annahme, dass solche Namen im Sinne der Warenzeichen- und Markenschutz-Gesetzgebung als frei zu betrachten wären und daher von jedermann benutzt werden dürften.

Umschlaggestaltung: Ulrike Weigel, www.CorporateDesignGroup.de

Gedruckt auf säurefreiem und chlorfrei gebleichtem Papier.

ISBN 978-3-519-03247-2   ISBN 978-3-322-80116-6 (eBook)
DOI 10.1007/978-3-322-80116-6

Vorwort

Wohl in keinem Kurs des Curriculums der Physik sind die Lernziele so vielfältig wie in der *"Einführung in die Struktur der Materie"*. Viele physikalische Ergebnisse und Methoden müssen übersichtsmäßig behandelt werden. Die physikalischen Grundlagen sollen klar herausgestellt werden. Und schließlich soll ein Einblick in das experimentelle und theoretische Handwerkszeug vermittelt werden. Bei der Breite des Stoffs werden öfters qualitative Vorstellungen zur Erläuterung herangezogen – wie dies auch in der Forschung oft der erste Schritt ist. Aber auch die quantitative Beschreibung darf nicht vergessen werden – sie ist schließlich das Ziel der Physik.

Was wird vorausgesetzt? Neben Physik I und II (Mechanik, Elektrizitätslehre und Optik, Wärmelehre und statistische Physik) ist die Atomphysik einschliesslich der Grundlagen der Quantenmechanik (Physik III) eine unerläßliche Voraussetzung.

Die *Ziele* des Buchs sind:
1. Beschreibung der grundlegenden Phänomene der Struktur der Materie,
2. Einführung in die Meßmethoden (wirklich experimentieren lernt man allerdings nur im Praktikum und in der Diplomarbeit),
3. anschauliches Verständnis der Theorie (nicht der Rechentechniken),
4. Hinweise auf einige Anwendungen der Physik in anderen Gebieten.

Die Forschung ist vernetzt. Deshalb wird den Kapiteln der Kern- und Teilchenphysik zunächst ein Überblick an Hand der geschichtlichen Entwicklung vorangestellt. Dadurch wird die Vernetzung der Gebiete sowie von Experimenten, experimenteller Technik und theoretischen Ideen und Rechnungen klar. Der Weg der Forschung, der zu den wesentlichen Entdeckungen (oft auf Umwegen) geführt hat, wird deutlich. Danach kann der Stoff systematisch behandelt werden. Es wird möglich, im Text auf spätere Kapitel zu verweisen, wo ein Begriff, der vorher gebraucht wurde, ausführlich begründet wird. In den Kapiteln der Molekül- und Festkörperphysik erfolgt eine Beschränkung auf die wesentlichsten Grundlagen, die als Voraussetzung für weiterführende Spezialvorlesungen benötigt werden.

An wen wendet sich das Buch? Die Autoren denken in erster Linie an Physikstudenten vor oder kurz nach dem Vordiplom bzw. an Studenten im Bachelor-Studiengang, die sich einen Überblick über die verschiedenen Gebiete der Physik verschaffen wollen, bevor sie speziellere Vorlesungen zu den einzelnen Gebieten im Rahmen des Aufbaustudiums bzw. Master-Studiengangs hören. Diese spezielleren Vorlesungen werden sich wiederum an den Forschungsschwerpunkten der jeweiligen Hochschule ausrichten. Der Stoffumfang dieses Buchs orientiert sich an einer vierstündigen einsemestrigen Vorlesung mit zwei Übungsstunden pro Woche. Aber auch für Gymnasiallehrer und Physiker in der Industrie wird das vorliegende Buch als Nachschlagewerk nützlich sein.

Welches *Niveau* strebt das Buch an? Der Ausgangspunkt sind experimentelle Beobachtungen. Diese werden theoretisch beschrieben. Formeln verdeutlichen einen physikalischen Sachverhalt am besten. Oft können nur die physikalischen Vorstellungen, die zu Grunde liegen, erläutert werden. Dann wird die Formel angegeben und benutzt. Eine Ableitung von Formeln kann nur in wenigen Fällen erfolgen.

Hinweise für den Leser

1. Lernziele: Jedem Abschnitt wurde ein Kasten mit *"Lernzielen"* vorangestellt. Darin wird der Inhalt des Abschnitts zusammengefaßt.

2. Aufgaben: Die Aufgaben haben unterschiedliche Schwierigkeitsgrade. Teilweise dienen sie dem quantitativen Verständnis der Formeln, teilweise soll die Auslegung von Experimenten überlegt werden. Wieder andere sind Denkaufgaben. Nach Möglichkeit wurde zu jedem wichtigen Themenfeld eine Aufgabe beigefügt.

Der Rahmen einer Vorlesung und eines Buchs ist beschränkt. Weiterführende Literatur ist angegeben. Ferner sind die genauen Zitate in einem gesonderten Literaturverzeichnis zu finden.

Dank: Johann Bienlein dankt zuerst seinem Doktorvater, Prof. Dr. Rudolf Fleischmann (Erlangen, 1903–2002), der das rechte Maß zwischen Anleitung und Freiheit der jungen Studenten einzuhalten wußte. Ferner gilt sein Dank Freunden und Kollegen auf den verschiedenen Etappen des Berufswegs. Hervorheben möchte er Prof. Dr. Horst Wegener (Erlangen) und Prof. Dr. Peter Stähelin (Hamburg). Nicht zu vergessen sind die Studenten, die im Gespräch Ideen und Formulierungen geschärft haben. Ein ganz besonderer Dank gilt seinem Kollgen Dr. Dieter Haidt für die kritische Durchsicht des Manuskripts und wertvollen Anregungen.

Roland Wiesendanger möchte mit diesem Buch seinem Physiklehrer Bernd Kretschmer danken, der es in hervorragender Weise verstanden hat, In-

Vorwort VII

teresse und Begeisterung für die Physik zu wecken. Höchster Dank gilt schließlich Prof. Dr. Gerd Binnig und Dr. Heinrich Rohrer, die mit Ihrer Erfindung des Rastertunnelmikroskops ein neues Zeitalter der Festkörperphysik begründet haben.

Das Buch hätte nicht erstellt werden können ohne die *tatkräftige Mithilfe* von Frau Angela Balbach und Frau Ursula Rehder sowie den Herren Dr. Mathias Getzlaff, Stefan Kuck, Boris Prinz und André Rothkirch. Dem Teubner-Verlag danken wir für die ausgezeichnete Zusammenarbeit.

Schließlich möchten wir unseren Familien danken:
Frau Melanie Bienlein-Röllin und den Kindern Barbara, Regula und Martin, sowie Frau Silvia Wiesendanger und den Kindern Pascal und Dominik. Ihre große Geduld und stetige Ermunterung haben dieses Buch erst ermöglicht.

Hamburg, im November 2002

Johann Bienlein   Roland Wiesendanger

Inhalt

1	**Grundlagen der Struktur der Materie**	**1**
1.1	Was heißt "Struktur der Materie"?	1
1.2	Grundlagen der Quantenmechanik	3
1.2.1	Welle-Teilchen Dualismus	3
1.2.2	Die Schrödinger-Gleichung	6
1.2.3	Bahndrehimpuls und Spin	8
1.2.4	Das Pauli-Prinzip	10
1.2.5	Aufgaben	10
1.3	Beispiele für Anwendungen der Quantenmechanik	11
1.3.1	Der Tunneleffekt	11
1.3.2	Gebundener Zustand (Teilchen im Potential)	12
1.3.3	Aufgaben	15
1.4	Störungsrechnung	16
1.4.1	Aufgaben	17
1.5	Das Dipolmatrixelement	18
1.5.1	Aufgaben	19
1.6	Streuprozesse	20
1.6.1	Grundbegriffe	20
1.6.2	Streuung und Reaktionen von Teilchen	22
1.6.3	Die Rutherford'sche Streuformel	23
1.6.4	Quantenmechanische Beschreibung der Streuung	26
1.6.5	Aufgaben	27
1.7	Kinematik	28
1.7.1	Überblick	28
1.7.2	Relativistische Koordinatentransformation	28
1.7.3	Transformation vom Labor- ins Schwerpunktsystem	30
1.7.4	Relativistisch invariante Größen	32
1.7.5	Kinematischer Fit an Meßergebnisse	33
1.7.6	Aufgaben	34

1.8	Ausblick auf die Struktur der Materie	35
2	**Konzepte und Instrumente der Kern- und Teilchenphysik**	**36**
2.1	Konzepte der Kernphysik	36
2.1.1	Von der Entdeckung der Radioaktivität bis zum Neutron	37
2.1.2	Aufklärung der Kernstruktur und der Kernreaktionen	38
2.2	Konzepte der Teilchenphysik	43
2.2.1	Die Vorläufer und ihre Resultate	44
2.2.2	Teilchenphysik der Hadronen	47
2.2.3	Teilchenphysik der Quarks (seit 1974)	50
2.3	Experimentelle Hilfsmittel: Teilchenbeschleuniger	54
2.3.1	Warum Teilchenbeschleuniger?	54
2.3.2	Prinzip der Teilchenbeschleuniger	55
2.3.3	Aufbau der wichtigsten Beschleunigerarten	56
2.3.4	Beschleunigerphysik	60
2.3.5	Speicherringe	63
2.3.6	Beispiel eines Beschleunigerkomplexes	66
2.3.7	Aufgaben	69
2.4	Experimentelle Hilfsmittel: Teilchendetektoren	70
2.4.1	Prinzip des Teilchennachweises	70
2.4.2	Ionisation der Materie	71
2.4.3	Teilchennachweis	78
2.4.4	Statistik	83
2.4.5	Große Detektoren	86
2.4.6	Datenerfassung und -verarbeitung	89
2.4.7	Strahlengefährdung und Strahlenschutz	92
2.4.8	Aufgaben	102
3	**Kernphysik**	**104**
3.1	Radioaktivität	104
3.1.1	Aufgaben	106
3.2	Kerne und Kernbausteine	107
3.2.1	Die Entdeckung des Atomkerns	107
3.2.2	Isotopie	108
3.2.3	Die Kernbausteine	109
3.2.4	Aufgaben	109
3.3	Systematik des Grundzustandes der Kerne	110
3.3.1	Die Nuklidkarte	110
3.3.2	Massendefekt und Bindungsenergie	112

Inhalt XI

3.3.3	Erklärung der Bindungsenergie im Tröpfchenmodell	113
3.3.4	Stabile und instabile Kerne	114
3.3.5	Der Kernspin	115
3.3.6	Die magnetischen Momente der Kerne	116
3.3.7	Kernradien	118
3.3.8	Aufgaben	120
3.4	Kernkräfte	121
3.4.1	Die Kernkraft als neues Phänomen	121
3.4.2	Das Deuteron	122
3.4.3	Nukleon-Nukleon-Streuung	125
3.4.4	Mesonentheorie der Kernkräfte	127
3.4.5	Aufgaben	128
3.5	Kernreaktionen	129
3.5.1	Begriffe und Definitionen	129
3.5.2	Erhaltungssätze	130
3.5.3	Messung von Kernreaktionen	131
3.5.4	Theoretische Beschreibung von Kernreaktionen	132
3.5.5	Mechanismus von Kernreaktionen	135
3.5.6	Aufgaben	139
3.6	Kernspektroskopie und Kernmodelle	140
3.6.1	Experimente zur Kernspektroskopie	140
3.6.2	Grundlagen der Kernstruktur	144
3.6.3	Das Schalenmodell	145
3.6.4	Das Kollektivmodell	150
3.6.5	Das statistische Modell	151
3.6.6	Kernmaterie	152
3.6.7	Aufgaben	153
3.7	Neutronenphysik	155
3.7.1	Neutronenquellen	155
3.7.2	Abbremsung von Neutronen	157
3.7.3	Kernreaktionen von Neutronen	158
3.7.4	Kernspaltung	159
3.7.5	Neutronendosimetrie und -abschirmung	161
3.7.6	Quantenzustände der Neutronen im Gravitationsfeld	162
3.7.7	Aufgaben	164
3.8	Betazerfall	167
3.8.1	Was ist der Betazerfall?	167
3.8.2	Die Messung des Elektronenspektrums	168
3.8.3	Das Neutrino	170

3.8.4	Die Fermi-Theorie des Betazerfalls	170
3.8.5	Positronenemission, Elektroneneinfang, Rückstoßexperimente	173
3.8.6	Kern-β-Zerfälle	173
3.8.7	Was ist Paritätsverletzung?	175
3.8.8	Messung der Elektronenpolarisation	176
3.8.9	Die Form der Wechselwirkung des β-Zerfalls	178
3.8.10	Das Goldhaber-Experiment	178
3.8.11	Aufgaben	180
3.9	Neue Trends der Kernphysik	181
3.9.1	Kerne mit seltsamen Bausteinen[8]	181
3.9.2	Schwerionenphysik	182
3.9.3	Transurane und die "Insel der Stabilität"	183
3.9.4	Streuung hochenergetischer Elektronen an Kernen	186
3.9.5	Aufgaben	190
3.10	Beispiele für Anwendungen der Kernphysik	191
3.10.1	Meßtechnik	192
3.10.2	Anwendungen in der Medizin	194
3.10.3	Kernreaktoren	199
3.10.4	Aufgaben	209
4	**Teilchenphysik**	**211**
4.1	Quantenelektrodynamik	211
4.1.1	Was ist Quantenelektrodynamik?	212
4.1.2	Antiteilchen	213
4.1.3	Feynman-Graphen	216
4.1.4	Einige QED Prozesse	220
4.1.5	Positronium	224
4.1.6	Renormierung der QED	225
4.1.7	Gültigkeitsgrenzen der QED	227
4.1.8	Aufgaben	228
4.2	Hadronische Reaktionen	230
4.2.1	Die Entdeckung des Pions	230
4.2.2	Die Entdeckung seltsamer Teilchen	232
4.2.3	Die Entdeckung der Antiprotonen ($\bar{p}$)	233
4.2.4	Der Spin der Hadronen	234
4.2.5	Erhaltungssätze bei Teilchenreaktionen	235
4.2.6	Die invariante Masse instabiler Teilchen	237
4.2.7	Wirkungsquerschnitte bei hohen Energien	239
4.2.8	Aufgaben	245

Inhalt XIII

4.3	Hadronenspektroskopie und Quarks	247
4.3.1	Multipletts von Hadronen	247
4.3.2	Die Quarks	250
4.3.3	Aufbau der Hadronen aus Quarks	251
4.3.4	Hadronische Zerfälle der Resonanzen	253
4.3.5	Suche nach freien Quarks	254
4.3.6	Aufgaben	254
4.4	Lepton-induzierte Reaktionen	256
4.4.1	Überblick	256
4.4.2	Tief-inelastische Elektronstreuung	257
4.4.3	Entdeckung der Partonen	263
4.4.4	Aufgaben	264
4.5	Quantenchromodynamik	267
4.5.1	Experimentelle Grundlagen der QCD	268
4.5.2	Theorie der QCD	268
4.5.3	Experimentelle Bestätigung der QCD	271
4.5.4	Das Hadronenspektrum im Lichte der QCD	276
4.5.5	Die Struktur der Nukleonen	277
4.5.6	Das Quark-Gluon-Plasma	282
4.6	Schwere Quarks und Hadronen	290
4.6.1	Entdeckung der Charme- und Bottom-Quarks	290
4.6.2	Quarkonia	296
4.6.3	Hadronen mit Charme- und Bottom-Flavor	301
4.6.4	Aufgaben	302
4.7	Schwache Wechselwirkung und CP-Verletzung	304
4.7.1	Überblick	305
4.7.2	Der μ-Zerfall	306
4.7.3	Die π-Zerfälle	307
4.7.4	Zerfälle seltsamer Teilchen	308
4.7.5	Das τ-Lepton	309
4.7.6	Die Neutrino-Experimente	311
4.7.7	Zerfälle der Charme- und Bottom-Hadronen	317
4.7.8	Die CKM-Matrix	319
4.7.9	K^0-Zerfälle und CP-Verletzung	321
4.7.10	Aufgaben	328
4.8	Elektroschwache Wechselwirkung	331
4.8.1	Divergenz der Fermi-Theorie	331
4.8.2	Die Entdeckung der neutralen schwachen Wechselwirkung	333
4.8.3	Vereinheitlichung zur elektroschwachen Wechselwirkung	334

4.8.4	Experimentelle Bestätigung der elektroschwachen Theorie	337
4.8.5	Messungen mit Z^0-Zerfällen	341
4.8.6	Der Higgs-Mechanismus	342
4.8.7	Entdeckung des Top-Quarks	343
4.8.8	Neutrino-Oszillationen	346
4.8.9	Aufgaben	349
4.9	Standardmodell und Ausblick	351
4.9.1	Zusammenfassung: Teilchen und Wechselwirkungen	352
4.9.2	Eichtheorien	353
4.9.3	Fragen an das Standardmodell	354
4.9.4	Vorschläge für eine Erweiterung der Standardmodells	355
4.9.5	Grundfrage der Teilchenphysik	356
4.9.6	Aufgaben	357
4.10	Der Wissenschaftsbetrieb der Teilchenphysik	358
4.11	Kosmische Strahlung	360
4.11.1	Die Entdeckung der kosmischen Strahlung	360
4.11.2	Die kosmische Strahlung auf Meereshöhe	361
4.11.3	Die primäre kosmische Strahlung	363
4.11.4	Astroteilchenphysik	368
4.11.5	Aufgaben	372
4.12	Astrophysik: Neutrinos von der Sonne	374
4.12.1	Woher bezieht die Sonne die Energie?	374
4.12.2	Grundbegriffe der Astrophysik	375
4.12.3	Energie-Erzeugung durch Kernfusion	379
4.12.4	Neutrino-Emission bei der solaren Kernfusion	381
4.12.5	Beobachtung der solaren Neutrinos	383
4.12.6	Messung der ν-Oszillationen und des totalen ν-Flußes durch SNO	388
4.12.7	Eine Lehre für die Wissenschaftler	391
4.12.8	Aufgaben	391
5	**Molekülphysik**	**392**
5.1	Einführung	392
5.2	Die einfachsten Moleküle: H_2^+ und H_2	394
5.2.1	H_2^+ - Molekülion	394
5.2.2	Das H_2 - Molekül	399
5.3	Verschiedene Näherungsverfahren	399
5.3.1	Molekülorbital-Näherung	399

5.3.2	Heitler-London-Näherung	401
5.3.3	Vergleich zwischen Molekülorbital-Näherung und Heitler-London-Näherung	404
5.3.4	Näherung der Valenzbindung	405
5.4	Hybridisierung	406
5.5	Arten der chemischen Bindung	409
5.5.1	Kovalente Bindung	410
5.5.2	Ionische Bindung	411
5.5.3	Metallische Bindung	411
5.5.4	Wasserstoffbrücken-Bindung	411
5.5.5	Van-der-Waals-Bindung	411
5.6	Empirische Wechselwirkungspotentiale	413
5.7	Molekulare Anregungen	415
5.7.1	Elektronische Anregung	415
5.7.2	Vibrations-/ Schwingungsanregung	416
5.7.3	Rotationsbewegung	418
5.7.4	Molekülspektrum	420
5.7.5	Aufgaben	423
6	**Festkörperphysik**	**425**
6.1	Einführung	425
6.2	Chemische Bindung in Festkörpern	428
6.3	Festkörperstruktur	432
6.3.1	Beschreibung von Kristallstrukturen (Kristallographie)	432
6.3.2	Aufgaben	442
6.3.3	Experimentelle Bestimmung von Kristallstrukturen	443
6.3.4	Aufgaben	460
6.4	Einteilung der Festkörperphysik	462
6.5	Gitterdynamik	464
6.5.1	Gitterschwingungen in einer eindimensionalen periodischen Struktur	467
6.5.2	Gitterschwingungen in einer dreidimensionalen periodischen Struktur	471
6.5.3	Wechselwirkungsfreies Phononengas	474
6.5.4	Phononenzustandsdichte	477
6.5.5	Experimentelle Bestimmung der Phononendispersion und der Phononenzustandsdichte	481
6.5.6	Spinwellen	485

6.5.7	Aufgaben	486
6.6	Makrosk. Festkörpereigenschaften im thermodyn. Gleichgewicht	487
6.6.1	Einteilung	488
6.6.2	Thermische Eigenschaften des Kristallgitters	489
6.6.3	Aufgaben	493
6.7	Makrosk. Festkörpereigenschaften außerhalb des thermodyn. Gleichgew.	494
6.7.1	Einteilung	494
6.7.2	Wärmeleitung des Kristallgitters	494
6.8	Wechselwirkungsfreies Elektronengas	496
6.8.1	Grundzustand des Elektronengases für $T = 0$	499
6.8.2	Elektronengas bei endlicher Temperatur $(T > 0)$	501
6.8.3	Thermische Eigenschaften des Elektronengases	503
6.8.4	Elektrische Transporteigenschaften des Elektronengases	505
6.8.5	Magnetische Eigenschaften des Elektronengases	507
6.8.6	Aufgaben	511
6.9	Elektronen im periodischen Potential	513
6.9.1	Blochtheorem	514
6.9.2	Bandstruktur	515
6.9.3	Elektronenzustandsdichte	518
6.9.4	Halbleiter	522
6.9.5	Aufgaben	525
6.10	Supraleitung	527
7	**Weiterführende Literatur**	**533**
Literaturverzeichnis		**535**
A	**Einheiten, Konstanten und Formeln**	**538**
A.1	Einheiten	538
A.2	Wichtige Konstanten und Umrechnungsfaktoren	539
A.3	Präfixe für Vielfache und Teile von Einheiten	540
A.4	Abkürzungen	540
Sachverzeichnis		**546**

1 Atomphysik und Quantenmechanik als Grundlagen der Struktur der Materie

1.1 Was heißt "Struktur der Materie"?

> Ausgehend von den *Atomen* und der *Quantenmechanik* behandelt die Physik die aus Atomen *zusammengesetzte Materie* (hier: *Moleküle* und *Festkörper*). Es wurden auch *kleinere Strukturen* der Materie gefunden: *Protonen* und *Neutronen* als Bausteine der *Atomkerne* und deren Verwandte (die *Hadronen*), sowie die Verwandten des *Elektrons* (*Leptonen*). Die Hadronen sind aus einer noch tieferen Schicht, den *Quarks*, aufgebaut. Die *starke Wechselwirkung* wirkt zwischen Hadronen, die *elektroschwache* als Vereinheitlichung der elektromagnetischen und der schwachen auch zwischen Leptonen und Hadronen. Die Wechselwirkungen werden durch den *Austausch von Eichbosonen* vermittelt.

Die klassische Physik beschäftigt sich mit der makroskopischen Bewegung der Körper unter dem Einfluß von Kräften. Die Körper, d.h. die Materie, werden als "Massepunkte" behandelt und (außer den Orts- und Geschwindigkeitskoordinaten) durch ihre Masse und die elektrische Ladung beschrieben. Hinzu kommen die Kräfte, die die Massepunkte aufeinander ausüben. Ausgedehnte Körper werden als Zusammensetzung von Massepunkten betrachtet, die z.B. starr miteinander verbunden sind.

Die Entdeckung der Atome hat dieses Bild gründlich gewandelt. Die Atome sind aus (Atom-) Kern und (Elektronen-) Hülle zusammengesetzt, gebunden durch die elektromagnetische Kraft. Insbesondere aber hat man gefunden, daß sich die Elektronen im Atom nicht wie Massepunkte verhalten. Wegen des Welle-Teilchen-Dualismus werden die Vorgänge oft besser im Wellenbild beschrieben. Die Quantenmechanik (QM) lieferte eine konsistente theoretische Beschreibung der Physik der Atome.

1 Grundlagen der Struktur der Materie

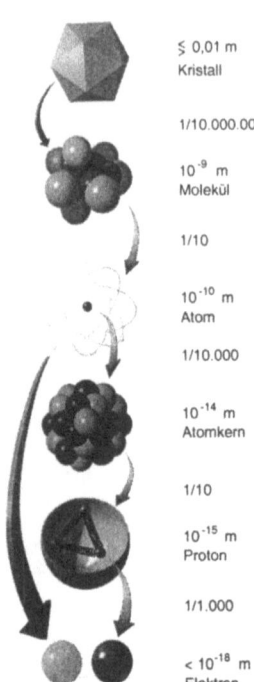

≲ 0,01 m
Kristall

1/10.000.000

10^{-9} m
Molekül

1/10

10^{-10} m
Atom

1/10.000

10^{-14} m
Atomkern

1/10

10^{-15} m
Proton

1/1.000

< 10^{-18} m
Elektron, Quark

Fig. 1.1
Vom Kristall zum Quark

Damit kann auch eine andere Gruppe von Erscheinungen, die in der klassischen Physik behandelt werden, in ein geschlossenes Bild mit eingefügt werden. Es sind dies die elastischen Eigenschaften der Materie (Kontinuumsmechanik) sowie ihre elektrischen, magnetischen und optischen Eigenschaften, die alle durch "Materialkonstanten" beschrieben werden. Sie können auf atomare Eigenschaften zurückgeführt und – zumindest im Prinzip – daraus berechnet werden.

Wenn wir heute von Struktur der Materie reden, meinen wir: Alle Materie ist aus Atomen aufgebaut. Zur Beschreibung ist die QM unerläßlich.

Die aus Atomen zusammengesetzte Materie umfaßt (siehe Fig. 1.1):

- die Moleküle (zwei oder mehr Atome, gebunden durch die elektromagnetische Kraft),
- die Festkörper (bis hin zu den makroskopischen Körpern)
- die Biomoleküle (von "lebenswichtiger" Bedeutung) und
- die Sterne (für deren Stabilität neben der Gravitation atomare und kernphysikalische Prozesse eine wesentliche Rolle spielen).

Experimente haben gezeigt, daß die Bausteine der Atome aus noch kleineren Formen der Materie zusammengesetzte sind:

- Der Kern besteht aus Protonen und Neutronen, Nukleonen genannt.
- Die Nukleonen bestehen aus (Elementar-) Teilchen, einer noch tieferen Schicht der Materie. Es wurden viele gefunden. Sie sind teils Verwandte der Kernbausteine (Hadronen), teils des Elektrons (die Leptonen).
- In einem nächsten Schritt wurden (sechs) Quarks als Bausteine der Hadronen entdeckt. Die Wechselwirkungen (WW) zwischen den Teilchen sind die starke WW (zwischen den Quarks und zwischen den Hadronen) und die elektroschwache WW, durch die die elektromagnetische und die schwache WW (dazu gehört der β-Zerfall) vereinheitlicht werden konnten.

Die allgemeine Relativitätstheorie befaßt sich mit der Bewegung der Körper in sehr starken Gravitationsfeldern. Sie spielt bei der Entstehung und Ausdehnung des Universums sowie beim Tod der Sterne die entscheidende Rolle.

1.2 Grundlagen der Quantenmechanik

> In diesem Kapitel werden die *Grundlagen der Quantenmechanik* wiederholt und Formeln zusammengestellt, die für das Verständnis der Strukur der Materie häufig gebraucht werden. Die Grundlage der Quantenmechanik ist, daß Licht, das klassisch als *Welle* beschrieben wird, im *Photoeffekt* als *Lichtquant* erscheint. Ebenso wurden *Materiewellen* experimentell nachgewiesen. Die *Unschärferelation* sorgt dafür, daß sich die beiden Beschreibungen nicht widersprechen. Die stationären Bahnen der Elektronen im Atom (Grundidee des Bohr'schen Atommodells) sind ganzzahlige Vielfache der Wellenlänge. Die *Schrödinger-Gleichung* gibt, zusammen mit der *Wahrscheinlichkeitsdeutung*, eine quantitative Beschreibung.
> Der *Drehimpuls* (Bahndrehimpuls und Eigendrehimpuls (=Spin)) ist eine wichtige Eigenschaft von Zuständen und Teilchen.
> Das *Pauli-Prinzip* besagt, daß ein quantenmechanischer Zustand nur von *einem* Teilchen mit halbzahligem Spin besetzt werden kann.

1.2.1 Welle-Teilchen Dualismus

Die klassische Physik hat stets angenommen, daß ein Teilchen alle Zustände einnehmen kann. Z.B. sollte sich ein Elektron in beliebigem Abstand vom Kern bewegen können – die Coulombkraft zwischen Elektron und Kern zeichnet keinen Abstand besonders aus. Man erwartet eine kontinuierliche Verteilung der Zustände. Diesem Denken mußte die Beobachtung unerklärlich sein, daß die Spektren der Atome diskrete Linien zeigen (Wollaston, 1802). In der Tat hat die Physik dieses Problem ein Jahrhundert vor sich hergeschoben. Die Lösung kam, wie so oft in der Forschung, beim Versuch der Lösung eines anderen, schwierigen Problems, der Strahlung des schwarzen Körpers (Max Planck, 1900).

Wir wollen in diesem Abschnitt eine Einführung in die Grundideen der Quantenmechanik anhand von Experimenten geben, die mit der Quantenhypothese von Planck verstanden bzw. deswegen durchgeführt wurden.

a) Der lichtelektrische Effekt

Man beobachtet, daß Metalle Elektronen emittieren, wenn Licht auf sie trifft. Zur Messung (Versuchsanordnung in Fig. 1.2) fällt Licht einheitli-

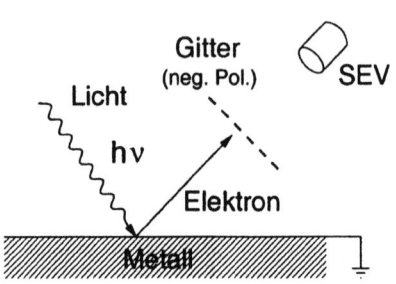

Fig. 1.2
Der lichtelektrische Effekt. Licht trifft auf Metall. Die isotrop austretenden Elektronen können gegen eine veränderbare Spannung laufen, wodurch ihre Energie gemessen wird. Der Nachweis der Elektronen geschieht mit einem Sekundärelektronenvervielfacher (SEV).

cher, aber veränderbarer Wellenlänge auf eine Metallplatte. Die Energie der austretenden Elektronen kann durch eine elektrische Gegenspannung gemessen werden, ihre Anzahl durch den Strom (Versuche von Ph. Lenard, 1897). Klassisch hatte man erwartet, daß die Lichtschwingung die Elektronen zu Oszillationen anregt. Die Energie der emittierten Elektronen sollte demnach von der Lichtintensität abhängen. Mit höherer Frequenz sollte die Elektronenenergie wegen ihrer trägen Masse abnehmen. Das experimentelle Ergebnis widersprach der Erwartung: 1. Die Elektronenenergie war von der Intensität des Lichts unabhängig, 2. die Elektronenenergie nahm mit der Frequenz des Lichtes zu.

Die Deutung dieses Ergebnisses erfolgte durch Einstein (1905) auf der Basis der *Quantelung* des Lichts, die Planck zur Erklärung der Strahlung des schwarzen Körpers gefordert hatte. *Licht* (elektromagnetische Wellen) *besteht aus Quanten* der Energie

$$\boxed{E = h\nu} \tag{1.1}$$

mit $h = 6.63 \times 10^{-34}$ Ws^2 = Planck'sche Konstante, $\nu = c/\lambda$ = Frequenz des Lichts. Ein Lichtquant, auch Photon genannt, verhält sich somit wie ein Teilchen. Energie- und Impulssatz müssen für die Reaktionen einzelner Lichtquanten angewendet werden. Die Energie der Elektronen, die beim photoelektrischen Effekt emittiert werden, ist

$$E_e = h\nu - W_a\,, \tag{1.2}$$

wobei die Austrittsarbeit W_a, die die Elektronen aufbringen müssen, um aus dem Metall austreten zu können, eine Materialkonstante ist. Den Impuls eines Lichtquants erhält man unter der Berücksichtigung, daß für die Ruhemasse $m_{\text{Photon}} = 0$ gilt:

$$p = \frac{h\nu}{c} \tag{1.3}$$

1.2 Grundlagen der Quantenmechanik

b) Elektronenbeugung

Die Beugung der Röntgenstrahlen an Kristallgittern ist der Beweis für die Wellennatur der Röntgenstrahlen. Wenn sich nun Röntgenlicht manchmal wie eine Welle, manchmal wie ein Teilchen verhält, können sich dann nicht Teilchen, z.B. Elektronen, manchmal wie eine Welle verhalten? So die Spekulation von de Broglie (1924). Der experimentelle Nachweis gelang Davisson und Germer (1927). Die Zuordnung zwischen Wellenlänge λ und Impuls p eines Teilchens

$$\boxed{\lambda = \frac{h}{p}} \tag{1.4}$$

wird als de Broglie-Wellenlänge bezeichnet.

c) Die Unschärferelation

Wir haben gesehen, daß elektromagnetische Wellen nicht nur typische Wirkungen von Wellen (wie Beugung), sondern auch von Teilchen (Quanteneffekte, Energie- und Impulsübertragung) zeigen. Wie vertragen sich die beiden Bilder dieses "Welle-Teilchen-Dualismus" miteinander? Die Heisenberg'sche Unschärferelation (1927) sorgt dafür, daß sich die beiden Darstellungen nicht widersprechen. Wellen- und Teilcheneigenschaften sind nicht gleichzeitig meßbar. Es ist

$$\boxed{\Delta x \times \Delta p \geq \hbar} . \tag{1.5}$$

Wenn sich der Ort eines Teilchens mit der Genauigkeit Δx angeben läßt, dann ist die prinzipielle Unkenntnis des Impulses $\Delta p \geq \hbar/\Delta x$. Davon werden wir öfters für Abschätzungen Gebrauch machen ($\hbar = h/2\pi$).

Ebenso gilt eine Unschärferelation zwischen Energie und Zeit

$$\boxed{\Delta E \times \Delta t \geq \hbar} . \tag{1.6}$$

d) Das Bohr'sche Atommodell

Nach der Erklärung des lichtelektrischen Effektes war das Bohr'sche Atommodell (1913) die zweite Anwendung der Quantenhypothese. Der Aufbau des Atoms aus Kern und Elektronenhülle war bekannt. Man nimmt an, daß die Elektronen bei ihrer Bewegung um den Kern nicht nur als Teilchen beschrieben werden dürfen, sondern auch ihre Wellennatur berücksichtigt werden muß. Stabil, genauer stationär, sind dann solche Zustände, deren "Bahn" ein ganzzahliges Vielfaches der Wellenlänge der Elektronen ist. Für andere Zustände wird sich die Welle weginterferieren. Mit dieser Annahme ($2\pi r_n = n \times \lambda$) und der de Broglie-Wellenlänge $\lambda = h/p$ erhält man unter Zuhilfenahme des Virialsatzes der Quantenmechanik (siehe z.B. [Lin 97])

$$E_n = -\frac{1}{2} m_e c^2 Z^2 \alpha^2 \frac{1}{n^2} = -13.8 \cdot \frac{Z^2}{n^2} \text{ eV} , \quad (1.7)$$

n ist die Radialquantenzahl des Zustands. Dieselbe Überlegung liefert auch eine Angabe über den Radius des Zustands des Elektrons.

$$r_n = n^2 \frac{1}{Z} \frac{\hbar c}{m_e c^2 \alpha} = n^2 \frac{1}{Z} \cdot 53 \cdot 10^{-12} \text{ m} . \quad (1.8)$$

Neben dem Begriff des stationären Zustands eines quantenmechanischen Systems (und richtigen Aussagen darüber) liefert das Bohr'sche Atommodell auch eine Aussage über die Abstrahlung eines Atoms. Ein Lichtquant wird emittiert (bzw. absorbiert), wenn ein Elektron in einen Zustand mit niedrigerer (höherer) Radialquantenzahl übergeht. Die Energie des Lichtquants ist dann $h\nu = E_{n1} - E_{n2}$. Da die Zustände gequantelt sind, sind es auch die Lichtquanten, und die diskreten Spektrallinien sind erklärt. Die Wahrscheinlichkeit solcher Übergänge kann nur unter Zuhilfenahme des vollen Apparates der QM berechnet werden.

Die klassischen Vorstellungen mußten annehmen, daß die Elektronen um den Kern kreisen, dabei (radial) beschleunigt werden und Licht mit einem kontinuierlichen Spektrum emittieren. Dabei würden sie vom Coulombfeld immer mehr zum Kern hingezogen. Die Atome wären instabil. Die QM läßt nur diskrete Zustände zu, vom niedrigsten Zustand aus erfolgt keine Emission mehr. Die QM ermöglicht somit die Stabilität der Atome[1].

1.2.2 Die Schrödinger-Gleichung

a) Die Schrödinger-Gleichung (1926).

Sie beschreibt die zeitliche Entwicklung der Wellenfunktion eines Teilchens, genauer gesagt, eines Zustandes. Da es sich um einen neuen, den quantenmechanischen Effekt, handelt, kann sie aus der klassischen Physik nicht hergeleitet werden. Die zeitliche Entwicklung eines Zustandes ψ ist gegeben durch

$$\boxed{\frac{\hbar}{i} \frac{\partial \psi}{\partial t} = -\widehat{H}\psi} . \quad (1.9)$$

Die Hamilton-Funktion H ist wie in der klassischen Physik die Summe aus kinetischer Energie ($= p^2/2m$) und potentieller Energie (im einfachsten

---
[1] P.S! Der hier vorgetragene Ansatz entspricht nicht dem historischen Vorgehen von N. Bohr. Dieser kannte damals die de Broglie-Wellenlänge noch nicht

1.2 Grundlagen der Quantenmechanik

Fall das Potential $V(r)$). Quantenmechanisch werden die physikalischen Observablen (= Meßgrößen), z.B. der Impuls, durch Operatoren beschrieben. Der Operator des Impulses ist

$$\hat{p} = \frac{\hbar}{i}\vec{\nabla}, \quad \vec{\nabla} = \left(\frac{\partial}{\partial x}, \frac{\partial}{\partial y}, \frac{\partial}{\partial z}\right). \tag{1.10}$$

Der $\hat{H}$-Operator wird somit

$$\boxed{\hat{H} = -\frac{\hbar^2}{2m}\Delta + V(\vec{r})}, \quad \Delta = \frac{\partial^2}{\partial x^2} + \frac{\partial^2}{\partial y^2} + \frac{\partial^2}{\partial z^2}. \tag{1.11}$$

Falls das Potential zeitunabhängig ist, interessiert nur die stationäre Schrödinger-Gleichung

$$\boxed{\hat{H}\psi = E\psi} \tag{1.12}$$

die man aus Gleichung 1.9 mit Gleichung 1.11 und $\psi(t) = \psi(x)\,e^{-i\omega t} = \psi(x)\exp\left(-\frac{i}{\hbar}Et\right)$ erhält. Die Wellengleichung eines Teilchens kann aufgestellt werden, wenn die Potentiale der Kräfte, die einwirken, bekannt sind. Es werden noch Randwerte, z.B. das Verhalten von ψ im Unendlichen, gebraucht. Die Lösung liefert dann die Wellenfunktion und die (diskreten) Energien als Eigenwerte der Differentialgleichungen.

b) Die Wahrscheinlichkeitsdeutung

Ein wesentliches Element der QM ist die (Kopenhagener) Interpretation der Quadrate der Wellenfunktion

$$\boxed{|\psi|^2 = \psi^*(x)\,\psi(x) = w} \tag{1.13}$$

als Wahrscheinlichkeitsdichte w, ein Teilchen, beschrieben durch ψ, am Ort x zu finden. Damit erfolgt der Übergang vom Wellenbild ins Teilchenbild. Die Energie eines Zustands ist das Volumenintegral ($d\tau = dx\,dy\,dz$)

$$\boxed{E = \int \psi^*\,\hat{H}\,\psi\,d\tau} = \text{Eigenwert E der Schrödinger-Gleichung}\,. \tag{1.14}$$

c) Das Superpositionsprinzip

Ein wesentliches Prinzip der QM, das im Wellenbild leicht einzusehen ist, ist das Superpositionsprinzip. Die Wellenfunktion ψ ist eine Amplitude. Das Superpositionsprinzip besagt, daß Amplituden addiert werden müssen; z.B.

$$\psi = \psi_1 + \psi_2\,. \tag{1.15}$$

Die Aufenthaltswahrscheinlichkeit ist dann

$$\boxed{|\psi|^2 = |\psi_1|^2 + |\psi_2|^2 + \mathcal{R}e(\psi^* \psi)}.$$

Sie enthält also einen Interferenzterm als Charakteristikum quantenmechanischer Beschreibung. Solche Interferenzterme werden uns häufig begegnen. Man kann sie als Beweis für die Notwendigkeit quantenmechanischer Behandlung ansehen.

1.2.3 Bahndrehimpuls und Spin

a) Quantelung des Bahndrehimpulses.

Klassisch ist der Bahndrehimpuls gegeben durch $\vec{L} = \vec{r} \times \vec{p}$. Er kann alle Werte annehmen. Quantenmechanisch ist der (Bahn-)Drehimpuls erstens gequantelt und zweitens nur nach Länge und Projektion in einer Richtung bestimmt (die beiden anderen Komponenten des Vektors sind unbestimmt). Der Bahndrehimpuls ist jetzt gegeben durch $\vec{L}^2 = l(l+1)\hbar^2$. Die Bahndrehimpulsquantenzahl l nimmt nur ganzzahlige Werte $l = 0, 1, 2, \ldots$ an. Die Projektion des Bahndrehimpulses auf eine ausgezeichnete Richtung (üblicherweise die z-Achse), die z.B. durch ein äußeres Magnetfeld vorgegeben wird, ist ebenfalls ganzzahlig gequantelt. Ihre Quantenzahl m hat $(2l+1)$ Werte $-l \leq m \leq +l$.

Die Operatoren des Drehimpulses erhält man wie die für den Impuls. Die Eigenfunktionen sind die Kugelfunktionen $Y_{l,m}(\theta, \phi)$. Oft wird die aus der Atomphysik kommende Bezeichnung s-, p-, d-Welle für $l = 0, 1, 2$ gebraucht.

b) Der Spin.

Das Studium der Atomspektren hat gezeigt, daß die Elektronen neben dem Bahndrehimpuls (aus ihrer Bewegung um den Kern) noch einen Eigendrehimpuls, Spin genannt, haben. Er hat den Wert $\vec{S}^2 = s(s+\frac{1}{2})\hbar^2$ mit $s = \frac{1}{2}$, $s_z = +\frac{1}{2}$ und $-\frac{1}{2}$. Der Elektronenspin ist also halbzahlig, er hat zwei Einstellmöglichkeiten[2]. Der Spin von Kernen und Teilchen ist eine wesentliche Eigenschaft der Zustände.

---

[2] Wegen der Operatoren und der Wellenfunktion des Spins siehe Lehrbücher der Atomphysik

1.2 Grundlagen der Quantenmechanik

Tab. 1.1 Die möglichen Werte des Drehimpulses von zwei Spin-$\frac{1}{2}$-Teilchen mit Bahndrehimpuls l

S = 0	S = 1		
$j = l$	$j = l - 1$	$j = l$	$j = l + 1$
$m_j = m_l$	$m_j = m_l - 1$	$m_j = m_l$	$m_j = m_l + 1$
Singulett	Triplett		

c) Addition von Drehimpulsen

Drehimpulse werden vektoriell addiert. Dabei ist zu beachten, daß der Gesamtdrehimpuls J wieder gequantelt sein muß mit den Quantenzahlen j, m_j. Zwei Fälle kommen häufiger vor:
1. Addition von Bahndrehimpuls und Spin eines Elektrons: $\vec{J} = \vec{L} + \vec{S}$. Da $s = \frac{1}{2}$ ist, sind zwei Einstellungen möglich: $j = l + \frac{1}{2}$ und $j = l - \frac{1}{2}$. Entsprechend ist $m_j = m_l + \frac{1}{2}$ bzw. $m_l - \frac{1}{2}$.
2. Bei der Bewegung zweier Teilchen, die durch eine anziehende Kraft gebunden sind, sind die Spins der beiden Teilchen, $\vec{s_1}$ und $\vec{s_2}$ zunächst zum Gesamtspin $\vec{S} = \vec{s_1} + \vec{s_2}$ zu addieren und dann dieser mit dem Bahndrehimpuls: $\vec{J} = \vec{L} + \vec{S}$. Für $s_1 = s_2 = \frac{1}{2}$ ergeben sich für (j, m_j) des Systems die Einstellungen von Tab. 1.1.

d) Parität

Die Spiegelung der Wellenfunktion am Ursprung heißt Paritätsoperation $\widehat{P}$: $\widehat{P}\psi(x) = \psi(-x)$. Da zweimalige Spiegelung wieder zum Ausgangszustand zurückführt, ist $\widehat{P}\widehat{P}\psi(x) = \psi(x)$, d.h. die Paritätsquantenzahl ist $P = \pm 1$. Ein Zustand hat also positive oder negative Parität. Es sei daran erinnert, daß die Paritätsquantenzahl $P = \pm 1$ eine Erhaltungsgröße ist.

e) Polarisation

Wenn in einem Teilchenstrahl alle Spins in die gleiche (z-)Richtung zeigen, nennt man den Strahl polarisiert. Es ist eine ausgezeichnete Richtung notwendig. Oft ist es ein Magnetfeld. Bei Experimenten (ohne Magnetfeld) sind für ein Teilchen folgende ausgezeichnete Richtungen möglich: die Flugrichtung, die Richtung senkrecht zur Streuebene und die Richtung senkrecht auf diesen beiden. Aus der Forderung, daß physikalische Prozesse nicht von der Wahl des Koordinatensystems abhängen sollen (= Paritätserhaltung), folgt, daß nur Polarisationen senkrecht zur Flugrichtung auftreten dürfen (siehe Kap. 3.8.7).

1.2.4 Das Pauli-Prinzip

Zustände mit ganzzahligem Spin und mit halbzahligem Spin gehorchen unterschiedlicher Statistik. Während erstere (z.b. das Lichtquant) der Bose-Einstein-Statistik folgen, unterliegen Teilchen mit halbzahligem Spin (z.b. das Elektron und die Nukleonen, allgemein die "Fermionen") der Fermi-Statistik. Für die Fermionen gilt das *Pauli-Prinzip*: Zwei Fermionen des gleichen Systems dürfen nicht in all ihren Quantenzahlen übereinstimmen. Viele Erscheinungen haben darin ihre Ursache, z.b. die Schalenstruktur der Atome.

1.2.5 Aufgaben

1.1. *Lichtquanten:* Wie groß ist die Energie eines Quants des sichtbaren (violetten) Lichts?

1.2. *Materiewellen:* Welche Elektronenenergie ist nötig für die Versuche der Elektronenbeugung an NaCl (Gitterkonstante $d = 0.25$ nm)?

1.3. *Drehimpulse:* Man schreibe die Operatoren für den Bahndrehimpuls ($\widehat{L^2}$ und $\widehat{L_z}$) explizit auf. Ebenso die Kugelfunktionen für s-, p- und d-Wellen und diskutiere diese.

1.4. *Drehimpulse:* Ein Teilchen mit Spin s bewege sich in einem anziehenden Potential mit Bahndrehimpuls l. Welche Gesamtdrehimpulse j sind möglich? Welches ist deren Parität?

1.3 Beispiele für Anwendungen der Quantenmechanik

> Es werden einige Anwendungen der Quantenmechanik, die für alle Teilgebiete der Struktur der Materie wichtig sind, besprochen. Der *Tunneleffekt* erlaubt Wellen (= Teilchen!), Potentialberge zu "durchtunneln". Einige einfache Potentiale, die zu *gebundenen Zuständen* führen, werden besprochen und ihre Wellenfunktionen und Energieniveaus angegeben: Kasten- und Rechteckpotential, der harmonische Oszillator und das Coulomb-Potential.

1.3.1 Der Tunneleffekt

Ein Teilchen laufe von links gegen eine Potentialschwelle (Fig. 1.3 a)). Wenn die Energie des Elektrons kleiner ist als die Höhe V_0 der Potentialschwelle, kann das Elektron nach klassischer Vorstellung nicht weiter nach rechts laufen. Wellen können sie jedoch durchdringen. Schon in der klassischen Optik kennt man das Eindringen von Wellen in total reflektierende Flächen. Quantenmechanisch hat man eine im Raumgebiet (1) von links einlaufende Welle $e1$ und eine an der Potentialschwelle reflektierte Welle $a1$. Es sind Lösungen der Schrödingergleichung für freie Teilchen. Im Raumgebiet (2) gibt es ebenfalls eine nach rechts und eine nach links laufende Welle. Sie sind Lösungen der Schrödingergleichung mit Potential V_0. Schließlich gibt es im Raumgebiet (3) nur eine auslaufende Welle $a3$ (da es kein weiteres reflektierendes Potential gibt). An den Stellen $x = 0$ und $x = b$ müssen die Wellenfunktionen der Teilräume und ihre Ableitungen stetig ineinander übergehen. Die Größe

$$T = \frac{\text{Teilchenstrom } a3}{\text{Teilchenstrom } e1} \tag{1.16}$$

ist die Transmission der Potentialschwelle. Für $E < V_0$ gilt

$$T = \frac{16\,k^2\,(\epsilon - 1)}{16\,k^2\,(\epsilon - 1) + \epsilon^2\,(1 - k^2)^2} \tag{1.17}$$

mit $\epsilon = V_0/E$ und $k = \exp\left((b/\hbar) \cdot \sqrt{2\,m\,c^2\,E\,(\epsilon - 1)}\right)$.

Wegen des Tunneleffekts kann ein Teilchen eine Potentialschwelle durchlaufen. Er ist ein rein quantenmechanischer Effekt und spielt für die Struktur der Materie oft eine Rolle, z.B. bei der Feldemission, den Austauschkräften in der Molekül- und Kernphysik und beim α-Zerfall.

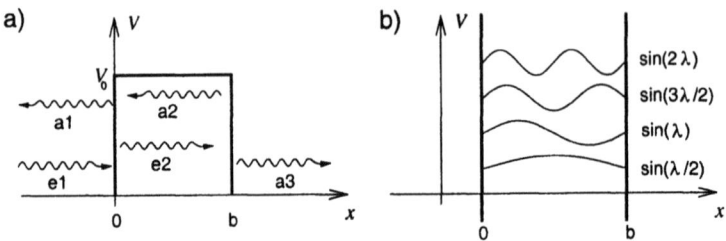

Fig. 1.3 a) Zum Tunneleffekt. b) Das Kastenpotential. Siehe Text

1.3.2 Gebundener Zustand (Teilchen im Potential)

Wenn zwischen zwei Teilchen eine anziehende Kraft wirkt, können sie einen gebundenen Zustand bilden. Es muß dann die Bindungsenergie aufgewendet werden, um sie wieder zu trennen. Wie in der klassischen Elektrodynamik wird der Prozeß so beschrieben: Ein Teilchen bewegt sich im Potential, das vom zweiten Teilchen erzeugt wird. Wir werden einige Beispiele für Potentialformen studieren, die später eine Rolle spielen.

a) Das Kastenpotential

Ein Elektron sei in einem undurchlässigen eindimensionalen Kastenpotential der Breite b (unendlich hohe Wände) eingesperrt (Fig. 1.3 b)). Die Wellengleichung ergibt sich aus der Schrödinger-Gleichung mit den Randbedingungen $\psi = 0$ bei $x = 0$ und $x = b$ (da ψ außerhalb des Potentialkastens verschwinden muß und zudem stetig ist). Damit sind als Lösungen nur Sinus-Wellen möglich, die an den Wänden einen Knoten haben: $n \cdot (\lambda/2) = b$. Die zugehörigen Energieniveaus sind[3]

$$E = \frac{p^2}{2m} = \frac{1}{2m} \cdot \left(\frac{\hbar}{\lambda}\right)^2 = \left(\frac{n}{2}\right)^2 \cdot \frac{4\pi^2}{b^2} \cdot \frac{(\hbar c)^2}{2mc^2} \qquad (1.18)$$

Man hat also diskrete Energieniveaus. Da $n \geq 1$ sein muß, hat der niedrigste Zustand eine Nullpunktsenergie $E_1 \neq 0$. Das ist ein quantenmechanischer Effekt. Die Niveaufolge ist $\sim n^2$.

---

[3] Die Größe $\hbar c = 197$ MeV·fm ≈ 200 MeV·fm wird uns immer wieder beggenen. Durch Umwandlung von Gleichungen so, daß sie auftritt, kann man leicht die Dimensionsrichtigkeit erkennen und die Größenordnung der Zahlenwerte überprüfen.

1.3 Beispiele für Anwendungen der Quantenmechanik

b) Das Rechteckpotential

Das Potential zwischen zwei Teilchen hängt nur vom Abstand r der beiden Teilchen ab. Es sei gegeben durch

$$V(r) = -V_0 \quad \text{für} \quad r < R_0$$
$$ = 0 \quad \text{für} \quad r \geq R_0 \tag{1.19}$$

Das eine Teilchen erzeugt das Potential. Die Schrödinger-Gleichung für die stationäre Bewegung des zweiten Teilchens reduziert sich wegen der Kugelsymmetrie auf die Radialgleichung (nur sie enthält das Potential). Mit der üblichen Ersetzung $\psi(r) = u(r)/r$ wird

$$\frac{d^2 u}{dr^2} + \frac{2\mu}{\hbar^2}[E - V(r)]u = 0. \tag{1.20}$$

Dabei ist μ die reduzierte Masse unseres Zwei-Teilchen-Systems ($1/\mu = 1/m_1 + 1/m_2$). Da wir hier den Grundzustand des Systems betrachten wollen, konnte der Zentrifugalterm weggelassen werden ($l = 0$). Der Energie-Eigenwert ist gleich der Bindungsenergie. Dann wird

$$u'' + a(V_0 - E_B)u = 0$$
$$\text{für } r < R_0 \quad u'' - a\, E_B\, u = 0 \quad \text{für } r \geq R_0. \tag{1.21}$$

mit

$$a = \frac{2\mu}{\hbar^2} = \frac{2\mu c^2}{(\hbar c)^2} \frac{1}{4\pi^2} \tag{1.22}$$

Die allgemeine Lösung

$$u = \alpha\, e^{ikr} + \beta\, e^{-ikr} \tag{1.23}$$

wird erfüllt mit

$$k_1 = \sqrt{a(V_0 - E_B)} \quad \text{für } r < R_0 ,$$
$$k_2 = i\sqrt{a\, E_B} \quad \text{für } r \geq R_0 .$$

Mit den Randbedingungen

$$u(r) = 0 \quad \text{für } r = 0$$
$$u(r) \to 0 \quad \text{für } r \to \infty$$

sind die Lösungen

$$u_1(r) = A_1 \sin(k_1 r) ,$$
$$u_2(r) = A_2\, e^{-r/R} \quad \text{mit } R = 1/\sqrt{a E_B} . \tag{1.24}$$

Die Lösungen im Innenraum und im Außenraum müssen bei $r = R_0$ stetig ineinander übergehen:

$$u_1(r = R_0) = u_2(r = R_0): \quad A_1 \sin(k_1 R_0) = A_2\, e^{-R_0/R} ,$$
$$u_1'(r = R_0) = u_2'(r = R_0): \quad A_1 k_1 \cos(k_1 R_0) = -(A_2/R)\, e^{-R_0/R} . \tag{1.25}$$

Die Aufenthaltswahrscheinlichkeit der Teilchen ist

$$|\psi(r)|^2 \sim \frac{1}{r^2}|u(r)|^2. \tag{1.26}$$

Die Aufenthaltswahrscheinlichkeit der Teilchen im Raumelement

$$d\tau = r^2 dr \cdot d(\cos\theta)d\phi = 4\pi \cdot r^2 dr \tag{1.27}$$

(letzteres nach Integration über die physikalisch nicht ausgezeichneten Winkel) ist

$$\begin{aligned} w &= \psi^*\psi d\tau = \psi^*\psi \cdot 4\pi r^2 dr = u^*u \cdot 4\pi dr \\ dw/dr &= 4\pi \cdot u^*u \\ w(r > r_0) &= 4\pi(\int_{r_0}^{\infty} u^*u\, dr) \end{aligned} \tag{1.28}$$

(Siehe auch Kap 3.4.2).

c) Der harmonische Oszillator

Man spricht in der Physik von harmonischen Schwingungen und dem harmonischen Oszillator, wenn (wie bei einem Pendel) die rücktreibende Kraft proportional zur Auslenkung ($\vec{F} = -k \cdot \vec{x}$) ist und damit das Potential

$$V(x) = \frac{1}{2}kx^2 \tag{1.29}$$

parabelförmig. Die eindimensionale Schrödinger-Gleichung wird

$$-\frac{\hbar^2}{2m}\frac{\partial^2\psi(x)}{\partial x^2} + \frac{1}{2}k x^2\psi(x) = E\psi(x)\ . \tag{1.30}$$

Durch Einsetzen kann man sich überzeugen, daß

$$\psi(x) = e^{-ax^2} \tag{1.31}$$

eine Lösung ist. Der Koeffizientenvergleich liefert

$$a = \frac{1}{2}\cdot\frac{\sqrt{km}}{\hbar} = \frac{1}{2}\cdot\frac{m\omega}{\hbar}\ , \tag{1.32}$$

wobei $k = m\omega^2$ ist und ω die klassische Frequenz, und

$$E = \frac{1}{2}\cdot\hbar\omega \tag{1.33}$$

Aufgabe 1.8 zeigt, daß es noch weitere Lösungen gibt. Zusammenfassend sind die Energieniveaus des harmonischen Oszillators

$$E_n = \left(n + \frac{1}{2}\right)\cdot\hbar\omega,\ n \text{ ganzzahlig}\ . \tag{1.34}$$

Die Niveauabstände

$$\Delta E = E_{n+1} - E_n = \hbar\omega \tag{1.35}$$

sind äquidistant. Das Potential des harmonischen Oszillators wird oft benötigt.

d) Das Coulomb-Potential

Es sei noch erinnert an das Coulomb-Potential

$$V(r) = -\frac{1}{4\pi\epsilon_0} \cdot \frac{e_1 \cdot e_2}{r} \tag{1.36}$$

mit den Energieniveaus (im Falle des Wasserstoffatoms)

$$E_n = -m_e c^2 \cdot \alpha^2 \cdot \frac{1}{n^2} \ . \tag{1.37}$$

wobei n die Hauptquantenzahl ist. Zustände mit großem n sind nur schwach gebunden.

1.3.3 Aufgaben

1.5. *Tunneleffekt:* a) Man leite die Gl. 1.17 her. Hinweis: Man ziehe ein Buch über QM zu Rate.
b) Man diskutiere die Formel. b1) Abhängigkeit von der Potentialbreite für die Fälle $\lambda < a$ und $\lambda > a$ ($\lambda =$ de Broglie Wellenlänge), b2) Abhängigkeit von der Höhe der Potentialschwelle für $E = V$ und $E < V$. b3) Wann gilt $T \sim \exp(-(b/\lambda)(\sqrt{(V-E)/E}))$?

1.6. *Kastenpotential:* Man gebe die Energieniveaus eines Elektrons, das in einem Kastenpotential mit dem Durchmesser eines Atoms eingeschlossen ist, quantitativ an.

1.7. *Rechteckpotential:* Zum Rechteckpotential (Gl. 1.21): Man überprüfe die Dimensionsrichtigkeit der Differentialgleichung für u.

1.8. *Harmonischer Oszillator:* Man zeige, daß auch $\psi_2 = x \cdot \exp(-ax^2)$ eine Lösung der Schrödinger-Gleichung des harmonischen Oszillators ist. Man zeige ferner, daß für sie nur die Energiewerte $E_2 = 3/2 \cdot \hbar\omega$ erlaubt ist.

1.9. *Wellenfunktion:* Man berechne die Normierung der Wellenfunktion $\psi = \exp(-ax^2)$.

1.4 Störungsrechnung

> Die *zeitunabhängige Störungsrechnung* erlaubt, Energieniveaus (und Wellenfunktionen) eines Problems leicht zu berechnen, wenn dessen Potential sich nur wenig vom ungestörten Potential unterscheidet. Die *zeitabhängige Störungsrechnung* führt zu Fermi's "golden rule" für die *Übergangsrate* von einem Zustand in einen anderen. Damit können auch *Wirkungsquerschnitte* für Kernreaktionen berechnet werden.

Ein physikalisches Problem sei durch die stationäre Schrödinger-Gleichung

$$\widehat{H}_0 \psi_0 = E_0 \psi_0 \quad mit \quad \widehat{H}_0 = -\frac{\hbar^2}{2m} \cdot \nabla^2 + V_0 \tag{1.38}$$

beschrieben und gelöst. Nun haben wir z.b. ein etwas unterschiedliches Potential $V_1 = V_0 + V'$ mit $V' \ll V_0$. Die Eigenwerte zu $\widehat{H}_1$ können mit Hilfe der zeitunabhängigen Störungsrechnung[4] näherungsweise berechnet werden:

$$\boxed{E' = <\psi_0|\widehat{H'}|\psi_0> = \int \psi_0^* V' \psi_0 d\tau} \;. \tag{1.39}$$

D.h., wir können die Eigenwerte der Störung angeben durch das Matrixelement aus der ungestörten Wellenfunktion und dem gestörten Potential. Da spinabhängige Wechselwirkungen meist klein sind, können so die Energieverschiebungen und -aufspaltungen für Atome, Kerne und gebundene Zustände von Quarks gewonnen werden.

Wenn wir Übergänge zwischen zwei Zuständen beschreiben wollen, müssen wir die zeitabhängige Störungsrechnung anwenden. Für die Übergangsrate $P_{\alpha \to \beta}$ (Zahl der Übergänge pro Zeit) findet man

$$\boxed{P_{\alpha \to \beta} = \frac{2\pi}{\hbar} \cdot |H_{\beta\alpha}|^2 \cdot \frac{dn_\beta}{dE_\beta}} \;. \tag{1.40}$$

Das ist Fermi's "golden rule no. 2". Dabei ist dn_β/dE_β die Energiedichte des Endzustands (= "Phasenraum-Dichte"). Das Matrixelement $H_{\beta\alpha}$ enthält die wesentliche physikalische Information:

$$H_{\beta\alpha} = <\psi_\beta^*|\Omega|\psi_\alpha> \;, \tag{1.41}$$

---
[4] Zur Herleitung siehe z.B. Mayer-Kuckuck: Atomphysik

1.4 Störungsrechnung

wobei Ω der Wechselwirkungsoperator analog zum Störpotential V' im zeitunabhängigen Fall ist (für ein Beispiel siehe Kap. 3.8).

Der Zusammenhang der Übergangssrate $P_{\alpha \to \beta}$ (und damit des Matrixelements) mit dem Wirkungsquerschnitt ergibt sich aus der Beziehung zwischen der Dichte der einfallenden Teilchen N/V, der Relativgeschwindigkeit v_α des Anfangszustands, dem Fluß Φ der primären Teilchen und dem Wirkungsquerschnitt $(\sigma_{\alpha \to \beta})$:

$$\begin{aligned} P_{\alpha \to \beta} &= \frac{N}{V} \cdot v_\alpha \cdot \sigma_{\alpha \to \beta} \\ &= \Phi \cdot \sigma_{\alpha \to \beta} \end{aligned}$$

Für die Übegangsrate pro einfallendes Teilchen nehmen wir

$$P_{\alpha \to \beta} = v_\alpha \cdot \sigma_{\alpha \to \beta} \ . \tag{1.42}$$

1.4.1 Aufgaben

1.10. Unter welcher Voraussetzung gilt für den Wirkungsquerschnitt ein "1/v" Gesetz?

1.5 Das Dipolmatrixelement

> Die *zeitabhängige Störungsrechnung* wird benutzt, um das *Matrixelement* für *elektromagnetische Übergänge* z.B. zwischen zwei Kernniveaus anzugeben. Damit erhält man die Raten für *Absorption* und *spontane Emission*, die *Auswahlregeln* sowie die *Winkelverteilung* der Strahlung.

Wir besprechen eine Anwendung der zeitabhängigen Störungsrechnung. Auf ein Elektron, das durch ein Coulomb-Feld im Atom gebunden ist, wirke ein elektrisches Wechselfeld $\vec{E}(t) = \vec{E}_0(\omega) \cdot cos(\omega t)$ ein und lenke es um x aus. Es entsteht ein zeitabhängiges Störpotential[5]

$$V_{\vec{E}} = -e \cdot |\vec{E}_0(\omega)| \cdot x \cdot \cos(\omega t) \ . \tag{1.43}$$

Wenn wir dieses in die Formel für die zeitabhängige Störungsrechnung einsetzen, erhalten wir das Dipolmatrixelement

$$H^{\text{dipol}}_{\beta\alpha} = \int \psi^*_\beta \, (e\,x)\, \psi_\alpha \, d\tau \tag{1.44}$$

Die Absorptionsrate wird

$$R^{\text{absorption}}_{\beta\alpha} = \frac{1}{6} \frac{\pi}{\hbar^2} \cdot \rho(\omega) \cdot E_0^2 \cdot |H^{\text{dipol}}_{\beta\alpha}|^2 \ , \tag{1.45}$$

wobei $\rho(\omega)$ die Dichte der Zustände pro Frequenzintervall ist. Die Rate der spontanen Emission wird

$$R^{\text{spontan}}_{\alpha\beta} = \frac{4}{3} \cdot \frac{\omega^3}{\hbar c^3} \cdot |H^{\text{dipol}}_{\alpha\beta}|^2 \ . \tag{1.46}$$

Damit überhaupt (Dipol-) Strahlung emittiert bzw. absorbiert werden kann, darf das Dipolmatrixelement nicht verschwinden. Einsetzen der Wellenfunktionen für den Bahndrehimpuls zeigt, daß die Dipolstrahlung zwischen Zuständen mit den Drehimpulsen $(l, m)_\alpha$ und (entsprechend für β) die Auswahlregeln

$$\Delta l = \pm 1, \quad \Delta m = 0 \tag{1.47}$$

gelten. Falls Dipolübergänge wegen der Quantenzahlen des Anfangs- und Endzustands verboten sind, muß der Übergang mit höheren Ordnungen des Drehimpulses erfolgen (allgemein Multipolstrahlung genannt). Diese haben in aller Regel eine kleinere Übergangsrate und damit eine längere Lebensdauer des angeregten Zustands.

---

[5]Die Faktoren $(4\pi\epsilon_0)$ wurden zur Übersichtlichkeit weggelassen

1.5 Das Dipolmatrixelement

Das Dipolmatrixelement hat eine ausgezeichnete Richtung. Wir können deshalb winkelabhängige Effekte erwarten. Die Winkelverteilung der Dipolstrahlung ist die des klassischen Hertz'schen Dipols. Ihre Messung wird z.B. benutzt, um den Spin von angeregten Kernzuständen zu bestimmen.

1.5.1 Aufgaben

1.11. *Dipolmatrixelement:* Man überprüfe die Dimensionsrichtigkeit der Gl. (1.45) und (1.46).

1.12. *Dipolmatrixelement:* Man überlege qualitativ den Unterschied zwischen dem Dipolmatrixelement und dem Quadrupolmatrixelement. Dazu gehe man von den Kraftlinien eines Quadrupolmagneten aus. Dann bilde man das Quadrupolmatrixelement und diskutiere es unter Berücksichtigung, daß die Wellenfunktionen ψ_α etc. ausgedehnte Objekte (z.B. Kerne) beschreiben.

1.6 Streuprozesse

Wenn sich zwei Teilchen, die eine Kraft aufeinander ausüben, begegnen, werden sie aus ihrer Bahn abgelenkt. D.h. *Teilchen mit Wechselwirkung* werden gestreut. Die *Wahrscheinlichkeit einer Streuung* wird durch den *totalen Wirkungsquerschnitt* ausgedrückt, die Winkelverteilung durch den *differentiellen*. Neben der *elastischen Streuung* gibt es *Kernreaktionen* ohne und mit *Teilchenerzeugung*. Die *Rutherford'sche Formel* beschreibt die *Coulomb-Streuung*. Durch die Coulomb-Streuung von α-Teilchen an Atomen wurde der Atomkern entdeckt und können die Kernradien gemessen werden. In der quantenmechanischen Vorstellung der Streuung fällt eine ebene Welle auf ein Streuzentrum, von dem eine Kugelwelle mit der *Streuamplitude* ausgeht. Beide überlagern sich. Der differentielle Wirkungsquerschnitt ist durch das Quadrat der Streuamplitude gegeben. Diese kann in Partialwellen zerlegt werden.

1.6.1 Grundbegriffe

Neben der Untersuchung gebundener Zustände ist die Streuung eines Teilchens an einem anderen zum Studium der Wechselwirkung dieser Teilchen geeignet. Man läßt ein (Parallel-)Bündel von (Primär-)Teilchen auf eine dünne Schicht Materie (das Target) fallen. Einige Primärteilchen werden mit Targetteilchen wechselwirken. Der durchgehende Strahl wird abgeschwächt. Gestreute Teilchen laufen in verschiedene Richtungen. Die Beschreibung der Streuung geschieht durch den Wirkungsquerschnitt.

Die Wahrscheinlichkeit w, daß ein Teilchen wechselwirkt, ist

$$w = \frac{n_t}{F} \sigma \qquad (1.48)$$

n_t = Zahl der Targetteilchen
F = vom Strahl getroffene Targetfläche
σ = Wirkungsquerschnitt.

Man ordnet jedem Targetteilchen eine (hypothetische) "Wirkungs"-Fläche σ zu. Die Streuwahrscheinlichkeit ist das Verhältnis der Wirkungsfläche aller Targetteilchen $n_t \sigma$ zur makroskopischen Targetfläche F. Andererseits ist $w = N'/N_0$, das Verhältnis der Zahl der wechselwirkenden Teilchen

1.6 Streuprozesse

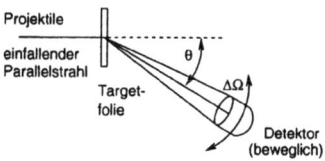

Fig. 1.4
Prinzip einer Versuchsanordnung zur Messung der Streuung

N' zur Zahl der einfallenden N_0. Die Zahl der Targetteilchen pro Fläche, n_t/F, kann ausgedrückt werden durch

$$\frac{n_t}{F} = \frac{N_A \rho d}{A} \tag{1.49}$$

N_A = 6.02 · 10^{23} Atome/Mol (Loschmidt'sche Zahl)
 = 6.02 · 10^{23} Nukleonen/g
A = Atomgewicht, Einheit g/Mol
ρ = Dichte, z.b. in g/cm^3
d = Dicke, z.b. cm

A, ρ, d stehen für das Targetmaterial.

Damit ist die Zahl der gestreuten Teilchen[6]

$$\boxed{N' = N_0 \frac{N_A \rho d}{A} \sigma}. \tag{1.50}$$

Wenn die Targetdichte nicht als dünn betrachtet werden kann, wendet man die Überlegung auf eine infinitesimale Schicht an und integriert über die Schichtdicke. Die Schwächung des einfallenden Strahls ist dann

$$-dN = N(x) \frac{N_A \rho}{A} \sigma \, dx.$$

Integration liefert die Zahl N der Teilchen, die das Target ohne Wechselwirkung durchdringen:

$$\boxed{N = N_0 \exp{-\frac{N_A \rho d}{A} \sigma}}. \tag{1.51}$$

Die Zahl der durchdringenden Teilchen nimmt exponentiell mit der Targetdicke ab.

Im Allgemeinen wird man sich nicht darauf beschränken, nach der Wahrscheinlichkeit zu fragen, daß überhaupt eine Wechselwirkung stattfindet (den totalen Wirkungsquerschnitt), sondern man interessiert sich für die Winkelverteilung der gestreuten Teilchen (differentieller Wirkungsquerschnitt). Der Raumwinkel Ω ist der Teil der Kugeloberfläche, der von

---
[6]Man überprüfe die Dimensionen!

einem Zähler erfaßt wird. Es ist

$$\Omega = \frac{F}{4\pi r^2}; \quad F = \text{erfaßte Fläche}; \quad r = \text{Kugelradius} \qquad (1.52)$$

Für das Flächenelement gilt in Polarkoordinaten

$$dF = r^2 \sin\theta \, d\theta \, d\phi. \qquad (1.53)$$

Damit wird der Ausdruck für den Raumwinkel

$$d\Omega = \frac{1}{4\pi} \sin\theta \, d\theta \, d\phi. \qquad (1.54)$$

Der differentielle Wirkungsquerschnitt $d\sigma/d\Omega$ hängt von den Winkeln θ und ϕ ab. Meist ist er jedoch isotrop im Azimutwinkel. Nach Integration über ϕ läßt sich dann $d\sigma/d\Omega$ als $d\sigma/d(\cos\theta)$ schreiben.

1.6.2 Streuung und Reaktionen von Teilchen

Zwei Teilchen a und b sollen einander begegnen. Meist ist ein Teilchen frei und läuft in einem Teilchenstrahl, das andere ist in Materie, dem "Target", gebunden. Es kann sich aber auch um zwei freie Teilchen in gegenläufigen Strahlen eines Speicherrings handeln. Zwischen den Teilchen des Anfangszustands muß eine Kraft wirken. Man sagt heute: Sie haben eine Wechselwirkung (im Folgenden immer als "WW" abgekürzt).

Bei der WW können verschiedene Endzustände auftreten, z.B.:

elastische Streuung	a+b → a+b	die beiden Teilchen des Anfangszustands bleiben erhalten, ändern jedoch den Impuls
Kernreaktion	$\alpha + {}^{14}_{7}\text{N} \to {}^{17}_{8}\text{O} + p$	die Nukleonen werden umgelagert
allgemein	$a + b \to c + d + e + \ldots$	Kern- oder Teilchenreaktion
Teilchenerzeugung	$p + p \to p + n + \pi^+$	Erzeugung eines Pions
	$\pi^- + p \to \pi^0 + n$	2-Körper Endzustand, Ladungsaustausch
	$\pi^- + p \to \pi^+ + \pi^- + n$	3-Körper Endzustand, Erzeugung eines $\pi^+\pi^-$-Paares

Fig. 1.5
Zur Herleitung der Rutherford-Streuung. Ein Teilchen der Geschwindigkeit v nähert sich dem Streu- (=Potential-) Zentrum O. b=Stoßparameter, OD ist die Symmetrieachse, X der momentane Ort der Teilchens, θ der (asymptotische) Streuwinkel, ϕ der momentane Winkel des Teilchens zur Symmetrieachse.

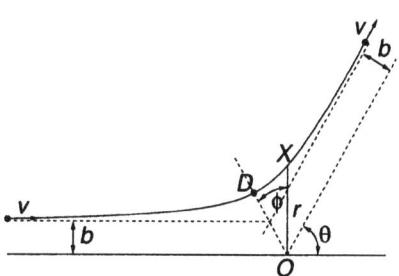

1.6.3 Die Rutherford'sche Streuformel

Wir betrachten folgendes Experiment: Ein Teilchen der Ladung $Z_p \cdot e$ (das Projektil) trifft auf ein ruhendes, schweres Teilchen (das Target) mit der Ladung $Z_t \cdot e$. Das Target soll gegenüber dem Projektil schwer sein. Die beiden haben die (anziehende oder abstoßende) Coulomb-WW. Deren Potential ist:

$$V(r) = \frac{1}{4\pi\varepsilon_0} \frac{Z_p Z_t e^2}{r} = Z_p Z_t \alpha \frac{\hbar c}{r} \tag{1.55}$$

mit $r =$ Abstand zwischen den beiden geladenen Teilchen. Das Vorzeichen ist so gewählt, daß das Potential im Falle der Anziehung negativ wird.

Wir betrachten die Bahn des gestreuten Projektils. Wir fragen:
1. Welche Bahn beschreibt das Projektil nach der Streuung (Streuwinkel)?
2. Wie häufig kommt eine Bahn vor? D.h., wie groß ist der Wirkungsquerschnitt?

Wir berechnen die klassische Bahn des Teilchens der Masse m_p und der Geschwindigkeit v_p, die im Abstand b (= Stoßparameter) beginnt (siehe Abb. 1.5). Erster Schritt: Wie nahe können sich die Teilchen im Falle einer Coulomb-Abstoßung kommen? Sie haben dann $b = 0$. Am nahesten Punkt (Entfernung a) wird die kinetische Energie des Teilchens umgewandelt in potentielle (Coulomb-)Energie:

$$\frac{1}{2} m_p v_p^2 = Z_p Z_t \cdot \frac{e^2}{4\pi\varepsilon_0} \cdot \frac{1}{a} . \tag{1.56}$$

Zweiter Schritt: Die Bahn bei Annäherung und bei Entfernung ist symmetrisch. Der Drehimpuls um das Streuzentrum (=Target) bleibt erhalten:

$$m_p v_p b = m_p r^2 \frac{d\phi}{dt}, \qquad dt = \frac{r^2}{v_p b} \cdot d\phi \tag{1.57}$$

(r, ϕ: Polarkoordinaten des Teilchens vom Streuzentrum aus gesehen, t : Zeit). Dritter Schritt: Die Komponente des Impulses des Projektils in Richtung OD ändert sich am Symmetriepunkt der Bahn von $-m_\text{p} v \sin(\theta/2)$ nach $+m_\text{p} v \sin(\theta/2)$. Die Änderung wird verursacht durch die Coulomb-WW:

$$2m_\text{p} v \sin\left(\frac{\theta}{2}\right) = \int_{-\infty}^{+\infty} Z_\text{p} Z_\text{t} \cdot \alpha(\hbar c) \cdot \frac{1}{r^2} \cdot \cos(\phi) \cdot dt \ . \tag{1.58}$$

Durch Einsetzen von Gl. (1.57) erhalten wir

$$2m_\text{p} v \sin\left(\frac{\theta}{2}\right) = Z_\text{p} Z_\text{t} \cdot \alpha(\hbar c) \cdot \frac{1}{v_\text{p} b} \cdot \int_{-(\pi-\theta)/2}^{+(\pi-\theta)/2} \cos(\phi) \cdot d\phi \tag{1.59}$$

und nach Integration und Umformung die Hyperbelbahn des Projektils

$$\tan\left(\frac{\theta}{2}\right) = Z_\text{p} Z_\text{t} \cdot \alpha(\hbar c) \cdot \frac{1}{m_\text{p} v_\text{p}^2} \cdot \frac{1}{b} \tag{1.60}$$

und unter Benutzung der Gl. (1.56)

$$\tan\left(\frac{\theta}{2}\right) = \frac{a}{2b} \ . \tag{1.61}$$

Wir wenden uns jetzt der Berechnung des Wirkungsquerschnitts zu. Aus Gl. (1.61) sehen wir, daß große Streuwinkel θ bei kleinen Stoßparametern b vorkommen. Wir denken uns eine Scheibe vom Radius b um das Streuzentrum ($\perp$ zur Einfallsrichtung des Projektils). Wird die Fläche dieser Scheibe, $\sigma = b^2 \pi$, getroffen, ergeben sich Streuwinkel $\theta \geq \theta_0$. σ heißt der Streuquerschnitt. Es ist

$$\sigma(\theta \geq \theta_0) = \frac{\pi}{4} \cdot a^2 \cdot \cot^2\left(\frac{\theta_0}{2}\right) . \tag{1.62}$$

Wir fragen weiter nach der Winkelabhängigkeit, dem differentiellen Wirkungsquerschnitt. Wie groß ist die Wahrscheinlichkeit, daß das Projektil in ein Raumwinkelelement

$$d^2\Omega = \sin(\theta) d\theta d\phi \tag{1.63}$$

oder, nach Integration über den Azimuthwinkel ϕ,

$$d\Omega = 2\pi \sin(\theta) d\theta \tag{1.64}$$

gestreut wird? Damit erhalten wir

$$\frac{d\sigma}{d\Omega} = \frac{1}{2\pi \sin\theta} \cdot \frac{d\sigma(\theta \geq \theta_0)}{d\theta} = \frac{1}{2\pi \sin\theta} \cdot \frac{\pi}{4} a^2 \cdot \frac{1}{2} \cdot \frac{d}{d\theta}\left(\cot^2\left(\frac{\theta}{2}\right)\right) . \tag{1.65}$$

1.6 Streuprozesse

Der *Rutherford-Streuquerschnitt* ist somit

$$\boxed{\frac{d\sigma}{d\Omega} = \frac{1}{16}(Z_p Z_t)^2 (\alpha \hbar c)^2 \frac{1}{E_{\text{kin}}^2} \frac{1}{\sin^4(\theta/2)}}. \tag{1.66}$$

Man beachte, daß kleine Winkel stark bevorzugt sind. Sie entsprechen großen Stoßparametern. Die Näherung des reinen Coulomb-Feldes, auf dem die Gleichung beruht, gilt nicht mehr für große Stoßparameter (von der Größenordnung der Atome). Dann wird das Coulomb-Feld des Kerns durch die Elektronenhülle abgeschirmt.

Wir haben die Rutherford'sche Streuformel klassisch hergeleitet. Insbesondere ist das Konzept des Stoßparameters b klassisch. Die Herleitung gelang dank der Benutzung von Erhaltungssätzen. Unser Beispiel (Fig. 1.5) bezog sich auf die Streuung von α-Strahlen ($_2^4\text{He}^{++}$) an (positiv) geladenen Atomkernen, den Fall, den Rutherford untersucht hat. Zur quantenmechanischen und relativistischen Herleitung muß auf die weiterführenden Lehrbücher verwiesen werden.

In die Überlegung sind einige Voraussetzungen eingegangen. Die wichtigste ist die der punktförmigen Ausdehnung des Targets. Wir werden dies später bei der Besprechung der Kernradien fallen lassen. Eine andere Annahme war die des ruhenden (d.h. unendlich schweren) Targets. Wenn die (relativistische) Masse des Projektils nicht mehr gegen die des Targets vernachlässigt werden kann, muß die Rechnung im Schwerpunktsystem ausgeführt werden.

Rutherford stellte die Streuformel nach Experimenten von Geiger und Marsden (1911) auf. Die Überprüfung erfolgte durch die Messung der Winkel-, Energie- und Z_t-Abhängigkeit. Ferner wurden verschieden dicke Folien verwendet, ein wichtiger Aspekt für das Experiment. In dicken Streufolien kann das Projektil mehrfach gestreut werden, wodurch die Winkelabhängigkeit verfälscht wird.

Der Vergleich der experimentellen Ergebnisse mit der theoretischen Formel hat ergeben:

1. Die Streuung erfolgt an Objekten, die praktisch die gesamte Masse der Kerne haben. Die Atomkerne wurden so entdeckt. Die Atome haben einen schweren Kern und damit eine leichte Elektronenhülle. Die Elektronen sind negativ geladen. Der Kern ist somit positiv geladen.
2. Die Wechselwirkung zwischen α-Teilchen und Kernen bei Energien von einigen MeV ist elektromagnetisch. Erst bei höheren Energien kommt eine neue, die starke Wechselwirkung hinzu.
3. Die Ausdehnung der Kerne ist ≤ 10 fm.

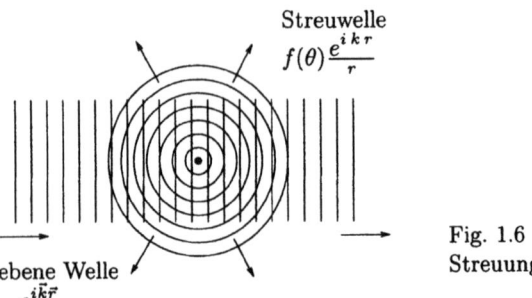

Fig. 1.6
Streuung

1.6.4 Quantenmechanische Beschreibung der Streuung

Die quantenmechanische Beschreibung der Streuung geht von folgender Vorstellung aus: Eine ebene Welle läuft in z-Richtung und fällt auf ein Streuzentrum ein. Dieses sendet eine Kugelwelle mit der (Streu-)amplitude $f(\theta)$ aus (Fig. 1.6). Die Wellenfunktion des Endzustands ist dann die Überlagerung beider:

$$\boxed{\psi_f(r) \sim \exp(ikz) + f(\theta) \cdot \frac{\exp(ikr)}{r}} \quad . \tag{1.67}$$

$f(\theta)$ kann aus der Schrödingergleichung berechnet werden, falls das Potential, das die Störung, d. h. die Streuung, verursacht, bekannt ist. Meist ist aber der Weg der Forschung umgekehrt: Man versucht aus Messungen der Winkel- und Energie-Abhängigkeit der Streuung auf die WW zu schließen. Wir geben hier nur das Ergebnis der Rechnungen[7] an. Der differentielle Wirkungsquerschnitt ist (θ = Streuwinkel im Schwerpunktsystem)

$$\boxed{\frac{d\sigma}{d\Omega} = \mid f(\theta) \mid^2} \quad . \tag{1.68}$$

In einem weiteren Schritt entwickelt man die ebene Welle in Kugelwellen und erhält schließlich

$$f(\theta) = -\frac{\pi}{k} \cdot \sum_{l=0}^{\infty} (2l+1) \cdot T_l \cdot P_l(\cos\theta) \quad , \tag{1.69}$$

mit $P_l(\cos(\theta))$ = Legendre-Polynom, l = Bahndrehimpuls. Es ist also eine Entwicklung nach Bahndrehimpulsen und, klassisch betrachtet, nach Stoßparametern. Die Übergangsamplitude T_l kann ausgedrückt werden durch die Streuphase δ_l:

$$T_l = \exp(2i\delta_l) - 1 \quad . \tag{1.70}$$

---

[7]Für die Herleitung sei auf Kap. 6.3.3 verwiesen

1.6 Streuprozesse

Der totale Wirkungsquerschnitt folgt durch Integration von (1.68) über den gesamten Raumwinkel

$$\sigma_{\text{tot}} = \frac{4\pi}{k^2} \cdot \sum_{l=0}^{\infty} (2l+1) \sin^2(\delta_l)$$

(1.71)

Man könnte meinen, daß der Wirkungsquerschnitt divergiert. Für Potentiale endlicher Reichweite ist aber, klassisch argumentiert, der effektive Stoßparameter b beschränkt und damit auch der Drehimpuls l. Der totale Wirkungsquerschnitt σ_{tot} bleibt endlich.

1.6.5 Aufgaben

1.13. *Rutherford-Streuung:* Wiederhole die Überlegungen zur Streuformel für (negativ geladene) Elektronen an (positiv geladenen) Kernen. Warum ergibt sich die gleiche Streuformel?

1.14. *Rutherford-Streuung:* Man berechne den Wirkungsquerschnitt für die Streuung von α-Teilchen mit $E_{\text{kin}} = 2.5$ MeV an $_{79}$Au Folien numerisch. Man trage die Winkelabhängigkeit graphisch auf. Man vergesse nicht, die Einheiten anzugeben.

1.15. *Rutherford-Streuung:* Ein Elektron von 50 MeV Energie wird an einem ruhenden Proton elastisch gestreut. Wie groß ist der differentielle Wirkungsquerschnitt unter einem Streuwinkel von $10°$?$(= 2 \times 5° \times 17 \times 10^{-3}$ rad/°$)$ Wie groß ist die Streurate bei 10^{10} einfallenden e^- pro sec und 5 cm Länge des Targets aus flüssigem Wasserstoff ($\rho = 0.07$ g/cm^3) und einem Detektor von 1 cm^2 Fläche in 1 m Abstand vom Target?

1.16. *Rutherford-Streuung:* Man zeige aus der Unbestimmtheitsrelation, daß die klassische Näherung für große Streuwinkel (= kleine Stoßparameter) gilt.

1.7 Kinematik

> Experimente finden meist im *Laborsystem* statt und werden in kinematischen Größen des Laborsystems beschrieben. Physikalisch relevant ist jedoch das *Schwerpunktsystem*. Die Meßgrößen des Anfangs- und Endzustands einer Reaktion müssen vom Laborsystem ins Schwerpunktsystem transformiert werden. In der Teilchenphysik muß dies immer durch eine *relativistische Transformation* erfolgen. Oft werden alle Meßgrößen in *relativistisch invarianten Größen* (den Skalarprodukten von Vierervektoren) ausgedrückt. Im *kinematischen Fit* wird die Energie-Impuls-Erhaltung benutzt, die Meßwerte auszugleichen oder nicht beobachtete Teilchen zu rekonstruieren.

1.7.1 Überblick

Die Experimente zur Reaktion von zwei Teilchen finden im Laborsystem statt. Mit Ausnahme der e^+e^--Reaktionen in symmetrischen Speicherringen haben die Teilchen des Anfangszustands immer ungleiche Energie (z.B. ist eines in Ruhe). Physikalisch interessant ist aber die Beschreibung im Schwerpunktsystem. Im Laborsystem gehen Energie und Impuls auch in die Bewegung des Schwerpunkts – und das ist keine physikalische Information. Zur Interpretation der Experimente sollten die Daten, gemessen im Laborsystem, im Schwerpunktsystem dargestellt werden. Diese Koordinatentransformation muß in der Teilchenphysik immer relativistisch erfolgen. Es empfiehlt sich, gleich relativistisch invariante Größen zu verwenden.

Unter Kinematik versteht man auch die Anwendung der Energie- und Impulserhaltung auf die Meßdaten. Dadurch hat man Zwangsbedingungen. Diese können in einer Ausgleichsrechnung zur Verbesserung der Meßgenauigkeit benutzt werden. Es können auch Impuls und Energie eines nicht beobachteten (z.B. elektrisch neutralen) Teilchens rekonstruiert werden.

1.7.2 Relativistische Koordinatentransformation

Die spezielle Relativitätstheorie (SRT) von A. Einstein (1905) beruht auf dem Resultat der Experimente von A. Michelson (ab 1881). Gleichförmig gegeneinander bewegte Bezugssysteme (Inertialsysteme) sind gleichwertig.

1.7 Kinematik

Es gibt kein bevorzugtes Bezugssystem. Wir betrachten zwei Koordinatensysteme, die sich in x-Richtung mit der Geschwindigkeit v gegeneinander bewegen. Zur Zeit $t = 0$ sollen der Ursprung der beiden Systeme[8] zusammen fallen. Ein Ereignis am Ort (x,y,z) und zur Zeit (t) in einem System erscheint mit dem Ort (x',y',z') und der Zeit (t') im dazu bewegten System. Die *Lorentz-Transformation* gibt den Zusammenhang zwischen den Messungen in den beiden Systemen:

$$x = \gamma \cdot (x' + \beta t'), \quad (1.72)$$
$$y = y', \quad (1.73)$$
$$z = z', \quad (1.74)$$
$$t = \gamma \cdot (t' + \beta \cdot x'). \quad (1.75)$$

Wir benutzen die Abkürzungen

$$\beta = \frac{v}{c}, \quad \gamma = (1 - \beta^2)^{-\frac{1}{2}}. \quad (1.76)$$

Orts- und Zeitmessungen sind nicht unabhängig voneinander. Daraus ergeben sich

| Längenkontraktion | $l = l_0 \cdot \sqrt{1 - \beta^2}$ |
| Zeitdilatation | $t = \frac{t_0}{\sqrt{1-\beta^2}}$ |

Da die Raum- und Zeitkoordinaten gleichberechtigt sind, werden die Zeit- und die drei Raum-Koordinaten zu einem Vierervektor $\underline{x} = (t, \vec{x})$ zusammengefaßt. Es sind unterschiedliche Schreibweisen in Gebrauch. Wir haben sie so gewählt, daß der Vektor des Viererimpulses eines Teilchens

$$\underline{p} = (E, \vec{p}) \quad (1.77)$$

ist.

Zur Bildung des Quadrats muß die Metrik festgelegt werden. Wir verwenden

$$\underline{p}^2 = \underline{p} \begin{pmatrix} 1 & 0 & 0 & 0 \\ 0 & -1 & 0 & 0 \\ 0 & 0 & -1 & 0 \\ 0 & 0 & 0 & -1 \end{pmatrix} \underline{p} \quad (1.78)$$

Damit wird die Ruhemasse m_0 eines Teilchens

$$\underline{p}^2 = E^2 - \vec{p}^2 = m_0^2. \quad (1.79)$$

---

[8]Zur Übersichtlichkeit der Formeln definieren wir $t \cdot c \stackrel{def}{=} t$. D.h., wir ziehen die Lichtgeschwindigkeit c in die Definition der Zeit mit hinein. Ebenso verfahren wir beim Impuls ($p \cdot c \stackrel{def}{=} p$). Die Massen werden dann in Einheiten der Energie ausgedrückt.

Die Quadrate der Vierervektoren, z.B. $\underline{x}^2$ oder $\underline{p}^2$, sind konstant. Sie sind "Lorentz-invariant". So ist m_0^2 eine invariante, physikalische Größe. Wir werden weitere Lorentz-invariante Größen kennen lernen. Es empfiehlt sich, die Meßergebnisse in diesen Größen zu beschreiben. Eine wichtige Invariante ist die Masse, genauer m_0^2, eines Teilchen (Gl. 1.79).

Weitere nützliche Größen sind:

Gesamtenergie $\quad E = \sqrt{m_0^2 + \vec{p}^2}$,
kinetische Energie $\quad T = E - m_0$,

$$\beta = \frac{v}{c} = \frac{p}{E}, \quad \gamma = \frac{E}{m_0}, \quad \eta = \beta \cdot \gamma = \frac{p}{m_0}. \quad (1.80)$$

1.7.3 Transformation vom Labor- ins Schwerpunktsystem

a) Die Bewegung des Schwerpunktsystems im Laborsystem

Wir betrachten die Reaktion

$$a + b \to c + d. \quad (1.81)$$

Im Laborsystem (L) sei das Teilchen b in Ruhe (=Target): $p_b^L = 0$, $E_b^L = m_b$. Das Schwerpunktsystem (CM für engl. center-of-mass system) ist definiert durch

$$\vec{p}_a^{CM} + \vec{p}_b^{CM} = 0. \quad (1.82)$$

Damit gilt auch

$$\vec{p}_c^{CM} + \vec{p}_d^{CM} = 0. \quad (1.83)$$

Gesamtimpuls und -energie des Anfangszustands (a+b) in L sind

$$\vec{p}_{ges}^L = \vec{p}_b^L \quad \text{und} \quad E_{ges}^L = E_a^L + m_b. \quad (1.84)$$

Damit ist die Bewegung des CM im L gegeben durch

$$\beta_{CM} = \frac{p_{ges}^L}{E_{ges}^L} = \frac{p_a^L}{E_a^L + m_b} = \frac{\eta_a^L}{\gamma_a^L + (m_b/m_a)}, \quad (1.85)$$

$$\gamma_{CM} = (1 - \beta_{CM}^2)^{-\frac{1}{2}} = \frac{E_a^L + m_b}{\sqrt{(m_a^2 + m_b^2) + 2 E_a^L, m_b}}$$

$$= \frac{E_{ges}^L}{\sqrt{s}}, \quad (1.86)$$

$$\eta_{CM} = \beta_{CM} \cdot \gamma_{CM} = \frac{p_a^L}{\sqrt{s}} \quad (1.87)$$

(zur Definition von s siehe Kap. 1.7.4).

1.7 Kinematik

b) Transformation des Anfangszustands

Die Transformation des Laborsystems (L) in das Schwerpunktsystem (CM) erfolgt für den Raum-Zeit-Vierervektor durch

$$\begin{pmatrix} t \\ x \\ y \\ z \end{pmatrix}^{CM} = S \begin{pmatrix} t \\ x \\ y \\ z \end{pmatrix}^{L} \tag{1.88}$$

mit

$$S = \begin{pmatrix} \gamma_{CM} & -\eta_{CM} & 0 & 0 \\ -\eta_{CM} & \gamma_{CM} & 0 & 0 \\ 0 & 0 & 1 & 0 \\ 0 & 0 & 0 & 1 \end{pmatrix} \tag{1.89}$$

Ensprechend gilt für den Energie-Impuls-Vierervektor

$$\begin{pmatrix} E \\ p_x \\ p_y \\ p_z \end{pmatrix}^{CM} = S \begin{pmatrix} E \\ p_x \\ p_y \\ p_z \end{pmatrix}^{L} \tag{1.90}$$

Die Gleichungen der Transformation von Energie und Impuls des Laborsystems in das Schwerpunktsystem sind

$$E_a^{CM} = \gamma_{CM} \cdot E_a^{L} - \eta_{CM} \cdot p_a^{L} \tag{1.91}$$
$$p_a^{CM} = \gamma_{CM} \cdot p_a^{L} - \eta_{CM} \cdot E_a^{L} \tag{1.92}$$

Die umgekehrte Transformaion CM → L wird

$$\begin{pmatrix} E \\ p_x \\ p_y \\ p_z \end{pmatrix}^{L} = S^{-1} \begin{pmatrix} E \\ p_x \\ p_y \\ p_z \end{pmatrix}^{CM} \tag{1.93}$$

mit

$$S^{-1} = \begin{pmatrix} \gamma_{CM} & \eta_{CM} & 0 & 0 \\ \eta_{CM} & \gamma_{CM} & 0 & 0 \\ 0 & 0 & 1 & 0 \\ 0 & 0 & 0 & 1 \end{pmatrix} \tag{1.94}$$

c) Transformation eines Teilchens des Endzustands

Wir betrachten wieder die 2 → 2-Körperreaktion Gl. (1.81). Das Teilchen c fliege mit dem Winkel θ_c^L. Die Transformation in das Schwerpunktsystem ist

$$\begin{pmatrix} E_c \\ p_c \cos\theta_c \\ p_c \sin\theta_c \\ 0 \end{pmatrix}^{CM} = \begin{pmatrix} \gamma_{CM} & -\eta_{CM} & 0 & 0 \\ -\eta_{CM} & \gamma_{CM} & 0 & 0 \\ 0 & 0 & 1 & 0 \\ 0 & 0 & 0 & 1 \end{pmatrix} \begin{pmatrix} E_c \\ p_c \cos\theta_c \\ p_c \sin\theta_c \\ 0 \end{pmatrix}^{L} \quad (1.95)$$

Die Rechnungen ergeben

$$E_c^{CM} = \gamma_{CM} \cdot E_c^L - \eta_{CM} \cdot p_c^L \cos\theta_c^L , \quad (1.96)$$

$$p_c^{CM} = \sqrt{E_c^{CM\,2} - m_c^2} , \quad (1.97)$$

$$\gamma_c^{CM} = \gamma_{CM}\, \gamma_c^L - \eta_{CM}\, \eta_c^L \cos\theta_c^L , \quad (1.98)$$

$$\tan\theta_c^{CM} = \frac{\sin\theta_c^L}{\gamma_{CM}\left(\cos\theta_c^L - \frac{\beta_{CM}}{\beta_c^L}\right)} , \quad (1.99)$$

$$\sin\theta_c^{CM} = \frac{p_c^L}{p_c^{CM}} \cdot \sin\theta_c^L . \quad (1.100)$$

Gl. (1.96) drückt die Invarianz des Transversalimpulses bei relativistischen Transformationen aus.

d) Transformation des Wirkungsquerschnitts

Der totale Wirkungsquerschnitt ist als Fläche senkrecht zur Bewegungsrichtung definiert. Damit ist er relativistisch invariant (wie der Transversalimpuls). Für den differentiellen Wirkungsquerschnitt gilt

$$\left(\frac{d\sigma}{d\Omega}\right)^{CM} \cdot d\Omega^{CM} = \left(\frac{d\sigma}{d\Omega}\right)^{L} \cdot d\Omega^{L} . \quad (1.101)$$

1.7.4 Relativistisch invariante Größen

Die Skalarprodukte von Vierervektoren sind relativistisch invariant. Es empfiehlt sich, die Messungen in diesen Größen darzustellen. Je nach Anwendung kann man sie dann im Schwerpunkt- oder im Laborsystem ausdrücken.

Für die Reaktion Gl. (1.81) sind folgende drei relativistisch invariante "Mandelstam"-Variablen gebräuchlich:

$$s = (p_a + p_b)^2$$

1.7 Kinematik

$$t = (p_a - p_c)^2 \tag{1.102}$$
$$u = (p_a + p_d)^2 .$$

Wegen der Erhaltung des Viererimpulses gilt

$$s + t + u = m_a^2 + m_b^2 + m_c^2 + m_d^2 . \tag{1.103}$$

Die physikalischen Bedeutungen der Mandelstam Variablen sind:
s = Gesamtenergie^2 des Anfangszustands,
t = Viererimpulsübertrag^2 bei Teilchenaustausch im t-Kanal,
   = q^2

Für die Anwendung bei der tief-inelastischen Streuung siehe Kap. 4.4.2.

1.7.5 Kinematischer Fit an Meßergebnisse

Wir betrachten als Beispiel die Reaktion[9]

$$\bar{p} + p \to \pi^+ + \pi^- . \tag{1.104}$$

Alle $(E, \vec{p})$-Vierervektoren seien gemessen[10] ($\bar{p}$-Strahl: Impuls(betrag), Richtung, Teilchenart durch Cherenkovzähler oder Flugzeit, p: Im Target aus flüssigem Wasserstoff in Ruhe, π^+ und π^-: Messung von Richtung und Impuls in einer Blasenkammer oder einer Zähleranordnung mit Magnetfeld, Teilchenart durch Ionisation). Außerdem gelten Energie- und Impulserhaltung:

$$(E, \vec{p})_{\bar{p}} + (m_p, \vec{0})_p = (E, \vec{p})_{\pi^+} + (E, \vec{p})_{\pi^-} . \tag{1.105}$$

Das gibt vier Gleichungen und damit vier Zwangsbedingungen (*engl.* constraints, C) an die Meßergebnisse. Durch den 4C-Fit können die Meßergebnisse ausgeglichen (=verbessert) werden. Das ist wichtig z.B. bei der Suche nach schmalen Resonanzen im $\pi^+\pi^-$-System.

Im zweiten Beispiel nehmen wir die Reaktion

$$\pi^- + p \to \pi^+ + \pi^- + n . \tag{1.106}$$

Das Neutron kann nicht nachgewiesen werden. Mit Hilfe der Energie-Impuls-Erhaltung kann der $(E, \vec{p})_n$ Vierervektor des Neutrons bestimmt werden. Durch die Forderung

$$(E, \vec{p})_n^2 \stackrel{!}{=} m_n^2 \tag{1.107}$$

kann überprüft werden, ob das fehlende Teilchen ein Neutron ist oder ob die Reaktion z.B. $\pi^- p \to \pi^+\pi^-\pi^0 n$ war. Bei der Planung von Experimen-

---
[9]Antiteilchen werden durch Überstreichung gekennzeichnet
[10]Siehe Kap. 2.4

ten muß sichergestellt werden, daß die Meßgenauigkeit ausreicht, um eine solche Unterscheidung zu treffen.

1.7.6 Aufgaben

1.17. *Zeitdilatation:* Man berechne die Lebensdauer eines Myons von 100 GeV im Laborsystem. Man gebe γ an. Wie groß ist die die Lebensdauer im Ruhesystem des Myons.

1.18. *Lorentz-Invarianz:* Man beweise die Lorentz-Invarianz von $\underline{x}$.

1.19. *Kinematik einer Zwei-Körper-Reaktion:* Man berechne die Schwellenenergie (im Laborsystem) für die Reaktion $\pi^- p \to K^0 \Lambda^0$.

1.20. *Kinematik einer Zwei-Körper-Reaktion:* Man schreibe die Formeln für die Transformation $CM \to L$ für das Teilchen c der Reaktion $a + b \to c + d$ auf.

1.21. *Kinematik bei HERA:* Im ep-Speicherring HERA bei DESY (siehe Kap. 2.3.6 und 2.4.5) stoßen Protonen von 920 GeV auf Elektronen bzw. Positronen von 27.5 GeV frontal. Ein Ereignis $e + p \to e' + $ Jet $+ X$ wird aufgezeichnet (X = Rest von den Quarks des Protons, an denen die Reaktion *nicht* stattfand). Es werden gemessen: $E_{e'} = 34.15$ GeV, $\theta_{e'} = 1.42$ rad, $\varphi_{e'} = 2.58$ rad, $p_{x,\text{Jet}} = 28.53$ GeV, $p_{y,\text{Jet}} = -18.33$ GeV, $p_{z,\text{Jet}} = 31.08$ GeV. (NB! Das Koordinatensystem ist: z in Richtung der primären Protonen, x in der Ebene und y nach oben. φ wird entgegen dem Uhrzeiger von $+x$ aus gemessen, θ von $+z$.) a) Man berechne aus den Rohdaten des Jets den Impuls und die beiden Winkel. b) Man berechne die kinematischen Größen (siehe Kap. 4.4.2) Q^2, s, W, ν, x und y. c) Man zeige, daß der Transversalimpuls (innerhalb der Fehlergrenzen der Messung) erhalten wird.

1.8 Ausblick auf die Struktur der Materie

In Kap. 1.1 haben wir einen Überblick gegeben über die verschiedenen Ebenen der Materie vom Kristall bis zu den kleinsten, heute bekannten Teilchen. Die behandelten Teilgebiete der Materie erstrecken sich über mehr als 16 Größenordnungen der räumlichen Ausdehnung, die charakteristischen Zeiten für Abläufe haben eine noch größere Spannbreite. Das heutige Verständnis dieses breiten Spektrums von Erscheinungen beruht auf der Quantentheorie. Sie wurde zu Beginn des 20. Jahrhunderts bei der Erforschung der Atome entwickelt.

Die Erforschung der Struktur der Materie war zunächst vom Wunsch, auch Moleküle und Festkörper sowie die Bausteine der Atome physikalisch kennen zu lernen, ausgegangen. Es gibt aber auch zwei weitere, mächtige Triebkräfte:

1. die Hoffnung, physikalische Gesetze zu finden, die ähnlich der Quantenmechanik unser Verständnis der Natur grundlegend erweitern, und
2. die Entwicklung neuer Technologien zur Erleichterung des menschlichen Lebens.

Ersteres ist nur teilweise eingetroffen. In der Teilchenphysik wurden neue, tiefere Schichten der Materie gefunden und neue Arten von Wechselwirkungen zwischen den Teilchen. Die Beschreibung erfolgt mit Theorien, die auf Erweiterungen der Quantenmechanik (z.B. der Quantenelektrodynamik, der Quantenchromodynamik und der Quantenflavordynamik) beruhen, auch wenn viele Fragen noch offen sind. Dagegen hat uns das Verständnis der Festkörper viele Anwendungen geschenkt. Der Transistor ist dabei der Eckstein der Entwicklung. Ohne ihn wäre unser tägliches Leben anders.

2 Konzepte und Instrumente der Kern- und Teilchenphysik

Anhand der *geschichtlichen Entwicklung* werden zunächst wesentliche *Konzepte* der Kern- und Teilchenphysik eingeführt und die *Erfordernisse an die experimentellen Hilfsmittel* vorgestellt. Letztere sind *Teilchenbeschleuniger* und *Teilchendetektoren*.

2.1 Konzepte der Kernphysik (anhand der geschichtlichen Entwicklung)

Die Entdeckung der *Radioaktivität* (1896) brachte ein neuartiges Phänomen ans Tageslicht. Untersuchungen mit ihr führten zur Entdeckung des *Atomkerns* (1911). Nach Beobachtung der ersten künstlichen *Kernreaktion* (1919) und der Entdeckung des *Neutrons* (1932) war klar, daß *der Aufbau des Atomkerns* durch Protonen und Neutronen erfolgt. Die Bindung geschieht durch die *Kernkraft*. Die *Kernstruktur* und die *Reaktionsmechanismen* wurden verstanden. Untersuchungen des β-*Zerfalls* brachten die Entdeckung des Neutrinos und der Paritätsverletzung. Stürmische Fortschritte wurden durch die Entwicklung von *Teilchenbeschleunigern* und *Teilchendetektoren* ermöglicht. Für *technische Anwendungen* war die Entdeckung der *künstlichen Radioaktivität* und der *Kernspaltung* wichtig.

2.1.1 Von der Entdeckung der Radioaktivität bis zum Neutron

Im Jahre 1896 sah H. Becquerel, daß Urannitrat eine Fotoplatte schwärzte. Ein Jahr nach der Entdeckung der Röntgenstrahlen wurde beim Versuch, eine (falsche) Hypothese über deren Entstehung zu verifizieren, die Radioaktivität gefunden. Schon zwei Jahre später (1898) isolierte das Ehepaar Pierre und Marie Curie aus Pechblende (80% UO_2) das Radium, das stärker strahlte als Uran und das in den folgenden Jahrzehnten zur Strahlungsquelle par excellence wurde. Im Jahre 1899 fand E. Rutherford, damals noch in Montreal, daß die radioaktive Strahlung drei unterschiedliche Komponenten hatte: Die α-, β- und γ-Strahlung. Er konnte zeigen, daß α-Strahlen Heliumkerne sind und daß bei deren Emission Atome umgewandelt werden. Ferner fand er, daß die radioaktiven Elemente Zerfallsketten bilden.

Mit den α-Strahlen standen Teilchen zur Verfügung, die als Strahlenquelle für weitere Untersuchungen dienen konnten. Außerdem hatte sich die Meßtechnik weiterentwickelt. Die optische Beobachtung von Szintillationen, angeregt durch α-Teilchen (allgemein durch ionisierende Strahlung), an ZnS-Schirmen erlaubte die Messung einzelner Ereignisse. In den Jahren 1908–1911 streuten H. Geiger und E. Marsden im Labor von Rutherford (nun in Manchester) α-Strahlen an Goldfolien. Sie fanden eine charakteristische Winkelverteilung der gestreuten Teilchen. Rutherford deutete dies in seinem Atommodell (1911): Die Atome bestehen aus dem Kern, der elektrisch positiv geladen ist und praktisch die ganze Masse des Atoms enthält, und aus der Atomhülle mit den leichten, elektrisch negativen Elektronen.

Mit Rutherfords Entdeckung des Atomkerns waren die Bausteine für zwei Zweige der Physik des 20. Jahrhunderts gelegt: Der Atomphysik und der Kernphysik. Zunächst erfuhr die Atomphysik, die Physik der Elektronenhülle des Atoms, eine stürmische Entwicklung: Bohr wandte (1913) die Quantenvorstellung an und erklärte die Eigenschaften der Atomhülle. Krönung dieser Entwicklung war die Formulierung der Quantenmechanik durch E. Schrödinger und W. Heisenberg (1923/24). Dieses Gebäude wurde vollendet durch die Entdeckung des Spins der Elektronen (G. E. Uhlenbeck und S. Goudsmit, 1925) und des Ausschließungsprinzips (W. Pauli, 1925). Damit konnte das umfangreiche Beobachtungsmaterial von Atomspektren und Atomstrahlen verstanden werden.

Die Quantenmechanik bildet auch eine der Grundlagen der Kernphysik. Es mußte jedoch noch viel experimentelles Material gesammelt werden, bis man alle Elemente zum Verständnis gefunden hatte.

Unsere Kenntnis der stabilen (nicht radioaktiven) Kerne wurde ermöglicht durch das Massenspektrometer von J. J. Thomson (1911). Er fand damit die Isotope: Ein chemisches Element kann mehrere, unterschiedlich schwere Kerne haben. Mit einem verbesserten Massenspektrometer konnte A. W. Aston (1919) den Massendefekt messen. Dieser Effekt, die Abweichung des Atomgewichts von der Ganzzahligkeit, gab später die ersten Informationen über die Kernkräfte.

E. Rutherford beobachtete 1919 die erste künstliche Kernreaktion. Er konnte die Reaktion $^{14}N\,(\alpha, p)\,^{17}O$ eindeutig identifizieren. Er hatte eine reine α-Strahlquelle hergestellt, konnte zeigen, daß die Reaktion am Stickstoff erfolgt und daß die Reaktionsprodukte Protonen sind. Nach der Entdeckung der Radioaktivität und des Atomkerns war der nächste große Schritt der Kernphysik getan worden.

C. T. R. Wilson baute 1912 die erste Nebelkammer, die es erlaubte, die Spuren ionisierender Teilchen, z.B. der α-Strahlen, zu sehen und zu fotografieren. Es existiert ein eindrucksvolles Bild einer Nebelkammeraufnahme der von Rutherford beobachteten Kernreaktion.

Rutherford, nun in Cambridge, hatte schon seit Beginn der 20er Jahre vermutet, daß neben dem Proton auch ein elektrisch neutraler Kernbaustein existiert. Sonst wäre es schwierig gewesen zu verstehen, warum der Kern gegen die elektrische Abstoßung der Protonen zusammenhält. Bei der Beschießung von Beryllium mit α-Teilchen entstand eine Strahlung, die nicht ionisierend (d.h. elektrisch neutral) war und durchdringender als die bei ähnlichen Reaktionen gemessene γ-Strahlung. C. Chadwick konnte 1932 die Masse dieser Teilchen messen. Das Neutron als elektrisch neutraler Partner des Protons war gefunden.

2.1.2 Aufklärung der Kernstruktur und der Kernreaktionen

Mit der Entdeckung des Neutrons waren alle Bausteine beisammen, um die Struktur der Kerne zu verstehen. Es war sofort klar, daß der Kern aus Protonen und Neutronen aufgebaut ist, die durch eine vorher nicht bekannte Kraft, die Kernkraft, zusammengehalten werden. Sie ist für Proton und Neutron gleich. Heisenbergs Isospin-Formalismus (1932) beschreibt das theoretisch.

Mit den Neutronen stand nun den Kernphysikern ein weiteres Hilfsmittel zur Verfügung, um Kerne anzuregen und umzuwandeln. Im Jahre 1932 wurden weitere neue Instrumente eingeführt: Teilchenbeschleuniger. Im Labor von Rutherford bauten J. D. Cockroft und E. T. S. Walton den ersten Kaskadengenerator, konnten Protonen auf 700 keV beschleunigen

2.1 Konzepte der Kernphysik

und die Anregungsfunktion der Reaktion ^{7}Li (p, α) ^{4}He messen. Im selben Jahr bauten E. O. Lawrence und M. S. Livingston in Berkeley/California das erste Zyklotron und erreichten eine Energie von 1.2 MeV. Die Kernphysiklabors mußten jetzt Teilchenbeschleuniger haben, der Grundstein zur Großforschung war gelegt.

In den 20er und 30er Jahren hat auch die Technik der Teilchendetektoren große Fortschritte gemacht. Während die Ionisationskammer nur Teilchenflüsse messen kann, war es mit Instrumenten wie dem Geiger-Müller-Zählrohr (1928) möglich, einzelne Teilchen oder γ-Quanten nachzuweisen. Auch der Szintillationsschirm hatte dies schon ermöglicht, konnte damals aber nur im abgedunkelten Zimmer mit dem Auge beobachtet werden. Das Zählrohr gibt direkt ein elektrisches Signal, das mit Elektronik weiterverarbeitet werden kann. Seit W. Bothe 1922 die erste Koinzidenzanordnung zur Messung der Gleichzeitigkeit zweier Zählersignale gebaut hatte, sind Elektronik und kernphysikalische Meßtechnik untrennbar miteinander verbunden.

Dank der technischen Hilfsmittel (Teilchenbeschleuniger, Neutronenaktivierung und Nachweistechnik mit Elektronik) hat sich das Wissen stark erweitert. Wesentliche Ergebnisse waren: Im Jahre 1934 fand das Ehepaar Joliot-Curie die künstliche Radioaktivität. Ein breites Erfahrungsmaterial über angeregte Zustände der Kerne, die durch die Zerfälle der künstlich radioaktiven Kerne bevölkert wurden, war zugänglich. Bei Experimenten mit Teilchenbeschleunigern wurden Resonanzen in den Anregungsfunktionen der Kernreaktionen gefunden. N. Bohr erkannte sie (1936) als angeregte Zustände des Zwischenkerns, der aus den beiden Teilchen des Anfangszustandes (Target und Projektil) gebildet wird. G. Breit und E. Wigner entwickelten eine quantenmechanische Theorie der Resonanzreaktionen. Schließlich fanden O. Hahn und F. Straßmann (1939) die Kernspaltung: Das Uranisotop ^{235}U wird durch Neutronen in zwei Bruchstücke gespalten, wobei neben 200 MeV Energie im Mittel zwei Neutronen frei werden (O. R. Frisch), die eine Kettenreaktion ermöglichen. Dann begann der Zweite Weltkrieg und unterbrach die friedliche Entwicklung der Wissenschaft.

Der Krieg erwies sich als Antriebskraft für die Entwicklung der Kernphysik. Bei der Uranspaltung wird pro Masse tausendmal mehr Energie frei als bei chemischen Reaktionen. Beide Seiten, die USA und Deutschland, erkannten dies und begannen auf diesem Gebiet im "Manhattan Project" bzw. im "Uran Projekt" zu arbeiten. Weiter von Bedeutung waren nur die Arbeiten in den USA. Im Jahre 1942 lief unter der Leitung von E. Fermi der erste Kernreaktor, der die Erzeugung hoher Neutronenflußdichten ermöglichte. Am 6. August 1945 explodierte über Hiroshima eine Atombombe. Viele Wissenschaftler, die sich aus Angst vor dem nationalsozialistischen Deutschland am Bau der Atombombe beteiligt hatten, setzten sich in den folgenden Jahren für ein friedliches Zusammenleben der Völker und der Menschen ein.

Nach dem Krieg begann, hauptsächlich in den USA, eine stürmische Entwicklung der Kernphysik als Wissenschaft. Die technischen Hilfsmittel waren, oft durch die Anstrengungen des "Manhattan Projects", wesentlich verbessert. Kernreaktoren standen als intensive Neutronenquellen zur Verfügung. Die Teilchenbeschleuniger wurden aufgrund der Erfahrungen in der Hochfrequenztechnik wegen der Radarentwicklung wesentlich verbessert, sowohl in der Intensität als auch in der Beschleunigerenergie. In der Meßtechnik kam zum Zählrohr um 1950 der NaJ-Szintillationszähler hinzu, der erstmals gestattete, γ-Quanten mit hoher Nachweiswahrscheinlichkeit zu spektroskopieren. Die Energieauflösung der γ-Spektroskopie wurde in den 60er Jahren nochmals durch die Festkörperzähler verbessert. Zur Auswertung der Experimente standen Rechner zur Verfügung, und um 1970 kamen die Online-Rechner zur Datennahme hinzu.

Diese Hilfsmittel erlaubten in den Jahren seit 1945 eine systematische Erforschung der Eigenschaften der Kerne und Kernreaktionen. Es wurden Kernmodelle entwickelt, die jeweils einzelne, unterschiedliche Aspekte der Kerneigenschaften beschreiben konnten. Das erste Kernmodell war das Tröpfchenmodell, mit dem H. Bethe und C. F. von Weizsäcker (unabhängig voneinander) noch vor dem Krieg Regelmäßigkeiten der Bindungsenergie der Kerne verstehen konnten. Eine Weiterentwicklung des Kollektivmodells der Kerne durch A. Bohr und B. Mottelson (1952) führte zum Verständnis des elektrischen Quadrupolmomentes der Kerne und gewisser angeregter Zustände. Das Einteilchenmodell des Kerns, das die Bewegung eines "Leuchtnukleons" im Potential der übrigen Nukleonen des Kerns betrachtet, wurde von M. Goeppert-Mayer und O. Haxel, J. H. D. Jensen und H. E. Suess 1949/50 entwickelt und beschreibt viele Kerneigenschaften durch die Schalenstruktur. Die Schwierigkeit einer systematischen Theorie der Kerne ist, daß man wohl die Bausteine, die Protonen und die Neutronen, kennt, die Kraft zwischen ihnen aber sehr viel weniger, insbesondere, da diese im Kern durch die Gegenwart der anderen Nukleonen beeinflußt wird. K. A. Brückner hat 1955 eine Theorie der Kernmaterie aufgestellt, die, ausgehend vom strengen Ansatz, das Schalenmodell als Näherungslösung herleitet.

Auch das Verständnis der Kernreaktionen hat sich nach dem Krieg weiterentwickelt. Während die Resonanzen im Wirkungsquerschnitt bereits vor

2.1 Konzepte der Kernphysik

dem Krieg aufgeklärt worden waren, wurden in den 50er Jahren die direkten Reaktionen verstanden. Bei Energien oberhalb der Resonanzerscheinungen bewährt sich das optische Modell. Bei sehr hohen Energien reagieren die Projektile nur mit einem Nukleon. Am deutlichsten wird dies bei den "Stripping"-Reaktionen, bei denen das primäre Deuteron das Neutron an den Kern abgibt (1951). Seit den 70er Jahre hat sich das Interesse der Kernphysiker mehr und mehr auf Schwerionenreaktionen verlagert. Das Ziel ist die Suche nach dem "Quark-Gluon-Plasma", dessen Existenz die Quantenchromodynamik (siehe Kap. 4.5) verlangt. Die Teilchenphysik, ein Kind der Kernphysik, gibt dieser neue Impulse.

In zunehmendem Maße wurden Anwendungen der Kernphysik bedeutend. Zum Zwecke der Energieerzeugung durch die kontrollierte Kernspaltung wurden Kernreaktoren entwickelt. Im Herbst 1956 gab in Calder Hall/England der erste Kernreaktor in industriellem Maßstab 90 MW Energie an das öffentliche Stromnetz ab. Heute bewährt sich der Leichtwasserreaktor mit gering angereichertem Uran als Standardtyp. Jedoch sind die Probleme des Brennstoffkreislaufs noch nicht gelöst. Umfangreich sind die Anwendungen der kernphysikalischen Meßtechnik. Aus Untersuchungen über die Gefahr radioaktiver Verseuchungen ist schließlich die Umweltforschung entstanden. Meßmethoden der Kernphysik werden in Forschung und Industrie in den verschiedensten Gebieten eingesetzt. Nicht zu vergessen sind die Anwendungen in der Medizin für Diagnose und Therapie. Wegen der Strahlenschäden wird hier mehr und mehr vor mißbräuchlichem Einsatz gewarnt.

In der historischen Entwicklung stand der β-Zerfall immer etwas abseits von der eigentlichen Kernphysik, in seiner Bedeutung für unsere Kenntnis der Naturgesetze ist er ihr jedoch mindestens ebenbürtig, wenn nicht sie überragend. In den 20er Jahren wurde gefunden, daß das Elektron nicht die ganze, beim β-Zerfall freiwerdende Energie trägt. Eine Zeitlang wurde an der Gültigkeit des Energiesatzes im atomaren Bereich gezweifelt. Schließlich hat W. Pauli im Jahre 1930 postuliert, daß neben dem Elektron noch ein, damals unbeobachtetes, Teilchen, das Neutrino, emittiert wird, womit der Energiesatz gerettet ist. Mit dieser Hypothese hat dann E. Fermi 1934 eine quantitative Theorie des β-Zerfalls aufgestellt, die nach kriegsbedingter Unterbrechung 1948 von C. S. Wu et al. bestätigt wurde. Im Jahr 1956 gelang F. Reines und C. L. Cowan der direkte Nachweis des Neutrinos. Neben der Entdeckung des Neutrinos als Elementarteilchen hielt der β-Zerfall eine weitere Überraschung für die Physiker bereit. Im Jahr 1957 wurde die Paritätsverletzung des β-Zerfalls gefunden: Bei der Erzeugung des Elektrons und des Neutrinos beim β-Zerfall sind diese longitudinal polarisiert. Das erste Experiment wurde von C. S. Wu et al.

(1957) durchgeführt (Asymmetrie bei der γ-Emission polarisierter Kerne). Messungen der longitudinalen Elektronenpolarisation (1957) zeigten die maximale Paritätsverletzung. Damit gilt eine Symmetrieeigenschaft, die Invarianz der Naturgesetze bei räumlicher Spiegelung, beim β-Zerfall, im Gegensatz zu den anderen Wechselwirkungen, nicht. Der Effekt war von T. D. Lee und C. N. Yang 1956 nach einer Analyse der Zerfälle von K-Mesonen vorhergesagt worden.

Damit ist schon gesagt, daß die Kernphysik ein neues Gebiet der Physik, die Hochenergie- oder (Elementar-) Teilchenphysik, hervorgebracht hat. Im Jahre 1935 stellte H. Yukawa eine Theorie der Kernkräfte in Analogie zu Fermis Theorie des β-Zerfalls auf. Die Kernkraft sollte durch den Austausch eines Teilchens, des Pions, vermittelt werden. Die Entdeckung des Pions in der kosmischen Strahlung im Jahre 1947 ist die Geburtsstunde der Teilchenphysik.

Eine Folgerung aus der kernphysikalischen Forschung und ihrer technischen Nutzung ist von eminenter Bedeutung für die Welt. Die Entwicklung der Atombombe nach dem ersten Abwurf im Zweiten Weltkrieg hat erstmals in der Menschheitsgeschichte die Vernichtung des Menschengeschlechts, wenn nicht des Lebens auf der Erde, ermöglicht. Man hat erkannt, daß die Menschheit, und die Physiker und Naturwissenschaftler zuvorderst, neue ethische Verhaltensnormen für unsere Zeit entwickeln müssen. Der sowjetisch-amerikanische Vertrag über das Verbot überirdischer Kernwaffenversuche im Jahre 1963 war ein erster, dringend benötigter Erfolg. Weitere Bemühungen und Erfolge sind gefolgt und müssen weiterentwickelt werden (naturwissenschaftlich-technische Friedensforschung).

2.2 Konzepte der Teilchenphysik (anhand der geschichtlichen Entwicklung)

> Kernphysik und kosmische Strahlung als Vorläufer haben die Begriffe *Teilchen* und deren *Wechselwirkungen* eingeführt und eine Klassifikation ermöglicht. In der Periode 1947–1974 konnte nach der Entdeckung des *Pions* eine *Systematik der Hadronen* erstellt werden. Sie führte zur Vorstellung, daß *Quarks* die Bausteine der Hadronen sind. Die *QED* (Quantenelektrodynamik) wurde als konsistente Theorie der elektromagnetischen Wechselwirkung aufgestellt. Die Phänomenologie der *schwachen Wechselwirkung* wurde gefunden. Experimente zur *tief-inelastischen Streuung* von Elektronen, Myonen und Neutrinos an Nukleonen (ab 1968) wiesen auf eine Substruktur der Nukleonen, die *Partonen*, hin. Detaillierte Untersuchungen zeigten, daß diese den Spin und die elektrische Ladung der Quarks haben. Seit 1974 wurden *schwere Quarks* experimentell entdeckt. Die *QCD* (Quantenchromodynamik) erklärt die starke Wechselwirkung zwischen Quarks durch den Austausch von *Gluonen*. Ihre Existenz wird durch *Quark-* bzw. *Gluon-Jets* nachgewiesen. Nach Entdeckung der *neutralen Ströme* der schwachen Wechselwirkung (1973) konnte die elektromagnetische und die schwache Wechselwirkung in der *elektroschwachen Wechselwirkung* vereinheitlicht werden. Die Entdeckung der *schweren intermediären Bosonen* $W^{\pm}$ und Z^0 war der letzte experimentelle Beweis. Es wurden 6 *Quarkflavor* gefunden, die die starke Wechselwirkung tragen. Daneben gibt es 6 *Leptonen*, Verwandte des Elektrons und des Neutrinos. Sie haben keine starke Wechselwirkung. Die Experimente wurden durch den Bau großer *Teilchenbeschleuniger*, insbesondere von *Speicherringen* ermöglicht. Die *Teilchendetektoren* erlauben komplexe Ereignisse zu beobachten, deren Daten mit Rechnern aufgezeichnet und analysiert werden.

Die Geschichte der Teilchenphysik läßt sich in drei Perioden einteilen: Die Vorläufer, die Teilchenphysik der Hadronen (1947–1974) und die Teilchenphysik der Quarks (seit 1974).

2.2.1 Die Vorläufer und ihre Resultate

Das erste Teilchen[1], das entdeckt wurde, war das Elektron. J. J. Thomson am Cavendish Laboratory in Cambridge/England experimentierte 1897 mit Kathodenstrahlen. Er lenkte den Strahl durch ein elektrisches Feld ab und führte ihn durch ein Magnetfeld in die ursprüngliche Richtung zurück. Das erlaubt eine Differenzmessung und damit höhere Genauigkeit. Der Nachweis erfolgte mit einem Leuchtschirm. Er konnte e/m der Kathodenstrahlen auf $\sim 5\%$ messen[2]. Er variierte das Gas, verwendete verschiedene Kathodenmaterialien und erhielt immer dasselbe Ergebnis. Die Kathodenstrahlen waren Elektronen[3], die Elektrizität war an Teilchen gebunden. Im selben Jahr wurden die Experimente unabhängig von W. Kaufmann in Berlin und von E. Wiechert in Königsberg gemacht. Durchgesetzt hat sich die Arbeit von Thomson, der in seinem Labor systematisch vorging (Anfang der Großforschung). So hat 1897 sein Schüler E. Rutherford bei der Radioaktivität die α- und β-Strahlen getrennt (letztere sind Elektronen!). Auch 1897 hat K. F. Braun das erste Oszilloskop gebaut, den Vorläufer der Fernsehröhre. Das Elektron und seine Nutzung in der Technik sind die Basis der Industrie des 20sten Jahrhunderts.

Die Teilchenphysik ist aus der Kernphysik hervorgegangen. Viele Kenntnisse stammen aus der Beobachtung der kosmischen Strahlung (1913 von V. Hess entdeckt), einer Strahlung, die von außen auf die Erde trifft und sehr hochenergetische Teilchen enthält. Die Abstammung von der Kernphysik ist zunächst am Instrumentarium sichtbar, an den Teilchenbeschleunigern mit Energien größer als 200 MeV und Weiterentwicklungen der Teilchendetektoren. Auch hat die Teilchenphysik die Fragestellung nach den kleinsten Teilchen der Materie weitergeführt.

Die Kernphysik untersuchte u.a. die Wechselwirkung der γ-Strahlung mit Materie, die im wesentlichen mit den Elektronen der Atome erfolgt. Das führte zur Quantenelektrodynamik (QED), der Theorie der Wechselwirkung zwischen Elektronen und γ-Quanten. Die elektromagnetische Wechselwirkung zwischen zwei Elektronen geschieht, indem die beiden Elektronen ein γ-Quant als Bindeteilchen austauschen. Die Vorstellung, daß Kräfte zwischen Teilchen durch den Austausch von Bindeteilchen ver-

---

[1] Zum Wort "Teilchen": Mit der Entdeckung des Pions und weiterer Hadronen war klar, daß es nach den Atomen und den Nukleonen eine noch tiefere Schicht der Materie gibt. Man nannte sie "Elementarteilchen". Dann wurden die Quarks als Bausteine der Hadronen gefunden. Seither spricht man von "Teilchen". Das umfaßt sowohl die Hadronen als auch die Quarks ebenso wie die Leptonen und die Bindeteilchen.
[2] Heutiger Wert: $\frac{e}{m} = 1.7588028(54) \cdot 10^{11} \frac{C}{kg}$, d.h. mit einer Genauigkeit von $3 \cdot 10^{-4}\%$
[3] von Thomson "Korpuskeln" genannt.

2.2 Konzepte der Teilchenphysik

mittelt werden, ist grundlegend für die Teilchenphysik. Die QED beruht auf der Dirac'schen Wellengleichung für das Elektron (1928). Diese sagt die Existenz von Antiteilchen voraus, die dieselben Eigenschaften wie die Teilchen haben sollen, jedoch eine elektrische Ladung mit umgekehrtem Vorzeichen. Im Fall des negativ geladenen Elektrons (e^-) hat also das Antiteilchen, Positron (e^+) genannt, positive elektrische Ladung. Es war ein Triumph dieser ersten Theorie einer Wechselwirkung zwischen Teilchen, der QED, daß C. D. Andersen im Jahre 1932 das Positron mit einer Nebelkammer in der kosmischen Strahlung fand.

Fermi hat die Ideen der QED erfolgreich auf den β-Zerfall angewandt (1934).

Die Kernbausteine Proton und Neutron sind die am längsten bekannten "Teilchen" mit der "starken" Wechselwirkung. Ein wichtiger Anstoß war die Überlegung von H. Yukawa (1935), die Kernkraft durch den Austausch eines Bindeteilchens zu erklären. Um deren kurze Reichweite zu verstehen, muß dieses Bindeteilchen (π-Meson oder Pion genannt) 270mal schwerer als das Elektron sein. Mit der Entdeckung der Pionen in der kosmischen Strahlung (1947 durch C. F. Powell und Mitarbeiter) mit Hilfe von Photoplatten begann die Teilchenphysik, ein eigenständiges Wissensgebiet zu werden. Kurz darauf erfolgte die Beobachtung der Pionen an Teilchenbeschleunigern (an der University of California in Berkeley/USA).

Vor der Entdeckung des Pions wurde jedoch 1937 (C. D. Andersen et al.) in der kosmischen Strahlung ein Teilchen mit der 200fachen Elektronenmasse (das Myon, μ) entdeckt. Es hat detaillierter Studien bedurft um zu verstehen, daß es sich dabei nicht um das von Yukawa postulierte Pion handelte, sondern um ein "schweres Elektron". Das Myon verhält sich wie das Elektron, nur ist es schwerer.

Erst nach 1947 – jedoch im Arbeitsstil der Höhenstrahlphysiker – wurden anfangs der 50er Jahre in der kosmischen Strahlung mit Photoplatten einige "seltsame Teilchen" gefunden, die durch V-förmige Spuren charakterisiert waren (Zerfall eines neutralen Teilchens in zwei geladene). Die seltsamen Teilchen haben in den 50er Jahren wichtige Anstöße zum Verständnis der "Hadronen" gegeben.

Zusammenfassend läßt sich sagen, daß die Teilchenphysik von den Vorläufern neben den experimentellen Entdeckungen bereits die wichtigsten Begriffe übernehmen konnte. Es sind dies:

1. Die Teilchen und ihre Klassifikation (siehe Tabelle 2.1).
2. Die Wechselwirkungen zwischen den Teilchen (siehe Tabelle 2.1).
3. Die Gültigkeit der Quantenmechanik im Bereich der Teilchen.

Tab. 2.1 Klassifikation der Teilchen und ihrer Wechselwirkungen (mit Beispielen nach dem Stand von ca. 1950)

Teilchen	
Leptonen	e^-, ν, μ^- und Antiteilchen
Hadronen	
Mesonen	$\pi^\pm, \pi^0, K^\pm, K^0$
Baryonen	$p, n, \Lambda^0, \Sigma^\pm$
Bindeteilchen	γ (für die em Wechselwirkung)
Wechselwirkungen (WW)	
elektromagnetisch (em)	zwischen geladenen Teilchen
stark (st)	zwischen Hadronen
schwach (schw)	Leptonen und Hadronen beteiligt
Gravitation	zwischen Massen

Zur Klassifikation der Teilchen: Hadronen sind Teilchen, die der starken Wechselwirkung unterliegen, Leptonen haben schwache und, falls sie geladen sind, elektromagnetische WW. Die Photonen haben nur elektromagnetische WW. Bei den Hadronen muß man unterscheiden zwischen Baryonen, die einen halbzahligen Spin tragen, und den Mesonen mit ganzzahligem Spin. Für die Baryonenzahl gilt ebenso wie für die elektrische Ladung ein Erhaltungssatz. Die Kaonen (K) und die Hyperonen (Λ^0, sprich: Lambda-null, und Σ, sprich: Sigma) sind seltsame Teilchen.

Wodurch ist ein Teilchen charakterisiert? Oberflächlich durch seine Masse; wichtiger aber sind die Quantenzahlen, die ein Teilchen eindeutig beschreiben. Elektrische Ladung und Baryonenzahl wurden erwähnt, wir werden in Kap. 4.2 weitere Quantenzahlen kennenlernen, z. B. die "Seltsamkeit" der seltsamen Teilchen.

Das Wort "Wechselwirkung" ist eine Erweiterung des Ausdrucks "Kraftwirkung". Kräfte ändern die Bewegung von Körpern. In der Kern- und Teilchenphysik bedeutet das die Streuung von Teilchen (z.B. $\gamma + e^- \rightarrow \gamma' + e^{-'}$; γ, e^-: einfallende Teilchen, $\gamma', e^{-'}$: gestreute Teilchen mit anderer Richtung und Energie). Wechselwirkung beinhaltet aber auch die Ursache für den Übergang zwischen verschiedenen Zuständen (z.B. $A^* \rightarrow A + \gamma$; A^*: angeregtes Atom, A: Atom im Grundzustand) und für Teilchenzerfälle (z.B. $\Lambda^0 \rightarrow p + \pi^-$). Die Wechselwirkungen werden charakterisiert durch ihre Stärke, die die Häufigkeit von Teilchenreaktionen bzw. die Wahrscheinlichkeit für den Teilchenzerfall festlegt. Wichtiger sind jedoch auch hier Erhaltungssätze. Z.B. wird bei der starken Wechselwirkung die Seltsamkeit S erhalten, während bei schwachen Reaktionen $\Delta S = \pm 1$ möglich ist. Die schwache WW ist, wie ihr Name besagt, sehr selten und kann nur beobachtet werden, wenn die elektromagnetische und die starke WW aufgrund von Erhaltungssätzen verboten sind. Die Gravitation ist die am längsten bekannte Kraft (Newton, 1687). Sie spielt jedoch in der Kern- und Teilchenphysik keine Rolle, weil die Teilchen viel zu leicht sind.

Die Prozesse der Kern- und Teilchenphysik sind, ebenso wie die der Atomphysik, statistische Vorgänge. Es sind quantenmechanische Gesetze anzuwenden. Als prinzipiell neuartige Erscheinung kommt in der Teilchenphysik hinzu, daß Teilchen erzeugt und vernichtet werden. Bei Kernreaktionen bleiben die Bausteine der Kerne erhalten, sie lagern sich nur um. In der Teilchenphysik dagegen können Teilchen entstehen (z.B. $\pi^- + p \to \pi^+ + \pi^- + n$) oder zerfallen (wie der erwähnte Λ^0-Zerfall). Die Quantenfeldtheorie liefert den theoretischen Rahmen zur Beschreibung der Erzeugung und Vernichtung von Teilchen. Ein Teilgebiet, die Quantenfeldtheorie der elektromagnetischen Wechselwirkung, Quantenelektrodynamik (QED) genannt, wurde in ihren Grundzügen noch in den 30er Jahren entwickelt und konnte viele Beobachtungen richtig beschreiben.

2.2.2 Teilchenphysik der Hadronen

Im Jahr 1947 wurde die Teilchenphysik durch zwei Fortschritte ein eigenständiges Gebiet: Experimentell wurde das Pion entdeckt und theoretisch gelang die Renormierung der QED (Kap. 4.1). Damit stand erstmals eine konsistente Theorie für ein Gebiet der Teilchenphysik zur Verfügung. Sie wurde zum Vorbild einer Theorie der Elementarteilchen und ihrer Wechselwirkungen.

Die Entwicklung unserer Kenntnisse der Teilchen hängt ganz entscheidend vom Fortschritt der Beschleunigertechnik ab. Es standen Teilchenbeschleuniger immer größerer Energie zur Verfügung, und nicht umsonst wird die Teilchenphysik (Gegenstand der Forschung) oft auch Hochenergiephysik (wesentliches Kennzeichen ihres Instrumentariums) genannt. Die meisten Informationen haben wir von Protonenbeschleunigern. Es lassen sich vier Generationen erkennen: Die ersten Beschleuniger der Teilchenphysik waren Synchrozyklotrons mit Energien bis zu 600 MeV und dienten zur Erzeugung von Pionen und der Erforschung ihrer Eigenschaften. Der nächste Schritt war der Bau von Synchrotrons, von denen insbesondere das Bevatron (Berkeley/CA, USA) mit 6 GeV Energie erwähnt werden muß. Nach der Erfindung des Prinzips der starken Fokussierung bei Synchrotrons wurden Maschinen mit 30 GeV gebaut (insbesondere in Brookhaven /NY, USA, und beim Europäischen Gemeinschaftslabor CERN in Genf). Diese Linie fand ihren Abschluß mit Protonensynchrotrons von 400 bzw. 1000 GeV beim CERN bzw. dem Fermi National Accelerator Laboratory (FNAL) in der Nähe von Chicago /IL, USA. Der Schritt in neue Beschleunigerprinzipien wurde für Protonenbeschleuniger mit dem Proton-Proton-Speicherring ISR von CERN (1970) mit Schwerpunktsenergien bis zu $2 \cdot 30$ GeV getan. Zur Beschleunigung von Elektronen wurden Synchrotrons mit Energien von 1.6 bis 12 GeV gebaut oder Linearbeschleuniger bis zu 50 GeV. Im nächsten Paragraphen wird über weitere Entwicklungen zu berichten sein.

Während dieser Periode der Teilchenphysik waren die Blasenkammern das Arbeitspferd bei den Teilchendetektoren, weil sie den gesamten Raumwinkel überdecken und die Impulse aller (geladenen) Teilchen zu messen gestatten. Zählerexperimente wurden für spezielle Reaktionen, meist mit wenigen Teilchen im Endzustand, eingesetzt. Ihr Vorteil war die Möglichkeit, hohe Teilchenraten verwenden zu können (und das ist bei seltenen Reaktionen wichtig) sowie die Möglichkeit der Teilchenidentifikation (Unterscheidung, ob es sich z.B. um Pionen oder Kaonen handelt). Erst in den 70er Jahren hat die Detektortechnik den Bau von Zähleranordnungen mit Magnetfeld und vollem Raumwinkel erlaubt.

In der Zeit von 1947–1974 wurde ein enormes Erfahrungsmaterial über Hadronen gesammelt. Statt der wenigen Hadronen, die die Vorläufer schon beobachtet hatten, sind am Ende ca. 170 in den Tabellen verzeichnet (ohne Antiteilchen). Es war möglich, in dieser Vielfalt eine Systematik zu finden. Teilchen unterscheiden sich oft nur durch Quantenzahlen, die für die starke Wechselwirkung unwesentlich sind, weil sie nicht von ihnen abhängt (z.B. Streuung von π^+- und π^--Mesonen an Protonen). Dadurch können Teilchen zu Multipletts zusammengefaßt werden. Dann hat man gefunden, daß man die Vielfalt der Teilchen sehr leicht und anschaulich erklären kann, wenn man annimmt, daß die *Hadronen* aus *Quarks* (und Antiquarks) *aufgebaut* sind. Es gibt drei verschiedene Quarks, die Up-, Down- und Strange-Quark genannt werden (wegen der Analogie des Formalismus zur Theorie des Spins). Die Mesonen bestehen aus einem Quark und einem Antiquark, deren Spin (je 1/2) parallel oder antiparallel stehen kann und die noch Bahndrehimpuls haben können. Die Baryonen bestehen aus drei Quarks. Es wurden keine Hadronen beobachtet, die sich nicht so aufbauen lassen. Die Quarks sollten jedoch drittelzahlige Ladungen haben ($+(2/3)\,|e|$, bzw. $-(1/3)\,|e|$, e = Elementarladung). Trotz vieler Versuche sind Quarks (mit drittelzahliger Ladung) nie frei beobachtet worden.

2.2 Konzepte der Teilchenphysik

Das Quarkmodell hatte aber seinen Platz zumindest als heuristisches Modell der Hadronen. Es sollte sich später herausstellen, daß die Quarks eine neue Schicht der Materie darstellen – ein wesentlicher Schritt in unserer Kenntnis der Struktur der Materie war getan.

Die Experimente über den Mechanismus von hadronischen Reaktionen haben erlaubt, phänomenologische Modelle aufzustellen. Diese haben jedoch nicht zu neuartigen Kenntnissen geführt.

Dagegen haben Messungen zur Elektronenstreuung an Protonen neue Gesichtspunkte des Quarkmodells erhellt. Elektronenstreuung bei niedrigen Energien gestattete die Messung der Ausdehnung des Protons. Der mittlere Radius ist $r_p \approx 0.8$ fm. Andererseits haben Versuche bei hohen Energien gezeigt, daß das Proton aus punktförmigen Konstituenten, den Partonen besteht. Eine detaillierte Analyse der Experimente ergibt, daß die Partonen mit den Quarks mit drittelzahliger Ladung identisch sind. Es trat jedoch ein Rätsel (im Verständnis der damaligen Zeit) zum Quarkmodell der Hadronen auf. Die Konstituenten-Quarks wurden nie frei beobachtet, sie sind in den Hadronen stark gebunden. Die Partonen-Quarks der tief-inelastischen Leptonstreuung verhalten sich jedoch wie freie Teilchen. Dieser Widerspruch sollte später zur konsistenten Theorie der starken Wechselwirkung führen.

Experimente zur elektromagnetischen WW haben die QED immer wieder bestätigt, und zwar in zwei Richtungen: Genauigkeit (höhere Ordnungen der Störungsrechnung) und höhere Energien (Gültigkeit der Grundannahmen der QED wie Punktförmigkeit des Elektrons und verschwindende Ruhemasse des Photons).

Die Arbeiten zur schwachen Wechselwirkung verliefen in zwei Richtungen: Zunächst wurden die schwachen Zerfälle der Elementarteilchen untersucht. Dann war es an den 30 GeV Beschleunigern möglich, Neutrinostrahlen zu erzeugen (1962). Damit konnten erstmals Reaktionen der schwachen Wechselwirkung im Experiment erzeugt werden. Die herausragenden Ergebnisse waren: Die Messungen des Zerfalls des Myons bestätigten die Fermi-Theorie der schwachen WW. Die Paritätsverletzung der schwachen WW, d.h. daß bei ihr longitudinal polarisierte Fermionen beteiligt sind, wurde bei allen Zerfällen und Reaktionen gefunden. Die Zerfälle der seltsamen Teilchen führten zu einem tieferen Verständnis der Universalität der schwachen Wechselwirkung. Bei Zerfällen der K^0-Mesonen wurde die Verletzung der Quantenzahl CP gefunden (1964), ein bis heute unverstandenes Phänomen. Die erste große Entdeckung der Experimente mit Neutrinostrahlen war, daß es zwei unterschiedliche Neutrinos gibt: Eines, das mit dem Elektron zusammen vorkommt (ν_e), und eines, das mit dem

Myon assoziiert ist (ν_μ).

2.2.3 Teilchenphysik der Quarks (seit 1974)

Eine neue Ära der Teilchenhysik begann im November 1974 mit der unerwarteten Entdeckung des J/ψ-Hadrons. Zwei Experimente fanden unabhängig voneinander gleichzeitig dieses schwere Elementarteilchen (3.1 GeV Masse), das wesentlich länger lebte als aus der Systematik der bekannten Hadronen zu erwarten war. Knapp drei Jahre später (1977) wurde ein noch schwereres, langlebiges Hadron bei 9.46 GeV gefunden. Die Erklärung ist, daß es sich um Hadronen handelt, die aus neuen Quarks, dem vierten und dem fünften (genannt das Charm- (c) bzw. das Bottom-Quark (b)), aufgebaut sind. Die Teilchenphysik ist damit von der Physik der Hadronen zur Physik der Quarks fortgeschritten.

Das gilt nicht nur für die Entdeckung neuer Quarks, sondern auch für die experimentelle Festigung des Quarkmodells und insbesondere für die Formulierung einer konsistenten Quantenfeldtheorie der starken Wechselwirkung, der Quantenchromodynamik (QCD). Über weite Strecken ist sie analog der QED. Bei dieser ist der elementare Prozeß die Emission bzw. die Absorption eines Photons durch ein Elektron. In der QCD sind die Quarks die einfachen Bausteine, die Bindeteilchen werden "Gluonen" genannt. In der QED erfolgt die Kopplung des Photons an das Teilchen aufgrund dessen elektrischer Ladung. Deren Stelle nimmt in der QCD eine neue Eigenschaft, die "Farbe", ein. Es war schon beim Studium des Quarkmodells der Hadronen gefunden worden, daß die Quarks in drei verschiedenen Farben vorkommen. Während das Photon elektrisch neutral ist, trägt das Gluon die starke "Farbladung". Wie die Quarks treten auch die Gluonen nicht frei auf. Beide können jedoch indirekt durch ihre Jets beobachtet werden. Bausteine und Vorhersagen der QCD sind experimentell verifiziert. Wegen des Umstands, daß Gluonen Farbladung tragen, ist die starke Kopplungskonstante energieabhängig (während die elektromagnetische Ladung konstant ist). Die Energieabhängigkeit der starken WW ist so, daß sie bei kleinen Energien groß ist. Das ist der Fall bei der Bindung der Quarks in Hadronen. Bei großen Energien wird sie klein, die Quarkpartonen der Elektronenstreuung sind bei hohen Energien im Proton quasifrei. Der scheinbare Widerspruch über die Quarks, der in den Jahren bis 1974 aufgetreten war, hatte seine Lösung gefunden.

Wesentliche Untersuchungen zur QCD wurden an Elektron-Positron-Speicherringen durchgeführt. Durch den Stoß entgegengesetzt laufender e^+ und e^- erreicht man höhere nutzbare Energien als bei Verwendung ei-

2.2 Konzepte der Teilchenphysik

nes ruhenden Targets. Jedoch ist eine Speicherung der Teilchenstrahlen nötig, um brauchbare Reaktionsraten zu erhalten. Beim e^+e^--Stoß entsteht zunächst ein γ-Quant, die Erzeugung der primären Quarks erfolgt erst in einem zweiten Schritt (diese hadronisieren dann in Jets von Hadronen). Mit dem γ-Quant steht ein einfacher Anfangszustand für die Quarkpaarerzeugung zur Verfügung, die Prozesse lassen sich leicht berechnen. Es sind fünf Generationen von e^+e^--Speicherringen nach ihren Schwerpunktsenergien E_{cm} zu verzeichnen:
1. $E_{cm} \leq 1.5$ GeV (Untersuchung von Mesonen aus leichten Quarks) in Orsay/F, Novosibirsk/Rußland und Frascati/I,
2. $E_{cm} \sim 3-7$ GeV (J/ψ und c-Quark), mit SPEAR am Stanford Linear Accelerator Center (SLAC) in Stanford/CA/USA, DORIS am Deutschen Elektronensynchrotron (DESY) in Hamburg/D und BEPC in Beijing/CN,
3. $E_{cm} \sim 9-12$ GeV (b-Quark) mit DORIS-II und CESR der Cornell University in Ithaca/NY/USA,
4. $E_{cm} \sim 20-46$ GeV (Quark- und Gluon-Jets) mit PETRA bei DESY, PEP in Stanford und bis 60 GeV mit Tristan bei KEK in Tsukuba/JP (mit PETRA wurden 1979 erstmals Ereignisse mit drei Teilchenjets klar beobachtet: 2 Quark- und 1 Gluonjet, ein wesentlicher Beweis für die QCD),
5. $E_{cm} \sim 90-180$ GeV mit LEP (Large Electron Positron Collider) des Europäischen Gemeinschaftslabors CERN in Genf/CH. Er wurde 1989-1995 bei Energien von $E_{cm} \sim 90$ GeV betrieben, wo sehr viele Daten genommen und Erkenntnisse gesammelt wurden. Dann lief er bei ~ 200 GeV. Diese Erweiterung sollte der Untersuchung der elektroschwachen WW im Massenbereich der W-Bosonen dienen.

Damit ist schon das Stichwort für die zweite Entwicklungslinie der Teilchenphysik gefallen. Die elektromagnetische und die schwache Wechselwirkung konnten zur elektroschwachen (e-sch) WW vereinheitlicht werden. Die Fermi-Theorie der schwachen Wechselwirkung war zwar sehr erfolgreich bei einer Vielzahl von Experimenten. Sie hatte jedoch gravierende theoretische Probleme (im Gegensatz zur QED): Sie divergiert bei großen Energien. Diese Divergenz konnte durch die Annahme eines Bindeteilchens gemildert werden, das wegen der kurzen Reichweite der schwachen Wechselwirkung sehr schwer sein mußte. Dieses Bindeteilchen (auch intermediäres Boson $W^{\pm}$ genannt) mußte elektrisch geladen sein, da Reaktionen der schwachen Wechselwirkung immer nur mit einem Ladungswechsel beobachtet worden waren. Im Jahre 1973 wurden bei Experimenten mit Neutrinostrahlen erstmals Prozesse der schwachen Wechselwirkung ohne Ladungsänderung (die neutralen Ströme) gemessen. Sie werden durch ein neutrales intermediäres Boson Z^0 vermittelt. Damit waren die wesentlichen Bausteine für eine (schon vorher formulierte) Theorie beisammen, die eine einheitliche Beschreibung der elektromagnetischen und der schwachen Wechselwirkung in der "elektroschwachen" WW ermöglichte. Diese Theorie ist wie die QED divergenzfrei und renormierbar.

Es fehlte noch die direkte Beobachtung der schweren intermediären Bosonen $W^\pm$ und Z^0. Diese sollte 1983 nach einem weiteren Fortschritt der Beschleunigertechnologie gelingen. Es konnten Strahlen von Antiprotonen $\bar{p}$ gespeichert und deren Wechselwirkung bei 540 GeV Schwerpunktsenergie in einem Antiproton-Proton ($\bar{p}p$)-Speicherring studiert werden. So wurde die Produktion von $W^\pm$ und Z^0 gesehen.

Am e^+e^--Speicherring SPEAR wurde 1975 noch ein drittes, schweres Lepton, das Tau-Lepton (τ), gefunden.

In den USA wurde am Fermi National Accelerator Laboratory (FNAL) in der Nähe von Chicago ein $\bar{p}p$-Speicherring mit einer Schwerpunktenergie von 1.8 TeV gebaut. Damit konnte 1996 das 6. Quark, genannt Top-Quark (t) erzeugt und nachgewiesen werden.

Bei DESY wurde 1992 ein großer ep-Speicherring mit $E_{cm} \sim 300$ GeV in Betrieb genommen. Er dient der Untersuchung der Struktur des Protons in Abständen bis zu ~ 0.002 fm, d.h. etwa 1/1'000 des Protonenradius.

Experimente zur Teilchenphysik werden seit den 80er Jahren auch ohne Beschleuniger durchgeführt. Da es sich immer um Experimente mit extrem kleiner Zählrate handelt, befinden sie sich zur Abschirmung von Untergrund tief unter der Erde in Bergwerken oder in Nebenhallen von Autobahntunnels. Die Lebensdauer des Protons sowie Neutrinoreaktionen sind das Forschungsziel. Neutrino-Oszillationen wurden gefunden. Die Neutrino- und Gamma-Astronomie haben sich als neue Forschungsgebiete etabliert.

Der Stand der Teilchenphysik am Ende der 90er Jahre ist damit: Wir kennen 6 Leptonen und 6 Quarks, in jeweils 3 Familien zusammengefaßt, als Bausteine der Materie. Die Wechselwirkungen sind die starke (QCD) und die elektroschwache. Im bestehenden Gebäude sind insbesondere in der QCD noch theoretische und experimentelle Fragen offen. Z.B. ist die Existenz hadronischer Materie, die nur aus Gluonen besteht, noch nicht hinreichend gesichert. Ganz allgemein sind die stark gebundenen Zustände quantitativ noch nicht verstanden, man muß sich auf phänomenologische Modelle stützen. Unsere Kenntnis ist im "Standardmodell" zusammengefaßt. Es enthält jedoch 24 experimentell zu bestimmende Parameter. Das Bemühen der Theoretiker ist auf eine weitere Vereinheitlichung der Wechselwirkungen und der Systematik der Teilchen gerichtet, z.B. durch Annahme einer noch tieferen Struktur der Materie. Es gibt keine experi-

2.2 Konzepte der Teilchenphysik

mentellen Hinweise, die den Theoretikern den Weg weisen könnten. Die Phase 1973/74 bis 1983 war eine glückliche Zeit für die Teilchenphysiker, weil diese durch das Zusammenwirken experimenteller Befunde und theoretischer Einsichten in kurzer Zeit dem Verständnis der Teilchen und ihrer Wechselwirkungen näherkamen.

Für die Zukunft sind neue Beschleuniger im Bau bzw. geplant. Zur Erzeugung von B-Mesonen (die ein b-Quark enthalten) wurden am SLAC und bei KEK "B-factories" gebaut, die $3 \cdot 10^3$ mehr Daten liefern als die Speicherringe, die die Entdeckung des b-Quarks ermöglichten. Das Ziel, die bisher nur bei K^0-Mesonen gemessene CP-Verletzung auch bei B^0-Mesonen zu beobachten, wurde erreicht. FNAL hat ein größeres Ausbauprogramm (Tevatron-II) zur Erhöhung der Intensität. CERN will im Jahre 2007 einen pp-Speicherring für 16 TeV fertigstellen. Mit LEP sind die Möglichkeiten für e^+e^--Speicherringe erschöpft. Der nächste Schritt wird ein "linear collider" sein. Um die benötigte Ereignisrate zu bekommen, müssen die Strahlquerschnitte auf Werte deutlich unter 1μm gedrückt werden. Drei Labors (DESY, SLAC, KEK) arbeiten an der nötigen Technologie.

2.3 Experimentelle Hilfsmittel: Teilchenbeschleuniger

Teilchenbeschleuniger werden für die Erzeugung hochenergetischer *Materiewellen* zum Abtasten *subatomarer Strukturen* benötigt. Die Beschleunigung erfolgt immer durch *elektrische Felder*, meist *hochfrequente Wechselfelder*. Umfangreiche technische Entwicklungen haben verschiedene *Typen von Teilchenbeschleunigern* hervorgebracht. Die Teilchen führen *Betatronschwingungen* um die *Sollbahn* und *Synchrotronschwingungen* um die *Sollphase* aus. Elektronen emittieren *Synchrotronstrahlung*. Speicherringe mit kollidierenden Strahlen erreichen höhere *Schwerpunktsenergien*.

2.3.1 Warum Teilchenbeschleuniger?

Das Ziel der Kern- und Elementarteilchenphysik ist, Strukturen der Materie zu erforschen, die kleiner als Atome bzw. Atomkerne sind. Was zu tun ist, um kleine Strukturen abzutasten, lehrt uns die klassische Optik. Wenn wir Licht an einem Spalt beugen, entsteht eine Beugungsfigur mit Intensitätsmaxima und -minima, sofern die Wellenlänge des Lichts λ von derselben Größenordnung ist wie der Spaltdurchmesser d. Für den Winkel α, unter dem das erste Minimum erscheint, gilt:

$$\sin\alpha = \frac{1}{2}\frac{\lambda}{d}. \tag{2.1}$$

Die Untersuchungen im subatomaren Bereich werden meist mit Teilchenstrahlen durchgeführt. Die de Broglie-Wellenlänge für Materiewellen ist

$$\lambda = \frac{\hbar}{p} = \frac{\hbar c}{pc}. \tag{2.2}$$

($\hbar c = 197$ MeV fm ≈ 200 MeV fm).

Um eine Struktur der Größe d abzutasten, ist

$$\lambda < d \tag{2.3}$$

erforderlich, d.h.

$$\boxed{pc > \frac{\hbar c}{d}}. \tag{2.4}$$

Neben der Untersuchung kleiner Strukturen, für die hohe Teilchenenergien benötigt werden, möchte man in der Natur nicht vorkommende neue Teil-

2.3 Experimentelle Hilfsmittel: Teilchenbeschleuniger 55

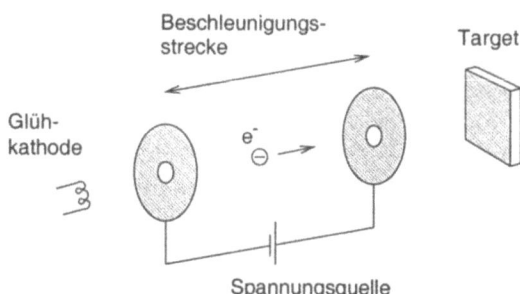

Fig. 2.1 Prinzip eines Teilchenbeschleunigers

chen oder angeregte Zustände bekannter Teilchen erzeugen. Auch dafür ist die Zuführung von Energie nötig.

2.3.2 Prinzip der Teilchenbeschleuniger

Das Prinzip aller Teilchenbeschleuniger ist, einem elektrisch geladenen Teilchen durch ein elektrisches Feld Energie zuzuführen. Das Teilchen wird beschleunigt. Der Energiezuwachs beim Durchlaufen eines elektrischen Feldes ist:

$$\boxed{\Delta E_{\text{kin}} = Z\,e\,U} \quad (2.5)$$

mit ΔE_{kin} = zugefügte Energie, U = durchlaufene elektrische Spannung, Elementarladung $e = 1.6 \cdot 10^{-19}$ As und Z = Kernladungszahl der zu beschleunigenden Teilchen.

Der einfachste Beschleuniger (Fig. 2.1) besteht somit aus zwei Potentialplatten, zwischen denen eine elektrische Spannung liegt, einer Teilchenquelle (z.B. einer Glühkathode für Elektronenstrahlen), einem Vakuumgefäß (um die Abbremsung der Teilchen durch atomare Stoßprozesse während der Beschleunigung zu verhindern) und einem Target, auf das die beschleunigten Teilchen treffen und an dem die zu untersuchenden Reaktionen stattfinden sollen.

Die Beschränkung eines solchen einfachen Beschleunigers (wir haben im wesentlichen eine Röntgenröhre beschrieben) liegt in der erreichbaren Spannung wegen der elektrischen Durchschläge. Die erste und wesentliche neue Idee für Beschleuniger ist deshalb, daß man ein Teilchen mehrmals eine Spannung durchlaufen läßt.

Wir werden Aufbau und Wirkungsweise von vier gebräuchlichen Beschleunigertypen behandeln:

1. den Van de Graaff-Generator als elektrostatischen Beschleuniger,
2. den Linearbeschleuniger, der mit einer hochfrequenten HF-Wechselspannung beschleunigt und sehr viele Beschleunigungsstrecken verwendet,
3. das Zyklotron, bei dem eine HF-Beschleunigungsstrecke verwendet wird, durch die das Teilchen, das durch ein Magnetfeld auf einer Spiralbahn gehalten wird, oftmals hindurchläuft, und schließlich
4. das Synchrotron, bei dem das Teilchen im Gegensatz zum Zyklotron eine feste Kreisbahn beschreibt; dafür muß jedoch das Magnetfeld entsprechend der zunehmenden Teilchenenergie hochgefahren werden.

2.3.3 Aufbau der wichtigsten Beschleunigerarten

a) Der Van de Graaff-Generator

Mit diesem elektrostatischen Generator lassen sich die höchsten Gleichspannungen erreichen (Fig. 2.2).

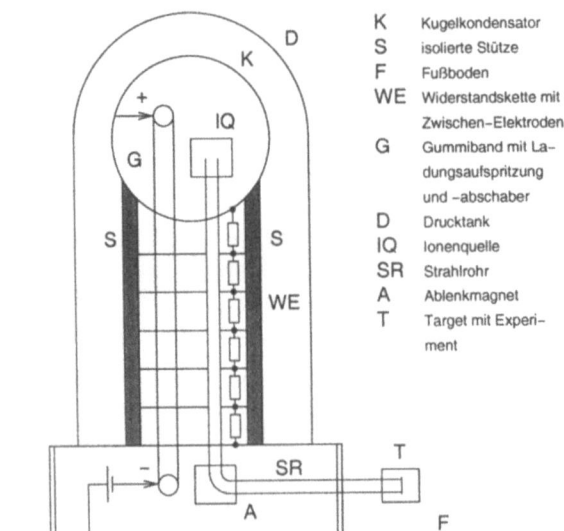

K   Kugelkondensator
S   isolierte Stütze
F   Fußboden
WE Widerstandskette mit Zwischen-Elektroden
G   Gummiband mit Ladungsaufspritzung und -abschaber
D   Drucktank
IQ Ionenquelle
SR Strahlrohr
A   Ablenkmagnet
T   Target mit Experiment

Fig. 2.2 Der Van de Graaff-Generator. Höhe bis zu ca. 5 m

Die Hochspannung wird dadurch erzeugt, daß ein Kugelkondensator, der isoliert aufgestellt ist, elektrisch aufgeladen wird (Spannung $U = q/C$, $q =$ Ladung, $C =$ Kapazität, $U =$ Spannung gegen Erde). Der Ladungstransport geschieht durch ein (elektrisch isolierendes) Gummiband, auf das auf Erdpotential elektrische Ladungen aufgespritzt werden, die im Kugelkon-

2.3 Experimentelle Hilfsmittel: Teilchenbeschleuniger

densator wieder abgezogen werden. Zwischenelektroden, die mit einer Widerstandskette zwischen Kugelkondensator und Erde liegen, linearisieren den Spannungsabfall und helfen elektrische Überschläge vermeiden. Die Durchschlagsfeldstärke wird weiter erhöht, indem der Generator in einem Drucktank mit isolierenden Gasen (z.B. CO_2 bei 15 atm) aufgestellt wird.

Die Ionenquelle befindet sich im Terminal (= Kugelkondensator). Durch ein evakuiertes Strahlrohr können die Teilchen vom Terminal zum Target mit dem experimentellen Aufbau gebracht werden, oft nach einer Ablenkung durch einen Magneten.

Die doppelte Spannung kann mit dem Tandembeschleuniger erreicht werden. Bei ihm werden negative Ionen vom Erdpotential zum elektrisch positiven Terminal beschleunigt, dort in positive Ionen umgeladen und nochmals beschleunigt.

Van de Graaff-Generatoren werden für kernphysikalische Versuche verwendet, finden jedoch auch in der Materialuntersuchung Einsatz. Man erreicht kontinuierliche Teilchenströme bis zu 100 μA bei Teilchenenergien bis zu 30 oder 40 MeV für Protonen. Die Strahlen sind sehr gut kollimiert und energiestabilisiert ($\pm$ 10 keV).

b) Der Linearbeschleuniger

Im Linearbeschleuniger (= Linac) durchläuft ein Teilchen mehrere Beschleunigungsstrecken (Fig. 2.3). Diese befinden sich zwischen Driftröhren.

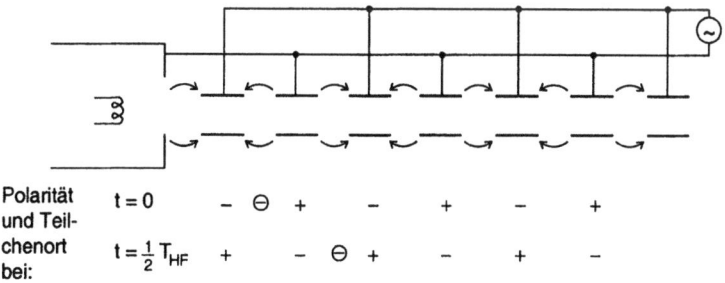

Fig. 2.3 Der Linearbeschleuniger. Man erkennt die Driftröhren. Das HF-Feld zwischen den Driftröhren ist eingezeichnet. Die Länge der Driftröhren muß mit wachsender Teilchengeschwindigkeit zunehmen. Driftröhren und Teilchenquelle, z.B. eine Glühkathode für Elektronen, befinden sich in einem Vakuumrohr (nicht gezeichnet). Die Polarität der HF-Spannung in zwei verschiedenen Phasen und der zugehörige Teilchenort sind eingezeichnet. Das Teilchen wird immer beschleunigt.

An aufeinanderfolgenden Driftröhren liegt entgegengesetzte Polarität einer hochfrequenten Wechselspannung (HF). Die Länge der Driftröhren und die HF-Frequenz müssen so aufeinander abgestimmt sein, daß das Teilchen in der nächsten Beschleunigungsstrecke wieder eine beschleunigende Spannung vorfindet:

$$T_{\text{flug}} = \tfrac{1}{2} T_{\text{HF}}, \quad T_{\text{flug}} = L_{\text{drift}}/v,$$
$$T_{\text{HF}} = 1/\nu_{\text{HF}} = \lambda_{\text{HF}}/c, \quad L_{\text{drift}} = \tfrac{1}{2} (v/c) \lambda_{\text{HF}} \tag{2.6}$$

wobei T_{flug} = Flugzeit des Teilchens der Geschwindigkeit v, T_{HF} = Schwingungsdauer der HF-Wechselspannung der Frequenz ν_{HF} und der Wellenlänge λ_{HF} und L_{drift} = Länge der Driftstrecke sind. Die Linearbeschleuniger liefern, wie alle Beschleuniger mit elektrischen Wechselfeldern, keinen Gleichstrom. Die Teilchen kommen in "Bunchen" (= Gruppen).

Man erreicht heute routinemäßig einen Energiezuwachs von einigen MeV/m. Der größte Linearbeschleuniger beschleunigt bei einer Länge von "2 miles" Elektronen bis 50 GeV und befindet sich in Stanford, CA (USA). Die "TESLA Test Facility" bei DESY hat > 30 MeV/m erreicht.

c) Das Zyklotron

Das Zyklotron ermöglicht eine Verkleinerung der Beschleuniger. Ein Magnetfeld zwingt die Teilchen auf eine Kreisbahn. Sie durchlaufen die Beschleunigungsstrecke etwa 100 mal.

Eine Ionenquelle befindet sich in der Mitte eines kreisförmigen Magneten. Die Ionen werden im (zeitlich und räumlich konstanten) Magnetfeld auf eine Kreisbahn gezwungen, für die gilt:

$$\boxed{B \rho = \frac{p}{Z e}} \tag{2.7}$$

mit B = magnetische Feldstärke, ρ = Krümmungsradius der Kreisbahn, p = Impuls der Teilchen, $Z e$ = Ladung der Teilchen.

Die beschleunigende Hochfrequenzspannung liegt zwischen den zwei D-förmigen Elektroden (Fig. 2.4). Beim Durchgang werden die Teilchen beschleunigt ($\Delta E_{\text{kin}} \approx 100$ keV). Teilchen mit größerem Impuls haben einen größeren Krümmungsradius. Es ergibt sich eine Spiralbahn mit der Kreisfrequenz

$$\omega = \frac{Z e}{m} B , \tag{2.8}$$

die unabhängig vom Impuls der Teilchen ist. Die Beschleunigung kann mit einer Hochfrequenzspannung mit fester Frequenz erfolgen. Es erfolgt immer ein phasenrichtiger Durchgang.

2.3 Experimentelle Hilfsmittel: Teilchenbeschleuniger

Fig. 2.4
Das Zyklotron (Aufsicht, schematisch). Das Magnetfeld steht senkrecht zur Papierebene. Zwischen den D-förmigen Elektroden (Dees) liegt eine HF-Spannung. Die Teilchen, die von der Ionenquelle in der Mitte ausgehen, werden zwischen den Dees beschleunigt, vom Magnetfeld auf eine Kreisbahn gezwungen und beschreiben insgesamt eine Spiralbahn, bis sie ausgelenkt werden

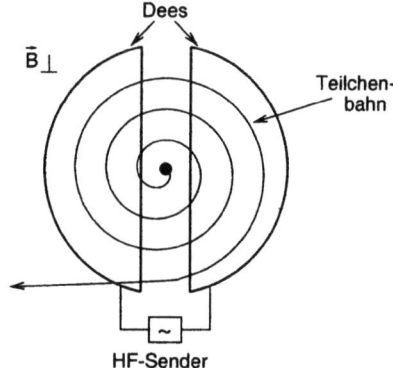

Das Zyklotron mit fester Frequenz kann Protonen bis zu 10 MeV kinetischer Energie beschleunigen. Wegen der relativistischen Massenzunahme muß für höhere Energien die HF-Frequenz geändert werden, das geschieht im Synchrozyklotron (bis zu etwa 700 MeV). Beim Isochron-Zyklotron nimmt die Magnetfeldstärke nach außen zu.

d) Das Synchrotron

Das Synchrotron ist die Weiterentwicklung des Zyklotrons für relativistische Teilchenenergien mit gleichzeitiger Verringerung der Baukosten wegen der Verkleinerung des Magneten. Aufbau und Arbeitsweise (Fig. 2.5) sind: Die zu beschleunigenden Teilchen (Bunche), die aus einer Glühkathode (für Elektronen) oder einer Ionenquelle kommen, werden in einem Linearbeschleuniger vorbeschleunigt auf z.B. 40 MeV. Das Synchrotron besteht aus (einigen Dutzend) kreisförmig angeordneten Magneten, die die Teilchen auf einer Kreisbahn halten. Diese, in einem Vakuumrohr, durchlaufen dann mehrere Beschleunigungsstrecken, an denen eine HF-Wechselspannung liegt. Die Fokussierung der Teilchen auf der Kreisbahn wird in Kap. 2.3.4 besprochen.

Der Einschuß erfolgt bei kleiner Energie, entsprechend muß das Magnetfeld klein sein. Die HF-Frequenz muß ein ganzzahliges Vielfaches der Umlauffrequenz sein, damit das Teilchen immer phasenrichtig durch die Beschleunigungsstrecke läuft. Bei wachsendem Teilchenimpuls muß das Magnetfeld erhöht werden und synchron damit die HF-Frequenz.

Große Elektronen-Synchrotrons wurden gebaut für 7.5 GeV Endenergie (DESY, Hamburg, Deutschland) und 12 GeV (Cornell University, Ithaca, NY, USA). Die größten Protonen-Synchrotrons befinden sich beim

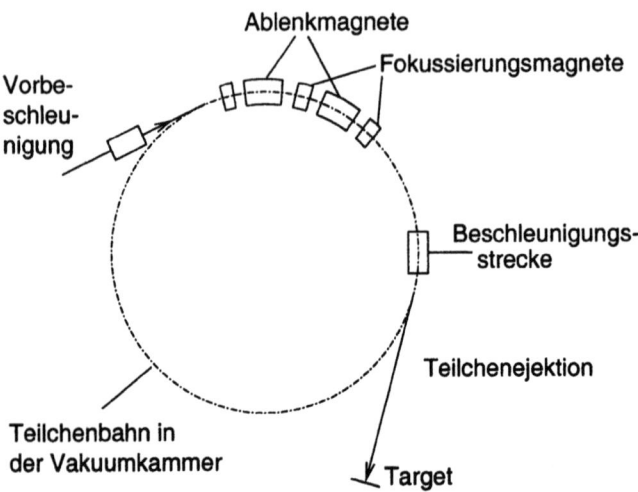

Fig. 2.5 Das Synchrotron. Nach Vorbeschleunigung werden die Teilchen in das Synchrotron injiziert und dort von Dipolmagneten auf eine Kreisbahn gezwungen und von Quadrupolmagneten fokussiert. Durch HF-Resonatoren werden sie beschleunigt. Am Ende des Beschleunigungszyklus werden sie ejiziert und auf ein Target gelenkt

CERN (Centre Européen pour la Recherche Nucléaire) in Genf/Schweiz (450 GeV) und mit supraleitenden Magneten bei FNAL (Fermi National Accelerator Laboratory) in Batavia, IL/USA (1'000 GeV).

Das Herauffahren des Magnetfeldes während der Beschleunigung erfordert Zeit. Typisch ist etwa eine Sekunde. Dann kann ein Strahl für etwa 200 msec ejiziert werden und steht den Experimentatoren zur Verfügung. Es können mehrere Benutzer gleichzeitig bedient werden. Häufig werden sekundäre Strahlen verwendet. Die beschleunigten Protonen werden auf ein internes oder nach Ejektion auf ein externes Target gelenkt und erzeugen dort Sekundärstrahlen von z.B. π^-, K^+ oder $\bar{p}$ (Antiprotonen) von veränderbarer Energie. Die Intensität der externen Strahlen ist typischerweise bis zu 10^6 Teilchen pro Sekunde. Ähnlich werden an Elektronenbeschleunigern γ-Strahlen erzeugt.

2.3.4 Beschleunigerphysik

Wir wollen uns jetzt mit den Bewegungen der Teilchen im Beschleuniger beschäftigen. Als Beispiel wird das Synchrotron behandelt.

2.3 Experimentelle Hilfsmittel: Teilchenbeschleuniger 61

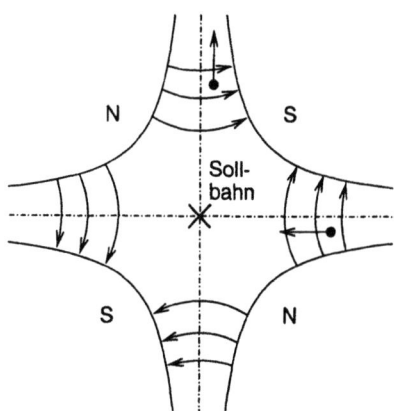

Fig. 2.6
Der Quadrupolmagnet (Schnitt senkrecht zur Teilchenbahn). Angedeutet sind die Feldlinien zwischen den Eisen-Polschuhen sowie zwei Teilchen, von denen eins zur Sollbahn hin fokussiert wird, das andere defokussiert

a) **Teilchenoptik**

Die Teilchenbündel werden durch das magnetische Führungsfeld von Dipolmagneten auf der Kreisbahn gehalten. Diese haben ein C-förmiges Eisenjoch, das durch stromdurchflossene Spulen magnetisiert wird; die Vakuumkammer, in der die Teilchen laufen, befindet sich im "Gap" (= Spalt) des Magneten. Die Lorentz-Kraft F, die ein Magnetfeld B auf ein bewegtes, geladenes Teilchen (Geschwindigkeit v, Ladung e) ausübt, ist

$$\vec{F} = e\,[\vec{v} \times \vec{B}]\,. \tag{2.9}$$

Die Teilchen befinden sich aber nicht auf dieser Sollbahn: Sie haben kleine Abweichungen in Richtung und Impuls. Um sie auf der geschlossenen Kreisbahn halten zu können, müssen die Teilchen fokussiert werden. Das geschieht mit Quadrupolmagneten (Fig. 2.6). Der Elektromagnet besteht aus vier Magnetpolen. Wegen der Symmetrie ist die magnetische Feldstärke im Mittelpunkt null. Ein Teilchen auf der Sollbahn erfährt keine magnetische Kraft. Außerhalb wirkt die magnetische Kraft entweder zum Mittelpunkt hin oder von ihm weg. Die Teilchen werden also in einer Ebene fokussiert. Durch einen zweiten Quadrupol mit vertauschter Polarität kann die andere Ebene fokussiert werden. Wie in der Optik gibt die Kombination einer fokussierenden und einer defokussierenden Linse gleicher Brennweite ein insgesamt fokussierendes Quadrupol-Dublett. Es können also beide Ebenen fokussiert werden.

Wir betrachten nun die Bahn eines Teilchens, das unter einem kleinen Winkel zur Sollbahn startet. Es erfährt durch das erste Quadrupol-Dublett eine rücktreibende Kraft und wird über die Sollbahn in die andere Richtung hinausschießen, bis es vom zweiten Quadrupol-Dublett erneut eine

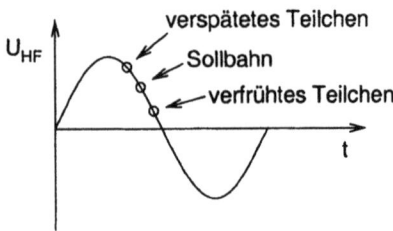

Fig. 2.7
Die Synchrotronschwingungen der Teilchen. Gezeichnet ist der zeitliche Verlauf der HF-Spannung an einem festen Ort (in der Kavität) sowie die Zeiten des Teilchendurchlaufs

Richtungsänderung erfährt. Die Teilchen führen somit Sinusschwingungen um die Sollbahn aus, die sogenannten Betatron-Schwingungen. Die Akzeptanz eines Beschleunigers, und damit die Intensität der Teilchenstrahlen, hängt ab von der maximalen Amplitude der Betatronschwingung, bei der die Teilchen noch nicht verloren gehen.

Eine wichtige Kenngröße für ein Synchrotron ist die Zahl der Betatron-Schwingungen pro Umlauf. Eine typische Zahl ist etwa sechs. Sie darf keine ganze Zahl sein. In diesem Fall würde ein Teilchen eine fehlerhafte Stelle im Magneten, die ihm z.B. einen Stoß nach links gibt, immer wieder unter den gleichen Bedingungen durchlaufen. Die Wirkung des Stoßes würde sich aufsummieren und das Teilchen ginge verloren. Dieser Strahlverlust durch Resonanzen kann durch eine nichtganze Zahl von Betatron-Schwingungen pro Umlauf vermieden werden.

Neben den horizontalen und vertikalen Betatron-Schwingungen führen die Teilchen auch Schwingungen in Längsrichtung aus, genauer um die "Sollzeit" herum. In Fig. 2.7 ist der zeitliche Verlauf der HF-Spannung an einem Ort der Beeschleunigungsstrecke aufgetragen. Wenn ein Teilchen mit etwas zu hoher Energie startet, wird es diese früher als die Sollzeit durchlaufen. Die HF-Phase ist nun so eingestellt, daß das Teilchen eine kleinere Spannung durchläuft und somit weniger beschleunigt wird. Umgekehrt ist es bei einem Teilchen mit etwas geringerer Energie. Die Teilchen führen um die Sollphase Synchrotronschwingungen aus.

b) Synchrotronstrahlung

Wenn Elektronen durch einen Dipolmagneten abgelenkt werden, werden sie zur Beschleunigermitte hin beschleunigt. Wenn Elektronen beschleunigt werden, senden sie eine elektromagnetische Strahlung aus, in diesem Fall die "Synchrotronstrahlung". Sie hat ein kontinuierliches Energiespek-

2.3 Experimentelle Hilfsmittel: Teilchenbeschleuniger

trum, ihre charakteristische Energie ist

$$\boxed{E_{\text{synch}}^{\text{char}} = \frac{3}{2}(\hbar c)\frac{\gamma^3}{\rho}},\tag{2.10}$$

mit $\gamma = E_e/m_e c^2$, $\rho =$ Krümmungsradius und $E_e =$ Elektronenenergie.
Die durch die Synchrotron-Strahlung abgestrahlte Energie ist sehr groß.
Die Strahlungsleistung P_{synch} ist stark von der Elektronenenergie E_e abhängig:

$$\boxed{P_{\text{synch}} = C_{\text{synch}}\frac{E_e^4}{\rho^2}}$$

$$\text{mit } C_{\text{synch}} = \frac{2}{3}c\frac{r_e}{(m_e c^2)^3} = 4.23 \cdot 10^3 \frac{\text{m}^2}{\text{s (GeV)}^3},\tag{2.11}$$

$r_e =$ klassischer Elektronenradius $= 2.8$ fm.

Beispiel für DORIS-III (1 Teilchenumlauf pro µs):

$$P_{\text{synch}} = C_{\text{synch}}\frac{(5 \text{ GeV})^4}{(20 \text{ m})^2} = 6.6\frac{\text{TeV}}{\text{s}} \approx 1 \cdot 10^{-6} \text{ Watt} \approx 6\frac{\text{MeV}}{\text{Umlauf}}.$$

Das gilt für ein Teilchen. Es laufen aber ca. $3 \cdot 10^{11}$ Teilchen um. Hieraus ergibt sich eine Leistung von $P_{\text{synch}} = 300$ kW.

Der Energieverlust durch Synchrotronstrahlung bedingt eine Energie-Unschärfe der Strahlen. Die Synchrotronstrahlung verursacht großen Energiebedarf für den Betrieb der Elektronenbeschleuniger. Andererseits wurde die Synchrotronstrahlung zu einem wichtigen Hilfsmittel für Arbeiten zur Atom- und Festkörperphysik über die strukturelle Molekularbiologie bis hin zu medizinischen Anwendungen. Dafür wurden Magnete entwickelt (Wiggler, Undulatoren), die die Elektronen besonders stark "schütteln", um eine intensivere Sychrotronstrahlung zu erhalten. Fig. 2.8 zeigt die Zunahme der Intensität der nutzbaren Röntgenstrahlung seit deren Entdeckung.

2.3.5 Speicherringe

Nicht die ganze Teilchenenergie steht für die Erzeugung neuer Teilchen oder als Anregungsenergie zur Verfügung. Ein Großteil der Primärenergie wird für die Bewegung des Schwerpunktes benötigt. Wir betrachten eine Zweikörperreaktion:

$$a + b \to c + d \tag{2.12}$$

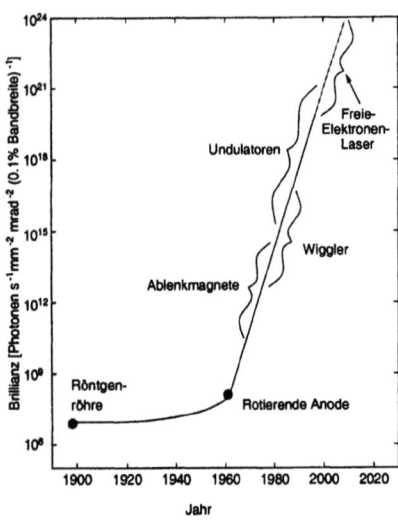

Fig. 2.8
Die Zunahme der Brillianz (zur Definition siehe die Beschriftung der Figur) der Röntgenquellen seit 1895. Man erkennt die technischen Fortschritte durch die Synchrotronstrahlung seit 1960

(Teilchen a stößt auf b, dabei werden die Teilchen c und d erzeugt, $a + b$ geht nach $c + d$). Wir betrachten den Ablauf dieser Reaktion in zwei Koordinatensystemen:

$$\text{im Laborsystem} \quad \vec{p}_b^{\,\text{lab}} = 0$$
$$\text{im Schwerpunktssystem} \quad \vec{p}_a^{\,\text{cm}} + \vec{p}_b^{\,\text{cm}} = 0 \tag{2.13}$$

Die "Energie im Schwerpunktssystem" W (im Englischen center-of-mass energy) ist definiert durch das Quadrat des Viererimpulses $\underline{p}$ des Anfangszustandes. Es ist

$$\begin{aligned}W^2 &= (\underline{p}_a + \underline{p}_b)^2 \\ &= (m_a^2 + m_b^2) + 2 m_b E_a^{\text{lab}} \quad \text{im Laborsystem} \\ &= (E_a^{\text{cm}} + E_b^{\text{cm}})^2 \quad \text{im Schwerpunktssystem}\end{aligned} \tag{2.14}$$

(Hier ist m die Ruheenergie und $E = m + E_{\text{kin}}$ die Gesamtenergie.) Als Viererimpulsquadrat ist W^2 eine relativistisch invariante Größe, ihr Wert ist in allen Koordinatensystemen gleich. Diese Energie steht für die Teilchenerzeugung und -anregung zur Verfügung. Daraus folgt

$$\boxed{W \approx \sqrt{2 m_b E_a^{\text{lab}}}} \tag{2.15}$$

mit der Näherung $m_a, m_b \ll E_b^{\text{lab}}$.

2.3 Experimentelle Hilfsmittel: Teilchenbeschleuniger

Die Gleichungen zeigen aber den Weg, um zu höheren Schwerpunktsenergien zu kommen. Man muß zwei hochenergetische Teilchen mit entgegengesetztem Impuls kollidieren lassen ("colliding beams"). Die Schwerpunktsenergie ist dann die Summe ihrer Energien:

$$\boxed{W = E_a + E_b = 2\, E_{\text{Strahl}}} \tag{2.16}$$

Der Realisierung dieser Idee stand lange Zeit die zu geringe Intensität der Strahlen entgegen und dadurch zu kleine Reaktionsraten. Die Lösung brachten die Speicherringe. Zwei gegenläufige Strahlen (genauer Bunche von Teilchen) werden durch Dipolmagnete auf einer Kreisbahn gehalten. Sie kollidieren an den Wechselwirkungspunkten des Speicherringes. Bei e^+e^--Speicherringen reicht ein Magnetring für beide Teilchensorten, ebenso für $\bar{p}p$-Ringe. Typische Speicherzeiten sind einige Stunden, die Teilchen laufen dann etwa 10^{10}mal im Speicherring um, und die Bunche kollidieren ebenso oft. Die zur Verfügung stehenden Teilchenströme werden optimal genutzt.

Die Komponenten eines Speicherringes sind: Erzeugung und Beschleunigung von zwei Teilchenströmen in einem Synchrotron, Einschuß in den Speicherring, Dipolmagnete zur Strahlführung und Quadrupolmagnete zur Strahlfokussierung, das Vakuumrohr und die Wechselwirkungszonen. Bei Elektron-Positron-Speicherringen müssen zudem noch HF-Beschleunigungsstrecken eingebaut werden, um die Energieverluste der umlaufenden Teilchen durch Synchrotron-Strahlung auszugleichen.

Die wichtigste Kenngröße für Speicherringe ist neben der Teilchenart und dem Energiebereich die Luminosität. Sie ist ein Maß für die Reaktionsrate. Es gilt:

$$\boxed{L = \frac{N_+ N_-}{f_u A}} \tag{2.17}$$

mit L = Luminosität, $N_\pm$ = Zahl der Positronen/Elektronen, f_u = Frequenz des Teilchenumlaufs und A = Querschnittsfläche der Strahlen am Wechselwirkungspunkt.

Die Luminosität wird also größer, wenn der Strahlquerschnitt am Wechselwirkungspunkt verkleinert wird. Die Kunst des Speicherringbaus besteht darin, Strahloptiken zu finden, die dies ermöglichen.

Physikalische Prozesse der "Strahldynamik" wirken dem entgegen. Ein Beispiel ist der Raumladungseffekt. Die Teilchen eines Bunches haben gleiche Ladung und stoßen einander ab. Bei der gegenseitigen Durchdringung sehen sie im anderen Strahl eine Linse. Die Strahlen weiten sich auf, der Strahlquerschnitt läßt sich nicht beliebig verkleinern.

Wegen der Synchrotronstrahlung und der deshalb nötigen starken Energiezufuhr bei e^+e^--Speicherringen sind diese in der erreichbaren Energie begrenzt. Der nächste Schritt werden Linearcollider sein. Beim TESLA-Projekt von DESY (Vorschlag 2001) werden e^+ und e^- in Linearbeschleunigern auf jeweils 400 GeV gebracht, bevor sie kollidieren. Die HF-Kavitäten sind supraleitend um höhere Spannungen/Länge zu erreichen und um Energieverluste zu verringern. Die hohe Luminosität wird durch die Verkleinerung der Strahlquerschnitte auf $\approx$ 10 nm erreicht, was bei nur einmaliger Verwendung der Bunche möglich ist.

2.3.6 Beispiel eines Beschleunigerkomplexes

Zum Betrieb eines Beschleunigers oder Speicherrings gehören Vorbeschleuniger zur Injektion. Dies führt dazu, daß die Labors heute alle einen *Beschleunigerkomplex* betreiben. Fig. 2.9 zeigt als Beispiel die Anlage des Deutschen Elektronen-Synchrotrons (DESY in Hamburg), das 1959 für die deutschen Universitäten gegründet wurde, heute aber von Physikern aus aller Welt genutzt wird. Der Ursprung ist das Elektronen-Synchrotron DESY (E_{max} =7.5 GeV, ursprünglich 6 GeV, jetzt DESY-II mit 9 GeV). Elektroneninjektion geschieht durch einen Linearbeschleuniger Li-I bei 40 MeV (Erhöhung auf 200 MeV für DESY-II). Positronen werden im Linearbeschleuniger Li-II (insgesamt 400 MeV) erzeugt, nachdem im ersten Drittel Elektronen beschleunigt wurden, die durch Paarbildung (siehe Kap. 4.1) Positronen erzeugen. Diese werden dann im Linearbeschleuniger weiter beschleunigt, um schließlich im Synchrotron (im entgegengesetzten Umlaufsinn wie die Elektronen) auf die Endenergie nachbeschleunigt zu werden. Die Positronenerzeugung hat eine Ausbeute von nur wenigen Prozent. Deshalb werden Positronen in PIA (= *P*ositron *I*ntensity *A*ccumulator) gesammelt. Die energiereichen Elektronen können dann für Experimente am Synchrotron in zwei Experimentierhallen verwendet werden. Sie können aber auch – und das ist die heutige Nutzung – in einen der beiden Elektron-Positron-Speicherringe eingeschossen werden. DORIS-II hat für die Teilchenphysik bei Strahlenergien um 5 GeV, also etwa 10 GeV Schwerpunktsenergie, gearbeitet. Es gab zwei Wechselwirkungszonen mit den Experimenten ARGUS (einem magnetischen Detektor) und Crystal Ball, der auf die Messung von Gamma-Strahlen spezialisiert ist (bis 1986). Es wurde 1992 zu DORIS-III als reine Sychrotronstrahlungsquelle umgebaut. PETRA hat 46 GeV Schwerpunktsenergie erreicht. An diesem Speicherring waren vier Experimente aufgebaut: TASSO, CELLO (vorher PLUTO), JADE und MARK J. Die Forschungen an PETRA wurden 1986 beendet.

2.3 Experimentelle Hilfsmittel: Teilchenbeschleuniger

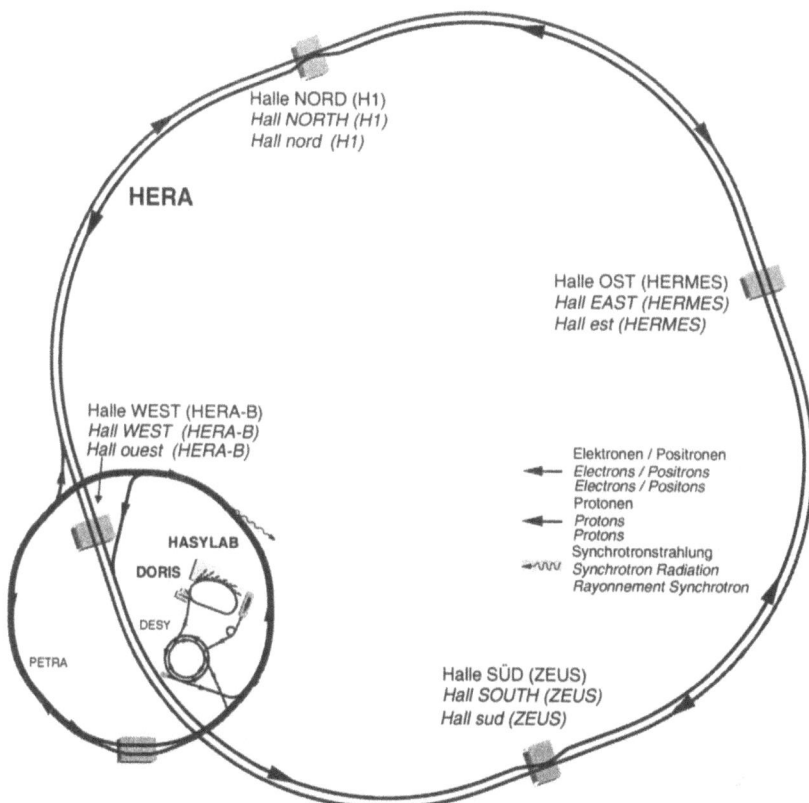

Fig. 2.9 Der Beschleunigerkomplex bei DESY in Hamburg. Siehe Text. Durchmesser der Ringbeschleuniger: PIA: 9.2 m, DESY-II: 96 m, DORIS: ca. 92 m, PETRA: 730 m, HERA: 2.0 km

Ein neuer Speicherring HERA wurde 1985 genehmigt und 1992 fertiggestellt. Es ist ein Elektron-Proton-Speicherring ($E_e = 27.5$ GeV, $E_p = 820$ GeV mit supraleitenden Magneten, $E_{cm} = 300$ GeV). Die Injektion beginnt mit dem H^--Linac für negativ geladene Wasserstoffionen. Beim Einschuß in das Synchrotron DESY-III werden die Elektronen abgestreift, die Protonen beschleunigt und im modifizierten PETRA bis auf 40 GeV nachbeschleunigt. Dann erfolgt die Injektion in den HERA Protonenring (mit supraleitenden Magneten), in dem sie auf Endenergie hochgefahren werden. Die Speicherzeit der Protonen beträgt bis zu einem Tag.

Es sei noch eine wissenschaftsgeschichtliche Beobachtung angefügt. Fig.

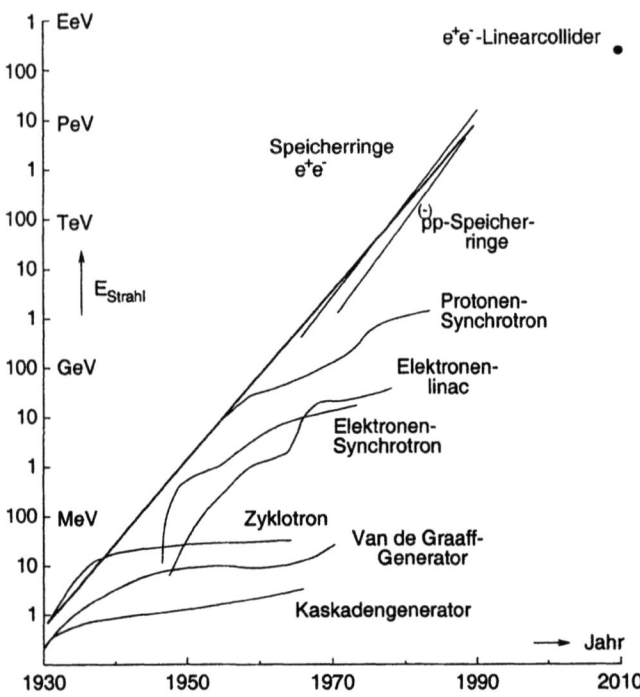

Fig. 2.10 Die "Livingston Chart" zeigt die zeitliche Entwicklung der maximalen Beschleunigerenergie. Für Speicherringe ist die äquivalente Strahlenergie eingetragen

2.10 zeigt die "Livingston Chart", eine Darstellung der zeitlichen Entwicklung der maximal erreichbaren Beschleunigerenergien. Man erkennt einen exponentiellen Anstieg mit einer Verzehnfachung der maximal erreichbaren Beschleunigerenergie alle 5.7 Jahre. Jedoch sind ständig neue Beschleunigertypen nötig, um höhere Energien zu erreichen. Forschung erfolgt sowohl an der "Energiefront" als auch bei niedrigeren Energien. Hier werden Beschleuniger mit stark erhöhter Intensität gebaut ("pion-factory" bzw. "B-meson factory"), die Präzisionsmessungen gestatten. Oft werden diese Maschinen auch für Anwendungen, z.B. der Kernphysik, benötigt. Fortschritte der Wissenschaft können mit beiden Arbeitsrichtungen erzielt werden.

2.3 Experimentelle Hilfsmittel: Teilchenbeschleuniger 69

2.3.7 Aufgaben

2.1. *Notwendigkeit von Teilchenbeschleunigern:* Kerne haben einen Radius von einigen fm. Welche Teilchenenergien werden benötigt, um ihre Struktur durch α-Streuung zu beobachten? Rechtfertigen Sie die nichtrelativistische Näherung!
Bemerkungen: Natürliche α-Strahler waren also für kernphysikalische Untersuchungen geeignet. Durch die Abschätzung haben wir die Anforderungen an Teilchenbeschleuniger für die Kernphysik ermittelt.

2.2. *Van de Graaf-Generator:* Was heißt "Linearisieren des Spannungsabfalls"? Warum werden damit Überschläge vermieden?

2.3. *Van de Graaf-Generator:* Wieviel Ladung, wieviele Elektronen müssen beim Van de Graaff-Generator mindestens aufgespritzt werden?

2.4. *Van de Graaf-Generator:* Welche Leistung verbraucht ein Van de Graaff-Generator maximal?

2.5. *Linearbeschleuniger:* Die HF-Frequenz eines Linacs sei 500 MHz. Wie lang muß eine Driftröhre sein? Wie groß ist die Flugzeit der Teilchen in ihr? Wie hoch muß die beschleunigende HF-Spannung zwischen den Elektroden mindestens sein, um 1 MeV/m zu erreichen?

2.6. *Zyklotron:* Wie stark muß das Magnetfeld eines Zyklotrons und wie groß dessen Krümmungsradius zur Beschleunigung von Protonen auf E_{kin} = 10 MeV sein?

2.7. *Synchrotron:* Wieviel Energie steckt im Magnetfeld eines Synchrotrons? Zur Beschleunigung von Elektronen auf 10 GeV bei B_{max} = 1.23 T in 48 Magneten von je 3.55 m Länge und einem Querschnitt des "Magnetgaps" von 16.0 cm × 4.5 cm (Beispiel von DESY-II, Inbetriebnahme 1987)

2.8. *Synchrotronstrahlung:* Man berechne für DORIS-III die charakteristische Energie der Synchrotronstrahlung. E_e = 5 GeV, $\rho \approx$ 20 m.
Man kommt also in den Wellenlängenbereich der Röntgen- und der Vakuum-UV-Strahlung. Die Strahlung ist stark nach vorn gebündelt.

2.9. *Livingston Chart:* Man überprüfe die Angaben der Livingston Chart für Speicherringe.

2.4 Experimentelle Hilfsmittel: Teilchendetektoren

> Der primäre Prozeß des *Teilchennachweises* ist die *Ionisation von Materie*. *Teilchenzähler* nutzen Folgeprozesse der Ionisation aus. Die Signale werden elektronisch weiterverarbeitet und gezählt. Oft werden viele Detektorkomponenten zu *großen Detektoren* zusammengefaßt. In der *Datenreduktion* werden die Rohdaten in physikalische Meßgrößen umgerechnet und in der *Datenanalyse* werden physikalische Aussagen gewonnen. Ionisierende Strahlung hat *biologische Wirkungen* und kann gefährlich sein. Sie ist jedoch leicht meßbar und kann abgeschirmt werden.

2.4.1 Prinzip des Teilchennachweises

> *Wechselwirkung von Teilchen mit Materie*: Geladene Teilchen *ionisieren* die Materie. Es können *einzelne Teilchen und Ereignisse* beobachtet werden. Grundlage ist die *Coulomb-Wechselwirkung*. Der *Energieverlust* (durch Ionisation) von schweren geladenen Teilchen hat über einen weiten Energiebereich die *"Minimum-Ionisation"*, bei kleineren Energien einen raschen Anstieg, bei größeren einen langsamen. Photonen werden durch *Photoeffekt, Compton-Streuung* und *Paarbildung* nachgewiesen. Elektronen emittieren *Bremsstrahlung*. Durch Kombination von Bremsstrahlung und Paarbildung entstehen bei hohen Energien *elektromagnetische Schauer*.

Alle Methoden des Nachweises von Teilchen beruhen auf der Tatsache, daß geladene Teilchen beim Durchgang durch Materie diese ionisieren. Physikalische Prozesse, die durch die Ionisation ausgelöst werden, können beobachtet und gemessen werden. Es sind dies:

1. Der elektrische Strom, wenn eine Spannung angelegt ist,
2. die Lichtemission bei der Rekombination von Elektronen und Ionen,
3. die Bildung von Dampfblasen in einer überhitzten Flüssigkeit,
4. die Schwärzung einer Photoplatte.

Die Signale der Teilchendetektoren werden heute elektronisch verstärkt und können dann gezählt oder in einem "online"-Rechner verarbeitet werden.

2.4 Experimentelle Hilfsmittel: Teilchendetektoren

Der Nachweis neutraler Teilchen ist schwieriger. Sie müssen zuerst durch eine Wechselwirkung mit Materie elektrisch geladene Teilchen erzeugen, z.B. durch

$$\begin{aligned} \gamma + X &\to e^+ e^- + X \\ n + {}^A_Z X &\to p + {}^A_{Z-1} X \end{aligned} \qquad (2.18)$$

mit ${}^A_Z X$ = Kern X mit Atomgewicht A und Kernladungszahl Z.

Es ist für das Verständnis der Kern- und Teilchenphysik wichtig, daß durch die Methoden des Teilchennachweises *einzelne Teilchen und Ereignisse* beobachtet und gemessen werden können. Diese experimentelle Technik wird jetzt auch in der Festkörperphysik bei der Rastertunnelmikroskopie verwendet (siehe Kap. 6.3.3).

2.4.2 Ionisation der Materie

a) Coulomb-Wechselwirkung

Grundlage für die Ionisation ist die Coulomb-Wechselwirkung zwischen zwei geladenen Teilchen, dem Projektil und dem Target. Wir haben diese in Kap. 1.6 besprochen.

b) Ionisation durch schwere, geladene Teilchen

Der Energieverlust eines schweren, geladenen Teilchens beim Durchgang durch Materie erfolgt durch Coulomb-Wechselwirkung mit den gebundenen Elektronen der Materie. Diese werden entweder auf höhere Schalen gehoben oder ins Kontinuum. Dann bleiben ein Ion und ein freies Elektron zurück. Das schwere Teilchen wird beim Stoß seine Richtung (nahezu) beibehalten. Wir berechnen den Energieübertrag auf ein Elektron (Annahme: in Ruhe) (Fig. 2.11). Ein longitudinaler Impulsübertrag $p_\parallel$ auf das Elektron findet nicht statt, da

$$p_\parallel = \int F_\parallel \, dt = 0 \qquad (2.19)$$

gilt wegen des umgekehrten Vorzeichens der longitudinalen Komponente der Coulomb-Kraft bei Annäherung und Entfernung. Für die transversale Komponente des Impulsübertrags, $p_\perp$, können wir schreiben:

$$\begin{aligned} p_\perp &= \int F_\perp \, dt \quad (= \text{elektrische Kraft} \times \text{Stoßzeit}) \\ &= \frac{Z_p e\, e}{b^2} \frac{b}{v_p} = \frac{Z_p e^2}{v_p} \frac{1}{b}. \end{aligned} \qquad (2.20)$$

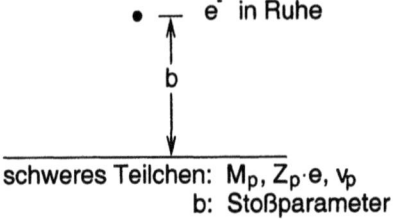

Fig. 2.11
Vorbeiflug eines schweren Teilchens (Masse M_p, Ladung $Z_p\,e$, Geschwindigkeit v_p) am Elektron eines Atoms im Abstand b (= Stoßparameter)

Für den mittleren Energieübertrag ($E = p^2 / 2\,m_p$) muß über die gesamte Flugstrecke und über alle Stoßparameter integriert werden (in einer zylindrischen Schale der Länge dx ist die Zahl der Elektronen mit Stoßparameter b : $\sim 2\pi\,b\,db\,dx$). Es folgt:

$$-\frac{dE}{dx} \sim \frac{Z_p^2\,e^4}{m_p\,v_p^2} \ln \frac{b_{max}}{b_{min}}. \tag{2.21}$$

Der maximale bzw. minimale Stoßparameter wird aus folgenden Überlegungen gewonnen:

b_{max}: Die Stoßzeit ist $\tau = b/v$. Es erfolgt kein Energieübertrag, falls die Vibrationsfrequenz des im Atom gebundenen Elektrons $\nu_e > 1/\tau$ ist. D.h. langsame Stöße führen nicht zu Anregung und Ionisation. b_{max} ist damit an Eigenschaften des Atoms gebunden.

b_{min}: Bei zentralem Stoß ist die maximale Geschwindigkeit des Elektrons $2v_p$. Stoßparameter, die eine größere Geschwindigkeit ergeben würden, müssen ausgeschlossen werden.

Die genaue Rechnung liefert für den Energieverlust pro Wegstrecke beim Durchlaufen eines Absorbers die *Bethe-Bloch-Formel*:

$$\boxed{-\frac{dE}{dx} = 4\pi\,r_e^2\,(m_e\,c^2)\,\frac{Z_p^2}{\beta_p^2}\,n_t \left\{ \ln\left(\frac{2m_e c^2}{I}\,\frac{\beta_p^2}{1-\beta_p^2}\right) - \beta_p^2 \right\}} \tag{2.22}$$

mit

$$n_t = N_A \frac{Z_t}{A_t} \rho_t \quad \left(\frac{\text{Atome/Mol}}{\text{g/Mol}} \frac{\text{Elektronen}}{\text{Atom}} \frac{\text{g}}{\text{cm}^3} = \frac{\text{Elektronen}}{\text{cm}^3} \right)$$

$-dE/dx$: Energieverlust pro Wegstrecke,
r_e: $r_e = (e^2/4\pi\varepsilon_0)/m_e c^2 = \alpha\,(\hbar c)/m_e c^2 = 2.8$ fm (klassischer Elektronenradius)
n_t: Zahl der Elektronen/cm³ des Absorbers (Target),
$\beta_p = v_p/c$: Geschwindigkeit des Projektils,
I: mittlere Bindungsenergie der Elektronen des Absorbers, $I \approx Z_t \times 10$ eV.

2.4 Experimentelle Hilfsmittel: Teilchendetektoren

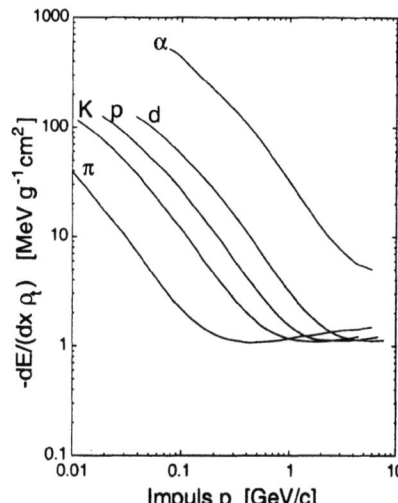

Fig. 2.12
Der spezifische Energieverlust $dE/d(\rho_t x)$ beim Durchgang von Teilchen des Impulses p durch Materie (hier Blei). Man beachte den doppelt-logarithmischen Maßstab

Der spezifische Energieverlust hängt somit ab

1. vom Projektil (Kernladungszahl Z_p und Geschwindigkeit $\beta_p = v_p/c$),
2. vom Absorber (mittlere Bindungsenergie I (letztlich von dessen Kernladungszahl Z_t) sowie der Dichte ρ_t, während die Abhängigkeit von Z_t und A_t wegen $Z_t/A_t \approx 1/2$ (für alle Elemente) nur eine geringe Rolle spielt).

Fig. 2.12 zeigt den spezifischen Energieverlust graphisch. Bei kleinen Energien nimmt er mit wachsender Energie des Projektils ab, d.h. der $1/\beta_p^2$-Term überwiegt. Dann kommt ein flaches Minimum in einem weiten Energiebereich, danach ein relativistischer Anstieg. Der Energieverlust bei Minimum-Ionisation beträgt

$$\boxed{-\frac{1}{\rho_t}\frac{dE}{dx} \approx (1 \text{ bis } 2)\, \frac{\text{MeV}}{\text{g/cm}^2}} \quad \text{(für } Z_t = 82 \text{ bis } Z_t = 6\text{).} \tag{2.23}$$

Da die Beziehung zwischen β und dem Teilchenimpuls p von der Masse der Teilchen abhängt, ist bei kleinen Energien die spezifische Ionisation für die verschiedenen Teilchenarten unterschiedlich. Dies wird zur Teilchenidentifikation genutzt. Fig. 2.13 a zeigt schematisch die Energie von Teilchen nach Durchdringen einer Materieschicht der Dicke d. Neben dem Energieverlust erkennt man noch eine Energiestreuung, die daher rührt, daß der Energieverlust ein statistischer Prozeß ist. Schwere, geladene Teilchen haben beim Durchdringen der Materie eine definierte Reichweite R_0 mit einer Reichweitenstreuung (Fig. 2.13 b).

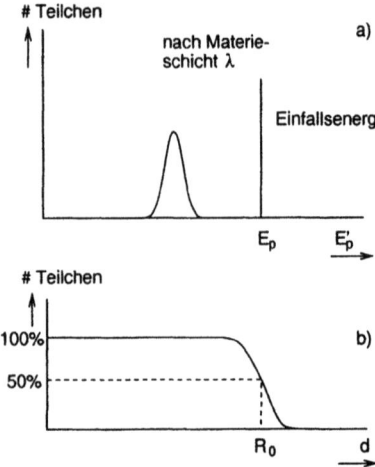

Fig. 2.13
Energieverlust (a) und Reichweite (b) von Teilchen beim Durchgang durch Materie. Man erkennt die Energie- und Reichweitenstreuung

Die schweren, geladenen Teilchen erfahren beim Durchgang durch Materie der Dicke d auch Winkeländerungen aufgrund der Coulomb-Wechselwirkung (meist mit den Kernen). Diese addieren sich statistisch. Die Vielfachstreuung hat eine Gauß-Verteilung mit dem mittleren Vielfachstreuwinkel

$$\theta = \frac{20 \text{ MeV}/c}{p_p \beta_p} \sqrt{\frac{d}{X_0}} \qquad (2.24)$$

mit X_0 = Strahlungslänge (siehe Kap. 4.1).

c) Wechselwirkung von Photonen mit Materie

Photonen sind elektrisch neutral und können Materie nicht direkt ionisieren. Jedoch gibt es drei Prozesse, durch die Photonen mit Materie wechselwirken und freie Elektronen entstehen, die dann ionisieren. Das sind:

1. Der Photoeffekt: $\gamma + \text{Atom} \rightarrow \text{Ion} + e^-$, das Photon ionisiert ein Atom.
2. Der Compton-Effekt: $\gamma + e^- \rightarrow \gamma' + e^{-\prime}$. Streuung eines Photons an einem (eventuell gebundenen) Elektron. Dabei wird Energie auf das Elektron übertragen, das gestreute Photon γ' hat eine geringere Energie.
3. Die Paarerzeugung: $\gamma + Z \rightarrow Z + e^+ + e^-$, ein Photon erzeugt ein Elektron-Positron-Paar. Dazu muß es mindestens die Energie $E_\gamma > 2\,m_e c^2$ = 1.02 MeV haben, um die Ruheenergie der erzeugten Teilchen aufzubringen. Der Prozeß muß im Coulomb-Feld eines Kerns stattfinden, da nur so Energie- und Impulssatz gleichzeitig erhalten werden können.

Die Prozesse werden in Kap. 4.1 im einzelnen besprochen.

2.4 Experimentelle Hilfsmittel: Teilchendetektoren

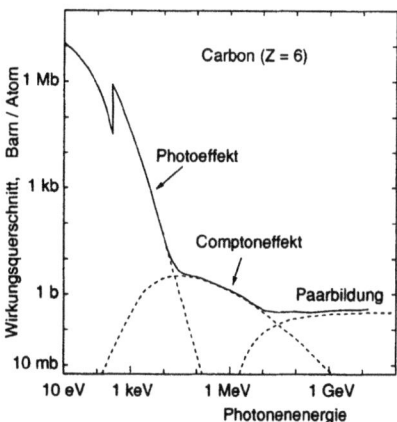

Fig. 2.14
Der Wirkungsquerschnitt für die Absorption von Photonen in Materie (hier: Kohlenstoff). Es sind auch die Beiträge des Photoeffekts (mit einer Absorptionskante), des Comptoneffekts sowie der Paarbildung angegeben. Man beachte den doppelt-logarithmischen Maßstab

Das Erscheinungsbild der Wechselwirkung von Photonen mit Materie ist anders als bei der Ionisation der Materie durch schwere, geladene Teilchen. Diese haben häufige, kleine Wechselwirkungen. Die Wechselwirkung Photon-Materie ist dagegen eine Ja-Nein-Entscheidung, denn bei der Wechselwirkung wird das Photon vernichtet. Für solche Prozesse gilt für die Zahl der durchlaufenden Teilchen ein Exponentialgesetz. Die Abnahme $-dN$ der Zahl der Photonen ist proportional zur Absorberdicke dx und zur Zahl N der vorhandenen Photonen

$$-dN = \mu N \, dx. \tag{2.25}$$

Integration über die Absorberdicke liefert für die Zahl der durchlaufenden Photonen

$$\boxed{N = N_0 \, e^{-\mu d}}. \tag{2.26}$$

Der Kehrwert der Proportionalitätskonstanten hat die Bedeutung einer mittleren freien Weglänge. Der Zusammenhang mit dem Wirkungsquerschnitt ist

$$\mu = \frac{N_A}{A} \varrho \, \sigma. \tag{2.27}$$

Fig. 2.14 zeigt schematisch den Wirkungsquerschnitt für γ-Absorption. Die Abhängigkeit von der Kernladungszahl ist:

$$\sigma_{\text{Photo}} \sim Z^4,$$
$$\sigma_{\text{Compton}} \sim Z, \tag{2.28}$$
$$\sigma_{\text{Paar}} \sim Z^2.$$

Der Photoeffekt ist nur bei Energien unterhalb $0.1-1.0$ MeV von Bedeutung. Der Comptoneffekt dominiert im mittleren Energiebereich. Paar-

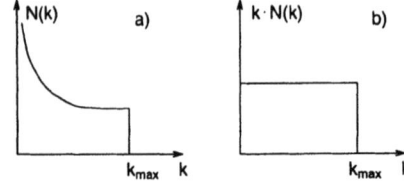

Fig. 2.15
Das Spektrum der Bremsstrahlung.
a) Zahl der abgestrahlten Photonen. b) Abgestrahlte Energie

bildung ist der einzige Effekt, der bei hohen Energien übrigbleibt. Der Wirkungsquerschnitt ist dort konstant.

d) Elektronen

Als geladene Teilchen ionisieren die Elektronen Materie. Dieser Prozeß überwiegt unterhalb einer kritischen Energie E_{krit} (Z_t = Ordnungszahl des Targets)

$$E_{\text{krit}} \approx \frac{600 \text{ MeV}}{Z_t}. \tag{2.29}$$

Bei höheren Energien ist ein anderer Effekt wichtig, die Bremsstrahlung. Bei der Coulomb-Streuung werden die Elektronen abgelenkt, sie werden transversal beschleunigt. Die dabei emittierte elektromagnetische Strahlung ist die Bremsstrahlung:

$$e + Z \to e' + Z + \gamma. \tag{2.30}$$

Sie ist stark nach vorn gebündelt. Ihr Spektrum (Zahl der Bremsstrahlungsquanten der γ-Energie k) divergiert bei kleinen Energien:

$$N(k)\,dk \propto Z_t^2 \frac{dk}{k}. \tag{2.31}$$

Eine maximale Energie $k_{\max}$ ist dadurch gegeben, daß das Photon nicht mehr Energie haben kann als das primäre Elektron:

$$k_{\max} = E_e. \tag{2.32}$$

Wegen der Abstrahlung verliert das Elektron Energie. Die Wegstrecke d, auf der seine Energie im Mittel um den Faktor e abnimmt, heißt Strahlungslänge X_0:

$$E = E_0 \cdot \exp\left(-\frac{d}{X_0}\right). \tag{2.33}$$

e) Elektromagnetische Schauer

Wenn ein Elektron in Materie eintritt, kann es ein Bremsstrahlungsquant emittieren. Dieses kann wieder, wie oben beschrieben, mit Materie wech-

2.4 Experimentelle Hilfsmittel: Teilchendetektoren

Tab. 2.2 Die Strahlungslänge (X_0) und Strahlungslänge × Dichte ($X_0 \cdot \rho$) einiger ausgewählter Materialien (nach [Par 00])

Material		H_2 (flüssig)	Al	Fe	Pb	NaJ
X_0	cm	865	8.9	1.8	0.56	2.59
$X_0 \cdot \rho$	g/cm²	61.3	24.0	13.8	6.4	9.5

selwirken und z.B. ein Elektron-Positron-Paar erzeugen. Diese werden nochmals Bremsstrahlung emittieren. So entsteht ein elektromagnetischer Schauer. Er setzt sich fort, bis alle Energie an die Materie abgegeben ist. Ähnlich kann ein hochenergetisches Photon einen Schauer erzeugen (siehe Fig. 2.16 a). Die longitudinale Schauerentwicklung kann durch die Energieabgabe in der Tiefe d beschrieben werden. Bei der Normierung auf d/X_0 erhält man einen weitgehend materialunabhängigen Zusammenhang (Fig. 2.16 b).

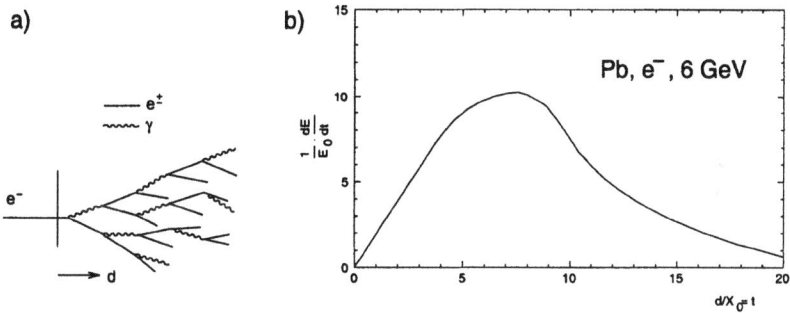

Fig. 2.16 Die longitudinale Entwicklung elektromagnetischer Schauer. a) Anschauliche Darstellung der Aufeinanderfolge von Bremsstrahlung und Paarbildung beim Eindringen eines Elektrons in Materie. b) Die longitudinale Schauerentwicklung als Funktion von $t = d/X_0$. Aufgetragen ist die differentielle Energieabgabe

f) Neutronen

Es gibt verschiedene Kernreaktionen, bei denen Neutronen geladene Teilchen erzeugen. Diese Prozesse werden im Kap. 3.7 besprochen.

2.4.3 Teilchennachweis

> Zum *Teilchennachweis* werden unterschiedliche Folgereaktionen der Ionisation ausgenutzt. In *Gasentladungszählern* wird eine Spannung angelegt und der Stromstoß gemessen (*Geiger-Müller-Zähler, Proportionalzähler, Driftkammer*). Ähnlich arbeitet der *Halbleiterzähler*. Im *Szintillationszähler* wird die Lichtemission bei der Rekombination durch einen Photomultiplier in einen elektrischen Impuls umgesetzt. *Spurdetektoren* erlauben, das ganze Ereignis zu sehen (*Photoemulsion, Nebelkammer, Blasenkammer*). Die Komponenten werden zu *großen Detektoren* zusammengefaßt: Sie überdecken nahezu den vollen Raumwinkel, gestatten durch das Magnetfeld eine Impulsmessung und haben γ-Nachweis und Teilchenidentifikation.
> *Auswertung der Experimente.* Die *Datenerfassung* startet nach dem *Trigger* und digitalisiert die Meßgrößen, die von einem Realzeitrechner registriert werden. In der *Datenreduktion* werden die Meßgrößen eines jeden Ereignisses in Teilchenimpulse umgerechnet. In der *Datenanalyse* werden die Verteilungen der physikalisch relevanten Meßgrößen aller Ereignisse aufgetragen, und man versucht, zu physikalischen Aussagen zu kommen. In *Monte-Carlo*-Rechnungen wird das Experiment simuliert.
> *Statistik*: Die Prozesse der Kern- und Teilchenphysik sind statistische Vorgänge. Das *Meßergebnis* hat einen *Mittelwert* und einen *statistischen Fehler*. Hinzu kommt der *systematische Fehler*.

Wie bereits besprochen, erfolgt der Teilchennachweis durch Ionisation der Materie. Die unterschiedlichen Folgereaktionen führen zu den verschiedenen Typen von Teilchendetektoren.

a) Gasentladungszähler

Der Geiger-Müller-Zähler (GM-Zähler) besteht (Fig. 2.17) aus einem Zylinderkondensator, d.h. einem Metallzylinder, in dem sich ein dünner Draht befindet. Wenn ein Teilchen durch den Zähler läuft, wird das Gas (z.B. Argon) ionisiert. Beim GM-Zähler ist die Spannung zwischen Draht (positiv) und Zylinder so hoch, daß es nach der Primärionisation zum Durchschlag kommt (Gasverstärkung $\sim 10^9$). Man erhält einen Stromstoß, der über einem Widerstand einen Spannungsstoß $\int U\, dt$ liefert und in einem Meßgerät nachgewiesen wird. Zur Löschung der Entladung werden wenige Prozente organische Gase hinzugefügt. Durch sie wird die Ausbreitung

2.4 Experimentelle Hilfsmittel: Teilchendetektoren

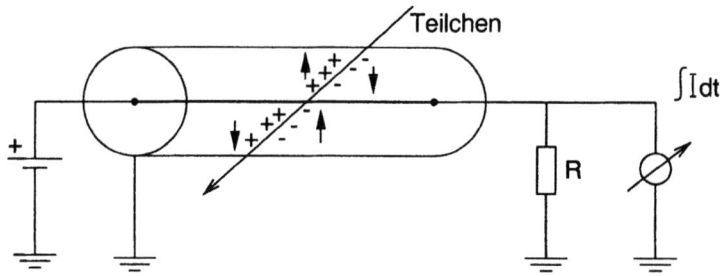

Fig. 2.17 Prinzip eines Gasentladungszählers. Zwischen Anode und Kathode liegt eine Spannung. Ein durchfliegendes Teilchen ionisiert das Gas. Die Elektronen driften zur Anode. Der Stromstoß wird gemessen

der UV-Photonen, die die Elektronenlawine im GM-Zähler vorantreiben, begrenzt. Wegen des Zusammenspiels der verschiedenen Prozesse bei der Gasentladung arbeitet der GM-Zähler nur in einem engen Bereich für die angelegte Spannung (700 – 1000 V). Da die Ionen und Elektronen wieder rekombinieren müssen, hat er eine Totzeit von ~ 1 μs, d.h. Teilchenraten von $\geq \frac{1}{3} \cdot 10^6$ s^{-1} können nicht gemessen werden.

Beim Proportionalzähler wird die Spannung so weit erniedrigt, daß kein elektrischer Durchschlag stattfindet. Der elektrische Puls ist proportional zur primär erzeugten Ladung (es werden etwa 30 eV zur Erzeugung eines Ionenpaares benötigt), Gasverstärkungen um Faktoren $\sim 10^5$ belassen den Zähler im Proportionalbereich. Die Anstiegszeit der elektrischen Pulse beträgt einige zehn ns, ebenso die Totzeit. Diesen Vorteilen steht der Nachteil gegenüber, daß die Pulshöhe wesentlich geringer ist (einige mV). Der Einsatz von Proportionalzählern erfordert deshalb eine elektronische Verstärkung der Signale. Das ist seit den 70er Jahren kein Problem mehr.

In der Teilchenphysik werden heute Proportionalkammern gebaut, die mehrere zigtausend Drähte haben. Die Drahtabstände können z.B. 2 mm betragen. Das ist dann die erzielbare Genauigkeit für die Ortsmessung.

Die Verbesserung der Ortsgenauigkeit wird in den Driftkammern durch die Messung der Driftzeit der Elektronen erzielt. Ihre Driftgeschwindigkeit in Gasen beträgt etwa 5 cm/μsec. Das Startsignal der Zeitmessung wird vom Ereignistrigger genommen, das Stoppsignal von der Ankunft der Elektronenlawine am Draht. Die Ortsgenauigkeit beträgt etwa 0.1 mm.

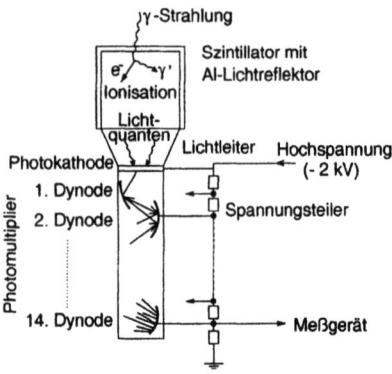

Fig. 2.18
Aufbau eines Szintillationszählers.
Siehe Text

b) Szintillationszähler

Nach der Ionisation durch die Primärstrahlung werden die Elektronen im Festkörper rekombinieren. Dabei wird Licht im sichtbaren und nahen UV-Bereich emittiert. Es wird durch einen Photomultiplier in einen elektrischen Puls umgesetzt (Fig. 2.18). Vorher kann es durch einen Lichtleiter zum Photomultiplier gebracht werden. Dieser hat eine Photokathode; es werden Lichtquanten absorbiert und Photoelektronen ausgesandt. Nach Beschleunigung auf etwa 200 eV treffen diese auf die erste Dynode, die durch Sekundärelektronenemission die Zahl der Elektronen etwa vervierfacht. Bis zu 14 Dynoden werden verwendet, was eine Vervielfachung um 10^8 ermöglicht. Ein Spannungsteiler liefert den Dynoden die richtige Spannung. Die Pulshöhe ist zur Energiedeposition des primären Teilchens im Szintillator proportional.

Am häufigsten werden zwei Materialien verwendet: NaJ und Plastik. Der NaJ-Zähler hat wegen der hohen Kernladungszahl (Z(Jod) = 53) eine hohe Nachweiswahrscheinlichkeit für γ-Strahlung. Zur guten Lichtausbeute muß er mit ca. 0.1% Tl-Atomen dotiert werden. Die Abklingzeit der Lichtemission und damit die Anstiegszeit des elektrischen Pulses ist mit 0.25 μsec relativ lang. NaJ(Tl)-Szintillatoren sind die klassischen γ-Detektoren.

Der Plastikszintillationszähler hat eine Abklingzeit von ca. 1 nsec. Er ist billig und kann großflächig hergestellt werden. Er wird deshalb in der Hochenergiephysik zum Nachweis geladener Teilchen und insbesondere zur präzisen Zeitmessung verwendet.

Im NaJ(Tl)-Zähler tragen alle drei Prozesse der Wechselwirkung der γ-Strahlung mit Materie bei. Fig. 2.19 zeigt die Pulshöhenverteilung für die monoenergetische γ-Strahlung von ^{24}Na. Man erkennt einen Peak, der

2.4 Experimentelle Hilfsmittel: Teilchendetektoren

Fig. 2.19
Pulshöhenverteilung eines NaJ(Tl)-Szintillationszählers (Größe $2\,^1/_2$" $\phi \times 2$") für die γ-Linie mit 2.75 MeV von ^{24}Na. Man erkennt die Photolinie, die Compton-Verteilung, die beiden Entweichlinien sowie die Photolinie und Compton-Verteilung der γ-Quanten von 511 keV (e^+-Vernichtungsstrahlung). Die Pulshöhenverteilung für eine weitere γ-Linie mit 1.37 MeV wurde mit Hilfe von Eichmessungen abgezogen

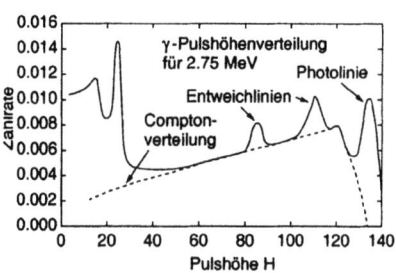

vom Photoeffekt herrührt, bei dem die γ-Energie vollständig im Zähler verbleibt. Beim Comptoneffekt hat das gestreute Elektron eine kontinuierliche Energieverteilung. In den Fällen, in denen das gestreute γ-Quant im Zähler auch noch absorbiert wird, erscheint es im "Photo-Peak". Bei der Paarbildung geben Elektron und Positron ihre kinetische Energie an den Kristall ab. Die Ruheenergie der beiden Teilchen, die bei der Erzeugung aufgebracht werden muß, wird durch die Vernichtung des Positrons mit einem Elektron des Materials zurückgewonnen. Dabei entstehen zwei γ-Quanten von je 511 keV. Wenn beide im Kristall absorbiert werden, erhält man wieder den "Photo-Peak", ansonsten erhält man "Entweichlinien" bei ein- bzw. zweimal 511 keV weniger. Die Breite des Photo-Peaks bestimmt die Fähigkeit des NaJ(Tl)-Zählers zur Spektroskopie von γ-Strahlung. Sie rührt daher, daß die physikalischen Prozesse im Detektor statistisch ablaufen (siehe Kap 2.4.4).

c) Halbleiterzähler

Die Wirkungsweise des Halbleiterzählers ist ähnlich wie die einer Ionisationskammer: Elektronen des Halbleiters werden aus dem Valenzband in das Leitungsband gehoben. Die Elektronen und die Löcher werden durch eine angelegte Spannung abgezogen. Der Unterschied ist: Durch die höhere Dichte eines Festkörpers werden mehr Ladungspaare gebildet. Zudem werden im Halbleitermaterial (etwa Ge oder Si) nur ca. 3 eV zur Bildung eines Elektron-Loch-Paares benötigt. Fig. 2.20 zeigt das Prinzip.

Da wesentlich mehr Ladungen zur Verfügung stehen, ist die relative statistische Fluktuation (siehe Kap. 2.4.4) kleiner und damit auch die Linien-

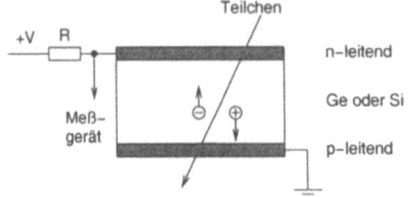

Fig. 2.20
Das Prinzip des Halbleiterzählers. Ein geladenes Teilchen erzeugt Elektron-Loch-Paare in einem Halbleiter. Wegen der angelegten Spannung fließt Strom

breite. Halbleiterzähler haben eine etwa 50mal bessere Energieschärfe als Szintillationszähler. Der Nachteil ist, daß sie nicht in großen Volumina hergestellt werden können, so daß die Nachweiswahrscheinlichkeit beschränkt ist. Oft müssen sie auf der Temperatur der flüssigen Luft gehalten werden, um thermisches Rauschen zu unterdrücken.

In der Teilchenphysik werden Halbleiterzähler als Vertexdetektoren verwendet. Wenn man sie als Streifendetektoren baut, kann man eine Ortsauflösung von ca. 1 μm erreichen. Da die Vertexdetektoren sehr nahe am WW-Punkt angebracht werden, läßt sich der Flugweg neutralen Teilchen vom WW-Punkt bis zum Zerfallsvertex in geladene Teilchen für relativistisch schnelle Teilchen messen. Man kann Lebensdauern zerfallenden Teilchen bis zu 1 ps hinunter messen.

d) Spurdetektoren

Die bisher besprochenen Detektoren können nur den Durchtritt eines Teilchens an einem Ort zu einem bestimmten Zeitpunkt messen. Spurdetektoren erlauben, ein vollständiges Ereignis zu beobachten, z.B. die Reaktion $\pi^- p \to \pi^+ \pi^- \pi^- p$. Der älteste Spurdetektor ist die Photoplatte. Ein ionisierendes Teilchen schwärzt sie. Es hinterläßt eine Spur in der Emulsion. Dieser Detektor hat nach wie vor die bestmögliche räumliche Auflösung (ca. 1 μm). Er wird deshalb zur Messung sehr kurzer Lebensdauern auch heute verwendet. Ferner werden Emulsionen zur Messung der kosmischen Strahlung bei Ballonaufstiegen in großen Höhen (ca. 30 km) wegen ihrer Unkompliziertheit eingesetzt.

In der Nebelkammer macht man von der Tatsache Gebrauch, daß in einem unterkühlten Dampf die Ionen, die von einem primären Teilchen herrühren, Nebeltropfen bilden. Teilchen hinterlassen eine Spur.

Das Arbeitspferd der Teilchenphysik war über viele Jahre die Blasenkammer (Fig. 2.21). Hier benutzt man eine überhitzte Flüssigkeit, in der die Ionen Dampfblasen entlang der Teilchenspur bilden. Um die Flüssigkeit in den überhitzten Zustand zu bringen, wird der Druck plötzlich durch das Herausziehen eines Kolbens erniedrigt. Das erfolgt synchron mit dem

2.4 Experimentelle Hilfsmittel: Teilchendetektoren

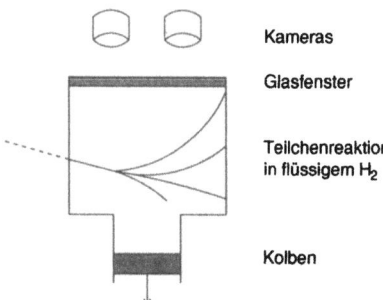

Fig. 2.21
Das Prinzip der Blasenkammer. Siehe Text. Das Magnetfeld (senkrecht zur Papierebene) ist nicht eingezeichnet

Durchgang der Primärteilchen vom (gepulsten) Beschleuniger. Durch ein Glasfenster nehmen Kameras das Bild stereoskopisch auf. Es wurden Blasenkammern mit Durchmessern von über 3 m gebaut. Eine sehr häufig benutzte Füllung ist flüssiger Wasserstoff (Tieftemperatur-Technologie!). Die Kammern befinden sich in einem Magnetfeld. Aus der Krümmung der Bahnen können der Impuls und die Ladung der Teilchen bestimmt werden.

e) Cherenkov-Zähler

Wenn ein Teilchen mit einer Geschwindigkeit v durch Materie fliegt, die größer als die Ausbreitungsgeschwindigkeit c/n des Lichts in dieser Materie (mit Brechungsindex n) ist, dann wird das Cherenkov-Licht emittiert. Es ist eine Lichtkegel mit dem Öffnungswinkel

$$\boxed{\sin\theta = \frac{c/n}{v} = \frac{1}{n}\frac{c}{v}} \quad (2.34)$$

(Fig. 2.22). Durch geeignete Wahl der Brechzahl (die z.B. in Gasen durch Änderung des Gasdrucks beeinflußt werden kann) wird gemessen, ob ein Teilchen eine Geschwindigkeit hat, die größer als c/n ist (dann entsteht Cherenkov-Strahlung).

2.4.4 Statistik

Die Ereignisse, mit denen sich die Kern- und Teilchenphysik beschäftigen, sind Zufallsprozesse, die mit einer gewissen Wahrscheinlichkeit auftreten. Die einzelnen Ereignisse sind voneinander unabhängig. Nehmen wir z.B. die Reaktion $e^+e^- \to$ Hadronen. Die Zahl der Ereignisse pro Zeit sei n. Die Messung wird N-mal mit den Ergebnissen n_i ($i = 1, ..., N$)

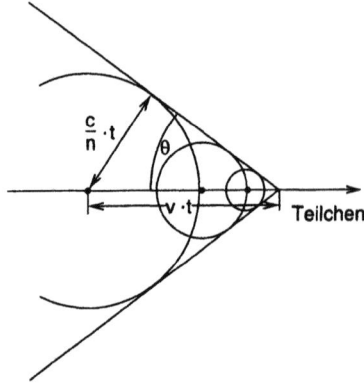

Fig. 2.22
Die Entstehung des Lichtkegels der Cherenkov-Strahlung. Ein Teilchen der Geschwindigkeit v tritt durch Materie. Während es den Weg $v \times t$ zurücklegt, breitet sich das Cherenkov-Licht kugelförmig mit dem Radius $(c/n)\,t$ aus. Es ergibt sich ein Lichtkegel mit Öffnungswinkel nach Gleichung (2.34)

wiederholt. Der Mittelwert ist

$$\overline{n} = \frac{1}{N} \sum_{i=1}^{N} n_i \,. \tag{2.35}$$

Wie sieht die Verteilung der Werte von n_i aus? Die mathematische Statistik sagt, daß die Wahrscheinlichkeitsverteilung $P(n)$ eine Poisson-Verteilung ist:

$$P(n) = \frac{\overline{n}^n}{n!} e^{-\overline{n}} \,. \tag{2.36}$$

Dieser Ausdruck ist, wie es für eine Wahrscheinlichkeitsverteilung der Fall sein muß, normiert:

$$\sum_{n=0}^{\infty} P(n) = 1 \,. \tag{2.37}$$

Fig. 2.23 zeigt ein Beispiel. Die Verteilung wird neben dem Mittelwert $\overline{n}$ noch durch die Breite charakterisiert. Die Größe

$$\sigma^2 = \sum_{n=0}^{\infty} (\overline{n} - n)^2 \, P(n) \tag{2.38}$$

heißt die Varianz. Die Wurzel aus der Varianz, d.h. σ selbst, ist die Standardabweichung. Sie ist gegeben durch den Mittelwert

$$\boxed{\sigma = \sqrt{\overline{n}}} \,. \tag{2.39}$$

Bei der Angabe von Meßergebnissen muß neben dem Mittelwert immer noch der statistische Fehler genannt werden:

$$\text{Ergebnis} = \overline{n} \pm \sigma \,. \tag{2.40}$$

2.4 Experimentelle Hilfsmittel: Teilchendetektoren

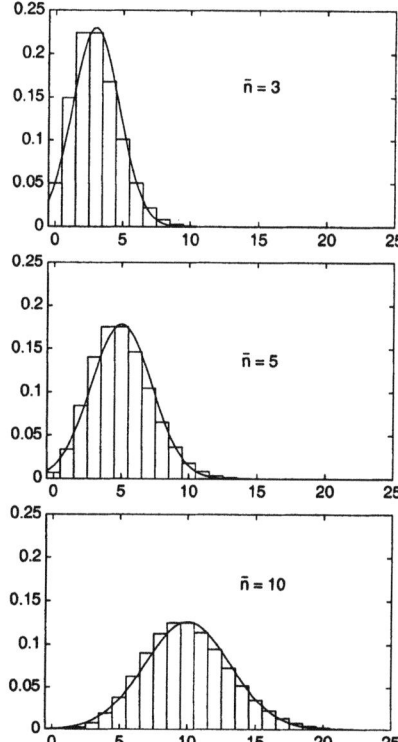

Fig. 2.23
Statistische Verteilung von Ereignisraten. Aufgetragen ist die Wahrscheinlichkeit $P(n)$, den Wert n beim Mittelwert $\bar{n}$ zu finden. Angegeben ist sowohl die Poisson- (Kästchen) als auch die Gauß-Verteilung (Linie)

Der statistische Fehler kann durch längere Meßzeiten verkleinert werden. Jedoch nimmt der relative Fehler nur mit der Wurzel der Zählungen ab:

$$\boxed{\frac{\sigma}{\bar{n}} = \frac{1}{\sqrt{\bar{n}}}}. \tag{2.41}$$

Neben dem statistischen Fehler haben die Meßergebnisse noch systematische Fehler, die durch beschränkte Kenntnis des Detektors gegeben sind, z.B. durch den Fehler an der Messung der räumlichen Akzeptanz eines Zählers ($\Omega \pm \Delta\Omega$), wenn das Meßergebnis $E = \bar{n}/\Omega$ ist.

Für große Mittelwerte $\bar{n}$ kann die Poisson-Verteilung durch die Gauß-Verteilung angenähert werden:

$$\boxed{P(n) = \frac{1}{\sqrt{2\pi}\,\sigma} \exp\left(-\frac{(\bar{n}-n)^2}{2\sigma^2}\right)} \tag{2.42}$$

(siehe Fig. 2.23). Neben der Standardabweichung als Maß der Breite einer statistischen Gauß-Verteilung wird oft auch die volle Breite bei halber

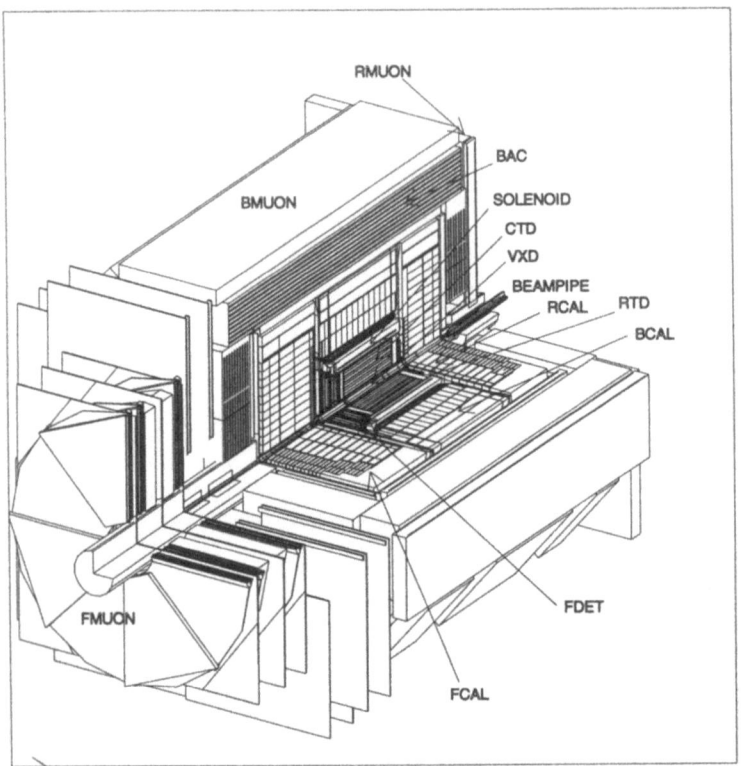

Fig. 2.24 Der Zeus-Detektor. Siehe Text wegen der Bezeichnungen

Höhe benutzt (FWHM = Full Width Half Maximum). Man überzeugt sich leicht, daß für Gauß-Verteilungen gilt:

$$\Delta_{\text{FWHM}} = 2.35\,\sigma\,. \tag{2.43}$$

2.4.5 Große Detektoren

Die einzelnen Zähler werden zu großen Detektoren zusammengefaßt. Sie sollen ein einzelnes Ereignis mit vielen neu erzeugten Teilchen (geladene, elektromagnetisch schauernde und Myonen) möglichst vollständig sehen, die Impulse messen und die Teilchen identifizieren. Als Beispiel sei hier der ZEUS-Detektor (Name paßt zu HERA) am ep-Speicherring HERA (=Hadron Elektron Ring Anlage) besprochen (Fig. 2.24). Beim Entwurf eines Detektors für HERA muß man sich klarmachen, daß das Laborsy-

2.4 Experimentelle Hilfsmittel: Teilchendetektoren

stem, in dem man arbeitet, nicht das Schwerpunktsystem der ep-Reaktion ist. Dieses bewegt sich mit dem p-Strahl (im Gegensatz zu den meisten e^+e^-- und $\bar{p}p$-Speicherringen, bei denen beide Strahlen die gleiche Energie haben). Die ep-Detektoren müssen deshalb asymmetrisch sein. Die Komponenten eines solchen "general purpose"-Detektors sind (von innen nach außen):

1. Das Strahlrohr (Bezeichnung: beampipe). In ihm ist der Wechselwirkungspunkt der e- und p-Strahlen. Bei deren WW entstehen u.a. Hadronen (Pionen, Kaonen). Das Strahlrohr muß aus dünnem Material bestehen, um Absorption und WW der Teilchen zu vermeiden.
2. Zur Messung der Spuren geladener Teilchen dienen der Vertex- und der zentrale Spurdetektor.
Der Vertexdetektor (VXD) besteht aus Si-Halbleiterzählern mit einem Innenradius von 4.25 cm und 60 cm Länge. Er hat drei Lagen, die doppelseitig (mit um 90° gedrehten Streifen) ausgelesen werden können. Somit wird sowohl die azimuthale ϕ-Koordinate als auch die z-Koordinate gemessen. Die Ortsmeßgenauigkeit eines Zählers beträgt 20 μm, der Stoßparameter einer Spur am WW-Punkt wird damit auf 100 μm genau gemessen.
Der zentrale Spurdetektor (CTD) ist eine Driftkammer (Innenradius 16 cm, Außenradius 82 cm, Länge 2.4 m, Winkelüberdeckung von 8.6° bis 165°), der in 72 Lagen 4608 Signaldrähte hat. Hinzu kommen 19'584 Drähte zur Erzeugung der elektrischen Felder um die Signaldrähte. Die Lagen sind teilweise parallel zur Achse, teilweise unter ±5° ausgerichtet. Dies erlaubt eine stereoskopische Beobachtung und somit die Messung nicht nur der azimuthalen Richtung des Teilchenimpulses, sondern auch der z-Komponente entlang der Strahlachse. Die Gasfüllung hat 84% Ar, 5% CO_2 und 11% C_2H_6.
3. Eine supraleitende Spule (Solenoid) erzeugt ein Magnetfeld von 1.8 T. Dadurch werden die Teilchenspuren zur Kreisbahn (im Raum zur Helix) gekrümmt. Die Meßgenauigkeit des Impulses (genauer: der Transversalkomponente, denn diese steht senkrecht zur Richtung des Magnetfelds) eines Teilchens ist näherungsweise

$$\frac{\sigma(p_T)}{p_T} = 0.006 \cdot (p_T/\text{GeV}/c) \tag{2.44}$$

4. Das Kalorimeter (BCAL = barrel calorimeter) dient zum Nachweis von γ-Strahlung und zur Identifizierung von Elektronen durch den elektromagnetischen Schauer und zur Energiemessung hochenergetischer Hadronen, deren Bahn nur wenig gekrümmt ist. Die Hadronen zertrümmern Kerne des Kalorimetermaterials und erzeugen mit starker WW weitere Hadronen, die wiederum reagieren und so einen Hadronenschauer bilden (ähnlich dem γ-Schauer). Das Kalorimeter besteht aus aufeinander folgenden La-

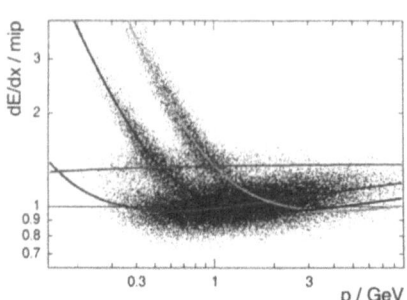

Fig. 2.25
Teilchenidentifikation mit Hilfe der spezifischen Ionisation im ZEUS Detektor. Aufgetragen ist das Verhältnis von dE/dx zu dem minimum-ionisierender Teilchen (mip) gegen den Impuls. Im rechten schräg laufenden Band sind die Protonen, im linken die Kaonen, in dem Band um die Minimum-Ionisation befinden sich Pionen und Elektronen.

gen (einem "Sandwich") von abgereichertem Uran ($=^{238}$U) und Szintillationszählern. Diese werden auch zur Messung des Zeitpunkts des Ereignisses benutzt. Die Dicke ist mehr als 5 WW-Längen für Hadronen (abhängig vom Einfallswinkel der Teilchen) und fast 200 Strahlungslängen. Die Energieauflösung für Hadronen bzw. Elektronen ist

$$\frac{\sigma_h(E)}{E} = \frac{0.35}{\sqrt{E/\text{GeV}}}, \quad \frac{\sigma_e(E)}{E} = \frac{0.18}{\sqrt{E/\text{GeV}}}. \quad (2.45)$$

Die relative Dicke des Urans und der Szintillationszähler ist so gewählt, daß die Energieablage für Elektronen und Hadronen gleicher Energie gleich ist.

5. μ-Nachweis: Myonen haben keine starke WW, sondern nur die elektromagnetische (und schwache). Zur Identifikation dient deshalb ihre "Durchdringung". Als μ-Filter verwendet man das Eisen (BMUON), das für die Rückführung des magnetischen Feldes sowieso gebraucht wird (hier 73 cm, aufgeteilt in 10 Lagen, zwischen denen sich jeweils Spurenkammern befinden).

6. Vorwärts- und Rückwärtsdetektoren: Obwohl die zentrale Driftkammer und das Kalorimeter einen großen Raumwinkel überdecken, müssen für viele physikalische Fragestellungen weitere Detektoren in Vorwärts- und Rückwärtsrichtung hinzugefügt werden (z.B. FMUON oder RCAL).

7. Nun sind die Impulsvektoren aller Teilchen bekannt. Was noch fehlt, ist die Teilchenidentifikation, d.h. ob es sich um ein π, K oder p handelt. Sie unterscheiden sich in ihrer Masse. Bei bekanntem Impuls ist ihre Geschwindigkeit unterschiedlich. Wir haben drei Möglichkeiten, uns diese Information zu beschaffen: den Cherenkov-Zähler, die Flugzeit und den spezifischen Energieverlust dE/dx. Letzterer wird bei ZEUS in der Driftkammer an den Signaldrähten gemessen. Fig. 2.25 zeigt, daß Protonen bis zu einem Impuls von ~ 1 GeV/c identifiziert werden können, Kaonen bis $\sim$

2.4 Experimentelle Hilfsmittel: Teilchendetektoren 89

0.8 GeV/c unterschieden werden können. Man beachte jedoch, daß dE/dx nicht für alle Energiebereiche möglich ist. Die beschränkten Möglichkeiten der Teilchenidentifikation sind z.z. ein Problem der experimentellen Teilchenphysik.

Abb. 2.26 zeigt zwei Ereignisse, die mit dem ZEUS-Detektor gemessen wurden (zur Erklärung siehe Kap. 4.4).

2.4.6 Datenerfassung und -verarbeitung

Ein Detektor wie ZEUS stellt viele Informationen in Form elektischer Signale zur Verfügung. In der *Datenerfassung* werden diese gemessen und registriert. Der *Trigger* ist ein schnelles Signal, das innerhalb einiger nsec feststellt, ob ein gewünschtes Ereignis, mit z.b. Hadronproduktion, stattgefunden hat. Diese zeichnet sich dadurch aus, daß viele Teilchen erzeugt werden. Die Triggerlogik verlangt dann eine Koinzidenz (gleichzeitiges Signal innerhalb der Auflösungszeit von wenigen nsec) zwischen mindestens drei Zählern und dies wiederum in Koinzidenz mit einer Pulshöhe (Summe von Energien im Kalorimeter). Die Experimente haben alle mehrere Trigger für verschiedene Ereignistypen, die zu einem "master trigger" zusammengefaßt werden.

Die häufigsten elektronischen Bausteine für eine Triggerlogik sind: AND (Koinzidenz), OR (das eine oder das andere Signal ist angekommen), NAND (ein Signal ist erforderlich sowie das Nichtauftreten eines anderen) und NOR (keines aus mehreren möglichen Signalen ist erschienen). Meist müssen die Signale der Zählerkomponenten vorher elektronisch verstärkt werden, wobei oft Diskriminatorschwellen gesetzt werden.

Datenerfassung: Wenn der Trigger das Auftreten eines Ereignisses gemeldet hat, wird die ganze Information des Detektors gemessen und digitalisiert. In der Driftkammer werden alle Drähte abgefragt und im TDC (*T*ime-to-*D*igital-*C*onverter) ihre Ankunftszeit, d. h. die Driftzeit der Elektronenlawine, gemessen. Ebenso wird die Pulshöhe im ADC (*A*nalog-to-*D*igital-*C*onverter) für die dE/dx-Messung erfaßt. Die Schauerzähler sind an ADC's angeschlossen, zur Zeitmessung auch an TDC's.

Dieser Meßvorgang wird von einem *Realzeitrechner* gesteuert. Er liest alle Informationen in einen Speicher und schreibt sie auf Magnetband. Der Rechner wird ferner zur Überwachung der Funktionsfähigkeit des Detektors benutzt. Das einfachste ist die Kontrolle der Ansprechhäufigkeit aller Zähler. Falls eine der vielen tausend Komponenten ausfällt, wird eine Warnung an den Experimentalphysiker gegeben.

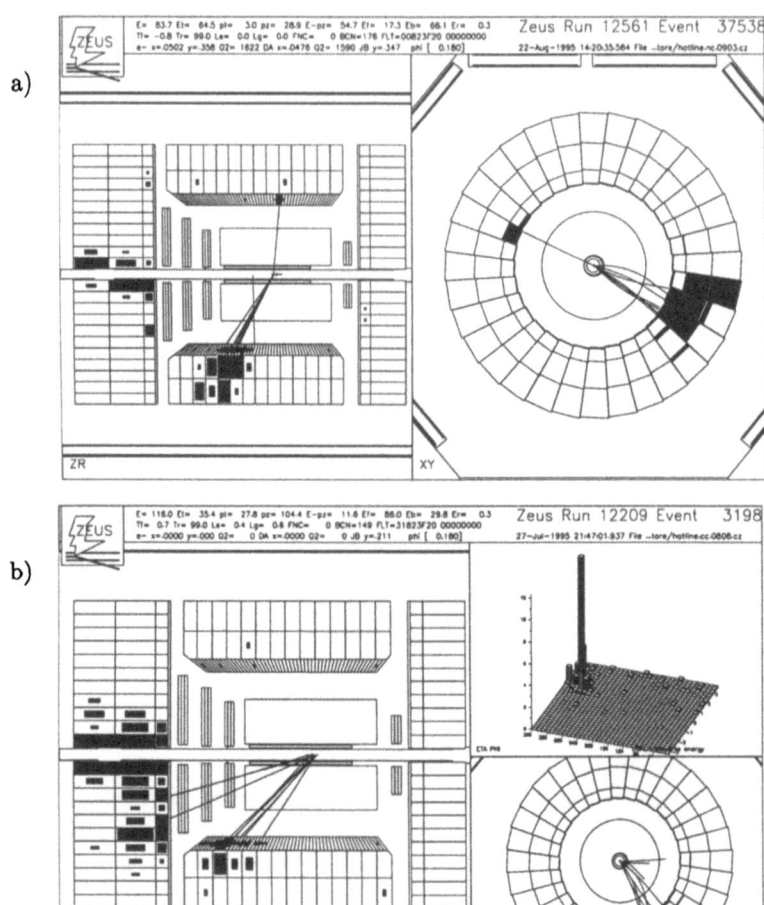

Fig. 2.26 Zwei Ereignisse der tief-unelastischen Streuung, wie sie mit dem ZEUS Detektor beobachtet wurden. In den linken Bildern wird von der Seite auf den Detektor geschaut, in den rechten in Richtung der Strahlachse. Man erkennt die Detektorkomponenten. Die Energieablage in den Zählern ist angezeigt. Im rechten Bild ist noch eine Darstellung der Energieablage gezeigt, bei der der zylindrische Detektor in eine Ebene projiziert wird. a) Ereignis $e+p \to e+jet$ (Austausch eines "neutralen Stroms" (γ oder Z^0), man erkennt den elektromagnetischen Elektronenschauer. b) Ereignis $e + p \to \nu + jet$, Austausch eines "geladenen Stroms" ($W^\pm$). Das Neutrino wird durch den fehlenden Transversalimpuls p_T rekonstruiert

2.4 Experimentelle Hilfsmittel: Teilchendetektoren

Der erste Schritt der *Datenverarbeitung* ist die *Datenreduktion*. Die Rohdaten bestehen aus Informationen wie: Der Draht Nr. 517 hat die Zahl 23 im TDC und 346 im ADC, usw. Diese Zahlen müssen mit Hilfe von Eichkonstanten in physikalische Meßgrößen umgewandelt werden. Dies sind z.B.: In einem Ereignis hat es $n_{ch} = 8$ geladene Teilchen (6π und $2K^{\pm}$) mit den Impulsvektoren $\vec{p}_n$ gegeben. Hinzu kommen $3\pi^0$'s, deren Impulsvektoren ebenfalls gemessen werden. Diese Datenreduktion erfolgt heute meist auf vernetzten PC's.

Falls alle Teilchen eines Ereignisses beobachtet und gemessen werden konnten, kann noch der Energie- und Impulssatz angewendet werden. Dieser *kinematische Fit* (siehe Kap. 1.7.5) ist meist nur bei Reaktionen mit wenigen Teilchen im Endzustand möglich. Durch Ausgleichsrechnung unter Berücksichtigung der Meßfehler der einzelnen Teilchenimpulse erhält man eine Verbessserung der Genauigkeit der Meßwerte.

Aus den physikalischen Meßgrößen aller Ereignisse werden dann Verteilungen in der *Datenanalyse* erstellt. Z.B. interessiert man sich für die Häufigkeitsverteilung der Zahl der geladenen Spuren, aus der der Mittelwert $\langle n_{ch} \rangle$ gewonnen werden kann. Die Teilchenphysik im engeren Sinne versucht, diese Meßergebnisse zu verstehen.

Kein Experiment hat, insbesondere für die komplexen Ereignisse, eine 100%ige Akzeptanz. Die Korrektur erfolgt durch sogenannte *Monte-Carlo-Rechnungen*, in denen das Experiment simuliert wird. In der ersten Stufe werden aufgrund eines physikalischen Modells die Meßgrößen eines Ereignisses auf dem Rechner erzeugt. Durch Würfeln von Zufallszahlen wird der statistische Charakter der Einzelereignisse ausgedrückt – daher der Name Monte-Carlo-Rechnungen. In der zweiten Stufe verfolgt man die Teilchen durch den Detektor unter Berücksichtigung aller Detektoreinflüsse, z. B. des Raumwinkels, der Ansprechwahrscheinlichkeit einzelner Detektorkomponenten usw. Die erzeugten MC-Ereignisse werden den Triggerbedingungen unterworfen und wieder durch den Datenreduktionsschritt gegeben. Die Ergebnisse der Datenanalyse der MC-Ereignisse werden dann mit den experimentell gewonnenen Verteilungen verglichen. So können die theoretischen Annahmen der ersten Stufe der Monte-Carlo-Rechnungen bestätigt oder falsifiziert werden.

2.4.7 Strahlengefährdung und Strahlenschutz

> *Strahlengefährdung, Strahlenschutz* : *Ionisierende Strahlung* ist gefährlich. Zur Messung der *Strahlendosis* werden die von der Strahlung an die Materie abgegebene Energie (*Energiedosis*) und die *Ionendosis* benutzt. Die *Äquivalentdosis* berücksichtigt die Ionisationsdichte. Die Strahlung ionisiert die *Biomoleküle*. Darauf setzen chemische Reaktionen ein. Hohe Strahlendosen führen zu *Frühschäden (Strahlenkrankheit)*. Die *tödliche Dosis* liegt bei 4 Gy. *Somatische Spätschäden* sind *Krebs* und *Veränderungen des Erbguts*. Schutz vor radioaktiver Strahlung ist möglich durch *Abstand, Abschirmung* und *Messung*. Bei technischer Verwendung von Radioaktivität muß sichergestellt werden, daß diese von der *Biosphäre* dauernd ferngehalten wird.

a) Einführung

Die Gefährdung der menschlichen Gesundheit durch Radioaktivität ist heute ein aktuelles Thema. Es wird hier versucht, dem Leser zur eigenen Bewertung der öffentlichen Diskussion einige Grundlagen mitzuteilen. Wegen der oft stark emotionalen Meinungen empfiehlt es sich, daß der Autor seine Positionen an den Anfang stellt. Es sind dies:

1. Radioaktive (= ionisierende) Strahlung ist gefährlich.
2. Im Gegensatz zu vielen anderen Gefahren ist Radioaktivität leicht meßbar.
3. Radioaktivität kann abgeschirmt werden.

Als Physiker müssen wir uns diese Thesen quantitativ ansehen. Da radioaktive Strahlung leicht meßbar ist, ist über sie mehr bekannt als über andere Gefahren, die auf den Menschen in der Biosphäre lauern.

b) Die Strahlendosis

b1) Maßeinheiten.

Das Maß für die Stärke einer radioaktiven Quelle, der Aktivität A, ist die Zahl der radioaktiven Zerfälle pro Zeit. Sie wird angegeben in Bq (Bq = Becquerel, 1 Bq = 1 Zerfall/s, die alte Einheit ist 1 Ci = $3.7 \cdot 10^{10}$ Bq = Zahl der Zerfälle von 1 g Ra/s, Ci = Curie).

Die Strahlenschädigung ist ein komplexer Vorgang: Strahlung einer gegebenen Art von Teilchen (oder Photonen) einer Energie hat für die Wech-

2.4 Experimentelle Hilfsmittel: Teilchendetektoren

selwirkung mit Materie bekannte, energieabhängige Wirkungsquerschnitte mit bestimmten Endprodukten. Danach finden in den Zellen chemische Reaktionen statt. Der Praktiker des Strahlenschutzes muß dafür *eine Meßgröße* haben, die das Maß einer möglichen Gefährdung angibt. Gebräuchlich sind drei unterschiedliche Maße, in die teilweise Wissen über spezielle Strahlenwirkungen eingebaut ist.

- Die Energiedosis D ist die von der Strahlung pro Masse m abgegebene Energie E:

$$\boxed{D = E/m}, \tag{2.46}$$

Einheit: 1 Gy = 1 J/kg = 100 rad (Gy = Gray, J = Joule, alte Einheit: rad = radiation absorbed dose)

- Die Ionendosis J_d gibt die pro Masse m erzeugte elektrische Ladung Q an:

$$\boxed{J_d = Q/m}, \tag{2.47}$$

Einheit: 1 C/kg = 3876 R (C = Coulomb, alte Einheit: R = Röntgen = Dosis, bei der in 1 cm^3 Luft eine Ladung von $3.3 \cdot 10^{-10}$ C erzeugt wird). Im Mittel muß ein Teilchen zur Erzeugung eines Ionenpaares ca. 34 eV Energie an Materie abgeben.

- Die Äquivalentdosis H: Während sowohl für die Energiedosis als auch für die Ionendosis nur der primäre physikalische Prozeß, die Energieabgabe bzw. die Ionisation erfaßt wird, geht bei der Äquivalentdosis die Erfahrung über die unterschiedliche biologische Wirksamkeit verschiedener Strahlenarten und -energien durch einen Qualitätsfaktor Q ein. Dieser ist abhängig von der Energieabgabe pro Weglänge. Für γ- und β-Strahlung ist $Q = 1$, für Neutronen liegt er zwischen 3 und 5, und für α-Teilchen wird $Q = 20$. Der Verteilungsfaktor N ist 1 für Strahlenquellen außerhalb des Körpers. Ist diese inkorporiert, wird N größer als 1. Damit können Anreicherungen im Körper (z.B. Jod in der Schilddrüse) und eine unterschiedliche Strahlenempfindlichkeit der Gewebe berücksichtigt werden. Die Äquivalentdosis ist dann

$$\boxed{H = D \cdot Q \cdot N}, \tag{2.48}$$

Einheit: 1 Sv = 1 J/kg = 100 rem (Sv = Sievert, alte Einheit: rem = röntgen equivalent man).

Für alle Dosisgrößen gibt es die Dosisleistung, z.B. die Äquivalentdosisleistung

$$\boxed{\dot{H} = dH/dt}. \tag{2.49}$$

b2) Messung der Strahlendosis.

Der Mensch besitzt kein Sinnesorgan zum Erkennen von radioaktiver

Strahlung. Das ist ein Grund für ihre Gefährlichkeit. Am nächsten kommt noch die Wärmewirkung. Aufgabe 2.16 zeigt, daß die radioaktive Strahlung nicht gefühlt werden kann.

Die Messung der Dosisleistung der radioaktiven Strahlung geschieht in der Praxis durch Messung der Aktivität des radioaktiven Präparats oder der Strahlungsflußdichte (Zahl der Teilchen bzw. Gamma-Quanten pro Zeit und Fläche). Diese wird dann mit Hilfe der bekannten Energieabgabe bzw. Ionisation durch die Strahlung in Dosisgrößen umgerechnet.

Der Umrechnungsfaktor wird so gewonnen: γ-Strahlung der Energie E_γ wird in Materie (Fläche F) absorbiert. Der γ-Fluß eines Präparats der Aktivität A im Abstand r ist $\Phi_\gamma = (A/4\pi r^2) \cdot F$. Der absorbierte Fluß wird

$$\Phi_{\text{abs}} = \Phi_\gamma \cdot \left[1 - \exp\left(-\frac{d}{X_0}\right)\right] \approx \Phi_\gamma \cdot \frac{d}{X_0} \quad \text{(für dünne Schichten)}.$$

Wir nehmen an, daß die gesamte Energie der γ-Quanten in dieser Schicht abgegeben wird:

$$E_{\text{abs}} = E_\gamma \cdot \Phi_{\text{abs}} = E_\gamma \cdot A \cdot (V/(4\pi r^2 X_0)) \ .$$

Die Energiedosis in der Zeit Δt wird damit

$$D = (E_{\text{abs}}/m) \cdot \Delta t = (A/r^2) \cdot \Gamma \Delta t \ ,$$

mit $\Gamma = (E_\gamma/4\pi) \cdot (1/\rho X_0)$ ($\rho = m/V =$ Dichte).

Die Meßgeräte sind die üblichen der Kernstrahlungsmeßtechnik: Ionisationskammern und GM-Zähler wegen ihrer Einfachheit und Robustheit, Szintillationszähler und Halbleiterzähler, wenn detaillierte Informationen über die Strahlung erforderlich sind. Gesetzlich vorgeschrieben ist für Personen, die beruflich mit Strahlung umgehen, das Tragen von Filmplaketten, die monatlich abgelesen werden. Diese Messungen sind für juristische Zwecke einwandfrei, aber für eine rechtzeitige Gefahrenerkennung und -abwendung nutzlos. Dazu benötigt man eines der genannten Meßgeräte.

c) Biologisch-medizinische Strahlenwirkungen

c1) Primäre Wechselwirkung der Strahlung in den Zellen

Die verschiedenen Strahlenarten haben eine unterschiedliche Dichte der Ionisation bzw. Anregung und damit auch eine unterschiedliche Eindringtiefe:

2.4 Experimentelle Hilfsmittel: Teilchendetektoren

α-Strahlung: stark ionisierend, sehr kurze Eindringtiefe, $Q=20$,
β-Strahlung: schwach ionisierend, große Eindringtiefe, $Q=1$,
γ-Strahlung: schwach ionisierend, große Eindringtiefe, da sie erst konvertieren muß, $Q=1$,
Neutronen-Strahlung: stark ionisierend über die niederenergetischen Rückstoßprotonen, große Eindringtiefe, da sie erst konvertieren muß, $Q=3$ bis 5.

Für die Praxis ist es sehr wichtig, ob sich die Strahlenquelle außerhalb des menschlichen Körpers befindet oder inkorporiert ist. Letzteres soll unter allen Umständen vermieden werden, insbesondere für α-Strahler wie Plutonium.

c2) Die strahlenbiologische Reaktionskette.

Die Zelle ist der Grundbaustein der Lebewesen. Man muß deshalb die Wirkung der Ionisation auf Zellen studieren. Es werden Ionen und Molekülbruchstücke (= Radikale) gebildet, aus Wasser H_2O z.B. $(OH)^-$-Ionen und Hydroxylradikale $(\cdot OH)$. Die Radikale sind elektrisch neutral, haben aber nach Lösung einer chemischen Bindung ein ungepaartes Elektron. Sie suchen sich einen neuen Bindungspartner, dem sie ein Elektron oder ein ganzes Stück entreißen, d.h. sie sind chemisch sehr reaktionsfreudig. Sie können dabei ein Stück wandern (= freie Radikale). So werden Nukleinsäuren, Fette und andere Grundbausteine der Zelle angegriffen. Die biochemischen Reaktionen der Zelle durch die Enzyme werden gestört. Es kommt zur Zerstörung der Zelle. Falls die freien Radikale in den Zellkern gelangen, wird die DNA geschädigt. Beim Kopieren treten Ablesefehler, Ablesestopp und auch Strangbrüche auf. Die Folgen sind Mutationen und Krebs.

Der zeitliche Ablauf dieser verschiedenen Prozesse der strahlenbiologischen Reaktionskette ist sehr unterschiedlich. Die Energieübertragung von der ionisierenden Strahlung auf die Zelle erfolgt in ca. 10^{-16} s. Die dadurch ausgelösten chemischen Reaktionen in der Zelle brauchen Minuten bis Stunden. Die Wirkungen in Organen und Organismen werden in Stunden, Tagen oder Jahren spürbar, bei Erbschäden in der nächsten Generation.

Der Organismus kann die Schädigung bis zu einem gewissen Grad reparieren. Z.B. hat die Zelle Reparaturenzyme, der Organismus das Immunsystem. Die Erbinformation ist durch die Doppelhelix der DNA geschützt.

Die Strahlenempfindlichkeit ist am größten in der Phase der Zellteilung, daher die besondere Gefährdung von Embryonen und Kindern. Auch Haut und Knochenmark haben eine hohe Teilungsrate. Muskeln, Bindegewebe

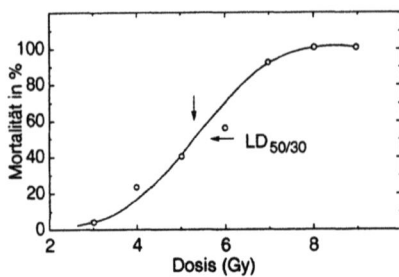

Fig. 2.27
Die Mortalität von Rhesus-Affen innerhalb von 30 Tagen nach einer einzigen Ganzkörperexposition mit Röntgenstrahlen

und Nerven sind am wenigsten empfindlich.

c3) Die akute Strahlenkrankheit

Symptome und Verlauf der Strahlenkrankheit (auch somatische Frühschäden genannt) hängen von der Dosis ab. Fig. 2.27 zeigt die Dosis-Wirkung-Beziehung. Die letale Dosis $LD_{50/30}$, bei der 50 % der Lebewesen innerhalb von 30 Tagen sterben, liegt für den Menschen bei 3 bis 5 Gy Ganzkörperbestrahlung. Die Äquivalentdosis ist entsprechend 3 bis 5 Sv. Wir werden sehen, daß diese Dosis das Zweitausendfache der jährlichen Belastung durch die natürliche Umgebungsstrahlung ist.

Die Dosis-Wirkung-Beziehung läßt eine Schwellendosis von 0.25 Sv erkennen. Bei Bestrahlung mit ihr treten keine subjektiven Symptome auf. Bei höherer Bestrahlung sinkt die Zahl der Lymphozyten innerhalb von zwei Tagen ab, das Immunsystem wird geschwächt und erholt sich in der zweiten Woche wieder. Bei Bestrahlung mit einer subletalen Dosis von 1 Sv treten fühlbare Symptome (Unwohlsein, Mattigkeit, Haarausfall) in der dritten Woche auf, in der vierten Woche wird ein Kräfteverfall beobachtet, jedoch ist Erholung wahrscheinlich. Bei der mittleren letalen Dosis (4 Sv) beginnt das Leiden am ersten Tag mit Übelkeit und Erbrechen. Beschwerden im Magen-Darm-Trakt treten in der dritten Woche auf, in der vierten Woche die (50 %) Todesfälle. Die Überlebenden haben weiterhin Beschwerden. Bei der letalen Dosis von 7 Sv treten die ersten Beschwerden nach ein bis zwei Stunden auf, der Tod tritt spätestens in der zweiten Woche nach der Bestrahlung ein. Durch die Bestrahlung wird insbesondere das Zellerneuerungssystem geschädigt, daher auch die zeitliche Verzögerung der Wirkung.

c4) Somatische Spätschäden

Von somatischen Spätschäden spricht man, wenn die Erkrankung erst Jahre oder Jahrzehnte nach der Bestrahlung auftritt. Die Leiden sind Krebs einschließlich Leukämie. Charakteristisch ist, daß mit der Dosis nicht die Schwere der Erkrankung, sondern die Wahrscheinlichkeit für deren Auf-

2.4 Experimentelle Hilfsmittel: Teilchendetektoren

Fig. 2.28
Das Verhalten der mittleren Überlebenszeit nach einer einzigen Ganzkörperexposition mit Röntgenstrahlen. Es können drei Bereiche erkannt werden. Die Syndrome der Strahlenkrankheit, die zum Tod führen, sind mit der zunehmenden Strahlendosis zunächst die Blutbildung, dann der Magen-Darm-Trakt und bei sehr hohen Dosen das Zentralnervensystem

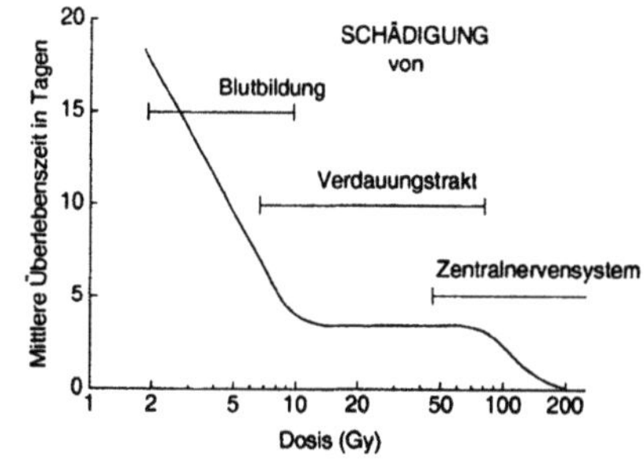

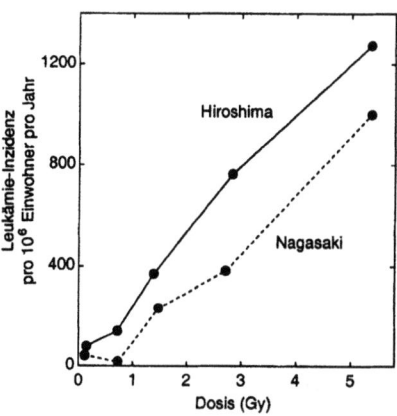

Fig. 2.29
Die Häufigkeit von Leukämie in Abhängigkeit von der Strahlendosis. NB! Wahrscheinlich war die Strahlendosis der Hiroshima-Bombe falsch berechnet. Es gab nur ein Exemplar ihres Typs. Die Dosis wurde später nochmals mit Großrechnern nachgerechnet, die Ergebnisse lagen dem Autor aber noch nicht vor

treten zunimmt (statistisch bestimmte Schäden), siehe Abb. 2.29. Man erkennt den linearen Zusammenhang. Die mittlere Latenzzeit für Leukämie beträgt 10 bis 15 Jahre, (für die anderen Tumoren meist über 20 Jahre). Die Ergebnisse wurden durch Beobachtung der Spätfolgen der Atombombenabwürfe gewonnen.

Die Häufigkeiten sind:

- für Leukämie 2'000-5'000 Fälle pro 1 Million Personen zu je 1 Gy Dosis,
- für alle anderen Tumoren 25'000 Fälle pro 1 Million Personen zu je 1 Gy Dosis.

Bei einer natürlichen Strahlenbelastung von ca. 2 mSv/a sind das in Deutschland (bei linearer Extrapolation, siehe unten) strahlungsbedingt

- ~ 320 bis 800 Todesfälle jährlich durch Leukämie,
- ~ 4'000 Todesfälle durch alle Tumoren.

Alle unsere Erfahrungen über somatische Spätschäden (Unfälle bei Bestrahlungen, Atombombenopfer, Tierversuche) kommen von hohen Strahlendosen. Die Effekte niedriger Dosen waren lange Zeit umstritten, da sie durch die Erfahrung nur schwer zugänglich sind. Einwandfrei belegbar ist das Auftreten von Krebs bei Bestrahlungen über 50 mSv.

c5) Erbschäden

Erbschäden zeigen ebenso wie die somatischen Spätschäden einen linearen Zusammenhang der Strahlendosis und der Häufigkeit des Auftretens. Die Symptome treten erst in der nächsten oder den nachfolgenden Generationen auf. Das Datenmaterial über Schadenshäufigkeiten ist sehr gering, insbesondere da genetische Schäden überwiegend rezessiv vererbt werden. Die zur Zeit besten Werte sind eine Erwartung von 2'200 Erbkrankheiten unter 1 Million Lebendgeburten der ersten Generation bei einer Bestrahlung der älteren Generation mit 1 Gy pro Person. Das bedeutet vier Fälle von Erbschäden in dieser Population aufgrund der natürlichen Strahlenbelastung. Diese sehr hohe Strahlendosis verursacht ~4% der spontanen Schädigungen des Erbguts.

d) Radioaktivität in der Biosphäre

d1) Natürliche Strahlenbelastung

Auf die Erde fällt ständig die kosmische Strahlung. Unsere Umwelt enthält geringe Mengen radioaktiver Stoffe, hauptsächlich Folgeprodukte des in der Erdhülle vorkommenden Urans, von denen das gasförmige Radon (Ra) das gefährlichste ist, weil es vom Erdboden und von Baumaterialien emittiert und inhaliert wird. Die kosmische Strahlung erzeugt Radionuklide. Auch im menschlichen Körper sind natürliche radioaktive Stoffe inkorporiert, insbesondere ^{40}K, das im natürlichen Kalium enthalten ist. Sie gelangen auch über die Nahrungskette in den Körper (Boden → Pflanze → Tier → Mensch). Die Strahlenbelastung der Menschen ist in (Tab. 2.3) zusammengestellt.

Die Schwankungsbreite der natürlichen Strahlenbelastung ist erheblich. Auf der Zugspitze ist die Dosisleistung der kosmischen Strahlung dreimal so hoch wie in Hamburg. Die terrestrische Strahlung variiert in Deutschland um einen Faktor drei, weltweit um einen Faktor zehn.

d2) Zivilisatorische Strahlenbelastung

In der Medizin wird ionisierende (Röntgen-)Strahlung zur Diagnose verwendet. Die dabei auftretenden Organdosen weisen erhebliche Streubreiten auf. Bei Verwendung modernster Röntgenapparate könnten die Dosen

2.4 Experimentelle Hilfsmittel: Teilchendetektoren

Tab. 2.3 Die mittlere Strahlenbelastung des Menschen in Deutschland. Alle Angaben sind in mSv/a

Quelle	Dosisleistung	Summen
natürliche Strahlenbelastung		2.4
kosmische Strahlung	0.3	
terrestrische Strahlung		
äußere ...	0.5	
inkorporierte ...	0.3	
Inhalation von Rd	1.3	
zivilisatorische Strahlenbelastung		1.56
Medizin		1.5
Kernkraftwerke		0.05
kontrollierte Abgabe		
Grenzwert	(0.3)	
Abgabewert	$\leq$0.01	
Unfall Tschernobyl 1986		
Messungen 1988	0.04	
oberirdische Kernwaffentests	$\leq$0.01	0.01
Summe		$\sim$4.0

stark reduziert werden. Ferner werden für medizinische Diagnostik radioaktive Isotope verwendet, z.B. ^{131}J zur Messung der Schilddrüsenfunktion. Die mittleren Strahlenbelastungen sind mit der natürlichen Strahlenbelastung vergleichbar, sie treffen jedoch die Bevölkerung sehr unterschiedlich. Bestrahlung für Therapie soll nur angewendet werden, wenn andere Heilmethoden ausgereizt sind.

Früher wurde in Leuchtzifferblättern der Uhren ^{226}Ra verwendet. Das führte zu einer Strahlenbelastung von 1 mSv/a für den Träger. Aus diesem Grunde werden solche Uhren heute nicht mehr hergestellt.

d3) Strahlenbelastung durch Atombombenversuche und Kernreaktoren

Durch die 420 oberirdischen Kernwaffenversuche in den Jahren 1945-1963 (und in geringerem Maße auch später) wurden mehr als 10^{22} Bq langlebiger Aktivität in der Atmosphäre freigesetzt. Die Folgen sind noch heute beobachtbar. Z.B. zeigt Fig. 2.30 die Mittelwerte des Gehalts an ^{137}Cs und ^{90}Sr in Milch in Deutschland. Wegen des deutlichen Anstiegs der radioaktiven Belastung haben die USA und die UdSSR Ende 1963 nach vorherigen Kontakten der Wissenschaftler (Pugwash-Konferenzen) und des Drucks der öffentlichen Meinung den Vertrag über das Verbot oberirdi-

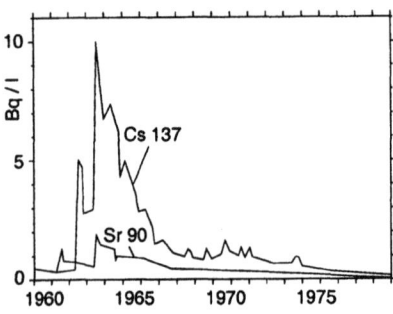

Fig. 2.30
Die radioaktive Belastung von Milch durch ^{137}Cs und ^{90}Sr in Deutschland als Folge der oberirdischen Atomwaffentests. Es handelt sich um langlebige β-Strahler. Man erkennt die Spitzen durch die zahlreichen Tests der USA und der UdSSR vor 1963 und den Abfall seither

scher Kernwaffenversuche beschlossen. Später wurden oberirdische Tests von Frankreich und China durchgeführt.

In Kernreaktoren entstehen große Mengen von Radioisotopen. Einige Spaltprodukte können nicht vollständig zurückgehalten werden. Die Strahlenschutzverordnung legt fest, daß diese Strahlenbelastung kleiner als 0.3 mSv/a, d.h. kleiner als 10% der natürlichen und medizinischen, sein muß. Das gilt für Einzelpersonen, die sich in unmittelbarer Nähe zur Anlage ständig aufhalten und die Nahrungsmittel zu sich nehmen, die in diesem Bereich erzeugt werden. Tatsächlich ist die Strahlenbelastung durch Kernreaktoren in Deutschland mit 0.01 mSv/a kleiner 1% der natürlichen.

Durch die Kernwaffenversuche sowie durch kerntechnische Anlagen sind radioakve Stoffe in die Biosphäre gelangt. Gefährlich sind solche, die eine lange Halbwertszeit haben und in die Nahrungskette des Menschen gelangen können (siehe oben). Hier sind insbesondere ^{131}J, ^{137}Cs und ^{90}Sr zu nennen. In manchen Lebewesen sind Anreicherungen beobachtet worden. Bei Inkorporation durch Einatmen oder durch die Nahrung muß die Speicherung im Körper berücksichtigt werden. Die verschiedenen Substanzen haben eine biologische Halbwertszeit T_{biol}, die durch die Ausscheidung gegeben ist. So hat z.B. ^{137}Cs eine physikalische Halbwertszeit 30 a, aber $T_{biol} = 100$ d, während die effektiven Halbwertszeiten von ^{90}Sr und von ^{239}Pu nicht verkürzt werden.

Die Kerntechnik muß radioaktive Stoffe, z.B. abgebrannte Brennelemente aus Kernreaktoren, von der Biosphäre, d.h. von der Erdoberfläche, Wind und Wasser, fernhalten.

Am 26. April 1986, um 1:23 Uhr Ortszeit, gerät ein Kernreaktor in Tschernobyl/UdSSR außer Kontrolle. Infolge eines Bedienungsfehlers kam es zu einer plötzlichen Leistungssteigerung (innerhalb von Sekunden). Der Graphit-Moderator des Reaktors geriet in Brand und konnte erst nach Tagen gelöscht werden, auch die Kettenreaktion konnte nur nach schwie-

2.4 Experimentelle Hilfsmittel: Teilchendetektoren

rigen Rettungsmaßnahmen gestoppt werden. Die Brennstäbe mit Uran und den Spaltprodukten sind geschmolzen. Die radioaktiven Stoffe sind in der Rauchfahne auf 1-2 km Höhe aufgestiegen. Durch die Windrichtung wurden sie zuerst nach Skandinavien, später nach Westen (Deutschland) getragen. Messungen des zeitlichen Verlaufs der Aktivität zeigen die Wanderung der radioaktiven Wolke, die nach viereinhalb Tagen in München, jeweils einen Tag später in Stuttgart und Freiburg ankam, während Norddeutschland weitgehend verschont wurde. Durch Regen wurde die Radioaktivität ausgewaschen, kam auf den Erdboden und das damals frische Gras, von wo es über Verfütterung in die menschliche Nahrungskette (Milch und Fleisch) gelangte. Dieser Prozeß erklärt die starken regionalen Unterschiede der Strahlenbelastung. Der Anstieg der Bodendosisleistung im Freien gegenüber der natürlichen Belastung lag zwischen dem 1.5fachen in Hamburg und dem 8.5fachen in München. Ein zweiter, schwächerer radioaktiver Niederschlag wurde Ende Mai 1986 nach einer Erdumrundung der Wolke gemessen. Die gesamte Aktivitätszufuhr durch den Reaktorunfall betrug etwa die Hälfte dessen von den oberirdischen Atombombenversuchen. Jedoch war die Zusammensetzung der langlebigen Isotope sehr unterschiedlich: Der Reaktorunfall lieferte hauptsächlich ^{137}Cs, daneben etwas ^{90}Sr und ^{239}Pu, während die Atombombenversuche im wesentlichen ^{239}Pu freisetzten. In den ersten Tagen nach der Freisetzung ist immer ^{131}Jod am gefährlichsten, ein häufiges, gasförmiges Spaltprodukt kurzer Halbwertszeit. Dessen schädliche Wirkung kann durch Verabreichung von Jodtabletten bekämpft werden.

Tab. 2.3 stellt die natürlichen und zivilisatorischen Strahlenbelastungen zusammen.

e) Strahlenschutz

e1) Schutzmaßnahmen

Beim Umgang mit radioaktiver Strahlung gibt es zwei primäre Schutzmaßnahmen: *Abstand* und *Abschirmung*. Abstand kann z.B. dadurch gewährleistet werden, daß Strahlenschutzbereiche mit kontrolliertem Zugang für geschultes Personal eingerichtet werden müssen, das Strahlenschutzplaketten zu tragen hat. Das Personal soll vor dem Präparat z.B. durch Bleiwände geschützt werden. Die Arbeit mit hochaktiven Stoffen muß mit Fernbedienung erfolgen. Diese Regeln gelten auch für medizinische Röntgen-Labors, statt "radioaktives Präparat" muß man dann "ionisierende Strahlung" lesen.

e2) Strahlenüberwachung und Grenzwerte

Für beruflich strahlenexponiertes Personal gibt es gesetzliche Strahlenwerte der Belastung, die nicht überschritten werden dürfen. Diese sind 50 mSv/a, jedoch nicht mehr als 25 mSv/Vierteljahr, bei Frauen nicht mehr als 5 mSv/Monat. Die Überwachung geschieht mit den gesetzlich vorgeschriebenen Filmplaketten. Als oberste Regel muß jedoch gelten, daß jeder, der beruflich mit Radioaktivität und ionisierender Strahlung umgeht, für seine Strahlensicherheit selbstverantwortlich ist. Das Vorgehen muß sein:

Messen - Abstand - Abschirmung

2.4.8 Aufgaben

2.10. *Energieverlust in Materie:* Man berechne den spezifischen Energieverlust von Protonen mit $E_{kin} = 100$ MeV in Aluminium ($\rho = 2.7$ g/cm^3).

2.11. *Ionisation:* Wieviele Ionenpaare werden primär in einer Driftkammer in 1 cm Länge durch ein minimum-ionisierendes Teilchen erzeugt? Dichte von Gasen $\approx 10^{-3}$(g/cm^3).

2.12. *Driftkammer:* Wie genau muß die Driftzeit gemessen werden, um 0.1 mm Ortsauflösung zu erreichen?

2.13. *Teilchenidentifikation:* Man gebe an, in welchen Bereichen des Impulses eine Teilchenidentifikation möglich ist: π gegen K, K gegen p, usw.

2.14. *Vertexdetektor:* Was ist der mittlere Flugweg eines B^0-Mesons in einem b-Quarkjet? $m_{B^0} = 5.28$ GeV/c^2, $\tau_B = 1.56$ ps. Es sei $p_B = 30$ GeV/c.

2.15. *Speicherringe:* Man berechne die Schwerpunktenergie und -impuls für den asymmetrischen ep-Speicherring HERA. $E_p = 820$ GeV, $E_e = 27$ GeV.

2.16. *Strahlenschäden:* Man berechne die Erwärmung des menschlichen Körpers bei Bestrahlung mit 10 Gy. (Der menschliche Körper besteht überwiegend aus Wasser, dessen Materialkonstanten eine gute Näherung geben!)

2.17. *Strahlendosis:* a) Man berechne Γ für 1 MeV γ-Strahlung und menschliches Gewebe ($X_0(H_2O) = 36.1$ cm).
b) Man berechne die Dosis eines Präparats von 10^5 Bq ($\approx 3\mu$Ci, typisch

2.4 Experimentelle Hilfsmittel: Teilchendetektoren

für Laborzwecke) in 10 cm Abstand während 3 h.
(Diese Dosis ist ungefährlich. Trotzdem ist die gegebene Situation nicht vorbildlich. Man soll nicht drei Stunden lang ein Präparat in 10 cm Abstand haben. Es müssen Schutzmaßnahmen (Abschirmung) getroffen werden.)

2.18. *Strahlendosis:* Man begründe mit Hilfe der Bethe-Bloch Formel den unterschiedlichen Qualitätsfaktor Q in der Äquivalentdosis und schätze ihn ab.

3 Kernphysik

3.1 Radioaktivität

> *Natürliche radioaktive Elemente* senden α-*Strahlen* (= ^{4}He-Kerne) oder β-*Strahlen* (= Elektronen) und/oder γ-*Strahlung* (= sehr energiereiche elektromagnetische Quanten) aus. Dabei erfolgt eine *Kernumwandlung*. Die Zahl der Mutterkerne nimmt mit der Zeit exponentiell ab, charakterisiert durch die *Halbwertszeit* $T_{\frac{1}{2}}$. Die α-Teilchen und die γ-Quanten haben diskrete Energien, in der Kernphysik ist die *Quantenmechanik* anzuwenden.

Becquerel hatte gefunden, daß Uranerze eine ionisierende Strahlung aussenden. Pierre und Marie Curie hatten durch chemische Trennung erkannt, daß es verschiedene radioaktive Elemente gibt, unter ihnen insbesondere das Radium (Ra). Rutherford konnte zeigen, daß drei Arten ionisierender Teilchen auftreten:

1. α-Strahlung, elektrisch (doppelt-) positiv geladene Teilchen, als Helium identifiziert,
2. β-Strahlung, elektrisch negativ, Elektronen,
3. γ-Strahlung, elektrisch neutral, hochenergetische elektromagnetische Strahlung.

Die Energien der Teilchen aller drei Strahlungen sind um 1 MeV. Beim α- und β-Zerfall erfolgt eine Kernumwandlung, d.h. das chemische Element ändert sich.

Wenn aus einem Gemisch radioaktiver Elemente eines rein abgetrennt ist, nimmt dessen Radioaktivität mit der Zeit exponentiell ab. Die Zahl der Zerfälle (= Abnahme der radioaktiven Substanz) $-dN$ ist proportional zur Meßzeit dt und zur Zahl N der noch vorhandenen radioaktiven Kerne:

$$-dN = \lambda N \, dt \, . \tag{3.1}$$

Die Konstante λ ist charakteristisch für den zerfallenden Kern (Material-

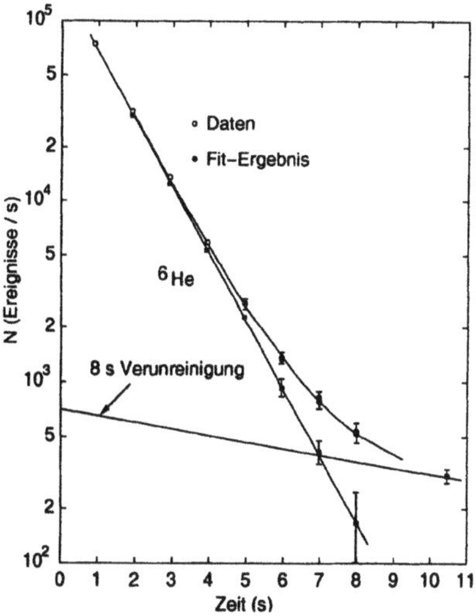

3.1 Radioaktivität

Fig. 3.1
Der radioaktive Zerfall von ^{6}He, einem reinen β-Strahler. Der exponentielle Abfall wird durch die langlebige Verunreinigung der Probe gestört. Messung der Erlangen-Oak Ridge Gruppe am Oak Ridge National Laboratory (ORNL)(1961)

konstante). Integration liefert ein Exponentialgesetz für die verbleibende Aktivität N bei einer Anfangsaktivität N_0 nach der Zeit t:

$$\boxed{N = N_0 \, e^{-\lambda t}} \, . \tag{3.2}$$

Statt der Zerfallskonstante λ wird gern die mittlere Lebensdauer τ oder die Halbwertszeit (die Zeit, in der die Hälfte der radioaktiven Substanz zerfällt) benutzt:

$$\boxed{\tau = \frac{1}{\lambda}, \quad T_{1/2} = \ln 2 \cdot \tau = 0.69 \, \tau} \, . \tag{3.3}$$

Abb. 3.1 zeigt die Messung der Lebensdauer von ^{6}He.

Die Lebensdauer τ ist über die Unschärferelation $\Delta E \cdot \Delta t \geq \hbar$ mit der Energie- oder Zerfallsbreite Γ des Mutterkerns verbunden:

$$\boxed{\Gamma = \frac{\hbar}{\tau}} \, . \tag{3.4}$$

Alle chemischen Elemente, die schwerer sind als Wismuth ($^{209}_{83}$Bi), sind natürlich radioaktiv.

Sehr bald nach der Entdeckung der Radioaktivität konnten die Spektren der *α-Teilchen* gemessen werden. Sie haben *diskrete Energien* (Abb. 3.2). Die Situation ist ähnlich wie bei den Linienspektren der Atome. Die Kerne sind also ebenso wie die Atome ein quantenmechanisches System.

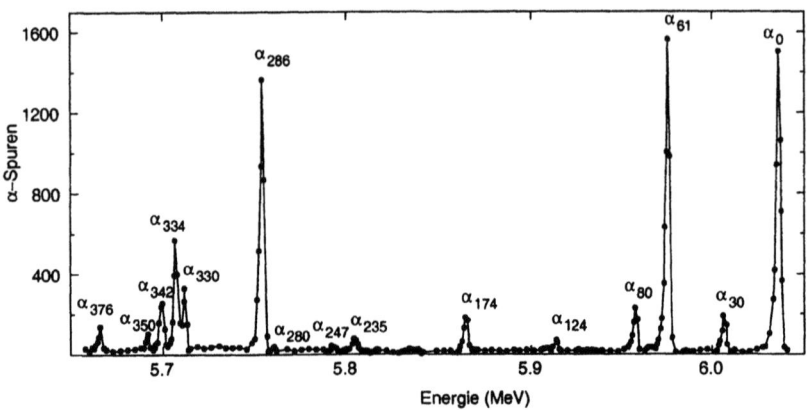

Fig. 3.2 Das α-Spektrum von $^{227}_{90}$Th mit 15 diskreten Linien. Die Bezeichnung α_x bedeutet den Zerfall in einen $^{223}_{88}$Ra Tochterzustand mit x keV Anregungsenergie. Daten des University of California Radiation Laboratory, jetzt Lawrence Berkeley Laboratory (LBL) genannt (1957)

3.1.1 Aufgaben

3.1. *Radioaktiver Zerfall:* Man entwerfe eine experimentelle Anordnung zur Trennung aller drei Strahlungsarten des radioaktiven Zerfalls. Man mache quantitative Angaben für Teilchen von 1 MeV Energie. Danach kann eine Versuchsanordnung gezeichnet werden. Wo müssen die Zähler aufgestellt werden?

3.2. *Radioaktiver Zerfall:* Man berechne die Energieunschärfe eines Zustands der Lebensdauer $\tau = 1$ s.

3.2 Kerne und Kernbausteine

> Experimente zur Streuung von α-Teilchen an Atomen werden durch die *Rutherford'sche Streuformel* beschrieben. Diese setzt ein punktförmiges Streuzentrum, das die ganze Masse des Atoms enthält, voraus, den Atomkern. Mit *Massenspektrometern* wurde die *Isotopie* gefunden: Kerne gleicher Ordnungszahl Z können in mehreren Isotopen auftreten, die sich in der Massenzahl A unterscheiden. Nach der Entdeckung des *Neutrons* war klar, daß die *Kerne aus Nukleonen* (Protonen und Neutronen) *aufgebaut* sind, z.B. ein Kern X mit A Nukleonen aus Z Protonen und $N = A - Z$ Neutronen ($^A_Z X_N$).

3.2.1 Die Entdeckung des Atomkerns

Um die Jahrhundertwende war durch die Chemie und die kinetische Gastheorie bekannt, wenn auch nicht allgemein akzeptiert, daß die Materie aus Atomen besteht. Über deren Struktur wußte man nichts, außer daß sie positive und negative Ladungen enthalten mußten, wie aus Versuchen zur Gasentladung zu sehen war. Das Atommodell von J. J. Thomson nahm an, daß diese gleichmäßig im Atom verteilt sind.

Bei den Experimenten zur Streuung von α-Teilchen an Goldfolien (Geiger und Marsden) traten gelegentlich sehr große Streuwinkel auf. Nun ist in der klassischen Auffassung der Streuwinkel mit dem Stoßparameter verknüpft (siehe Kap. 1.6). Ein großer Streuwinkel bedeutet eine geringe Entfernung vom Streuzentrum, daher auch kleine Ausdehnung des Streuzentrums. Rutherford hat diese Versuche so gedeutet:
Das Atom besteht aus einem Kern, der positiv geladen ist, die ganze Masse des Atoms enthält und als punktförmig angenommen wird. Die negativ geladenen Elektronen sind leicht und erfüllen den Raum des Atoms. Rutherford berechnete die Streuung eines α-Teilchens im Coulomb-Feld des Kerns. Man erhält den Rutherford'schen Streuquerschnitt (siehe Kap. 1.6):

$$\boxed{\frac{d\sigma}{d\Omega} = \frac{1}{4} (\hbar c)^2 \left(\frac{Z_p Z_t \alpha}{m_p v_p^2} \right)^2 \frac{1}{\sin^4 \theta/2}} \,. \tag{3.5}$$

Aus den ersten Versuchen konnte geschlossen werden, daß der Kernradius $R < 30\,\text{fm}$ ist. Spätere Messungen ergaben Kernradien von 2 bis 4 fm (Kap. 3.3.7).

3.2.2 Isotopie

a) Die Kernladungszahl
Der Rutherford'sche Streuquerschnitt ist proportional zu Z_t^2. Es kann also die Kernladungszahl Z_t (elektrische Ladung = $Z_t\,e$) gemessen werden (ebenso wie aus der Deutung der Röntgenspektren). Man findet, daß die Kernladungszahl gleich der Ordnungszahl der Elemente im periodischen System ist.

b) Massenspektrometer
Wenn Teilchen im elektrischen Feld U beschleunigt werden, bekommen sie die Energie $eU = \frac{1}{2}mv^2$ (nicht-relativistisch, wie meist in der Kernphysik). Durch Ablenkung im Magnetfeld B wird der Impuls gemessen: $p = mv = Z\,e\,B\,\rho$ (ρ = Krümmungsradius der Bahn im Magnetfeld). Im Massenspektrometer werden die beschleunigten Teilchen im Magnetfeld abgelenkt. Es erlaubt e/m zu messen:

$$m = \frac{p^2}{2E} = \frac{(Z\,e\,B\,\rho)^2}{2eU} \quad \Leftrightarrow \quad \boxed{\frac{e}{m} = \frac{2U}{(Z\,B\,\rho)^2}}. \tag{3.6}$$

c) Isotopie
Die erste Entdeckung mit Massenspektroskopie war die Isotopie. Kerne gleicher Ordnungszahl können unterschiedliche Massen haben. Z.B. gibt es neben dem "leichten" Wasserstoff mit dem Atomgewicht $A = 1$ noch den "schweren" Wasserstoff mit dem Atomgewicht $A = 2$, beide mit der gleichen Kernladungszahl $Z = 1$. Das Element Zinn (Sn, $Z = 50$) kommt in 10 Isotopen in der Natur vor. Während die Atomgewichte oft keine ganzen Zahlen sind, sind die der Isotope nahezu ganzzahlig. Das ist eine wichtige Grundlage für unsere Kenntnis der Struktur der Kerne. Die kleinen Abweichungen von der Ganzzahligkeit rühren von der Bindungsenergie der Kerne her (siehe Abb. 3.3).

d) Kernmassen
Mit dem verbesserten Massenspektrometer von Aston war eine genaue Messung der Kernmassen möglich. Der Massendefekt wurde gefunden. Der leichteste Kern ist der (leichte) Wasserstoff. Er hat eine Masse $m_p = (938.2796 \pm 0.0027)$ MeV/c^2. Als atomare Masseneinheit m_u wird jedoch 1/12 der Masse des neutralen Kohlenstoffatoms benutzt. Es ist $1\,m_u = 0.99\,m_p$. Dadurch werden die relativen Atommassen $A_r = m_a/m_u$ der Isotope, auch Atomgewichte genannt, fast genau ganzzahlig. Wir werden sehen, daß durch die Normierung auf Kohlenstoff die Bindungsenergie in guter Näherung berücksichtigt wird.

3.2.3 Die Kernbausteine

Die Ganzzahligkeit der Kernladungszahl und der relativen Atommassen legt nahe zu vermuten, daß die Kerne aus noch kleineren Bausteinen bestehen. Als diese Frage um 1920 aufkam, waren nur zwei Teilchen als Kandidaten bekannt: Das Proton und das Elektron. Ein Kern der Kernladungszahl Z und der Massenzahl A sollte aus A Protonen und $(A-Z)$ Elektronen bestehen. Diese Hypothese konnte in den folgenden Jahren falsifiziert werden. Aus der Hyperfeinstruktur des Atomspektrums von Stickstoff war bekannt, daß dieser den Spin 1 hat. Im obigen Modell müßte er jedoch einen halbzahligen Spin haben, da er aus 14 Protonen und 7 Elektronen, also 21 Teilchen mit halbzahligem Spin bestehen müßte. Ferner wären die Elektronen im Kern eingeschlossen in einen Potentialtopf von ca. 10 fm Breite. Wegen der Unschärferelation $\Delta x \, \Delta p \approx h$ müßten die Elektronen Impulse von etwa 20 MeV/c haben. Die Energie der Elektronen des β-Zerfalls beträgt jedoch nur ca. 1 MeV.

Im Jahr 1932 fand Chadwick das Neutron (siehe Kap. 2.1)(Symbol: n). Es hat nahezu dasselbe Gewicht wie das Proton, ist jedoch elektrisch neutral. Kurzum, in seinen kernphysikalisch relevanten Eigenschaften verhält es sich wie das Proton, jedoch nicht in den elektromagnetischen.

Nach der Entdeckung des Neutrons war schlagartig klar, daß der Kern aus Protonen und Neutronen aufgebaut ist. Ein Kern der Massenzahl A und der Kernladungszahl Z besteht aus A "Nukleonen" (= Protonen und Neutronen), davon Z Protonen und $N (= A - Z)$ Neutronen.

Die Notation der Kerne ist: $^A_Z X_N$ (X = Symbol des chemischen Elementes, A = Massenzahl, Z = Kernladungszahl, N = Neutronenzahl). N wird oft weggelassen.

3.2.4 Aufgaben

3.3. *Massenspektrometer:* Welche Magnetfelder, Spannungen und Krümmungsradien können und müssen zur Messung der Masse des ^{12}C (≈ 12 GeV/c^2) verwendet werden? Man optimiere eine experimentelle Anordnung.

3.4. *Kernbausteine:* Man zeige, daß die Widersprüche im oben genannten, früheren Modell im richtigen Kernmodell nicht mehr auftreten.

3.3 Systematik des Grundzustandes der Kerne

Die bekannten stabilen und (natürlich oder künstlich) radioaktiven Kerne werden in der *Nuklidkarte* dargestellt. Bei der Bindung der Nukleonen zu Kernen durch die Kernkraft wird die *Bindungsenergie* B frei und führt zum *Massendefekt*. Für Kerne mit $A > 20$ ist $B/A \approx$ 8 MeV. *Kernenergie* kann gewonnen werden durch *Spaltung* schwerer Kerne in zwei mittelschwere Spaltprodukte oder durch *Kernfusion* von Wasserstoff zu Helium.

Das *Tröpfchenmodell* des Kerns beschreibt die Bindungsenergie durch die *Kondensationsenergie*, die vermindert wird durch die schwächere Bindung der Nukleonen an der Oberfläche (*Oberflächenenergie*), durch die gegenseitige elektrische Abstoßung der Protonen in der *Coulomb-Wechselwirkung* und durch die *Asymmetrie-Energie* wegen des Neutronenüberschusses. Die *Paarungsenergie* ist positiv oder negativ, je nachdem ob die Zahl der Protonen und die Zahl der Neutronen eines Kerns beide Male gerade (*gg*-Kerne) oder ungerade (*uu*-Kerne) ist. Die Stablität der Kerne gegen β-Zerfall ist aus dem *Isobarenschnitt* der Bindungsenergie ersichtlich.

Der *Kernspin* setzt sich zusammen aus dem Eigendrehimpuls der Nukleonen und deren Bahndrehimpuls. Der Kernspin des Grundzustands der *gg*-Kerne ist immer $= 0$, der der *gu*- und der *ug*-Kerne halbzahlig bis zu $\frac{9}{2}$, der für *uu*-Kerne ganzzahlig und klein. Mit dem Kernspin verknüpft ist das *magnetische Moment*. Es wird in Einheiten des *Kernmagnetons* angegeben und kann durch die *Kernresonanz* gemessen werden. Die experimentellen Werte der magnetischen Momente der *gu*- und *ug*-Kerne werden durch ein *Einteilchen-Modell*, das den Gesamtdrehimpuls des Kerns durch den Spin und den Bahndrehimpuls des ungepaarten Nukleons beschreibt, fast richtig erklärt. Die *Kernradien* werden gemessen durch Abweichungen von der Rutherford-Formel bei der *Elektronenstreuung*. Es ist $R = r_0 A^{1/3}$ mit $r_0 = 1.3$ fm (für $A > 20$).

3.3.1 Die Nuklidkarte

Eine systematische Darstellung der bekannten Kerne (auch Nuklide genannt) erfolgt in der Nuklidkarte[1]. Abb. 3.3 zeigt einen Überblick. In ein

---
[1] z. B. herausgegeben vom Forschungszentrum Karlsruhe [PKNSE 95]

3.3 Systematik des Grundzustandes der Kerne

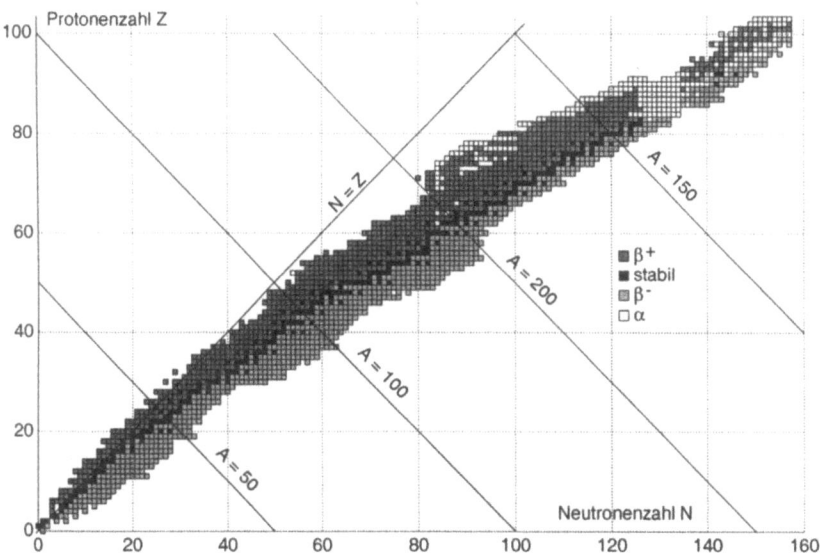

Fig. 3.3 Überblicksdarstellung der Nuklidkarte. Im Diagramm mit der Neutronenzahl N als Abszisse und der Protonenzahl Z als Ordinate sind alle bekannten stabilen und instabilen (= natürlich oder künstlich radioaktiven) Kerne eingetragen. Man erkennt den Neutronenüberschuß. In der Nuklidkarte [PKNSE 95] ist das Bild für das Auge durch Farbe unterstützt

Diagramm mit der Neutronenzahl N als Abszisse und der Kernladungszahl Z als Ordinate werden alle Nuklide als Kästchen eingetragen. Wenn man nach oben die Kernmasse aufträgt, erhält man für die stabilen Kerne ein Tal (große Bindungsenergie $\sim$ kleine Masse). Für Kerne mit gleichem A stehen dann rechts die Kerne mit β^--, links die mit β^+-Zerfall. Für stabile Kerne $^A_Z X$ wird die Häufigkeit des natürlichen Vorkommens und der Einfangquerschnitt für langsame Neutronen, für β^-- bzw. β^+-Strahler die Lebensdauer und die Endpunktenergie und bei α-Zerfall die Lebensdauer und die Zerfallsenergie angegeben. Kerne mit gleicher Massenzahl A heißen Isobare, solche mit gleichem Z Isotope und solche mit gleichem N Isotone. Man erkennt, daß alle schweren Kerne einen Neutronenüberschuß haben.

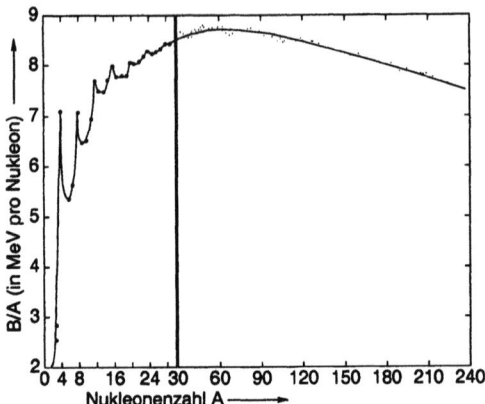

Fig. 3.4 Die Bindungsenergie pro Nukleon B/A der Kerne in Abhängigkeit von der Massenzahl A. Man beachte den gebrochenen Maßstab der Abszisse

3.3.2 Massendefekt und Bindungsenergie

Für einen Kern ^A_ZX berechnet man aus Differenz der Massen der Kernbausteine und der Masse des Kerns den Massendefekt

$$B(^A_Z\text{X}) = [\, Z \cdot m(p) + N \cdot m(n) - m(^A_Z\text{X}_N)\,]\, c^2 \,. \qquad (3.7)$$

Die physikalische Bedeutung ist: Der Massendefekt ist die Bindungsenergie des Kerns. Zwischen den Nukleonen muß eine Kraft herrschen, die sie zum Kern bindet. Wenn man die Kernbausteine zusammenfügt, wird aufgrund der Kernkraft Energie, die Bindungsenergie, gewonnen. Wenn ein Kern wieder in seine Bausteine zerlegt werden soll, muß die Bindungsenergie zugeführt werden.

Es zeigt sich, daß für Kerne mit $A \geq 20$ gilt: $B \approx A$. Deshalb betrachten wir B/A. Abb. 3.4 zeigt die Meßergebnisse. Man sieht:

1. In einem weiten Bereich der Nukleonenzahl ist $B/A \approx 8\,\text{MeV/Nukleon}$.
2. Kerne mit $A \approx 60$ (z.B. Eisen) sind am stabilsten.
3. Energie kann aus Kernen gewonnen werden entweder durch Kernspaltung schwerer Kerne (z.B. Uran) in zwei Kerne mittlerer Massenzahl oder durch Kernverschmelzung sehr leichter Kerne. Die Kernfusion von Wasserstoff zu Helium bringt einen sehr hohen Energiegewinn von 28 MeV.

3.3.3 Erklärung der Bindungsenergie im Tröpfchenmodell

Die Beobachtungstatsache, daß bei Kernen $B \approx A$ ist, legt die Analogie zu einem Flüssigkeitstropfen nahe. Die Bindung geschieht immer mit den nächsten Nachbarn, deshalb ist die Bindungsenergie pro Nukleon konstant. Diese Eigenschaft der Kerne ist durch die kurze Reichweite der Kernkräfte bedingt.

Mit dem Tröpfchenmodell kann der Verlauf der Bindungsenergie/Nukleon beschrieben werden (Bethe und unabhängig von Weizsäcker, 1935). Es tragen fünf Effekte bei:

1. Die Kondensations- oder Volumenenergie: Sie trägt der anziehenden Kraft zwischen einem Nukleon und seinen Nachbarn Rechnung. Sie ist proportional zur Zahl der Nukleonen:
$$B_v = +b_v A \ . \tag{3.8}$$
2. Die Oberflächenenergie: Die Nukleonen auf der Oberfläche sind schwächer gebunden, der Term ist proportional zur Kernoberfläche ($A^{2/3}$) und vermindert die Bindungsenergie:
$$B_o = -b_o A^{2/3} \ . \tag{3.9}$$
3. Die Coulomb-Energie: Die Protonen im Kern haben neben der anziehenden Kraft noch die abstoßende elektrische Wechselwirkung:
$$B_c = -b_c Z^2 A^{-1/3} \ . \tag{3.10}$$
Die A-Abhängigkeit ergibt sich, wenn die Protonen gleichmäßig im Kern mit Radius $r = r_0 A^{1/3}$ verteilt sind (Coulomb-Potential proportional Z^2/r).
4. Die Asymmetrie-Energie
$$B_a = -b_a \frac{(Z-N)^2}{A} \tag{3.11}$$
muß hinzugenommen werden wegen der Beobachtung, daß Kerne mit $Z = N$ am stabilsten sind (sofern nicht bei schweren Kernen die Coulomb-Wechselwirkung die Stabilität zu $N > Z$ hin verschiebt). Die physikalische Begründung liegt im Pauli-Prinzip: Wenn der Kern einen Überschuß einer Nukleonensorte hat, ist dies energetisch ungünstig.
5. Die Paarungsenergie: Weiter besagt die Erfahrung, daß Kerne mit gepaarten Protonen bzw. Neutronen stärker gebunden sind als ungepaarte Nukleonen. Dem wird Rechnung getragen durch den Term
$$B_p = \begin{cases} +b_p A^{-1/2} & \text{für gg-Kerne} \\ 0 & \text{für ug-Kerne} \\ -b_p A^{-1/2} & \text{für uu-Kerne} \end{cases} \tag{3.12}$$
(Notation: für *gg*-Kerne sind Z und $N = (A - Z)$ gerade Zahlen, für *uu*-Kerne beide ungerade, für *gu*-Kerne Z gerade und N ungerade, umgekehrt für *ug*-Kerne.)

Die Bindungsenergie der Kerne ist damit

$$\boxed{B(^A_Z X) = B_v + B_o + B_c + B_a + B_p}\,.\quad(3.13)$$

Die empirische Kurve $B/A = f(A)$ (Abb. 3.4) wird durch das Modell gut beschrieben. Für die Parameter erhält man die Werte der Tab. 3.1.

Tab. 3.1 Die Parameter des Fits der Daten an die Bethe-Weizsäcker Formel für die Bindungsenergie

b_v	b_o	b_c	b_a	b_p	
15.8	18.3	0.7	23.2	11.5	MeV

3.3.4 Stabile und instabile Kerne

Neben den stabilen Kernen, die nicht radioaktiv sind, gibt es noch natürlich vorkommende, instabile, radioaktive Kerne. Sie zerfallen in stabile Kerne. Bei der Emission von β-Strahlung (siehe Kap. 3.8) bleibt die Gesamtzahl der Nukleonen erhalten, jedoch verwandelt sich ein Neutron in ein Proton. Beim α-Zerfall verliert der Kern vier Nukleonen und geht in einen leichteren Kern über. α-Teilchen sind monoenergetisch. γ-Strahlung wird ausgesandt, wenn der Kern von einem angeregten Zustand in ein niedrigeres Niveau übergeht (siehe Kap. 3.6). Sie ist ebenfalls monoenergetisch.

Im Jahre 1934 fand das Ehepaar Joliot-Curie, daß durch α-Beschuß künstlich radioaktive Elemente erzeugt werden können. Bei der Reaktion $^{27}_{13}\text{Al}\,(\alpha,n)\,^{30}_{15}\text{P}$ hörte die Aktivität nach der α-Bestrahlung nicht auf. Das Reaktionsprodukt ist ein β-Strahler: $^{30}_{15}\text{P} \rightarrow\,^{30}_{14}\text{Si} + e^+ + \nu$.

In den nachfolgenden Jahren konnten künstlich radioaktive Elemente insbesondere durch Neutron-induzierte Kernreaktionen (siehe Kap. 3.7) erzeugt werden, aber auch durch geladene Teilchen (p, d und α) an Teilchenbeschleunigern. Die Zahl der dem Experiment zugänglichen Kerne wurde damit erheblich erhöht. Unter den künstlich erzeugten gibt es solche, die Positronen (β^+) emittieren. Kernphysikalisch besteht kein Unterschied zu β^--Strahlern.

Zur Veranschaulichung der Stabilität gegen $\beta^\pm$-Zerfall betrachten wir einen Isobarenschnitt der Bindungsenergie (Abb. 3.5). Man erkennt: Kerne mit ungerader Nukleonenzahl haben nur ein stabiles Isotop. Die uu-Kerne sind im allgemeinen instabil (Ausnahmen sind die leichten Kerne ^2_1D, ^6_3Li, $^{10}_5\text{B}$ und $^{14}_7\text{N}$). Für gg-Kerne können mehrere stabile Isotope vorkommen.

3.3 Systematik des Grundzustandes der Kerne

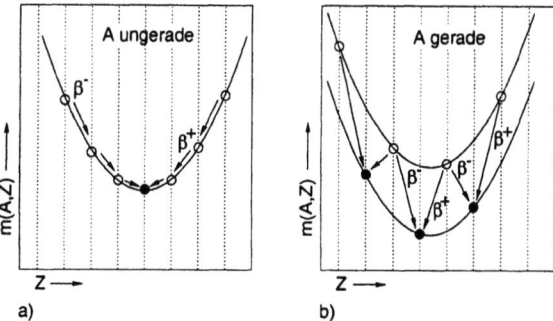

Fig. 3.5 Ein Isobarenschnitt der Bindungsenergie. Aufgetragen ist die Masse der Kerne in Abhängigkeit von der Kernladungszahl Z.

3.3.5 Der Kernspin

Kerne können einen Drehimpuls haben. Er ist gequantelt, die Eigenwerte des Drehimpulsoperators $\vec{J}^2$ sind $J(J+1)\,\hbar^2$. Die Zahl J kann halb- oder ganzzahlig sein, $J = 0, \frac{1}{2}, 1, \frac{3}{2}, \ldots$ und wird Gesamtdrehimpuls des Kerns, kurz "Kernspin", genannt. Der Kernspin setzt sich nach den Regeln der Quantenmechanik additiv aus den Eigendrehimpulsen ($\vec{S}$, oft wird er ungenau als "Spin" bezeichnet) der A Nukleonen und den Bahndrehimpulsen ($\vec{L}$) zusammen.

Die Messung des Kernspins geschieht über die Hyperfeinstruktur der Spektrallinien der Atome[2]. Mit dem Kernspin ist ein magnetisches Moment $\vec{\mu}$ verbunden. Das Atom (die Elektronenhülle) erzeugt ein Magnetfeld B am Ort des Kerns. Der Kernspin richtet sich in diesem Magnetfeld aus, die Energieniveaus des Gesamtatoms (Hülle + Kern) spalten wegen der zusätzlichen Energie $E = -\vec{\mu} \cdot \vec{B}$ auf, ebenso die Spektrallinien. Da das magnetische Kernmoment klein ist, ist die Aufspaltung schwer zu beobachten.

Der Spin der Nukleonen Proton und Neutron ist $\frac{1}{2}$. Das umfangreiche Erfahrungsmaterial für den Grundzustand der Kerne läßt sich so zusammenfassen:

1. Für gg-Kerne ist der Kernspin stets $J = 0$.
2. gu- und ug-Kerne haben halbzahligen Kernspin mit Werten zwischen $\frac{1}{2}$ und $\frac{9}{2}$, selten höher.
3. Der Kernspin der uu-Kerne ist ganzzahlig und hat kleine Werte.

---
[2] Siehe Lehrbücher der Atomphysik, z.B. [MK 97], Kap. 9.3

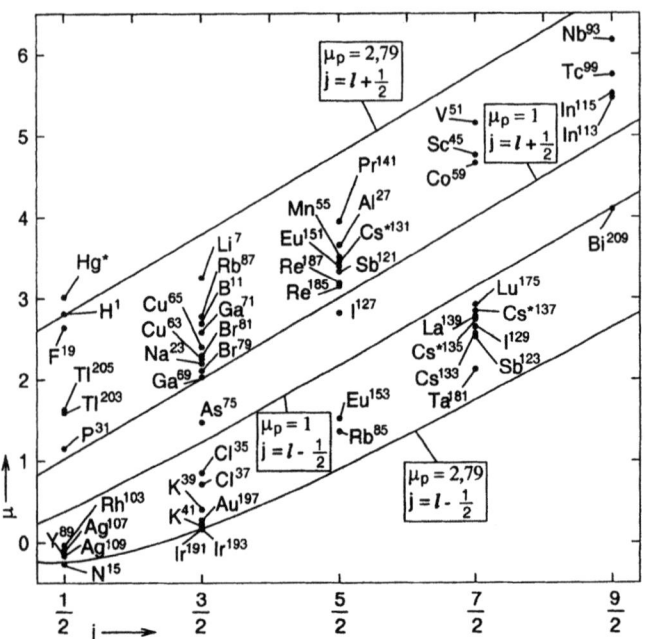

Fig. 3.6 Die magnetischen Momente μ der Kerne. Beispiel der Kerne mit ungepaartem Proton. Die Schmidt-Linien sind eingezeichnet

Diese Erfahrungen müssen durch Kernmodelle erklärt werden (siehe Kapitel 3.6).

Außer durch den Kernspin werden die Zustände noch durch die Parität charakterisiert. Ohne Ableitung sei hier gesagt, daß die Parität (P) positiv oder negativ sein kann (siehe Kap. 3.8). Für gg-Kerne im Grundzustand ist $J^P = 0^+$. Die Nukleonen kombinieren paarweise zum Spin-0 ohne Bahndrehimpuls.

3.3.6 Die magnetischen Momente der Kerne

Ein magnetischer Dipol (mit Moment $\vec{\mu}$) erfährt im Magnetfeld eine Energie $E = -\vec{\mu}\,\vec{B}$. Dies wurde bereits zur Messung des Kernspins durch die Zahl der Linien bei der Aufspaltung benutzt. Wir suchen jetzt die Verknüpfung des magnetischen Momentes eines Kerns mit seinem Spin. In der klassischen Physik erzeugt ein geladenes Teilchen (Ladung q, Masse

3.3 Systematik des Grundzustandes der Kerne

m) auf einer Kreisbahn das magnetische Moment $\vec{\mu}$

$$\vec{\mu} = \frac{q}{2m} \vec{L} \quad (\vec{L} = \text{Bahndrehimpuls}, q = \text{Ladung}). \tag{3.14}$$

Quantenmechanisch *definieren* wir das magnetische Moment analog und bauen ein, daß $\vec{\mu}$ parallel zum Drehimpuls $\vec{J}$ des Kerns steht (dies ist die einzige ausgezeichnete Richtung):

$$\vec{\mu} \propto \vec{J}, \quad \boxed{\vec{\mu} = g\frac{e}{2m}\vec{J} = g\frac{e\hbar}{2m}\tilde{J}}. \tag{3.15}$$

Wir haben dabei, in Analogie zu klassischen Überlegungen, in der Konstanten den Faktor $e/(2m)$ herausgezogen. Die physikalische Aussage über den Kernspin steckt jetzt in dem Faktor g (einschließlich des Vorzeichens!). Man kann noch einen Schritt weitergehen und aus dem Drehimpuls, der die Dimension von $\hbar$ hat, diesen Faktor herausziehen, sodaß ein dimensionsloser Drehimpuls $\tilde{J}$ stehen bleibt. Als "Magneton" bezeichnet man den Faktor

$$\mu_m = \frac{e\hbar}{2m},$$

$$\text{für } m = m_e: \quad \boxed{\mu_{\text{Bohr}} = \frac{e\hbar}{2m_e}} \quad \text{Bohr'sches Magneton,}$$

$$\text{für } m = m_p: \quad \boxed{\mu_{\text{Kern}} = \frac{e\hbar}{2m_p}} \quad \text{Kernmagneton.} \tag{3.16}$$

Das Bohr'sche Magneton und das Kernmagneton unterscheiden sich um den Faktor $m_p/m_e \approx 2000$. Die Kleinheit des Kernmagnetons erklärt die Schwierigkeit der Messung des Kernspins durch die Hyperfeinstruktur. Eine weitere Definition ist das "magnetische Moment" μ:

$$\mu := \frac{|\vec{\mu}|}{\mu_K} = gJ \quad (J = \text{Teilchen- bzw. Kernspin}). \tag{3.17}$$

Zur Messung des magnetischen Momentes benutzt man dessen Wechselwirkung mit einem magnetischen Feld. Falls das Magnetfeld der Atomhülle hinreichend genau berechnet werden kann, reicht die im vorigen Kapitel beschriebene Hyperfeinstruktur. Andernfalls muß die Hyperfeinaufspaltung in einem äußeren Magnetfeld herangezogen werden. In der Kernresonanzanordnung wird die Probe (z.B. Wasser zur Messung des magnetischen Momentes des Protons) in ein homogenes Magnetfeld gebracht. Ein Hochfrequenzfeld induziert Übergänge ΔJ_z bei der "Larmor-Frequenz" ω_L:

$$\hbar\omega_L = \Delta W = g\mu_K \Delta J_z B. \tag{3.18}$$

Die experimentellen Ergebnisse der g-Werte sind für die Elementarteilchen:

$$e : g_e = -2(1+a) \quad \text{NB! Zum kleinen Wert } a \text{ siehe Kap. 4.1}$$
$$p : g_p = +5,5856 \approx +2 \times 2.79 \quad (3.19)$$
$$n : g_n = -3,8263 \approx -2 \times 1.91$$

Das experimentelle Material für Kerne läßt sich so beschreiben: Alle gg-Kerne haben den Spin $J = 0$, d.h. die Nukleonen kombinieren paarweise zum Spin 0. Man darf deshalb annehmen, daß der Spin von ug-Kernen vom letzten ungepaarten Nukleon herrührt, und der Kernspin ist dann der Gesamtdrehimpuls $\vec{j} = \vec{s} + \vec{l}$ (Eigen- + Bahndrehimpuls) dieses ungepaarten Nukleons. Der Nukleonenspin ist $\frac{1}{2}$, für einen Kernspin j ergeben sich somit zwei mögliche Werte für den Bahndrehimpuls $l_\pm = j \pm \frac{1}{2}$. Das magnetische Moment kann nun nach den Regeln der Quantenmechanik ausgerechnet werden. Für jedes j gibt es zwei "Schmidt-Linien" (1937) (Abb. 3.6). Wenn das Modell richtig wäre, müßten alle magnetischen Momente auf den Schmidt-Linien liegen. Sie liegen zwischen ihnen. Das Modell ist nicht exakt, enthält aber offensichtlich richtige Züge. Eine weitere Einsicht erhält man, wenn man versuchsweise die Linien mit der Annahme $\mu_p = 1$, $\mu_n = 0$ einzeichnet. Die experimentellen Werte liegen nun zwischen den Linien für $\mu_p = 2{,}79$ und $\mu_p = 1$ (analog bei gu-Kernen).

3.3.7 Kernradien

Wir haben in diesem Kapitel bislang Bindungsenergie, Spin und magnetisches Moment als makroskopische Eigenschaften des Grundzustandes eines Kerns $^A_Z X$ besprochen. Die Messung der Kernradien folgt hier. Später werden wir uns noch mit der inneren Struktur des Kerns, der Wellenfunktion der Nukleonen, beschäftigen.

a) Bestimmung der Kernradien aus der Coulomb-Energie der Kerne

In Kap. 3.3.3 haben wir gesehen, daß die Coulomb-Wechselwirkung zwischen den Protonen einen (abstoßenden) Beitrag zur Bindungsenergie des Kerns liefert. Wir werden daraus den Kernradius, genauer den Radius der Ladungsverteilung, bestimmen. Dazu bedient man sich der *Spiegelkerne*, einem Paar von Kernen, bei denen die Protonen- und Neutronenzahlen vertauscht sind. Beispiele sind: ^{3}H–^{3}He, ^{7}Li–^{7}Be, ^{9}Be–^{9}B, ^{11}B–^{11}C, ^{13}C–^{13}N, ^{15}N–^{15}O. Die Spiegelkerne gehen durch einen β^+-Zerfall ineinander über. Daraus kann die Massendifferenz gewonnen werden. Diese ist, ab-

3.3 Systematik des Grundzustandes der Kerne

gesehen von einer Korrektur wegen der Neutron-Proton-Massendifferenz, nur durch die unterschiedliche Coulomb-Abstoßung gegeben. Die Nukleonen befinden sich sonst im gleichen Zustand. Damit ist

$$\Delta E_{\text{Spiegelkerne}} = \Delta E_c = E_0^{\beta^+} + (m_n - m_p)c^2. \tag{3.20}$$

Andererseits ist die Coulomb-Energie einer homogen geladenen Kugel

$$E_c = \frac{3}{5}\frac{\alpha(\hbar c)}{R}Z^2, \tag{3.21}$$

die Differenz der Coulomb-Energien von Spiegelkernen Z und $(Z-1)$ ist

$$\Delta E_c = \frac{3}{5}\frac{\alpha(\hbar c)}{R}(2Z-1) = \frac{3}{5}\frac{\alpha(\hbar c)}{r_0}A^{2/3}, \tag{3.22}$$

wenn man noch $V_{\text{Kern}} = r_0^3 A$ (dichte Nukleonenpackung im Kern) und $(2Z-1) = A$ für die Spiegelkerne berücksichtigt. Das Ergebnis ist: a) Die $A^{2/3}$-Abhängigkeit wird bestätigt, d.h. das Modell, das zugrundeliegt, ist gut. b) Es ist $r_0 = (1.28 \pm 0.05)$ fm.

b) Bestimmung der Kernradien aus Streuexperimenten

Der Rutherford'sche Streuquerschnitt gilt für die Streuung punktförmiger geladener Teilchen, z.B. Elektronen an Kernen. Wenn der streuende Kern ausgedehnt ist, ergeben sich Abweichungen vom $1/\sin^4(\theta/2)$-Verhalten. Das qualitative Verständnis liefert die Analogie mit der Streuung von Licht an Beugungsscheibchen. Ein Scheibchen, das sehr viel kleiner als die Wellenlänge ist, wirkt als ein punktförmiges Streuzentrum und emittiert eine Kugelwelle – dem entspricht die Rutherford-Streuung. Die Streuwellen, die von einem ausgedehnten Streuzentrum ausgehen, interferieren, und man erhält ein Beugungsbild mit Maxima und Minima. Daraus kann auf die Ausdehnung des streuenden Objektes geschlossen werden.

Bei der Elektronenstreuung an Kernen wird die Wahrscheinlichkeitsdichte der elektrischen Ladung gemessen. Als Kernradius definiert man den Abstand, bei dem die Ladungsdichte auf die Hälfte abgefallen ist. Ferner kann noch die Randzone definiert werden als die Strecke, auf der die Ladungsdichte von 90% auf 10% des maximalen Wertes absinkt. Abb. 3.7 stellt Meßergebnisse dar. Man findet für den Kernradius

$$\boxed{R = r_0 A^{1/3} \quad \text{mit } r_0 = (1.3 \pm 0.1)\text{ fm}}. \tag{3.23}$$

Die Breite der Randzone ist 2.4 fm. Das Kernvolumen ist $\propto A$, die Dichte der Kernmaterie $\rho_{\text{Kern}} \approx 1.8 \times 10^{14}\,\text{g/cm}^3$ und die Nukleonendichte $\rho_{\text{Nukleonen}} \approx 0.11$ Nukleonen/fm^3.

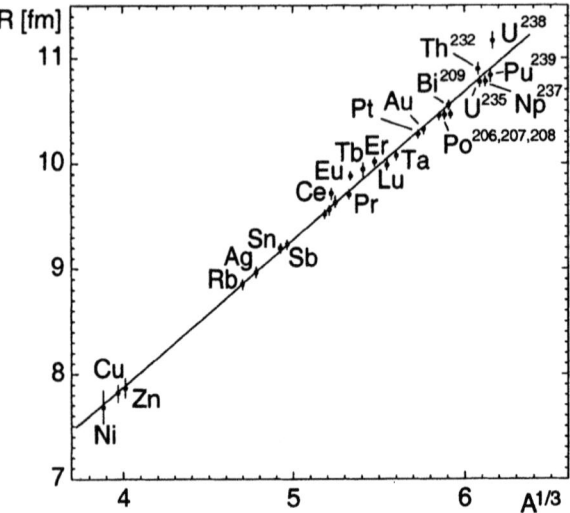

Fig. 3.7 Die Kernradien als Funktion von $A^{1/3}$. Man erkennt die Proportionalität

3.3.8 Aufgaben

3.5. *Bindungsenergie:* Man berechne die Bindungsenergie für $^{152}_{62}$Sm. Wie unterscheidet sie sich von der der Nachbarkerne $^{152}_{63}$Eu und $^{152}_{61}$Pm? Dabei gebe man explizit die Beiträge der verschiedenen Terme an.

3.6. *Nuklidkarte:* Man erstelle die Nuklidkarte für die Zerfallskette $^{238}_{92}$U. Es werden nacheinander emittiert: $\alpha, \beta, \beta, \alpha, \alpha, \alpha, \alpha, \alpha, \beta, \beta, \alpha, \beta, \beta, \alpha$. Die Kette endet beim $^{206}_{82}$Pb.

3.7. *Kernresonanz:* Man schätze die Frequenz für einen Kernresonanzversuch mit $B = 1$ T ab ($g = 1$, $\Delta J_z = 1$).

3.4 Kernkräfte

Die Bindung der Nukleonen zu Kernen erfolgt durch die *Kernkraft*, eine Wechselwirkung, die vor ~1932 nicht bekannt war. Da die *Bindungsenergie pro Nukleon* $\propto A$ ist, erfolgt die Kernwechselwirkung zwischen Nachbarn, sie ist *kurzreichweitig* (und stärker als die Coulomb-WW). Diese *"Sättigung"* der Kernkraft ist ein quantenmechanisches Phänomen. Der leichteste Kern, das *Deuteron* (^2_1D), wegen seines sehr kleinen Quadrupolmoments nahezu kugelförmig, ist ein $^3S_1$-Zustand. Es kann durch ein Modell beschrieben werden, das (im einfachsten Fall) ein Kastenpotential annimmt. Dieses ist sehr viel tiefer als die Bindungsenergie.

Eine systematische Erforschung der Kernkraft erfolgt durch die *Nukleon-Nukleon-Streuung* (pp, np und nn). Man findet die Austauschkraft, die Ladungsunabhängigkeit, sowie spinabhängige WW (Spin-Spin-, Spin-Bahn- und Tensor-WW).

Die *Yukawa-Theorie* beschreibt die kurzreichweitige Kernkraft durch den Austausch von *Pionen* mit der Masse $140\,\text{MeV}/c^2$. Das realistische Kernpotential hat bei kleinen Abständen eine abstoßenden "hard core", bei größeren Abständen eine anziehende WW.

3.4.1 Die Kernkraft als neues Phänomen

a) Erste Schlüsse.

In der Atomphysik hatten wir es mit der elektromagnetischen Kraft zu tun, die zwischen dem positiv geladenen Kern und den negativ geladenen Elektronen wirkt. Nun haben wir gelernt, daß der Kern aus Protonen und Neutronen besteht. Die ersteren sind alle elektrisch positiv geladen, stoßen sich also gegenseitig ab. Die Neutronen haben keine Coulomb-Wechselwirkung. Die elektromagnetische Kraft kann also die Kernbausteine nicht zum Kern binden. Es muß eine andere Kraft zwischen den Kernbausteinen geben. Diese Kernkraft muß stärker sein als die elektromagnetische, da sie die Protonen entgegen ihrer elektrischen Abstoßung im Kern bindet. Die Reichweite der Kernkraft muß wesentlich kürzer sein als die der elektromagnetischen, wie aus den Streuversuchen von Rutherford zu sehen war, der keine Abweichung von der Coulomb-Streuung beobachtet hatte.

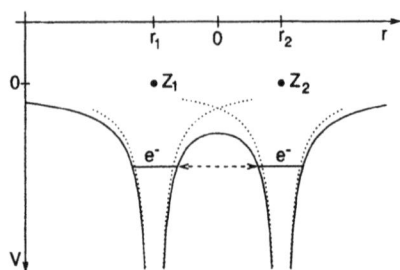

Fig. 3.8
Das Zustandekommen der Sättigung bei der WW zwischen Molekülen

b) Schlüsse aus der Bindungsenergie der Kerne

Das Erfahrungsmaterial aus der Bindungsenergie wird durch die Bethe-Weizsäcker-Formel beschrieben (Kap. 3.3.2). Zu deren Ableitung werden einige Annahmen über die Kernkraft gemacht. Die Kernkraft wirkt immer zwischen Nukleonen. Würde jedes Nukleon mit jedem anderen wechselwirken, wäre $E_B \propto \frac{1}{2} A(A-1) \propto A^2$. Wir haben aber gemessen, daß $E_B \propto A$ ist, d.h. jedes Nukleon wechselwirkt mit den Nachbarn. Das nennt man die Sättigung der Kernkräfte. Wie kommt diese zustande? Sie ist schon bekannt bei der Bindung der Atome bzw. Moleküle zu einem Flüssigkeitstropfen und bei der homöopolaren Bindung der Atome in einem Molekül. Fig. 3.8 zeigt das Zustandekommen der Sättigung durch Teilchenaustausch am Beispiel der Molekülbindung (siehe Kap. 5.3.2). Ein Elektron am Ort r_1 erfährt eine Kraft zum Kern Z_1. Es kann aber durch den Potentialberg nach r_2 durchtunneln und erfährt eine Kraft nach Z_2. Quantenmechanisch hat es eine Aufenthaltswahrscheinlichkeit an beiden Orten. Dadurch werden die Kerne Z_1 und Z_2 durch den "Elektronenaustausch" zum Molekül gebunden. Die Sättigung der Kernkraft durch Teilchenaustausch hat also quantenmechanischen Ursprung. Sättigung kann aber auch durch eine stark abstoßende WW bei kleinen Abständen verursacht werden ("hard core").

3.4.2 Das Deuteron

a) Eigenschaften des Deuterons

Das Deuteron wurde 1932 von H.C. Urey entdeckt. Es ist der leichteste Kern, bestehend aus einem Proton und einem Neutron ($^2_1D_1$). Seine Bindungsenergie von $E_B = 2.2$ MeV wurde sowohl aus dem Massendefekt als auch aus der Energieschwelle der Photospaltung d(γ,n)p gewonnen. Der Spin ist 1, wie man aus der Hyperfeinaufspaltung der Spektrallinien weiß. Das magnetische Moment $\mu(d) = 0.857393$ ist $\sim 2.5\%$ kleiner als die

3.4 Kernkräfte

Summe der magnetischen Momente von Proton und Neutron. Ein kleines elektrisches Quadrupolmoment deutet auf eine nicht exakt kugelsymmetrische Gestalt des Deuterons. Der Gesamtspin setzt sich zusammen aus dem Eigendrehimpuls der beiden Nukleonen und ihrem relativen Bahndrehimpuls:

$$J = s_p + s_n + l \tag{3.24}$$

Wegen der geraden Parität muß der Bahndrehimpuls l gerade sein, d.h. $l = 0$ oder $= 2$. Im ersten Fall stehen die beiden Nukleonenspins parallel. Das magnetische Moment des ^2_1D sollte dann die Summe der magnetischen Momente der Nukleonen sein. Das Experiment bestätigt dies. Das ^2_1D ist ein s-Zustand mit parallelen Nukleonenspins. Eine kleine Beimischung von d-Zuständen erklärt das elektrische Quadrupolmoment.

b) Erste Schlüsse auf die Wellenfunktion des Deuterons

Wegen Spin 1 und dem Umstand, daß das magnetische Moment keinen (wesentlichen) Anteil von einem Bahndrehimpuls hat, wird die Wellenfunktion des Deuterons ein $^3S_1$-Zustand sein. Dieser Ansatz wird dadurch gestützt, daß das Deuteron in recht guter Näherung kugelsymmetrisch ist. Z.B. ist die Querschnittsfläche, die man aus dem Radius des Deuterons abschätzen kann, etwa 200 mal größer als eine effektive Fläche aus dem elektrischen Quadrupolmoment. Aber: Der Grundzustand muß einen Beitrag mit höherem Bahndrehimpuls (einen $^3D_1$-Zustand) haben, sonst kann die Abweichung von der Kugelgestalt nicht beschrieben werden. Dies ist ein Hinweis auf nichtzentrale Kräfte. Ein gebundener $^1S_0$-Zustand (Spins der beiden Nukleonen antiparallel) existiert nicht (weder für pn noch für pp oder nn). D.h. die Kernkräfte werden spinabhängig sein.

c) Potentialmodell des Deuterons

Wir wollen jetzt ein Modell des Deuterons aufstellen und darin die Wellenfunktion berechnen. Ein Teilchen bewegt sich im Potential des anderen. Im einfachsten Fall nehmen wir ein Rechteckpotential

$$V(r) = \begin{cases} -V_0 & \text{für } r < R_0 \\ 0 & \text{für } r \geq R_0 \end{cases} \tag{3.25}$$

Die Wellenfunktion für dieses Problem wurde in Kap. 1.3 ausgerechnet. Wir können hier noch einen Schluß auf den Zusammenhang von Reichweite und Tiefe des Potentials ziehen. Durch Division der beiden Stetigkeitsbe-

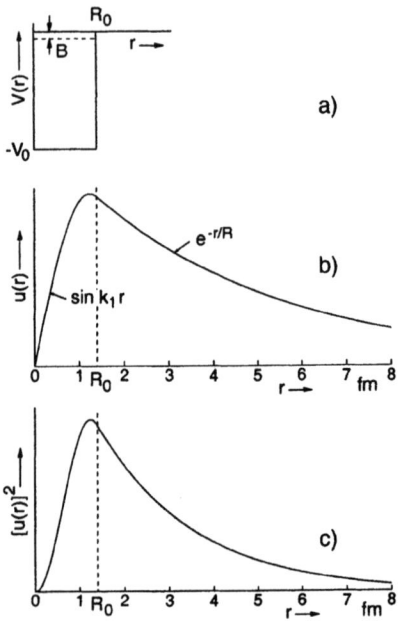

Fig. 3.9
Zum Deuteron: Potential $V(r)$, Wellenfunktion $u(r)$ und Wahrscheinlichkeit $|u(r)|^2$ für den Abstand zwischen den beiden Nukleonen in Abhängigkeit vom Abstand r für das einfachste Potentialmodell

dingungen erhält man

$$\cot\sqrt{\frac{2\mu}{\hbar^2}(V_0-E_B)R_0^2} = -\sqrt{\frac{E_B}{V_0-E_B}}\ . \tag{3.26}$$

Da die Bindungsenergie klein ist im Vergleich zur Potentialtiefe, wird die rechte Seite ≈ 0, das Argument des cot $\approx \frac{\pi}{2}$. Dann ist

$$V_0 = \left(\frac{\pi}{2}\right)^2 \frac{(\hbar c)^2}{2\mu c^2}\frac{1}{R_0^2}\ . \tag{3.27}$$

Für eine Potentialreichweite von 1.2 fm ($\approx$ Kernradius) wird $V_0 = 68$ MeV. Dagegen ist die Bindungsenergie von $E_B = 2.2$ MeV klein. Der Potentialtopf ist also sehr viel tiefer als die Energie des gebundenen Zustandes. Abb. 3.9 zeigt das (einfachst mögliche) Potential und die Wellenfunktion der Nukleonen. Ferner ist die Wahrscheinlichkeit $|u(r)|^2$ für den Abstand r zwischen dem Proton und dem Neutron angegeben. Man erkennt, daß die Nukleonen eine große Aufenthaltswahrscheinlichkeit außerhalb der Reichweite der Kernkräfte haben. Die geringe Bindungsenergie E_B hängt damit zusammen.

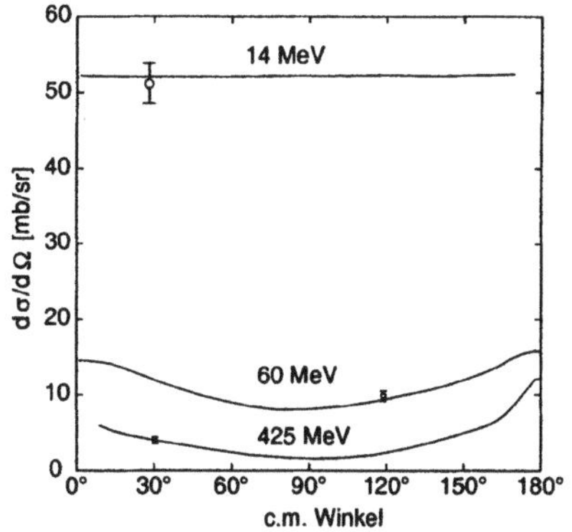

3.4 Kernkräfte 125

Fig. 3.10
Der differentielle Wirkungsquerschnitt der np-Streuung für drei verschiedene Energien. Zusammmenfassung vieler Experimente. Typische Meßfehler sind eingezeichnet

3.4.3 Nukleon-Nukleon-Streuung

Aufschlüsse über die Kernkraft können wir nicht nur durch das Studium gebundener Zustände der Teilchen erhalten, sondern auch durch Streuversuche, np-, pp- und nn-Streuung (letztere experimentell durch $n\,{}_1^2$D-Reaktionen).

a) Winkelverteilung und Energieabhängigkeit, Austauschkraft

Der Radius des Nukleons ist $r_N \sim 0.8\,\text{fm}$ (siehe Kap. 4.6). Mit Hilfe der Unschärferelation schätzen wir ab, bei welchen Energien die Wellenlänge des Projektils größer ist als der Radius des Nukleons:

$$\lambda > r_N, \text{ d.h. } E_{\text{kin}} < \frac{(\hbar c)^2}{(r_N)^2} \cdot \frac{1}{2m_N c^2} \approx 33 \text{ MeV}. \tag{3.28}$$

Dann haben wir den Fall einer Lochblende und erwarten eine isotrope Winkelverteilung.

Abb. 3.10 zeigt die gemessene Winkelverteilung der np-Streuung. Bei kleinen Energien beobachtet man die erwartete isotrope Winkelverteilung. Bei höheren Energien können wir die Born'sche Näherung anwenden:

$$\frac{d\sigma}{d\Omega} = |f(\vec{q})|^2, \quad f(\vec{q}) = -\frac{m}{2\pi\hbar^2} \int V(r) \cdot \exp(i\vec{q}\vec{r}/\hbar) \cdot d^3x. \tag{3.29}$$

Für kleine Streuwinkel θ (= kleine Impulsüberträge q, = großer Stoßparameter) ist der exponentielle Term ≈ 1 und $f(\vec{q})$ damit groß. Bei größeren Streuwinkeln oszilliert der Term und $f(\vec{q})$ wird klein. Fig. 3.10 zeigt, daß die Meßergebnisse mit dieser begründeten Erwartung im Widerspruch stehen. Wir beobachten eine Bevorzugung der Streuung in Rückwärtsrichtung. Dies wird durch die Austauschkraft verursacht.

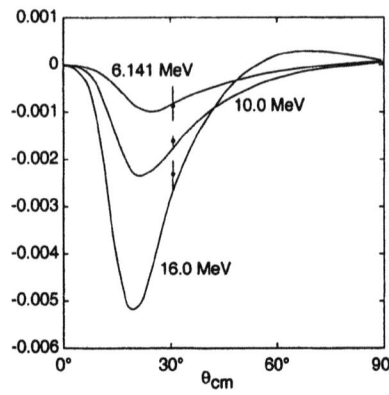

Fig. 3.11
Die Links-Rechts-Asymmetrie bei der pp-Streuung

b) Ladungsunabhängigkeit

Streuexperimente zeigen, daß die Kernkraft für np- und für nn-WW gleich ist. Wenn man die Daten für pp-WW noch auf die bekannte elektromagnetische WW korrigiert, haben alle drei möglichen Fälle gleiches Verhalten. Die Kernkraft ist damit unabhängig von der elektrischen Ladung der Nukleonen.

Dies wird mit dem Isospinformalismus beschrieben. Das Nukleon hat zwei Ladungszustände: Proton und Neutron. Damit haben wir die Analogie zum Spin hergestellt (daher auch der Name). Das Nukleon hat den Isospin $I = \frac{1}{2}$ mit den Zuständen $I_3 = +\frac{1}{2}$ und $-\frac{1}{2}$. Ladungsunabhängigkeit bedeutet Invarianz der WW gegen Rotationen im Isospinraum.

c) Spinabhängigkeit

Das Deuteron ist im $J = 1$ Zustand gebunden, ein gebundener $J = 0$ Zustand ist nicht bekannt. Das deutet auf eine Spinabhängigkeit der Kernkraft hin. Zum zentralen Potential V_c (Gl. 3.25) kommt ein Term hinzu, der von den Spins $\vec{s_1}$ und $\vec{s_2}$ der beiden Nukleonen abhängt: $V_s \cdot \vec{s_1} \cdot \vec{s_2}$. Wir können die Spinabhängigkeit mit polarisierten Teilchen (Projektil oder/und Target) erforschen. Wenn zum zentralen Potential $V_c + V_s \cdot \vec{s_1} \cdot \vec{s_2}$ ein Spin-Bahn-Term $V_{LS} \cdot \vec{L}(\vec{s_1} + \vec{s_2})$ hinzukommt, ergibt sich eine Links-Rechts-Asymmetrie. Der Effekt sei im vereinfachten Beispiel der Streuung von (senkrecht zur Streuebene) polarisierten Nukleonen an einem Spin-0 Kern veranschaulicht. Für links am Streuzentrum vorbeifliegende Nukleonen weist $\vec{L} = \vec{r} \times \vec{p}$ nach unten, dagegen für rechts vorbeifliegende nach oben. Der LS-Term hat also verschiedene Vorzeichen, die Streuung eine Links-Rechts-Asymmetrie (Skizze anfertigen!).

3.4 Kernkräfte

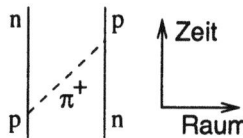

Fig. 3.12
Entstehung der Kernkraft durch den Austausch eines Pions

Schon aus der Beimischung eines D-Zustands zum Grundzustand des $^2_1$D und aus dessen nicht-verschwindenden elektrischen Quadrupolmoment kann man schließen[3], daß die Kernkraft einen nicht-zentralen Anteil hat, die Tensorkraft

$$V_T \cdot (3(\vec{s_1} \cdot \vec{r}/r) \cdot (\vec{s_2} \cdot \vec{r}/r) - \vec{s_1} \cdot \vec{s_2}) \,, \tag{3.30}$$

$\vec{r}$: Vektor zwischen den beiden Nukleonen.

3.4.4 Mesonentheorie der Kernkräfte

a) Yukawa-Theorie der Kernkraft

Yukawa hat 1934 eine Theorie der Kernkraft entwickelt. Er stützte sich dabei auf die quantenmechanische Erklärung der elektromagnetischen WW (s. Kap. 4.1). Diese kommt durch den Austausch eines Photons zwischen zwei geladenen Teilchen zustande. Welches Teilchen muß ausgetauscht werden zur Beschreibung der Kernkraft? Es muß insbesondere deren kurze Reichweite herauskommen. Wir können aus der Unschärferelation die Masse des ausgetauschten Teilchens, des Pions (π), abschätzen. Es muß die Entfernung $r_{KK} < c \cdot \Delta t$ zurücklegen. Nun ist $\Delta E = m_\pi c^2$, $\Delta E \cdot \Delta t \approx \hbar$, und damit

$$m_\pi \approx 140 \,\text{MeV}/c^2 \tag{3.31}$$

Um die WW der verschiedenen Isospinzustände des Nukleons sicherzustellen, muß das Pion in drei Ladungszuständen auftreten: π^+, π^-, und π^0. Fig. 3.12 zeigt einen Graphen der Kernkraft durch π-Austausch. Quantitative Theorien müssen den Austausch weiterer Teilchen berücksichtigen.

Das Potential der Kernkraft durch π-Austausch ist

$$\boxed{V = -g \cdot \frac{1}{r} \cdot \exp\left(-\frac{r}{\lambda_\pi}\right)} \tag{3.32}$$

(g = Kopplungskonstante, $\lambda_\pi = \hbar/m_\pi c$ = Comptonwellenlänge des Pions). Das negative Vorzeichen steht für die Anziehung.

Das Pion wurde 1947 von Powell in der kosmischen Strahlung gefunden.

---
[3]siehe z.B. [MK 02]

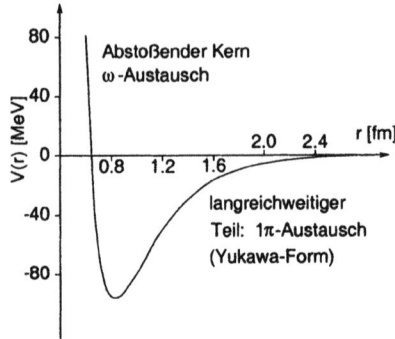

Fig. 3.13
Das Potential der Kernkraft in Abhängigkeit vom Abstand r. Beispiel des zentralen Potentials

b) **Das Kernpotential**

Abb. 3.13 zeigt den Verlauf des Kernpotentials qualitativ. Es besteht aus einem anziehenden Teil und einem abstoßenden "hard core" (der auch zur Sättigung beiträgt). Seine Reichweite entspricht etwa dem Nukleonen- bzw. Kernradius. Die Kernkraft ist wesentlich stärker als die elektromagnetische Wechselwirkung.

3.4.5 Aufgaben

3.8. *Deuteron:* Man schätze durch eine Graphik ähnlich der Fig. 3.9 die Aufenthaltswahrscheinlichkeit eines Nukleons innerhalb des Potentialtopfes ab.

3.9. *Zwei-Nukleonen System:* Man gebe die möglichen Isospins des Zwei-Nukleon-Systems an (I und I_3). Welcher Zustand ist in der Natur realisiert? NB! Das Pauli-Prinzip ist zu berücksichtigen!

3.10. *Zwei-Nukleonen System:* Aufgabe: Man erkläre, warum kein gebundener nn-Zustand beobachtet wurde.

3.11. *Polarisationsexperimente:* Welche Polarisationsexperimente müssen durchgeführt werden, um die spinabhängige Kernkraft vollständig auszumessen?

3.12. *NN-Streuung:* Man zeichne die Graphen für pp-, nn- und np-Streuung.

3.5 Kernreaktionen

Für *Kernreaktionen* $A(a,b)B$ gelten *Erhaltungssätze* für Nukleonenzahl, Impuls, Gesamtenergie, Drehimpuls und Parität sowie die Zeitumkehrinvarianz. Die *Messung* erfolgt meist am ausgelenkten Strahl eines Beschleunigers, der auf ein Target in einer Streukammer trifft. Die Reaktionsprodukte werden dann in Teilchendetektoren gemessen: Winkelverteilung, Energiespektrum, Anregungsfunktion. Die *theoretische Beschreibung* gründet auf der Quantenmechanik: für elastische Streuung auf der Streutheorie, für den Wirkungsquerschnitt von Kernreaktionen auf der Störungstheorie. Das *detaillierte Gleichgewicht* erlaubt Spin-Paritäten von Kernzuständen zu messen. Man unterscheidet zwei Mechanismen von Kernreaktionen. Bei *Zwischenkernreaktionen* $a + A \rightarrow C^* \rightarrow b + B$ nehmen alle Nukleonen an der Reaktion teil und der Wirkungsquerschnitt wird durch die *Breit-Wigner-Formel* beschrieben. Bei *direkten Reaktionen* erfolgt die Wechselwirkung oft nur zwischen zwei Nukleonen. Das *optische Modell* beschreibt Kernreaktionen in Analogie zu Brechung und Absorption in der Optik mit einem komplexen Potential.

3.5.1 Begriffe und Definitionen

Die WW eines Geschoßteilchens a mit einem Targetkern A bezeichnet man als Kernreaktion. Erhält man als Ergebnis dieser Reaktion wieder zwei Kerne (b und B), so spricht man von einer Zweiteilchenreaktion. Wir wollen vor allem diese behandeln. Die Schreibweise ist:

$$a + A \rightarrow b + B, \quad \text{abgekürzt} \quad A(a,b)B.$$

Jede mögliche Aufteilung der an einer Reaktion beteiligten Nukleonen bezeichnet man als "Kanal", z.B.: $\alpha = A + a$, $\beta = B + b$ usw.

Kernreaktionen werden am besten im Schwerpunktsystem beschrieben. Die Bewegung des Schwerpunkts enthält keine kernphysikalische Information. Insbesondere steht die kinetische Energie des Schwerpunkts nicht für kernphysikalische Experimente zur Verfügung. In diesem Kapitel werden alle Energien, Impulse, Winkel, Ortsvektoren usw. im Schwerpunktsystem angegeben.

Ein Ausgangskanal β ist "offen" für eine Kernreaktion, wenn die Gesamtenergie (im Schwerpunktsystem!) des Anfangszustands größer ist als die

Summe der Massen des Endzustands, d.h.

$$E^{CM} > m_B + m_b \qquad (3.33)$$

Dann bleibt eine positive kinetische Energie T_β für die Relativbewegung der Teilchen b und B, mit der sie sich aus dem Wechselwirkungsbereich entfernen können. Als Q-Wert bezeichnet man die Differenz der kinetischen Energien des End- und des Anfangszustands:

$$Q = T_\beta - T_\alpha \qquad (3.34)$$

Beispiel: Für den Einfang "thermischer" Neutronen (kinetische Energie ≤ 0.1 eV) am $^{235}_{92}$U sind folgende Kanäle offen:

$$\begin{aligned} n_{therm} + {}^{235}_{92}\text{U} &\rightarrow n + {}^{235}_{92}\text{U} \\ &\rightarrow \alpha + {}^{232}_{90}\text{Th} \\ &\rightarrow \text{Spaltung } f \ (= \text{fission}) \end{aligned} \qquad (3.35)$$

Man unterscheidet bei den Kernreaktionen:

a) elastische Streuung $a + A \rightarrow a + A$.
Eingangskanal = Ausgangskanal, Q-Wert = 0. Für geladenen Teilchen und nicht zu hohe Energien: Rutherford-Streuung (siehe Kap. 1.6).
b) inelastische Streuung $a + A \rightarrow a + A^*$.
Der Kern A wird angeregt, Q-Wert negativ, da $E(A^*) > E(A)$.
c) eigentliche Kernreaktionen $a + A \rightarrow b + B$, $(a, A) \neq (b, B)$.

3.5.2 Erhaltungssätze

Ein Kanal $\xi(= x + X)$ einer Kernreaktion kann durch eine Wellenfunktion beschrieben werden, die sich als Produkt der inneren Wellenfunktionen ψ von Projektil x und Target X und der Wellenfunktion ϕ für die Relativbewegung zusammensetzt:

$$\psi_\xi = \psi_x \cdot \psi_X \cdot \phi_\xi(\vec{r}_{xX}) \ . \qquad (3.36)$$

Durch Erhaltungssätze ergibt sich ein Zusammenhang zwischen den Wellenfunktionen im Eingangs- und im Ausgangskanal einer Kernreaktion:

a) Die *Gesamtzahl der Nukleonen* bei einer Kernreaktion bleibt erhalten. Dies gilt auch für Protonen und Neutronen getrennt, sofern man unterhalb der Schwelle für Mesonerzeugung bleibt.
b) *Impulserhaltung*: im Schwerpunktsystem ist

$$\vec{p}_a + \vec{p}_A = \vec{p}_b + \vec{p}_B = 0 \ . \qquad (3.37)$$

c) *Energieerhaltung* (der Gesamtenergie):

$$E = m_a + m_A + T_\alpha = m_b + m_B + T_\beta \qquad (3.38)$$

(m_α, m_β = Ruheenergien mc^2, T_α, T_β = kinetische Energien der Relativbewegungen von a, A bzw. b, B).

d) *Drehimpulserhaltung:* Für die Reaktion $A(a,b)B$ gilt
$$\vec{J}_a + \vec{J}_A + \vec{L}_\alpha = \vec{J}_b + \vec{J}_B + \vec{L}_\beta , \qquad (3.39)$$
wobei $\vec{J}_i$ der Eigendrehimpuls (= Kernspin) des Teilchens i ist (in ψ_x bzw. ψ_X enthalten) und L_ξ der Bahndrehimpuls der Relativbewegung im Kanal ξ (durch die Wellenfunktion ϕ_ξ festgelegt).

e) *Paritätserhaltung:* Bei Kernreaktionen wird die Parität P erhalten. Die Suche nach paritätsverletzenden Reaktionen verlief negativ. Folglich gilt:
$$P_a \cdot P_A \cdot (-1)^{L_\alpha} = P_b \cdot P_B \cdot (-1)^{L_\beta} \qquad (3.40)$$

f) *Zeitumkehrinvarianz:* Man sagt, ein Prozess sei invariant gegen Zeitumkehr, wenn der in zeitlich umgekehrter Richtung ablaufende Vorgang nach denselben physikalischen Gesetzen abläuft wie der ursprüngliche Prozess. Man hat bisher nur beim Zerfall von K^0-Mesonen eine Verletzung der Zeitumkehrinvarianz festgestellt (siehe Kap. 4.7.9). Bei Kernreaktionen, allgemein bei der starken WW, konnte bisher keine Verletzung der Zeitumkehrinvarianz beobachtet werden. Das bedeutet, daß der für die Reaktion $A(a,b)B$ verantwortliche Hamiltonoperator $H_{\alpha,\beta}$ derselbe ist, wie der die Reaktion $B(b,a)A$ beschreibende Hamiltonoperator $H_{\beta,\alpha}$ (natürlich bei gleicher Schwerpunktsenergie).

3.5.3 Messung von Kernreaktionen

Im Jahre 1919 konnte Rutherford in einer Nebelkammer mit einem natürlichen α-Strahler zum ersten Mal eine Kernumwandlung beobachten:
$$\alpha + {}^{14}_{7}\text{N} \rightarrow p + {}^{17}_{8}\text{O} . \qquad (3.41)$$

Die meisten Kernreaktionen wurden mit Beschleunigern durchgeführt. Man hat eine Fülle von Informationen über Kerne erhalten (Kernniveaus, Spins, Paritäten). Fig. 3.14 zeigt das Prinzip einer experimentellen Anordung. Der Strahl a kommt vom Beschleuniger. In der Streukammer trifft er auf ein dünnes Target A. Die gestreuten Teilchen werden in einem schwenkbaren Detektor nachgewiesen und spektroskopiert. Ein Faraday-Käfig dient zur Messung der Intensität des Primärstrahls. Man mißt z.B. bei fester Einschußenergie T_a^{lab} bei festem Winkel die Energieverteilung der gestreuten Teilchen oder deren Winkelverteilung $d\sigma/d\Omega$. Auch kann durch Veränderung von T_a^{lab} die Anregungsfunktion $\sigma(T_a^{\text{lab}})$ von $A(a,b)B$ gemessen werden.

Der integrale Wirkungsquerschnitt $\int_{4\pi} d\sigma/d\Omega(\theta, \phi) \cdot d\Omega$ für eine Reaktion $A(a,b)B$ wird mit $\sigma_{\alpha,\beta}$, der totale Wirkungsquerschnitt als Summe über alle offenen Kanäle ξ mit $\sigma_{\text{tot}} = \sum_\xi \sigma_{\alpha,\xi}$ bezeichnet (bei gleicher

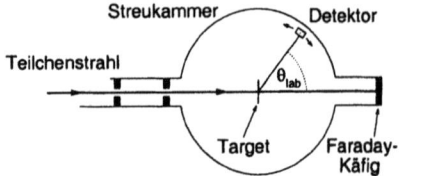

Fig. 3.14
Experimentelle Anordnung zur Messung von Kernreaktionen. Siehe Text

Schwerpunktsenergie).

Fig. 3.15 zeigt eine Messung des Spektrums der inelastisch gestreuten Deuteronen der Reaktion $^{10}_{5}\text{B}\,(d,d')\,^{10}_{5}\text{B}^*$. Man erkennt neben der elastischen Streuung die Anregung mehrerer Zustände des ^{10}B. In Fig. 3.16 ist die Anregungsfunktion der Reaktion $^{2}_{1}\text{H}\,(d,n)\,^{3}_{2}\text{He}$ ($Q = +3.27\,\text{MeV}$) wiedergegeben. Bei kleinen Energien muß die Coulomb-Abstoßung überwunden werden, der Wirkungsquerschnitt steigt mit wachsender Einschußenergie an. Diese Reaktion spielt bei der Energieerzeugung durch Kernfusion in den Sternen eine Rolle.

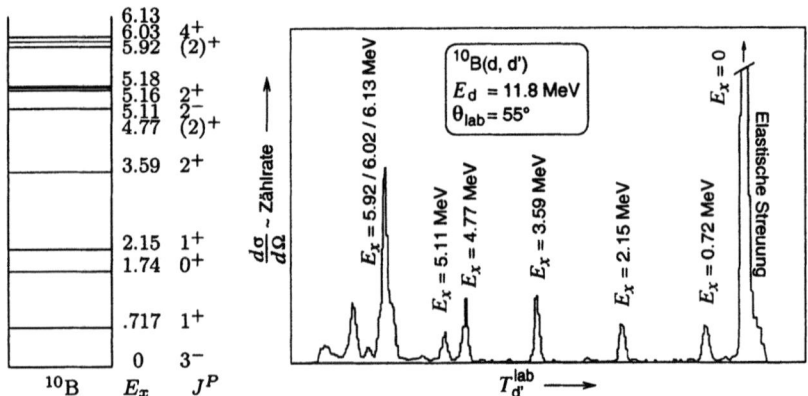

Fig. 3.15 Das Spektrum der gestreuten Deuteronen aus der Reaktion $^{10}_{5}\text{B}\,(d,d')$ $^{10}_{5}\text{B}^*$. Das Termschema des $^{10}_{5}\text{B}$ ist angegeben. Siehe Text

3.5.4 Theoretische Beschreibung von Kernreaktionen

Zur theoretischen Beschreibung von Kernreaktionen gehen wir von der Quantenmechanik aus. Die elastische Streuung haben wir in der Streutheorie besprochen (Kap. 1.6). Gl. (1.68) gilt für elastische Streuung, wobei ein- und auslaufende Teilchen die gleichen Geschwindigkeiten haben

3.5 Kernreaktionen

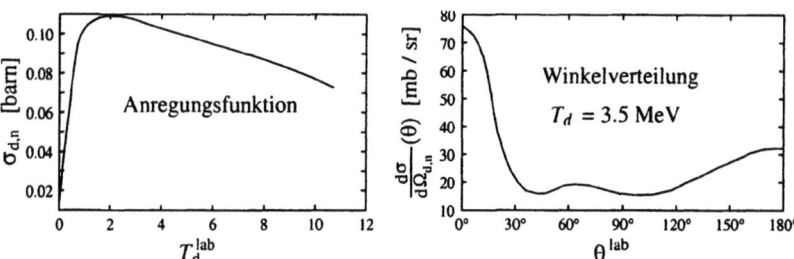

Fig. 3.16 Anregungsfunktion und Winkelverteilung der Reaktion $^2_1$H$(d,n)^3_2$He

(im Schwerpunktsystem!). Für eine Kernreaktion $\alpha \to \beta$ wird

$$\left(\frac{d\sigma}{d\Omega}\right)_{\alpha\to\beta} = \frac{v_\beta}{v_\alpha} \cdot |f_{\alpha\to\beta}|^2 . \tag{3.42}$$

Den Wirkungsquerschnitt für Kernreaktionen erhalten wir mit Hilfe der zeitabhängigen Störungsrechnung (Kap. 1.4). Wir wollen jetzt für Gl. (1.40) die Dichte des Phasenraums dn_β/dE_β ausrechnen.

Der Phasenraum ist das Produkt aus Orts- und Impulsraum (V bzw. $(4/3)\pi p^3$). Quantenmechanisch kann er nicht beliebig klein sein wegen der Unbestimmtheitsrelation. In einer Dimension ist $\Delta x \cdot \Delta p \geq \hbar$. Eine Zelle des dreidimensionalen (genauer: sechsdimensionalen) Phasenraums hat somit die Größe $(2\pi\hbar)^3$. Das (Ortsraum-) Volumen V fällt durch die Normierung der Wellenfunktionen heraus (und wird hier weggelassen). Die Zahl der Zustände im Phasenraum wird

$$dn = \frac{4\pi p^2 dp}{(2\pi\hbar)^3} \tag{3.43}$$

und die Energiedichte der Zustände nach Umformungen

$$\frac{dn}{dE} = \frac{dn}{dp} \cdot \frac{dp}{dE} = \frac{1}{2\pi^2} \cdot \frac{1}{(\hbar c)^3} \cdot mc^2 \cdot pc . \tag{3.44}$$

Wir haben wegen der Übersichtlichkeit zunächst die Indizes weggelassen. Es ist v_β die Relativgeschwindigkeit der Teilchen b und B im Schwerpunktsystem, die Masse ist die reduzierte Masse

$$m_b^{red} = m_b \cdot \frac{m_B}{m_b + m_B} , \tag{3.45}$$

um im Schwerpunktsystem zu bleiben. Somit wird

$$\frac{dn}{dE_\beta} = \frac{1}{2\pi^2} \cdot \frac{1}{(\hbar c)^3} \cdot (m_b^{red} c^2)^2 \cdot \frac{v_\beta}{c} \tag{3.46}$$

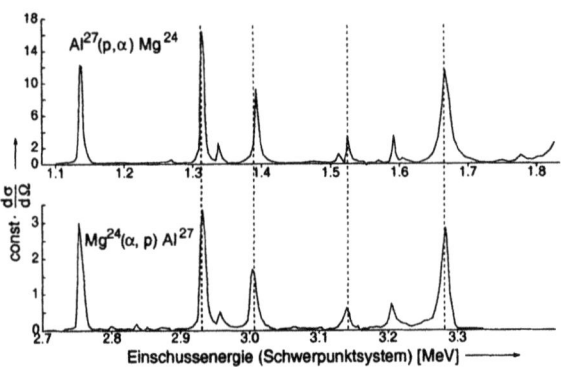

Fig. 3.17 Messung der Reaktionen ^{27}Al(p,α) ^{24}Mg und ^{24}Mg(α,p) ^{27}Al, die durch das detaillierte Gleichgewicht miteinander verbunden sind

und mit Gl. (1.42) schließlich

$$\left(\frac{d\sigma}{d\Omega}\right)_{\alpha\to\beta} = \frac{v_\beta}{v_\alpha} \cdot \frac{1}{\pi} \cdot \left(\frac{m_b^{\text{red}}c^2}{(\hbar c)^2}\right)^2 \cdot |H_{\alpha\to\beta}|^2 \ . \qquad (3.47)$$

Das Matrixelement $|H_{\alpha\to\beta}|$ enthält die physikalische Information. Es ist dimensionsbehaftet (für ein Beispiel siehe Kap. 3.8.4).

Bis jetzt haben wir spinlose Teilchen angenommen. Für Teilchen mit Spin müssen wir deren Multiplizität im statistischen Faktor berücksichtigen durch den zusätzlichen Faktor $(2J_B + 1)(2J_b + 1)$.

Aus der Zeitumkehrinvarianz der Kernreaktionen folgt

$$|H_{\alpha\to\beta}|^2 = |H_{\beta\to\alpha}|^2 \ . \qquad (3.48)$$

Damit ergibt sich für das Verhältnis der Wirkungsquerschnitte (bei gleicher Gesamtenergie im Schwerpunktsystem) das "detaillierte Gleichgewicht"

$$\boxed{\frac{\left(\frac{d\sigma}{d\Omega}\right)_{\alpha\to\beta}}{\left(\frac{d\sigma}{d\Omega}\right)_{\beta\to\alpha}} = \left(\frac{p_\beta}{p_\alpha}\right)^2 \cdot \frac{(2J_B + 1)(2J_b + 1)}{(2J_A + 1)(2J_a + 1)}} \ . \qquad (3.49)$$

Die Wirkungsquerschnitte für $^{27}_{13}$Al$(p,\alpha)^{24}_{12}$Mg bzw. ^{24}Mg$(\alpha,p)^{27}$Al sind in Fig. 3.17 dargestellt. Das detaillierte Gleichgewicht wird genutzt, um den Spin von Kernzuständen zu bestimmen.

3.5.5 Mechanismus von Kernreaktionen

a) Überblick

Wir wollen jetzt zu Aussagen über das Matrixelement $H_{\alpha\beta}$ kommen. Man kann zwei Typen von WW unterscheiden:
i) Bei den *direkten Reaktionen* geht der Eingangskanal direkt in den Ausgangskanal über

$$a + A \to b + B \tag{3.50}$$

Die Dauer der WW ist durch die Flugzeit der Teilchen durch den Kern bestimmt ($\sim 10^{-22}$ s).
ii) Von *Zwischenkernreaktionen* (*compound reactions*) spricht man, wenn durch die Reaktion ein gebundener Zustand des Systems durchlaufen wird. Der Zwischenkern C^*, ein angeregter Zustand von C, ist aus allen Nukleonen $(a + A)$ des Eingangskanals aufgebaut:

$$a + A \to C^* \to b + B \tag{3.51}$$

Als Ausgangszustand kommen alle offenen Kanäle infrage. Die Reaktionsdauer entspricht der Lebensdauer des Zustands C^* ($\sim 10^{-15}$ s).
Beide Mechanismen sind als Grenzfälle zu betrachten.

b) Zwischenkernreaktionen

Das Modell wurde 1936 von N. Bohr entwickelt. Die Reaktion verläuft in zwei Schritten:
1. Bei der WW des Teilchens a mit dem Targetkern A werden viele Nukleonen durch Mehrfachstreuung angeregt. Die kinetische Energie T_α verteilt sich auf so viele Nukleonen, daß keines der $(a + A)$ Nukleonen mehr genügend Energie hat, den Zwischenkern C^* zu verlassen.
2. Wenn sich die Energie aber auf ein Nukleon oder einen Cluster von Nukleonen konzentriert, zerfällt C^* in einen offenen Ausgangskanal.
Da die Zustände des Zwischenkerns diskrete Energiewerte E_i haben, erwartet man einen starken Anstieg der Reaktionswahrscheinlichkeit, sobald die Gesamtenergie E diese Werte erreicht. Fig. 3.18 zeigt schematisch den Zusammenhang zwischen der Anregungsfunktion $\sigma_{\alpha\to\beta}(T_\alpha)$ mit dem Niveauschema des Zwischenkerns.

Eine Theorie der Zwischenkernreaktionen muß in der Lage sein, die empirisch gefundene Energieabhängigkeit

$$\sigma(E) \sim \frac{\text{konst}}{(E - E_i)^2 + (\Gamma_i/2)^2} \tag{3.52}$$

zu erklären. Nach dem Modell setzt sich der Wirkungsquerschnitt aus zwei

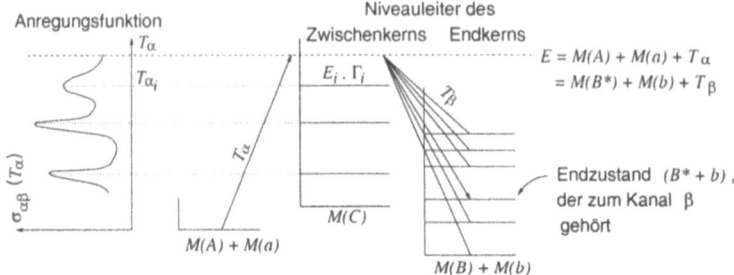

Fig. 3.18 Zum Zwischenkernmodell: Anregungsfunktion von $A(a,b)B$ und Termschemata des Zwischen- und Endkerns

Faktoren zusammen: dem Wirkungsquerschnitt $\sigma_{\alpha \to C}$ für die Bildung von C^* und der Wahrscheinlichkeit $P_{C \to \beta}$ für dessen Zerfall.

Der Zustand C^* ist instabil und hat die Aufenthaltswahrscheinlichkeit

$$|\psi(\vec{x},t)|^2 = |\psi(\vec{x})|^2 \cdot \exp\left(-\frac{t}{\tau_i}\right) \ . \tag{3.53}$$

Die Wellenfunktion des Zustands der Energie E_i ist dann

$$\psi(\vec{x},t) = \psi(\vec{x}) \cdot \exp\left(-i\frac{E_i}{\hbar}t\right) \cdot \exp\left(-\frac{t}{2\tau_i}\right) \ . \tag{3.54}$$

Eine Fouriertransformation liefert

$$\psi(\vec{x},t) = \psi(\vec{x}) \cdot \int_{-\infty}^{+\infty} A(E) \cdot \exp\left(-i\frac{E_i}{\hbar}t\right) dE \tag{3.55}$$

mit $\quad A(E) = \dfrac{i}{2\pi} \cdot \dfrac{1}{E - E_i + \frac{i}{2}\Gamma_i}$

und $\quad \Gamma_i \tau_i = \hbar \ .$

Physikalisch heißt das: beim zeitlich exponentiellen Zerfall des Kerns C^* der Energie E_i haben die Zerfallsprodukte die Energieverteilung einer Lorentz-Verteilung der Breite Γ_i. Die Übergangsrate $\lambda_{C \to \alpha}$

$$\lambda_{C \to \alpha}(E)\, dE = \text{konst} \cdot |A(E)|^2 \cdot dE \tag{3.56}$$

wird mit

$$\int_{-\infty}^{+\infty} \lambda_{C \to \alpha}(E)\, dE = \frac{\Gamma_{i,\alpha}}{\hbar} \tag{3.57}$$

normiert und man erhält

$$\lambda_{C \to \alpha}(E)\, dE = \frac{1}{2\pi\hbar} \cdot \frac{\Gamma_i \Gamma_{i,\alpha}}{(E - E_i)^2 + (\Gamma_i/2)^2} \tag{3.58}$$

3.5 Kernreaktionen

(Γ_i = totale Breite von i, $\Gamma_{i,\alpha}$ = Partialbreite des Kanals α, $\sum \Gamma_{i,\alpha} = \Gamma_i$). Mit Hilfe des detaillierten Gleichgewichts erhalten wir für die inverse Reaktion $a + A \to C^*$

$$\lambda_{\alpha \to C} = \frac{(dn/dE)_C}{(dn/dE)_\alpha} \cdot \lambda_{C \to \alpha} \quad . \tag{3.59}$$

Insgesamt wird dann mit $(dn/dE)_C = 1$ und $(dn/dE)_\alpha$ nach Gl. (3.46)

$$\begin{aligned}
\sigma_{\alpha \to C} &= \frac{\lambda_{\alpha \to C}}{v_\alpha} \tag{3.60} \\
&= \frac{1}{v_\alpha} \cdot 1 / \left(\frac{4\pi p_\alpha^2}{(2\pi\hbar)^3 \cdot v_\alpha} \right) \cdot \lambda_{C \to \alpha} \\
&= \pi \lambdabar_\alpha^2 \cdot \frac{\Gamma_i \Gamma_{i,\alpha}}{(E - E_i)^2 + (\Gamma_i/2)^2} \quad . \tag{3.61}
\end{aligned}$$

Zusammen mit der partiellen Zerfallsrate (und der totalen Breite $\Gamma_i = \sum_\xi \Gamma_{i,\xi}$)

$$P_{C \to \beta} = \frac{\Gamma_{i,\beta}}{\Gamma_i} \tag{3.62}$$

ergibt sich die *Breit-Wigner-Formel* für die Anregung eines Kernniveaus der Energie E_i:

$$\boxed{\sigma_{\alpha \to \beta} = \pi \lambdabar_\alpha^2 \cdot \frac{\Gamma_{i,\alpha} \Gamma_{i,\beta}}{(E - E_i)^2 + (\Gamma_i/2)^2}} \quad . \tag{3.63}$$

Für Teilchen mit Spin kommen statistische Faktoren hinzu:

$$\frac{(2J_C + 1)}{(2J_a + 1)(2J_A + 1)} \quad . \tag{3.64}$$

Da Drehimpuls und Parität erhalten werden, kann nicht nur die Energie, sondern auch Spin-Parität des Zustands C^* des Zwischenkerns bestimmt werden.

c) Direkte Reaktionen

Die eigentliche Reaktion erfolgt durch wenige (oft nur zwei) Nukleonen, die übrigen nehmen an der WW durch ihr gemitteltes Potential teil. Ein typischer Prozeß sind die "Stripping"-Reaktionen $A(d,p)B$. Durch die Coulomb-Abstoßung ist das Proton des Deuterons weiter vom, das Neutron näher am Kern A. Das Neutron wird eingefangen. Der Endkern B besteht dann aus dem unveränderten Rumpf A und einem Neutron in einem vorher unbesetzten Zustand (siehe Kap. 3.6). Die Reaktionen spielen sich auf der Oberfläche der Kerne ab.

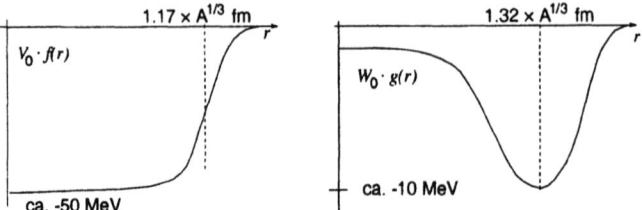

Fig. 3.19 Die r-Abhängigkeit des Potentials des optischen Modells

Die direkten Reaktionen zeigen eine starke Winkelabhängigkeit, die qualitativ mit optischen Vorstellungen eingesehen werden kann.

d) Das optische Modell

Im optischen Modell betrachtet man die Wirkung des Kernpotentials auf einzelne Teilchen, die mit einer kinetischen Energie T_0 von außen in den Kern eindringen. Die einlaufenden Teilchen ($\psi \sim \exp(ikx)$) haben eine de-Broglie-Wellenlänge $\lambda = 2\pi/k$. Im Potentialtopf haben sie eine kürzere Wellenlänge:

$$\begin{aligned} \lambda_a &= 2\pi\hbar/\sqrt{2mT_0} \\ \lambda_i &= 2\pi\hbar/\sqrt{2m(T_0 - V(x))} \ . \end{aligned} \tag{3.65}$$

Im optischen Analogon entspricht dem eine Änderung des Brechungsindex n an der Kernoberfläche. Wie in der Optik ergibt sich beim Wechsel des Brechungsindex eine teilweise Reflexion der einlaufenden Welle (= Potentialstreuung), wobei es zwischen der Reflexion am vorderen und am hinteren Rand des Potentialtopfes zu Interferenzen kommt.

Kollisionen des Projektils mit Nukleonen des Kerns können zu einer Dämpfung der einlaufenden Welle führen (= Absorption). Diese kann, analog zur Optik, durch ein komplexes Kernpotential $U(\vec{r}) = V(\vec{r}) + iW(\vec{r})$ beschrieben werden.

Es zeigt sich, daß folgender Ansatz gute Ergebnisse liefert:

$$U(r) = V_0 \cdot f(r) + iW_0 \cdot g(r) + V_{ls} \cdot h(r) \cdot (\vec{l} \cdot \vec{s}) \tag{3.66}$$

mit

$$h(r) \sim \frac{1}{r} \cdot \left| \frac{df(r)}{dr} \right| \ . \tag{3.67}$$

3.5.6 Aufgaben

3.13. *Kinematik:* Man zeige mit Hilfe der Energieerhaltung, daß bei einem positiven Q-Wert kinetische Energie gewonnen wird.

3.14. *Formalismus:* Man schreibe den Zusammenhang von $|H_{\alpha\to\beta}|$ und $|f_{\alpha\to\beta}|$ nieder!

3.15. *Potentialstreuung:* Streuung an einer harten Kugel vom Radius R.
a) Für welche Projektilenergien gilt $\lambda \gg R$?
b) Man begründe mit Hilfe der Huygens'schen Vorstellung, daß die Streuphase $\delta_l \approx R/\lambda$ ist.
c) Wie groß ist dann der Wirkungsquerschnitt?
d) Man vergleiche das quantenmechanische Ergebnis mit dem klassischen Wirkungsquerschnitt! (Der unterschiedliche Faktor 4 rührt daher, daß quantenmechanisch ein- und auslaufende Wellen interferieren.)
e) Welche Partialwellen können beitragen, wenn halbklassisch der Bahndrehimpuls $\vec{r}_l \times \vec{p}$ ist und die Reichweite des Potentials auf R beschränkt ist? Ab welchen Projektilenergien kann man Effekte von $l = 1$ erwarten?

3.16. *Spinmessung:* Man bestimme den Spin des angeregten Zwischenkerns $^{28}_{14}\text{Si}$, der durch $^{24}\text{Mg}\,(\alpha,p)\,^{27}\text{Al}$ bei $T^{cm}_\alpha = 2.92\,\text{MeV}$ erreicht wird.
NB! Man muß unbedingt den kinematischen Faktor berücksichtigen!

3.17. *Direkte Reaktionen:* Zu den direkten Reaktionen: Unter welchen Winkeln werden Maxima der Streuung erwartet?
Hilfe: Eine Teilchenwelle fällt auf den Kern mit Durchmesser $2R$ ein und wird um den Winkel θ gestreut. Bei welchen Winkeln tritt eine konstruktive Interferenz auf?

3.18. *Zwischenkernreaktionen:* Wir betrachten die Reaktion $^{13}\text{C}(\alpha,p)^{16}\text{N}$. Der Q-Wert ist $Q = -7.42\,\text{MeV}$, J^P des ^{13}C ist $(\frac{1}{2})^-$.
a) Welches ist der Zwischenkern?
b) Wie ändert sich der Wirkungsquerschnitt quantitativ wegen des statistischen Faktors, wenn die Zustände des Zwischenkerns die Quantenzahlen $(\frac{5}{2})^+$, $(\frac{1}{2})^+$, $(\frac{1}{2})^-$ und $(\frac{5}{2})^-$ mit wachsender Energie nacheinander erreicht werden?

3.6 Kernspektroskopie und Kernmodelle

Die *Kernstruktur* wird durch die Messsung *angeregter Zustände* der Kerne erforscht. γ-*Übergänge* zwischen den Zuständen spielen die wesentliche Rolle. Die Kerne können durch Kernreaktionen oder durch den β-Zerfall benachbarter Kerne angeregt werden. Der Nachweis der γ-Quanten erfolgt mit NaJ(Tl)-Szintillationszählern und/oder Halbleiterzählern. Die Übergangsrate wird halbklassisch abgeschätzt, sie ist $\approx 10^7$ mal größer als in der Hülle. Spin-Parität J^P der Niveaus kann durch Winkelkorrelationen der γ-Strahlung gemessen werden. Die *Termschemata* sind tabelliert.

Die theoretische Beschreibung der Kernstruktur, ein quantenmechanisches Vielkörperproblem, kann nicht streng gelöst werden. *Kernmodelle* beschreiben Energien und Spin-Paritäten J^P der Niveaus sowie Übergangsmatrixelemente. Das *Schalenmodell* nimmt an, daß ein "Leuchtnukleon" sich im mittleren Potential aller anderen Nukleonen bewegt. Es muß eine starke *Spin-Bahn-Kopplung* hinzu genommen werden. Die *"magischen Zahlen"* sind Schalenabschlüsse. Kerne weitab von Schalenabschlüssen werden deformiert zu Ellipsoiden. Diese rotieren und/oder schwingen, die Nukleonen führen *kollektive Bewegungen* aus. Das *statistische Kernmodell* beschreibt die Kerne als Gas freier Spin-$\frac{1}{2}$-Teilchen. Der Phasenraum wird gemäß dem Pauli-Prinzip besetzt. Die Theorie der "unendlichen *Kernmaterie*" erlaubt, die Bindungsenergie pro Nukleon zu berechnen und zeigt, daß das Schalenmodell eine gute Näherung ist. Damit ergibt sich ein konsistentes Bild der Kerne.

3.6.1 Experimente zur Kernspektroskopie

a) Messung des Spektrums angeregter Kerne

Wir wissen von der Spektroskopie der α-Teilchen aus der natürlichen Radioaktivität, daß die Kerne angeregte Zustände mit diskreten Energieniveaus haben. Jetzt wollen wir Experimente anschauen, mit denen man systematisch die Anregung von Kernen messen kann. Eine Möglichkeit bietet die Anregungsfunktion bei Kernreaktionen bzw. die Energieverteilung der Reaktionsprodukte (siehe Fig. 3.15 und 3.17).

Als wichtigstes Hilfsmittel zur Messung angeregter Kernzustände hat sich die γ-Spektroskopie mit dem NaJ-Szintillationszähler und dem Halblei-

3.6 Kernspektroskopie und Kernmodelle 141

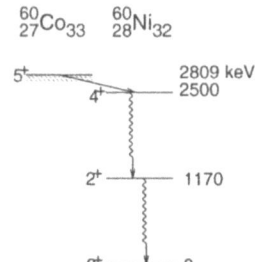

Fig. 3.20
Termschema der $A = 60$-Kerne (Ausschnitt, soweit durch den β-Zerfall von ^{60}Co meßbar).
Die Energien sind in keV angegeben

terzähler erwiesen (siehe Kap. 2.4.3). Viele Messungen wurden mit β-Strahlern gemacht. Z.B. zeigt Fig. 3.20 das Termschema der $A = 60$ Kerne. $^{60}_{27}$Co hat eine Halbwertszeit von 5.3 a. Durch β-Zerfall geht es in einen angeregten Zustand von $^{60}_{28}$Ni* über, der dann über eine $\gamma\gamma$-Kaskade in den $^{60}_{28}$Ni- Grundzustand zerfällt. Die (Endpunkt-)Energie der β-Teilchen und die γ-Energien ergeben die Energieniveaus.

In der Frühzeit der Kernphysik, als man nur magnetische Spektrometer zur Verfügung hatte, war die Messung der Energie der Elektronen aus der inneren Konversion wichtig. Wenn ein Kern ein γ-Quant emittiert, kann dieses vom eigenen Kern absorbiert werden. Ein monoenergetisches Elektron wird ausgesandt. Das ermöglicht die Messung von Kernniveaus, jedoch haben die Linien der inneren Konversion die Aufklärung des kontinuierlichen β-Spektrums (Kap. 3.8) erheblich erschwert.

b) Übergangsrate von γ-Strahlung

Wenn ein angeregter Kern in einen energetisch tiefer gelegenen Zustand übergeht, emittiert er ein γ-Quant. Wir wollen die Übergangsrate λ_γ halbklassich abschätzen und die Größenordnung gewinnen. Nach der Maxwell'schen Theorie strahlt eine in x-Richtung beschleunigte Ladung e pro Zeit die Energie

$$\frac{dE}{dt} = \frac{2}{3} \cdot \frac{e^2}{4\pi\epsilon_0} \cdot \frac{(d^2x/dt^2)^2}{c^3} \tag{3.68}$$

ab. Im Modell nehmen wir ein harmonisch schwingendes Proton an (Schwingungsamplitude = Kernradius R). Die im zeitlichen Mittel abgestrahlte Leistung ist

$$\left\langle \frac{dE}{dt} \right\rangle_{\text{mittel}} = \frac{e^2}{4\pi\epsilon_0} \cdot \frac{R^2\omega^4}{3c^3} \; . \tag{3.69}$$

Tab. 3.2 Die elektrischen und magnetischen Multipole der γ-Emission

P \ L	1	2	3	usw.
+	M1	E2	M3	
−	E1	M2	E3	
	Dipol	Quadrupol	Oktupol	

Die elektromagnetische Strahlung wird in Form von γ-Quanten mit $E_\gamma = \hbar\omega$ emittiert. Mit der mittleren Lebensdauer $\tau = 1/\lambda_\gamma$ wird

$$\left\langle \frac{dE}{dt} \right\rangle_{\text{mittel}} = \frac{\hbar\omega}{\tau} \qquad (3.70)$$

und nach Umformungen

$$\boxed{\lambda_\gamma = \frac{e^2}{4\pi\epsilon_0 \cdot \hbar c} \cdot \frac{R^2 \cdot E_\gamma^3 \cdot c}{3(\hbar c)^3} = \frac{1}{\tau}} . \qquad (3.71)$$

Numerisch erhält man für einen typischen Kernradius von $R = 5\,\text{fm}$ und $E_\gamma = 1\,\text{MeV}$

$$\lambda_\gamma \approx 2 \cdot 10^{15}\,\text{s}^{-1}, \quad T_{1/2} \approx 3 \cdot 10^{-16}\,\text{s} . \qquad (3.72)$$

Beim Vergleich mit der Lebensdauer von Hüllenzuständen muß man berücksichtigen, daß $R_{\text{Hülle}} \approx 0.1\,\text{nm}$ und $E_{\gamma,\,\text{Hülle}} \approx 10\,\text{eV}$ ist. Damit erhält man für das Verhältnis

$$\frac{T_{1/2}^{\text{Kern}}}{T_{1/2}^{\text{Hülle}}} = \left(\frac{R_{\text{Hülle}}}{R_{\text{Kern}}} \right)^2 \cdot \left(\frac{E_{\gamma,\,\text{Hülle}}}{E_{\gamma,\,\text{Kern}}} \right)^3 \approx 10^{-7} . \qquad (3.73)$$

c) Der Spin angeregter Kernniveaus

Der γ-Übergang findet zwischen zwei Kernniveaus mit den Quantenzahlen J^P statt. Das γ-Quant trägt nicht nur seinen Eigendrehimpuls $\vec{J}_\gamma$ ($J_\gamma^P = 1^-$), sondern auch Bahndrehimpuls $\vec{l}$. Der Gesamtdrehimpuls ist dann $\vec{J}_{\text{gesamt}} = \vec{J}_\gamma + \vec{l}$ mit $|J_{\text{gesamt}}| = \sqrt{L(L+1)} \cdot \hbar$ für einen 2^L-Pol ($L \geq 1$). Die räumliche Verteilung der γ-Emission wird beschrieben durch die Multipole (L, M_L). Dabei ist zwischen elektrischer (EL) und magnetischer (ML) Multipolstrahlung zu unterscheiden. Sie differieren in der Parität. Tab. 3.2 listet die niedrigsten Multipole auf.

Jetzt können wir die quantenmechanischen Formeln für die Übergangsrate angeben:

$$\lambda_\gamma = \frac{4\pi}{\hbar} \cdot \left(\frac{E_\gamma}{\hbar c} \right)^{2L+1} \cdot S \cdot B , \qquad (3.74)$$

3.6 Kernspektroskopie und Kernmodelle

mit dem Spinfaktor S und dem Übergangsmatrixelement B:

$$S = \frac{2(L+1)}{L \cdot [(2L+1)!]^2}$$
$$B = \frac{1}{2J_i+1} \cdot \sum_{m_i}\sum_{m_f} |<\psi_f|Q_{L,M_L}|\psi_i>|^2 \ . \quad (3.75)$$

Dabei sind die Q_{L,M_L} die bekannten elektrischen bzw. magnetischen Multipoloperatoren und ψ_f bzw. ψ_i die Wellenfunktionen des End- bzw. des Anfangszustands des Kerns. B enthält die eigentliche kernphysikalische Information. Aus der Messung der Übergangsraten können Kenntnisse über die Kernwellenfunktionen gewonnen werden. Im halbklassischen Beispiel hatten wir einen Dipolübergang behandelt und korrekt $\lambda_\gamma \approx E_\gamma^3$ gefunden.

Zur Messung der Lebensdauer angeregter Kernniveaus müssen je nach deren Größenordnung die unterschiedlichsten Methoden angewendet werden. Bei sehr langlebigen angeregten Kernen ("Isomeren" mit $T_{1/2} > 10^{-3}$s) kann das Abklingen der Aktivität beobachtet werden. Bei Lebensdauern bis zu $T_{1/2} \approx 10^{-10}$s hinunter werden "verzögerte Koinzidenzen" zwischen zwei γ-Quanten gemessen. Das erste γ-Quant dient als Start-, das zweite als Stoppsignal, die zeitliche Koinzidenz zwischen beiden wird durch die Laufzeit der Signale in Kabeln verändert. Man mißt die Lebensdauer des mittleren Niveaus. Für Lebensdauern von 10^{-9} bis 10^{-13} s kann man die Dopplerverschiebung von γ-Linien benutzen. Schließlich kann man Niveaus durch Coulomb-Streuung vorbeifliegender Ionen anregen, also dem umgekehrten Prozeß der γ-Emission (für $T_{1/2} > 10^{-13}$ s).

Die Spins der angeregten Kernniveaus können durch Winkelkorrelationen der beiden γ's gemessen werden. Den einfachen Fall einer Dipol-Dipol-Kaskade können wir uns gemäß Kap. 1.5 überlegen. Die Kerne sind unpolarisiert, d.h. die Spins sind in alle Raumrichtungen gleichmäßig verteilt. Der erste Übergang sei eine Diplostrahlung. Wenn wir das erste γ-Quant in einer bestimmten Richtung messen, ist die Wahrscheinlichkeit, daß der Spin des Kerns senkrecht zur Richtung Quelle-(erster)Detektor steht, groß. Das zweite γ-Quant wird dann von einem Kern ausgesandt, dessen Polarisationsrichtung mit einer gewissen Wahrscheinlichkeit bekannt ist. In unserem einfachen Beispiel ist es wieder eine Dipolverteilung. Der Winkel zwischen dem Detektor für das zweite und das erste γ-Quant wird nun geändert. Die Winkelverteilung der beiden koinzidierenden (= gleichzeitigen) γ-Quanten ist charakteristisch für die Spinfolge der Niveaus. J^P des Grundzustands ist aus der Atomspektroskopie bekannt. Rückwärts kann auf die J^P's der angeregten Zustände geschlossen werden. In der theoretischen Kernphysik werden die exakten Formeln (in umfangreicher Arbeit)

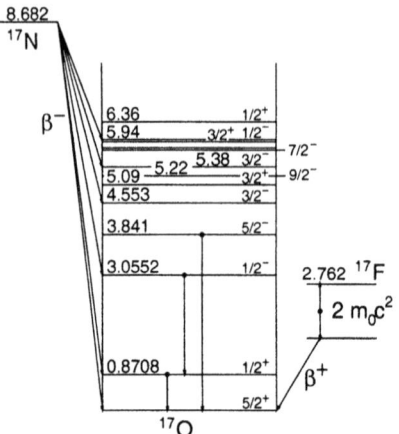

Fig. 3.21
Das Termschema von $^{17}_{8}O_9$ (Ausschnitt). Angegeben sind die Energien und J^P der Niveaus sowie die β-Übergänge, die sie bevölkern. Weggelassen wurden die Kernreaktionen, die zur Messung der angeregten Zustände verwendet wurden. Energien (in MeV) relativ zum ^{17}O Grundzustand

berechnet.

d) Termschemata von Kernen

Wir betrachten in Fig. 3.21 einen Ausschnitt des Termschemas von $^{17}_{8}O_9$. Im folgenden wollen wir versuchen dieses zu verstehen.

Die Termschemata aller Kerne sind in zusammenfassenden Berichten publiziert. Erwähnt sei die Zeitschrift "Nuclear Data", das Buch von Dzhelepov sowie Reihen von Artikeln von F. Ajzenberg-Selove und von P.M. Endt in der Zeitschrift "Nuclear Physics A".

3.6.2 Grundlagen der Kernstruktur

Die theoretische Beschreibung der Kerneigenschaften basiert auf der Schrödinger-Gleichung. Ausgehend von der Vorstellung, daß der Kern aus A Nukleonen besteht, zwischen denen die Kernkraft V_{ij} herrscht, wird im stationären Fall

$$H\psi(\vec{x}_1,...\vec{x}_A) = E\psi \qquad (3.76)$$

$$\text{mit}\quad H = \sum_{i=1}^{A}\left(-\frac{\hbar^2}{2m}\nabla_i^2\right) + \sum_{i=1,\,i<j}^{A} V_{ij}\;.$$

Wir haben zwei wesentliche Schwierigkeiten:
1. Es fehlt ein genaues Verständnis der Kräfte zwischen den Nukleonen.
2. Die Schrödinger-Gleichung zwischen Kernen ist ein Vielkörperproblem. Es stellt ein unüberwindliches mathematisches Problem dar.

3.6 Kernspektroskopie und Kernmodelle

In den Kernmodellen werden deshalb vereinfachende Annahmen gemacht. Sie verfolgen zwei Ziele:
a) Phänomenologische Modelle wollen eine möglichst genaue und konsistente Beschreibung einer großen Anzahl von Kerneigenschaften mit Hilfe einer möglichst geringen Zahl (phänomenologisch begründeter) Annahmen machen.
b) Mikroskopische Modelle wollen die Annahmen durch eine realistische WW zwischen den Nukleonen erklären.

3.6.3 Das Schalenmodell

a) Empirische Grundlagen

Die Schalenstruktur der Atomhülle wurde zuerst durch das periodische System der Elemente sichtbar. Die Röntgenspektren haben dies eindrucksvoll bestätigt. Durch den einfachen Fall des H-Atoms (*ein* Teilchen im Coulomb-Potential) gelang eine exakte mathematische Beschreibung.

Es ist kein Wunder, daß bald nach einer Schalenstruktur der Kerne gesucht wurde. Bei "magischen" Nukleonenzahlen sollen die Kerne besondere Eigenschaften haben im Vergleich zu Nachbarkernen. Diese sind jedoch weniger ausgeprägt als in der Hülle. Hinweise wurden zunächst auf Nebengeleisen gefunden:

1. Kosmische Häufigkeit: Manche Elemente kommen in der Natur häufiger vor als andere, z.B. $^4_2$He, $^{16}_8$O, $^{40}_{20}$Ca, $^{56}_{26}$Fe (entstanden aus $^{56}_{28}$Ni → $^{56}_{27}$Co → $^{56}_{26}$Fe), diese Kerne haben auch eine besonders hohe Bindungsenergie (immer verglichen mit Nachbarkernen).
2. Zahl der stabilen Isotope: Sie ist für bestimmte Z besonders hoch, z.B. hat $_{50}$Sn zehn stabile Isotope.
3. Abweichungen der Bindungsenergie von der Bethe-Weizsäcker'schen Massenformel.
4. Wirkungsquerschnitte für Kernreaktionen, z.B. Neutroneneinfang, sind für magische Neutronenzahlen besonders klein.
5. Erste angeregte Zustände liegen besonders hoch.

So wurden die "magischen" Nukleonenzahlen, jeweils für Protonen und für Neutronen, gefunden: $N, Z = 2, 8, 20, 28, 50, 82$ und 126.

b) Formulierung des Schalenmodells

Das Schalenmodell der Kerne wurde entwickelt in Analogie zur Theorie der Elektronenhülle der Atome. Man betrachtet *ein* Nukleon als ausgezeichnetes "Leuchtnukleon". Die Wirkung der anderen Nukleonen auf das

Leuchtnukleon wird durch ein mittleres Kernpotential beschrieben, symbolisch:

> Kern = 1 Leuchtnukleon + Kernrumpf, (A-1) Nukl. + Kernkraft
> = 1 Leuchtnukleon + mittleres Kernpotential

Damit ist ein Einteilchenmodell formuliert. Es wird die magischen Zahlen als Schalenabschlüsse erklären.

Über das Kernpotential können wir aufgrund der kurzen Reichweite der Kernkräfte folgende Aussagen machen:

1. Im Kerninneren ($0 \leq r < R$) wirkt auf das Nukleon die anziehende Kraft der benachbarten Nukleonen von allen Seiten, es sollte deshalb nicht vom Ort abhängen.
2. Außerhalb des Kerns ($r > R$) verschwindet das Potential.
3. Für Protonen kommt das abstoßende Coulomb-Potential hinzu.

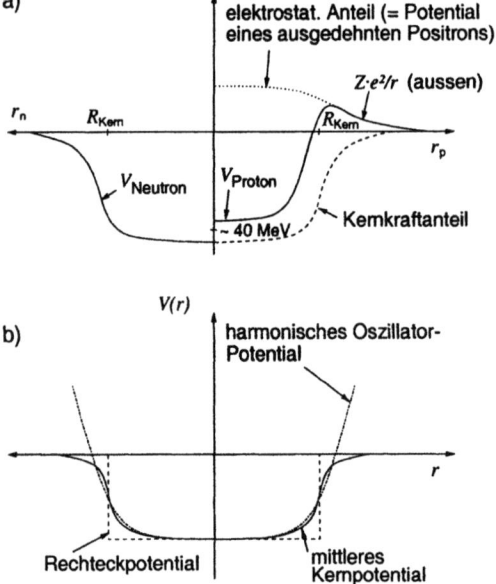

Fig. 3.22 Das mittlere Kernpotential des Schalenmodells, a) für Neutronen und Protonen (Aufteilung in Kern- und Coulomb-Kraft), b) Näherungen für numerische Rechnungen

Das Potential der Fig. 3.22 genügt diesen Anforderungen. Es gibt auch die experimentell gefundene Dichteverteilung (Experimente zur Elektro-

3.6 Kernspektroskopie und Kernmodelle

nenstreuung an Kernen, siehe Kap. 3.9.4) wieder.

Es ist die Aufgabe der Theorie, die Eigenzustände der Schrödinger-Gleichung zu berechnen. Sie werden, analog zur Atomphysik, durch Quantenzahlen charakterisiert:

1. n = radiale Quantenzahl
2. l = Bahndrehimpulsquantenzahl
   Notation für $l = 0, 1, 2, 3, 4$: s, p, d, f, g
3. m_l = magnetische Bahndrehimpulsquantenzahl
4. m_s = magnetische Eigendrehimpulsquantenzahl
5. t_3 = 3. Komponente des Isospins
   $t_3^{\text{Proton}} = +\frac{1}{2}$, $t_3^{\text{Neutron}} = -\frac{1}{2}$

Protonen und Neutronen haben halbzahligen Spin, sind deshalb Fermionen und unterliegen dem Pauli-Prinzip. Jeder Zustand (n, l, m_l, m_s, t_3) darf nur von einem Nukleon besetzt werden. In zentralen Potentialen haben die Zustände mit gleichen Quantenzahlen n und l dieselbe Energie. Der Grad der m_l- und m_s-Entartung ist $(2s+1)(2l+1) = 2(2l+1)$-fach.

Die Lage der Energieniveaus hängt von der Form des Potentialtopfs ab. Die Reihenfolge ist jedoch für alle "vernünftigen" Potentiale (zwischen Rechteck- und Oszillatorpotential) die folgende ($N = 2(n-1) + l$ ist die Hauptquantenzahl des Oszillatorpotentials):

N	0	1	2	3	4
Schale (n, l)	1s	1p	1d, 2s	1f, 2p	1g, 2d, 3s
Zahl der Zustände	2	6	10, 2	14, 6	18, 10, 2
Aufsummierte Zahl d. Zustände	2	8	20	40	70

Man erkennt, daß bis zum $2s$-Niveau die magischen Zahlen wiedergegeben werden.

c) Die Spin-Bahn-Kopplung im Kernpotential

Die Hinzunahme einer Spin-Bahn-Kopplung durch M. Goeppert-Mayer und unabhängig davon durch Haxel, Jensen und Süss im Jahre 1949 brachte den entscheidenden Fortschritt für das Einteilchen-Schalenmodell. Die Kernkräfte haben eine Spin-Bahn-Kopplung (siehe Kap. 3.4 und 3.5.5d). Das effektive Kernpotential (siehe Fig. 3.23) wird dann

$$\begin{aligned} V_{\text{eff}} &= V_{\text{zentral}}(r) + V_{ls} \\ V_{ls} &= f(r) \cdot (\vec{l} \cdot \vec{s}) = -\frac{\text{konst}}{r} \left| \frac{dV_{\text{zentral}}(r)}{dr} \right| \cdot (\vec{l} \cdot \vec{s}) \end{aligned} \quad (3.77)$$

Der Spin-Bahn-Term bewirkt, daß die im spin-unabhängigen zentralen

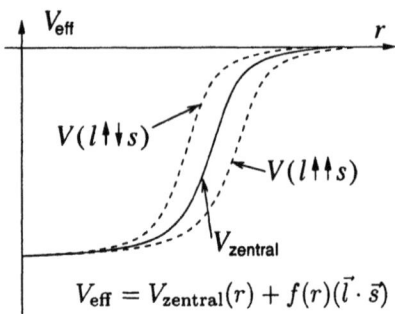

Fig. 3.23
Das Kernpotential mit Spin-Bahn-Kopplung

Potential entartete Gruppe von Zuständen derselben Quantenzahlen (n, l) in zwei Untergruppen aufgespalten wird:

1. Spin und Bahndrehimpuls stehen parallel, die Energie wird abgesenkt ($\vec{l}\cdot\vec{s} > 0, \to V_{ls} < 0$),
2. Spin und Bahndrehimpuls stehen antiparallel, die Energieniveaus werden angehoben.

Die Größe der Aufspaltung beträgt mehrere MeV. Der Gesamtdrehimpuls eines Nukleons im Potential V_{eff} ist

$$j = l + \frac{1}{2} \quad \text{bzw.} \quad j = l - \frac{1}{2} \tag{3.78}$$

Von den insgesamt möglichen $2(2l+1)$ Nukleonen (einer Sorte!) in einer (n, l)-Schale besetzen nun $(2j+1) = 2(l+\frac{1}{2})+1 = 2(l+1)$ die Unterschale $(n, l, j = l+\frac{1}{2})$, die restlichen $2(l-\frac{1}{2})+1 = 2l$ die Unterschale $(n, l, j = l-\frac{1}{2})$. Da die Spin-Bahn-Aufspaltung proportional zu l ist, können für große l die Unterschalen mit $j = l+\frac{1}{2}$ in die nächst tiefere Hauptschale hinunterrutschen und die Schalengrenzen verändern.

Die Niveaufolge mit Spin-Bahn-Kopplung wird in Fig. 3.24 gezeigt. Mit zunehmender Zahl der Nukleonen werden die Niveaus, für Protonen und Neutronen getrennt, vom untersten an besetzt. Hinzu kommt, daß die Nukleonen innerhalb einer Schale ihre Drehimpulse paarweise kompensieren (ohne Ausnahme!).

d) Ergebnisse des Einteilchen-Schalenmodells

Die *Spins des Grundzustands* der gg-Kerne sind immer 0, die der Kerne mit ungeradem A folgen aus dem Schalenmodell. Für Kerne mit $A < 84$ folgen die Spins des ersten angeregten Zustands dem Schalenmodell. Dies sind die stärksten Erfolge des Schalenmodells.

3.6 Kernspektroskopie und Kernmodelle

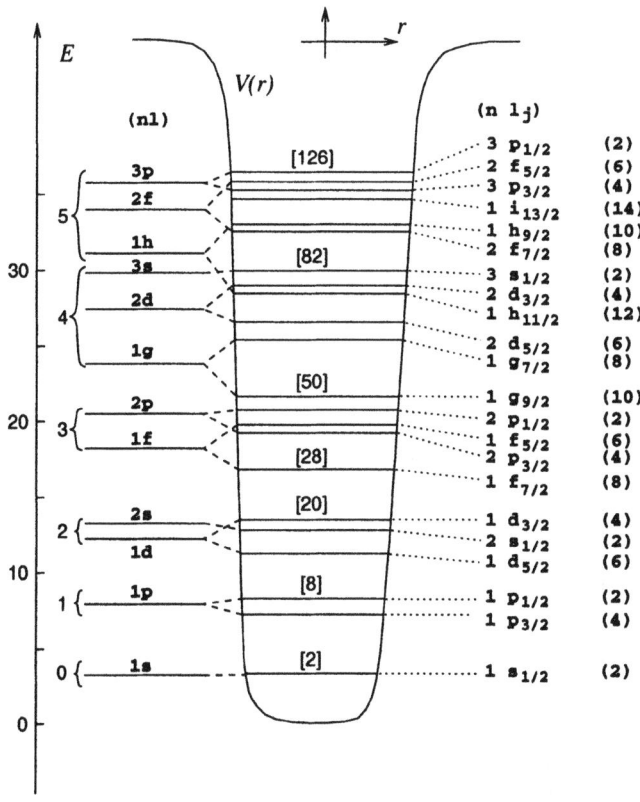

Fig. 3.24 Die Niveaufolge des Einteilchen-Schalenmodells mit Spin-Bahn-Kopplung, eingezeichnet im Potentialtopf. Energien in MeV, links die Termfolge des Oszillatorpotentials, rechts dieses mit Spin-Bahn-Kopplung. Es kennzeichnen { : Die Zustände sind im Oszillatorpotential entartet, ( ): Zahl der Zustände dieses Niveaus, [ ]: aufsummierte Zahl der Zustände

Die *magnetischen Momente* der Kerne (siehe Kap. 3.3.6) werden vom Schalenmodell für Kerne mit *einem* Nukleon über einem "doppelt magischen" Rumpf richtig beschrieben, für alle anderen Kerne gibt es Grenzen an.

3.6.4 Das Kollektivmodell

a) Deformierte Kerne

Wir haben im Einteilchen-Schalenmodell Kerne betrachtet, die ein Nukleon über dem Schalenabschluß haben. Jetzt wollen wir uns Kernen zuwenden, die weit vom Schalenabschluß entfernt sind. Es treten kollektive Effekte auf. Die äußeren Nukleonen beeinflussen den Kernrumpf. Die Kerne sind im Grundzustand nicht mehr kugelförmig, sondern Rotationsellipsoide. Ein erster Zugang war bereits im Tröpfchenmodell erfolgt (Kap. 3.3.3). Das Maß für die Deformation ist das (elektrische) Quadrupolmoment

$$Q = \sum_{i=1}^{A}(3z_i^2 - r_i^2) \tag{3.79}$$

(Dimension: [Länge]^2, Einheit: 1 b). Dabei ist z die Symmetrieachse, z_i, r_i bezeichnen der Ort des i-ten Nukleons. Im Einteilchenmodell erwartet man $Q < R^2$ (R=Kernradius), d.h. $Q \approx \pm(0.1,...,1)$ b. Experimentell findet man jedoch Quadrupolmomente bis zu $Q \approx 10$ b.

b) Rotationsspektren

Um welche Achse können Kerne rotieren? In axialsymmetrischen quantenmechanischen Systemen kann keine Rotation um die Symmetrieachse angeregt werden. Deformierte Kerne können um eine Achse senkrecht zur Symmetrieachse rotieren. Sie haben dann Drehimpuls und die Rotationsenergie

$$E_{\text{rot}} = \frac{\vec{J}^2}{2\theta_{\text{eff}}} = \frac{\hbar^2}{2\theta_{\text{eff}}} \cdot J(J+1) \tag{3.80}$$

(θ_{eff} = Trägheitsmoment).

Bei (gg)-Kernen können aufgrund der Symmetrie nur Zustände mit Drehimpulsen $J^P = 0^+, 2^+, 4^+, ...$ auftreten. Fig. 3.25 zeigt das Rotationsspektrum von $^{180}_{72}\text{Hf}_{108}$ mit der $J(J+1)$-Abhängigkeit. Aus den Energien kann θ_{eff} gewonnen werden. Es ist $\theta_{\text{eff}} = (\frac{1}{2},...,\frac{1}{4}) \cdot \theta_{\text{klass}}$ (θ_{klass} = Trägheitsmoment eines starren Körpers). Das zeigt, daß nicht der ganze Kern rotiert. Die inneren, abgeschlossenen Schalen rotieren nicht mit.

c) Vibrationsspektren

Wir gehen jetzt zu Kernen mit wenigen Nukleonen außerhalb abgeschlossener Schalen. Sie zeigen keine stabile Deformation, jedoch Schwingun-

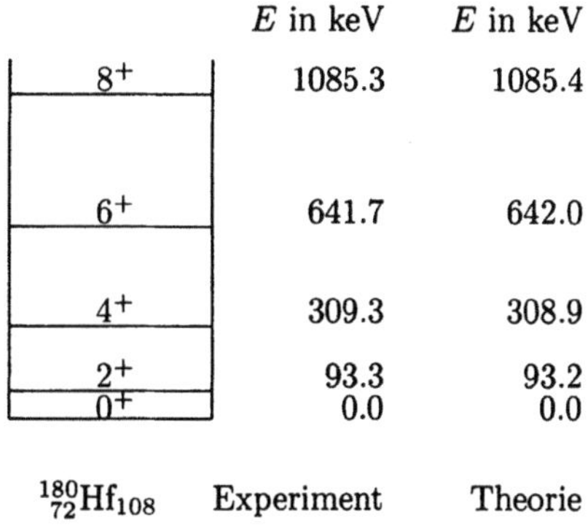

3.6 Kernspektroskopie und Kernmodelle

Fig. 3.25
Das Rotationsspektrum von $^{180}_{72}\text{Hf}_{108}$. Angegeben sind die experimentell gefundenen Energiewerte sowie die, die durch Anpassung an Gl. (3.80) gewonnen wurden

	$^{180}_{72}\text{Hf}_{108}$	E in keV Experiment	E in keV Theorie
8^+		1085.3	1085.4
6^+		641.7	642.0
4^+		309.3	308.9
2^+		93.3	93.2
0^+		0.0	0.0

gen um die Gleichgewichtsform. Es ergeben sich Vibrationsspektren. Für (gg)-Kerne sind es Quadrupolschwingungen (2^+-Phononen). Der erste angeregte Zustand ist *ein* 2^+-Phonon, dann *zwei* 2^+-Phononen, die zu $J^P = 0^+$, 2^+ und 4^+ kombinieren. Diese Zustände haben eine kleine Lebensdauer (verglichen mit Einteilchenanregungen. Das ist ein Hinweis, daß viele Nukleonen beteiligt sind.

3.6.5 Das statistische Modell

Wenn einem Kern viel Energie zugeführt wird ($> 10\,\text{MeV}$), werden im Allgemeinen viele Nukleonen in höhere Zustände angehoben. Eine statistische Beschreibung ist gerechtfertigt. Für Kerne mit $A > 10$ ist eine statistische Beschreibung auch des Grundzustands sinnvoll.

Wir betrachten den Kern als entartetes Fermi-Gas, das in einem Potentialtopf eingeschlossen ist. In einer Phasenraumzelle

$$\Delta^3 \vec{p} \cdot \Delta V = h^3 \tag{3.81}$$

dürfen sich nach dem Pauli-Prinzip nur vier Nukleonen aufhalten: ein Proton mit Spinrichtung $+\frac{1}{2}$, eines mit $-\frac{1}{2}$, und dasselbe für die Neutronen. Im Phasenraum sind somit $A/4$ Zellen besetzt. Im Grundzustand nehmen alle Nukleonen den kleinst möglichen Impuls an. Bis zu einem Grenzimpuls $p_F \geq p_i$ (p_i = Impuls des i-ten Nukleons) seien alle Phasenraumzellen besetzt. Die Summe über die besetzten Zellen ergibt (Kugel im Impulsraum × Kernvolumen)

$$\sum_i \Delta^3 \vec{p} \cdot \Delta V = \frac{4\pi}{3} \cdot p_F^3 \cdot \frac{4\pi}{3} \cdot A r_0^3 = \frac{A}{4} \cdot h^3 \,. \tag{3.82}$$

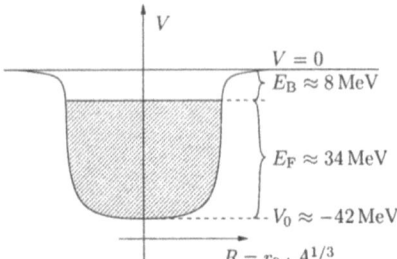

Fig. 3.26
Anschauliche Darstellung der numerischen Ergebnisse des statistischen Kernmodells. Die Fermi-Energie des Nukleonengases und die Bindungsenergie des letzten Nukleons ergeben zusammen die Tiefe des Potentialtopfes

Durch Umformung erhält man als Ergebnis

$$\boxed{p_F c \cdot r_0 = \left(\frac{9\pi}{8}\right)^{\frac{1}{3}} \cdot \hbar c \approx \frac{3}{2} \cdot \hbar c} \qquad (3.83)$$

und damit den Fermi-Impuls und die Fermi-Energie eines Nukleons

$$p_F c \approx 250 \,\text{MeV}, \quad E_F \approx 34 \,\text{MeV}. \qquad (3.84)$$

Bis zu dieser Energie sind im Grundzustand die Zustände besetzt. Ferner ist die Bindungsenergie der Nukleonen $\approx$ 8 MeV. Damit ergibt sich das Bild des Kerns wie in Fig. 3.26.

3.6.6 Kernmaterie

Viele Eigenschaften hinreichend schwerer Kerne sind von A unabhängig. Deshalb ist es sinnvoll, (Modell-)Kerne mit so großem A, daß Oberflächeneffekte (und die Coulomb-Wechselwirkung) vernachlässigt werden können, zu studieren. Man spricht von "unendlicher Kernmaterie"[4].

Die Theorie von K. Brueckner (1954-58) geht davon aus, daß der Kern ein System von Nukleonen geringer Dichte ist. Die nullte Näherung ist das statistische Modell eines Fermi-Gases. In erster Näherung wird zwischen den Nukleonen die 2-Teilchen-Wechselwirkung eingeführt, in zweiter dann die 3-Teilchen Wechselwirkung usw. In der numerischen Rechnung müssen die bestmöglichen empirischen Potentiale verwendet werden. Der Erfolg ist, daß die Bindungsenergie mit 15.2 MeV/Nukleon herauskommt (siehe Kap. 3.3.3).

Ein physikalisch-anschauliches Argument für die Kernmaterie haben Weisskopf *et al.* geliefert. Die Nukleonen im Kern haben Eigenzustände und Ei-

---

[4] Auf der internationalen Tagung für Kernphysik in Kingston/Ontario im Jahre 1960 hat nach einem sehr interessanten Vortrag über "infinite nuclear matter" der nächste Redner (Thema: "models of finite nuclei") seinen Vortrag begonnen mit dem Satz: "My only excuse is: some of my best nuclei are finite"

genwerte mit Quantenzahlen. Im Grundzustand sind alle nach dem Pauli-Prinzip erlaubten Zustände besetzt, damit aber auch die Endzustände der Streuung der sich im Kern bewegenden Nukleonen. Die Nukleonen im Kern können effektiv nicht streuen. Die effektiven Kernkräfte sind im Kern anders als für freie Nukleonen (ein weiteres Erschwernis für die Kernphysik). Die Nukleonen bewegen sich im Kern wie wechselwirkungsfreie Teilchen. Ein herausgegriffenes Nukleon kann beschrieben werden, als ob es sich im mittleren Potential aller anderen Nukleonen bewegt. Die Theorie der Kernmaterie liefert das Schalenmodell als brauchbare Näherung.

Wir haben somit ein geschlossenes Bild der Kerne. Ausgehende vom vollständigen Ansatz wird dieser iterativ gelöst. Die Kernmodelle sind nicht nur empirisch, sondern auch theoretisch gute Näherungen.

3.6.7 Aufgaben

3.19. γ-*Übergänge:* Man schreibe die Erhaltungssätze für γ-Übergänge auf.

3.20. γ-*Übergänge* Man begründe, warum γ-Übergänge zwischen den Kernniveaus $0^+ \to 0^+$ nicht möglich sind.

3.21. γ-*Übergänge:* Man gebe Beispiele für J^P-Quantenzahlen des Anfangs- und Endzustands für verschiedene Multipolaritäten an.

3.22. *Schalenmodell:* a) Man gebe die Spins des Grundzustands folgender Kerne an: ^3_1H, ^3_2He, $^{13}_7N$, $^{13}_6C$, $^{17}_8O$, $^{17}_9F$, $^{29}_{14}Si$, $^{41}_{20}Ca$, $^{70}_{51}Sb$, $^{209}_{82}Pb$, $^{209}_{83}Bi$
b) Man gebe die vollständige Konfiguration all dieser Kerne an!

3.23. *Schalenmodell:* a) Man gebe das Termschema von $^{17}_8O$ an, das durch Anregung des Leuchtnukleons erzeugt wird. Man vergleiche mit dem tatsächlichen Termschema (Fig. 3.21).
b) Welche Anregungen im 1-Teilchen-Schalenmodell führen zu anderen Niveaus?

3.24. *Schalenmodell:* Man überlege, welche 1-Teilchen-Zustände für $^{15}_8O$ möglich sind.

3.25. *Kollektives Modell:* Man skizziere die Form von Kernen mit den Quadrupolmomenten $Q < 0$ und $Q > 0$.

3.26. *Kollektives Modell:* Um wieviel unterscheidet sich die Länge der Achsen in stark deformierten Kernen?

3.27. *Kollektives Kernmodell:* Man führe die numerische Abschätzung der Erwartung für das Quadrupolmoment im 1-Teilchen-Schalenmodell durch.

3.28. *Kernmaterie:* Man versuche, mit Hilfe der Vorstellung von der Kernmaterie den Ansatz von Gl. (3.66) zu verstehen.
Hilfe: Man betrachte die r-Abhängigkeit des absorptiven Teils des optischen Kernpotentials Gl. (3.66) und der Fig. 3.19.

3.7 Neutronenphysik

> *Neutronen* sind als elektrisch neutrale Kernbausteine für Kernreaktionen besonders geeignet. Kernreaktoren sind die wichtigste Neutronenquelle, Spallationsquellen kommen jetzt hinzu. Die Energien dieser Neutronen sind im MeV-Bereich. Da man meist *langsame Neutronen* im thermischen Gleichgewicht mit der Materie braucht, müssen die erzeugten Neutronen durch Streuung an leichten Kernen abgebremst werden. Der *Wirkungsquerschnitt* für Neutroneneinfang in Kernen hängt wie $1/v$ von der Energie ab. Eine wichtige Reaktion ist die *Kernspaltung*, bei der thermische Neutronen schwere Kerne wie $^{235}_{92}U$ in zwei leichtere spalten. Dabei werden im Mittel $\nu = (2.5 \pm 0.1)$ Neutronen freigesetzt und pro Spaltung 200 MeV Energie gewonnen.
>
> *Dosimetrie* von Neutronen erfolgt über die geladenen Endzustände von Kernreaktionen, die durch thermische Neutronen induziert wurden ($^6_3Li(n,\alpha)^3_1H$) und ($^{10}_5B(n,\alpha)^7_3Li$). Schnelle Neutronen müssen vorher abgebremst werden. Zur *Neutronenabschirmung* eignet sich B und Cd, schnelle Neutronen müssen vorher moderiert werden. Mit *ultrakalten Neutronen* konnten deren *Quantenzustände im Gravitationsfeld* bei Energien von einigen 10^{-12} eV gemessen werden.

Neutronen haben keine elektrische Ladung. Deshalb sind Kernreaktionen mit ihnen sehr viel leichter zu initiieren als z.B. mit Protonen. Neutronen wurden ein wichtiges Hilfsmittel für Kernphysik, Festkörperphysik, Molekularbiologie und technische Anwendungen. Wir wollen deshalb ein Kapitel der Neutronenphysik widmen.

3.7.1 Neutronenquellen

Die ersten Versuche mit Neutronen verwendeten die Radium-Beryllium-Neutronenquelle ("Ra-Be-Quelle"). Das Radium emittiert intensiv α - Strahlung, die durch die Reaktion $^9_4Be(\alpha,n)^{12}_6C$ Neutronen erzeugen.
Der Kernreaktor war über Jahrzehnte die beste Quelle für Neutronen mit Energien bis zu einem MeV. Durch Abbremsung (siehe Kap. 3.7.2) erhält man thermische Neutronen, die zur Produktion künstlich radioaktiver Kerne für die Forschung, Technik und Medizin eingesetzt werden. Zur Messung des Wirkungsquerschnitts von Neutronen im Bereich einiger eV bis zu einem MeV mußten monoenergetische Neutronenstrahlen

mit "Choppern" erzeugt werden. Es wird die Laufzeit der Neutronen ausgenutzt. Ein durch Absorber ausgeblendeter Neutronenstrahl läuft durch den Schlitz eines rotierenden Zylinders, was das Startsignal für die Zeitmessung definiert. Nach einer Laufstrecke (bis zu mehreren 100 m) trifft er auf einen Neutronenzähler, der das Stopsignal liefert. Dazwischen kann ein Target angebracht werden, dessen Neutronenabsorptionsquerschnitt gemessen werden soll.

Solche Neutronenstrahlen werden auch zur Untersuchung von Festkörpern benutzt. Wegen des Welle-Teilchen Dualismus haben die Neutronen auch Wellencharakter und man kann mit Neutronenbeugung die Struktur von Festkörpern aufklären, ähnlich der Beugung von Röntgenstrahlen. Durch die Energieselektion der Strahlen wird nur $\approx 1\%$ der Neutronen genutzt.

Diesen Faktor 100 kann man wiedergewinnen durch gepulste Neutronenquellen. Man greift zur Erzeugung von Neutronen durch "Spallation" (= Absplitterung). Hochenergetische Protonen (z.B. $E_p^{kin} \approx 1$ GeV) werden auf schwere Kerne geschossen, z.B. Blei. Es folgt eine intranukleare Kaskade: Primärer Stoß des Protons mit einem Nukleon, sekundäre Stöße usw. Es entsteht ein hochangeregter Kern, aus dem Neutronen verdampfen. Während bei der Kernspaltung im Mittel nur 2.3 Neutronen pro Spaltung entstehen (wovon eines zur Aufrechterhaltung der Kettenreaktion gebraucht wird), werden bei der Spallation ≈ 20 erzeugt. Das Spektrum der Neutronen aus der Verdampfung hat ein Maximum bei 2 MeV (wie bei der Kernspaltung). Die Größe der Reaktionszone ist gegeben durch die Wechselwirkungslänge der Protonen in Materie und beträgt $\Lambda_h \approx 10...20$ cm, d.h. es lassen sich kompakte Quellen bauen, was für die Erzeugung von Strahlen von Vorteil ist. Da Spallationsneutronen nur erzeugt werden, wenn der Protonenstrahl läuft, dieser wegen der Beschleuniger aber gepulst ist, hat man automatisch eine gepulste Neutronenquelle. Das ist auch deshalb wichtig, da sowohl bei der Spalt- wie bei der Spallationsneutronenquelle die Energieabfuhr aus einem möglichst kleinen Volumen die wesentliche technische Aufgabe ist.

Neutronen höherer Energie können nur an Beschleunigern erzeugt werden. Durch die Reaktion $t(d,n)\alpha$ mit $E_d^{kin} \approx 100$ keV ($d = {}_1^2$H, $t = {}_1^3$H) erhält man monoenergetische 14 MeV Neutronen. Mit höheren Einschußenergien erreicht man höhere Neutronenenergien, dann allerdings abhängig vom Beobachtungswinkel.

Fig. 3.27 zeigt die Entwicklung der Neutronenquellen. Um einen Vergleich zu ermöglichen, wird der Fluß thermischer Neutronen (siehe Kap. 3.7.2) angegeben (Zahl der Neutronen pro Zeit, die eine Fläche von 1 cm^2 isotrop durchsetzen). Der für Experimente nutzbare Fluß hängt z.B. noch von der

Dimension der Quelle ab, sodaß eventuell bei kleinerem thermischen Fluß mehr nutzbare Neutronen zur Verfügung stehen.

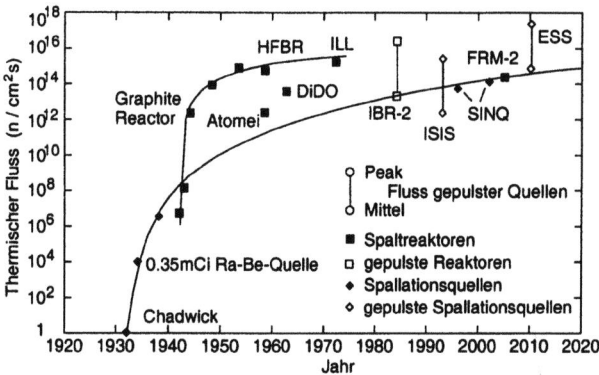

Fig. 3.27 Die Entwicklung der Neutronenquellen für die Forschung (Ra-Be-Quellen, Kernreaktoren und Spallationsquellen. Um einen Vergleich zu ermöglichen ist der thermische Fluß angegeben. Die Namen einiger ausgewählter Quellen sind: Graphite Reactor (Oak Ridge/USA, 1943), HFBR (Brookhaven/USA, 1958), FRM = "Atomei" (Garching/D, 1957), DIDO (Jülich/D, 1962), ILL (Institut Langevin-von Laue, Grenoble/F, 1971), IBR-2 (Dubna/RUS, 1983), ISIS (Harwell/GB, 1992), SINQ (Paul Scherrer Institut (PSI) / Villigen/CH, 1995), FRM-2 (Garching/D, im Bau), ESS (= European spallation source, geplant).

3.7.2 Abbremsung von Neutronen

Wir werden sehen, daß die Wirkungsquerschnitte für Neutronen mit Kernen bei ganz kleinen Energien besonders hoch sind. Viele Anwendungen benutzen deshalb "thermische Neutronen". Diese haben Energien, die der thermischen Energie der Materie bei Zimmertemperatur entsprechen (siehe Aufgabe 3.29).

Die Abbremsung (= Moderation) von Neutronen erfolgt am effektivsten an leichten Kernen, wie man aus den Stoßgesetzen ahnen kann. Zudem erfolgt die Neutronenstreuung an leichten Kernen elastisch (das erste angeregte Niveau bei leichten Kernen ist meist $\geq$ 1 MeV). Ferner tragen nur s-Wellen bei, der Wirkungsquerschnitt ist im Schwerpunktsystem isotrop. Der mittlere Energieverlust ist nach den Stoßgesetzen (T_i^{kin}, T_f^{kin} = kinetische Energie des Anfangs- bzw. Endzustands)

$$\langle \Delta T \rangle = \langle T_i - T_f \rangle \propto T_i \ . \tag{3.85}$$

Es empfiehlt sich, eine logarithmische Skala für den Energieverlust einzuführen, sodaß der Energieverlust pro Stoß unabhängig von der Ausgangsenergie T_i wird:

$$u = \ln \frac{10\,\text{MeV}}{T_i} \quad \text{und} \quad \xi = \langle u_f - u_i \rangle \tag{3.86}$$

(10 MeV ist Definition, damit u in der Praxis positiv bleibt). Damit wird

$$\xi = 1 - \frac{(A-1)^2}{2A} \cdot \ln\left(\frac{A+1}{A-1}\right) . \tag{3.87}$$

Nach n Stößen beträgt dann die Änderung von u im Mittel

$$\langle u_n - u_i \rangle = \left\langle \ln \frac{T_i}{T_1} + \ln \frac{T_1}{T_2} + \ldots + \ln \frac{T_{n-1}}{T_n} \right\rangle = n \cdot \xi . \tag{3.88}$$

Um ein 2 MeV Neutron aus der Kernspaltung auf thermische Energien abzubremsen, braucht man somit (mit $\xi(^{12}\text{C}) = 0.158$)

$$n = \frac{\ln(2\,\text{MeV}\,/\,0.025\,\text{eV})}{\xi} = \frac{18.2}{\xi} \text{ Stöße} \approx 115 \text{ Stöße} . \tag{3.89}$$

Für eine Eignung als Moderator muß eine Bremssubstanz (Moderator genannt) zwei weitere Forderungen erfüllen:
1. Der Streuquerschnitt σ_s muß groß sein,
2. der Absorptionsquerschnitt σ_a muß klein sein.

3.7.3 Kernreaktionen von Neutronen

a) Streuung von Neutronen

Neutronen sind ungeladen, es fällt die Coulomb-Barriere weg. Aus Gl. (3.47) können einige qualitative Schlüsse über den Verlauf des Wirkungsquerschnitts gezogen werden. Für thermische Neutronen ist $L = 0$, es entfallen Zentrifugalbarrieren. Wenn dann $|H_{\alpha\beta}|^2$ energieunabhängig ist (d.h., wenn keine Resonanzen vorliegen), wird

$$\sigma_{\alpha \to \beta} \sim \frac{v_\beta}{v_\alpha} \cdot \int |H_{\alpha\beta}|^2 \cdot d\Omega . \tag{3.90}$$

Für die elastische Neutronenstreuung erhalten wir damit

$$\sigma_{\alpha \to \beta}^{el} \propto \text{konst} . \tag{3.91}$$

3.7 Neutronenphysik

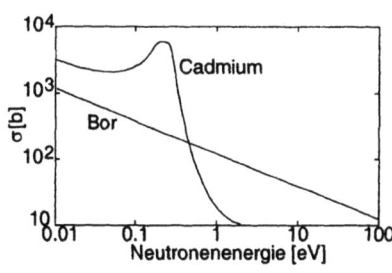

Fig. 3.28
Die Energieabhängigkeit des Absorptionsquerschnitts für Neutronen im Bereich thermischer Energien für zwei, in der Praxis wichtige Neutronenabsorber

b) Neutroneneinfang

Wenn $Q \gg T_\alpha$ ist, d.h. wenn durch die Reaktion Energie gewonnen wird, ist v_β unabhängig von v_α und $v_\beta \propto$ konst. Der Wirkungsquerschnitt wird

$$\boxed{\sigma \sim \frac{1}{v_a^{\text{lab}}}} \quad \left(\frac{1}{v}\text{-Gesetz}\right) . \tag{3.92}$$

Dieser Fall liegt bei der Kernspaltung und beim Neutroneneinfang durch (n,γ)-Reaktionen vor. Bei ${}^A_Z X(n,\gamma){}^{A+1}_Z Y$ wird die Bindungsenergie des letzten Nukleons gewonnen, d.h. mehrere MeV.

Durch Neutroneneinfang werden im Kernreaktor künstlich radioaktive Kerne erzeugt. Sie werden für kernphysikalische Forschung, aber auch in der Praxis für Tracer-Untersuchungen (siehe Kap. 3.10.1) oder in der Medizin (Diagnostik und Therapie) verwendet. Man erhält immer Kerne mit Neutronenüberschuß, die durch β^--Emission in einen energetisch günstigeren Kern (mit gleichem A!) zerfallen.

Alle Wirkungsquerschnitte für thermische Neutronen sind in der "Karlsruher Nuklidkarte" angegeben. Zwei, in der Praxis wichtige Reaktionen sind in Fig. 3.28 gezeigt. Die ${}^{10}_5 B(n,\alpha){}^7_3 Li$ Reaktion zeigt das $(1/v)$-Verhalten. Dagegen liegt bei ${}^{\text{nat}}_{48} Cd$ eine Resonanz vor.

3.7.4 Kernspaltung

Nach Entdeckung der künstlichen Radioaktivität und insbesondere, nachdem diese mit Neutroneneinfang relativ leicht erzeugt werden konnte, war es das Ziel vieler Kernphysiker, Transurane (Elemente, die in unserer natürlichen Umwelt nicht vorkommen) zu erzeugen. Die Bestrahlung von ${}^{\text{nat}}_{92} U$ ($= 99.3\%$ ${}^{238}_{92} U + 0.7\%$ ${}^{235}_{92} U$) mit Neutronen war am aussichtsreichsten. Tatsächlich wurden neue Radioaktivitäten und Zerfallsketten gefunden. Über etliche Jahre wurden sie fälschlicherweise als Transurane gedeutet. Eine saubere radiochemische Arbeit durch Otto Hahn und Mit-

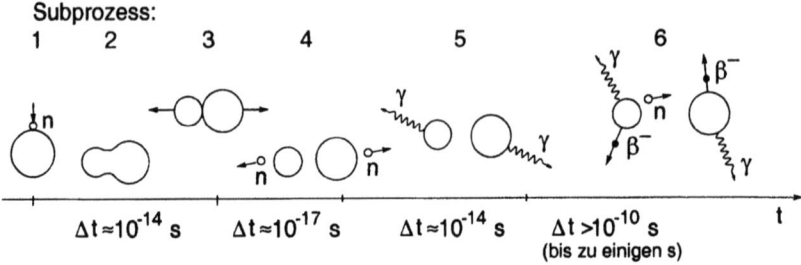

Fig. 3.29 Die zeitliche Abfolge der Kernspaltung. Siehe Text

arbeiter hat Ende 1938 eindeutig gezeigt, daß ein Reaktionsprodukt der Bestrahlung von $^{nat}_{92}U$ mit Neutronen $_{56}$Ba ist. Der schwere Kern Uran war zerplatzt (das Wort, das die Entdecker gebrauchten) oder gespalten (Rückübersetzung des englischen Wortes "fission" ins Deutsche).

Das war damals eine Überraschung. Man hatte geglaubt, daß wegen des Coulomb-Anteils am Kernpotentials nur leichte Kernbausteine (Protonen und α-Teilchen) diesen durchtunneln können. Otto Robert Frisch und Lise Meitner hatten jedoch sofort erkannt, daß die Situation mit dem Bohr'schen Zwischenkernmodell anders aussieht. Fig. 3.29 zeigt die zeitliche Abfolge der Kernspaltung .
1. Ein Neutron wird von $^{235}_{92}U$ eingefangen (nur dieses Uranisotop ist durch thermische Neutronen spaltbar.
2. Es bildet sich ein angeregter Zwischenkern.
3. Der Zwischenkern ist deformiert, schwingt und spaltet in zwei Bruchstücke.
4. Die leichteren Kerne haben einen Neutronenüberschuss. Sie emittieren spontan Neutronen.
5. Die Spaltprodukte sind angeregte Kerne und emittieren γ-Sstrahlung.
6. Die Spaltprodukte gehen durch β^--Zerfall in stabile Kerne über. Wieder wird γ-Strahlung ausgesandt. Auch kommt es zur Emission verzögerter Neutronen.

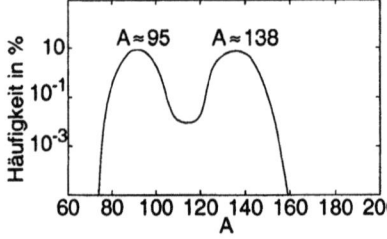

Fig. 3.30
Die Massenverteilung der thermischen Spaltung von ^{235}U. Siehe Text

3.7 Neutronenphysik 161

Im Mittel werden pro Spaltung $\nu = (2.5 \pm 0.1)$ Neutronen frei. Damit ist eine Kettenreaktion möglich. Die Energieverteilung der prompten Neutronen hat ein Maximum bei $\approx 1\,\text{MeV}$. Fig. 3.30 zeigt die Massenverteilung der Spaltprodukte. Sie hat zwei Maxima: Bei $A \approx 95$ und $A \approx 138$. Das erste Maximum liegt um die Neutronenzahl $N = 50$, das zweite bei $N = 82$ und $Z = 50$. Dieses sind magische Zahlen. Diese Kerne sind besonders stabil und treten bei der Spaltung besonders häufig auf. Aus der Massenformel von Bethe und Weizsäcker (Kap. 3.3.3) sieht man, daß mittelschwere Kerne stärker gebunden sind als schwere. Bei der Kernspaltung wird deshalb Bindungsenergie freigesetzt, und zwar $E_{\text{Spaltung}}^{\text{total}} \approx 200\,\text{MeV/Spaltung}$.

3.7.5 Neutronendosimetrie und -abschirmung

Da Neutronen elektrisch neutral sind und ein Teilchennachweis immer auf der Ionisation von Materie beruht, können Neutronen nicht direkt nachgewiesen werden. Ihre Messung erfolgt durch die geladenen Teilchen Neutron-induzierter Kernreaktionen. In der Praxis kommen dafür zwei Reaktionen infrage:
$^{6}_{3}\text{Li}(n,\alpha)^{3}_{1}\text{H}$ ($\sigma_{\text{therm}} = 940\,b$) und $^{10}_{5}\text{B}(n,\alpha)\,^{7}_{3}\text{Li}$ ($\sigma_{\text{therm}} = 3'800\,b$).
Die Geräte sind ein LiF-Szintillationszähler oder ein GM-Zählrohr mit dem gasförmigen Bortrifluorid (BF$_3$) als Füllung. Zur raschen, nicht geeichten Messung schneller Neutronen kann ein Plastikszintillator verwendet werden.

Die angegebenen Wirkunsquerschnitte gelten für thermische Neutronen. Neutronen höherer Energie müssen auf thermische Energien moderiert werden. In der Praxis verwendet man Polyäthylen, das das BF$_3$-Zählrohr umhüllt. Je nach der Energie der nachzuweisenden Neutronen braucht man unterschiedliche Moderatordicken. Damit stehen für den Strahlenschutz auf Strahlendosis geeichte Geräte für Neutronenenergien von thermisch bis 15 MeV zur Verfügung. Für höhere Energien sind Geräte, die der Kalorimetrie hochenergetischer Teilchen entsprechen, nötig.

Moderation ist auch zur Neutronenabschirmung nötig. Wir haben gesehen, daß Cd und B sehr große Einfangquerschnitte für Neutronen haben. Man muß jedoch ihre sekundäre Strahlung, insbesondere γ's abschirmen. Zur Moderation eignet sich Beton, der sehr viel kristallines Wasser enthält. Er absorbiert auch die sekundären γ's, ist billig, nicht brennbar und kann in jede Form gegossen werden.

Während thermische Neutronen relativ ungefährlich sind (schädlich nur über die sekundäre γ-Strahlung und eventuell durch Zerfallsprodukte der

Aktivierung), können hochenergetische Neutronen über (n,p)-Reaktionen hohe lokale Ionisation hervorrufen (Qualitätsfaktor $Q = 3...5$ in der Äquivalentdosis H).

3.7.6 Quantenzustände der Neutronen im Gravitationsfeld

a) Theorie

Wir betrachten einen Spiegel und darüber das Gravitationsfeld $U = m_n g \cdot z$ (m_n = Masse des Neutrons, g = Fallbeschleunigung, z = Höhe). Das Neutron kann im Gravitationspotential Quantenzustände einnehmen. Insbesondere ergibt sich wegen der Wellennatur eine Selbstinterferenz und eine stehende Welle für die Neutronendichte. Die Wahrscheinlichkeit, ein Neutron zu finden, hat Maxima und Minima in vertikaler Richtung. Ein fallendes Neutron geht durch diese Quantenstufen.

Die stationäre Schrödinger-Gleichung für dieses Problem ist

$$\left(-\frac{(\hbar c)^2}{2mc^2} \cdot \frac{d^2}{dz^2} + mg \cdot z\right)\psi = E\psi\,. \tag{3.93}$$

Die niedrigsten Energieniveaus sind in Tab. 3.3 angegeben.

Tab. 3.3 Die Energien der niedrigsten Quantenzustände eines Neutrons im Gravitationsfeld ($1\,\text{peV} = 10^{-12}\,\text{eV}$)

E_1	E_2	E_3	E_4	
1.41	2.46	3.32	4.08	peV

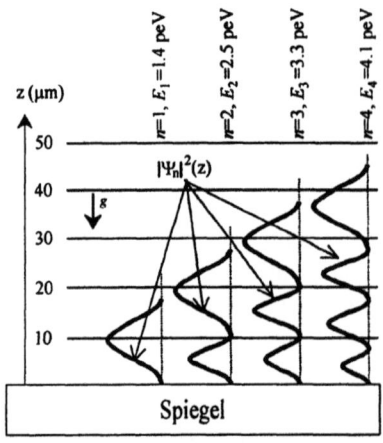

Fig. 3.31
Die Aufenthaltswahrscheinlichkeit von Neutronen in einem Potential, das durch das Gravitationsfeld der Erde über einem Spiegel gebildet wird

3.7 Neutronenphysik

Die klassische Rechnung ergibt für eine Höhe von $\Delta z = 10\,\mu m$ die potentielle Energie eines Neutrons von

$$E_n^{\text{pot}} = m_n g \Delta z \approx 1.0\,\text{peV} \ . \tag{3.94}$$

Quantenmechanisch erhält man das Maximum der Aufenthaltswahrscheinlichkeit des Neutrons bei $\approx 15\,\mu m$. Fig. 3.31 zeigt die Aufenthaltswahrscheinlichkeit $|\psi_n(z)|^2$ der Neutronen im Gravitationspotential $m_n\,g \cdot z$ für die niedrigsten Zustände graphisch. Zum Verständnis muß man wissen, daß die untere Wand scharf ist und eine Stetigkeitsbedingung erfüllt wird. Nach oben hin ist das Gravitationsfeld jedoch ausgedehnt und ist eine "weiche" Wand des Potentialkastens. Für das Experiment ist wesentlich, daß die Quantenzustände räumlich getrennt sind.

Es sollen Energiedifferenzen ΔE gemessen werden. Die Unbestimmtheitsrelation $\Delta E \cdot \Delta \tau \geq \hbar$ besagt, daß eine minimale Zeit zur Ausbildung der Quantenzustände erforderlich ist:

$$\Delta \tau > \frac{\hbar c}{\Delta E \cdot c} \approx \frac{200\,\text{MeV} \cdot \text{fm}}{1\,\text{peV} \cdot 3 \cdot 10^8\,\text{m/s}} \approx 0.7\,\text{ms} \ . \tag{3.95}$$

Für die ultrakalten Neutronen (siehe unten) entspricht dies einer Wegstrecke von $> 1\,\text{cm}$. Man sieht, daß ultrakalte Neutronen unbedingt erforderlich sind.

b) Das Experiment

Die sehr kleinen Anregungsenergien im Gravitationspotential stellen hohe Anforderungen an die Messung. Es müssen alle anderen Wechselwirkungen (die alle stärker sind) ausgeschaltet sein, insbesondere die elektromagnetische. Damit kommen für das Experiment nur Neutronen infrage. Eine magnetische Abschirmung muß erfolgen wegen des magnetischen Moments des Neutrons. Erschütterungsfreie Aufstellung ist erforderlich, was durch Messungen überprüft wird.

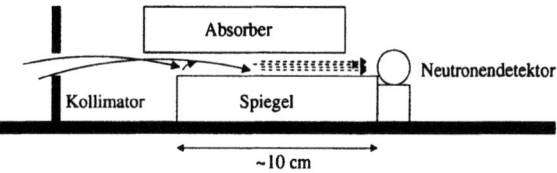

Fig. 3.32 Die experimentelle Anordnung zum Nachweis der Quantenzustände eines Neutrons im Gravitationsfeld. ILL (2002)

Fig. 3.32 zeigt die experimentelle Anordnung am ILL Grenoble (Institut

Laue-Langevin), einem Gemeinschaftsinstitut der europäischen Länder. Man verwendet ultrakalte (UC) Neutronen ($v_{UC} \approx 8\,\text{m/s} = 4 \cdot 10^{-3} \cdot v_{\text{Zimmertemperatur}}$, $E_n^{\text{kin}} = 0.4\,\mu\text{eV}$).

Die ultrakalten Neutronen werden so in die experimentelle Anordnung eingeschossen, daß sie im Gravitationsfeld fallen und dabei die Quantenzustände einnehmen.

Der Potentialkasten wird durch einen Spiegel unten und einen Neutronenabsorber oben realisiert. Der Abstand des Absorbers vom Spiegel kann verändert werden[5]. Die Länge der Anordnung beträgt 10 cm und erfüllt damit die Bedingung von Gl. (3.95).

Die durchlaufenden Neutronen werden in einem ^{235}U-Detektor durch Spaltung nachgewiesen. Die Spaltprodukte haben eine sehr hohe Ionisationsdichte, wodurch eine untergrundfreie Messung möglich ist. Ein Spaltfragment läuft in einen Spurdetektor, was eine Ortsmessung erlaubt.

Da die Quantenzustände räumlich getrennt sind, kann man die Veränderung des Abstands Spiegel – Absorber keinen, einen oder mehrere Quantenzustände der Neutronen durchlassen. Die Neutronen treten leicht nach ober gerichtet in die Anordnung ein, fallen auf den Spiegel, werden dort reflektiert und der Vorgang wiederholt sich.

Fig. 3.33 zeigt das Ergebnis der Messungen am ILL. Bis zu Absorberhöhen von 15 μm können die Neutronen die Anordung nicht durchdringen. Danach durchlaufen Neutronen des ersten Quantenzustands den Spalt, bei größeren Abständen dann auch die des zweiten und dritten. Danach verschmelzen die Quantenzustände in dieser Anordnung zum Kontinuum.

Die Erwartung der klassischen Physik ist klar widerlegt. Quantenzustände der Neutronen im Gravitationsfeld wurden beobachtet.

In Kap. 4.9 wird erläutert, daß die Gravitation bislang nicht mit anderen Wechselwirkungen (stark und elektroschwach) vereinigt werden konnte. Insbesondere gibt es noch keine Quantenfeldtheorie der Gravitation, die die Emission und Absorption der Wechselwirkungsbosonen der Gravitation, den Gravitonen, behandelt. Das hier vorgestellt Experiment zeigt erstmals einen Quanteneffekt der Gravitation experimentell.

3.7.7 Aufgaben

3.29. *Thermische Neutronen:* Man berechne die kinetische Energie thermischer Neutronen. Welche Geschwindigkeit haben sie? Man vergleiche

---
[5]Man beachte den Maßstab! Eine hohe mechanische Präzision ist erforderlich

Fig. 3.33
Experimentelles Ergebnis der Messung der Quantenzustände des Neutrons im Gravitationsfeld: Durchlaß von Neutronen in Abhängigkeit vom Abstand zwischen Spiegel und Absorber. Man erkennt, daß unterhalb des niedrigsten Zustands Neutronen nicht durchgelassen werden (im Widerspruch zur klassischen Physik). Der erste, zweite und dritte Quantenzustand sind durch die Stufen im Durchlaß deutlich zu sehen. Die gestrichelte Kurve ist ein Fit der Theorie (mit der experimentellen Auflösung) an die Daten. Die durchgezogene Kurve zeigt die Annahme der klassischen Physik. Die punktierte Kurve wurde unter der Annahme, daß nur der erste Quantenzustand existiert, berechnet. Daten von ILL (2002)

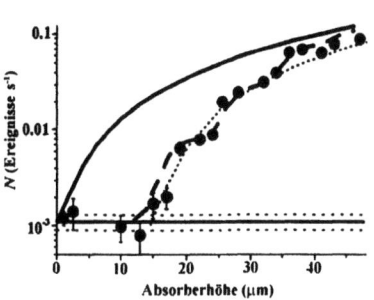

mit der Lichtgeschwindigkeit! Man berechne ebenfalls die de Broglie Wellenlänge der thermischen Neutronen und vergleiche sie mit dem Bohr'schen Atomradius.

3.30. *Neutronenstrahl:* Man entwerfe einen Chopper für Neutronen. Wie schnell muß er rotieren, wenn für 50 eV Neutronen eine Energieauflösung von 10% erreicht werden soll? Um genügend Intensität zu haben, sei die Öffnung des Schlitzes 10°.

3.31. *Kinematik der $t(d,n)\alpha$ Reaktion:* Welche kinetische Energie E_d^{kin} braucht man, um 50 MeV Neutronen zu erzeugen?

3.32. *Moderation von Neutronen:* Wieviel Stöße sind im Moderator Wasser nötig, um ein 2 MeV Neutron auf thermische Energie abzubremsen?

3.33. *Nachweis von Neutronen:* Wie groß ist die Nachweiswahrscheinlichkeit eines BF_3-Zählrohrs von 3 cm Innendurchmesser, 8 cm Länge und 500 mbar Gasdruck?
NB! Die Dichte des BF_3-Gases ist $\rho = 2.8$ mg/cm^3 bei NPT (= Normaldruck (≈ 1 bar) und Raumtemperatur (20°C)).

3.34. *Ultrakalte Neutronen:* Welche Temperatur haben die ultrakalten Neutronen?

3.8 Betazerfall

> Beim β-Zerfall emittiert ein Kern X ein Elektron e^- und ein (Anti-) Neutrino $\bar{\nu}_e$: $^A_Z X \to\, ^A_{(Z+1)} X' + e^- + \bar{\nu}_e$. Das *Neutrino* wurde postuliert, um die *kontinuierliche Energieverteilung der Elektronen* zu verstehen. Die Theorie geht davon aus, daß der β-Zerfall eine *punktförmige 4-Fermionen-Wechselwirkung* ist: $n \to p + e^- + \bar{\nu}_e$. Das *Elektronenspektrum* ist im wesentlichen bestimmt durch die Aufteilung der Energie, die zwischen den beiden Kernniveaus zur Verfügung steht, auf das e^- und das $\bar{\nu}_e$. Der *Kurie-Plot*, eine linearisierte Darstellung des β-Spektrums, erlaubt die Messung der *Endpunktenergie* (und damit auch der Neutrino-Masse). Die *Lebensdauer* von β-Strahlern (von weniger als 1 s bis zu Milliarden Jahren) hängt ab von der Endpunktenergie der Elektronen und von der Überlappung der Wellenfunktionen der Kerne im Anfangs- und Endzustand. Der *"ft-Wert"* (Intergral über Spektrum × Halbwertszeit) erlaubt die Einteilung in übererlaubte, erlaubte und verbotene Zerfälle. Die Elektronen des β-Zerfalls sind *longitudinal polarisiert*. Damit wird die Symmetrie-Eigenschaft *"Parität" beim β-Zerfall verletzt* Die Wechselwirkung (WW) ist gekennzeichnet durch die *WW-Konstante* G_F und durch die *(V-A)-WW*, d.h. die Teilchen (e^-, ν_e) sind longitudinal zum Impuls polarisiert und haben die Helizität $h = -1$, die Antiteilchen $(e^+, \bar{\nu}_e)$ aber $h = +1$. Dies wird durch die *Messung der Helizität des Neutrinos* bestätigt.

3.8.1 Was ist der Betazerfall?

Messungen des Betazerfalls der Kerne (auch β-Zerfall geschrieben) haben zu zwei unerwarteten, fundamentalen Einsichten über die Bausteine der Materie und ihre Wechselwirkungen geführt.

Rutherford hatte gefunden, daß eine Komponente der radioaktiven Strahlung, der β-Zerfall, elektrisch negativ geladen ist. Er konnte die Teilchen als Elektronen identifizieren. Dabei mußte eine Kernumwandlung erfolgen:

$$^A_Z X \to\, ^A_{Z+1} X' + e^- + ? \ . \tag{3.96}$$

Das Fragezeichen steht hier als Platzhalter für die Frage, ob *nur* Elektronen emittiert werden.

Bei der Messung der Energieverteilung der Elektronen des β-Zerfalls mach-

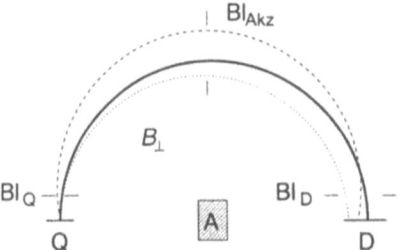

Fig. 3.34
Prinzipskizze eines β-Spektrometers. Die Sollbahn ist dick gezeichnet, ein Teilchen mit der Sollenergie, aber einem anderen Austrittswinkel gestrichelt, eines mit kleinerem Impuls punktiert. Siehe Text

te man eine unerwartete Beobachtung. Die α-Teilchen des radioaktiven Zerfalls hatten ein Linienspektrum gezeigt. Man schloß daraus zu Recht, daß die Kerne ebenso wie die Atome diskrete Energieniveaus besitzen und somit den Gesetzen der Quantenmechanik folgen. Die Elektronen des β-Zerfalls zeigten jedoch neben (Konversions-)Linien ein kontinuierliches Spektrum (Chadwick (1914)). Die Suche nach einer Erklärung beschäftigte die Physik mehr als $1\frac{1}{2}$ Jahrzehnte. Nachdem im atomaren Bereich schon die Kausalität verletzt war (ausgehend vom Denken der klassischen Physik), warum sollte nicht auch die Energieerhaltung ungültig sein? Kalorimetrische Messungen der Energieabgabe beim β-Zerfall (L. Meitner) bestätigten, daß die Elektronen nur die Hälfte der Energie wegtragen. Genauer: Ionisierende Strahlung deponierte in einem Kalorimeter nur die Hälfte der Energie zwischen den beiden Kernniveaus.

Ein Ausweg kam von W. Pauli (1930). Er schlug vor, daß beim β-Zerfall neben dem Elektron noch ein elektrisch neutrales, damit nicht ionisierendes Teilchen ausgesandt wird. Er nannte es das "kleine Neutron". Neutrino (ν) wird es seit der Entdeckung des Neutrons (1932) genannt.

3.8.2 Die Messung des Elektronenspektrums

Zur Messung des Elektronenspektrums benutzt man die Ablenkung bewegter, geladener Teilchen in einem Magnetfeld. Der Krümmungsradius der Elektronenbahn ist proportional zum Elektronenimpuls (siehe Gl. (2.7)). Abb. 3.34 zeigt ein einfaches, flaches 180° Spektrometer mit homogenem Magnetfeld. Durch Blenden Bl$_Q$ wird aus der radioaktiven Quelle Q ein Strahl erzeugt. Das Magnetfeld $B_\perp$, das senkrecht zur Papierebene steht, zwingt den Strahl auf eine Kreisbahn. Die Elektronen werden im Detektor D nachgewiesen. Die β-Teilchen verlassen die Quelle unter verschiedenen Winkeln, beschreiben aber alle eine Kreisbahn. Durch die Blende Bl$_{Akz}$ wird die Winkelakzeptanz festgelegt. Das Spektrum wird durch Veränderung des Magnetfelds aufgenommen. Ein Detektor

3.8 Betazerfall

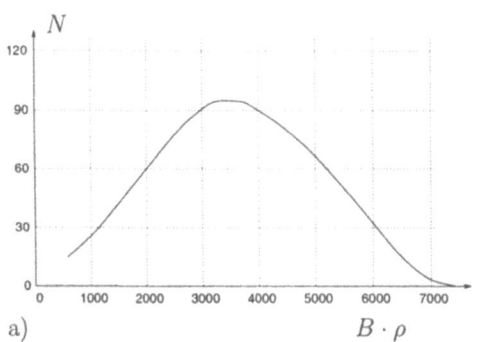
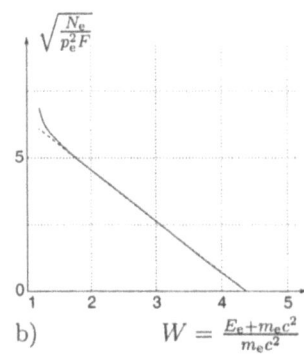

a) $B \cdot \rho$ b) $W = \frac{E_\mathrm{e} + m_\mathrm{e} c^2}{m_\mathrm{e} c^2}$

Fig. 3.35 Das β-Spektrum von ^{32}P. a) Das gemessene Spektrum, b) der Kurie-Plot. Nach Messungen von K. Siegbahn (1947). N = Zählrate, die Originalarbeit gibt die Einheiten für $B\rho$ (=Magnetfeldstärke × Krümmungsradius) nicht an. Siehe Text

mit Ortsauflösung kann mit einer Einstellung des Magnetfelds einen Ausschnitt des gesamten Spektrums registrieren. Zwischen der Quelle Q und dem Detektor D befindet sich noch der Absorber A. Ein ernsthaftes Problem bei der Durchführung der Experimente ist die Vermeidung von Elektronen, die von den Blenden und den Wänden des Spektrometers gestreut werden. Um die Streuung von Elektronen an der Luft auszuschalten, muß sich die Apparatur in einem Vakuumgefäß befinden. Jedes Spektrometer hat eine begrenzte Impulsauflösung. Im Falle dieses einfachen Spektrometers ist sie gegeben durch Elektronen, die aus der endlich großen Quelle mit einem kleineren oder größeren Impuls als dem durch das Magnetfeld $B_\perp$ "eingestellten" Soll-Impuls austreten. Sie haben einen größeren oder kleineren Krümmungsradius. Die Impulsakzeptanz des Spektrometers ist gegeben durch die Ausdehnungen der Quelle Q und des Detektors D (bzw. deren Blenden) sowie durch die Blende Bl$_\text{Akz}$.

Durch andere Magnetfeldkonfigurationen kann man eine (Richtungs- und / oder Impuls-)Fokussierung erreichen. Dadurch wird die Akzeptanz erhöht und man erhält eine höhere statistische Meßgenauigkeit.

Abb. 3.35 zeigt das β-Spektrum von ^{32}P →^{32}S. Es ist ein reiner β-Strahler, d.h. das Spektrum ist ohne Konversionslinien. Die Energieverteilung ist kontinuierlich. Sie ist gekennzeichnet durch den Endpunkt, ein Maximum bei der halben Endpunktenergie und einem Abfall bei kleinen Elektronenenergien.

3.8.3 Das Neutrino

Eine kühne Vermutungen über die Ursache des kontinuierlichen β-Spektrums war der Vorschlag Pauli's (1930), daß mit dem Elektron noch ein weiteres Teilchen, das Neutrino (ν), emittiert wird. Die beiden teilen sich die Energie. Das Neutrino muß elektrisch neutral sein, damit es den Meßgeräten, die alle die Ionisation geladener Teilchen ausnutzen, entgeht. Der β-Zerfall ist damit

$$\boxed{n \to p + e^- + \bar{\nu} + E_0} \, . \tag{3.97}$$

E_0 ist die freiwerdende Energie, die durch die Massendifferenz des Anfangs- und Endzustands gegeben ist ($E_0 = 782$ keV beim Zerfall des Neutrons). Wir haben hier schon geschrieben, daß ein Antineutrino ($\bar{\nu}$) entsteht, obwohl wir dies erst später begründen können.

Die Neutrino-Hypothese löste noch ein anderes Problem. β-Zerfälle wurden auch zwischen zwei Kernen mit geradzahligem Spin beobachtet. Das Elektron hat aber Spin-$\frac{1}{2}$. Wenn nun noch ein weiteres Spin-$\frac{1}{2}$-Teilchen emittiert wird, das ν, kann beim β-Zerfall neben der Energieerhaltung auch die Drehimpulserhaltung erfüllt werden.

Es bleibt die Impulserhaltung. Sie ist bei drei Reaktionsprodukten, von denen das Neutrino nicht nachweisbar ist, nicht zu überprüfen. Wir werden unten sehen, wie die ν-Hypothese durch die Impulserhaltung bei einem verwandten Prozeß, dem Elektroneneinfang, unterstützt werden konnte.

Im Kap. 4.7 und 4.8 werden wir weitere Eigenschaften der Neutrinos kennenlernen.

3.8.4 Die Fermi-Theorie des Betazerfalls

Fermi hat 1934 eine quantitative Theorie des β-Zerfalls aufgestellt. Durch ihren Erfolg wurde die ν-Hypothese gestützt. Wichtig für die weitere Entwicklung der Physik war auch, daß Fermi nicht mehr annahm, daß die Elektronen vorher im Kern vorhanden waren. Er hat das Konzept "Erzeugung von Photonen" erweitert auf "Erzeugung von Teilchen".

Die Lebensdauern der Kern-β-Zerfälle sind um elf Größenordnungen unterschiedlich. Handelt es sich dabei immer um dieselbe Wechselwirkung? Sargent fand 1933 die empirische Regel

$$T_{\frac{1}{2}} \propto (E_0)^{-5} \, . \tag{3.98}$$

Die unterschiedlichen Lebensdauern waren also durch Unterschiede der Zerfallsenergie bedingt. Man durfte annehmen, daß es sich beim β-Zerfall

3.8 Betazerfall

um *eine* Wechselwirkung handelt.

Fermi ging aus von der "Goldenen Regel"[6].

Die Übergangsrate (bzw. die inverse Lebensdauer τ) $P_{i \to f} = 1/\tau$ vom Anfangszustand i in den Endzustand f (in Intervall dp_e) ist gegeben durch

$$P_{i \to f} \cdot dp_e = \frac{2\pi}{\hbar} \cdot |H_{i \to f}|^2 \cdot \frac{dn}{dE_0} . \tag{3.99}$$

Dabei ist dn das Volumen des Phasenraums der Endzustände, dn/dE_0 die Phasenraumdichte. Der Phasenraum, das Produkt aus Impuls- und Ortsraum, ist

$$dn_e = \frac{4\pi p_e^2 dp_e \cdot V}{(2\pi\hbar)^3} \quad \text{bzw.} \quad dn_\nu = \frac{p_\nu^2 dp_\nu \cdot V}{2\pi^2 \cdot \hbar^3},$$

$$\frac{dn}{dE_0} = \frac{dn_e \cdot dn_\nu}{dE_0} \tag{3.100}$$

(NB! Man rechne nach, daß die Ausdrücke für dn_e und dn_ν identisch sind!).

Das Neutrino kann nicht nachgewiesen werden, jedoch ist seine Energie durch $E_0 = E_e + E_\nu$ bestimmt. Jetzt kann Gl. (3.100) ausgerechnet werden:

$$\frac{dn}{dE_0} = p_e^2 \cdot (E_0 - E_e)^2 \cdot dp_e \cdot \frac{1}{4\pi^4} \cdot \frac{c^3}{(\hbar c)^6} \cdot V^2 . \tag{3.101}$$

Das Volumen V hebt sich später mit der Normierung der Wellenfunktionen ($1/\sqrt{V}$) heraus.

Das Matrixelement $H_{i \to f} = \int \psi_f^* \widehat{H} \psi_i dV$ beschreibt die Überlappung der Wellenfunktion des Anfangszustands ψ_i mit dem Endzustand ψ_f, wenn zwischen beiden die Wechselwirkung, beschrieben durch den Hamilton-Operator $\widehat{H}$, stattgefunden hat. $\widehat{H}$ kennenzulernen ist eine wichtige Frage an das Experiment. Die wesentliche Annahme von Fermi war, daß der β-Zerfall eine punktförmige Wechselwirkung der vier beteiligten Fermionen ist (Abb. 3.36). Man spricht von der Fermi-Wechselwirkung. Damit wird $|H_{i \to f}|^2$ proportional sein zur Wahrscheinlichkeit, daß das Elektron und das Neutrino sich am Ort des Kerns aufhalten:

$$|H_{i \to f}|^2 \sim |\psi_e(0)|^2 \cdot |\psi_\nu(0)|^2 . \tag{3.102}$$

Die Ortsverschmierung der Elektronen des β-Zerfalls ist größer als der Kernradius. Damit dürfen wir den Ausdruck von Gl. (3.102) =1 setzen. Wir müssen aber noch berücksichtigen, daß das Elektron im Coulomb-Feld eines Kerns erzeugt wird. Die elektrische Anziehung verschiebt das

---

[6]Siehe Lehrbücher der Atomphysik, z.B. T. Mayer-Kuckuck, Kap. 9 [MK 97]

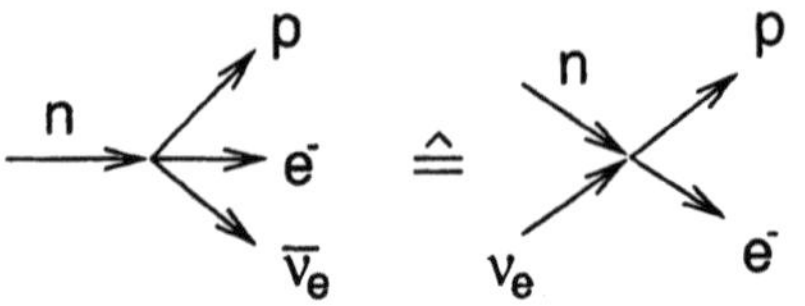

Fig. 3.36
Der β-Zerfall als 4-Fermionen-Wechselwirkung

Spektrum zu niedrigen Energien. Der Coulomb-Faktor $F(Z, E_e)$ muß theoretisch berechnet werden.

Wir setzen das Kernmatrixelement $|M|^2 = |\int \psi_p^* \Omega \psi_n \cdot dV|^2 =$ konst und werden in Kap. 3.8.6 begründen, in welchen Fällen das erlaubt ist. Ebenso werden wir über die Form der Wechselwirkung (Operator Ω) noch sprechen. Es bleibt zu erwähnen die Wechselwirkungskonstante $G_F/\sqrt{2}$ ($\sqrt{2}$ aus historischen Gründen), die die absolute Stärke der Fermi-WW beschreibt.

Zusammenfassend ist

$$P_{i\to f} \cdot dp_e = \frac{2\pi}{\hbar} \cdot \left| \frac{G_F}{\sqrt{2}} \cdot \int (\psi_p^* \Omega \psi_n)(\psi_{e^-}^* \Omega \psi_{\nu_e}) \cdot dV \right|^2$$

$$\cdot p_e^2 \cdot (E_0 - E_e)^2 \cdot F(Z, E_e) \cdot dp_e \cdot \frac{1}{4\pi^4} \cdot \frac{c^3}{(\hbar c)^3} \qquad (3.103)$$

und schließlich

$$\boxed{\frac{1}{\tau} = \int P_{i\to f} \cdot dp_e = \frac{1}{4\pi^3} \cdot \frac{c}{\hbar c} \cdot \left(\frac{G_F}{(\hbar c)^3} \right)^2 \cdot |M|^2 \cdot (m_e c^2)^5 \cdot f}, \qquad (3.104)$$

f ist das Integral über das Energiespektrum. Der Faktor $(m_e c^2)^5$ wurde herausgezogen, sodaß f dimensionslos ist.

Mit Kenntnis von Gl. (3.103) können wir das Spektrum linearisiert darstellen. Im Kurie-Plot bilden wir den Ausdruck $\sqrt{N_e(p_e)/[p_e^2 \cdot F(Z, p_e)]}$. Falls der Ansatz richtig ist, muß sich nach Gl. (3.101) eine Gerade $\propto (E_0 - E_e)$ ergeben. Abb. 3.35b zeigt dies für den Zerfall von ^{32}P. Die Grundidee der Fermi-Theorie des β-Zerfalls ist somit bestätigt. Und wir haben eine Methode, um die Endpunktenergie E_0 eines β-Strahlers zu messen. Diese wird angewandt, wenn ein Kern mehrere β-Zerfälle, auch zu angeregten Zuständen des Tochterkerns, hat. Wir sind bislang stillschweigend davon ausgegangen, daß die Neutrinos masselos sind. Falls sie eine von Null verschiedene Masse haben, ist der Phasenraumfaktor (Gl. (3.101)) zu ändern und man erhält Abweichungen vom linearen Kurie-Plot bei der Endpunktenergie. Die experimentelle Grenze für die Masse des Neutrinos aus der Messung des β-Zerfalls von ^{3}H $\to ^3$He ist $m_{\bar{\nu}_e} \leq 15$ eV.

3.8.5 Positronenemission, Elektroneneinfang, Rückstoßexperimente

Wir haben schon davon Gebrauch gemacht (und werden es in Kapitel 4.1 ausführlich begründen), daß ein entstehendes Antineutrino ($\bar{\nu}_e$) im Matrixelement wie ein einlaufendes Neutrino (ν_e) behandelt werden kann. Wir können weitere Vertauschungen von Teilchen und Antiteilchen vornehmen. Es gibt β^+-Zerfälle, bei denen das elektrisch positiv geladene Antiteilchen des Elektrons, das Positron, zusammen mit einem Neutrino emittiert wird. Als Beispiel sei $^{22}_{11}$Na $\rightarrow ^{22}_{10}$Ne $+ e^+ + \nu_e$ genannt.

Derselbe Prozeß spielt sich ab, wenn ein Elektron der Atomhülle vom Kern eingefangen wird und dort unter Emission eines Neutrinos eine Kernumwandlung stattfindet. Beispiel: $^{37}_{18}$Ar$+e^- \rightarrow ^{35}_{17}Cl+\nu_e$. Der Einfang erfolgt meist aus der K-Schale.

Der Elektroneneinfang hat einen experimentell interessanten Endzustand, nämlich nur 2 Teilchen. Das Neutrino kann nicht beobachtet werden, aber der "Rückstoßkern". Tatsächlich war die Beobachtung des Elektroneneinfangs in ^{35}Ar der erste, über die Impulserhaltung immer noch indirekte Nachweis der Existenz der Neutrinos. Man mißt die Geschwindigkeit des ^{35}Cl Rückstoßkerns über seine Flugzeit. Als Startsignal dient das Auger-Elektron, das bei der Umordnung der Elektronenhülle des Atoms (nachdem ein Elektron des K-Schale eingefangen wurde) ausgesandt wird. Das Stopsignal kommt vom ^{35}Cl Rückstoßkern. Man beobachtet eine monoenergetische Verteilung, wie sie bei einer Zwei-Körper-Reaktion erwartet wird.

3.8.6 Kern-β-Zerfälle

Aus Gl. (3.103) sehen wir, daß die Information über den Atomkern, die wir aus dem β-Zerfall gewinnen können, im Kernmatrixelement M enthalten ist. Wir erhalten sie, indem wir über alle Energien der Elektronen integrieren (der Wert des Integrals wird mit f bezeichnet) und dann "ft" ($= f \cdot T_{\frac{1}{2}}$) bilden. Es ist

$$\boxed{ft = \frac{\text{konst}}{|M|^2}}. \tag{3.105}$$

Die experimentell gefundenen Werte von $\log(ft)$ sind kontinuierlich verteilt von 2.95 (für ^{6}He) bis 22.7 (^{115}In), häufen sich aber bei 3.5, ≈ 5 und ≈ 7.5.

Diese Klassifikation der β-Zerfälle der Kerne hat ihren Ursprung in der Spinänderung des Kerns. Elektron und Neutrino haben beide Spin-$\frac{1}{2}$, untereinander keinen Bahndrehimpuls und können somit zusammen entweder Spin-0 oder Spin-1 wegtragen. Wenn nun der Kern eine Spinänderung von $|\Delta J| = 0$ oder $= 1$ erfährt, spricht man von einem *erlaubten Übergang* ($\log(ft) \approx 5$). Es sind aber viele Kern-β-Zerfälle mit größerer Spinänderung bekannt.

Zur Beschreibung der *verbotenen Übergänge* entwickeln wir die Wellenfunktion der Leptonen ($e^{\pm}$, ν) in ebene Wellen:

$$\psi_{e,\nu}(\vec{r}) \approx \exp(i\vec{k}\vec{r}) \approx 1 + i\vec{k}\vec{r} + \ldots \quad . \tag{3.106}$$

Der erste Term ($=1$) tritt bei den erlaubten Zerfällen auf, der nächste bei *einfach verbotenen Übergängen* usw. Deren Kernmatrixelement wird damit $\approx \int \psi_f^* \Omega \vec{r} \psi_i d\tau$ und führt zu einer 10^{-2} bis 10^{-4} mal kleineren Übergangsrate und entsprechend vergrößerter Lebensdauer ($\log(ft) \approx 7.5$). Die Form des β-Spektrums der verbotenen Zerfälle kann von der eines linearen Kurie-Plots abweichen. Die anschauliche Beschreibung der Kernmatrixelemente verbotener Zerfälle ist, daß die Leptonen bevorzugt von der Oberfläche des Kerns emittiert werden.

Das Isotop $^{40}_{19}$K ($J^P = 4^-$) hat einen β^--Zerfall zum $^{40}_{20}$Ca ($J^P = 0^+$, Verzweigungsverhältnis BR=89%) und einen Elektroneneinfang zu einem angeregten Zustand mit 2^+ des $^{40}_{18}$Ar (mit sehr geringer Massendifferenz, BR=11%). Da es ein 5-fach verbotener Zerfall (nur so lassen sich Spin und Parität gleichzeitig erfüllen) ist, beträgt seine Lebensdauer $1.28 \cdot 10^9$ a und es ist noch zu 0.017% im ^{nat}K enthalten. Es trägt zur natürlichen Strahlenbelastung bei.

Bei den erlaubten Zerfällen mit $|\Delta J| = 0$ spricht man von einer *Fermi-Wechselwirkung*, bei $|\Delta J| = 1$ von einer *Gamov-Teller-Wechselwirkung*. Von besonderem Interesse sind β-Zerfälle im gleichen Isospin-Multiplett des Kerns. Die Kernwellenfunktionen des Mutter- und Tochterkerns sind gleich (bis auf die unterschiedliche Ladung eines Nukleons, was zu Coulomb-Korrektionen führt). Von besonderem Interesse sind $0^+ \to 0^+$ Übergänge im gleichen Isospin-Multiplett. Hier kann nur ein *reiner Fermi-Übergang* vorliegen. Bis auf die Coulomb-Korrektur ist das Kernmatrixelement $=1$. Man spricht von *übererlaubten Zerfällen* ($\log(ft) < 4$). Diese wurden benutzt zur Messung der schwachen Kopplungskonstanten G_F.

Fig. 3.37
Paritätsverletzung beim β-Zerfall. Der Impuls des Elektrons (→) und sein Spin (⇒) sind angegeben für den Vorgang und sein Spiegelbild. Die β-Quelle ist durch den Punkt (•) gekennzeichnet

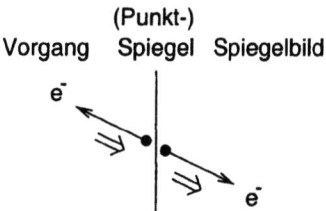

3.8.7 Was ist Paritätsverletzung?

Erhaltungssätze und -größen spielen in der Physik eine wichtige Rolle. Sie sind mit Invarianzen der Naturgesetze gegenüber Koordinatentransformationen verknüpft (Emmi Noether, 1929). So ist die Energieerhaltung eine Folge der Unabhängigkeit der physikalischen Gesetze (und der Experimente!) von der Zeit, die Impulserhaltung der vom Ort und die Drehimpulserhaltung folgt aus der Rotation. Eine andere Art Erhaltungsgröße ist die elektrische Ladung. Weiteren, ähnlichen Erhaltungsgrößen, der Baryonenzahl und der Leptonenzahl, werden wir noch begegnen.

Für die Reaktionen der Elementarteilchen hat man weitere Invarianzen vermutet. Wir werden sehen, daß sich dies beim β-Zerfall als falsch erwiesen hat, im Gegensatz zu den Kernkräften und der elektromagnetischen Wechselwirkung. Von der *Paritätserhaltung* spricht man, wenn die Beschreibungen eines physikalischen Prozesses und die seines Spiegelbildes identisch sind. Wir betrachten (Abb. 3.37) einen β-Strahler. Die Elektronen sollen longitudinal polarisiert sein. Die Größe

$$h = \frac{\vec{s} \cdot \vec{p}}{|\vec{s}| \cdot |\vec{p}|} \qquad (3.107)$$

wird als *Helizität* bezeichnet. Sie ist +1 oder −1. Die Paritätsoperation $\widehat{P}$ ist eine Punktspiegelung $\vec{r} \to -\vec{r}$. Ebenso transformiert sich der Impuls wegen $\vec{p} = d\vec{r}/dt$. Für den Spin gilt jedoch $\vec{r} \times \vec{p} \to +\vec{r} \times \vec{p}$. Die Aussage für den Vorgang lautet: "Impuls und longitudinaler Spin stehen antiparallel ($h = -1$)", die für das Spiegelbild aber: "$h = +1$". Falls die Parität bzw. die Helizität eine Erhaltungsgröße ist, darf eine longitudinale Elektronenpolarisation nicht auftreten. Wir werden sehen, daß die Parität beim β-Zerfall *nicht* erhalten ist.

Wir verstehen jetzt, warum die Parität eines Kernniveaus (siehe Kap. 3.3.5) nur die Werte "+" oder "−" annehmen kann. Bei den Kernkräften wird die Parität erhalten. Die Raumspiegelung einer Wellenfunktion geschieht durch die Paritätsoperation: $\widehat{P}\psi(\vec{r}) \to \psi(-\vec{r})$. Nochmalige Spiegelung

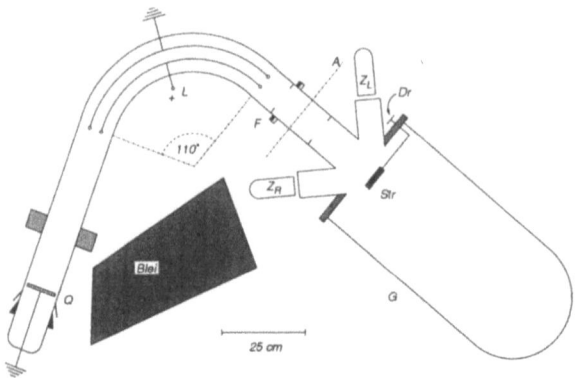

Fig. 3.38 Eine Versuchsanordnung zur Messung der Elektronenpolarisation. Siehe Text. Der Nachweisteil ist um 90° gedreht. Q = Quelle (β-Strahler), F = Flansch, durch den die Achse A gedreht werden kann, Str = Streufolie, die durch Dr gewechselt werden kann, $Z_{L,R}$ = linker bzw. rechter Zähler, G = (große) Glasglocke zur Reduktion der Elektronenrückstreuung (Universität Erlangen, 1957)

führt zum Ausgangszustand zurück. Es muß also $\widehat{P}\psi(\vec{r}) = \pm\psi(-\vec{r})$ sein. Die Wellenfunktion ist symmetrisch oder antisymmetrisch bei Spiegelung.

Eine andere Symmetrie-Operation ist die Ladungskonjugation $\widehat{C}$. Sie überführt Teilchen in Antiteilchen. Die physikalischen Gesetze sollen davon unabhängig sein. Wir werden später noch die Zeitumkehr $\widehat{T}$ kennenlernen. CPT verknüpft alle drei Spiegelungen (Ladung, Raum, Zeit) miteinander. Aus sehr allgemeinen Gründen (Lorentz-Invarianz und Quantentheorie) ist die $\widehat{CPT}$-Operation immer erhalten.

3.8.8 Messung der Elektronenpolarisation

Abb. 3.38 zeigt ein Experiment zur Elektronenpolarisation beim β-Zerfall von ^{60}Co $\rightarrow$ ^{60}Ni (E_{max} = 310 keV), einem $J^P = 5^+ \rightarrow 4^+$ Übergang. Die experimentelle Anordnung hat drei Teile: Das radioaktive Präparat, den Spindreher, der auch als Spektrometer dient, und das Polarimeter zum Nachweis der Polarisation. ^{60}Co emittiert neben den (für die experimentelle Technik relativ) niederenergetischen Elektronen eine $\gamma\gamma$-Kaskade ($4^+ \rightarrow 2^+ \rightarrow 0^+$) mit 1.17 bzw. 1.33 MeV. Deshalb ist eine Abschirmung unbedingt erforderlich.

Es soll überprüft werden, ob die Elektronen des β-Zerfalls longitudinal po-

3.8 Betazerfall

larisiert sind. Als Polarimeter für Elektronen kommt eine Asymmetrie der Coulomb-Streuung infrage, die aber für transversale Polarisation (zum Impuls) auftritt, wie es für einen paritäts-erhaltenden Prozeß sein muß. Der Spin muß deshalb von longitudinal nach transversal gedreht werden. Dazu nutzt man aus, daß transversale elektrische Felder wohl die Richtung geladener Teilchen ändern, aber den Spin, der mit dem magnetischen Moment gekoppelt ist, unbeeinflußt lassen. Das gilt nichtrelativistisch. Bei höheren Energien "sieht" das Elektron auch ein Magnetfeld, sodaß der Spinrotator nicht 90°, sondern ca. 110° drehen muß. Die Elektronen sind jetzt transversal zum Impuls polarisiert. Ihr Spin liegt in der Ebene der Impulse vor und nach der Drehung. Sie werden an einer Au-Folie ($Z = 79$) gestreut. Man erhält eine "oben-unten"-Asymmetrie, die in Rückwärtsrichtung am größten ist. Die größte Empfindlichkeit (bedingt durch den mit zunehmenden Streuwinkel stark abnehmenden Wirkungsquerschnitt, und damit der statistischen Genauigkeit, und der zunehmenden spin-abhängigen Asymmetrie) erhält man rückwärts unter 120°. Die Symmetrie der Apparatur, wichtig wegen der starken Winkelabhängikeit der Coulomb-Streuung, wird durch Streuung an Al ($Z = 13$) überprüft, wo nur eine kleine Asymmetrie auftritt. Aus demselben Grund ist die Verwendung sehr dünner Streufolien nötig. Durch vielfache Kleinwinkelstreuung der Elektronen wird der "wahre" Winkel der 120°-Streuung verfälscht. Man mißt mit verschieden dicken Streufolien (und auch Präparaten!) und extrapoliert auf Dicke $\to 0$.

Das Ergebnis ist: Die Elektronen des β-Zerfalls sind longitudinal polarisiert mit

$$\boxed{P^{e^-}_{\text{long}} = -\frac{v}{c}}, \tag{3.108}$$

wobei v die Geschwindigkeit der Elektronen ist. Das negative Vorzeichen deutet an, daß Spin und Impuls antiparallel stehen. Für Positronenemitter findet man

$$\boxed{P^{e^+}_{\text{long}} = +\frac{v}{c}}. \tag{3.109}$$

Hier stehen Spin und Impuls parallel. Die Paritätsverletzung beim β-Zerfall ist damit experimentell nachgewiesen. Jedoch ist, wegen des Vorzeichenwechsels zwischen β^- und β^+, CP erhalten. Die physikalischen Gesetze bleiben gleich, wenn man gleichzeitig eine Raumspiegelung und eine Teilchen-Antiteilchen-Vertauschung durchführt.

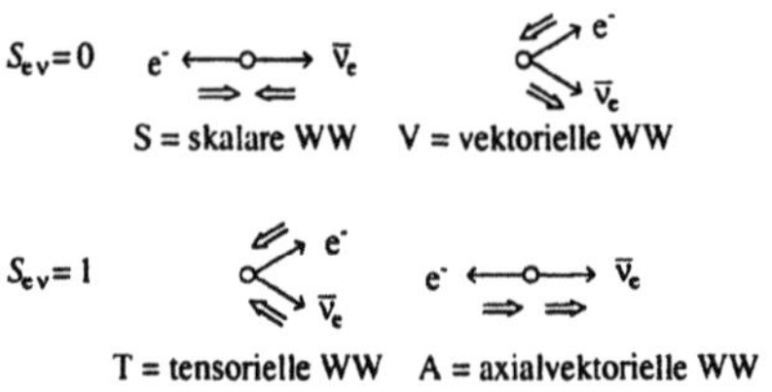

$S_{e\nu}=0$ e⁻ ⟵—○—⟶ $\bar{\nu}_e$ ⟶ e⁻
                ⇒   ⇐   ⟵ $\bar{\nu}_e$

S = skalare WW   V = vektorielle WW

$S_{e\nu}=1$ ⟶ e⁻   e⁻ ⟵—○—⟶ $\bar{\nu}_e$
              ⟵ $\bar{\nu}_e$ ⇒   ⇒

T = tensorielle WW   A = axialvektorielle WW

Fig. 3.39
Anschauliche Darstellung der verschiedenen WW-Operatoren beim Betazerfall. Die Natur hat V und A ausgewählt. $S_{e\nu}$=Spin des $(e^-,\bar{\nu})$-Paares

3.8.9 Die Form der Wechselwirkung des β-Zerfalls

Wir haben jetzt alle Tatsachen beisammen, die für eine Theorie der Form der Wechselwirkung (WW) nötig sind. Die Theorie muß von der relativistischen Quantenmechanik, also von der Dirac-Gleichung ausgehen. Im Rahmen dieser Vorlesung wollen wir eine anschauliche Beschreibung behandeln. Dazu betrachten wir die Impulse und Drehimpulse. Wie im Kap. 3.8.4 gesagt, gehen wir von Fermis Ansatz einer punktförmigen 4-Fermionen-WW aus. Ferner haben wir gesehen, daß das Leptonenpaar $e\nu$, das beim β-Zerfall entsteht, Spin-0 (Fermi-Übergänge) oder Spin-1 (Gamow-Teller-Übergänge) haben kann. Damit ergeben sich die möglichen Zustände für Spin und (bevorzugte) Impulsrichtung der Abb. 3.39. Die Bezeichnungen rühren her vom Transformationsverhalten der WW-Operatoren in der Dirac-Theorie. Es sind somit vier verschiedene WW-Operatoren möglich[7], wobei mindestens zwei gebraucht werden. Die Entscheidung kommt, wie anschaulich ersichtlich ist, von den Rückstoß-Experimenten.

Das Ergebnis, 23 Jahre nach der Fermi-Theorie und nur zwei Jahre nach der Entdekung der Paritätsverletzung, ist:
Der β-Zerfall ist eine "(V−A)"-Wechselwirkung (lies: V minus A).
Das Minuszeichen ist ein Ergebnis der Messungen der Elektronenpolarisation.

Das Experiment ergibt, daß die V- und die A-WW nicht die gleiche Stärke haben. Für das Neutron findet man $|g_A|/|g_V| = 1.261 \pm 0.004$.

3.8.10 Das Goldhaber-Experiment

Wir haben im vorangehenden Abschnitt stillschweigend davon Gebrauch gemacht, daß die longitudinale Polarisation der Antineutrinos sich wie die der Positronen verhält. Ein Experiment zum Nachweis der Polarisation

---
[7]Theoretisch wäre eine 5. WW, die pseudoskalare (P), möglich. Sie wurde experimentell ausgeschlossen

3.8 Betazerfall

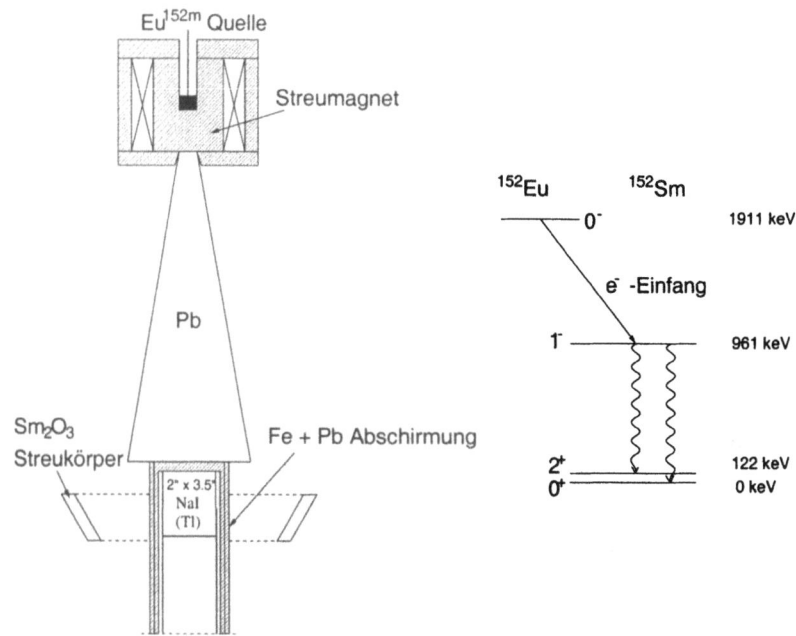

Fig. 3.40 Versuchsanordnung zur Messung der Helizität des Neutrinos. Man erkennt das radioaktive Präparat, den Absorber aus longitudinal polarisierten Elektronen (im Eisen des Magneten), den ringförmigen Streukörper und den γ-Detektor. Man beachte die Abschirmung der direkten Strahlung des Präparats. Experiment am BNL (1958)

der Neutrinos ist ein Test für die Theorie. Es wurde von Goldhaber *et al.* 1958 durchgeführt. Abb. 3.40 zeigt das Diagramm der Zerfallskette $^{152}_{63}\text{Eu} \rightarrow ^{152}_{62}\text{Sm}$. Wegen der Spins muß der Elektroneneinfang ein reiner GT-Übergang sein. Wenn das ν_e polarisiert ist (wie die Elektronen), ist damit auch die Polarisationsrichtung des ^{152}Sm Rückstoßkerns bestimmt. Die nachfolgende γ-Strahlung ist damit zirkular polarisiert.

Die Messung der zirularen γ-Polarisation erfolgt durch Absorption an polarisierten Elektronen. Der Compton-Effekt hat eine Asymmetrie, wenn die γ-Strahlung zirkular und die Elektronen longitudinal polarisiert sind. Polarisierte Elektronen stehen in magnetisiertem Eisen zur Verfügung, die Asymmetrie wird durch Umpolen gemessen. Aber wie kann man die Flugrichtung der ν_e messen? Durch das emittierte ν_e erfährt der Kern einen Rückstoß. Die in entgegensetzte Richtung ausgesandten γ-Quanten bekommen eine etwas höhere Energie. Und zwar soviel, daß die Verringerung

der γ-Energie (gegenüber der Energiedifferenz der beiden Kernniveaus), die wegen der Energie-Impuls-Erhaltung bei der Emission auftritt, wieder ausgeglichen wird. Die γ-Quanten können damit resonant streuen. Abb. 3.40 zeigt die Versuchsanordnung. Es wurden mehrere der 1958 bekannten experimentellen Techniken kombiniert.
Das Experiment zeigt, daß die Neutrinos longitudinal polarisiert sind.

3.8.11 Aufgaben

3.35. *β-Spektrometer*: Man entwerfe ein β-Spektrometer. Mit einem Spektrometer von 2 m Durchmesser soll das β-Spektrum von ^{32}P gemessen werden (E_{max} = 1.709 MeV). Welche Magnetfeldstärke wird benötigt? Man vergleiche sie mit dem Magnetfeld der Erde.

3.36. *β-Spektrometer*: Man mache eine Abschätzung nullter Näherung für die Impulsakzeptanz des β-Spektrums aus der Aufgabe 3.35. Die Breite der Quelle und des Detektors sei je 2 cm. Wie gut ist die Impulsmeßgenauigkeit? Hilfe: Das „Soll-Teilchen" geht von der Mitte der Quelle zur Mitte des Detektors. Man benutze die Gl. 2.7.

3.37. *Fermi-Theorie*: Man schätze mit Hilfe der Unbestimmtheitsrelation ab, daß die Aufenthaltswahrscheinlichkeit eines 1.7 MeV Elektrons größer ist als der Kernradius von ^{32}P.

3.38. *β-Spektrum*: Man skizziere β-Spektrum und Kurie-Plot, wenn ein Kern zu 50% in den Grundzustand (E_0 = 400 keV) und ebenfalls zu 50% in einen angeregten Zustand zerfällt, der 100 keV über dem Grundzustand liegt.

3.39. *Fermi-Theorie*: Man berechne g_F aus den Messungen von $^{14}O \rightarrow {}^{14}N^*$. Es ist E_{max} = 1811 keV und $T_{\frac{1}{2}}$ = 71.1 s. Das Kernmatrixelement ist $|M|^2 = 2$, $F(Z, E_e)$ sei = 1.

3.40. *Experiment zur longitudinalen Elektronenpolarisation*: Man überlege qualitativ, wie die Asymmetrie bei der Coulomb-Streuung transversal polarisierter Elektronen entsteht.
Hilfe: Es ist ein relativistischer Effekt, d.h. die Elektronen "sehen" im Coulomb-Feld des Kerns ein Magnetfeld. Zusammen mit dem magnetischen Moment des Elektrons ergibt sich eine Spin-Bahn-Kopplung. Wo tritt ein "oben-unten" Vorzeichenwechsel auf?

3.9 Neue Trends der Kernphysik

> Neue, künstliche Kerne werden erzeugt durch den Einbau von *seltsamen Teilchen* in Kerne. Die Wechselwirkung von Hyperonen in Kernen ist schwächer als die von Protonen und Neutronen. In der *Schwerionenphysik* werden schwere Kerne als Projektile verwendet. Man findet eine Vielfalt von Reaktionstypen: Coulomb-Wechselwirkung, Stöße an der Oberfläche und zentrale Stöße. Mit Schwerionenreaktionen werden *Transurane* (Elemente, schwerer als Uran, die auf der Erde nicht vorkommen) erzeugt. Nach dem Schalenmodell sollte der Kern $^{298}_{114}X_{184}$ doppelt-magisch und damit relativ stabil sein. Experimentell wurde bislang $^{285}_{114}X_{171}$ erzeugt.
> Durch Streuung hochenergetischer Elektronen an Kernen wird deren Ladungsverteilung gemessen, durch quasi-elastische (e, e')-Reaktionen die Impulsverteilung der Nukleonen im Kern.

3.9.1 Kerne mit seltsamen Bausteinen[8]

Die Tatsache, daß Kerne aus Protonen und Neutronen aufgebaut sind, für die das Pauli-Prinzip einzeln gilt, spielt für die Struktur der Kerne eine wesentliche Rolle. Dies kann weiter studiert werden, wenn man Kerne erzeugt, die eine weitere Sorte von Baryonen enthalten. In Frage kommen Baryonen mit der Quantenzahl "Seltsamkeit", insbesonder das Λ^0. Das erlaubt auch Messungen zur Wechselwirkung zwischen dem seltsamen Baryon Λ^0 und den Nukleonen p und n sowie dem mittleren Potential des Kernrumpfes.

Die "*Hyperkerne*" können erzeugt werden durch die Reaktionen

$$K^- + {}^A X \to \pi^- + {}^A_\Lambda X \tag{3.110}$$

$$\pi^+ + {}^A X \to K^+ + {}^A_\Lambda X \tag{3.111}$$

bei π^+-Impulsen von $\approx 1\,\text{GeV}/c$. Die K^- werden oft "gestoppt", d.h. sie werden abgebremst, in ein Atom eingefangen, fallen in die $1s$-Schale, von der aus die Kernreaktion Gl. 3.110 stattfindet.

Fig. 3.41 zeigt die Anregungsfunktion für $^{89}_{39}Y\,(\pi^+, K^+)\,^{89}_\Lambda Y$. Durch die Reaktion verliert das $^{89}_{39}Y$, das eine abgeschlossene Neutronenschale mit $N=50$ hat, ein Neutron der $g_{9/2}$-Schale. Es kommt zur Wechselwirkung

---

[8] Zum Verständnis dieses Abschnitts ist die Kenntnis von Kap. 4.2 und 4.3 erforderlich.

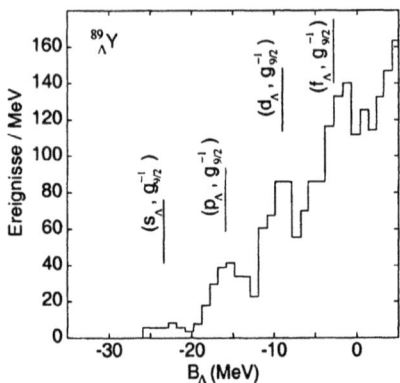

Fig. 3.41
Die Anregungsfunktion für die Reaktion $^{89}_{39}Y(\pi^+, K^+)^{89}_\Lambda Y$ in Abhängigkeit von der Bindungsenergie B_Λ des Λ-Hyperons im Kern. Die Einteilchenkonfigurationen des ungepaarten $g_{9/2}$ Neutrons mit dem Λ^0 und der Bahndrehimpuls sind angegeben. Die Striche zeigen das Ergebnis von Modellrechnungen. Messungen am BNL

des ungepaarten $g_{9/2}$-Neutrons mit dem Λ^0, das verschiedene Bahndrehimpulse haben kann. So erhält man die Bindungsenergie des Λ^0 im $^A_\Lambda X$ Kern. Als Ergebnis der Messungen vieler Hyperkerne findet man, daß die Bindungsenergie von $A^{-2/3}$ abhängt, d.h. von der Größe der Kernoberfläche. Dort findet die Reaktion statt.

Im statistischen Kernmodell war die Tiefe des Potentialtopfes 42 MeV (siehe Fig. 3.26). Für die Λ's der Hyperkerne findet man 27 MeV, d.h. die Hyperon-Nukleon-Wechselwirkung ist schwächer als die Nukleon-Nukleon-Wechselwirkung. Dieser Umstand wird uns noch öfters begegnen.

Sehr interessant wäre das Studium von $^A_{\Lambda\Lambda}X$ Kernen. Leider sind davon nur zwei Ereignisse in Kernemulsionen beobachtet worden (Kernemulsionsexperimente haben üblicherweise (zu) geringe Statistik, aber eine sehr gute Signatur wegen der bestmöglichen Ortsauflösung). Es sind dies $^6_{\Lambda\Lambda}He$ und $^{10}_{\Lambda\Lambda}Be$.

3.9.2 Schwerionenphysik

Das Studium der Reaktionen schwerer Kerne wurde seit den 1970er Jahren zu einem wichtigen Thema der Kernphysik. Z.B. stellt ein Forschungszentrum in Darmstadt (GSI = Gesellschaft für Scherionenforschung) den Linearbeschleuniger UNILAC mit einer Endenergie von 20 MeV/Nukleon und das Schwer-Ionen-Synchrotron SIS für alle Ionen bis zum Uran im Energiebereich bis 1.3 GeV/Nukleon zur Verfügung. Auch am SPS des CERN werden Versuche mit Schwerionen gemacht, ebenso in anderen Ländern. Es werden hochionisierte Atome beschleunigt, z.B. Blei vollständig (82-fach) ionisiert. Die erreichte Energie wird in *Energie/Nukleon* angegeben.

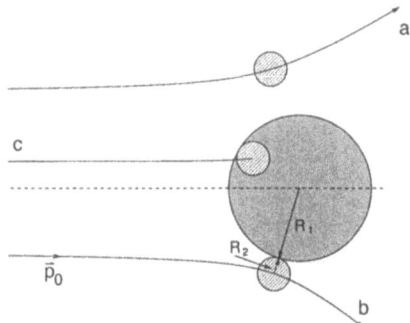

Fig. 3.42
Klassische Trajektorien für die Typen von Schwerionenreaktionen. a) Coulomb-Streuung, b) Stoß an der Oberfläche, c) zentralen Stoß, z.B. Fusion

Das physikalische Interesse an Schwerionen-Reaktionen rührt daher, daß sie eine sehr viel kleinere Wellenlänge haben als leichte Projektile. Sie ist sehr viel kleiner als der Durchmesser des Streupotentials. Als Folge treten hohe Drehimpulse auf.

Die Vielfalt der Reaktionen zwischen schweren Kernen läßt sich in drei Klassen einteilen (siehe Fig. 3.42):

a) Coulomb-Streuung: Wenn das Projektil weit am Kern (mit großem Stoßparameter) vorbeifliegt, haben beide Schwerionen nur die Coulomb-Wechselwirkung.

b) Stoß an der Oberfläche: Wenn das Projektil streifend auf das Target trifft, findet eine Kernreaktion statt. Wegen des hohen Drehimpulses rotieren die beiden Kerne, es findet ein Massenaustausch statt, bis sich zwei Reaktionsprodukte voneinander entfernen.

c) Zentralen Stoß: Die Kerne verschmelzen, rotieren, heizen sich auf und verdampfen.

Der experimentelle Nachweis der verschiedenen Reaktionstypen wird in Fig. 3.43 gezeigt.

3.9.3 Transurane und die "Insel der Stabilität"

Seit Entdeckung der künstlichen Radioaktivität hat die Suche nach Transuranen eine Rolle gespielt (siehe die Geschichte der Entdeckung der Kernspaltung, Kap. 3.7.4). Transurane sind Elemente, die schwerer sind als das schwerste, in der Natur vorkommende, das Uran. Die ersten Transurane wurden noch während des Krieges durch Neutroneneinfang in $^{238}_{92}$U erzeugt. In der Reaktionskette

$$^{238}_{92}\text{U}(n,\gamma)\,^{239}_{92}\text{U} \xrightarrow{\beta^- \ (23.5\,\text{min})} {}^{239}_{93}\text{Np}$$

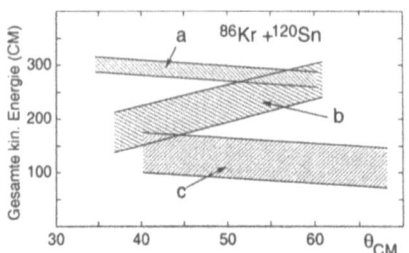

Fig. 3.43
Die experimentelle Beobachtung der verschiedenen Typen von Schwerionen-Reaktionen. Koinzidenzmessung am GSI. Aufgetragen ist die gesamte kinetische Energie der beiden Reaktionsprodukte gegen den Schwerpunktwinkel des leichteren Schwerions. a) Coulomb-WW, b) Stoß an der Oberfläche, c) zentraler Stoß. Beispiel der Reaktion $^{86}_{36}\mathrm{Kr} + {}^{120}_{50}\mathrm{Sn}$

$$\xrightarrow{\beta^-\ (2.35\,\mathrm{d})} {}^{239}_{94}\mathrm{Pu} \xrightarrow{\alpha\ (2.4\cdot 10^4\,\mathrm{a})} {}^{235}_{92}\mathrm{U} \quad (3.112)$$

wurden die Transurane Neptunium und Plutonium entdeckt. Die Transurane sind meist α-Strahler und haben eine sehr lange Lebensdauer (aber kürzer als das Alter der Erde). Bei Explosionen von Supernovae wurde beobachtet, daß deren Leuchtstärke mit der Halbwertszeit von Transuranen abnimmt. Diese werden bei der Explosion erzeugt.

Superschwere Kerne ($Z > 106$) werden durch Schwerionenfusion erzeugt, und zwar mit einer Energie, daß die Coulomb-Schwelle gerade überwunden werden kann und die Kerne unter Emission von möglichst nur einem (oder drei) Neutronen fusionieren. Zum Nachweis hilft, daß der gebildete Kern mit großer Energie wegfliegt (was zur Unterdrückung des Untergrunds genutzt wird) und aufgefangen werden kann. Dann kann die Kette der α-Zerfälle bis zu bekannten Kernen gemessen werden. Fig. 3.44a zeigt Messungen bei der GSI im Jahre 1996. Durch die Reaktion

$$^{208}_{82}\mathrm{Pb}\,(^{70}_{30}\mathrm{Zn},\,3n)\,^{277}_{112}112_{165} \quad (3.113)$$

entsteht das Element 112 (noch ohne Namen). Sechs aufeinanderfolgende α-Zerfälle wurden nachgewiesen. Bei Unterschreiten der Neutronenzahl $N = 162$ beobachtet man um Größenordnungen längere Lebensdauern. Es ist eine magische Neutronenzahl. Die Neutronen der abgeschlossenen Schale sind stärker gebunden und formieren sich nur schwer zu einem α-Teilchen, das nach Durchtunneln der Coulomb-Schwelle emittiert wird.

Fig. 3.44b zeigt eine Messung des LBL mit der Entdeckung von Element 118[9]. Wieder werden, mit den Methoden, die bei der GSI entwickelt wor-

---

[9] Das LBL mußte im Juli 2002 die Entdeckung der Elemente 116 und 118 wegen Fehlern

3.9 Neue Trends der Kernphysik

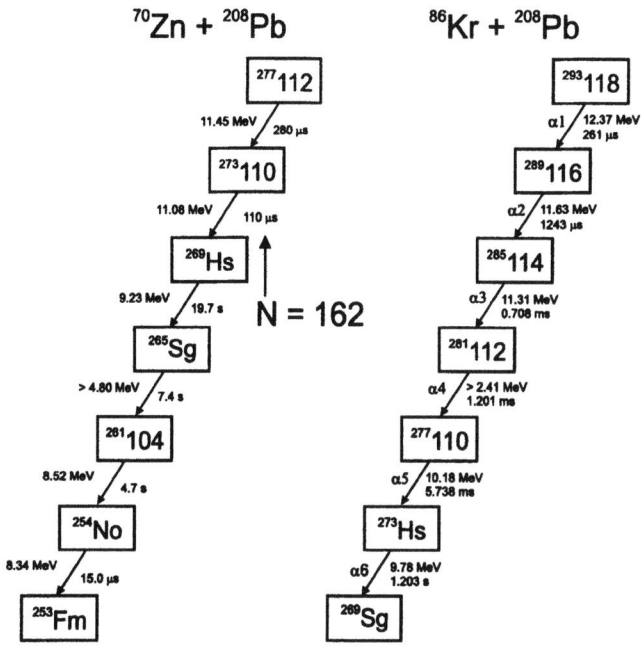

Fig. 3.44 Identifikation superschwerer Transurane durch ihre Zerfallsketten. a) Element 112, b) Element 118. Die angegebenen Zeiten sind Korrelationszeiten, keine Halbwertszeiten. Kette a) zwei Ereignisse, Kette b) drei Ereignisse. Wegen der hohen Redundanz sind die Messungen trotz der geringen Statistik eindeutig

den waren, sechs sukzessive α-Zerfälle beobachtet. Überraschend war die hohe Erzeugungswahrscheinlichkeit. Die systematischen GSI Experimente, die zur Entdeckung von $Z = 107$ bis $Z = 112$ geführt hatten, hatten gezeigt, daß der Wirkungsquerschnitt für die Kernfusion um einen Faktor 3.5 abnimmt pro Erhöhung der Ordnungszahl Z um eins. Es gab jedoch schon eine Andeutung, daß die Fusionswahrscheinlichkeit bei magischen und insbesondere doppelt-magischen Nukleonenzahlen höher sein könnte. Diese Vermutung hat sich bei der Reaktion

$$^{208}_{82}\text{Pb}(^{86}_{36}\text{Kr}_{50}, 3n)^{293}_{118}118_{175} \qquad (3.114)$$

bestätigt. Es ist $\sigma_\text{fusion} = (2.2^{+2.6}_{-0.8})$ pb und damit 10^3 mal größer als die (alte) Erwartung war.

Das große Ziel der Versuche mit Schwerionenfusion ist es, den Kern

---

zurückziehen.

$^{298}_{114}114_{184}$ zu erzeugen. $Z = 114$ und $N = 184$ sind beides magische Zahlen. Als doppelt-magischer Kern sollte er besonders stabil sein. Modellrechnungen sagen eine Lebensdauer von 30 a voraus. Wie stehen die Chancen ihn erzeugen zu können? Das schon produzierte Isotop $^{285}_{114}114_{171}$ hat noch 13 Neutronen zu wenig. Die Experimente werden also neutronenreichere Targets und Projektile verwenden müssen. Für letztere kommen Strahlen aus neutronenreichen radioaktiven Kernen in Frage.

Gibt es Hinweise, daß man sich dem Ziel nähert? In Dubna/RUS (dem dritten Labor, das auf diesem Gebiet arbeitet) wurde der Kern $^{289}_{114}114_{175}$ produziert (magisch für Z, es fehlen 9 Neutronen zum doppelt-magischen Kern). Er hat eine Lebensdauer in der Gegend von $30\,s$. Dies ist zu vergleichen mit < 1 ms für die anderen superschweren Kerne.

3.9.4 Streuung hochenergetischer Elektronen an Kernen

a) Theoretische Grundlagen

In Kap. 1.6.3 haben wir die Streuung geladener Teilchen im Coulomb-Feld besprochen. Für die Streuung hochenergetischer Elektronen muß die Rutherford-Formel erweitert werden. Erstens muß die Formel in relativistisch invarianten Größen geschrieben werden. In Kap. 4.4.2 sind sie definiert. Die entscheidende Größe ist der Viererimpulsübertrag

$$q^2 = \left(\underline{p}_e - \underline{p}_{e'}\right)^2 = 4EE' \sin^2\left(\frac{\theta}{2}\right) \quad . \tag{3.115}$$

Die Bedeutung von q^2 wird klar, wenn wir die zugehörige de-Broglie Wellenlänge betrachten:

$$\lambda = \frac{\hbar}{|\underline{q}|} \quad . \tag{3.116}$$

Um eine Struktur der Ausdehnung r abzutasten, muß $\lambda < r$ sein. Kleine λ erhält man mit großen q^2. Ein Aspekt der Geschichte der experimentellen Kern- und Teilchenphysik ist, immer größere q^2 zu erreichen, um immer kleinere Strukturen ausmessen zu können.

Die Rutherford'sche Streuformel (Gl. 1.66) läßt sich durch Erweiterung mit E'^2 leicht in eine Formel mit q^2 umschreiben:

$$\left(\frac{d\sigma}{d\Omega}\right)_{\text{Rutherford}} = (Z_p Z_t)^2 \cdot (\alpha \hbar c)^2 \cdot \frac{E'^2}{q^4} \quad . \tag{3.117}$$

Die vollständige relativistische Streuformel von *Mott* ist:

$$\left(\frac{d\sigma}{d\Omega}\right)_{\text{Mott}} = \left(\frac{d\sigma}{d\Omega}\right)_{\text{Rutherford}} \cdot \left(1 - \beta^2 \sin^2\left(\frac{\theta}{2}\right)\right)$$

3.9 Neue Trends der Kernphysik

$$\stackrel{\beta \to 1}{\approx} \left(\frac{d\sigma}{d\Omega}\right)_{\text{Rutherford}} \cdot \cos^2\left(\frac{\theta}{2}\right) \ . \quad (3.118)$$

Der zusätzliche Faktor spiegelt die Helizitätserhaltung der elektromagnetischen Wechselwirkung wieder. Bei Rückwärtsstreuung ($\theta = 180^0$) muß sich der Spin des Elektrons wegen der Paritätserhalting der elektromagnetischen Wechselwirkung umkehren. Das ist aber eine Spinänderung um $\Delta S = 1$. Wegen der Drehimpulserhaltung ist dies im reinen Coulomb-Feld nicht möglich, ebenso nicht bei Spin=0 Kernen.

Als nächstes müssen wir die Ausdehnung der streuenden Ladungsverteilung berücksichtigen. In Kap. 1.6 haben wir die Formel für die Rutherford-Streuung klassisch abgeleitet[10]. Wenn man die Formel mit Hilfe der Störungstheorie ausrechnet (siehe Kap. 1.4), hat man das Matrixelement

$$|H_{\beta\alpha}|^2 = \left|\int \psi_\beta^* V_{\text{Coul}} \psi_\alpha d\tau\right|^2 \quad (3.119)$$

zu berechnen mit

$$V_{\text{Coul}} = Z \cdot e \cdot \rho(\vec{r}) \ , \quad (3.120)$$

wo $\rho(\vec{r})$ die Ladungsdichte ist. In Born'scher Näherung wird

$$|H_{\beta\alpha}|^2 = (Ze)^2 \cdot \left|\int e^{i\vec{q}\vec{r}/\hbar} \cdot \rho(\vec{r}) d\tau\right|^2 \ . \quad (3.121)$$

D.h. in die Streuformel geht die Fouriertransformierte der Ladungsverteilung ein, die von q^2 abhängt[11]. Man spricht vom Formfaktor $F(q^2)$.

b) Messung des Ladungsradius der Kerne

Falls $|\vec{q}| \cdot R/\hbar << 1$ ist, kann $F(q^2)$ entwickelt werden:

$$\boxed{\begin{aligned} F(|\vec{q}|^2) &= 1 - \frac{1}{6} \cdot \frac{|\vec{q}|^2 \langle r^2 \rangle}{\hbar^2} + \dots \\ \langle r^2 \rangle &= 4\pi \cdot \int_0^\infty r^2 f(\vec{r}) \cdot r^2 dr \end{aligned}} \quad (3.122)$$

$\langle r^2 \rangle$ ist der mittlere quadratische Kernradius, der gemessen wird.

Fig. 3.45 zeigt das Ergebnis der Messungen an ^{208}Pb. Der Eintrag zeigt die daraus gewonnene Ladungsverteilung: Im Kerninneren eine konstante Ladungsverteilung bis zu 6 fm, dann einen Kernrand von 2 fm.

---

[10] Rutherford mußte 1911 so vorgehen, da die Quantentheorie noch nicht bekannt war (wohl aber die Quantenhypothese).
[11] Für eine detaillierte Herleitung siehe Lehrbücher der theoretischen Kernphysik.

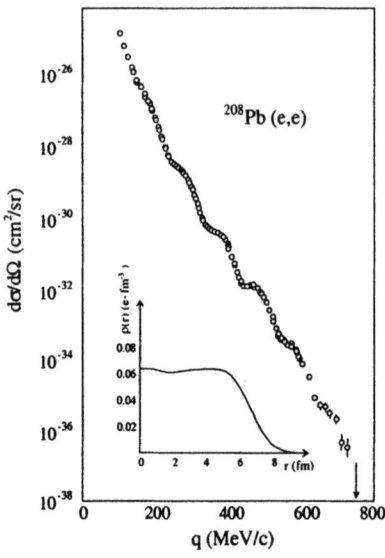

Fig. 3.45
Elastische Elektronenstreuung an $^{208}_{82}$Pb als Funktion des Impulsübertrags q. Der Wirkungsquerschnitt fällt um 12 Größenordnungen! D.h. schwieriges Experiment! Kombination von Daten von Stanford und von Saclay bei $E_e = 502$ MeV. Der Eintrag zeigt die Ladungsverteilung des ^{208}Pb Kerns

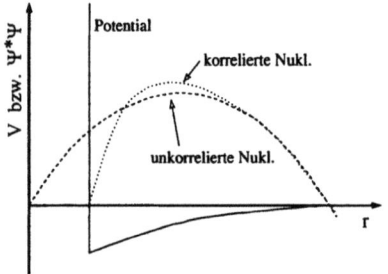

Fig. 3.46
Der Effekt der Nukleon-Nukleon Korrelation für die Nukleonen der Kernmaterie. Aufgetragen sind, als Funktion des Abstands, das Potential V bzw. die Aufenthaltswahrscheinlichkeit $\psi^*\psi$ des benachbarten Nukleons

c) Ein Blick ins Kerninnere

Das Modell, nach dem der Kern aus Nukleonen besteht, die sich in der Kernmaterie frei bewegen können, beschreibt die Beobachtungen recht gut (siehe Kap. 3.6). Das statistische Kernmodell weist in dieselbe Richtung. Aber eine Grundlage dafür ist, daß die Kernkräfte in der Kernmaterie wegen des Pauli-Prinzips verändert sind. Damit verändert sich auch die Impulsverteilung der Nukleonen im Kern. Fig. 3.46 erläutert die physikalische Idee. Im statistischen Modell werden die Nukleonen als punktförmig angenommen. Die Bindung wird durch einen Potentialtopf beschrieben ohne Wechselwirkung der Nukleonen untereinander. Wenn man realistische Potentiale einführt, hier mit einem "hard core", werden auch die Wellenfunktionen der Nukleonen geändert. Das benachbarte Nukleon kann nicht

3.9 Neue Trends der Kernphysik

in den "hard core" eindringen. Durch die Nukleon-Nukleon Korrelation wird die Bindung verstärkt. Die "quasi-elastische Streuung", die nicht am ganzen Kern A erfolgt, sondern an einem Nukleon des Kerns, kann dies beobachten.

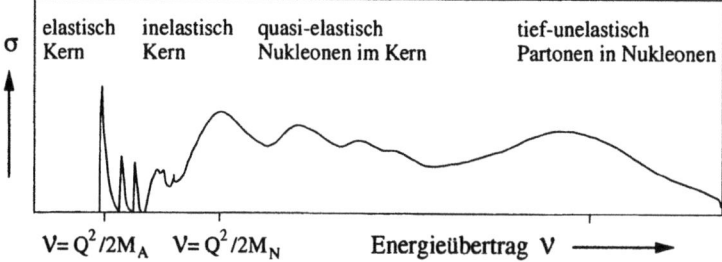

Fig. 3.47 Überblick über die (e, e')-Reaktionen (schematisch). Der Wirkungsquerschnitt als Funktion des Energieübertrags ν. Man erkennt die elastische und inelastische Streuung am Kern, Streuung an Nukleonen des Kerns und Nukleonenanregung

Fig. 3.47 gibt einen Überblick der (e, e')-Reaktionen. Bei kleinem Energieübertrag ν hat man elastische Streuung am Kern und Übergänge zu diskreten Anregungszuständen. Bei höherem ν zeigt sich die quasi-elastische Streuung als breite Verteilung. Sie kann mit den Vorhersagen des statistischen Kernmodells verglichen werden. Die mittlere Energie mißt die Bindungsenergie, die Breite die Impulsverteilung der Nukleonen. Die Experimente bestätigen dieses Bild. Aber: Wenn man experimentell die Formfaktoren für die verschiedenen Polarisationszustände des virtuellen γ^* trennt, zeigen sich Mängel des Modells.

Bei noch höheren Energieüberträgen werden die getroffenen Nukleonen angeregt (siehe Kap. 4.2 und 4.3). Damit sind dann, z.B. durch die Reaktionskette $\gamma^* + p \to \Delta \to n + \pi^+$ auch virtuelle Pionen im Kern. Das ist auch aus einem anderen Grund zu erwarten: Die Kernkräfte werden durch π-Austausch (und den anderer Teilchen) vermittelt. Wir sind an der Grenze der Vorstellung "der Kern besteht aus Protonen und Neutronen". Durch die Austausch-Mesonen kommen weitere "Freiheitsgrade" ins Spiel. Das ist aktuelle Forschung.

"Knock-out"-Reaktionen $_ZA\,(e, e'p)\,_{Z-1}A'$ erlauben die Korrelationen zwischen den Nukleonen im Kern zu beobachten.

3.9.5 Aufgaben

3.41. *Schwerionenphysik:* Für das Schwerionen-Experiment $^{86}_{36}$Kr + $^{120}_{50}$Sn bei E_{kin} = 514 MeV der Krypton-Ionen sollen berechnet werden:
a) Die Energie/Nukleon des Kryptons und die Schwerpunktenergie.
b) Welches ist die Wellenlänge, wenn die beiden Kerne die Coulomb-Barriere gerade überschreiten? NB! Die Wellenlänge muß im Schwerpunktsystem berechnet werden.
c) Welche Drehimpulse können auftreten?

3.42. *Kernradius:* Bis zu welchen Elektronenenergien ist die Annahme einer punktförmigen Ladung erlaubt?

3.43. *Elektronenstreuung:* a) Man überlege, wie sich die Paritätserhaltung bei der Rückwärtsstreuung hochenergetischer Elektronen auswirkt.
b) Was heißt Paritätserhaltung der elektromagnetischen Wechselwirkung?
c) Man trage $\sigma_{Mott}/\sigma_{Rutherford}$ gegen θ auf.

3.44. *Elektronenstreuung:* Man schätze aus der Ladungsverteilung von Fig. 3.45 die Kernladungszahl ab.

3.10 Beispiele für Anwendungen der Kernphysik

Die *kernphysikalische Meßtechnik* findet in der Industrie wegen ihrer hohen Empfindlichkeit vielfältige Anwendungen. Durch *Neutronenaktivierung* können geringste Beimengungen in hochreinen Materialien gemessen werden. Höchste Anforderderungen werden für das Halbleitergrundmaterial Silizium gestellt ($\ll 1$ ppt; parts per trillion $= 10^{-12}$). Die Methode findet auch Anwendung in der Fertigungstechnik und der Umweltüberwachung. Bei der *Tracer-Methode* werden dem Material radioaktive Isotope beigemischt und deren Weg in der Natur verfolgt, wodurch viele natürliche Prozesse gemessen wurden. Für die Geschichtswissenschaft spielt die *Datierung mit* ^{14}C als natürlichem Tracer eine wichtige Rolle.

In der *medizinischen Diagnostik* stellt die Kernphysik *bildgebende Methoden* zur Verfügung. Die Absorption von Röntgenstrahlen ist $\sim Z^n$ und erlaubt z.B. Kalzium zu sehen. In der *Magnetresonanz-Tomographie* (MRT) werden Protonen gemessen und seine unterschiedliche Dichte in Organen, z.B. dem Gehirn, bildlich wiedergegeben. Die *Positronenemissions-Tomographie* (PET) ist eine Tracer-Methode. Der Pfad von Substanzen, z.B. Arzneimitteln, und der zeitliche Ablauf im Körper wird verfolgt. Für die *Krebstherapie* versucht man Hadronenstrahlen zu verwenden, da deren Energieabgabe gezielter als mit Röntgenstrahlen auf das kranke Gewebe gelenkt werden kann. Dadurch werden schädliche Nebenwirkungen minimiert.

In der *Energietechnik* werden *Kernreaktoren* zur Elektrizitätserzeugung eingesetzt. Die Kernspaltung und die damit mögliche Kettenreaktion sind die Grundlagen. Die *Steuerung* der Kettenreaktion ist dank verzögerter Neutronen möglich. Für den Bau eines Kernreaktors spielt der *Neutronenhaushalt* die erste entscheidende Rolle. Die zweite ist der *sichere Einschluß* der radioaktiven Spaltprodukte im Normalbetrieb und im *Störfall*. Hinzu kommt die sichere *Endlagerung* des radioaktiven Abfalls. Durch die Nutzung der Kernenergie sind die Physiker auf ihre *Verantwortung in der Gesellschaft* aufmerksam geworden. Es war eine gesellschaftliche Entscheidung nach der Ölkrise 1973, einen Großteil der Elektrizität durch Kernenergie zu erzeugen. Es erfordert auch gesellschaftliche Entscheidungen, wie die Zukunft der Kernenergie und unserer Energieversorgung insgesamt erfolgen soll.

Die Kernphysik hat Anwendungen gefunden in der Meßtechnik, in der Medizin für Diagnose und Therapie und zur Erzeugung elektrischer Energie durch Nutzung der Kernspaltung in Reaktoren.

3.10.1 Meßtechnik

a) Spurenanalyse durch Neutronenaktivierung

Dank der hohen Empfindlichkeit der kernphysikalischen Meßtechnik (Nachweis *einzelner Kerne*) ist die Erfassung geringster Mengen von Substanzen für die chemische Analyse möglich. Die zu untersuchende Probe wird mit Neutronen bestrahlt. Die so erzeugten künstlichen radioaktiven Elemente senden eine charakteristische γ-Strahlung aus, deren Spektrum gemessen werden kann. Damit kann die Substanz eindeutig identifiziert werden. Wenn man den Neutronenfluß kennt, ist eine quantitative Angabe möglich. Dazu können Kalibrierstrahler beigemischt werden. Die erzeugte Radioaktivität R ist

$$R = \Phi \cdot M \cdot \sigma \cdot T_{\text{Bestr}} \cdot \left(1 - e^{(T_{\text{Bestr}}/T_{1/2}) \cdot \ln 2}\right) \quad (3.123)$$

(Φ = Neutronenfluß, M = Stoffmenge, T_{Bestr} = Bestrahlungszeit). Der Exponentialausdruck trägt dem Umstand Rechnung, daß schon während der Bestrahlung Kerne zerfallen. Es werden sehr hohe Genauigkeiten im ppt-Bereich erzielt, z.B. $0.00054 \cdot 10^{-12}$ g Au in 1 g Si.

Die Spurenanalytik durch Neutronenaktivierung wird z.B. zur Messung der Reinheit des Halbleitergrundmaterials Silizium verwendet. Sie wird auch eingesetzt zur Charakterisierung industrieller Produkte hinsichtlich unerwünschter oder toxischer Verunreinigungen, wie sie bei der Fertigung von Produkten oder dem Betrieb von Anlagen entstehen können. Das betrifft auch die Überwachung von Klärschlamm- und Immissionsschutzverordnungen. Die Spezifikation pharmazeutischer Produkte gehört ebenso dazu.

Die Vorteile dieser Spurenanalytik gegenüber anderen Methoden sind: Sie ist zerstörungsfrei und kann wiederholt werden. Im Allgemeinen sendet ein Isotop mehrere γ-Linien aus, wodurch die Ergebnisse eindeutig werden, diese sind unabhängig vom umgebenden Material (der Matrix), mehrere Elemente können gleichzeitig gemessen werden, insbesondere auch unvermutete.

3.10 Beispiele für Anwendungen der Kernphysik

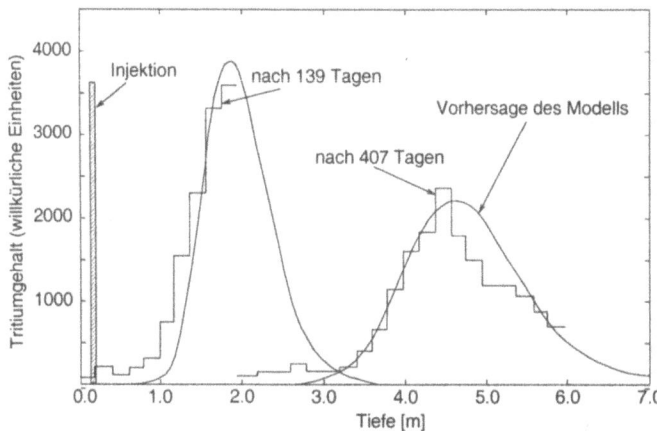

Fig. 3.48 Die Ausbreitung von Wasser im Erdboden, gemessen mit Tritium als Tracer. Siehe Text. Daten der IAEO (1990)

b) Tracer-Methode

In der Praxis ist es oft wichtig Stoffströme zu kennen. Eine sehr gute Methode zur Messung ist es, den Materialien radioaktive Isotope beizumischen. Deren Weg kann mit der Kernmeßtechnik verfolgt werden. Wir wollen hier ein Beispiel behandeln: Den Wassertransport im Erdreich. Wissenschaftler der "Internationalen Atomenergie Organisation" (IAEO) in Wien haben diesen im Amazonasbecken gemessen. Der Fluß hat einen Anteil von 20% aller Zuflüsse in die Weltmeere.

Wie immer bei Anwendungen wissenschaftlicher Ergebnisse und Methoden für die Praxis muß man das Problem genau kennen. Die Versorgung der Menschheit mit Trinkwasser ist ein großes Thema der nachhaltigen Entwicklung. Da Grundwasser sauberer ist als Oberflächenwasser, wird ersteres, wo immer möglich, zur Trinkwasserversorgung verwendet. Ein natürliches Filtersystem im Erdboden entfernt lösliche Chemikalien, Schwebeteilchen, Bakterien und (großenteils) Viren aus dem Oberflächenwasser. Wenn dieses Filtersystem überlastet ist oder umgangen wird, kann das Grundwasser verunreinigt werden – ein Langzeiteffekt, der zukünftige Generationen beeinflussen kann. Die Kenntnis der Ausbreitung von Wasser und von Verunreinigungen im Erdboden in von großer praktischer Bedeutung.

Die Messung der Ausbreitung von Wasser erfolgt mit dem "Tracer" Tritium. Dem natürlichen Wasser (H_2O) wird Wasser hinzugesetzt, das mindestens ein Atom Tritium enthält. Dies ist ein β^--Strahler ($T_{1/2} = (12.262 \pm 0.004)$ a, $E_0^\beta = (18\,574.8 \pm 0.6)$ eV, d.h. wegen der kleinen Energie der β-Teilchen ist eine besondere Nachweistechnik erforderlich). Das Tritiumhaltige Wasser wird nahe der Oberfläche ins Erdreich eingebracht. In Zeitabständen werden Proben aus verschiedenen Tiefen entnommen und der Tritiumgehalt gemessen. Fig. 3.48 zeigt die Meßergebnisse. Daraus kann die Eindringgeschwindigkeit von 1.1 cm/d sowie die Verdunstungsrate von 40% des jährlichen Niederschlags berechnet werden. Die Meßergebnisse werden dann aufgrund der Vorstellungen über den Prozeß des Eindringens des Wassers modelliert. So kann man sicher sein, den komplexen Vorgang verstanden zu haben.

c) Datierung mit ^{14}C

Die Datierung archäologischer Funde ist eine grundlegende Aufgabe der Vorgeschichte. Das Alter von Holz kann über seinen Gehalt am radioaktiven Isotop $^{14}_{6}$C datiert werden. Dieses wird in der Natur durch die kosmische Strahlung erzeugt in der Reaktion $^{14}_{7}\text{N}(n,p)^{14}_{6}\text{C}$. Letzteres ist ein reiner β-Strahler ($E_0^\beta = (158.5 \pm 0.5)$ keV, $T_{1/2} = (5730 \pm 40)$ a). Der Gehalt von ^{14}C in der Atmosphäre ist ^{14}C/^{12}C $\approx 1.5 \cdot 10^{-12}$ (diese Zahl wurde in den letzten Jahrzehnten verringert wegen der Verbrennung von Kohle, Erdöl und Erdgas, stieg aber an als Folge der oberirdischen Kernwaffenversuche in den Jahren 1948-63). Lebende Pflanzen nehmen aus der Luft ^{14}CO$_2$ in der natürlichen Konzentration auf. Nach dem Absterben nimmt der ^{14}C-Anteil durch radioaktiven Zerfall ab. Aus dem ^{14}C Gehalt von Holzfunden kann man deren Alter bestimmen. Wegen der langen Lebensdauer ist die Aktivität sehr gering. Die Messung geschieht mit Proportionalzählrohren, die sehr gut abgeschirmt werden müssen. Ferner muß die Menge der C-Atome bestimmt werden. Eine Eichung der Methode kann durch Vergleich mit Baumringen erfolgen.

3.10.2 Anwendungen in der Medizin

a) Magnetresonanz-Tomographie

1. Die Bedeutung für die Medizin
Wilhelm Conrad Röntgen hatte am 8. Nov. 1895 eine vorher unbekannte Strahlung entdeckt. Schon während des Vortrags vor der Würzburger Physikalisch-medizinischen Gesellschaft "Über eine neue Art von Strahlung" wurde die Wichtigkeit erkannt: Ins Innere des Menschen zu schauen ohne Schneiden zu müssen. Da die Absorption der Röntgenstrahlen $\approx Z^4$

3.10 Beispiele für Anwendungen der Kernphysik 195

geht, ist das Knochengerüst ($_{20}$Ca) am leichtesten zu sehen. Die technische Entwicklung erlaubte dank sensitiver Detektoren einen hohen dynamischen Bereich und durch bildgebende Verfahren 3D-Aufnahmen. Ferner konnte die Strahlenbelastung erheblich gesenkt werden. Aber Wasserstoff, fast unsichtbar für Röntgenstrahlen, ist ein wesentlicher Bestandteil der biologisch wichtigen Substanzen. Mit der Magnetresonanz-Tomographie (MRT), früher und richtiger Kernspin-Tomographie genannt, steht ein Instrument zu dessen Messung zur Verfügung.

2. Spinausrichtung im Magnetfeld
Geladene Teilchen (oder solche, deren Konstituenten geladen sind) haben auf Grund ihres Spins ein magnetisches Moment (siehe Kap. 3.3.6)

$$\vec{\mu} = g \cdot \frac{e\hbar}{2m_p c} \cdot \vec{s} = g \cdot \mu_K \cdot \vec{s} \,. \tag{3.124}$$

Durch das magnetische Moment richten sich die Spins im Magnetfeld B aus (zusätzliche Energie $\Delta E = -\vec{\mu}\vec{B}$). Wegen der Quantelung des Spins gibt es $(2s+1)$ Einstellungen. Für Protonen (auf die wir uns hier beschränken wollen) sind es zwei Einstellungen: Parallel und antiparallel zu $\vec{B}$. Die Energiedifferenz zwischen den beiden Zuständen ist $\Delta E_{\text{magn}} = 2 \cdot \Delta E$. Der Spin der Protonen präzediert mit der Larmor-Frequenz

$$\boxed{\omega_{\text{Larmor}} = \frac{\vec{\mu_p} \cdot \vec{B}}{\hbar} = \frac{g \cdot \mu_K \cdot s \cdot B}{\hbar}} \,. \tag{3.125}$$

In einem Körperorgan (z.B. dem Gehirn) hat man ein Ensemble von Spins. Durch das Magnetfeld werden die ausgerichteten Protonen in einen anderen Energiezustand E_2 gehoben. Ferner haben sie eine thermische Energie. Durch diese können sie in den angeregten Zustand übergehen, aber auch in den Grundzustand E_1 zurückfallen. Die Anzahl n_i der Protonen in diesen Zuständen wird durch die Boltzmann-Verteilung festgelegt. Das Verhältnis der Besetzungszahlen ist

$$\frac{n_1}{n_2} = \exp\left(\frac{\Delta E_{\text{magn}}}{kT}\right) \,. \tag{3.126}$$

3. Anregung des Spinensembles durch HF-Einstrahlung
Durch Einstrahlung elektromagnetischer HF-Energie kann das thermische Gleichgewicht gestört werden. Ein Resonanzeffekt wird erzielt, wenn die Energie der eingestrahlten Quanten gleich der Energiedifferenz der beiden Zustände des Spins im Magnetfeld ist:

$$\hbar\omega = \Delta E_{\text{magn}} = 2 \cdot g \cdot \mu_K \cdot s \cdot B = g \cdot \mu_K \cdot B \,. \tag{3.127}$$

Es muß mit der Frequenz der Larmor-Präzession eingestrahlt werden, um die Protonen im Magnetfeld anzuregen.

Während sich im thermischen Gleichgewicht sehr viel mehr Protonen im Energiezustand E_1 befinden als in E_2, kann durch gepulste HF-Einstrahlung mit geeigneter Dauer und Stärke erreicht werden, daß die beiden Zustände gleich besetzt sind. Die Nettomagnetisierung in Richtung des Magnetfelds ist dann $= 0$. Das "Umklappen" des Spins kann klassisch veranschaulicht werden: Der magnetische Vektor $\vec{B}_1$ des HF-Felds muß senkrecht zum äußeren Magnetfeld $\vec{B}_0$ stehen. Der Spin wird durch den "90°-HF-Puls" in die Richtung $\vec{B}_0 \times \vec{B}_1$ gedreht, um die er mit der Larmor-Frequenz präzediert.

4. Relaxation der Spins und Signal

Nach Abschalten des HF-Pulses geht das Spinensemble wieder in den thermischen Gleichgewichtszustand über. Dabei wird eine HF-Strahlung mit $h\nu = \hbar\omega_{\text{Larmor}}$ ausgestrahlt. Diese wird durch Spulen empfangen. Sie ist die Meßgröße der MRT. Das Signal klingt exponentiell ab, da es sich um einen statistischen Vorgang handelt.

Beim Übergang wird Energie auf das Gitter der Moleküle und auf andere Kernspins übertragen (siehe Kap. 6.5). Zu diesen beiden Prozessen gehören unterschiedliche Relaxationszeiten. Bei der Spin-Gitter Relaxation spielen molekulare Bewegungen (Rotation, Vibration und Translation) eine Rolle. Die Relaxationszeit liegt zwischen 50 ms und einigen s. Sie ist groß für große Moleküle und mittelgroß für die Endgruppen großer Moleküle. Makromoleküle binden Wasser. Vorwiegend dieses wird durch die Spin-Gitter Relaxation gemessen. Da die Wassermoleküle im Gewebe ständig ausgetauscht werden, beobachtet man einen Mittelwert.

Bei der Spin-Spin Relaxation wird die Energie, die beim Umklappen in den thermischen Gleichgewichtszustand frei wird, an einen Nachbarspin weitergegeben. Die transversale Magnetisierung baut sich ab. Diese wird durch Empfangsspulen gemessen.

5. Ortsauflösung der MRT

Eine Ortsauflösung von $\sim 1\,\text{mm}^3$ wird durch folgenden Trick erreicht: Das Magnetfeld B_0 entspricht nicht genau der Larmor-Frequenz. Man überlagert ein "Gradientenfeld" $\partial B_x/\partial x$, das am Ort x_0 zusammen mit B_0 das Feld für die Larmor-Frequenz $B_{\text{res}} = B_0 + (\partial B_x/\partial x) \cdot x_0$ ergibt. So kann eine Schicht lokalisiert werden. Zur Lokalisation eines Punktes braucht man drei senkrecht aufeinander stehende Gradientenfelder.

6. Bildgebung und Anwendungen

Als Meßergebnis stehen für jeden Ort (x, y, z) des untersuchten Gewebes die Intensität des Signals und die beiden Relaxationszeiten zur Verfügung. Daraus wird für das ganze Gewebe ein 3D-Bild erstellt, das dem Arzt in Schnitten (in jeder gewünschten Ebene) zur Verfügung gestellt wird.

3.10 Beispiele für Anwendungen der Kernphysik 197

Durch Gewichtung der Intensität mit den Relaxationszeiten können verschiedene Aspekte hervorgehoben werden.

Im Jahre 1974 wurden erstmals lebende Menschen mit MRT untersucht. Die erste Anwendung war die Diagnose von Gehirntumoren. Sie haben lange Relaxationszeiten. Kontrastmittel können die Beobachtbarkeit erleichtern. Andere Organe sind hinzugekommen.

Es muß betont werden, daß die Entwicklung der medizinischen Technik und ärztliche Erfahrungen die MRT zu einem vielfältigen Instrument mit breiten Anwendungen in der Diagnostik gemacht haben.

b) Positronen-Emissions-Tomographie

Mit Röntgen-Strahlen können die Knochen (und Eingeweide) des Menschen und deren krankhafte Veränderungen beobachtet werden ohne zu schneiden. Den sichtbaren Veränderungen gehen aber im Allgemeinen physiologische voraus, die spezifischer sind. Dazu zählen u.a. der Zuckerstoffwechsel und die Durchblutung bei Krebs, Herz- und Kreislauferkrankungen, solche des Gehirns bei Epilepsie, Gehirnschlag oder Demenz. Mit der Positronen-Emissions-Tomographie[12] (PET) hat die Kern- und Teilchenphysik der Medizin Geräte zur Verfügung gestellt, die zu messen gestatten, wie effektiv das Gewebe seine physiologische Funktion erfüllt.

Bei der PET werden dem Patienten Chemikalien verabreicht, die radioaktiv markiert sind, und zwar mit einem Positronen-Strahler. Nach dem β^+-Zerfall des Kerns machen diese mit Elektronen des Materials die Reaktion $e^+ + e^- \to \gamma + \gamma$. Die beiden γ-Quanten der Vernichtungsstrahlung laufen wegen der Energie-Impuls-Erhaltung in entgegengesetzte Richtung. Diese wird durch ihren koinzidenten Nachweis festgelegt. Die Messung vieler Koinzidenzen erlaubt rückwärts den Schluß auf den Ort, wo sich die Substanz mit dem Tracer befunden hat. Es läßt sich die zeitliche Wanderung des Tracers im Körper messen. Durch Vergleich mit Modellen können die physiologischen Parameter, z.B. für den Stoffwechsel, bestimmt werden.

Zur PET (typisch multidisziplinär!) gehört die Produktion der radioaktiven Isotope, die Herstellung der physiologischen Chemikalien (spezifisch für das zu untersuchende Organ), nach der Verabreichung die Messung durch γ-Detektoren mit möglichst großem Raumwinkel (um die radioaktive Dosis im Körper gering halten und trotzdem den Weg im Körper beobachten zu können). Daran schließt sich die umfangreiche Bildverarbeitung an.

---

[12]Zum Verständnis der Grundlagen siehe Kap. 4.1

Tab. 3.4 Isotope, die für PET zur Verfügung stehen. ^{18}F wird anstelle von H, das kein β^+-Isotop hat, wegen der Ähnlichkeit der Atomradien verwendet. R^{β^+} ist die effektive Reichweite im Gewebe.

Isotop	$T_{1/2}$	$E_0^{\beta^+}$ MeV	R^{β^+} mm
^{11}C	20.3 min	0.97	2.06
^{13}N	10.0 min	1.19	3
^{15}O	124 s	1.7	4.5
^{18}F	110 min	0.63	1.4

Wie immer bei der Anwendung naturwissenschaftlicher Methoden gibt es Grenzen. Sie sind zunächst gegeben durch die verfügbaren Positronen-Emitter (siehe Tab. 3.4). Die räumliche Auflösung ist begrenzt durch die Reichweite der β^+ (d.h. dem Abstand zwischen ihrer Entstehung und der Vernichtung). Ferner sind die Elektronen der Atomhülle nicht in Ruhe, wodurch sich eine Nicht-Kollinearität ergibt. Schließlich gibt die Zählstatistik eine Grenze, man kann dem Patienten nicht schädliche Dosen verabreichen. Die beste räumlich Auflösung ist $(2\,\text{mm})^3$. Die zeitliche Auflösung ist bedingt durch die Statistik und die Forderung, daß sich der Patient während der Untersuchung in einem ruhigen Zustand befindet. Damit sind höchstens 30 s Meßzeit möglich. Als Scanner werden übliche γ-Detektoren verwendet (NaJ(Tl) und ähnliche Materialien oder Szintillatoren, die Wismuth (Bi) enthalten).

PET wird heute in der medizinischen Diagnostik routinemäßig eingesetzt. Eindrucksvoll sind Bilder von den Veränderungen des Stoffwechsels im Gehirn bei Alkoholikern.

c) Krebstherapie mit Hadronen

Krebstherapie ist eine Herausforderung an die Medizin, da 25% der Todesfälle in Deutschland von Krebs verursacht sind. Zur Verfügung stehen "Stahl, Strahl und Chemie" (Operation, Bestrahlung und Chemotherapie). Schon wenige Wochen nach Röntgen's Entdeckung im Jahre 1895 wurden Bestrahlungen auch zur Therapie durchgeführt. Die Anwendung weicher Röntgenstrahlung ist aber nicht optimal. Ihre Dosis wird hauptsächlich an der Oberfläche deponiert, d.h. es wird auch viel gesundes Gewebe bestrahlt und nicht nur das tiefliegende Krebsgeschwür. Eine Verbesserung brachten rotierende Röntgenröhren, deren Mittelpunkt das zu bestrahlende Gewebe ist. Das gesunde Gewebe wird geschont. Röntgenstrahlung höherer Energie (4 – 25 MeV, erzeugt durch Elektronenlinearbe-

3.10 Beispiele für Anwendungen der Kernphysik

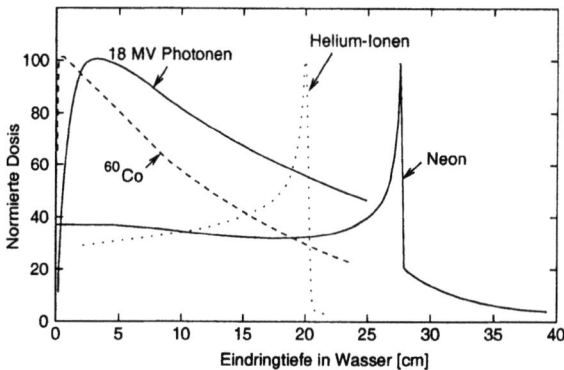

Fig. 3.49 Die relative Dosis in Abhängigkeit von der Eindringtiefe für α-Teilchen und für Neon. Man erkennt den Bragg-Peak. Zum Vergleich ist die Tiefenabhängigkeit der Dosis für zwei γ-Energien angegeben.

schleuniger) ist besser. Das Maximum des elektromagnetischen Schauers, und damit das Maximum der Ionisation, liegt tiefer.

Eine noch bessere Möglichkeit bietet die Bestrahlung mit Hadronen. Die physikalische Grundlage ist der "Bragg-Peak" (Fig. 3.49). Die Ionisation der Materie beim Abbremsen geladener Teilchen (siehe Kap. 2.4.2) nimmt mit $1/v$ zu. Sie ist am Ende der Reichweite besonders hoch. Durch die Wahl der Energie der Ionen kann die Schädigung des Geschwürs und die Schonung guten Gewebes optimiert werden. Räumlich ausgedehnte Krebsgeschwüre erfordern einen Behandlungsplan mit Einsatz verschiedener Strahlenergien. Je schwerer die Ionen sind, umso ausgeprägter ist der Effekt. Jedoch mindern Kernreaktionen den positiven Effekt. Zu den biologischen Effekten der Ionisation von Zellgewebe ($\approx 70\%$ Wasser) siehe Kap. 2.4.7. Eine Verdopplung der Heilungschancen bei Hadronenbestrahlung gegenüber der üblichen Röntgenbestrahlung wird berichtet.

3.10.3 Kernreaktoren

a) Kernenergiegewinnung durch Kernspaltung

In Kap. 3.7.4 haben wir die Kernspaltung kennengelernt. Wir betrachten diese jetzt unter dem Gesichtspunkt der Nutzung zur (Kern-)Energiegewinnung:

$$n_{\text{therm}} + {}^{235}_{92}\text{U} \rightarrow X + Y + (\sim 2.3)\, n_{\text{schnell}} + \text{Energie} \qquad (3.128)$$
$$\overset{\text{z.B.}}{\rightarrow} {}^{90}_{36}\text{Kr} + {}^{143}_{56}\text{Ba} + 3\, n_{\text{schnell}} + (\sim 200\,\text{MeV})\,.$$

Aus dieser Gleichung kann man sehen, welche Möglichkeiten die Kernspaltung für die technische Nutzung bietet, welche Probleme dabei auftauchen und welche Ingenieursaufgaben gelöst werden müssen.

1. *Energiegewinn.* Eine Durchsicht, in welcher Form die 200 MeV Energiegewinn auftreten, zeigt, daß etwa 180 MeV davon zur Wärmeerzeugung nutzbar sind (162 MeV als kinetische Energie der Spaltprodukte, 8 MeV in nachfolgender β-Strahlung, 10 MeV als γ-Strahlung), der Rest geht als Energie der Neutrinos verloren. Die Abfuhr der erheblichen Wärmemenge ist eine Herausforderung an die Technik. Bei der Kernspaltung ist der Energiegewinn pro Masse Brennstoff um einen Faktor 10^5 höher und der gesamte Stofffluß um einen Faktor $3 \cdot 10^4$ geringer als bei allen fossilen Brennstoffen (siehe Aufgabe 3.52). Das macht die Kernenergie attraktiv, da nicht soviel Brennstoff transportiert werden muß. Zudem fällt kein CO_2 an. Dieser unsichtbare und geruchslose, gasförmige Abfall jedes fossilen Brennstoffs wird in die Atmosphäre entlassen. Er ist die Ursache des gefürchteten Treibhauseffekts, der zur globalen Erwärmung führt. Das sind die zwei Vorteile der Kernenergie.

2. *Kettenreaktion.* Bei der Spaltung durch *ein* Neutron entstehen im Mittel 2.3 Neutronen. Damit ist eine Kettenreaktion möglich. D.h., die Kernspaltung kann als Maschine eingesetzt werden. Aber: Es dürfen im Mittel nicht mehr als 1.3 Neutronen verloren gehen!

3. *Moderation von Neutronen.* Bei der Spaltung entstehen schnelle Neutronen (~ 1 MeV), zur Spaltung werden aber thermische Neutronen (~ 0.025 eV) gebraucht. Für die Kettenreaktion müssen die Neutronen im "Moderator" abgebremst werden (siehe Kap. 3.7.2).

4. *Anreicherung von* ^{235}U. Vom natürlich vorkommenden Uran $^{\text{nat}}_{92}\text{U}$ wird nur das Isotop ^{235}U (0.7% Anteil) durch thermische Neutronen gespalten. 99.3% sind ^{238}U, das "totes" Material ist. In der Regel muß ^{235}U angereichert werden (durch Isotopentrennung), um die Kernspaltung zur Energieerzeugung wirtschaftlich nutzen zu können.

5. *Steuerung des Reaktors.* Zum gleichmäßigen Betrieb eines Reaktors ist es nötig, daß immer *genau ein* Neutron/Spaltung zur Aufrechterhaltung der Kettenreaktion zur Verfügung steht. Wenn es mehr wären, würde ein lawinenartiges Anwachsen der Spaltungen zur unkontrollierten Kettenre-

3.10 Beispiele für Anwendungen der Kernphysik

aktion und schließlich zur Explosion des Reaktorkerns führen (in Zeitintervallen von Sekunden). Die überzähligen Neutronen müssen also absorbiert werden, in der Praxis mit Borstäben (siehe Kap. 3.7.3). Daß die Steuerung möglich ist, verdanken wir dem Umstand, daß ein Teil der Neutronen "verzögert" emittiert wird, d.h. erst nach einem vorhergehenden β-Zerfall mit einer Zeitverzögerung im Bereich von Sekunden. Als Beispiel sei die Zerfallskette

$$^{140}_{53}J \xrightarrow{0.86\,s} {}^{140}_{54}Xe \xrightarrow{13.6\,s} {}^{139}_{54}Xe + n_{\text{verzögert}} \quad (3.129)$$

$$\searrow \xrightarrow{39.7\,s} {}^{139}_{55}Cs \xrightarrow{9.3\,m} {}^{139}_{56}Ba \xrightarrow{83.1\,m} {}^{139}_{57}La_{\text{stabil}}$$

angeführt. Insgesamt sind 0.64% der Neutronen bei der Kernspaltung verzögert.

6. *Radioaktivität.* Das große Problem ist, daß die beiden Spaltprodukte radioaktiv sind und deshalb von der Biosphäre ferngehalten werden müssen. *Die Kernenergie hat ein inhärentes Gefahrenpotential.* Die Frage wird sein, ob dieses durch die Technik beherrschbar ist. Wir wollen uns die Zerfallsketten der Spaltprodukte aus Gl. (3.128) ansehen (es sind alles β^--Strahler, die Halbwertszeiten $T_{1/2}$ sind angegeben):

$$^{90}_{36}Kr \xrightarrow{32.3\,s} {}^{90}_{37}Rb \xrightarrow{2.6\,min} {}^{90}_{38}Sr \xrightarrow{28.6\,a} {}^{90}_{39}Y \xrightarrow{64.1\,h} {}^{90}_{40}Zr_{\text{stabil}} \quad (3.130)$$

$$^{143}_{56}Ba \xrightarrow{14.5\,s} {}^{143}_{57}La \xrightarrow{14.2\,min} {}^{143}_{58}Ce \xrightarrow{33.0\,h} {}^{143}_{59}Pr \xrightarrow{13.6\,d} {}^{143}_{60}Nd_{\text{stabil}} \,.$$

Wohl sind die Halbwertszeiten der meisten Spaltprodukte sehr kurz, jedoch gibt es einige langlebige (hier ^{90}Sr). Dadurch entstehen Probleme bei der Endlagerung. Diese werden noch verstärkt, weil der Reaktorbrennstoff nicht nur das für die Spaltung nutzbare ^{235}U enthält, sondern auch ^{238}U. Aus diesem bilden sich Transurane (siehe Kap. 3.9.3), die als α-Strahler beträchtlich längere Lebensdauern haben.

b) Neutronenhaushalt in der Kettenreaktion

Zur Aufrechterhaltung der kontrollierten Kettenreaktion spielt der Neutronenhaushalt die entscheidende Rolle. Das erste Neutron spaltet einen Urankern und erzeugt im Mittel 2.3 Neutronen. Diese zweite Generation kann $2.3 \cdot 2.3$ Neutronen der dritten Generation erzeugen usw. Der Multiplikationsfaktor ist

$$k = \frac{N_n(i - \text{te Generation})}{N_n((i-1) - \text{te Generation})} \,. \quad (3.131)$$

Mit $k > 1$ bekommt man ein lawinenartiges Anwachsen der Zahl der Spaltungen. Da die Lebensdauer eines Neutrons im Reaktor $\approx 10^{-4}$ s (von der Erzeugung bis zur Absorption) ist, erfolgt die Leistungsexkursion praktisch augenblicklich. Bei einem Multiplikationsfaktor von nur 1.005 (0.5% Zunahme pro Generation) werden in einer Sekunde $10\,\mathrm{GW_{therm}}$ erzeugt. Die Steuerung der Reaktoren ist also der kritische Punkt (siehe oben).

Von den ≈ 2.3 Neutronen, die bei der Spaltung entstehen, dürfen höchstens 1.3 verloren gehen. Verlustquellen sind: Andere kernphysikalische Prozesse als Spaltung im ^{235}U und im ^{238}U (insbesondere (n,γ)-Reaktionen, Neutroneneinfang im Moderator (z.B. $p(n,\gamma)d$) und im Strukturmaterial (z.B. Umhüllung der Brennstäbe), Neutronenverlust nach außen. Die Neutronenbilanz wird in der kritischen Gleichung, auch Vier-Faktoren-Formel genannt, zusammengefaßt. Man verfolgt das Schicksal von N thermischen Neutronen, die gerade vom Brennstoff des Reaktors absorbiert werden. Die "Spaltneutronen-Ausbeute" η ergibt sich aus $\bar{\nu}$ ($= 2.3$, mittlere Neutronenausbeute pro thermische Spaltung) und dem Verhältnis der Wirkungsquerschnitte von Spaltung (σ_spalt) und dem Querschnitt für Neutronenabsorption im Brennstoff (σ_abs), also

$$\eta = \bar{\nu} \cdot \frac{\sigma_\text{spalt}}{\sigma_\text{abs}} \tag{3.132}$$

(für ^{235}U ist $\sigma_\text{spalt}/\sigma_\text{abs} \approx 0.7$, aber Vorsicht wegen der Energieabhängigkeit). Die bei der Spaltung entstehenden schnellen Neutronen können das in "Leichtwasser-Reaktoren" (LWR) reichlich vorhandene ^{238}U spalten. Der "schnelle Spaltfaktor" ϵ ist definiert durch

$$\epsilon = \frac{\text{Zahl der durch sämtliche Spaltungen erzeugten } n_\text{schnell}}{\text{Zahl der durch thermische Spaltung erzeugten } n_\text{schnell}} . \tag{3.133}$$

Die bei der Spaltung entstehenden schnellen Neutronen müssen im Moderator abgebremst werden. Dabei durchlaufen die erzeugten Neutronen von $E_n^\text{kin} \approx 1\,\mathrm{MeV}$ Resonanzlinien des ^{238}U bei Energien von $1 - 100\,\mathrm{eV}$ (σ_abs bis zu 500 b). Das muß verglichen werden mit $\sigma_\text{spalt}(^{235}\mathrm{U}) \approx 130\,\mathrm{b}$. Die "Resonanzdurchlässigkeit" p ist der Bruchteil von Neutronen, der während der Abbremsung nicht absorbiert wird. Die verbleibenden $N \cdot \eta \cdot \epsilon \cdot p$ thermischen Neutronen gehen zum Teil durch Neutroneneinfang im Moderator, in den sich bildenden Spaltprodukten ("Vergiftung des Reaktors") oder im Strukturmaterial des Reaktors verloren. Die gewünschte Absorption im Brennstoff erfolgt nur durch den Bruchteil "thermische Nutzung" f:

$$f = \frac{\text{im Brennstoff absorbierte Neutronen}}{\text{insgesamt absorbierte Neutronen}} . \tag{3.134}$$

Diese können die Kettenreaktion fortsetzen.

3.10 Beispiele für Anwendungen der Kernphysik

Die Neutronenbilanz ist damit gegeben durch den "Multiplikationsfaktor" k_∞:

$$k_\infty = \frac{N \cdot \eta \cdot \epsilon \cdot p \cdot f}{N} = \eta \cdot \epsilon \cdot p \cdot f . \tag{3.135}$$

Durch den Index "∞" haben wir angedeutet, daß wir bislang einen unendlich ausgedehnten Reaktor vorausgesetzt haben. In den tatsächlichen Reaktoren endlicher Größe müssen wir noch berücksichtigen, daß sowohl thermische als auch schnelle Neutronen entweichen können (Faktoren $P_{schnell}$ bzw. P_{therm}). Der "effektive Multiplikationsfaktor" wird somit

$$k_{eff} = k_\infty \cdot P_{schnell} \cdot P_{therm} \tag{3.136}$$
$$= \eta \cdot \epsilon \cdot p \cdot f \cdot P_{schnell} \cdot P_{therm} . \tag{3.137}$$

Für einen konstanten Betrieb muß

$$k_\infty = 1 \tag{3.138}$$

sein. Das ist die Aufgabe der Steuerung des Reaktors.

c) Kernkraftwerke

1. Die Komponenten eines Kernkraftwerks (KKW)
Es wurden die verschiedensten Typen von Reaktoren gebaut. Sie unterscheiden sich in der Kombination von: Material des Moderators, dem Grad der Anreicherung von ^{235}U und der Technik der Wärmeabfuhr. Wir werden uns im Folgenden auf den in den meisten westlichen Industrieländern im Einsatz befindlichen "Leichtwasserreaktor" (LWR) beschränken. Er verwendet als Moderator "leichtes Wasser" H_2O (und nicht "schweres Wasser" D_2O). Dieses dient gleichzeitig zur Wärmeabfuhr. Zum wirtschaftlichen Betrieb ist eine geringe Anreicherung des ^{235}U auf $\sim 3.5\%$ nötig.

Fig. 3.50 zeigt das Funktionsschema eines LWR. Es besteht (von innen nach außen) aus dem eigentlichen Reaktor, den UO_2 Brennstäben im Druckbehälter. Die Umwälzpumpen drücken Wasser in den Reaktor. Dieses erwärmt sich und bildet Dampf, der eine Turbine antreibt, die den Generator dreht, der schließlich elektrische Energie abgibt. Das abfließende Wasser des primären Wasserkreislaufs muß durch Kühlwasser im Kondensator auf Umgebungstemperatur abgekühlt werden. Wegen des 2. Hauptsatzes der Thermodynamik kann Wärmeenergie einem Medium nicht vollständig entzogen werden, sondern "nur" von einer höheren auf eine niedrigere Temperatur abgekühlt werden, wobei die Differenz der Wärmeenergien in mechanische Energie der Turbinen umgewandelt wird.

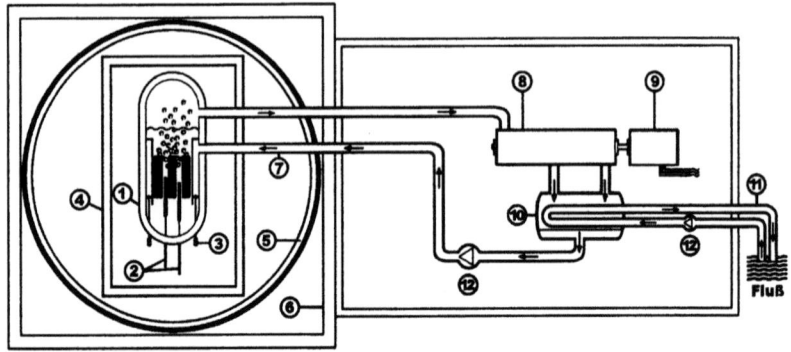

Fig. 3.50 Die Komponenten eines Kernreaktors (schematisch). Das Beispiel ist ein LWR westlicher Bauart, genauer ein Siedewasserreaktor (SWR). 1. Reaktordruckbehälter mit UO_2 Brennelementen und (von unten eingeführten) Borstäben (2) zur Steuerung. Die Brennelemente werden durch Umwälzpumpen (12) von Wasser durchflossen, das verdampft (Wasserstand ∼, Flußrichtung →, Wasserdampf o o o, 4. biologischer Schild (Abschirmung von γ-Strahlung und Neutronen), 5. Sicherheitsbehälter (Stahl), 6. Reaktorgebäude (Beton), 7. Speisewasserleitung, 8. Turbinen, 9. Generator, 10. Kondensator, 11. sekundärer Wasserkreislauf (dem Fluß entnommen), 12. Umwälzpumpen

Die KKW's gleichen bis auf den Wärmeerzeuger (hier Uranspaltung) den fossil befeuerten Kraftwerken. Der von der Ferne sichtbare Teil ist in beiden Fällen der Kühlturm des sekundären Wasserkreislaufs (sofern das Kühlwasser nicht in einen Fluß zurückgeführt wird).

Der kritische Teil des KKW's ist der Reaktor im Druckgefäß. Die UO_2 Brennstäbe (z.B. 1.2 cm Durchmesser, 4 m Länge) werden von einer Zirkonlegierung umhüllt (kleiner Wirkungsquerschnitt für Neutronen!). Z.B. 4 · 64 Brennstäbe werden zu einem Brennelement zusammengefaßt. Darin werden auch die (z.B. 205) Borstäbe zur Steuerung und Neutronendetektoren integriert. Sie werden vom Wasser durchflossen.

2. Einschließung der Radioaktivität
In den KKW's westlicher Bauart gibt es sechs aufeinander folgende Barrieren gegen das Entweichen von Radioaktivität in die Biosphäre:

1. das Kristallgitter des Brennstoffs,
2. die Umhüllung der Brennstäbe,
3. der Reaktordruckbehälter,

3.10 Beispiele für Anwendungen der Kernphysik

4. Filter zur Rückhaltung flüssiger und gasförmiger radioaktiver Stoffe,
5. der Sicherheitsbehälter,
6. das Reaktorgebäude.

Trotz dieser Maßnahmen tritt immer noch Radioaktivität in die Umgebung aus. Bei der großen Menge des radioaktiven Inventars und der (notwendigen) Möglichkeit des Nachweises *eines Zerfalls* ist dies nicht erstaunlich. Die deutschen Gesetze sehen vor, daß die zusätzliche Strahlenbelastung der Umgebung nicht größer sein darf als 1% der natürlichen. Damit kann man die "Genehmigungswerte" jeder einzelnen Strahlenquelle (Abluft, Abwasser) berechnen. Die Abgabe wird ständig überwacht, und zwar sowohl vom Betreiber als auch unabhängig davon von den Überwachungsbehörden. Die deutschen KKW's bleiben deutlich unter den Genehmigungswerten (wenige % von diesen).

3. Störfälle
Wegen des Gefahrenpotentials der KKW's ist Sicherheit das oberste Gebot. Störfälle können durch Bedienungsfehler, Versagen technischer Komponenten und durch äußere Einflüsse herbeigeführt werden. Das Sicherheitskonzept beruht auf folgenden Überlegungen:

1. Qualitätssicherung bei Bau und Betrieb,
2. Redundanz der Sicherheitssysteme,
3. Entmischung (keine gemeinsamen Komponenten der Sicherheitssysteme),
4. automatische Leittechnik (falsches Verhalten des Betriebspersonals darf das Sicherheitssystem nicht stören),
5. konservative Auslegung (Anlage nicht an Grenzwerten fahren),
6. "fehlerverzeihendes" Sicherheitssystem,
7. Diversität (redundante Sicherheitskomponenten sind nicht gleich).

In Sicherheitsstudien wird für jedes KKW gesondert die Einhaltung des Konzepts untersucht und numerisch erfaßt. Mögliche Ereignispfade müssen überlegt werden. Bei Änderung der Anlagen müssen diese erneut bewertet werden.

Der *größte anzunehmende Unfall (GAU)* eines KKW ist eine unkontrollierte Kettenreaktion mit Kernschmelze. Sie kann z.B. auftreten beim Bruch der Hauptkühlmittelleitung. Der Reaktorkern erwärmt sich über die Temperatur des Normalbetriebs von 287°C. Bei einer Temperatur von 1900°C schmelzen die Hüllrohre der Brennstäbe. Der Reaktorkern fällt nach unten und kann sich bis 2400°C erwärmen. Der Stahl des Reaktordruckbehälters schmilzt bei 1700°C. Die radioaktive Kernschmelze frißt sich durch und fällt auf das 5 m dicke Betonfundament.

Zur Verhinderung eines GAU haben LWR eine *inhärente Sicherheit*. Bei Erhöhung der Temperatur verdampft Wasser, das ja nicht nur zur Wärmeabfuhr, sondern auch als Moderator dient. Damit stehen aber weniger langsame Neutronen zur Verfügung, die Kettenreaktion stoppt (Fachausdruck: Negativer Dampfblasenkoeffizient). Diese Eigenschaft führte in Deutschland zur Wahl der LWR für KKW's.

Auch bei Beendigung der Kettenreaktion wird noch "Nachwärme" erzeugt durch die Energieabgabe der β-Strahlen. Diese klingt mit deren Halbwertszeit ab, beträgt aber nach Beendigung der Kernspaltung immer noch 10% der thermischen Leistung des Reaktors. Um ein Schmelzen des radioaktiven Reaktorkerns zu vermeiden, sind die deutschen KKW's mit einer Notkühlung ausgestattet (mehrfach redundant).

Als Beispiel für Sicherheitsüberlegungen sei folgendes erwähnt: Bei Einsetzen der Notkühlung erfolgt die höchste Materialbeanspruchung des Reaktordruckbehälters. Der Stahl ist heiß und wird plötzlich abgekühlt. Er ist durch den ständigen Neutronenbeschuß schon versprödet. Die Haltbarkeit des Stahls wird deshalb ständig überprüft durch "vorauseilende Proben", die einem höheren Neutronenfluß ausgesetzt sind als das Reaktordruckgefäß. Die Festigkeit dieser Proben wird gemessen.

In Deutschland hat man Erfahrung mit 590 Reaktorbetriebsjahren[13].

In kerntechnischen Anlagen sind drei Fälle unkontrollierter Kettenreaktionen aufgetreten:

1. *Harrisburg/PA/USA* (29.3.1979). Nach Versagen eines Ventils und einer Fehlbedienung (keine automatische Leittechnik) kam es zur Kernschmelze. Der Reaktor wurde beschädigt. Die weiteren Sicherheitsbarrieren haben funktioniert, sodaß keine Schädigung der Umgebung aufgetreten ist.

2. *Tschernobyl/Ukraine/UdSSR* (26. April 1986). Der Reaktor ist total zerstört, es sind Menschen zu Schaden gekommen und Radioaktivität wurde in großem Ausmaß an die Umgebung abgegeben. Verursacht wurde der Unfall durch eine Fehlbedienung: bei einem Testbetrieb bei niedriger Leistung wurden die Borstäbe herausgezogen. Es gab keine Sperre. Das Unglück nahm dann naturgesetzlich seinen Lauf. Die Notkühlung war schon vorher abgeschaltet worden. Der konkrete Ablauf wurde durch das sowjetische Reaktorkonzept verschlimmert. Es handelte sich um einen Graphit-moderierten Reaktor mit (Leicht-) Wasserkühlung. Für den Neutronenhaushalt spielt die Absorption im Wasser eine Rolle. Bei Wasserverlust nimmt die Zahl der Spaltneutronen zu (positiver Dampfblasenkoeffizient), die Kettenreaktion verstärkt sich. Der Reaktor hatte keine Sicher-

---
[13]Stand Ende 1999

heitshüllen, der brennende Kohlenstoff des Moderators trug die Radioaktivität in die Luft, wodurch sie über ganz Europa, insbesondere aber (je nach Wind und Niederschlag) in einigen Gebieten der Umgebung niedergingen. Das Gebäude wurde notdürftig stabilisiert. Von den zur Bekämpfung des Feuers eingesetzten Feuerwehrleuten starben 42 an der akuten Strahlenkrankheit (zwei weitere waren durch die Explosion umgekommen). Zur Unfallbekämpfung wurden ca. 600-800'000 "Liquidatoren" eingesetzt. Es gibt keine systematische Erfassung von deren Strahlenkrankheiten[14]. Evakuiert werden mußten ca. 135'000 Menschen. Somatische Spätschäden erlitten insbesondere Kinder durch Schilddrüsenkrebs (wegen Inhalation von radioaktivem Jod)[15]. Glücklicherweise ist dieser Krebs mit gutem Erfolg operabel. Als Folge der notwendigen Evakuierungen und des nachfolgenden Zusammenbruchs der Sowjetunion wurden auch die sozialen Strukturen zerstört, was weitere Probleme aufgeworfen hat.

3. *Tokaimura/Japan* (30. Sept. 1999). In einer kleinen Anlage zur Wiederaufbereitung (innerhalb eines größeren Komplexes) kam es zu einer Kettenreaktion, die durch spontane Spaltung von ^{235}U gezündet wurde. Die Anlage war nach einer nicht genehmigten Änderung nicht automatisiert und nicht fehlerverzeihend. Ungeschultes Personal hat Bedienungsfehler begangen. D.h., es war letztlich ein Managementfehler. Es hat sich auch herausgestellt, daß die Überwachungsbehörde unsorgfältig gewesen war. Drei Mitarbeiter erlitten Strahlenschäden, wovon zwei verstarben. Die Kettenreaktion wurde durch Bor gestoppt. Ansonsten hielt sich der Schaden in Grenzen, da es sich um eine sehr kleine Anlage gehandelt hat.

Als Schlußfolgerung muß man feststellen: *Da die Nutzung der Kernenergie ein erhebliches Risikopotential in sich birgt, müssen Sicherheitsüberlegungen an erster Stelle stehen. Eine rigorose Überwachung ist nötig.*

4. Der Brennstoffzyklus
Der Brennstoffzyklus reicht von der Gewinnung des Kernbrennstoffs Uran bis zur Endlagerung der radioaktiven Abfälle. Uran kommt in der Erdkruste relativ häufig vor (0.03%), ist jedoch selten angereichert. Genutzt werden Lagerstätten mit $0.1 - 0.5\%$ Urangehalt. Die Erze, z.B. Pechblende, werden zermahlen und eine Uranverbindung ausgelaugt und gereinigt (90% Effizienz).

Danach wird ^{235}U angereichert (auf $\approx 3\%$ für den LWR). Die erste großtechnische Anreicherungsanlage der USA während des II. Weltkriegs be-

---

[14] Eine russische Quelle nennt eine Zahl von Todesfällen unter den Liquidatoren, die der Sterblichkeit junger Männer in Deutschland entspricht, sie ist damit nicht glaubwürdig.
[15] Im Zeitraum 1986-94 sind im meist betroffenen Gebiet 565 Fälle registriert worden, 1981-85 nur 39 (Angaben der Gesellschaft für Anlagen- und Rekatorsicherheit (GRS))

Tab. 3.5 Änderung der Isotopenzusammensetzung von Uran-Brennelementen bei 33 (GWd)$_{therm}$/t_{Uran} Abbrand

Isotop	^{235}U	^{238}U	Spaltprod.	Pu	^{236}U	Np, Am, Cm
vorher	3.3 %	96.7 %	0	0	0	0
nachher	0.86 %	94.38 %	3.25 %	0.93 %	0.42 %	0.06 %

nutzte die massenspektrometrische Separation (siehe Kap. 3.2.2). Heute werden Diffusions-, Zentrifugen- oder Trenndüsenverfahren verwendet. Es folgt die Fertigung der Brennelemente.

Tab. 3.5 zeigt die Veränderung der Isotopenzusammensetzung der Brennelemente durch Abbrand von 33 (GWd)$_{therm}$/t_{Uran}.

Die Brennelemente kommen zunächst in Abkühlbecken im Reaktorgebäude (Nachwärme!), von dort nach ca. einem Jahr (Rückgang der Aktivität und der Wärmeproduktion auf 0.1%) in ein Zwischenlager. Diese müssen in Deutschland auf dem Reaktorgelände errichtet werden.

Vom Zwischenlager zum Endlager werden unterschiedliche Konzepte verfolgt. Sie unterscheiden sich dadurch, ob eine Wiederaufbereitung der Brennelemente erfolgen soll oder nicht. Die Wiederaufbereitung hat das Ziel, das noch nicht verbrannte ^{235}U zurück zu gewinnen. Ferner fallen zur Endlagerung der Spaltprodukte wesentlich geringere Materialmengen an (siehe Tab. 3.5). Auch ergibt sich die Möglichkeit der "Transmutation" der Transurane Np, Am und Cm. Diese haben als α-Strahler besonders lange Halbwertszeiten und stellen deshalb für die Endlagerung hohe Ansprüche. In der Transmutation werden sie durch Protonenbeschuß gespalten, die Endprodukte haben als β-Strahler wesentlich kürzere Halbwertszeiten.

Wiederaufbereitungsanlagen haben im Allgemeinen eine höhere Abgabe radioaktiver Isotope als Reaktoren, da die Brennstäbe zersägt, und dann chemisch aufgelöst werden (es fallen einige Sicherheitsbarrieren weg). Der kritischste Punkt des Pfades der Wiederaufbereitung ist aber der Anfall von Plutonium. Als α-Strahler sind bei Inhalation von Pu-haltigen Stäuben geringste Mengen krebsauslösend. Ferner ist Pu das Grundmaterial heutiger Atombomben. Je mehr Pu zugänglich ist, umso größer ist die Gefahr einer Weiterverbreitung von Atomwaffen.

Inzwischen haben sich erhebliche Pu-Vorräte angesammelt[16]. Eine Möglichkeit ihrer Verwendung (und Vernichtung) sind MOX Brennelemente (=Mischoxid), bei deren Brennstoff ^{235}U und Pu gemischt werden.

---

[16]Weltbestand an Pu (Ende 2000): $\approx$ 1'600 t, davon ein knappes Viertel für militärische Zwecke. NB! Zum Bau einer Atombombe reichen 4 kg Pu.

3.10 Beispiele für Anwendungen der Kernphysik

Zu Beginn der zivilen Nutzung der Kernenergie[17] wollte man Pu im "schnellen Brüter" als Brennstoff nutzen. ^{239}Pu-Spaltung hat Neutronen höherer Energie als ^{235}U, sodaß die Spaltung von ^{238}U möglich wird (deshalb "schneller"). Im ^{238}U wird durch Neutroneneinfang weiteres ^{239}Pu erbrütet. Die statische Reichweite[18] der Kernbrennstoffe beträgt z.Z. 65 Jahre. Sie könnte durch den schnellen Brüter um einen Faktor 60 erhöht werden. So gut dieses Konzept klingt, es darf der Nachteil nicht übersehen werden, nämlich der massive Umgang mit dem Gefahrstoff Pu[19]. Es muß noch erwähnt werden, daß der Neutronenhaushalt und die Wärmeabfuhr beim schnellen Brüter schwieriger sind als beim LWR. Entwicklungsprojekte waren bislang nirgends erfolgreich.

5. Endlagerung

Die radioaktiven Folgeprodukte der Kernspaltung müssen bis zum Abklingen unter die natürliche Strahlenbelastung aus der Biosphäre ferngehalten werden. Transurane stellen dabei die höchsten Anforderungen (deshalb Entwicklung der Transmutation). Je nach der Wärmeentwicklung (Nachwärme) unterscheidet man schwach-, mittel- und hochaktiven Abfall. Geologische Formationen, die über lange Zeiträume gegen die Biosphäre dicht sind, sind Granit (schwedische Lösung) und Salzstöcke (deutsches Forschungsprojekt in Gorleben). In Deutschland ist seit einer Änderung des Gesetzes die direkte Endlagerung (ohne Wiederaufbereitung) erlaubt und z.Z. die bevorzugte Lösung. Es muß darauf hingewiesen werden, daß das Problem der Endlagerung noch nirgends auf der Welt gelöst ist.

3.10.4 Aufgaben

3.45. *Aktivierungsanalyse:* Wie lange muß eine Probe von 1 g Si bestrahlt werden, wenn der Wert $0.05 \cdot 10^{-12}$ g Au im Si gemessen werden soll? Der Neutronenfluß sei $\Phi = 10^{13}$ Neutronen/(cm^2 s), der $^{197}_{79}$Au Einfangquerschnitt für thermische Neutronen ist $\sigma = 98.7$ b, die $^{198}_{79}$Au Halbwertszeit $T_{1/2} = 2.7$ d, die Dichte $\rho_{Au} = 19.3$ g/cm^3. Es muß ein Halbleiterzähler verwendet werden, der nahe der Probe liegt. Seine Nachweiswahrscheinlichkeit ist 10^{-4}. Es wird eine Meßgenauigkeit von 10% angestrebt.

3.46. *Tracer Methode:* a) Man werte die Meßergebnisse von Fig. 3.48 quantitativ aus. Welches ist die Eindringgeschwindigkeit? Welches die Ver-

---

[17] In Deutschland zu Beginn der 1960-er Jahre
[18] "statische Reichweite" = bekannte Vorräte bei heutiger Technik des Abbaus/jährliche Entnahme
[19] In der politischen Diskussion wurde von der "Plutonium-Wirtschaft" gesprochen.

dunstungsrate? b) Welche Kernreaktion haben wir besprochen, bei der Tritium ($^3_1$H) entsteht?

3.47. ^{14}C *Datierung:* Welche Menge Holz ist nötig zur Altersbestimmung von Bauholz aus dem Jahr 1 n.Chr.? Eine Genauigkeit von ±10 Jahren wird angestrebt. Die Meßzeit soll nicht länger als 1 Monat sein. Wieviel Holz braucht man für eine Meßgenauigkeit von ±1 a?

3.48. *Magnetresonanz-Tomographie:* Man berechne numerisch das magnetische Moment des Protons. Man gebe es auch in Kernmagnetonen an μ_K an. Der g-Faktor ist in Kap.3.3.6 angegeben.

3.49. *Magnetresonanz-Tomographie:* Man berechne die Larmor-Frequenz des Protons numerisch ($B_0 = 1$ T).

3.50. *Magnetresonanz-Tomographie:* Man berechne den Unterschied der Besetzungszahlen bei Körpertemperatur (37°C).

3.51. *PET:* Welche Kernreaktionen erzeugen β^+-Strahler? Welche Geräte braucht man zu deren Erzeugung?

3.52. *Kernreaktor:* Wieviel ^{nat}U wird gebraucht zur Erzeugung von 1 GW$_{el}$d? Die Dichte von ^{nat}U ist 19 g/cm^3.

3.53. *Kernreaktor:* Man überlege die Pfade der Stoffflüsse der Brennstoffe Uran und Kohlenstoff vom Bergwerk bis zur Lagerung aller Abfallprodukte (radioaktiv, fest und gasförmig).

3.54. *Kernreaktor:* Wie müssen redundante Ventile geschaltet werden, wenn der Durchlaß die Funktion ist? Wie bei Sperre?

3.55. *Kernreaktor:* Um wieviel unterscheiden sich die Bahnen von ^{235}U und ^{238}U im elektromagnetischen Massenseparator (in %)?

3.56. *Kernreaktor:* Wieviel Tonnen Uran (auf 3.3% angereichert) benötigt ein 1.3 GW$_{el}$ Reaktor jährlich? Der Nettowirkungsgrand ist 34%, 330 d/a Betrieb.

4 Teilchenphysik

4.1 Quantenelektrodynamik

Die *Quantenelektrodynamik* (QED) beschäftigt sich mit der Kopplung von *Photonen* (γ) an *Elektronen* (e) und alle geladenen Leptonen (ℓ). Die relativistische Dirac-Gleichung beschreibt die Bewegung der Elektronen. Sie hat *Antiteilchen* vorausgesagt. Die Entdeckung des *Positrons* (e^+), mit der Masse und dem Spin des Elektrons (e^-), aber der entgegengesetzten elektrischen Ladung, hat die Dirac-Theorie bestätigt. Die Wellenfunktionen von e^- und e^+ sind *Vierer-Spinoren*. Die *magnetischen Momente* haben $g = 2$. Die *Feynman-Graphen* erlauben eine anschauliche Darstellung von Prozessen der QED. Bei der Wechselwirkung treten *"virtuelle"* Teilchen auf. Sie können aufgrund der Unbestimmtheitsrelationen für kurze Zeit oder in kleinen Abständen existieren. Prozesse, die durch die QED beschrieben werden, sind: Coulomb-Streuung ($eZ \to e'Z$), Bhabha-Streuung ($e^+e^- \to e^{+'}e^{-'}$), Bremsstrahlung ($eZ \to e'\gamma Z$), Compton-Streuung ($\gamma e^- \to \gamma' e^{-'}$), Paarbildung ($\gamma Z \to Ze^+e^-$) und μ-Paarerzeugung durch e^+e^--Vernichtung ($e^+e^- \to \mu^+\mu^-$). Positronium ist ein "Atom" aus einem e^+ und einem e^-. Die Feynman-Graphen niedrigster Ordnung können mit Graphen höherer Ordnung, in denen virtuelle Teilchen auftreten, interferieren. Die QED ist renormierbar. Dadurch ergeben sich Abweichungen von $g = 2$. Experimente bestätigen die Theorie bis zur 8. Ordnung (= 3 virtuelle Teilchen). Die Gültigkeit der grundlegenden $ee\gamma$-Kopplung wurde bis zu Abständen $\Delta x = 2 \cdot 10^{-3}$ fm hinunter experimentell bestätigt.

Tab. 4.1 Die Eigenschaften (Masse m, elektrische Ladung q und Spinquantenzahl s) des Elektrons und des Photons. Die Experimente zur Messung sind angegeben

Teilchen	Eigenschaften	Experiment
Elektron e	$q_e =$ Elementarladung e $= 1.6 \cdot 10^{-19}$ As	Millikan-Versuch
	$m_e = 511 \,\text{keV}/c^2$	Ablenkung von Elektronenstrahlen in el. und magn. Feldern
	$s_e = \frac{1}{2}$	Feinstruktur der Atomspektren
Photon γ	$q_\gamma = 0$	keine Ablenkung in el. und magn. Feldern
	$m_\gamma = 0$	Coulomb-WW
	$s_\gamma = 1$	Zirkularpolarisation des Lichts

4.1.1 Was ist Quantenelektrodynamik?

Die Elektrodynamik ist die Lehre von den elektrischen und magnetischen Feldern, deren Ausbreitung und Erzeugung durch elektrische Ladungen und Ströme. Ferner werden die Kraftwirkungen elektrischer und magnetischer Felder auf elektrische Ladungen und Ströme behandelt. In Kap. 1.2 haben wir gesehen, daß zur Erklärung des lichtelektrischen Effektes elektromagnetische Felder gequantelt werden müssen. Die Quantenelektrodynamik (QED) beschäftigt sich mit dem Verhalten freier Teilchen (Photonen und Elektronen) und insbesondere mit deren Wechselwirkung untereinander. Schon beim lichtelektrischen Effekt haben wir gesehen, daß ein Lichtquant vernichtet wird. Die QED muß deshalb die Erzeugung und Vernichtung von Teilchen beschreiben. Erzeugungs- und Vernichtungsoperatoren sind deshalb das wesentlich Neue der QED gegenüber der klassischen Elektrodynamik und der Quantenmechanik. Die Teilchen sind durch ihre Eigenschaften und insbesondere durch ihre Quantenzahlen charakterisiert. Tab. 4.1 listet die (Ruhe-)Masse m, die elektrische Ladung q und den Spin s (genauer: die Spinquantenzahl) von Photon und Elektron auf, zusammen mit den Experimenten zu deren Messung.

Die Wechselwirkung zwischen den Teilchen wird durch den Austausch von "Austauschteilchen" beschrieben. Wir werden sehen, daß es "Eichbosonen" (siehe Kap. 4.9.2) sind. Durch den Teilchenaustausch bekommen die (beiden) wechselwirkenden Teilchen einen Transversalimpuls, d.h. sie werden gestreut. Bei einer anziehenden Kraft kann es zur Bindung der beiden Teilchen kommen, z.b. zum Molekül, Atom, Atomkern oder die Bindung der Quarks zu den Hadronen (siehe Kap. 4.3 und ff.). Das Eichboson der elektromagnetischen Wechselwirkung ist das Photon γ.

4.1.2 Antiteilchen

Die Schrödinger-Gleichung kann durch die Ersetzung von Energie und Impuls in der nicht-relativistischen Beziehung $E_{\text{kin}} = p^2/2m$ durch die quantenmechanischen Operatoren (die auf die Wellenfunktion wirken) gewonnen werden (NB! Dies ist *keine Herleitung*, kann jedoch als *Hinführung* zur Quantenmechanik dienen). Die relativistische Energie-Impuls-Beziehung (die Faktoren c^2 wurden zur Übersichtlichkeit weggelassen)

$$\boxed{E^2 = m^2 + p^2} \tag{4.1}$$

liefert durch Einsetzen der Operatoren die Klein-Gordon-(Wellen-)Gleichung für freie Teilchen

$$-\hbar^2 \frac{\partial^2}{\partial t^2}\psi = m^2 \psi - \hbar^2 \vec{\nabla}^2 \psi \quad . \tag{4.2}$$

Sie beschreibt Spin-0-Teilchen, da ψ ein Skalar ist. Wir können aber auch fordern, daß eine relativistische Wellengleichung linear in $\partial/\partial t$ sein soll. Eine Gleichung, deren Quadrat die Klein-Gordon-Gleichung ergibt, ist die Dirac-Gleichung:

$$\boxed{(i\hbar\gamma^\mu \frac{\partial}{\partial x^\mu} - m)\psi = 0} \quad \text{mit} \quad \mu = 0, 1, 2, 3 \tag{4.3}$$

(Summation über doppelte Indizes). Durch Quadrieren und Vergleich mit der Klein-Gordon-Gleichung findet man die Vertauschungsregeln (VR) für die γ-Matrizen

$$\gamma^\mu\gamma^\nu + \gamma^\nu\gamma^\mu = 2g^{\mu\nu} \tag{4.4}$$

wobei $g_{\mu\nu} = g^{\mu\nu}$ der metrische Tensor ist:

$$g_{\mu\nu} = \begin{pmatrix} 1 & 0 & 0 & 0 \\ 0 & -1 & 0 & 0 \\ 0 & 0 & -1 & 0 \\ 0 & 0 & 0 & -1 \end{pmatrix} \quad . \tag{4.5}$$

Die Dirac-Gleichung hat also vier Komponenten. Die γ-Matrizen können mit Hilfe der Pauli-Spinmatrizen (siehe z.B. [MK 97]) und der Einheits-

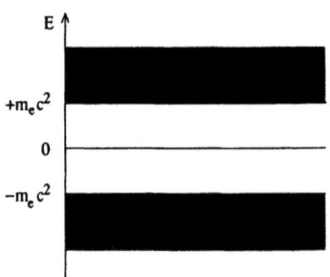

Fig. 4.1
Die Energiezustände eines Elektrons nach Dirac. Die Zustände negativer Energie sind im Grundzustand besetzt. Wenn ein Elektron aus ihnen in einen Zustand positiver Energie angehoben wird, bleibt ein Loch, ein Zustand mit positiver elektrischen Ladung zurück

matrix dargestellt werden ($\underline{1}$ ist die Einheitsmatrix usw.):

$$\gamma^0 = \begin{pmatrix} \underline{1} & \underline{0} \\ \underline{0} & -\underline{1} \end{pmatrix} \quad \gamma^k = \begin{pmatrix} \underline{0} & \sigma_k \\ -\sigma_k & \underline{0} \end{pmatrix} \quad \text{mit} \quad k = 1,2,3 \ . \qquad (4.6)$$

Die Wellenfunktion für freie Teilchen ist eine ebene Welle

$$\psi = u(p) \exp(ip_\mu x^\mu) \ , \qquad (4.7)$$

wobei der Spinor $u(p)$ nur vom Impulsbetrag p abhängt und vier Komponenten hat:

$$u(p) = \begin{pmatrix} u_1(p) \\ u_2(p) \\ u_3(p) \\ u_4(p) \end{pmatrix} \ .$$

Die physikalische Bedeutung der vier Komponenten kann man mit Hilfe eines Grenzfalles ersehen. Wir betrachten ein Teilchen in seinem Ruhesystem, d.h. es ist $\vec{p} = 0$. Die Lösungen von Gl. (4.7) werden

$$\psi = u(p) \cdot \exp(ip_0 t) \qquad (4.8)$$

mit $\quad u_+(p) = \begin{pmatrix} 1 \\ 0 \\ 0 \\ 0 \end{pmatrix}$ und $\begin{pmatrix} 0 \\ 1 \\ 0 \\ 0 \end{pmatrix}$ für die Energie $p_0 = +m$,

und $\quad u_-(p) = \begin{pmatrix} 0 \\ 0 \\ 1 \\ 0 \end{pmatrix}$ und $\begin{pmatrix} 0 \\ 0 \\ 0 \\ 1 \end{pmatrix}$ für die Energie $p_0 = -m$.

Teilchen, die durch die Lösung u_+ beschrieben werden, haben somit *positive Energie*, Teilchen mit u_- jedoch *negative Energie*.

4.1 Quantenelektrodynamik

Die Zustände negativer Energie wurden von Dirac so gedeutet: Fig. 4.1 zeigt die möglichen Energiezustände eines Dirac-Elektrons. Es gibt ein Kontinuum von Zuständen mit positiver Energie $E > m_e c^2$ und ein ebensolches mit negativer Energie $E < -m_e c^2$. Sie sind durch eine Energielücke $\Delta E = 2 m_e c^2$ getrennt. Die Annahme ist, daß die Zustände negativer Energie alle besetzt sind. Somit verbietet das Pauli-Prinzip, daß Elektronen positiver Energie in Zustände mit negativer Energie fallen können. Das "Vakuum" besteht also aus einem See von Zuständen negativer Energie. Es hat unendliche negative Ladung und Energie. Das ist akzeptabel, da alle Beobachtungen *endliche* Fluktuationen in Energie und Ladung gegenüber dem Vakuum sind. Das Fehlen eines Elektrons negativer Energie führt zu einem Loch im Vakuum. Dessen Energie ist $-E_{\text{neg}} = +E$, seine Ladung $q = +q$ ist positiv. Das Fehlen eines Elektrons negativer Energie ist somit gleich dem Auftreten eines Positrons, d.h. des Antiteilchens eines Elektrons. Es hat die Masse des Elektrons, ist jedoch elektrisch positiv geladen und hat positive Energie.

Die Dirac'sche Wellengleichung führte zur Vorhersage von Antimaterie. Zur Zeit ihrer Aufstellung (1928) war nur das Proton als positiv geladenes Elementarteilchen bekannt. Es ist jedoch sehr viel schwerer als das Elektron. Im Jahre 1932 wurde dann von C.D. Anderson das Positron als Antiteilchen des Elektrons in der kosmischen Strahlung gefunden.

Man kann zeigen, daß die Dirac-Gleichung Teilchen mit Spin $\vec{s} = (1/2) \cdot \hbar \cdot \vec{\sigma}_{\text{Pauli}}$, d.h. mit Spin-1/2 beschreibt. Man sieht dann auch, daß die beiden Lösungen u_+ und u_- der Dirac-Gleichung (Gl. 4.7) Teilchen mit Spinrichtung parallel bzw. antiparallel zur Flugrichtung darstellen.

Ähnlich folgt aus der Dirac-Gleichung (nach Erweiterung für Bewegungen im elektromagnetischen Feld, ähnlich der Erweiterung der Schrödinger-Gleichung), daß die Dirac-Teilchen (z.B. Elektronen) ein magnetisches Moment besitzen:

$$\vec{\mu} = -g \cdot \mu_{\text{Bohr}} \cdot s \cdot \vec{\sigma}_{\text{Pauli}} \ . \tag{4.9}$$

Das magnetische Moment ist antiparallel (für Positronen parallel!) zum Spin ausgerichtet und ist proportional zum "g-Faktor", dem Bohr'schen Magneton als Einheit der magnetischen Momente und der Spinquantenzahl s:

$$\mu_{\text{Bohr}} = \frac{e \hbar}{2 m_e} = 5.8 \cdot 10^{-11} \, \text{MeV/T} \ . \tag{4.10}$$

Diese Schreibweise erlaubt später eine einfache Beschreibung der magnetischen Momente auch anderer Teilchen. Für das Elektron ist $s = 1/2$ und das Experiment liefert in Übereinstimmung mit der Dirac-Theorie $g = 2$.

Es ist also $\mu_e = \mu_{\text{Bohr}}$.

Für viele Anwendungen brauchen wir den (Vierer-)Strom. Er wird analog zu dem der Schrödinger-Gleichung angeschrieben:

$$j_\mu = \bar{\psi}\gamma_\mu\psi \quad \text{mit} \quad \bar{\psi} = \psi^+\gamma_0 \ . \tag{4.11}$$

ψ^+ ist der zu ψ gehörige, hermitisch-konjugierte Zeilenspinor. Für den Vierervektor des Stroms

$$\boxed{j_\mu = (\rho, \vec{j})} \tag{4.12}$$

gilt der Erhaltungssatz

$$\boxed{\partial^\mu j_\mu = 0} \ . \tag{4.13}$$

Die Dirac-Gleichung liefert die Ladungserhaltung.

4.1.3 Feynman-Graphen

Wir wollen uns jetzt mit der Wechselwirkung von Teilchen sowie deren Erzeugung und Vernichtung beschäftigen. Die Feynman-Graphen geben dafür eine sehr anschauliche Darstellung. Dieser Aspekt wird hier behandelt. Sie können aber auch als Rechenregeln für Wirkungsquerschnitte und Übergangsraten benutzt werden. Dafür muß auf Lehrbücher der theoretischen Teilchenphysik verwiesen werden.

Wir beschreiben die Feynman-Graphen einiger wichtiger Prozesse. Fig. 4.2 listet einige Graphen der QED-Prozesse auf. Die Graphen veranschaulichen deren zeitlichen Ablauf, die Zeitachse läuft von links nach rechts, eine Ortskoordinate von unten nach oben.

In a1) ist die Abstrahlung eines Photons γ durch ein Elektron e, das in ein gestreutes Elektron e' übergeht, dargestellt. Der Graph enthält: das einlaufende Elektron e, das auslaufende Elektron e', das auslaufende Photon γ sowie den "Vertex" $ee'\gamma$, der den eigentlichen Prozess beschreibt. In a2) ist analog die Absorption eines Photons gezeigt. Die Fähigkeit eines Teilchens zur elektromagnetischen Wechselwirkung, d.h. zur Emission oder Absorption eines Photons, ist durch die elektrische Ladung gegeben. Sie ist beim Elektron die elektrische Elementarladung e (aus historischen Gründen mit demselben Namen bezeichnet). Wir werden andere Wechselwirkungen kennenlernen, die durch andere "Ladungen" vermittelt werden. Am Vertex müssen die Erhaltungssätze gelten, insbesondere der für die elektrische Ladung. Ein Prozeß $e^- \rightarrow e^+ \gamma$ ist somit verboten. Wichtig ist auch die Drehimpulserhaltung: $1/2 \rightarrow 1/2 + \vec{1}$ ist mit Spinflip möglich. Als Folge der Drehimpulserhaltung können Spin-$\frac{1}{2}$-Teilchen nur paarweise an

4.1 Quantenelektrodynamik

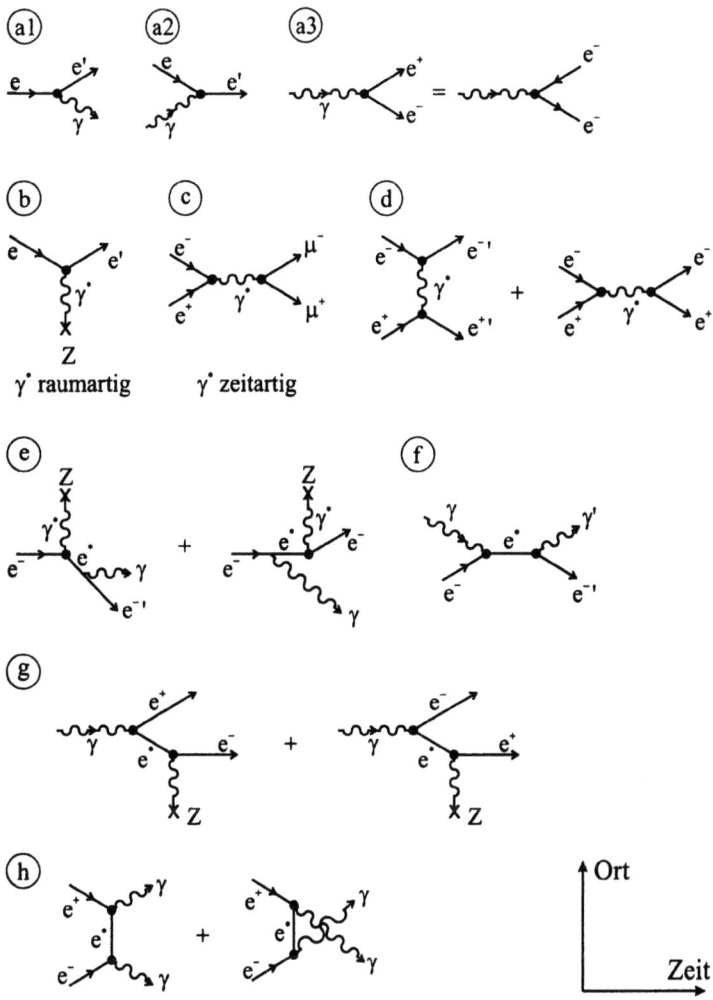

Fig. 4.2 Feynman-Graphen. a) Die grundlegende Kopplung, a1) Emission eines γ-Quants durch ein Elektron, a2) Absorption eines γ's, a3) Kopplung eines γ-Quants an ein e^+e^--Paar, b) Streuung eines Elektrons am Coulomb-Feld des Kerns Z, c) μ-Paarerzeugung bei e^+e^--Vernichtung, d) die zwei Graphen der Bhabha-Streuung, e) Bremsstrahlung durch Streuung von Elektronen im Coulomb-Feld, f) Compton-Effekt, g) e^+e^--Paarbildung im Coulomb-Feld durch γ's (2 Graphen), h) γ-Paarerzeugung durch e^+e^--Vernichtung (2 Graphen)

Photonen koppeln.

Fig. a3) zeigt die Elektron-Positron-Paarerzeugung durch ein Photon. Man sieht hier, daß die elementaren Wechselwirkungen identisch sind, wenn ein auslaufendes Antiteilchen durch ein einlaufendes Teilchen ersetzt wird (und umgekehrt). NB! Wir werden sehen, daß die Prozesse a) für freie Teilchen nicht möglich sind, da sie die Energie-Impuls-Erhaltung verletzen.

Im Teilbild b) ist die Streuung eines Elektrons am Coulomb-Feld eines Kerns gezeigt. Das Photon tritt dabei nicht als freies Teilchen auf, man sagt, es sei "virtuell" (oft bezeichnet mit γ^*). Die virtuellen Photonen haben ein Quadrat des Viererimpulses (= Masse^2), das von Null verschieden ist. Es ist für die (Energie-Impuls-)Vierervektoren (durch Unterstreichung gekennzeichnet):

$$\underline{q} = \underline{e} - \underline{e}' \tag{4.14}$$

$$\boxed{q^2 = -4\,E\,E'\sin^2\left(\frac{\theta}{2}\right)} \tag{4.15}$$

(E = Energie des einlaufenden Elektrons, E' = die des gestreuten Elektrons, θ = Streuwinkel, wir haben $E, E' \gg m_e$ genähert).
Wegen der Unschärferelation

$$\Delta x = \frac{\hbar}{\sqrt{|q^2|}} \tag{4.16}$$

können virtuelle Photonen über kurze Abstände existieren, ebenso für kurze Zeiten. Die Bezeichnung "virtuelles Teilchen" muß präzisiert werden: das Teilchen existiert, ist aber wegen der Unbestimmtheitsrelation nicht als freies Teilchen beobachtbar. Die Streuung im Coulomb-Feld ist ein Prozeß zweiter Ordnung, weil in ihm zwei Vertices auftreten.

Die μ-Paarerzeugung bei e^+e^--Vernichtung

$$e^+ + e^- \to \mu^+ + \mu^- \tag{4.17}$$

ist in Teilbild c) dargestellt. Das Myon ist ein Teilchen, das sich in allen bekannten Eigenschaften wie ein Elektron verhält mit zwei Ausnahmen: 1. Es ist 100mal schwerer. 2. Es trägt eine μ-leptonische Quantenzahl, während das Elektron eine e-leptonische Quantenzahl hat. Zusammengefaßt nennt man beide "Leptonen". Mit den leptonischen Quantenzahlen sind Erhaltungssätze verbunden. Man sieht aus dem Graphen c), daß beide leptonischen Quantenzahlen erhalten sind, ebenso die elektrische Ladung. Das Quadrat des Viererimpulses des γ^* ist hier positiv:

$$q^2 = \left(\underline{e}^- + \underline{e}^+\right)^2 = 4E^2 \equiv W^2 \equiv s\,. \tag{4.18}$$

4.1 Quantenelektrodynamik

Dabei wurde angenommen, daß Elektron und Positron mit gleicher Energie E frontal zusammenstoßen. W ist die Schwerpunktenergie, s eine "Mandelstam"-Variable[1], die sehr gern benutzt wird, weil sie eine relativistisch invariante Größe ist. Virtuelle Photonen mit einem positiven Wert von q^2 heißen zeitartig im Gegensatz zu den raumartigen mit negativem q^2 (wie aus den Feynman-Graphen zu erkennen ist). Auch dieser Prozeß ist von zweiter Ordnung.

Zur Bhabha-Streuung (Teilbild d))

$$e^+ + e^- \to e^{+'} + e^{-'} \tag{4.19}$$

tragen zwei Graphen bei. Die Feynman-Graphen sind eine Veranschaulichung für Matrixelemente. Zur Berechnung der Übergangswahrscheinlichkeiten und Wirkungsquerschnitte sind diese zu quadrieren. Im Falle der Bhabha-Streuung erhält man drei Terme: den raumartigen, den zeitartigen und die Interferenz der beiden. Das Auftreten solcher Interferenzterme in Übereinstimmung mit dem Experiment ist ein Beweis für die Notwendigkeit einer quantenmechanischen Beschreibung.

Die Prozesse Bremsstrahlung (Teilbild e)), Compton-Effekt (f) und Paarbildung (g) werden in Kap. 4.1.4 besprochen.

Schließlich betrachten wir in Teilbild h) die Erzeugung zweier Photonen in der e^+e^--Vernichtung. Die zwei Graphen, die auch hier interferieren, rühren daher, daß die beiden Photonen als Bosonen (Spin-1) nicht unterscheidbar sind. Ferner begegnet uns hier ein virtuelles Elektron e^*.

Die Wechselwirkung zwischen zwei geladenen Teilchen geschieht (nach den Vorstellungen der QED) durch den Austausch eines virtuellen Photons. Dieses hat Energie und Impuls. Dadurch wird ein Kraftstoß von einem Teilchen auf das andere ausgeübt, das folglich Energie und Impuls ändert. Dieses Bild gilt auch für andere Wechselwirkungen als der elektromagnetischen. Nur treten an die Stelle des Photons andere Austauschteilchen (manchmal auch Trägerteilchen oder Austauschbosonen genannt). Dies wird in den folgenden Kapiteln besprochen.

Es sei noch ein Wort über den theoretischen Ansatz angefügt. Die $ee\gamma$-Kopplung wird auch als Kopplung des Viererstroms j_μ an das elektromagnetische Feld mit dem Viererpotential A_μ beschrieben. Der Hamilton'sche Wechselwirkungsoperator H_{WW} ist dann

$$\boxed{\widehat{H}_{WW} \sim e \cdot j^\mu A_\mu}, \tag{4.20}$$

wobei e die Ladung des Stroms ist und die Stärke der Wechselwirkung

---
[1] benannt nach dem britischen Physiker, der sie eingeführt hat

kennzeichnet. Der Strom j_μ ist, analog zu Gl. (4.12), hier ein "Übergangsstrom" $j_\mu = \overline{e}'\gamma_\mu e$, wobei e' und e die Wellenfunktionen der Elektronen des Anfangs- bzw. Endzustands sind. Für Prozesse zweiter Ordnung wird

$$\boxed{\widehat{H}^{(2)}_{WW} \sim e^2 \cdot j^\mu A_\mu A^\nu j_\nu} \,. \tag{4.21}$$

$A_\mu A^\nu$ wird zum "Photonpropagator" zusammengefaßt, der $1/q^2$ ist. D.h. alle Übergangswahrscheinlichkeiten von Prozessen zweiter Ordnung werden in der Amplitude einen Faktor $1/q^2$, im Wirkungsquerschnitt $1/q^4$ enthalten. Im Rutherford-Streuquerschnitt (Gl. 1.66) taucht dieser Faktor als $1/\sin^4(\theta/2)$ auf.

4.1.4 Einige QED Prozesse

Wir wollen einige ausgewählte QED Prozesse im einzelnen ansehen.

a) Bremsstrahlung

Das klassische Verständnis der Entstehung der (Röntgen-)Bremsstrahlung ist: Elektronen treffen auf Materie und werden abgebremst. Beschleunigte elektrische Ladungen emittieren immer (Dipol-)Strahlung. Im quantenmechanischen Bild der Teilchenphysik wird die Emission von Bremsstrahlung durch den Graphen in Fig. 4.2.e beschrieben. Die Emission des γ's erfolgt nach oder vor der Streuung des Elektrons im Coulomb-Feld. Das Elektron bekommt einen Transversalimpuls (der klassische Dipol). Der (Rückstoß-)Kern, der das Coulomb-Feld erzeugt, ist nötig, um den Impuls bei der Streuung aufzunehmen (siehe Aufgabe 4.6).

Das Spektrum der Bremsstrahlung fällt in erster Näherung mit $1/k_\gamma$ bis zur Endpunktenergie k_γ^{end} ab. Diese ist wegen der Energieerhaltung $k_\gamma^{\text{end}} = E_e^{\text{kin}}$. Die Divergenz bei kleinen γ-Energien wird durch die Abschirmung des Coulomb-Felds des Kerns durch die Elektronenhülle aufgehoben. Das Produkt aus der abgestrahlten Energie k_γ und der Wahrscheinlichkeit der Abstrahlung ist in k_γ konstant. Die Winkelverteilung der Bremsstrahlung ist bei kleinen Energien eine Dipolverteilung. Bei höheren Energien wird diese in Flugrichtung des Elektrons gebündelt.

Anstelle der Übergangsrate wird aus praktischen Gründen der Wirkungsquerschnitt für den Energieverlust eines Elektrons wegen der Abstrahlung angegeben. Für hohe Energien und mit Berücksichtigung der Abschirmung ist er

$$\sigma_{\text{brems}} = Z^2 \cdot \alpha^3 \cdot \left(\frac{\hbar c}{m_e c^2}\right)^2 \cdot \left(4 \cdot \ln\left(183 \cdot Z^{-\frac{1}{3}}\right) + \frac{2}{9}\right) . \quad (4.22)$$

Damit kann man die Strahlungslänge X_0 berechnen. Es ist die Wegstrecke, in der die Energie eines Elektrons (E_e^{kin}) in Materie (Ordnungszahl Z) auf E_e^{kin}/e abnimmt (e = Basis der natürlichen Logarithmen):

$$\frac{1}{X_0} = \frac{N_A \rho}{A} \cdot \sigma_{\text{brems}} \quad (4.23)$$

(N_A = Avogadro'sche Zahl, ρ = Dichte, A = Atomgewicht). σ_{brems} und X_0 sind bei hohen Energien unabhängig von E_e. Siehe auch Kap. 2.4.2.d.

b) Der Compton-Effekt

Der Compton-Effekt ist die Streuung eines Photons an einem Elektron (oder einem Positron)

$$\gamma + e \to \gamma' + e' . \quad (4.24)$$

Fig. 4.2.f zeigt den Feynman-Graphen.

Wir wollen uns zunächst mit der Kinematik dieses Prozesses beschäftigen. Der Erhaltungssatz für Energie und Impuls ist ($\underline{p}$ = Vierervektor)

$$\underline{p}_\gamma + \underline{p}_e = \underline{p}_{\gamma'} + \underline{p}_{e'} . \quad (4.25)$$

Wir betrachten den Fall, daß das Elektron zunächst in Ruhe ist. Aus Gl. (4.23) wird in Komponentenschreibweise (Flugrichtung des primären γ in x-Richtung)

$$\begin{aligned}
E_\gamma + m_e c^2 &= E_{\gamma'} + E_{e'} \\
p_\gamma &= p_{\gamma'} \cos\theta_{\gamma'} + p_{e'} \cos\theta_{e'} \\
0 &= p_{\gamma'} \sin\theta_{\gamma'} \cos\phi_{\gamma'} + p_{e'} \sin\theta_{e'} \cos\phi_{e'} \\
0 &= p_{\gamma'} \sin\theta_{\gamma'} \sin\phi_{\gamma'} + p_{e'} \sin\theta_{e'} \sin\phi_{e'}
\end{aligned} \quad (4.26)$$

Als erstes findet man, daß $\phi_{\gamma'} = \phi_{e'} + \pi$ ist, d.h. die Reaktion findet in einer Ebene statt. In Aufgabe 4.9 wird die Formel für $E_{\gamma'}$ ausgerechnet.

Als Wirkungsquerschnitt der Compton-Streuung erhält man mit der QED die Klein-Nishina-Formel:

$$\frac{d\sigma_{\text{Compton}}}{d\Omega} = \frac{r_e^2}{2} \cdot \left(\frac{E_{\gamma'}}{E_\gamma}\right)^2 \cdot \left(\frac{E_\gamma}{E_{\gamma'}} + \frac{E_{\gamma'}}{E_\gamma} - \sin^2(\theta)\right) \quad (4.27)$$

($r_e = (\alpha/m_e c^2) \cdot \hbar c = 2.8\,\text{fm}$ = klassischer Elektronenradius [Par 00]).

Fig. 4.3 zeigt die Winkelverteilung der gestreuten Photonen für einige Energien. Die Energieabhängigkeit ist aus Fig. 2.19 ersichtlich.

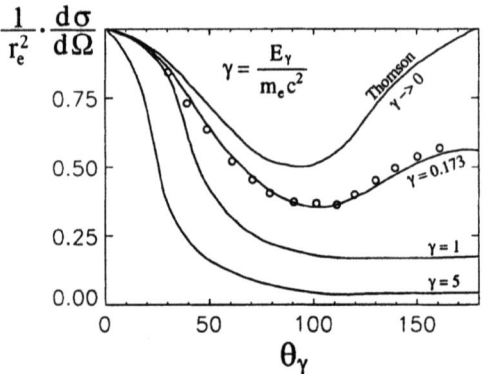

Fig. 4.3 Zur Compton-Streuung: die Winkelverteilung der gestreuten Photonen. Aufgetragen ist der normierte Wirkungsquerschnitt $(1/r_e^2)(d\sigma/d\Omega)$ gegen den Streuwinkel θ_γ im Schwerpunktsystem

c) Die Paarerzeugung

Die Erzeugung eines Elektron-Positron-Paares durch Photonen kann wegen der Energie-Impuls-Erhaltung nur im Coulomb-Feld eines Kerns stattfinden. Der Impuls wird durch den Kern balanciert. Der Feynman-Graph der Paarbildung

$$\gamma + Z \to e^+ + e^- + Z \tag{4.28}$$

ist in Fig. 4.2g gezeigt. Das Photon muß wenigstens die Ruheenergie des e^+e^--Paares aufbringen, die Schwellenenergie ist $E^{\text{Schwelle}} = 2\,m_e c^2 = 1.02\,\text{MeV}$.

Fig. 4.4 zeigt den Wirkungsquerschnit σ_{Paar} in Abhängigkeit von der Energiedifferenz ΔE zwischen dem erzeugten e^+ und e^-. Bei hohen Energien überwiegt die asymmetrische Produktion. Fig. 2.19 zeigt die Energieabhängigkeit des integrierten Wirkungsquerschnitts der Paarbildung. Er steigt von der Schwelle aus an und nimmt einen asymptotischen Wert an:

$$\begin{aligned}\sigma_{\text{Paar}} &= Z^2 \cdot \alpha^3 \cdot \left(\frac{\hbar c}{m_e c^2}\right)^2 \cdot \left(\frac{28}{9}\ln\left(183 \cdot Z^{-\frac{1}{3}}\right) - \frac{2}{27}\right) \\ &\equiv \sigma^0_{\text{Paar}} \cdot \left(\frac{28}{9}\ln\left(183 \cdot Z^{-\frac{1}{3}}\right) - \frac{2}{27}\right)\end{aligned} \tag{4.29}$$

4.1 Quantenelektrodynamik

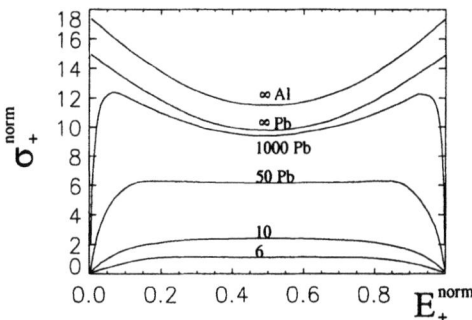

Fig. 4.4 Die Asymmetrie bei der Paarbildung im Coulomb-Feld. Aufgetragen ist der differentielle normierte Wirkungsquerschnitt für e^+-Erzeugung gegen die normierte kinetische Energie des e^+. $E_+^{norm} = (E_+ - m_e c^2)/(k_\gamma - 2 m_e c^2)$, $\sigma_+^{norm} = \sigma_+(E_+)/\sigma_{Paar}^0$. Der Parameter ist die normierte Energie der primären γ's $(E_\gamma/m_e c^2)$

d) μ-Paarerzeugung und Bhabha-Streuung

Die Feynman-Graphen dieser beiden Prozesse wurden in Fig. 4.2c und Fig. 4.2d gezeigt. Die Wirkungsquerschnitte sind für relativistische Energien

$$\frac{d\sigma(e^+e^- \to \mu^+\mu^-)}{d\Omega} = \frac{1}{4}(\hbar c)^2 \cdot \frac{\alpha^2}{s} \cdot (1 + \cos^2(\theta)) \quad (4.30)$$

$$\boxed{\sigma(e^+e^- \to \mu^+\mu^-) = \frac{4\pi}{3} \cdot (\hbar c)^2 \cdot \frac{\alpha^2}{s}} \quad (4.31)$$

$$\boxed{\begin{aligned}\frac{d\sigma(e^+e^- \to e^+e^-)}{d\Omega} &= \frac{1}{4}(\hbar c)^2 \cdot \frac{\alpha^2}{s} \cdot \\ &\cdot \left(2 \cdot \frac{1 + \cos^2(\theta/2)}{\sin^4(\theta/2)} + (1 + \cos^2(\theta)) - 4\frac{\cos^4(\theta/2)}{\sin^2(\theta/2)}\right)\end{aligned}} \cdot \quad (4.32)$$

Fig. 4.5 zeigt die differentiellen Wirkungsquerschnitte für die beiden Reaktionen. Die QED-Rechnungen und die experimentellen Ergebnisse stimmen sehr gut überein. Der Unterschied zwischen den beiden Querschnitten rührt vom Beitrag des raumartigen γ^*-Austausches und des Beitrags der Interferenz her. Der Bhabha-Wirkungsquerschnitt divergiert für sehr kleine Winkel wegen des raumartigen γ^*-Austausches. Deshalb kann ein integrierter Wirkungsquerschnitt nicht angegeben werden. Die Energieabhängigkeit beider Reaktionen ist $\sim s^{-1}$.

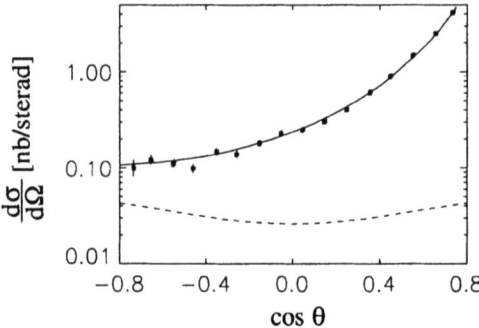

Fig. 4.5 Die differentiellen Wirkungsquerschnitte der μ-Paarerzeugung (untere Kurve) und der Bhabha-Streuung (oben). Man sieht den Effekt des raumartigen Graphen bei der Bhabha-Streuung

4.1.5 Positronium

Wenn Positronen in Materie gestoppt werden, können sie sich mit einem Elektron zum "Positronium" verbinden. Das ist ein "Atom" aus einem Elektron und einem Positron, die durch ihre elektrische Anziehung gebunden werden. Sie bewegen sich um ihren Schwerpunkt. Wie bei den Atomen koppeln die beiden Spins (je $s_e = \frac{1}{2}$) zu $S_{e^+e^-} = 0$ oder $= 1$. Hinzu kommt der Bahndrehimpuls. Nach den Regeln der QED vernichten sich e^+ und e^- und senden γ-Strahlung aus. Der häufigste Fall ist die Emission von zwei γ-Quanten von je $E_\gamma = 511$ keV.

Die γ-Quanten dieser "Vernichtungsstrahlung" haben je $s_\gamma^P = 1^-$ (P = Parität) und zusammen $S_{\gamma\gamma}^P = 0^+$ oder 2^+ ($S_{\gamma\gamma} = 1$ ist wegen der C-Parität verboten). Die Vernichtung erfolgt aus einem Positroniumzustand mit denselben Quantenzahlen, in der Regel einem s-Zustand. Die Übergangswahrscheinlichkeit für die Vernichtung ist $\sim |\psi(0)|^2$, der Aufenthaltswahrscheinlichkeit der beiden Konstituenten an demselben Ort. Diese ist $\sim 1/(r_{\text{Bohr}}^3 \cdot n^6)$ (n = Hauptquantenzahl). Damit verstehen wir, warum die Vernichtung aus dem s-Grundzustand weit überwiegt.

Es existiert auch ein "Myonium", ein "Atom" aus einem μ^+ und einem e^-. Aus dessen Präzisionsmessungen wurde auf die gleiche elektromagnetische Wechselwirkung von Elektron und Myon geschlossen.

Die Vernichtungstrahlung findet praktische Anwendung in der Positronen-Emissions-Tomographie (PET), siehe Kap. 3.10.2.

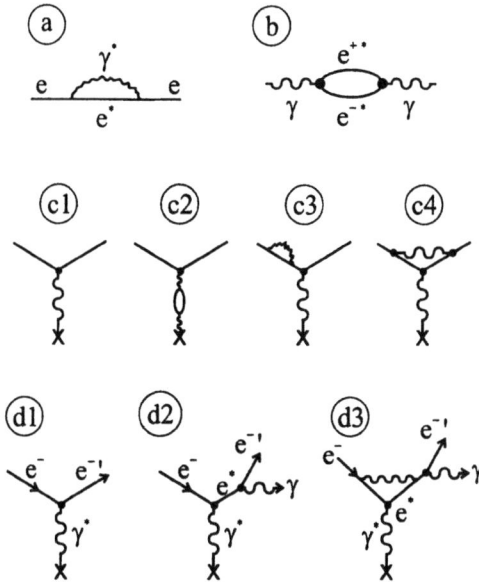

Fig. 4.6 Zur Renormierung der QED: Feynman-Graphen höherer Ordnung

4.1.6 Renormierung der QED

In diesem Abschnitt beschäftigen wir uns mit höheren Ordnungen der QED im Sinne einer störungstheoretischen Entwicklung.

Wir betrachten zwei Prozesse (Fig. 4.6): a) Ein Elektron emittiert ein virtuelles Photon. Wegen der Unbestimmtheitsrelation ist dies möglich während der Zeit $\Delta t < \hbar/\Delta E$. Dann muß es wieder absorbiert werden, hier von demselben Elektron. Dieser Prozeß wird anschaulich als "Zitterbewegung des Elektrons" bezeichnet. b) Ein Photon bildet ein virtuelles e^+e^--Paar während der Zeit $\Delta t < \hbar/(2\,m_e c^2) \approx 0.7 \cdot 10^{-21}\,s$. Das ist die Vakuumpolarisation des Photons.

Im nächsten Schritt untersuchen wir ein Elektron im elektromagnetischen Feld (Coulomb-Wechselwirkung oder äußeres elektromagnetisches Feld). Teilbild c1) zeigt den Feynman-Graphen niedrigster Ordnung, c2)-c4) enthalten virtuelle Teilchen. In c1) gibt es zwei Vertices, die Amplitude ist $\sim e^2 \sim \alpha$, die Übergangswahrscheinlichkeit $\sim \alpha^2$. Die Graphen c2) - c4) haben zwei Vertices mehr (Amplitude $\sim \alpha^2$). Sie haben denselben Anfangs- und Endzustand wie c1). Eine vollständige Beschreibung wird also durch die Summe dieser Graphen gegeben. Die Übergangswahrscheinlichkeiten enthalten dann auch die Interferenzterme.

Die Bedeutung der Graphen ist: Bei der Vakuumpolarisation (c2) wird ein virtuelles e^+e^--Paar gebildet. Für sehr kurze Zeiten können virtuelle Paare mit sehr hohem Impuls entstehen, das Integral der QED Rechnung divergiert. Es zeigt sich jedoch, daß die Struktur des Wechselwirkungsoperators Gl. (4.20) erhalten bleibt. Nur tritt zur Kopplungskonstanten, der elektrischen Ladung, der divergierende Faktor hinzu. Der Ausdruck wird nun "renormiert": die "nackte" Ladung, gehörig zum Graphen c1) ohne die höheren Ordnungen, ist prinzipiell nicht beobachtbar. Man setzt deshalb das Produkt aus der nackten Ladung mal dem divergierenden Faktor gleich der beobachteten Ladung e. Die anschauliche Deutung ist, daß durch die Vakuumpolarisation des virtuellen Photons die effektive elektrische Ladung des Elektrons verändert wird. Das beschriebene Verfahren heißt deswegen die "Ladungsrenormierung".

Der Graph c3) zeigt analog die "Massenrenormierung". Die "nackte Masse" mal einem divergierenden Integral (wegen der beliebig hohen Impulse des virtuellen Photons) wird gleich der experimentell gemessenen Masse m_e gesetzt. Graph c4) ist eine Vertexkorrektur der $ee\gamma$-Kopplung.

Die Renormierung der Theorie ist dann möglich, wenn alle Prozesse in allen Ordnungen mit einer endlichen Zahl von Renormierungskonstanten (hier: Ladung und Masse) berechnet werden können. Man kann auch sagen, eine renormierte Theorie ist unempfindlich gegenüber ihrem Verhalten bei sehr hohen q^2, d.h. bei sehr kleinen Abständen. Die QED ist renormierbar. Die Forderung der Renormierbarkeit wird heute an jede geschlossene Theorie gestellt.

Die QED ist bis zu Rechnungen 8. Ordnung (Graphen mit drei virtuellen Teilchen) experimentell geprüft und bestätigt. Es sind die genauesten Experimente. Bei der Lamb-Shift [MK 97] werden die Energieniveaus der Elektronen im H-Atom gemessen. Im reinen Coulomb-Feld sind die $2S_{1/2}$- und $2P_{1/2}$-Niveaus entartet. Durch die Vakuumpolarisation wird diese Entartung aufgehoben. Die kleine Energiedifferenz wird HF-spektroskopisch gemessen. Die Energiedifferenz zwischen diesen Niveaus, angegeben durch die HF-Frequenz, ist

$$\Delta E_{\text{exp}} = (1\,057.90 \pm 0.06)\text{ MHz} \tag{4.33}$$

$$\Delta E_{\text{theor}} = (1\,057.911 \pm 0.011)\text{ MHz} \tag{4.34}$$

$$\frac{\text{exp} - \text{theor}}{\text{exp}} \approx \frac{(-0.01 \pm 0.07)\text{ MHz}}{10^3\text{ MHz}} \leq 10^{-4}. \tag{4.35}$$

Ein zweiter Typ von Experimenten mißt die **magnetischen Momente** von Elektron und Myon. Man sucht Abweichungen von etwa 0.1% von der

4.1 Quantenelektrodynamik

"g=2" Vorhersage der Dirac-Theorie, im wesentlichen wegen des Graphen c4). Man schreibt

$$g = 2 \cdot (1 + a) \qquad a = \text{anomales magnetisches Moment} \qquad (4.36)$$

und findet ([Par 00])

$$
\begin{aligned}
a &\approx 1.16 \cdot 10^{-3} & (4.37) \\
a(e^-)_{\text{exp}} &= (1\,159\,652\,188.4 \pm 4.3) \cdot 10^{-12} \\
a(e^+)_{\text{exp}} &= (1\,159\,652\,187.9 \pm 4.3) \cdot 10^{-12} \\
a(e^-)_{\text{theor}} &= (1\,159\,651\,941 \pm 128 \pm 43) \cdot 10^{-12} \\
a(\mu^+)_{\text{exp}} &= (1\,165\,923 \pm 9) \cdot 10^{-9} \\
a(\mu^+)_{\text{theor}} &= (1\,165\,920 \pm 2) \cdot 10^{-9} \\
\Delta a(e) &= \text{exp} - \text{theor} = (3.7 \pm 0.4) \cdot 10^{-10} \\
\Delta a(\mu) &= \text{exp} - \text{theor} = (72 \pm 9) \cdot 10^{-9} \,.
\end{aligned}
$$

Die Abweichungen rühren von der Nichtberücksichtigung virtueller Hadronen in den Graphen her, andere Wechselwirkungen müssen mit berücksichtigt werden. Neue Experimente mit höherer Genauigkeit werden durchgeführt.

Das Positronium ist die einfachste gebundene Struktur mit elektromagnetischer Wechselwirkung. Präzisionsmessungen dienen zur Bestätigung der QED.

Die Strahlungskorrekturen sind für die Auswertung der Experimente sehr wichtig. Fig. 4.6 d zeigt das Beispiel der Elektronenstreuung im Coulomb-Feld. Der Graph d1) ist die bekannte niedrigste Ordnung (Matrixelement $\sim e^2$). Das Elektron kann jedoch ein reelles Photon abstrahlen, z.B. beim Auslaufen (d2)). Dieser Graph divergiert wegen des $1/k$ Spektrums der Bremsstrahlung. Die Graphen d1) und d2) stellen unterschiedliche Prozesse dar (nur e oder $e\gamma$ im Endzustand), sie interferieren nicht. Dagegen müssen zu d2) ($\sim e^3$) höhere Ordnungen, z.B. d3), hinzugenommen werden. Die Theorie ist dann renormierbar, man findet für die Strahlungskorrekturen endliche Werte in Übereinstimmung mit dem Experiment.

4.1.7 Gültigkeitsgrenzen der QED

Wir fragen jetzt, bis zu welchen Energien die QED gültig ist. Die "Energie" muß eine relativistisch invariante Größe sein, z.B. q^2. Diese ist durch die äußeren (einlaufenden und auslaufenden) Linien von Elektronen und Photonen festgelegt. Der Test muß mit virtuellen Teilchen erfolgen. Die inneren Linien werden mit einem zusätzlichen Formfaktor behaftet, der durch

$$F(q^2) = 1 - \frac{|q^2|}{|q^2| - \Lambda^2} \tag{4.38}$$

parametrisiert (Λ = Abschneideparameter). Es sei $e^+e^- \to \mu^+\mu^-$ als Beispiel angeführt. Dabei wird ein zeitartiges Photon getestet. Die experimentellen Daten stimmen mit den QED überein. Die untere Grenze für den Abschneideparameter ist $\Lambda > 200\,\text{GeV}/c$. Dem entspricht ein Abstand von $\Delta x < 1 \cdot 10^{-3}\,\text{fm}$. Bis zu diesen Abständen hinunter ist die QED getestet. Die Leptonen sind punktförmig.

4.1.8 Aufgaben

4.1. *Dirac-Gleichung:* a) Man zeige, daß durch "Quadrieren" (d.h. zweimalige Anwendung des Dirac-Operators auf ψ) aus der Gl. (4.3) die Gl. (4.2) folgt. b) Man schreibe alle vier Komponenten der Dirac-Gleichung auf.

4.2. *Elektronenstreuung:* Ein Elektron mit Spin parallel zur Flugrichtung tritt in ein dazu senkrechtes Magnetfeld ein. Welche Bewegung führen Impuls und Spin des Teilchens aus?

4.3. *Viererimpulsübertrag:* Man berechne den Ausdruck für das Quadrat des Viererimpulsübertrags q^2 ohne die Näherung $m_e = 0$. Wann ist diese Näherung erlaubt?

4.4. *Viererimpulsübertrag:* Welche Viererimpulsüberträge braucht man mindestens, wenn man die Struktur des Protons mit einer Ortsmeßgenauigkeit von $r_p/5$ messen will?

4.5. *Viererimpulsübertrag:* Man berechne q^2 für a) die Rutherford-Streuung, b) die μ-Paarerzeugung in einen e^+e^--Speichering, wenn beide Strahlen die Energie E haben.

4.6. *Bremsstrahlung:* Man zeige, daß die Emission von Bremsstrahlung ohne Wechselwirkung im Coulomb-Feld nicht möglich ist (da Energie und Impuls nicht gleichzeitig erhalten werden können).

4.7. *Bremsstrahlung:* Warum treten in Gl. (4.22) α^3 und Z^2 auf?

4.8. *Bremsstrahlung:* Man berechne die Strahlungslänge X_0 von Blei numerisch.

4.1 Quantenelektrodynamik   229

4.9. *Compton-Effekt:* Man berechne $E_{\gamma'}$ als Funktion des γ-Streuwinkels.

4.10. *Compton-Effekt:* Im Szintillationszähler erhält man für monoenergetische γ-Strahlung eine "Compton-Verteilung". Welcher Energie entspricht die Kante dieser Verteilung? Insbesondere für $E_1 \gg m_e$!

4.11. *Compton-Streuung:* Man erläutere qualitativ die Änderung der Winkelverteilung mit wachsender Energie.

4.12. *μ-Paarerzeugung:* Man begründe die Energieabhängigkeit für die μ-Paarerzeugung.

4.13. *Paarbildung:* Zur Paarbildung: Man zeige, daß bei der Paarbildung (ohne Coulomb-Wechselwirkung) Energie und Impuls nicht gleichzeitig erhalten werden können.

4.14. *μ-Paarerzeugung:* Man berechne den integrierten Wirkungsquerschnitt für die μ-Paarerzeugung an e^+e^--Speicherringen bei $W = 9.46$ GeV numerisch.

4.15. *Positronium:* Man berechne die Energie der γ-Quanten der Vernichtungsstrahlung und deren Winkelkorrelation mit Hilfe der Kinematik.

4.16. *Positronium:* Man berechne die Rydberg-Konstante des Positroniums (mit Berücksichtigung der gleichen Masse beider Teilchen!).

4.17. *Positronium:* Man berechne den Bohr'schen Radius des Grundzustands und der angeregten Zustände des Positroniums.

4.18. *QED höherer Ordnung:* Man zeichne analog zu Fig. 4.6 die Graphen 4. Ordnung auf.

4.19. *QED höherer Ordnung:* Man zeichne andere Graphen höherer Ordnung für die Bremsstrahlung.

4.20. *Gültigkeitsgrenze der QED:* Man vergleiche Δx mit dem Protonenradius.

4.2 Hadronische Reaktionen

> Das *Pion* (π) wird durch die starke Wechselwirkung erzeugt und zerfällt durch die schwache. Es hat drei Ladungszustände $(+, 0, -)$, ist damit ein *Isospintriplett*. Die seltsamen Teilchen werden *assoziiert produziert*. Sie tragen die Quantenzahl "*Seltsamkeit*" (S), die bei der starken Wechselwirkung erhalten bleibt. Beim Zerfall durch die schwache Wechselwirkung wird S nicht erhalten. Die Entdeckung der *Antiprotons* ($\bar{p}$) zeigte, daß Antimaterie eine generelle Eigenschaft ist. Durch die Messung der *invarianten Masse* von zwei oder mehr Teilchen im Endzustand hadronischer Reaktionen wurden viele mesonische und baryonische "*Resonanzen*" gefunden. Sie sind kurzlebig und zerfallen durch die starke Wechselwirkung. Deren Spin und andere Quantenzahlen werden durch die Winkelverteilung der Zerfallsprodukte bestimmt. Für Teilchenreaktionen gelten *Erhaltungssätze*. Der *totale Wirkungsquerschnitt* hadronischer Reaktionen hat bei kleinen Energien Peaks wegen der s-Kanal Resonanzen, ist bei mittleren Energien konstant und steigt bei hohen Energien logarithmisch an. Der *differentielle Wirkungsquerschnitt* fällt mit wachsendem $|t|$ ab, hat Minima und Maxima, was die Vorstellung der Streuung an einer schwarzen Scheibe nahelegt. Bei kleinen $|t|$ liefert das Modell, das einen (Regge-)Teilchenaustausch annimmt, qualitativ gute Ergebnisse. Bei hohen Energien wächst die Multiplizität der erzeugten Teilchen mit $\ln W$ an. Die Verteilung der Longitudinalimpulse fällt exponentiell ab, die der Transversalimpulse ist beschränkt.

4.2.1 Die Entdeckung des Pions

Im Jahre 1947 wurden Photoemulsionen auf hohen Bergen der kosmischen Strahlung ausgesetzt. Man fand Spuren, deren zunehmende Ionisationsdichte zeigte, daß die Teilchen gestoppt wurden. Am Ende der Spur zeigte sich ein Knick. Damit war das Pion (π) entdeckt und sein Zerfall in ein Myon (μ) beobachtet und ein (neutrales, nicht ionisierendes und nicht sichtbares) Neutrino (ν) angenommen (wie beim β-Zerfall):

$$\boxed{\pi^+ \to \mu^+ + \nu} \quad \text{mit} \quad \tau = 2.6 \cdot 10^{-8}\,\text{s} \,. \tag{4.39}$$

(NB! In der Teilchenphysik wird üblicherweise die Lebensdauer τ angegeben und nicht, wie in der Kernphysik, die Halbwertszeit $T_{1/2}$.)

4.2 Hadronische Reaktionen

In demselben Jahr 1947 wurde in Berkeley/CA/USA das erste Synchrozyklotron der Welt in Betrieb genommen. Die Protonen wurden auf etwa 200 MeV beschleunigt und auf ein internes Target gelenkt (heute meist aus dem Beschleuniger heraus auf ein externes Target). Pionen konnten durch die Reaktionen

$$\begin{aligned} p+p &\to p+n+\pi^+ \\ &\to p+p+\pi^0 \\ p+n &\to p+p+\pi^- \end{aligned} \qquad (4.40)$$

erzeugt werden. Die Wirkungsquerschnitte sind ~ 20 mb, was auf die starke WW hindeutet[2].

Die erste Lehre ist, daß das Pion in *drei* Ladungszuständen auftritt. Die theoretische Beschreibung erfolgt durch den Isospinformalismus. Der Name zeigt, daß die Formeln ähnlich denen des Spinformalismus sind ("Iso", weil der Formalismus zuerst in der Kernphysik auf Isotope angewendet wurde). Das Pion ist ein "Isotriplett". Es hat den Isospin $I = 1$ mit den Komponenten $I_3 = +1, 0, -1$ für das π^+, π^0, π^-. Der Isospin der Hadronen ist eine Quantenzahl, die bei Reaktionen der starken WW erhalten bleibt. Der Isospin ist eine sinnvolle Quantenzahl, da die starke WW der drei Landungszustände des π gleich ist. Die Isospinerhaltung ist experimentell begründet.

Das π^+ zerfällt in ein Myon und ein Neutrino: $\pi^+ \to \mu^+ + \nu$.

π^- können ebenfalls so zerfallen. In Materie werden sie jedoch überwiegend von Atomkernen eingefangen, bilden ein "pionisches Atom", das wegen der größeren Masse der π einen kleineren Radius hat, und werden vom Kern eingefangen, der wegen der großen Energiezufuhr verdampft.

Die Masse der Pionen wird aus der Kinematik der Reaktionen Gl. (4.40) gemessen[3]. Die Meßergebnisse sind in Tab. 4.2 aufgelistet.

Tab. 4.2 Massen und Lebensdauern der Pionen

	Masse MeV/c^2	Lebensdauer s
$\pi^\pm$	$139.569'95 \pm 0.000'35$	$(2.603'3 \pm 0.000'5) \cdot 10^{-8}$
π^0	$134.976'4 \pm 0.000'6$	$(8.4 \pm 0.6) \cdot 10^{-16}$

---

[2]In der Teilchenphysik wird das Wort "starke Wechselwirkung" bevorzugt anstelle von "Kernkraft". Man hat ein tieferes Verständnis erreicht (Kap. 4.5)
[3]Zur Kinematik siehe Kap. 1.7

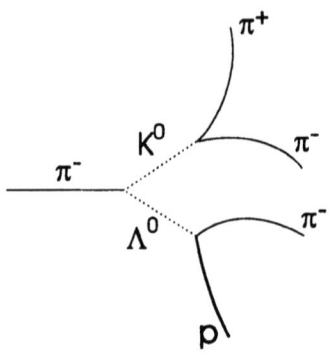

Fig. 4.7
Die Produktion seltsamer Teilchen. Die Spuren der nicht sichtbaren neutralen Teilchen sind gestrichelt. Die Ablenkung der geladenen Teilchen im Magnetfeld ist angedeutet

Das π^0 zerfällt in zwei Photonen

$$\pi^0 \to \gamma + \gamma. \tag{4.41}$$

Aus den unterschiedlichen Lebensdauern für die geladenen und die neutralen π's schließt man, daß der Zerfall durch unterschiedliche Wechselwirkungen erfolgt: Bei geladenen Pionen durch die schwache Wechselwirkung (siehe Kap. 4.7), beim π^0 durch die elektromagnetische.

4.2.2 Die Entdeckung seltsamer Teilchen

Um 1952 wurden bei Messungen der Höhenstrahlung mit Photoemulsionen, diesmal in großer Höhe, Ereignisse gefunden, bei denen ein einlaufendes geladenes Teilchen zwei V-förmige Reaktionsprodukte mit Abstand zum Ereignisvertex erzeugt hat. Dies war seltsam (daher die Namensgebung):

$$\pi^- + p \to K^0 \Lambda^0 \ , \ K^0 \to \pi^+ \pi^- \ , \ \Lambda^0 \to p\pi^-. \tag{4.42}$$

Das neutrale K^0-Meson und das Λ^0-Hyperon, ein Baryon, werden immer "*assoziiert*" erzeugt. Der Wirkungsquerschnitt ist in der Größenordnung der hadronischen Reaktionen der Pionen. Die Erzeugung geschieht durch die starke WW. Aus dem Flugweg konnte auf die Lebensdauer geschlossen werden. Der Zerfall geschieht durch die schwache WW. Die Zerfallsprodukte konnten durch ihre Ionisation identifiziert werden. Die Massen und Lebensdauern dieser beiden seltsamen Teilchen sind in Tab. 4.3 aufgeführt.

Heute sind viele seltsame Mesonen und Baryonen bekannt.

Die Beobachtung der *assoziierten Produktion* wird dadurch beschrieben, daß diesen Teilchen eine neue Quantenzahl, die *Seltsamkeit* S (*engl.* strangeness) zugeordnet wird. Für das K^0 und das Λ^0 ist $S = +1$ bzw. $S = -1$,

4.2 Hadronische Reaktionen

Tab. 4.3 Masse und Lebensdauer von zwei seltsamen Teilchen. Man beachte die heutigen sehr hohen Meßgenauigkeiten

	Masse MeV/c^2	Lebensdauer s	Seltsamkeit S
K_S^0	497.67 ± 0.03	$(0.893'5 \pm 0.000'8) \cdot 10^{-10}$	-1
Λ^0	$1'115.683 \pm 0.006$	$(2.632 \pm 0.020) \cdot 10^{-10}$	$+1$

für Pionen und Nukleonen $S = 0$. Die Seltsamkeit wird bei der starken WW erhalten, jedoch durch die schwache verletzt.

Man kennt die seltsamen Mesonen K^+, K^0 mit $S = +1$ und deren Antiteilchen $\bar{K}^0$, K^- mit $S = -1$. Die seltsamen Baryonen (z.B. Λ^0 mit $S = -1$) werden Hyperonen genannt. Wir werden das Spektrum in Kap. 4.3 besprechen.

4.2.3 Die Entdeckung der Antiprotonen ($\bar{p}$)

Im Jahre 1955 wurde in Berkeley/CA/USA ein Synchrotron mit 6.3 GeV/c Strahlen gebaut. Die Energie reichte zur Erzeugung von $p\bar{p}$-Paaren[4]. Der Strahl wurde auf ein internes Target gelenkt[5]. In einem Spektrometer mit feststehendem Winkel wurde die "inklusive" Produktion[6] negativ geladener Teilchen mit 1.2 GeV/c gemessen. Es gibt 10^5 $\pi^-/\bar{p}$, auch Kaonen. Die wenigen $\bar{p}$ müssen identifiziert werden. Im Experiment von 1955 geschah dies durch zwei Cherenkov-Zähler (einen, der auf Pionen anspricht, jedoch nicht auf Antiprotonen, und einen, der bei den $\bar{p}$ ein Signal gibt). Eine Flugzeitmessung zwischen zwei Szintillationszählern diente ebenfalls zur Identifikation und erlaubt die Messung der Geschwindigkeit. Damit, und aus der Kenntnis des Impulses, konnte die Masse der $\bar{p}$ berechnet werden. Durch Umpolung des magnetischen Spektrometers erhält man π^+ und p. Es wurde $m_{\bar{p}} = m_p$ gemessen und damit die experimentelle Beobachtung von *Antiprotonen* gezeigt. Ein weiteres Indiz ist, daß unterhalb der Schwelle keine $\bar{p}$ beobachtet wurden.

Zu allen Baryonen gibt es *Antibaryonen*. Sie haben entgegengesetzte elektrische Ladung, denselben Spin und Isospin, aber das entgegengesetzte

---

[4]Antiteilchen werden durch Überstreichung gekennzeichnet
[5]Durch eine zusätzliche HF-Energie kann man den Strahl auf das Target außerhalb der Sollbahn lenken. So kann man einen langdauernden Sekundärstrahl erzeugen, insbesondere wenn der zeitliche Verlauf des Magnetfelds, normalerweise sinus-förmig, durch Überlagerung anderer Frequenzen ein "flat top" erhält
[6]Mit "inklusiver" Reaktion bezeichnet man die Messung von Teilchen bei festem Winkel und Impuls ohne den gesamten Endzustand zu beobachten

Vorzeichen des magnetischen Moments. Man findet, daß die Zahl der Baryonen bei allen Teilchenreaktionen erhalten bleibt. Man ordnet ihnen deshalb die "*Baryonenzahl*" zu. Diese Quantenzahl ist $B = +1$ für Baryonen, jedoch $B = -1$ für Antibaryonen.

4.2.4 Der Spin der Hadronen

Es gibt Teilchen mit ganzzzahligem Spin (z.B. die Photonen mit $s_\gamma = 1$ und die Pionen und Kaonen mit $s_{\pi,K} = 0$) und solche mit halbzahligem Spin (z.B. e, ν, μ, p, n, alle mit $s = \frac{1}{2}$)[7]. Die Wellenfunktionen der beiden Teilchenklassen haben unterschiedliches Verhalten. Wir betrachten ein System von zwei identischen Teilchen mit den Wellenfunktionen $\psi(\vec{r}_{(1)}, J_{z(1)}, \vec{r}_{(2)}, J_{z(2)}) = \psi(1,2)$. Die Natur ist so beschaffen, daß bei Vertauschung $1 \leftrightarrow 2$ die Wellenfunktion entweder symmetrisch oder antisymmetrisch ist. Die Aufenthaltswahrscheinlichkeit $|\psi|^2$ ist in beiden Fällen gleich. Tab. 4.4 zeigt das Verhalten.

Tab. 4.4 Symmetrien der Wellenfunktion bei Vertauschung, Spin und Statistik. Die Teilchenklassen werden nach der Statistik, der sie folgen, Bosonen bzw. Fermionen genannt

Wellenfunktion	Symmetrie	Spin	Statistik
$\psi(1,2) = +\psi(2,1)$	symmetrisch	ganzzahlig	Bose-Einstein
$\psi(1,2) = -\psi(2,1)$	antisymmetrisch	halbzahlig	Fermi

Das Pauli-Prinzip, das für den Aufbau der Materie aus Konstituenten eine ganz entscheidende Rolle spielt, kann jetzt verstanden werden. Zwei identische Teilchen seien in demselben Zustand. Der Austausch $1 \leftrightarrow 2$ läßt den Zustand und damit die Wellenfunktion unverändert. Wenn die Teilchen aber Fermionen sind, wechselt sie das Vorzeichen. Sie muß deshalb $= 0$ sein. Ein quantenmechanischer Zustand kann nur von einem Fermion besetzt sein.

Die gesamte Wellenfunktion eines Teilchens ist

$$\boxed{\psi = \psi(\text{Ort}) \cdot \psi(\text{Gesamtdrehimpuls}) \cdot \psi(\text{Isospin})} \ . \quad (4.43)$$

Die Messung des Spins der Hadronen ist nur möglich durch die Bestimmung der Zahl der möglichen Einstellungen im Raum. Der Spin der Pionen s_π wurde gemessen durch die detaillierte Balance (siehe Kap. 3.5.4) der

---
[7] Der halbzahlige Spin ist ein quantenmechanisches Phänomen

Reaktion
$$p + p \rightleftharpoons \pi^+ + d \ . \tag{4.44}$$
Das Experiment sagt $s_\pi = 0$. Die Parität der Pionen wurde durch die Reaktion
$$\pi^- + d \rightarrow n + n \tag{4.45}$$
als $P = -1$ gemessen. Das Pion hat also die Quantenzahl $J^P = 0^-$. Der Spin instabiler Hadronen (z.B. des ρ) wird durch die Winkelverteilung der Zerfallsprodukte gemessen.

4.2.5 Erhaltungssätze bei Teilchenreaktionen

Wie in der Kernphysik gibt es auch bei Teilchenreaktionen erhaltene Größen:

1. Energie und Impuls (E und $\vec{p}$),
2. Gesamtdrehimpuls ($\vec{J}$),
3. elektrische Ladung,
4. Seltsamkeit (S),
5. Isospin (I),
6. Baryonenzahl (B),
7. Leptonenzahl (L),
8. Parität (P), Ladungskonjugation (C) und Zeitumkehr (T).

Bei der starken Wechselwirkung werden alle diese Größen erhalten. Wir haben schon gesehen, daß beim β-Zerfall die Parität und die Ladungskonjugation verletzt wird, und wir werden sehen, daß bei Teilchenzerfällen die Seltsamkeit nicht erhalten ist.

Die Erhaltung von Energie und Impuls gilt stets. Sie wird bei der Auswertung von Experimenten benutzt (siehe Kap. 1.7.5), z.B. zur Rekonstruktion nicht beobachteter Neutrinos. Der Erhaltungssatz ist eine Konsequenz der Invarianz der Naturgesetze bei Zeit- und Raumtranslationen. Die Erhaltung des Drehimpulses ist verknüpft mit der Invarianz gegenüber Drehungen im Raum und gilt ebenfalls stets.

Die elektrische Ladung q wird immer angegeben in Einheiten der Elementarladung e und beträgt bei allen beobachteten Teilchen + oder $- e$ (oder 0). Die Konstanz von e wurde experimentell überprüft. Es ist

$$\frac{(q_{e^+} - q_{e^-})}{e} < 4 \cdot 10^{-8} \tag{4.46}$$
$$\frac{|q_p + q_{e^-}|}{e} < 1.0 \cdot 10^{-21} \ .$$

Ebenso muß die Erhaltung der Baryonenzahl experimentell überprüft werden (siehe Kap. 4.9). Die Leptonenzahl beschreibt die Tatsache, daß beim β-Zerfall immer ein e^- zusammen mit einem $\bar{\nu}_e$ ausgesandt wird. Die Leptonenzahlen sind dann $L_{e^-} = +1$, $L_{\bar{\nu}_e} = -1$, $L_{e^+} = -1$, und $L_{\nu_e} = +1$. Neben dieser "Elektron-Leptonzahl" werden wir noch weitere Leptonenzahlen kennen lernen. Jede wird für sich erhalten.

Die Seltsamkeit ist eine Quantenzahl, die bei der starken und elektromagnetischen WW erhalten bleibt, aber bei der schwachen verletzt wird.

Man findet Teilchen, die die gleiche Masse und den gleichen Spin haben und sich bei der starken Wechselwirkung gleich verhalten (d.h. mit dem gleichen Wechselwirkungsansatz und der gleichen Kopplungskonstanten beschrieben werden können), sich jedoch in der elektrischen Ladung unterscheiden. Sie werden zu einer Familie zusammengefaßt, z.B. (π^+, π^0, π^-) oder (p, n). Die Quantenzahl Isospin (I) gibt an, in wie vielen Ladungszuständen ein Hadron vorkommt. Die elektrische Ladung ist gegeben durch

$$\boxed{q = \left(I_3 + \frac{B+S}{2}\right) \cdot e}. \tag{4.47}$$

Der (Gesamt-)Isospin wird bei der starken Wechselwirkung erhalten. Das Photon kann $I_\gamma = 0$ und $I_\gamma = 1$ haben. Bei der schwachen Wechselwirkung wird der Isospin nicht erhalten. Wir erinnern, daß für den Isospin ein Formalismus analog zum Spin verwendet wird.

Die starke WW ist unabhängig von der Ladung (d.h. I_3), hängt aber vom (Gesamt-)Isospin (I) ab. Deshalb sind Wirkungsquerschnitte für $\pi^+p \to \pi^+p$ und $\pi^-p \to \pi^-p$ nicht gleich. Für das π^+p ist $I_3 = 3/2$ und damit $I = 3/2$, für π^-p ist $I_3 = -1/2$, damit kann $I = 1/2$ oder $= 3/2$ sein. Es sind zwei unterschiedliche Zustände, dieselbe Wechselwirkung gibt unterschiedliche Ergebnisse.

Über die Paritätsverletzung haben wir gesprochen. Die kombinierte Paritäts- und Ladungskonjugationsoperation CP wird in Kap. 4.7.9 ausführlich behandelt. Die Kombination der drei Operationen CPT ist eine Erhaltungsgröße. Die anomalen magnetischen Momente von e^- und e^+ müssen bei CPT-Invarianz gleich sein. Das experimentelle Ergebnis ist

$$\frac{(g_{e^+} - g_{e^+})}{g_{\text{mittel}}} = (-0.5 \pm 2.1) \cdot 10^{-12}. \tag{4.48}$$

4.2.6 Die invariante Masse instabiler Teilchen

Wir wenden uns jetzt den Reaktionen mit mehreren Teilchen im Endzustand zu, z.B. den Reaktionen

$$\begin{aligned}\pi^- p &\to \pi^+\pi^- n \\ &\to \pi^+\pi^-\pi^0 n\,.\end{aligned} \qquad (4.49)$$

Zur Auswertung bildet man die "invariante Masse" von $\pi^+\pi^-$ (analog für $\pi^+\pi^-\pi^0$)

$$\begin{aligned}m^2 &= E^2 - \vec{p}^{\,2} &(4.50)\\ &= \left(E_{\pi^+}^2 + E_{\pi^-}^2 + 2E_{\pi^+}E_{\pi^-}\right) \\ &\quad - \left(p_{\pi^+}^2 + p_{\pi^-}^2 + 2p_{\pi^+}p_{\pi^-}\cdot\cos(\theta_{+-})\right) \\ &= m_{\pi^+}^2 + m_{\pi^+}^2 + 2\left(E_{\pi^+}E_{\pi^-} - p_{\pi^+}p_{\pi^-}\cdot\cos(\theta_{+-})\right) \\ &\stackrel{m_\pi \to 0}{\to} 2p_{\pi^+}p_{\pi^-}(1-\cos(\theta_{+-})) \\ &= \boxed{4p_{\pi^+}p_{\pi^-}\sin^2\left(\frac{\theta_{+-}}{2}\right)}\,.\end{aligned}$$

(NB! Die Masse wird durch die Ruheenergie $m_0 c^2$ angegeben.)
Fig. 4.8 zeigt die invariante Masse von $\pi^+\pi^-$.

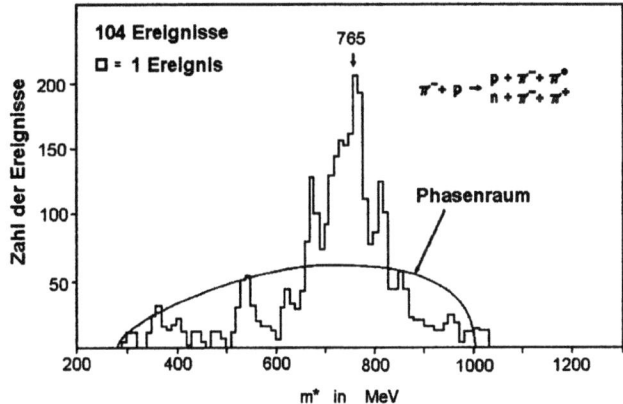

Fig. 4.8 Die invariante Masse m^* von $\pi^+\pi^-$ und $\pi^-\pi^0$ bei $\pi^- p \to \pi^+\pi^- n$ bzw. $\to \pi^-\pi^0 p$. Daten einer Messung mit der Blasenkammer am BNL im Jahr 1961. So wurden das ρ^0 und das ρ^- entdeckt

Auf einem Kontinuum ("Phasenraum") sitzt eine resonanzartige Verteilung. Sie wird beschrieben durch die Breit-Wigner-Formel. Die Reaktion ist in zwei Stufen abgelaufen

$$\pi^- p \to \rho^0 n \,, \qquad \rho^0 \to \pi^+ \pi^- \,. \tag{4.51}$$

Neben der Masse der Teilchen kann aus der Breite Γ durch $\tau = \hbar/\Gamma$ die Lebensdauer gewonnen werden.

Der Spin des ρ und aller Resonanzen muß durch die Analyse der Winkelverteilungen der Zerfallsprodukte ermittelt werden.

Neben dem ρ^0 findet man durch die Reaktion $\pi^+ p \to \rho^+ p$, $\rho^+ \to \pi^+ \pi^0$ ein geladenes Familienmitglied. Es ist $I_\rho = 1$.

Fig. 4.9 gibt eine neue Messung des $\pi^+\pi^-\pi^0$ Endzustands wieder.

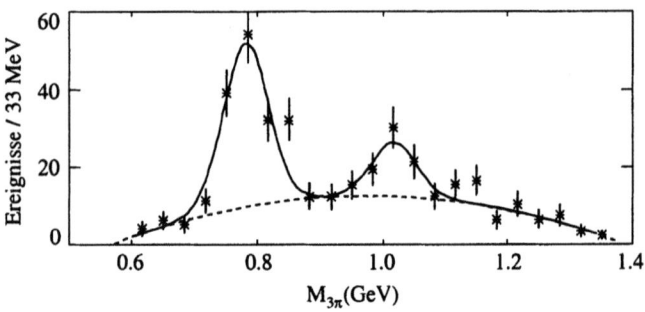

Fig. 4.9 Die invariante Masse von $\pi^+\pi^-\pi^0$ bei ep-Reaktionen. Man erkennt das ω- und das ϕ-Meson. Daten der ZEUS Kollaboration bei DESY im Jahre 2000

Tab. 4.5 zeigt die Ergebnisse für die Reaktionen Gl. (4.49).

Tab. 4.5 Zerfallsprodukte, Massen Breiten, Spin J und Parität P sowie Isospin und der Resonanzen in Fig. 4.9 und 4.8

Teilchen	Zerfallsprodukte	Masse MeV/c^2	Breite MeV/c^2	J^P	I^G
ρ^0	$\pi^+\pi^-$	769.3 ± 0.8	150.2 ± 0.8	1^-	1^+
ω	$\pi^+\pi^-\pi^0$	782 ± 0.12	8.44 ± 0.09	1^-	0^-
ϕ	$\pi^+\pi^-\pi^0$	$1'019 \pm 0.014$	4.458 ± 0.032	1^-	0^-

4.2 Hadronische Reaktionen

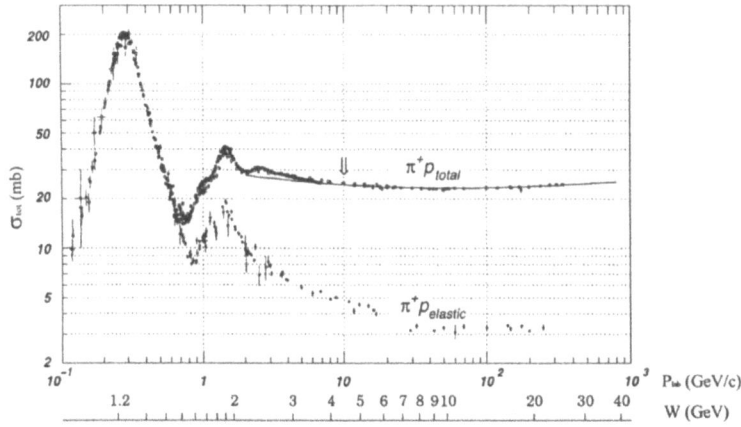

Fig. 4.10 Der totale und integrierte elastische Wirkungsquerschnitt σ für π^+p als Funktion des Laborimpulses p und der Schwerpunktenergie W. Aus den Particle Data Tables[Par 00]

4.2.7 Wirkungsquerschnitte bei hohen Energien

a) Der totale Wirkungsquerschnitt

Die Wirkungsquerschnitte hängen von der Energie und vom Impulsübertrag ab. Es empfiehlt sich relativistisch invariante Größen zu verwenden (siehe Kap. 1.7.4). Für die Reaktion

$$1 + 2 \rightarrow 3 + 4 \tag{4.52}$$

schreiben wir ($\underline{p}$ ist der Viererimpuls)

Energie: $\quad s \;=\; (\underline{p_1}+\underline{p_2})^2 \;=\; m_1^2 + m_2^2 + 2(E_1 E_2 - \vec{p_1}\vec{p_2})$
Impuls: $\quad t \;=\; (\underline{p_1}-\underline{p_3})^2 \;=\; m_1^2 + m_3^2 - 2(E_1 E_3 - \vec{p_1}\vec{p_3})$

(Faktoren c wurden weggelassen!). Gebräuchlich sind auch

$$W \stackrel{\text{def}}{=} \sqrt{s}\,, \quad q^2 \stackrel{\text{def}}{=} t\,, \quad Q^2 \stackrel{\text{def}}{=} -q^2\,. \tag{4.53}$$

Fig. 4.10 zeigt den totalen Wirkungsquerschnitt $\sigma_{\text{tot}}(\pi^+ p)$ zusammen mit dem integrierten Wirkungsquerschnitt für die elastische Streuung $\sigma_{\text{el}}(\pi^+ p \to \pi^+ p)$. Beide haben bei einer Schwerpunktsenergie von $W = 1.28\,\text{GeV}$ einen Peak. Er wird durch eine Breit-Wigner Resonanz beschrieben. Der Prozeß ist ein 2-Stufen Prozeß:

$$\pi^+ p \to \Delta^{++}(1238) \to \pi^+ p\,. \tag{4.54}$$

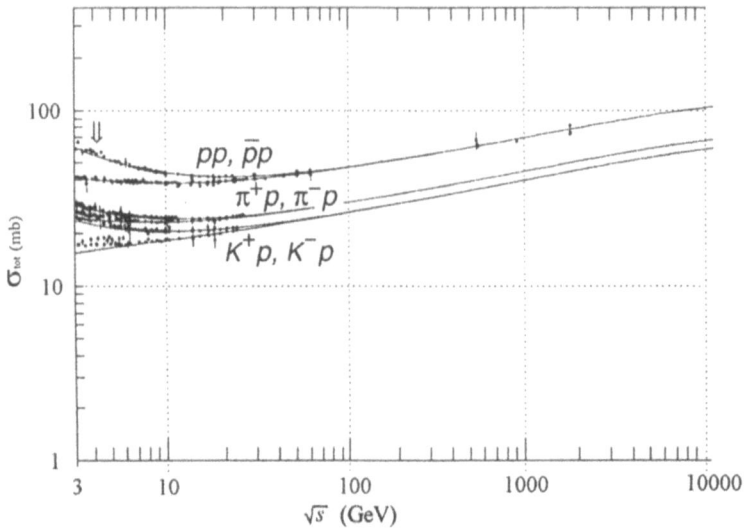

Fig. 4.11 Zusammenfassung der totalen hadronischen Wirkungsquerschnitte σ als Funktion der Schwerpunktenergie $\sqrt{s}$. Aus den Particle Data Tables[Par 00]

Die so entdeckte $\Delta(1238)$-Resonanz kommt in vier Ladungszuständen $(-, 0, +, ++)$ vor, sie hat $I = 3/2$. Zwei weitere Resonanzen werden gesehen. Bis zu $p_{\text{lab}} \approx 800\,\text{MeV}/c$ erfolgt nur elastische Streuung. Danach wird der integrierte elastische Wirkungsquerschnitt kleiner als der totale Wirkungsquerschnitt. Es kommen inelastische Prozesse hinzu, z.B. $\pi^+ p \to \rho^+ p \to \pi^+ \pi^0 p$.

Eine Zusammenfassung aller totalen hadronischen Wirkungsquerschnitte bei Energien oberhalb von $W \approx 3\,\text{GeV}$ zeigt Fig. 4.11. Nach dem Resonanzbereich ist der Wirkungsquerschnitt konstant mit $\sigma_{\text{tot}}(pp) \approx 40\,\text{mb}$, $\sigma_{\text{tot}}(\pi p) \approx 25\,\text{mb}$, $\sigma_{\text{tot}}(Kp) \approx 20\,\text{mb}$. Eine erste Folgerung aus diesen Werten erhalten wir, wenn für σ_{tot} der "geometrische" Wirkungsquerschnitt für die Streuung an einer schwarzen Scheibe $\sigma_{\text{tot}} = \pi R^2$ angesetzt wird. Man findet $R \approx 1\,\text{fm}$ als Reichweite der starken Wechselwirkung.

Aus der Quantenfeldtheorie hat Pomeranchuk ein Theorem über das Verhalten des Wirkungsquerschnitts bei hohen Energien abgeleitet:
1. $\sigma(\text{particle}) = \sigma(\text{antiparticle})$ und
2. σ wird unabhängig vom Isospin, d.h. $\sigma(\pi^+ p) = \sigma(\pi^- p)$.

4.2 Hadronische Reaktionen

Man erkennt, daß die Daten das Theorem bestätigen.

b) Der differentielle Wirkungsquerschnitt

Fig. 4.12 zeigt eine typische Winkelverteilung hadronischer Reaktionen, hier $\pi^-p \to \pi^0 n$ bei $p_{\text{lab}} = 7.85\,\text{GeV}/c$. Wir verwenden den relativistisch invarianten Viererimpulsübertrag $|t|$ statt des Winkels. Man findet ein Minimum bei $|t| \approx 0.5\,(\text{GeV})^2$. Das ist eine Bestätigung der Vorstellung, daß hadronische Reaktionen in erster Näherung als Streuung an einer schwarzen Scheibe aufgefaßt werden können.

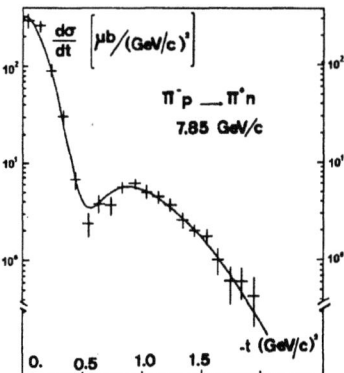

Fig. 4.12
Der differentielle Wirkungsquerschnitt der Reaktion $\pi^-p \to \pi^0 n$.
Daten der Saclay-DESY Kollaboration bei CERN (1970)

c) Grundideen eines Modells der 2-Körper → 2-Körper Reaktionen

Im Resonanzbereich können viele Reaktionen analog zur Gl. (4.54) gedeutet werden. Man spricht von einer *s-Kanal Resonanz*, das virtuelle Teilchen ist zeitartig. Oberhalb $W \approx 3\,\text{GeV}$ ändert sich das Bild. Der differentielle Wirkungsquerschnitt zeigt eine diffraktive Struktur. Der Austausch im *t-Kanal* ist raumartig (siehe Fig. 4.13). Es werden solche Teilchen ausgetauscht, deren Quantenzahlen am oberen und am unteren Vertex erhalten bleiben. Bei der Erzeugung eines ρ^0-Mesons durch ein einlaufendes π^- kann ein virtuelles Pion ausgetauscht werden, der Vertex ist $\pi^- \pi^+_{\text{virtuell}} \rho^0$ (wir erinnern an den Zerfall $\rho^0 \to \pi^+ \pi^-$). Der Versuch, eine Theorie zu entwickeln (die Regge-Theorie[8]), brachte neue Aspekte und Teilerfolge,

---

[8] Die Streuamplitude wird in der komplexen Ebene entwickelt. Es muß auf die Lehrbücher der theoretischen Teilchenphysik verwiesen werden

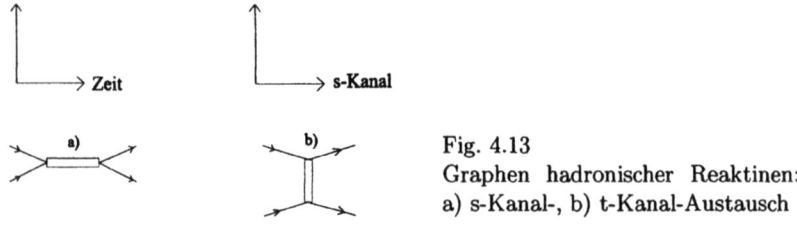

Fig. 4.13
Graphen hadronischer Reaktinen:
a) s-Kanal-, b) t-Kanal-Austausch

war aber quantitativ nicht erfolgreich. Hadronische Reaktionen sind ein komplexes Phänomen.

Im Teilchenaustauschbild wird bei der elastischen Streuung und bei diffraktiver Dissoziation ein "Teilchen" mit den Quantenzahlen des Vakuums ausgetauscht. Es wird nach dem russischen Theoretiker Pomeranchuk das "*Pomeron*" genannt. Reaktionen mit Pomeron-Austausch haben ein anderes Energieverhalten als die übrigen Reaktionen. Die Theorie liefert

$$\boxed{\frac{d\sigma}{dt} = D(t) \cdot \left(\frac{s}{s_0}\right)^{2[\alpha(t)-1]}}, \quad s_0 = \text{Parameter}. \tag{4.55}$$

Man findet experimentell

$\alpha(t) \approx 1$ elastische Streuung,

≈ 1 diffraktive Streuung,

$\alpha_\rho(t) \approx 0.5 + 0.9\,t$ Reaktion mit Teilchenaustausch.

$\alpha(t)$ beschreibt die Energieabhängigkeit der t-Verteilung. Diffraktive Streuung ist z.B. die Reaktion $\pi^- p \to \pi^+\pi^-\pi^- p$, wobei $\pi^+\pi^-\pi^-$ die Quantenzahlen des π^- hat.

Aus der Quantenfeldtheorie folgt ein Zusammenhang zwischen dem totalen Wirkungsquerschnitt zweier Hadronen und der Amplitude F der elastischen Streuung in Vorwärtsrichtung ($t = 0$), genauer mit deren Imaginärteil. Das "*optische Theorem*" ist (λ = de Broglie Wellenlänge des einlaufenden Teilchens)

$$\boxed{\sigma_{\text{tot}} = \lambda \cdot \Im m F(t=0)}. \tag{4.56}$$

d) γ-induzierte Reaktionen

Photoproduktion $\gamma p \to (n\pi)N$ wird beobachtet mit $\sigma_{\text{tot}}(W = 10\,\text{GeV}) \approx 100\,\mu\text{b} \approx (1/200) \cdot \sigma_{\text{tot}}(\pi p)$. Wie kann das γ, das nur elektromagnetischen Wechselwirkung hat, eine hadronische Reaktion erzeugen? Den Hinweis gibt das Experiment. Die Produktion von Vektormesonen (V) (siehe

4.2 Hadronische Reaktionen

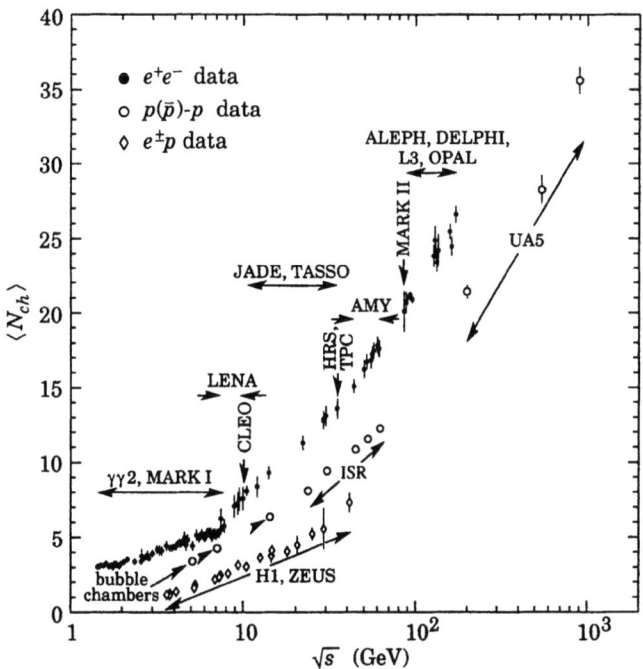

Fig. 4.14 Die Abhängigkeit der mittleren Multiplizität $< N_{ch} >$ hadronischer Endzustände von der Energie $\sqrt{s}$. Anfangszustände: e^+e^- (obere Meßpunkte), pp ("bubble chambers", ISR), $\bar{p}p$ (UA5), $e^{\pm}p$ (H1, ZEUS)

Kap. 4.3) ist am häufigsten:

$$\gamma p \to \rho^0 p \to \pi^+\pi^- p , \to \omega p \to \pi^+\pi^-\pi^0 p , \to \Phi p \to K^+K^- p . \quad (4.57)$$

Der Wirkungsquerschnitt verhält sich diffraktiv wie z.B. bei der elastischen Streuung. Das *Vektordominanz-Modell* (VDM) sagt: Das γ und die V-Mesonen haben dieselben Quantenzahlen $J^P = 1^-$. Das γ kann aufgrund der Unschärferelation kurzzeitig in ein V-Meson übergehen, das dann die übliche hadronische Reaktion macht.

e) Teilchenproduktion bei hohen Energien

Bei Energien $W \gg 3\,\text{GeV}$ können die Reaktionsprodukte pauschal beschrieben werden.

1. Die *mittlere Multiplizität* geladener Teilchen $\langle N_{ch} \rangle$ steigt logarithmisch an (Fig. 4.14). Aber nur ein Teil der zur Verfügung stehenden Energie

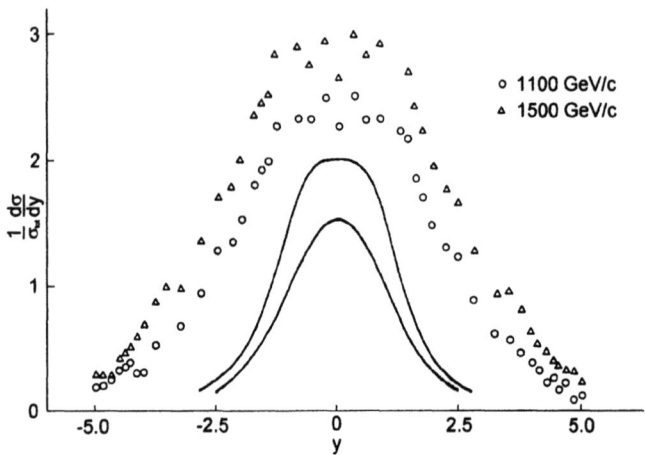

Fig. 4.15 Die Verteilung der Rapidität y (im Schwerpunktsystem) bei der Reaktion $p + p \to \pi^{\pm} + X$. Messungen am pp-Speicherring ISR des CERN bei $W = 53.7$ ($\triangle$) und bei $30.8\,\text{GeV}$ ($\circ$). Eingezeichnet sind auch die Rapiditätsverteilung bei $W = 6.8$ und $4.9\,\text{GeV}$ (obere bzw. untere durchgezogene Linien). Bei diesen kleinen Energien konnte sich das Rapidetätsplateau noch nicht ausbilden

geht in die Produktion von Teilchen. Auch der Anstieg der Multiplizität ($\sim \ln s$) ist geringer als der Anstieg der Gesamtenergie ($\sim \sqrt{s}$).

2. Die Verteilung des longitudinalen Impulses der Reaktionsprodukte kann durch die *Rapiditätsverteilung* beschrieben werden. Die Rapidität y eines Teilchens ist definiert als

$$\boxed{y = \frac{1}{2} \cdot \ln\left(\frac{E + p_l}{E - p_l}\right)}, \quad E = \sqrt{m^2 + p_l^2 + p_t^2} \tag{4.58}$$

(E = Energie, p_l = longitudinale, p_t = transversale Impulskomponente eines Teilchens). Die Rapidität hat zwei Vorteile[9]: 1. Bei relativistischen Koordinatentransformationen ändert sie sich nur um eine additive Größe, das Rapiditätsintervall Δy ist invariant. 2. Falls der Impuls eines Teilchens nicht gemessen werden kann (wie bei der Messung der kosmischen Strahlung mit Photoemulsionen), ist $y \cong \ln(2 \cot \theta_{\text{lab}})$ eine gute Näherung. Die Rapiditätsverteilung (Fig. 4.15) hat bei hohen Energien W ein Plateau und ist unabhängig von y. Ereignisse der diffraktiven Dissoziation haben

---

[9] Hier ohne Ableitung angegeben

4.2 Hadronische Reaktionen 245

große bzw. kleine y. Die Rapiditätsverteilung kann benutzt werden, um Ereignisse der diffraktiven und der zentralen Produktion zu unterscheiden.

Die p_l-Verteilung kann auch mit der "*Feynman-Variablen*" $x_F = p_l/p_l^{\max}$, dem Bruchteil des gesamten longitudinalen Impulses, den ein Teilchen mitführt, beschrieben werden. Die Verteilung in x_F ist nahezu exponentiell, kleine Longitudinalimpulse sind dominant.

3. Der *Transversalimpuls* p_t ist beschränkt. Die Verteilung ist exponentiell mit dem Mittelwert $<p_t> \simeq 0.4\,\text{GeV}/c$ (unabhängig von der Primärenergie.

4. Die *Teilchenarten* werden bei $W \approx 30\,\text{GeV}$ etwa im Verhältnis $\pi^\pm$: $K^\pm$: $\bar{p} \approx 100 : 10 : 1$ erzeugt. Meson- und Bayonresonanzen können rekonstruiert werden. Je schwerer das Teilchen, umso seltener wird es erzeugt.

4.2.8 Aufgaben

4.21. *Pion:* Welches ist die Schwellenenergie zur π^+-Erzeugung?

4.22. *Pion:* Man schreibe Reaktionen zur Erzeugung von Pionen durch Neutronenstrahlen auf.

4.23. *Pion:* Wie kann das Neutrino des π-Zerfalls indirekt nachgewiesen werden?

4.24. *Pion:* Man schreibe die Wirkungsquerschnitte für $pp \to \pi^+ d$ und $\pi^+ d \to pp$ auf und leite aus dem Verhältnis die Formel für s_π ab.

4.25. *Pion:* Man schreibe die möglichen Isospinzustände für die Reaktionen der Gl. (4.40) auf.

4.26. *Assoziierte Produktion:* Man berechne die Kinematik der Reaktion $\pi^- p \to K_S^0 \Lambda^0$ für $p_{\pi^-} = 1\,\text{GeV}/c$: a) die Impulse der seltsamen Teilchen im Schwerpunktsystem, b) dasselbe im Laborsystem bei $\theta_{\text{cm}}^{K^0} = 30^0$, c) die Flugwege, wenn beide Teilchen gerade nach einer Lebensdauer zerfallen.

4.27. *Seltsamkeit:* Warum können die seltsamen Teilchen nicht durch die starke Wechselwirkung zerfallen?

4.28. *Erzeugung von $\bar{p}$:* Man berechne die Schwellenenergie der $p\bar{p}$-Produktion. Wie ändert sich diese, wenn der Fermi-Impuls der Nukleonen im Cu-Target berücksichtigt wird?

4.29. *Erzeugung von $\bar{p}$:* Man berechne die Flugzeitunterschiede für π^-, K^- und $\bar{p}$ bei einem Impuls von $1.2\,\text{GeV}/c$!

4.30. *Erzeugung von $\bar{p}$:* Welche weiteren Möglichkeiten zur Identifikation von $\bar{p}$ stehen heute zur Verfügung?

4.31. *Isospin:* Man schreibe die Isospinzustände für die Reaktionen $\pi^- p \to K^0 \Lambda^0$ und $\pi^- p \to K^0 \Sigma^0$ auf und vergleiche mit der π-Streuung.

4.32. *Leptonenzahlerhaltung:* Man begründe, warum bei der Paarbildung die Leptonenzahl erhalten wird.

4.33. *CPT-Invarianz:* Warum ist das magnetische Moment CPT-invariant? Hilfe: Man schreibe den Ausdruck für das magnetische Moment $\vec{\mu}$ auf und wende die Operationen an.

4.34. *Zu den Resonanzen:* Man berechne die Lebensdauern von ρ^0 und ω. Man vergleiche die Lebensdauern mit der Laufzeit des Lichts durch Nukleonen.

4.35. *Resonanzen:* Welche Reaktion muß zur Beobachtung des ρ^- gemessen werden?

4.36. *Resonanzen:* Man schreibe die Isospins aller drei Reaktionen zur Beobachtung der ρ-Mesonen auf!

4.37. *Totaler Wirkungsquerschnitt:* Man gebe den Unterschied der Reichweite der starken Wechselwirkung von pp und πp an im Modell des geometrischen Wirkungsquerschnitts.

4.38. *Totaler Wirkungsquerschnitt:* Man begründe, warum durch $\sigma(\pi^+ p) = \sigma(\pi^- p)$ beide Theoreme von Pomeranchuk getestet werden.

4.39. *Modell für Teilchenreaktionen:* Man überprüfe, daß im Modell des π-Austausches für $\pi^- p \to \rho^0 p$ die Erhaltungssätze erfüllt sind.

4.40. *Inklusive Reaktionen:* Man entwerfe ein Experiment zur Messung der inklusiven Produktion von $\pi^\pm$, $K^\pm$, und $\bar{p}$ bei $p_{\text{Strahl}} = 24\,\text{GeV}/c$ und $p_{\text{gemessen}} = 3\,\text{GeV}/c$.

4.3 Hadronenspektroskopie und Quarks

> Es wurden sehr viele *Hadronen* (*Mesonen* und *Baryonen*) gefunden. Sie werden durch ihre *Quantenzahlen* B, J^P, I, I_3 und S geordnet. Es ergeben sich für die Mesonen *Nonetts*, für die Baryonen *Oktetts* und *Dekupletts*. Die Systematik läßt sich durch die $SU(3)$-*Gruppe* beschreiben. Im *Quarkmodell* werden die Hadronen aus einer tiefer liegenden Schicht der Materie, den *Quarks*, aufgebaut. Es gibt drei leichte Quarks (q): die u-, d-, und s-Quarks (für "up", "down" und "seltsam"). Sie tragen *drittelzahlige Ladungen*. Die Mesonen sind $q\bar{q}$-, die Baryonen qqq-Zustände. Mit dem Quarkmodell lassen sich alle Hadronen einordnen, wenn man in Analogie zur Atomphysik Spin und Bahndrehimpuls der Konstituentenquarks hinzu nimmt. Die G-Parität (Ladungskonjugation und nachfolgende Drehung im Isospinraum) regelt, ob beim Zerfall eine gerade oder ungerade Zahl von Pionen entstehen kann. Das Quarkmodell ist sehr erfolgreich. Jedoch wurden freie Quarks nicht gefunden.

4.3.1 Multipletts von Hadronen

a) Das Datenmaterial

Wir haben die "stabilen" Mesonen π und K kennengelernt, die nur durch die schwache Wechselwirkung zerfallen, sowie die "Resonanzen" ρ, ω und Φ, die breiter sind und durch die starke Wechselwirkung zerfallen. Von den Baryonen kennen wir die Nukleonen p und n, das Hyperon Λ^0 und die Resonanz $\Delta(1238)$. Die Tabellen der Teilchenphysiker[10] enthalten 87 Mesonen und 67 Baryonen[11], mit allen Ladungszuständen sind es 133 bzw. 145. Die meisten sind instabil. Sie wurden mit den geschilderten Methoden gefunden. Hinzu kommen die Antibaryonen, von denen ein Großteil experimentell nachgewiesen wurde.

b) Systematik der Hadronen

In dieser Situation stellt sich die Frage nach einer Systematik des "Hadronenzoos". Wir werden sehen, daß sich daraus der Hinweis auf eine

---

[10] Particle Data Tables, erscheinen zweijährlich, zuletzt in: European Physical Journal C (Particles and Fields) 15(2000)1-878
[11] Es wurden nur Teilchen gezählt, die durch mehrere Experimente gesichert sind

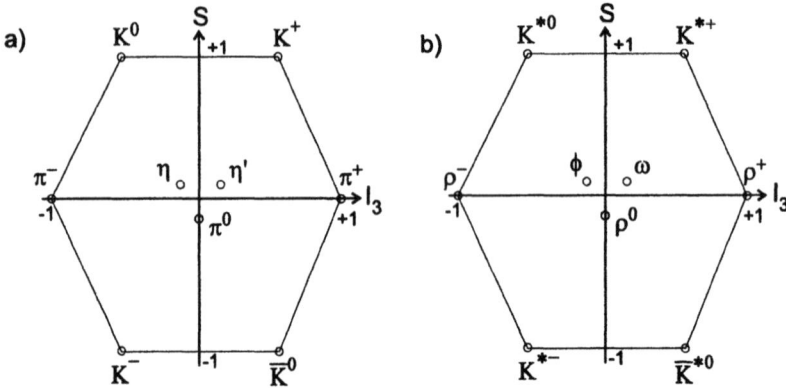

Fig. 4.16 Die Nonetts der leichtesten Mesonen, a) Pseudoskalare Mesonen ($J^P = 0^-$), b) Vektormesonen ($J^P = 1^-$)

tiefere Schicht der Materie ergibt. Diese, die "Quarks", sind zunächst eine Arbeitshypothese. Der Beweis wird im übernächsten Kapitel geliefert.

Den ersten Schritt zur Gruppierung der Hadronen haben wir bereits kennengelernt. Teilchen, die die gleichen Quantenzahlen haben und (etwa) die gleiche Masse, sich aber in der elektrischen Ladung unterscheiden, werden zu *Isospinmultipletts* zusammengefaßt. Sie unterscheiden sich in der dritten Komponente des Isospins I_3.

Der nächste Schritt ist die Einbeziehung der *Seltsamkeit*. Die starke Wechselwirkung von Hadronen mit $S = 0$ und $S = \pm 1$ ist gleich. Die Hadronen sind gleich bis auf die Quantenzahlen I_3 und S.

Fig. 4.16 zeigt eine anschauliche Zusammenfassung der leichtesten Mesonen. In einem Diagramm mit I_3 als Abszisse und S als Ordinate tragen wir die Mesonen mit $J^P = 0^-$ bzw. 1^- ein. Die *pseudoskalaren Mesonen* haben $J^P = 0^-$, ihre Wellenfunktion transformiert sich wie ein Pseudoskalar bei $\vec{r} \to -\vec{r}$. Entsprechend haben die *Vektormesonen* $J^P = 1^-$. In den Diagrammen findet man jeweils ein Isospintriplett, $\pi(139)$[12] bzw. $\rho(770)$, zwei Isospindubletts ($K(494)$ bzw. $K^*(892)$), wobei die Teilchen eines Dubletts die Antiteilchen (bezüglich elektrischer Ladung und Seltsamkeit) des anderen sind. Hinzu kommen zwei Isospinsinguletts ($\eta(547)$ und $\eta'(958)$ bzw. $\omega(782)$ und $\Phi(1020)$). Es ergibt sich ein *Nonett* von Teilchen gleicher Spin-Parität, die sich "nur" durch I_3 und S unterscheiden.

Fig. 4.17 zeigt die entsprechende Darstellung für die $J^P = \frac{1}{2}^+$ *Baryonen*.

---
[12] Die Zahlen in Klammern geben die Masse der Teilchen in MeV an

4.3 Hadronenspektroskopie und Quarks

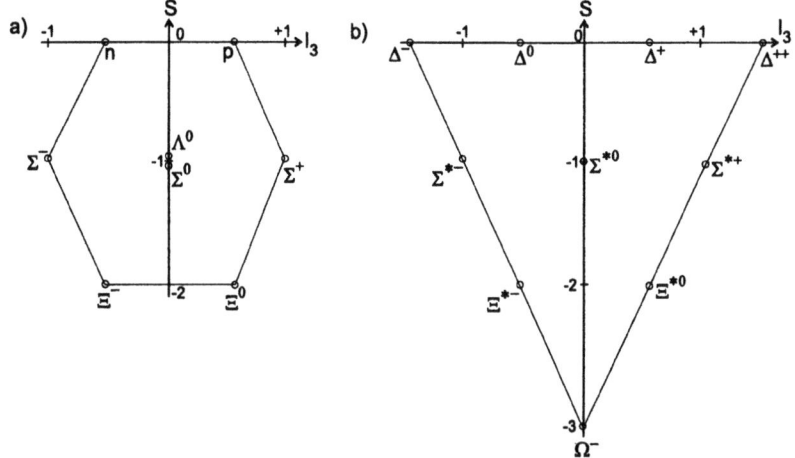

Fig. 4.17 Die Multipletts der leichtesten Baryonen. a) $J^P = \frac{1}{2}^+$ Oktett, b) $J^P = \frac{3}{2}^+$ Dekuplett

Es ist ein *Oktett*, bestehend aus einem Dublett mit $S = 0$ (den Nukleonen $p(938)$ und $n(939)$), einem Triplett ($\Sigma(1190)$) und einem Singulett ($\Lambda^0(1115)$) für $S = -1$ und einem Dubletts mit $S = -2$ ($\Xi(1314)$).

Die $J^P = \frac{3}{2}^+$ Baryonen bilden ein *Dekuplett*, bestehend aus den angeregten Nukleonen $\Delta(1232)$, die $I = \frac{3}{2}$ und $S = 0$ haben (Δ^{++}, Δ^+, Δ^0, Δ^-), dem $\Sigma^*(1385)$ mit $I = 1$, $S = -1$, dem $\Xi^*(1530)$ Dublett mit $S = -2$ und dem Isosingulett $\Omega^-(1672)$.

Der Zusammenhang zwischen der elektrischen Ladung q eines Teilchens und seinen Quantenzahlen I_3, S und B wurde in Gl. (4.47) gegeben.

Die Darstellung zeigt eine *Symmetrie*. Tatsächlich kann die Beschreibung durch die Gruppentheorie erfolgen, nämlich die $SU(3)$-Gruppe[13]. In Kürze: $SU(3)$ ist die Gruppe der unitären Matrizen der Determinante 1. Die allgemeinste Matrix in $SU(3)$ läßt sich durch 8 reelle Konstanten beschreiben. Man spricht deshalb vom "*eightfold way*" der Systematik der Hadronen.

Bei der Betrachtung der Massen der Hadronen, insbesondere der Baryonen, fällt auf, daß die Masse mit der Seltsamkeit ($|S|$) zunimmt. Das wurde mathematisch formuliert. Damit konnte das Ω^- (damals noch nicht bekannt), seine Masse und seine Zerfallsprodukte vorausgesagt werden. Seine Entdeckung (1964 am BNL) war eine Bestätigung des "eightfold way".

---

[13] Es wird auf Lehrbücher der theoretischen Teilchenphysik verwiesen.

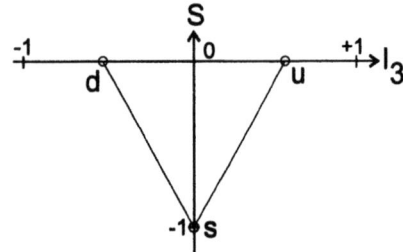

Fig. 4.18
Die "eightfold" Darstellung der drei leichten Quarkflavors

4.3.2 Die Quarks

Da viele Hadronen gefunden worden waren, konnten diese nicht "elementar" sein (und der Name "Elementarteilchen" kam aus der Mode und wurde durch "Teilchen" ersetzt). Die Systematik der Hadronen im "eightfold way" hat den Weg gewiesen. Die Oktetts sind nicht die einfachste Darstellung der $SU(3)$-Gruppe. Diese hat drei Basiszustände. Fig. 4.18 zeigt deren Darstellung im $I_3 - S$-Diagramm. Die Teilchen sind die drei (leichten) *Quarks*[14]. Ihre Quantenzahlen und die elektrische Ladung sind in Tab. 4.6 angegeben. Alle Quarks haben den Spin $\frac{1}{2}$ und die Baryonenzahl $\frac{1}{3}$. Zu jedem Quark gibt es das *Antiquark*. Die verschiedenen Quarks werden als *Quark-Flavor* bezeichnet, die $SU(3)$ Gruppe als $SU(3)_{\text{flavor}}$. Die

Tab. 4.6 Die Quantenzahlen und die elektrische Ladung der drei leichten Quarkflavors

Quark	q/e	I	I_3	S	B	J^P
u "up"	$+\frac{2}{3}$	$\frac{1}{2}$	$+\frac{1}{2}$	0	$\frac{1}{3}$	$\frac{1}{2}$
d "down"	$-\frac{1}{3}$	$\frac{1}{2}$	$-\frac{1}{2}$	0	$\frac{1}{3}$	$\frac{1}{2}$
s "strange"	$-\frac{1}{3}$	0	0	-1	$\frac{1}{3}$	$\frac{1}{2}$

Hadronen sind aus Quarks aufgebaut, und zwar

| Mesonen | = | $q\bar{q}$ |
| Baryonen | = | qqq |

$B = 0$
$B = +1$

Aus der Forderung, daß Baryonen mit $B_{\text{baryon}} = 1$ aus drei Quarks aufgebaut sind, ergibt sich $B_{\text{quark}} = \frac{1}{3}$ und als Folgerung die Drittelzahligkeit der elektrischen Ladungen (siehe Aufgabe 4.43).

Der Beweis für diese fundamentale Annahme wird durch den Erfolg bei der Beschreibung des "Teilchenzoos" geliefert. Weitere experimentelle Beweise

---

[14] Die Namen "up" und "down" deuten auf deren Stellung im Isospinraum hin. Das Wort "Quark" ist dem Roman "Finnegans Wake" von James Joyce entnommen

4.3 Hadronenspektroskopie und Quarks

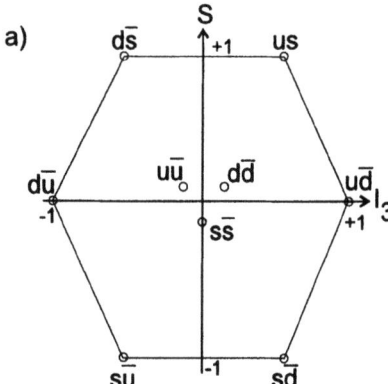

Fig. 4.19
Die Quarkkombinationen des Nonetts der Mesonen

und theoretische Begründungen kamen historisch später (siehe Kap. 4.5).

4.3.3 Aufbau der Hadronen aus Quarks

Wir wollen jetzt das *Spektrum der Mesonen* aus der Hypothese

$$\text{Meson} = q\bar{q} \tag{4.59}$$

aufbauen. Die Quarks q sind die drei Flavors u, d, s (und die Antiquarks). Es gibt $3 \cdot 3 = 9$ Kombinationen. Fig. 4.19 zeigt das Nonet, wobei die Quarkkonstituenten eingetragen sind. Sie sind auch der Quarkteil der Wellenfunktionen der Mesonen. Bei $I_3 = 0$ gibt es drei Möglichkeiten (und auch drei Hadronen!). Die ($I_3 = 0$)-Mesonen sind Mischungen der drei Zustände $u\bar{u}$, $d\bar{d}$, $s\bar{s}$. Durch Anwendung des I^+-Operators auf die Wellenfunktion des $\pi^- = |d\bar{u}>$ kann man zeigen, daß $|d\bar{d} - u\bar{u}>= |\pi^0 >$ die neutrale Komponente des π-Isotripletts ist. Es bleiben zwei Isosinguletts: $\eta_8 = |d\bar{d} + u\bar{u}>$ und $\eta_0 = |s\bar{s}>$. Die Mesonen $\eta(547)$ und $\eta'(958)$ sind Mischungen aus η_8 und η_0. Der Mischungswinkel muß experimentell bestimmt werden. Eine konsistente Theorie dafür liegt noch nicht vor.

Die Quarks haben $J^P = \frac{1}{2}^+$, bei den Antiteilchen ist die Eigenparität entgegengesetzt. Über die Kraft zwischen Quark und Antiquark wissen wir zunächst nur, daß sie stark sein muß (weiteres siehe Kap. 4.5). Das $q\bar{q}$-Spektrum erhalten wir, wenn die Quark-Antiquark-Paare aus jeweils drei Quarkflavors (u, d, s), jeweils mit Spin $\frac{1}{2}$, und Bahndrehimpuls l kombiniert wird. Die Parität ist

$$\boxed{P = (-1)^{1+l}}, \tag{4.60}$$

Tab. 4.7 Die Mesonen der sechs leichtesten Nonetts

$^{2S+1}L_J$	S	L	J^P	$I=1$	$I=\frac{1}{2}$	$I=0$	$I=0$
$^1S_0$	↑↓	0	0^-	$\pi(139)$	$K(494)$	$\eta(547)$	$\eta'(958)$
$^3S_1$	↑↑	0	1^-	$\rho(770)$	$K^*(892)$	$\omega(782)$	$\Phi(1020)$
$^1P_1$	↑↓	1	1^+	$b_1(1235)$	$K_1(1270)$	$h_1(1170)$	$h_1(1380)?$
$^3P_0$	↑↑	1	0^+	$a_0(980)$	$K_0^*(1430)$	$f_0(1370)$	$f_0(1500)$
$^3P_1$	↑↑	1	1^+	$a_1(1260)$	$K_1(1400)$	$f_1(1285)$	$f_1(1420)$
$^3P_2$	↑↑	1	2^+	$a_2(1320)$	$K_2^*(1430)$	$f_2(1270)$	$f_2'(1525)$

wobei der Faktor $(-1)^1$ aus der Eigenparität, der andere $(-1)^l$ aus der Parität der Kugelfunktion zur Beschreibung des Bahndrehimpulses kommt. Der Spin kann $S = 0$ (↑↓) oder 1 (↑↑) sein. Die leichtesten Mesonen haben $l = 0$. Zuerst kombiniert man die beiden Quarkspins zu $S = 0$ bzw. 1. Dann nimmt man den Bahndrehimpuls L hinzu. Es ergibt sich mit $\vec{J} = \vec{L} + \vec{S}$ der Gesamtdrehimpuls J des Mesons (oft dessen Spin genannt), der eine Erhaltungsgröße ist. Es wird die Notation der Atomphysik verwendet: $^{2S+1}L_J$. Tab. 4.7 zeigt die leichtesten Mesonen. Bemerkungen: Das $h_1(1380)$ wurde nur von einem Experiment gesehen und bedarf der Bestätigung. Es gibt mehr $J^P = 0^+$ Mesonen, insbesondere solche mit $I = 0$. Die Zuordnung zu den Multipletts ist nicht eindeutig (siehe Kap. 4.5.4). Neben den Grundzuständen gibt es radial angeregte Zustände, z.B. $\eta(1295)$.

Unter der Annahme

$$\text{Baryon} = qqq \tag{4.61}$$

ergeben sich $3 \cdot 3 \cdot 3 = 27$ Kombinationen. Die Kombinationen, die durch Vertauschung der Teilchen ineinander übergehen (z.B. ddu, dud, udd), mischen und bilden symmetrische, antisymmetrische und gemischt-symmetrische Zustände. Das *Baryonenoktett* ist gemischt-symmetrisch, das *Dekuplett* asymmetrisch. Es können die Spinkombinationen ↑↓↑ (und zyklische Vertauschungen) mit $J^P = \frac{1}{2}^+$ und ↑↑↑ ($J^P = \frac{3}{2}^+$) sein. Die Fig. 4.20 zeigt die Quarkkompositionen des Baryonoktetts und -dekupletts.

Die Massen aller Mesonen sollten gleich sein (ebenso die der Baryonen untereinander), weil die starke Wechselwirkung unabhängig von B, S und I ist (bis auf kleine Korrekturen wegen der unterschiedlichen elektrischen Wechselwirkung). Die gemessenen Werte zeigen, daß dies nicht der Fall ist. Die unitäre Symmetrie ist gebrochen. Die seltsamen Teilchen sind schwerer. Dies wird auf die größere Ruhemasse des s-Quarks zurückgeführt.

4.3 Hadronenspektroskopie und Quarks

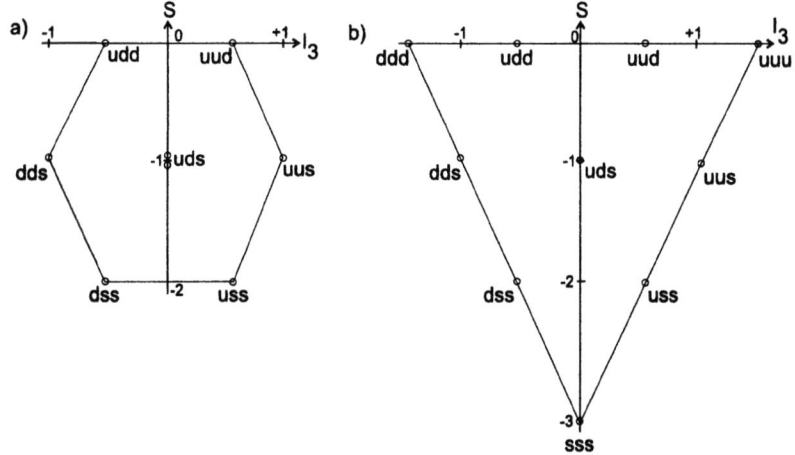

Fig. 4.20 Die Quarkkombinationen des a) Baryonenoktetts und b) Baryonendekupletts

Ein halb-quantitativer Hinweis auf die Richtigkeit unserer Grundannahme für die Hadronenstruktur ist die Beobachtung, daß $\sigma_{tot}(\pi p) \approx \frac{2}{3}\sigma_{tot}(pp)$ ist. Im Quarkbild: einmal hat man einen Stoß von 2 auf 3 Quarks, das andere Mal 3 auf 3.

Hadronen mit anderen Quarkinhalten als $q\bar{q}$ und qqq, z.B. $u\bar{s}\bar{s}$, das $S = +2$ und Ladung 0 hätte, wurden nicht gefunden.

4.3.4 Hadronische Zerfälle der Resonanzen

Die Resonanzen sind sehr kurzlebig und zerfallen in Hadronen. Ihr *Zerfall* im Quarkbild wird in Fig. 4.21 gezeigt. Die beiden Konstituentenquarks des Mesons erzeugen aus dem Vakuum ein Quark-Antiquark Paar, aus dem mit den Konstituenten die Mesonen des Endzustands gebildet werden. Es gilt die Regel, daß bei starken Zerfällen die Quarklinien des Mutterteilchens durchgehend sein müssen.

In welche Kanäle können die Resonanzen zerfallen? Zum kompakten Verständnis führen wir die Quantenzahl "*G-Parität*" ein. Sie ist eine praktische Erweiterung der Ladungskonjugation C auf geladene Teilchen mit Hilfe der Isospinerhaltung. Nur neutrale Teilchen sind Eigenzustände zur Ladungskonjugation mit den Eigenwerten +1 oder −1. Für das π^0 ist $C|\pi^0> = +|\pi^0>$, da der Endzustand des Zerfalls $\pi^0 \to \gamma\gamma$ $C = +1$

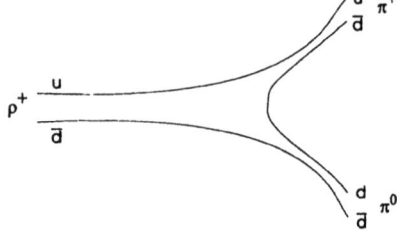

Fig. 4.21
Die Quarklinien beim Zerfall von Resonanzen. Bespiel des $\rho^+ \to \pi^+\pi^0$

hat und die Ladungskonjugation bei der starken und elektromagnetischen WW erhalten wird. Wir erweitern C jetzt auf geladene Teilchen. Die $\widehat{G}$-Paritätsoperation ist definiert als Ladungskonjugation und nachfolgende Drehung im Isospinraum um die Achse I_2 um 180^0. Für das $\pi^\pm$ ergibt sich folgender Weg: $|\pi^\pm > \xrightarrow{C} |\pi^\mp > \xrightarrow{\text{Drehung}} |\pi^\pm >$. Die Wellenfunktionen der Teilchen sind Eigenzustände zu $\widehat{G}$. Die Eigenwerte sind $G = (-1)^{l+s+I}$. Für die Pionen ergibt sich $G = -1$.

G ist eine multiplikative Quantenzahl. Für einen Zustand aus n Pionen ist $G|n\pi> = (-1)^n |n\pi>$. Damit sehen wir: Teilchen mit $G = +1$ können in zwei Pionen (oder eine gerade Anzahl) zerfallen, solche mit $G = -1$ in drei Pionen.

4.3.5 Suche nach freien Quarks

Da die Frage, ob Quarks existieren oder nicht, eine zentrale Frage der Teilchenphysik ist, haben viele Experimente nach freien Quarks gesucht. Die Methode ist immer, Teilchen mit drittelzahliger Ladung ($|\frac{1}{3}|$) oder ($|\frac{2}{3}|$) zu messen. Es wurde nichts gefunden in Teilchenreaktionen höchster Energie an Beschleunigern, in der kosmischen Strahlung oder in Sedimenten (wo man vermutet hatte, daß freie Quarks, über lange Zeiträume produziert, sich angereichert hätten). Ergebnis: In der Natur kommen freie Quarks nicht vor.

4.3.6 Aufgaben

4.41. *Hadronenspektroskopie:* Welche Quantenzahl ist für die Unterschiedlichkeit Baryon–Antibaryon gegenüber Meson–Antimeson verantwortlich?

4.42. *Hadronenspektroskopie:* Man wende Gl. (4.47) auf das $J^P = \frac{3}{2}^+$ Baryonendekuplett an.

4.3 Hadronenspektroskopie und Quarks

4.43. *Quarks:* Man berechne die Ladungen der drei leichten Quarks anhand von Gl. (4.47).

4.44. *Quarkmodell der Hadronen:* Welche Quantenzahlen hätte ein (hypothetisches) Hadron mit dem Quarkinhalt $uu\bar{d}$? Wie könnte eine Suchstrategie aussehen?

4.45. *Quarkmodell der Hadronen:* Welche Zustände sind möglich für ein $q\bar{q}$-Meson mit Bahndrehimpuls $L = 0$? Welches sind die Quantenzahlen?

4.46. *Quarkmodell der Hadronen:* Man begründe, warum die Eckzustände des Baryonendekupletts symmetrisch bei Teilchenvertauschung sind! Man schreibe alle symmetrischen Zustände auf!

4.47. *Massenaufspaltung der Hadronen:* Man schreibe die Massendifferenzen der Mesonen und der Baryonen in Abhängigkeit von der Differenz der Seltsamkeit ΔS auf!

4.48. *Hadronischer Zerfall:* Man entnehme aus der Fig. 4.10 die Breite des $\Delta(1232)$. Wie groß ist die Lebensdauer? Man vergleiche mit der Flugzeit des Lichts durch ein Proton und erkläre das Ergebnis physikalisch.

4.49. *Hadronischer Zerfall:* Man zeichne die Quarklinien für den Zerfall $K^{*0}(892) \to K^+\pi^-$. Warum gibt es den Zerfall $K^{*0}(892) \to \pi^+\pi^-$ nicht? Man gebe ebenfalls das Quarkliniendiagramm für den Zerfall $\omega \to \pi^+\pi^-\pi^0$ an.

4.50. *Hadronischer Zerfall:* Man diskutiere, in wieviele Pionen $\rho(770)$ und $\omega(782)$ zerfallen können.

4.4 Lepton-induzierte Reaktionen

> Mit Hilfe der *tief-inelastischen Elektronstreuung* wurde eine *Substruktur der Nukleonen* gefunden. Die Reaktion $e^-p \to e^{-\prime}X$ ist ein Prozeß zweiter Ordnung: Das Elektron emittiert ein virtuelles Photon γ^*, dieses reagiert mit dem Proton. Die kinematischen Variablen sind q^2 (= Viererimpuls^2 = invariante Masse^2 des γ^*) und ν (die Energie des γ^* im Ruhesystem des Protons). Der Wirkungsquerschnitt der Reaktion ist der Mott-Streuquerschnitt (= relativistische Erweiterung des Rutherford-Streuquerschnitts) × Strukturfunktionen. Letztere beschreiben die Ausdehnung und Substruktur des Streuzentrums. Für eine invariante Masse $W > 3\,\text{GeV}$ des hadronischen Endzustands X sind die Strukturfunktionen unabhängig von $|q^2|$. Dieses *Skalenverhalten* zeigt, daß die Streuung an punktförmigen Konstituenten des Protons, den *Partonen*, erfolgt ist. Man findet weiter, daß die Partonen Spin-1/2 und drittelzahlige Ladungen haben. Es sind *Quark-Partonen*. Diese bewegen sich frei im Nukleon. Streuung von Myonen und der *ep*-Speicherring HERA haben den kinematischen Bereich erweitert. Die QCD ist die Theorie der starken Wechselwirkung. Sie sagt Skalenverletzungen voraus in Übereinstimmung mit den Experimenten.

4.4.1 Überblick

Wir haben bei der Entdeckung des Atomkerns durch Rutherford gesehen, wie wichtig Streuversuche für die Erforschung der Struktur der Materie sind. Dies soll hier auf die Messung der *Struktur der Hadronen* angewandt werden. Eine Erweiterung ist die Verwendung von μ- und ν-Strahlen neben den Elektronenstrahlen. Seit 1992 ist der $e^\pm p$ Speicherring HERA bei DESY in Betrieb. Er erreicht Energien bis zu $W \approx 300\,\text{GeV}$, was Viererimpulsüberträge bis zu $|q^2| = 5 \cdot 10^4\,(\text{GeV}/c)^2$ ermöglicht, und damit die Beobachtung von Strukturen bis zu $10^{-3}\,\text{fm}$ hinunter. Als Target werden Protonen verwendet. Neutronen stehen nur gebunden im Kern zur Verfügung, im einfachsten Fall im Deuteron. Um die Streuung am Neutron zu erhalten, müssen die Daten am Deuteron auf die Streuung am Proton und auf Effekte der Bindung korrigiert werden.

Durch *tief-inelastische Elektronstreuung* am Proton wurde 1968 bei SLAC ein wichtiges Ergebnis gefunden. In den Nukleonen, selbst ausgedehnt,

4.4 Lepton-induzierte Reaktionen

Fig. 4.22
Der Graph der Elektronstreuung.
Links: ein- und auslaufende Teilchen, rechts: elektromagnetischen Streuung an einem (Quark-)Parton des Nukleons

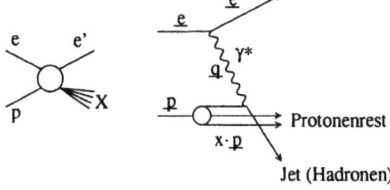

gibt es punktförmige Streuzentren, *Partonen* genannt. Weitere Messungen haben ergeben, daß die Partonen mit den (Konstituenten-)Quarks, die zur Erklärung des Hadronenspektrums eingeführt wurden, identisch sind. Die (Parton-)Quarks haben aber andere Eigenschaften als die Konstituentenquarks. Die Auflösung dieses Widerspruchs erfolgt in der Quantenchromodynamik (QCD) als Theorie der starken Wechselwirkung (siehe Kap. 4.5).

4.4.2 Tief-inelastische Elektronstreuung

a) Theoretische Grundlagen

Fig. 4.22 zeigt die *Diagramme der Elektronstreuung* am Proton bei hohen Energien. Ein einlaufendes Elektron (Viererimpuls $\underline{e}$) wird am Targetproton ($\underline{p}$) gestreut. Das auslaufende Elektron ($\underline{e}'$) und der Teilchenjet $X(\underline{p}')$ (zum *Jet* siehe Kap. 4.5.3a) werden gemessen. Die Wechselwirkung ist elektromagnetisch. Das ausgetauschte virtuelle Photon γ^* hat den Viererimpuls $\underline{q} = (\underline{e} - \underline{e}')$. Das Parton im Proton, an dem die Streuung erfolgt, hat $x \cdot \underline{p}$.

Wir beschreiben die *Kinematik* der Reaktion durch *relativistisch invariante Größen*. Tab. 4.8 faßt sie zusammen. q^2 ist die invariante Masse des ausgetauschten virtuellen Photons γ^*. Es ist raumartig, d.h. seine Masse^2 ist negativ, Q^2 wird positiv definiert. ν hat eine einfache Deutung bei Experimenten am ruhenden Proton: Dann ist es die Energie des Photons und $= (E_e - E_{e'})$. W ist die Gesamtenergie des hadronischen Endzustands. Nützlich sind Verhältnisse der Invarianten. x ist der Bruchteil des Impulses des primären Protons, den das streuende Quark-Parton trägt. y ist der Bruchteil der Energie des primären Elektrons, der von γ^* übernommen wurde. Je zwei dieser Variablen sind voneinander unabhängig.

Wie gut können wir in das Innere des ausgedehnten ($r_p \approx 0.8\,\text{fm}$!) Protons schauen? Die Wellenlänge des virtuellen γ^*, charakterisiert durch den Viererimpuls q, muß kleiner sein als die Ausdehnung der Struktur. Wir

Tab. 4.8 Zusammenfassung der relativistisch invarianten kinematischen Variablen bei der ep-Streuung. Siehe Kap. "Kinematik" (1.7)

$$
\begin{aligned}
q^2 &= \text{Masse}^2 \text{ des } \gamma^* \\
&\stackrel{\text{def}}{=} (\underline{e} - \underline{e}')^2 \\
&\stackrel{m_{\underline{e}} \to 0}{=} -4 \cdot E_e E_{e'} \cdot \sin^2\left(\frac{\theta_{ee'}}{2}\right) \\
Q^2 &\stackrel{\text{def}}{=} -q^2 \\
W^2 &= (\text{Gesamtenergie von X})^2 \\
&\stackrel{\text{def}}{=} (\underline{q} + \underline{p})^2 \\
&= m_p^2 + q^2 + 2m_p\nu \\
\nu &\stackrel{\text{def}}{=} \frac{\underline{p} \cdot \underline{q}}{m_p} \\
&= \frac{W^2 + Q^2 - m_p^2}{2m_p} \\
&= \text{Energie des } \gamma^* \text{ im Ruhesystem des Protons} \\
x &\stackrel{\text{def}}{=} \frac{Q^2}{2m_p\nu} \\
&= \frac{\text{Impuls des streuenden Quarks}}{\text{Impuls des Protons}} \text{ im QPM} \\
y &\stackrel{\text{def}}{=} \frac{\underline{p} \cdot \underline{q}}{\underline{p} \cdot \underline{e}} \\
s &\stackrel{\text{def}}{=} (\underline{p} + \underline{e})^2 \\
&= (\text{Gesamtenergie des Anfangszustands})^2
\end{aligned}
$$

benutzen die Unbestimmtheitsrelation

$$\lambda = \frac{\hbar}{|\vec{q}|} \ . \tag{4.62}$$

Invariant ist q^2, während $\vec{q}$ vom Koordinatensystem abhängt. Im Ruhesystem des Protons ist

$$q^2 = \nu^2 - |\vec{q}^{\,2}| \ . \tag{4.63}$$

Für große $Q^2 = -q^2$ erhält man aus der Unbestimmtheitsrelation

$$\lambda = \frac{2m_p x}{Q^2} \cdot \hbar c \ . \tag{4.64}$$

In Kap. 1.6.3 haben wir die Streuung geladener Teilchen im Coulomb-Feld

4.4 Lepton-induzierte Reaktionen

klassisch hergeleitet. Für die Streuung hochenergetischer Elektronen muß die Rutherford-Formel erweitert werden. Erstens sind die Projektile relativistisch. Es empfiehlt sich, die Formel in relativistisch invarianten Größen zu schreiben. Zweitens ist die Annahme einer punktförmigen Ladung des Targets durch eine ausgedehnte Ladungsverteilung zu ersetzen. Drittens erfahren die schnellen Elektronen an der Ladung des Kerns bzw. des Nukleons ein Magnetfeld, das mit dem magnetischen Moment des Elektrons wechselwirkt. Schließlich ist der Rückstoß des Targets zu berücksichtigen.

Wir wollen jetzt die Ideen der quantenmechanischen Herleitung besprechen. Wir betrachten Fig. 4.2, Teil d_{links}. Zwei punktförmige, geladene Teilchen wechselwirken miteinander durch Austausch eines virtuellen γ-Quants γ^*. Das Matrixelement ist proportional zur Stärke des oberen $ee\gamma$-Vertex (Ladung e), des γ-Propagators $(1/q^2)$ und der Stärke des unteren Vertex (e). Es wird[15]

$$M \sim e \cdot \frac{1}{q^2} \cdot e \longrightarrow d\sigma \sim \frac{e^4}{q^4}. \tag{4.65}$$

Das ist die Rutherford'sche Streuformel in relativistisch invarianter Notation, wie sie bei hohen Energien erforderlich ist (siehe Anhang 1.7 zur relativistischen Notation). Ausgedehnte Streuzentren werden durch die Einführung eines Formfaktors berücksichtigt, siehe Kap. 3.9.4. Ferner erfahren die schnellen Elektronen an der Ladung des Kerns ein Magnetfeld, das mit ihrem magnetischen Moment wechselwirkt. Man muß zwei Formfaktoren einführen, einen für die elektrische Wechselwirkung (F_1) und einen für die magnetische (F_2). Oft werden Kombinationen dieser beiden Formfaktoren verwendet, z.B. W_2 und W_1. Damit kann der Wirkungsquerschnitt als Funktion der kinematischen Variablen q^2 und ν geschrieben werden:

$$\boxed{\begin{aligned}\frac{d^2\sigma}{dq^2\,d\nu} &= \frac{4\pi\alpha^2(\hbar c)^2}{q^4} \cdot \frac{E'}{E \cdot m_p} \cdot \\ &\quad \cdot \left(W_2(q^2,\nu)\cdot\cos^2\left(\frac{\theta}{2}\right) + 2\cdot W_1(q^2,\nu)\cdot\sin^2\left(\frac{\theta}{2}\right)\right)\end{aligned}}. \tag{4.66}$$

Der erste Term beschreibt die Rutherford-Streuung an einer punktförmigen Ladung, der zweite den Rückstoß und der dritte enthält die Strukturfunktionen. Diese stellen die wesentliche physikalische Aussage dar. Die beiden Strukturfunktionen können durch ihre unterschiedliche Winkelabhängigkeit getrennt werden. Diese Notation wurde bei den Experimenten bei SLAC Ende der 60er Jahre verwendet. Als "Mott"-Streuung wird die Streuung relativistischer Elektronen an einem punktförmigen

---
[15] Zur vollständigen Herleitung siehe Lehrbücher der Teilchenphysik

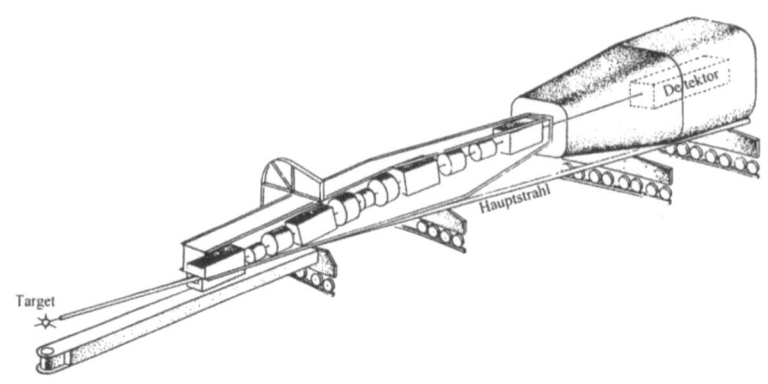

Fig. 4.23 Das Spektrometer bei SLAC (1968) zur Messung der Elektronstreuung an einem ruhenden Target (*engl.* "fixed target")

Spin-1/2 Teilchen bezeichnet.

F_1 und F_2 werden durch die Ersetzungen

$$F_2(x, Q^2) = \nu W_2(Q^2, \nu) \quad \text{und} \quad F_1(x, Q^2) = m_p c^2 \cdot W_1(Q^2, \nu) \qquad (4.67)$$

dimensionslos. Damit wird der Wirkungsquerschnitt Gl. 4.66

$$\boxed{\frac{d^2\sigma}{dQ^2\,dx} = \frac{2\pi\alpha^2(\hbar c)^2}{Q^4 \cdot x} \cdot \left[(1-y)F_2 + y^2 x F_1\right]}. \qquad (4.68)$$

b) Experimentelle Anordnungen zur Elektronstreuung

Fig. 4.23 zeigt als Beispiel das "20 GeV Spektrometer", mit dem bei SLAC das entscheidende Experiment gemacht wurde. Der primäre Elektronenstrahl des 20 GeV Elektronenlinearbeschleunigers kommt von links, trifft auf das Target und erreicht dann ein Quantameter, das die Intensität des Strahls mißt und diesen absorbiert. Die Energie der gestreuten Elektronen wird von vier Dipolmagneten gemessen. Vier Quadrupol- und drei Sextupolmagnete bilden das Target auf den Detektor ab. Es werden der Impuls und der Streuwinkel eines Teilchens gemessen, ebenso werden die Elektronen in einem Schauerzähler identifiziert. Die nötige Meßgenauigkeit ergibt sich aus der Forderung, elastische Streuung von inelastischer

4.4 Lepton-induzierte Reaktionen

zu unterscheiden:

$$\frac{p_{el} - p_{inel}}{p_{el}} \approx \frac{m_\pi}{E_e} = 0.7\,\% \quad \longrightarrow \quad \frac{\Delta p}{p} = \pm 0.05\,\% \,. \tag{4.69}$$

Die benötigte Winkelauflösung folgt aus dem Zusammenhang zwischen der Energie der gestreuten Elektronen und dem Streuwinkel:

$$\frac{\Delta E'}{E} = \frac{E' \sin\theta}{m_p} \cdot \Delta\theta \quad \longrightarrow \quad \Delta\theta = 0.3\,\text{mrad}\,. \tag{4.70}$$

Um hohe Zählraten zu erhalten muß die Impuls- und Winkelakzeptanz größer sein als die Auflösung. Das 20 GeV Spektrometer ist 43 m lang und wiegt (wegen der Abschirmung) $\approx 1'000\,\text{t}$. Es ist schwenkbar. Ergebnisse eines Experiments mit diesem Spektrometer werden in Kap. 4.4.3 besprochen.

c) Experimentelle Anordnungen zur Myonstreuung

Die Erforschung der Struktur des Protons mit Elektronenstrahlen ist durch die zur Verfügung stehende Energie der Elektronen ($\approx 20\,\text{GeV}$) beschränkt[16]. Eine Erweiterung des Energiebereichs wurde möglich, weil in den 1970er Jahren an den Protonensynchrotrons im 400 GeV Bereich durch den Zerfall hochenergetischer Pionen μ-Strahlen von einigen hundert GeV erzeugt werden konnten. Wir sprechen von Lepton-Streuung, die $e^\pm$, $\mu^\pm$ und $\nu_{e,\mu}$ bzw. $\bar{\nu}_e$ und $\bar{\nu}_\mu$ umfaßt.

Fig. 4.24a ist eine schematische Darstellung des BCDMS Experiments (Bologna, CERN, Dubna, München, Saclay). Es ist für hohe Ereignisraten ausgelegt. Man erkennt den modularen Aufbau in zehn Supermodulen, jedes aus acht Modulen bestehend. Der μ-Strahl (Energie 120, 200 oder 280 GeV) kommt von links. Die Rate und die Flugrichtungen der Myonen werden gemessen. Der Strahl hat, da aus π-Zerfall herrührend, ein Halo von unerwünschten Teilchen. Diese werden durch Vetozähler erfaßt, das Ereignis nicht getriggert. Das Target ist acht Supermodule lang und ebenfalls in Module aufgeteilt. Es wurden flüssiger Wasserstoff, flüssiges Deuterium und Kohlenstoff verwendet. Die Module bestehen aus Eisenplatten (11 cm dick) mit einem Loch in der Mitte für den Strahl und das Target. Eine stromdurchflossene Spule umwickelt das Eisen, man hat kreisförmige Magnetfeldlinien. Der Detektor ist somit ein toroidales Spektrometer von 2 T. Das Eisen dient gleichzeitig zur μ Identifikation. Die gestreuten Myonen werden durch Drahtkammern (zwischen den Modulen) gemessen. Ebenfalls dort befinden sich Szintillationshodoskope (in der Figur dick gezeichnet) zum Triggern. Die durchgehenden Myonen werden

---

[16] Emission von Synchrotronstrahlung, dadurch hohe Energieverluste (siehe Kap. 2.3.4)

durch Hodoskope gemessen.

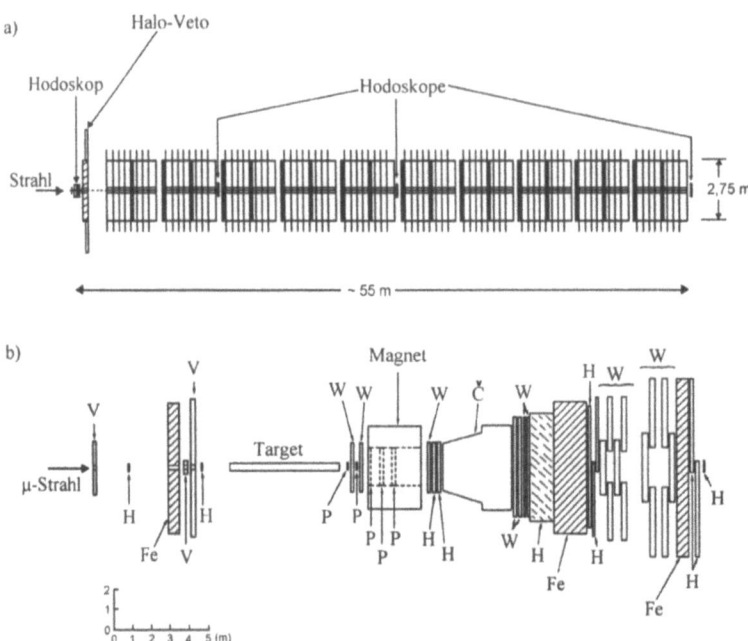

Fig. 4.24 Experimentelle Anordnungen zur μ-Streuung: Spektrometer der a) BCDMS Kollaboration bei CERN (1983), b) EMC Kollaboration, ebenfalls bei CERN (1981). Siehe Text

Fig. 4.24b zeigt das Prinzip des EMC Experiments (European Muon Collaboration). Der μ-Strahl trifft auf ein Target (flüssiger Wasserstoff). Durch Hodoskope H aus Szintillationszählern werden die Intensität und Teilchenposition gemessen. Teilchen im Strahlhalo werden durch Vetozähler V erfaßt und durch Eisen Fe abgeschirmt. Nach dem Target dient ein Dipolmagnet, zusammen mit Proportional- (P) und Drahtkammern (W) sowie weiteren Szintillationshodoskopen H der Impulsmessung der gestreuten Myonen und der anderen Reaktionsprodukte. Die μ's werden durch einen Eisenabsorber Fe identifiziert, die erzeugten Hadronen durch einen Cherenkov-Zähler Č. Die Ereignisrate bei EMC ist geringer als bei BCDMS. Jedoch können hadronische Endzustände gemessen werden.

4.4.3 Entdeckung der Partonen

Bei SLAC kam Mitte der 1960er Jahre der 20 GeV Elektronenlinearbeschleuniger in Betrieb. Es wurde die tief-inelastische Elektronenstreuung am Proton, $e^-p \to e^{-'}X$, gemessen. Die Masse von X liegt oberhalb der Nukleonenresonanzen ($\Delta(1238)$ usw.). Fig. 4.25 zeigt die Ergebnisse. Aufgetragen ist das Verhältnis des gemessenen Wirkungsquerschnitts zum Mott-Querschnitt in Abhängigkeit von Q^2. Wir betrachten zunächst die Kurve für die elastische Streuung. Sie fällt stark ab – eine Folge der Ausdehnung des Protons. Aus solchen Messungen wird der Formfaktor des Protons gewonnen. Das wesentliche Ergebnis ist, daß ab $W \approx 3\,\text{GeV}/c^2$ die Strukturfunktion konstant ist. D.h. die Elektronen werden an Punktladungen gestreut. *Die Nukleonen haben eine Substruktur aus punktförmigen Konstituenten.* Diese werden *Partonen* genannt.

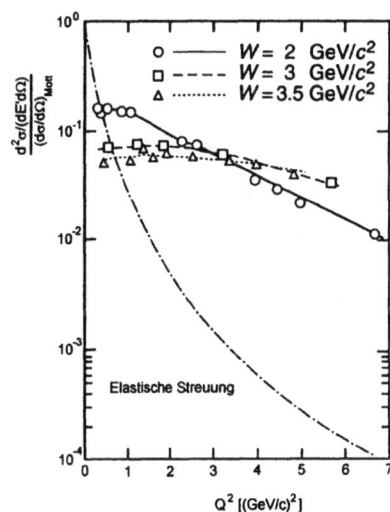

Fig. 4.25
Der Wirkungsquerschnitt für ep-Streuung als Funktion von Q^2. Messungen des MIT-SLAC Experiments bei SLAC (1968). Siehe Text

In Fig. 4.26 schauen wir uns diesen Sachverhalt genauer an. Die Strukturfunktion $\nu W_2(x, Q^2)$ ist für $x = 0.25$ konstant von $Q^2 = 1 - 8\,\text{GeV}/c^2$. Das bestätigt die oben gemachte Aussage quantitativ. Die Unabhängigkeit von νW_2 von Q^2 wird als *Skalenverhalten* bezeichnet. Die Strukturfunktion hängt nur von der Skalenvariablen x ab.

F_1 rührt von der magnetischen Wechselwirkung her (wie man aus dem Helizitätsargument und dem Winkelfaktor überlegen kann!). Für Spin-0

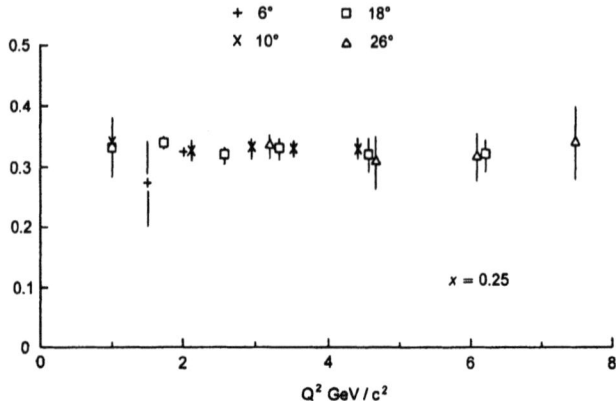

Fig. 4.26 Die Strukturfunktion νW_2 in Abhängigkeit von Q^2. Messungen des MIT-SLAC Experiments bei SLAC (1968)

Teilchen ist $F_1 = 0$. Das QPM (siehe Kap. 4.5.5) verlangt für Spin-1/2:

$$2xF_1(x) = F_2(x) \ . \tag{4.71}$$

Das Experiment bestätigt dies. *Die Partonen im Proton haben Spin $J = 1/2$.* In Kap. 4.7.6 werden wir sehen, daß die Partonen drittelzahlige elektrische Ladung haben. Wir sprechen von Quark-Partonen und dem Quark-Parton Modell (QPM). *Durch die tief-inelastische Streuung ist die Existenz von Quarks als Substruktur des Protons nachgewiesen.* Die Quarks scheinen keine Wechselwirkung untereinander zu haben. Sie bewegen sich frei im Proton. Das ist das *Quark-Parton Modell* der Nukleonen (QPM).

Mit den μ- und ν-Strahlen und insbesondere mit dem ep-Speicherring HERA konnte in den 1990er Jahren ein wesentlich größerer kinematischer Bereich gemessen werden. Fig. 4.27 faßt alle Ergebnisse zusammen. Das Skalenverhalten, das bei SLAC gefunden wurde, ist in diesem Phasenraumbereich bestätigt. Jedoch wird das Bild komplexer, wenn auch andere Phasenraumbereiche betrachtet werden (siehe Kap. 4.5.5).

4.4.4 Aufgaben

4.51. *Kinematik der ep-Streuung:* Man zeige, daß bei der Elektronenstreuung am ruhenden Proton ν gleich dem Energieübertrag auf das Proton ist.

4.4 Lepton-induzierte Reaktionen

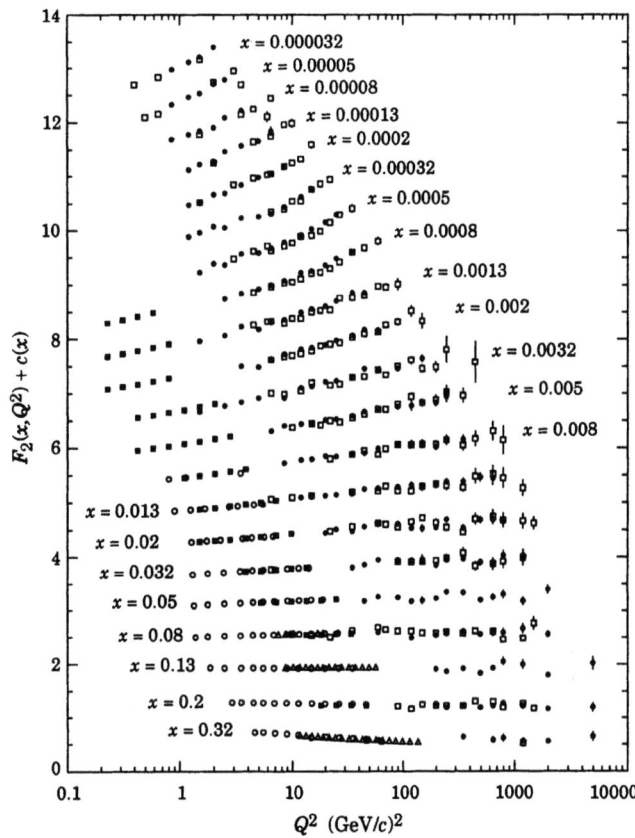

Fig. 4.27 Zusammenfassung aller Meßergebnisse von F_2. Aufgetragen ist F_2 als Funktion von Q^2 für die verschiedenen Werte von x. Um alle Daten in einer Figur zeigen zu können, ist die Ordinate ($F_2(x,Q^2)$) gespreizt durch die additive Konstante $c(x) = 0.6 \cdot (i_x - 0.4)$ mit $i_x = 1$ bis 21 von unten beginnend. Die Meßpunkte links einer Linie von $[F_2, Q^2] = [10, 1]$ nach $[0, 200]$ stammen meist aus Experimenten mit festem Target, die rechts davon vom ep-Speicherring HERA. Zusammenstellung der Particle Data Tables[Par 00]

4.52. *Kinematik der ep-Streuung:* Gilt die Formel $W^2 = m_p^2 + q^2 + 2m_p\nu$ (Tab. 4.8) allgemein?

4.53. *Kinematik der ep-Streuung:* Man berechne die kinematischen Variablen Q^2, ν, x und y für das Experiment bei SLAC: $E_e = 20\,\text{GeV}$, $E_{e'} = 3\,\text{GeV}$, $\theta = 18°$.

4.54. *Kinematik der ep-Streuung:* Man schreibe die kinematischen Variablen für den speziellen Fall des ruhenden Targetprotons auf.

4.55. *Kinematik der ep-Streuung:* Welcher kinematischer Bereich kann mit HERA erreicht werden? $E_e = 27.5\,\text{GeV}$, $E_p = 820\,\text{GeV}$.

4.56. *Tief-inelastische Streuung:* Man berechne die Ausdehnung der kleinsten Konstituenten des Protons, die heute gesehen werden können (Fig. 4.27).

4.57. *Tief-inelastische Streuung:* Man berechne numerisch den Wirkungsquerschnitt (Gl 4.68) für a) $Q^2 = 100\,\text{GeV}^2$, $x = 0.2$, b) $Q^2 = 5\,\text{GeV}^2$, $x = 0.000'2$. Die Strukturfunktionen entnehme man dem Text und Fig. 4.27. y soll für HERA mit Hilfe der Beziehung zwischen $x \cdot y \cdot s$ und Q^2 berechnet werden ($m_p = m_e = 0$).

4.58. *μ-Spektrometer:* Man überlege die Teilchenbahn in einem toroidalen Magnetfeld.

4.59. *Elastische Streuung:* Man gebe aus Fig. 4.25 näherungsweise die Q^2-Abhängigkeit des Formfaktors der elastischen Streuung an.

4.60. Man berechne die Datenrate für tief-inelastische *ep*-Streuung am Speicherring HERA. Kinematische Variablen wie Aufgabe 4.57, Akzeptanzen: a) $\Delta Q^2 = 5\,(\text{GeV}/c)^2$, $\Delta x = 0.05$, b) $\Delta Q^2 = 0.5\,(\text{GeV}/c)^2$, $\Delta x = 0.000'05$, Luminosität $L_{\text{HERA}} = 2 \cdot 10^{31}\,\text{cm}^{-2}\text{s}^{-1}$, mit Brücksichtigung der Füllzeiten etc. $\int^{1a} L\,dt = 70\,\text{pb}^{-1}$.

4.5 Quantenchromodynamik

Quarks streuen an Quarks durch die *starke Wechselwirkung*. Die *Quantenchromodynamik* (QCD) beschreibt diese durch den Austausch von *Gluonen*. Die Quarks haben Spin-1/2 und drittelzahlige elektrische Ladungen, die Gluonen Spin-1 und sind neutral. Die Ladung der starken Wechselwirkung wird *"Farbe"* genannt. Die Quarks sind Farbtripletts. Im Gegensatz zur QED tragen die Austauschteilchen der QCD, die Gluonen, eine Farbladung. Sie bilden ein Farboktett. Die starke Kopplungskonstante $\alpha_s(Q^2)$ hängt vom Impulsübertrag am Vertex (Q) ab. Bei großen Q^2 (= kleinen Abständen) ist die Wechselwirkung klein (*"asymptotische Freiheit"*), bei großen Abständen wird sie so stark, daß die Quarks und Gluonen stark gebunden sind (*"confinement"* = *Einschließung*). Die *Hadronen sind Farbsinguletts* aus drei Quarks (Baryonen) oder aus Quark-Antiquark (Mesonen).
Alle Eigenschaften der QCD sind experimentell bestätigt. Die Existenz der Quarks und Gluonen wird "sichtbar" durch die 2- bzw. 3-*Jet Ereignisse* bei der e^+e^--Vernichtung in Hadronen. Winkelverteilungen erlauben die Messung der Spins. Die Zahl der *Quarkflavors* und der (drei) Farben kann durch $\sigma_{tot}(e^+e^- \rightarrow$ Hadronen) bestimmt werden. Die *laufende Kopplung* wurde ebenfalls gemessen.
Durch *tief-inelastische Leptonstreuung* wurde die Struktur der Nukleonen gemessen. Sie bestehen aus *drei Valenzquarks*, die die Quantenzahlen des Nukleons bestimmen. Hinzu kommt ein *See aus Quark-Antiquark-Paaren* und Gluonen. Die laufende Farbladung erklärt die Beobachtung, daß bei kleinen Abständen (= große Impulsüberträge) die Wechselwirkung zwischen den Quarks im Nukleon gering ist, während sie bei großen Abständen stark gebunden werden.
Bei hohen Energien ($kT > 150$ MeV) und hohen Baryonendichten wird vermutet, daß die Kernmaterie in einen neuartigen Zustand übergeht, das *Quark-Gluon-Plasma*. Das "confinement" wird aufgebrochen. Die Quarks und Gluonen bewegen sich quasi-frei. In Pb-Pb-Stößen bei einer Strahlenergie von 158 GeV/Nukleon wurden erste Anzeichen gesehen.

4.5.1 Experimentelle Grundlagen der QCD

Die starke Wechselwirkung war uns erstmals in der Kernkraft begegnet. Dort war auch die Idee, daß das π der Übermittler der Kernkraft ist, aufgetaucht. Wir suchen jetzt nach der (starken) WW der Hadronen. Doch zuerst müssen wir die Frage beantworten: "Welches sind die grundlegenden Bausteine?". Die analoge Frage bei der elektromagnetischen WW ist: Ist die WW zwischen Atomen und Molekülen (van der Waals-Kräfte) oder zwischen Elektronen der Ausgangspunkt der Theorie? Hier also: *Starke WW* zwischen Hadronen oder *zwischen Quarks*? Wir gehen von der Quark-Hypothese aus und werden diese später experimentell belegen.

Die experimentellen Informationen, die wir über die starke WW zwischen den Quarks haben, scheinen sehr widersprüchlich zu sein:
1. Aus dem Hadronenspektrum muß man schließen, daß die Quarks sehr stark gebunden sind. Tatsächlich ist es nie gelungen, freie Quarks (d.h. Teilchen mit drittelzahliger elektrischer Ladung) experimentell zu beobachten. Auf eine starke Bindung deutet auch hin, daß Modelle, die Hadronen aus Quarks aufbauen wollen, einen sehr tiefen Potentialtopf benötigen.
2. Andererseits haben die Experimente zur tief-inelastischen Streuung von Leptonen an Nukleonen gezeigt, daß die (Quark-)Partonen sich in den Nukleonen frei bewegen.
3. Das Ω^--Baryon ist ein (sss)-Zustand mit Spin $J = 3/2$. Alle drei Quarks sind im Grundzustand. Das widerspricht dem Pauli-Prinzip. Spin 3/2 ist unmöglich. Die Entdeckung des Ω^- im Jahre 1964 hat den "eightfold way" bestätigt und eine wesentliche Frage zur starken WW gestellt.

4.5.2 Theorie der QCD

Wir bauen eine Theorie der starken WW in Analogie zur erfolgreichen Theorie der elektromagnetischen WW, der QED.

Die starke WW wirkt zwischen den Quarks. Die starke WW zwischen Proton und Neutron oder zwischen Protonen und Pionen ist analog zur van-der-Waals-Kraft der elektromagnetischen WW.

Der Widerspruch zum Pauli-Prinzip beim Quarkmodell des Ω^- wird aufgehoben durch die Einführung eines neuen Freiheitsgrads, der den Quarks zugeordnet wird. Er heißt "*Farbe*". Es gibt drei Farben, die wir "rot" (r), "grün" (g) und "blau" (b) nennen wollen. Es gibt somit die drei leichten Quarkflavors in dreifacher Ausfertigung, d.h. in je drei Farben. Die Farbe ist der Träger der starken WW, so wie die elektrische Ladung der Träger der elektromagnetischen WW ist. Die *Quarks bilden Farbtripletts*.

4.5 Quantenchromodynamik

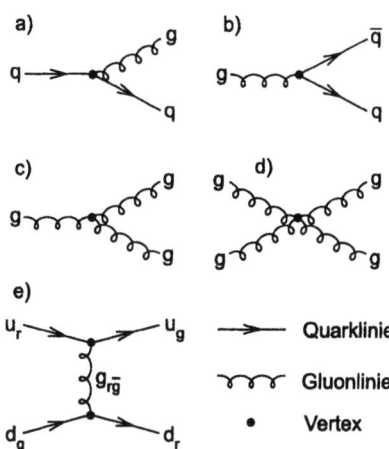

Fig. 4.28
Die Feynman-Graphen der QCD:
a) Emission eines Gluons durch ein Quark, b) Aufspaltung eines Gluons in ein Quark-Antiquark-Paar, c) Triple-Gluon-Vertex, d) 4-Gluon-Vertex, e) Feynman-Graph der Quark-Quark Streuung durch Austausch eines farbigen Gluons

Die Überbringer der WW zwischen zwei geladenen Teilchen sind die Photonen (γ). Die WW zwischen zwei Elektronen (oder allgemein zwischen geladenen Teilchen) erfolgt durch den Austausch eines Photons. Für die starke WW zwischen Quarks ist das Analogon das *Gluon g* (*engl*. Leim, d.h. Bindeteilchen). Jedem auslaufenden Quark entspricht ein einlaufendes Antiquark. Zu jeder auslaufenden Farbladung, z.B. r, gehört eine einlaufende Farbe, hier $\bar{r}$.

Der wesentliche Unterschied zwischen der elektromagnetischen und der starken WW ist nun, daß die *Gluonen Träger der Farbladung* sind, während die Photonen elektrisch neutral sind. Die Gluonen sind Farboktetts und sind durch Farbe-Antifarbe gekennzeichnet, z.B. $r\bar{g}$.

Fig. 4.28 zeigt die *Feynman-Graphen der starken WW*. Es gibt die Emission eines Gluons durch ein Quark, die Quark-Antiquark Erzeugung durch Gluonen und, das ist neu, den 3-Gluon und den 4-Gluon Vertex.

Die starke Kopplungskonstante α_s ist nicht konstant, sondern hängt von Q^2 ab. Die Formel für die *"laufende" Kopplungskonstante* ist

$$\boxed{\alpha_s(Q^2) = \frac{12\pi}{(33 - 2 \cdot N_f) \cdot \ln|Q^2/\Lambda^2|}} \qquad (4.72)$$

(N_f = Zahl der aktiven Flavors, Q^2 = Viererimpulsübertrag² am Vertex, Λ (in Einheiten MeV) charakterisiert die starke Wechselwirkung). Man beachte, daß die analoge elektromagnetische Kopplungskonstante

$$\alpha = \frac{e^2}{4\pi\epsilon_0 \cdot (\hbar c)} = \frac{1}{137} \qquad (4.73)$$

eine Konstante ist.

Die Theorie der elektromagnetischen WW heißt Quantenelektrodynamik (QED). Der hier besprochenen Theorie der starken WW wurde der Name "Quantenchromodynamik" (QCD) gegeben, weil die Ladung die Farbe (*griech.* chroma) ist. Eine mathematische Formulierung der QCD muß davon ausgehen, daß es drei Farbladungen gibt. Die Gruppe $SU(3)_{\text{color}}$ (*engl.* color = Farbe) leistet dies. Sie ist zu unterscheiden von der Gruppe $SU(3)_{\text{flavor}}$, die zur Beschreibung der Hadronen, die aus drei (leichten) Quarks aufgebaut sind, herangezogen wurde. Jedes Quarkflavor ist ein Farbtriplett. Die Gluonen tragen Farbe-Antifarbe. Mit drei Farben ergibt dies acht Möglichkeiten:

$$\begin{array}{ccc} r\bar{r} & r\bar{g} & r\bar{b} \\ g\bar{r} & g\bar{g} & g\bar{b} \\ b\bar{r} & b\bar{g} & b\bar{b} \end{array}$$

Aus den Zuständen der Diagonalen bilden wir zwei antisymmetrische Zustände, z.B. (Normierungsfaktoren wurden weg gelassen):

$$(r\bar{r} - g\bar{g}) \text{ und } (r\bar{r} + g\bar{g} - 2 b\bar{b}).$$

Der symmetrische Zustand (bei Vertauschung der Farben)

$$(r\bar{r} + g\bar{g} + b\bar{b})$$

ist ein Farbsingulett und kann zwischen Farbladungen nicht ausgetauscht werden. Wir haben somit acht Gluonen, die ein $SU(3)_{\text{color}}$-Oktett bilden.

Tab. 4.9 Zusammenfassung der Grundannahmen der QCD, der Theorie der starken Wechselwirkung (WW). Zum Vergleich sind die entsprechenden Aussagen der QED angegeben

Wechselwirkung	QCD (starke WW)	QED (elmag. WW)
Teilchen	Quarks q	Elektronen e^-
Ladung	3 Farben: r,g,b	Elementarladung e
	$\alpha_s(Q^2)$	$\alpha = 1/137$
Träger der WW	8 Gluonen $g_1...g_8$	Photon γ
Ladung der WW Träger	Farboktett	el. ungeladen
WW der Ladungsträger	ja ($3g$-Vertex)	nein
Energieabhängigkeit	ja	nein
der Ladung	α_s laufend	α konstant

Tab. 4.9 faßt die Grundannahmen der QCD zusammen und vergleicht sie mit der QED.

Die Hadronen sind Farbsingulett s. Man sagt, sie haben die Farbe "weiß".

4.5 Quantenchromodynamik

Die Wellenfunktion des π^+ ist

$$|\pi^+> = |u_r\,\bar{d}_{\bar{r}}> + |u_g\,\bar{d}_{\bar{g}}> + |u_b\,\bar{d}_{\bar{b}}>$$ (4.74)

(Normierungsfaktoren wurden weggelassen). Bei den Baryonen haben alle drei Quarks eine unterschiedliche Farbe:

$$|p> = |u_r + u_g + d_b> + \text{zykl. Vertauschungen der Farben}\,.$$ (4.75)

Somit sind die beobachteten Hadronen weiß.

4.5.3 Experimentelle Bestätigung der QCD

a) Hadronenjets in e^+e^--Vernichtung: Quarks und Gluonen

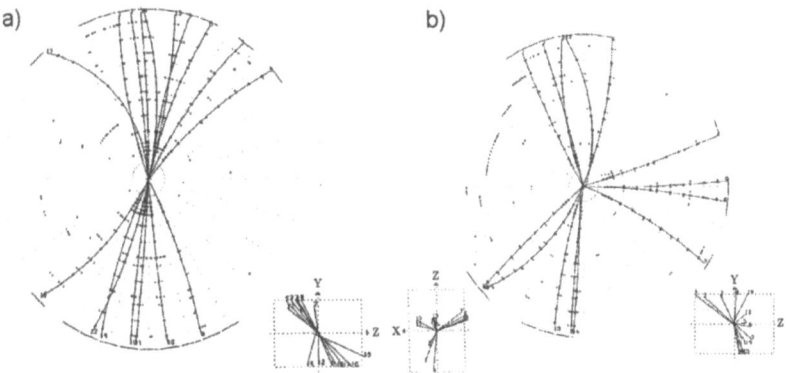

Fig. 4.29 Jets bei e^+e^--Vernichtung. a) 2-Jet Ereignis $e^+e^- \to q\bar{q} \to 2\,\text{Jets}$. b) 3-Jet Ereignis $e^+e^- \to q\bar{q}g \to 3\,\text{Jets}$. Gezeigt wird der Schnitt senkrecht zur Strahlachse. Die kleine Einfügung links ist eine Aufsicht, rechts eine Seitenansicht. Die Gesamtenergie ist $W = 2 \cdot E_{\text{Strahl}} = 35\,\text{GeV}$. Daten des TASSO Experiments am Speicherring PETRA bei DESY (ab 1979)

Bei der Messung der Reaktion $e^+e^- \to h's$ ($h's$ = Hadronensystem) bei Energien $W \geq 15\,\text{GeV}$ ist die Multiplizität der geladenen Teilchen des Endzustands $n_{\text{ch}} \geq 12$. Die Teilchen sind jedoch nicht gleichmäßig im Raum verteilt, sondern erscheinen als "*Jets*". Meist hat man dann 2-Jet Ereignisse (siehe Fig. 4.29a), seltener 3-Jet Ereignisse (Fig. 4.29b).

Die Deutung ist, daß der primäre Prozeß die Erzeugung eines Quark-

Antiquark-Paares ist. Diese "hadronisieren" dann in je einen Jet:

$$e^+e^- \to \gamma^* \to q\bar{q} \to 2\,\text{Jets}\ .\tag{4.76}$$

Für diesen Prozeß der elektromagnetischen Wechselwirkung gilt die Flavor-Erhaltung.

Nun wissen wir aus der QCD, daß Quarks Gluonen emittieren. Die 3-Jet Ereignisse sind analog zur Bremsstrahlung der QED:

$$e^+e^- \to \gamma^* \to q^*\bar{q} \to q\bar{q}g \to 3\,\text{Jets}\ .\tag{4.77}$$

Die Jets bei der e^+e^--Vernichtung sind somit der *Beweis für die Existenz der Quarks und der Gluonen*.

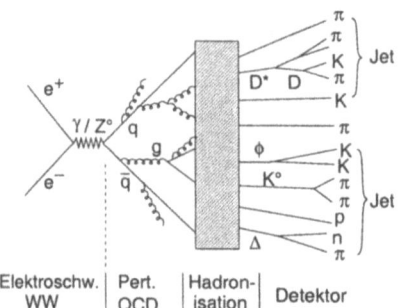

Fig. 4.30
Schematische Darstellung der Hadronisation einer Reaktion $e^+e^- \to$ Hadronen. Es sind verschiedene mögliche Hadronen des Endzustands angedeutet. Auf Erhaltungssätze wurde keine Rücksicht genommen

Ein Modell der Hadronisation zeigt Fig. 4.30. Durch das virtuelle γ^* (bzw. Z^0 bei höheren Energien, siehe Kap. 4.8) wird ein $q\bar{q}$-Paar produziert. Dieses erzeugt weiche (= niederenergetische) Gluonen wegen der laufenden Kopplungskonstanten α_s mit hoher Wahrscheinlichkeit, diese virtuelle $q\bar{q}$-Paare oder über den Triple-Gluon-Vertex zwei neue Gluonen. Der Vorgang ist ähnlich dem elektromagnetischen Schauer. Diese erste Stufe der Hadronisation mit Quarks, Antiquarks und Gluonen kann durch die QCD mit Störungsrechnung berechnet werden. Man spricht von der *"perturbativen QCD"*. Die niederenergetischen Quarks und Gluonen haben untereinander eine sehr starke WW. Dadurch kondensieren sie zu Hadronen. Die Hadronen werden zunächst schwere Mesonen und Baryonen sein (z.B. ρ's oder Δ's), die durch die starke WW zerfallen. Es können aber auch langlebige seltsame Hadronen (oder c- und b-Hadronen, siehe Kap. 4.6.3) sein. Die direkt beobachteten Teilchen sind $\pi^\pm$, $K^{\pm,0}$, p und n. π^0, ρ, Φ, Δ, Λ^0 und andere werden über die invariante Masse ihrer Zerfallsprodukte rekonstruiert.

Die Jetstruktur wird theoretisch durch die Größe "thrust" (*engl.* Schub) beschrieben. Man sucht die Jetachse. Man kann die Achse nehmen, zu der

4.5 Quantenchromodynamik

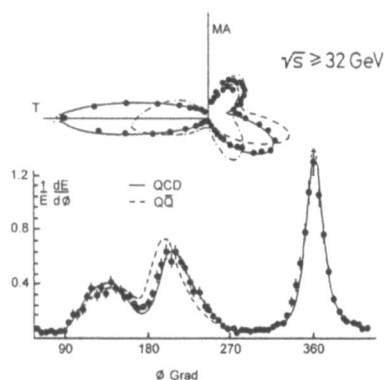

Fig. 4.31
Der Energiefluß bei der Reaktion $e^+e^- \to \gamma \to q\bar{q}g$. Oben: Polardiagramm, unten Winkelverteilung. Die Daten werden verglichen mit QCD Rechnungen und mit einem Modell, bei dem nur die $q\bar{q}$-Produktion angenommen wird und eine 3-Jet Struktur durch statistische Fluktuationen erscheint. Daten des Mark-J Experiments bei DESY (ab 1979)

der Transversalimpuls der Teilchen minimal wird. Entsprechend wird der Longitudinalimpuls maximal. Die Achse $\hat{n}$ maximiert den Longitudinalimpuls. Man erhält den *"Thrust"* (Summe über alle Teilchen) durch:

$$T(\hat{n}) = \overset{\hat{n}}{max} \frac{\sum \vec{p}_i \cdot \hat{n}}{\sum p_i} \ . \tag{4.78}$$

Die Thrustachse entspricht der Richtung des primären Quarks.

Für die Winkelverteilung der Achse $\hat{n}$ bei 2-Jet Ereignissen findet man experimentell

$$w(\cos\theta) \sim 1 + \cos^2\theta \ . \tag{4.79}$$

Das ist die Winkelverteilung für Spin-$\frac{1}{2}$ Teilchen (siehe Kap. 4.1.4). Damit ist der Spin der Quarks (q) zu $s_q = \frac{1}{2}$ gemessen.

Eine anschauliche Darstellung der 3-Jet Ereignisse, die auch eine quantitative theoretische Analyse erlaubt, ist der Energiefluß (Fig. 4.31). Da die 3-Jet seltener sind als die 2-Jet Ereignisse, muß eine Datenauswahl getroffen werden. Man wählt Ereignisse, bei denen der energiereichste Jet nicht besonders schlank ist ($T \leq 0.98$) und die beiden niederenergetischen Jets in unterschiedliche Richtungen gehen. Man erkennt, außer der anschaulichen Darstellung, eine gute Übereinstimmung mit den Rechnungen der perturbativen QCD.

Damit ist die *Existenz von Spin-$\frac{1}{2}$ Quarks und von Spin-1 Gluonen experimentell gesichert* (zum Spin der Gluonen siehe Kap. 4.6.2.d).

Jets werden auch in rein hadronischen Reaktionen, z.B. $p\bar{p} \to 2\,\text{Jets} + X$ erzeugt (siehe Fig. 4.32). Die primäre Wechselwirkung ist zwischen zwei Quarks, die anderen sind "Zuschauer". Letztere verschwinden im Experiment meist im Strahlrohr.

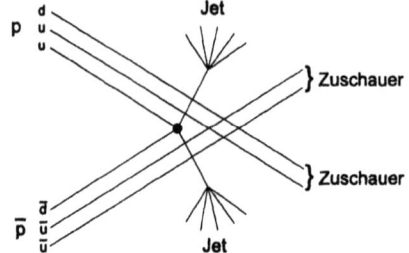

Fig. 4.32
Graph der Jetproduktion in $p\bar{p}$-Reaktionen. Man erkennt die wechselwirkenden Quarks, die Jets bilden, und die Zuschauerquarks

b) $\sigma_{\text{tot}}(e^+e^- \to h)$, Quarkflavors und Farben

Wir wollen den Wirkungsquerschnitt der Reaktion $e^+e^- \to h$ aus dem Quark-Parton-Modell und der QCD berechnen. Wenn man das Verhältnis

$$R = \frac{\sigma(e^+e^- \to \gamma^* \to q\bar{q} \to h)}{\sigma(e^+e^- \to \gamma^* \to \mu^+\mu^-)} \qquad (4.80)$$

verwendet, fallen alle Faktoren bis auf die Ladungen der erzeugten μ's bzw. q's heraus. Bei einer Energie oberhalb der Schwelle zur Produktion der Quarkpaare wird

$$R = 3 \cdot \sum_{\text{flavors}} e_q^2 , \qquad (4.81)$$

wobei e_q die fraktionelle Quarkladung ist. Der Faktor 3 kommt von den drei Farben eines jeden Quarkflavors her.

Fig. 4.33 zeigt das experimentelle Ergebnis. Die durchgezogene Linie ist die Erwartung des Quark-Parton-Modells mit drei Farben. Man erkennt die Übereinstimmung des Modells mit den Daten. Bei kleinen Energien werden die leichten Quarks u, d, s produziert, bei höheren Energien sieht man die Schwelle für die schweren c-Quarks bei $Q^2 = (2 \cdot 1.8\,\text{GeV})^2$ und die noch schwereren b-Quarks bei $Q^2 = (2 \cdot 5.2\,\text{GeV})^2$. Damit sind fünf Quarkflavors nachgewiesen. Die Lage von schmalen Resonanzen ist angegeben. Der Ansatz des Z^0 Peaks (siehe Kap. 4.8.4) ist erkennbar.

Die etwas höheren experimentellen Werte (gestrichelte Kurve) gegenüber dem Modell rührt her von der QCD. Die Quarks können Gluonen abstrahlen. Damit wird in niedrigster Ordnung QCD

$$R = 3 \cdot \sum_{\text{flavors}} e_q^2 \cdot \left(1 + \frac{\alpha_s}{\pi}\right) . \qquad (4.82)$$

Die Messung von R kann zur Bestimmung von α_s dienen.

4.5 Quantenchromodynamik

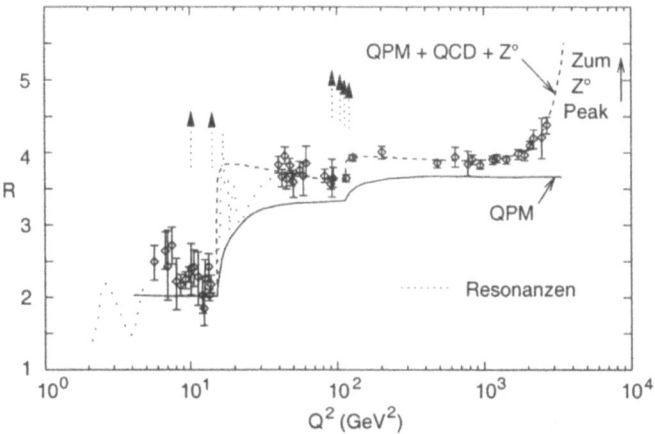

Fig. 4.33 Der totale Wirkungsquerschnitt $e^+e^- \to q\bar{q} \to h$. Siehe Text. Die Lage der schmalen $c\bar{c}$- und $b\bar{b}$-Resonanzen ist angegeben. Zusammenfassung mehrerer Experimente

c) Die laufende Farbladung

Fig. 4.34 zeigt eine Zusammenfassung aller Messungen der starken Kopplungskonstanten α_s. Sie kann bei allen Reaktionen, bei denen Gluonen emittiert werden, gemessen werden. Z.B. ist das Verhältnis der 3-Jet zu den 2-Jet Ereignissen $\sim \alpha_s$. Der Mittelwert aller Messungen ist

$$\boxed{\alpha_s(Q = m_{Z^0}) = 0.113^{+0.009}_{-0.013}} \ . \tag{4.83}$$

Man sieht die logarithmische Abhängigkeit von $\alpha_s(\mu)$ ($\mu = Q$ in unserer Notation). Die Anpassung der Daten an Gl. (4.72) ergibt

$$\Lambda_{QCD} \approx 100\,\text{MeV} \ . \tag{4.84}$$

Bei großen Abständen (d.h. wegen der Unschärferelation bei kleinen Q^2) wird die WW so groß, daß sich die beiden Quarks nicht trennen können. Das bindende Gluon erzeugt virtuelle $q\bar{q}$-Paare. Diese sind nahe bei einander, d.h. schwach gebunden. Das Gluon bricht an dieser Stelle auf und erzeugt ein $q\bar{q}$-Paar. Dieses kann z.B. ein Pion bilden, falls die zur Verfügung stehende Energie ausreicht. Dieser Vorgang heißt "Hadronisation"[17]. Sie kann noch nicht von den Grundlagen der QCD her gerechnet werden. Man muß sich mit empirisch angepaßten Modellen begnügen.

---

[17] Die Hadronisation wird oft "Fragmentierung" genannt

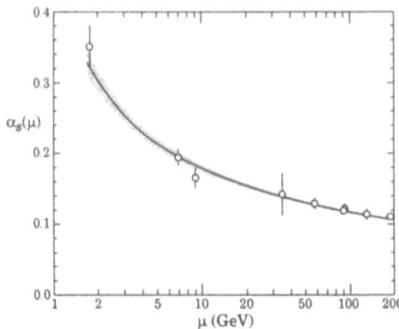

Fig. 4.34
Die Abhängigkeit der starken Kopplungskonstanten α_s von $\sqrt{Q^2} = \mu$. Der Fehler der Anpassung an Gl. (4.72) ist schraffiert. Zusammenstellung vieler Messungen durch die Particle Data Tables

d) Auflösung der widersprüchlichen Beobachtungen

Die QCD erklärt die widersprüchlichen Beobachtungen über die Wechselwirkung der Quarks im Proton (frei bzw. stark gebunden). Bei großen Energien ist α_s klein und die Quarks bewegen sich im Proton quasifrei. Ihre Wechselwirkung mit den anderen Quarks ist klein. Bei kleinen Energien ist α_s groß und die Quarks sind stark gebunden.

Die laufende Kopplungskonstante erklärt auch, warum keine freien Quarks beobachtet wurden. Bei zunehmender Entfernung, wenn sich ein Quark aus dem Proton lösen will, d.h. wegen der Unbestimmtheitsrelation bei kleinem Q, wird die Wechselwirkung immer stärker.

4.5.4 Das Hadronenspektrum im Lichte der QCD

Im Konstituentenquark-Modell (Kap. 4.3.3) haben wir die Hadronen aus $q\bar{q}$ bzw. qqq aufgebaut. Durch die QCD wissen wir, daß die Bindung der Quarks durch den Austausch von Gluonen erfolgt.

Wegen der Selbstwechselwirkung der Gluonen (3-Gluon-Vertex) sind auch Zustände mit zwei (oder mehr) Gluonen, die durch weiche Gluonen gebunden sind, möglich. Sie heißen Gluonium (G) oder Gluebälle. Da die Gluonen $J^P = 1^-$ haben, hat der niedrigste Glueball ($L = 0$) $J^P = 0^+$. Die Identifikation des Gluoniums (gegenüber $q\bar{q}$-Mesonen) kann über die Zerfallskanäle erfolgen. Da die Gluonen an alle Quarkflavors gleich stark koppeln, sollte (bis auf Phasenraumfaktoren) $G(0^+)$ in $\pi\pi$ und $K\bar{K}$ gleich häufig zerfallen. Dagegen zerfallen wegen Fig. 4.21 $s\bar{s}$-Mesonen in $K\bar{K}$. Auch sollten Gluebälle nicht an $\gamma\gamma$ koppeln, da sie keine geladenen Konstituenten haben.

Experimentell konnte noch kein beobachteter 0^+-Zustand zweifelsfrei als

Gluonium identifiziert werden. Jedoch wurden mehr 0^+-Mesonen gefunden als nach dem Quarkmodell erwartet werden. Man vermutet, daß die beobachteten Kandidaten keine reinen G-Zustände sind, sondern mit $q\bar{q}$-Zuständen vermischen. Durch Messung der Verzweigungsverhältnisse der drei f_0-Mesonen

$$f_0(1370), \; f_0(1500), \; f_0(1710)$$

in $\pi\pi$, $K\bar{K}$, $\eta\eta$, $\eta\eta'$ und 4π kann auf die Beiträge der Zustände

$$|G> = |gg>, \; |S> = |s\bar{s}> \text{ und } |N> = |u\bar{u}+d\bar{d}>$$

geschlossen werden. Z.B. ist

$$|f_0(1370)> = 0.65\,|G> -0.15\,|S> -0.73\,|N>.$$

Auch Hybridmesonen mit den Konstituenten $q\bar{q}g$ sind möglich.

Es muß betont werden, daß die Existenz von Gluonium eine grundlegende Vorhersage der QCD ist. Die Entdeckung wäre ein direkter Beweis für den 3-Gluon-Vertex.

4.5.5 Die Struktur der Nukleonen

a) Das Quark-Parton-Modell der Nukleonen

Durch die Hadronenspektroskopie und die tief-inelastische Leptonstreuung haben wir gelernt, daß die Hadronen aus punktförmigen Konstituenten, den Quark-Partonen, bestehen. Wir wollen jetzt mit diesem Modell, ausgehend von der QCD, die *Strukturfunktion der Nukleonen* berechnen.

Das Nukleon besteht aus drei *"Valenzquarks"* (q_v mit den Quarkflavors (f) u bzw. d). Die elektrische Ladung ist $q = e_f \cdot e$ mit $e_f = +2/3$ für u- und $e_f = -1/3$ für d-quarks ($e =$ Elementarladung). Aufgrund der QCD erwarten wir auch elektrisch neutrale *Gluonen* (g) als Konstituenten. Die Gluonen bilden mit hoher Wahrscheinlichkeit Quark-Antiquark-Paare. Diese bilden die *"Seequarks"*. Sie können wieder in Gluonen annihilieren.

Die Interpretation der tief-inelastischen Streuung wird einfach in einem Bezugssystem, in dem sich das Proton sehr schnell bewegt (*engl.* infinite momentum frame). Die Partonen haben einen sehr großen Longitudinalimpuls. Der Transversalimpuls, der beschränkt ist (siehe Kap. 4.2.7), kann vernachlässigt werden, ebenso die Ruhemasse der Konstituenten. Die ep-Wechselwirkung ist die inkohärente Summe der Wechselwirkungen der punktförmigen Partonen. Die Elektron-Parton WW ist die elastische Streuung. Die Partonen haben im Anfangszustand den Viererimpuls $x \cdot \underline{p}$,

nach der elastischen Streuung in dieser Näherung $-x \cdot \underline{p}$. Wir haben somit
$$\underline{q} + x \cdot \underline{p} = -x \cdot \underline{p} \tag{4.85}$$
Nach Multiplikation mit $\underline{q}$ und mit den Definitionen der Tab. 4.8 wird

$$\boxed{x = \frac{Q^2}{2m_p\nu}} . \tag{4.86}$$

In diesem Modell ist x der Bruchteil des Impulses, den das wechselwirkende Parton im Proton vor dem Stoß hatte. Die Stoßnäherung ist gültig, falls die Stoßzeit < Wechselwirkungszeit der Partonen ist.

Für die Valenzquarks ist die Strukturfunktion bei Elektron- oder μ-Streuung

$$\boxed{\begin{aligned} \text{p:} \quad & F_2^{ep} = x \cdot \left[2 \cdot \left(\frac{2}{3}\right)^2 \cdot u_p(x) + 1 \cdot \left(\frac{1}{3}\right)^2 \cdot d_p(x) \right] , \\ \text{n:} \quad & F_2^{en} = x \cdot \left[2 \cdot \left(\frac{1}{3}\right)^2 \cdot d_n(x) + 1 \cdot \left(\frac{2}{3}\right)^2 \cdot u_n(x) \right] . \end{aligned}} \tag{4.87}$$

Wegen der Isospinsymmetrie zwischen Proton und Neutron ist

$$\begin{aligned} u_p(x) &= d_n(x) = q_{\text{v}}(x) \stackrel{def}{=} \frac{1}{2}\left(u_p(x) + d_p(x)\right) , \\ d_p(x) &= u_n(x) = q_{\text{v}}(x) . \end{aligned} \tag{4.88}$$

Bei Experimenten an schweren Kernen spielt die Bindung der Nukleonen keine Rolle. Man bildet die Strukturfunktion eines "mittleren Quarks" bei elektromagnetischer Streuung:

$$\begin{aligned} F_2^{eN} &= \frac{1}{6} \cdot (F_2^p + F_2^n) \tag{4.89} \\ &= x \cdot \frac{1}{6} \cdot \left[3 \cdot \left(\frac{2}{3}\right)^2 + 3 \cdot \left(\frac{1}{3}\right)^2 \right] \cdot q_{\text{v}}(x) \\ &= x \cdot \frac{5}{18} \cdot q_{\text{v}}(x) . \tag{4.90} \end{aligned}$$

Gl. (4.89) muß für die Seequarks erweitert werden. Dabei nehmen wir an, daß der $q\bar{q}$-See im Proton und im Neutron gleich ist, ebenso für die Quarkflavor u und d, während wir den $s\bar{s}$-See (wegen der schwereren Masse der s-Quarks) gesondert schreiben. Es wird

$$F_2^{eN} = x \cdot \left[\frac{5}{18} \sum_{u,d} [q(x) + \bar{q}(x)] + \frac{1}{9}[s(x) + \bar{s}(x)] \right] . \tag{4.91}$$

4.5 Quantenchromodynamik

Der Beitrag der Seequarks ist bei $x > 0.1$ klein, wie wir sehen werden.

Neben der (elektromagnetischen) Streuung von Elektronen und Myonen können auch Neutrinos mit Nukleonen wechselwirken (siehe Kap. 4.7.6). Sie haben die schwache Wechselwirkung, die nicht von der elektrischen Ladung abhängt, jedoch vom Quarkflavor. Auch reagieren Quarks und Antiquarks in der schwachen Wechselwirkung unterschiedlich. Man findet, daß die x-Abhängigkeiten von $F_2(x)$ gleich sind, jedoch ist der Betrag unterschiedlich. Wir erinnern uns, daß in F_2^{eN} die Ladungen e_f eingegangen sind. Für Neutrinos gilt

$$F_2^{\nu N} = x \cdot \sum_f [q_f(x) + \bar{q}_f(x)] \ . \tag{4.92}$$

Der Vergleich der Messung der Strukturfunktionen mit geladenen Leptonen ($e^\pm$, $\mu^\pm$) und mit Neutrinos zeigt:

$$F_2^{eN}(x) \approx \frac{5}{18} \cdot F_2^{\nu N}(x) \ . \tag{4.93}$$

Der Faktor 5/18 kommt, wie oben besprochen, von den (elektrischen) Quarkladungen her. Somit ist bewiesen, daß die Partonen der Nukleonen drittelzahlige Quarks sind.

Wir bilden das Integral über die Strukturfunktion

$$\int_0^1 F_2^{\nu N}(x)\,dx \approx \frac{18}{5} \int_0^1 F_2^{eN}(x)\,dx \approx 0.5 \ , \tag{4.94}$$

d.h. nur etwa 50% des Impulses der Konstituenten des Protons sind Quarks. Die anderen 50% werden von den Gluonen getragen.

b) Skalenverletzung

Fig. 4.27 zeigt, daß das Skalenverhalten nicht für den gesamten kinematischen Bereich gilt. Ein vergrößerter Auschnitt (Fig. 4.35) zeigt: für mittlere $x = 0.13$ ist F_2 von Q^2 unabhängig steigt jedoch bei kleinen $x = 0.005$ stark an, während es für große $x = 0.4$ abfällt. Die Ursache dafür ist *nicht* eine endliche Ausdehnung der Quark-Partonen (wie man vermuten könnte), sondern ein Effekt der QCD.

Ein Quark im Proton (Impuls $x_0 \cdot \underline{p}$) emittiert ein virtuelles Gluon, hat damit den Impuls $x \cdot \underline{p}$, $x < x_0$, und wechselwirkt dann mit γ^*. Das Gluon kann in $q\bar{q}$ aufspalten. Die Impulsverteilung der Konstituenten im Proton ändert sich als Funktion von Q^2. Je größer Q^2 ist, d.h. je kleiner die Auflösung der γ^*-Sonde ist, desto mehr Seequarks, die sich den Impuls teilen müssen, werden gesehen.

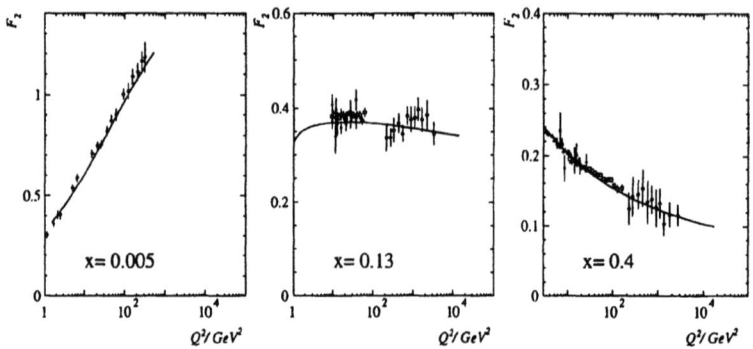

Fig. 4.35 Die Strukturfunktion $F_2^{ep}(Q^2)$ für kleines, mittleres und großes x. Man erkennt die Skalenerhaltung bei mittlerem x und die Skalenverletzung bei kleinem und großem x. Zusammenfassung mehrerer Experimente

Zur theoretischen Beschreibung wird die Partonverteilungsfunktion $q(x,Q^2)$ nach Q^2 entwickelt:

$$q(x,Q^2) = q(x,Q_o^2) + Q^2 \cdot \frac{\partial q(x,Q^2)}{\partial Q^2} \qquad (4.95)$$

$$= q(x,Q_0^2) + \frac{\partial q(x,Q^2)}{\partial \ln Q^2} \qquad (4.96)$$

$$\frac{\partial q(x,Q^2)}{\partial \ln Q^2} = \alpha_s(Q^2) \cdot \int_x^1 dx_0 \cdot q(x_0,Q^2) \cdot P_{qq}(\frac{x}{x_0}) \qquad (4.97)$$

mit der Splittingfunktion P_{qq}, die aus der QED entnommen wird,

$$P_{qq} = \frac{1+z^2}{1-z} \quad \text{mit} \quad z = \frac{x}{x_0} \; . \qquad (4.98)$$

Dabei ist eingeflossen, daß die Kopplungskonstante für Emission eines virtuellen Gluons $\alpha_s(Q^2)$ ist.

Alle experimentellen Daten werden mit dieser Theorie quantitativ beschrieben. α_s kann gemessen werden. Man findet

$$\alpha_s(Q^2 = 100\,(\text{GeV}/c)^2) \approx 0.16 \; . \qquad (4.99)$$

c) Unser Bild der Nukleonen

Aus der tief-inelastischen Leptonstreuung haben wir mit Hilfe der QCD ein *Bild des Nukleons* gewonnen. Es besteht aus drei *Valenzquarks*, die die

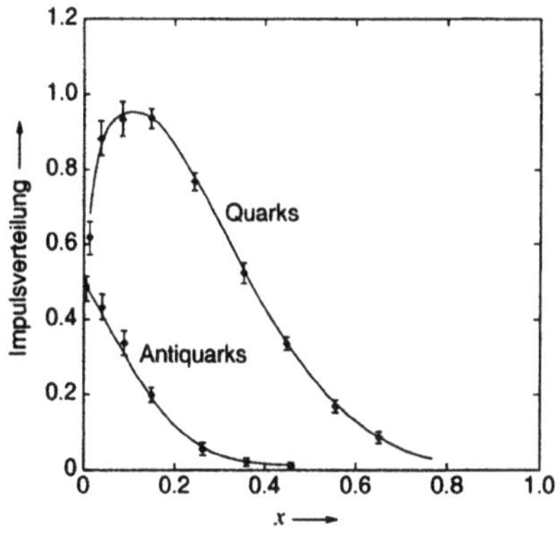

4.5 Quantenchromodynamik

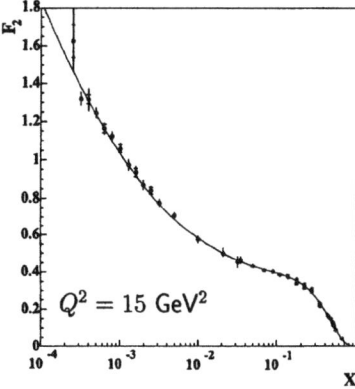

Fig. 4.36
Die Impulsverteilung von Quarks und Antiquarks im Nukleon. Zusammenfassung von Daten verschiedener Experimente

Fig. 4.37
Die Strukturfunktion $F_2^{ep}(x)$. Man beobachtet einen starken Anstieg bei sehr kleinen x. Zusammenfassung von Daten verschiedener Experimente

Quantenzahlen des Nukleons ergeben. Sie haben Spin-1/2 und drittelzahlige elektrische Ladungen. Sie bewegen sich bei großen Q^2 frei im Proton. Im Proton haben die u-, im Neutron die d-Quarks einen höherer Anteil am Impuls der Konstituenten. Hinzu kommt ein *See aus $q\bar{q}$-Paaren und Gluonen.* Letztere haben etwa die Hälfte des Impulses. Je besser die Auflösung der Sonde ist, umso mehr Seequarks und Gluonen sehen wir. Da sich alle Partonen den Impuls teilen müssen, beobachtet man einen Anstieg der Strukturfunktion mit abnehmenden x. Der Anstieg, unerwartet und mit HERA bei DESY erstmals beobachtet, ist umso steiler, je größer Q^2, d.h. die räumliche Auflösung, ist. Ein Ende des Anstiegs oder ein Umbiegen der Verteilung ist noch nicht beobachtet worden.

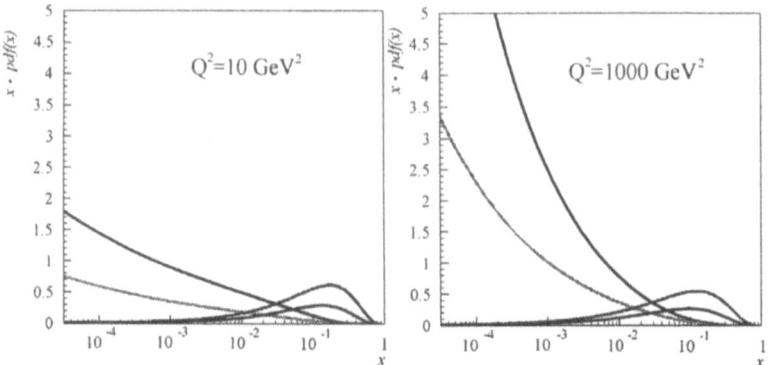

Fig. 4.38 Die Partondichteverteilungen für das Proton. Aufgetragen sind $x \cdot u(x)$, $x \cdot d(x)$, $(1/10) \cdot x \cdot g(x)$ und $(1/10) \cdot x \cdot (q(x) + \bar{q}(x))_{\text{See}}$. Reihenfolge von oben nach unten bei $x = 0.1$. Man erkennt den Anstieg der $q\bar{q}$-Seequarks und der Gluonen mit zunehmender Auflösung

4.5.6 Das Quark-Gluon-Plasma

a) Was ist das Quark-Gluon-Plasma?

Nukleonen bestehen aus Quarks und Gluonen, die wegen des "confinement" im Nukleon gebunden sind. Wir betrachten in Analogie die Atome der Kristalle und der Flüssigkeiten, die bei höherer Temperatur durch einen Phasenübergang in den gasförmigen Zustand übergehen können, in dem die Atome nicht mehr gebunden, sondern frei sind. Frage: Gibt es die Möglichkeit, daß sich Quarks und Gluonen bei höherer Temperatur durch einen Phasenübergang aus der Bindung in Nukleonen lösen können und daß die kurzreichweitige Abstoßung der Nukleonen im Kern überwunden wird? Dieses "*Quark-Gluon-Plasma*" (QGP) wäre ein neuer Zustand der Materie, falls er entdeckt würde.

Die Frage wurde zuerst theoretisch gestellt und durch QCD Rechnungen mit der Gittereichtheorie (*englisch* lattice gauge theory = LGT) numerisch behandelt. Fig. 4.39 zeigt das Phasendiagramm. Für Kernmaterie werden die Temperatur und die Baryonendichte aufgetragen. Bei der Baryonendichte $\rho = \rho_0$ (ρ_0 = Baryonendichte der Kerne) und niedrigen Temperaturen haben wir die Kerne der uns umgebenden Materie, die sich wie Flüssigkeiten verhalten. Bei größerer Dichte, erzwungen durch die Gravitation großer Massen, und niedriger Temperatur gibt es die Neutronensterne [WW 96]. Bei höherer Temperatur erwartet man ein heißes Hadronengas, das neben Protonen und Neutronen schon Pionen enthält.

4.5 Quantenchromodynamik

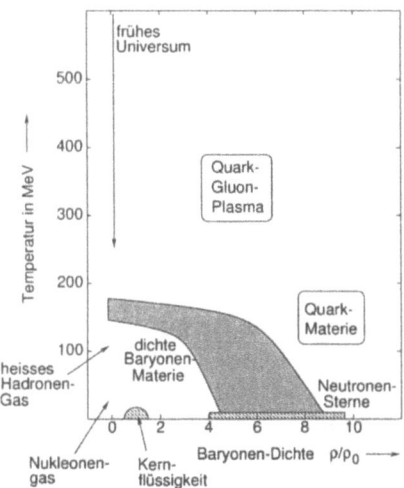

Fig. 4.39
Das Phasendiagramm der stark wechselwirkenden Materie. Die Baryonendichte ρ (in Einheiten der Dichte der Kernmaterie ρ_0) ist aufgetragen gegen die Temperatur (als Energie in MeV). Die Phasengrenze mit theoretischer Unsicherheit ist eingezeichnet (graues Gebiet). Siehe Text

Bei größerem Druck kann sich dieses verdichten.
Die QCD zeigt, daß ein Phasenübergang zum QGP möglich ist. Die Quarks sind dann nicht mehr auf das Volumen eines Nukleons beschränkt. Ebenso können sich Gluonen frei bewegen. Im Phasendiagramm ist die Phasengrenze eingezeichnet. Es muß eine Temperatur von $kT \approx 170\,\text{MeV}$ und eine Erhöhung der Baryonendichte um einen Faktor > 3 erreicht werden, um das vorhergesagte QGP zu erzeugen.

b) Die Experimente

Ein umfangreiches experimentelles Programm bei CERN hat im Frühjahr 2000 erste positive Ergebnisse geliefert. Es hat 1994 mit der Inbetriebnahme eines 82-fach ionisierten $_{82}$Pb-Strahls begonnen. Er wird auf ein ruhendes Pb-Target gelenkt. Die Energie von $E_{\text{Strahl}} = 158\,\text{GeV/Nukleon}$ wurde erreicht. Sieben unterschiedliche Experimente haben teilgenommen. Es waren teils Mehrzweck-(multipurpose)-Detektoren, um häufig vorkommende Phänomene zu beobachten und zu korrelieren. Andere Experimente waren speziell zur Messung seltener Signaturen mit hoher Statistik ausgelegt. Seit 2001 läuft der Schwerionenspeicherring RHIC (Relativistic Heavy Ion Collider) am BNL, der Energien von $2 \cdot 200\,\text{GeV/Nukleon}$ erreicht.

Wie bei allen Schwerionenreaktionen (siehe Kap. 3.9.2) gibt es bei hohen Energien periphere Reaktionen neben den gewünschten zentralen Stößen. Letztere zeichnen sich durch eine sehr hohe Multiplizität von Reaktions-

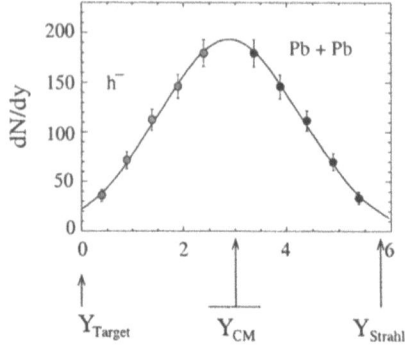

Fig. 4.40
Die Multiplizität geladener Teilchen bei Pb-Pb-Stößen bei 158 GeV/A Strahlenergie als Funktion der Rapidität Y. Daten von CERN

produkten aus.
Fig. 4.40 zeigt, daß 2'500 Teilchen vorkommen können.

c) Der Ablauf der Reaktion

Beschleunigte Teilchen erfahren eine Lorentz-Kontraktion. In den Fällen eines zentralen Stoßes wird so eine *hohe Energiedichte* erreicht. Es erfolgen viele Stöße, sodaß sich das Hadronengas auf eine *hohe Temperatur* erwärmt. Die *Quarks und Gluonen* können aus der Bindung in den Kernen *befreit* werden (*englisch* deconfinement), es bildet sich das QGP. Das wesentliche Merkmal, neben den freien Quarks und Gluonen, ist das *thermische Gleichgewicht* des "Feuerballs". Es wird erreicht, wenn das QGP lang genug existiert. Es herrscht eine kurzreichweitige starke Wechselwirkung. Diese wird abgeschwächt durch die Abschirmung der starken Farbladung durch die anderen Quarks und Gluonen im QGP. Das QGP *expandiert* und kühlt sich ab. Jetzt dominiert die langreichweitige starke Wechselwirkung. Beim *Ausfrieren* entstehen Hadronen, die emittiert werden. Fig. 4.41 zeigt den Ablauf der Reaktion schematisch und gibt für die einzelnen Phasen die Temperatur und die Energiedichte an.

d) Die QGP Signaturen

Haben die Experimente mit hochenergetischen Schwerionenstößen das QGP erzeugt? Wir besprechen drei experimentelle Hinweise.

1. Die *Energiedichte*, die bei einem Ereignis erreicht wurde, kann aus dem Transversalimpuls der erzeugten Teilchen abgeschätzt werden. Wir betrachten ein Rapiditätsintervall Δy. Es enthält N Teilchen und $\frac{d<E_t>}{dy} \cdot \Delta y$ ist die mittlere transversale Energie dieser Teilchen. Das Volumen ist gegeben durch die Fläche der kollidierenden schweren Ionen und in longitu-

4.5 Quantenchromodynamik

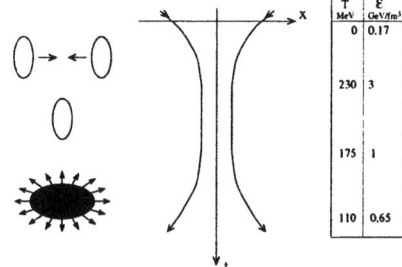

Fig. 4.41
Schematische Darstellung der Bildung des QGP in hochenergetischen Schwerionenstößen (im Schwerpunktsystem): Die primären Teilchen (im Fall eines zentralen Stoßes), das QGP, die Ausdehnung und Abkühlung mit Hadronisation. Angegeben sind für jede Phase die Temperatur und die Energiedichte

dinaler Richtung durch die Länge des Feuerballs $\tau_0 \cdot c \cdot \Delta y$, wobei τ_0 die Lebensdauer des QGP ist. Damit ergibt sich die Energiedichte zu

$$\epsilon(\tau_0) = \frac{1}{\pi R^2} \cdot \frac{1}{2\tau_0 c} \cdot \frac{dE_t}{dy} . \tag{4.100}$$

Mit $\pi R^2 = 63\,\text{fm}^2$, $2\tau_0 c = 2\,\text{fm}$ und $dE_t/dy = 400\,\text{GeV}$ erhält man die Abschätzung

$$\epsilon^{Pb-Pb}(1\,\text{fm}/c) = (3.2 \pm 0.3)\,\text{GeV}/\text{fm}^3 . \tag{4.101}$$

Die Bildung eines QGP sollte also möglich sein.

2. Eine *erhöhte Produktion seltsamer Teilchen* wird beobachtet. Die kollidierenden Teilchen enthalten u- und d-Quarks. s-Quarks müssen bei der Reaktion erzeugt werden. Sowohl bei rein hadronischen, hochenergetischen Reaktionen wie auch bei der Hadronisation der Jets in e^+e^--Vernichtung erhält man $\approx 20\%$ Teilchen mit s-Quarks (unabhängig von der Energie). Bei den hochenergetischen Pb-Pb-Stößen sind es jedoch $\approx 40\%$. Nun weiß man, daß nach der Bildung von Hadronen praktisch keine seltsamen Hadronen mehr erzeugt werden können. D.h., die s-Quarks müssen vor der Hadronisation während der QGP Phase entstanden sein. Dieser Schluß wird verstärkt durch die Beobachtung, daß Teilchen mit 2 oder 3 s-Quarks (Ξ, Ω) besonders häufig entstehen, das Ω 15x häufiger (siehe Fig. 4.42). Der physikalische Grund ist, daß die Gluonen im QGP flavor-blind sind und deshalb an alle Flavor gleich häufig koppeln (abgesehen von kinematischen Faktoren).

3. Die *J/ψ-Unterdrückung* wird so erklärt: Dessen c-Quark Konstituenten sind schwer und können deshalb nur im ersten Moment der Reaktion erzeugt werden, wenn die Stoßpartner noch genügend hohe Energie haben. Es dauert einige Zeit, bis das c- und $\bar{c}$-Quark weit genug auseinander gelaufen sind, um durch die starke Wechselwirkung gebunden zu werden. Sie

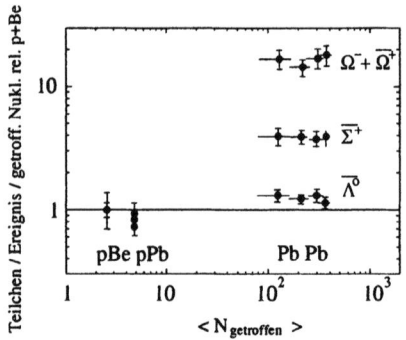

Fig. 4.42
Die Erhöhung der Produktion seltsamer Teilchen in hochenergetischen Schwerionenstößen (relativ zu $p + Be$). Die Erhöhung ist umso größer, je mehr s-Quarks ein Teilchen enthält. Daten der NA-57 Kollaboration bei CERN

bewegen sich im QGP. Dort wird die starke Kraft zwischen dem c- und $\bar{c}$-Quark durch die vielen Quarks und Gluonen abgeschirmt. Die bindende Kraft kann nicht mehr wirken, die J/ψ-Produktion wird unterdrückt. Fig. 4.43 zeigt das Ergebnis.

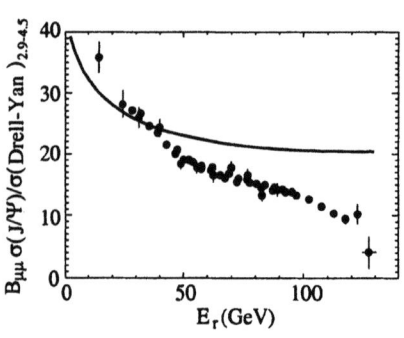

Fig. 4.43
Die Unterdrückung der J/ψ-Produktion. Der Wirkungsquerschnitt wird auf den der $\mu^+\mu^-$-Paare im Kontinuum ("Drell-Yan-Paare") mit ähnlicher Masse normiert. Darstellung als Funktion der Energie E_t. Der Abfall rührt her von der Absorption in den Kernen. Man erkennt den Sprung bei der Bildung des QGP. Daten der NA-50 Kollaboration bei CERN

e) Ausblick

Die Situation ist im Sommer 2000: Die experimentellen Ergebnisse[18] von CERN führen zur starken Evidenz, daß ein QGP erzeugt wurde. Es sind aber "späte Signale", d.h. Effekte, die erst nach dem Ausfrieren des QGP entstehen. Sie erlauben aber eine Rückwärts-Extrapolation. Einen Blick in das QGP hinein ermöglicht die Messung der thermischen γ-Strahlung des QGP. Diese kann erst mit der nächsten Generation von Experimenten erfolgen.

---

[18] Weitere Experimente, neben den drei behandelten, stützen die Evidenz

4.5 Quantenchromodynamik 287

Weitere experimentelle Anstrengungen erfolgen am BNL durch die Inbetriebnahme des RHIC (= Relativistic Heavy Ion Collider) im Juni 2000 und des Schwerionenprogramms am LHC des CERN (ab 2005). Kenntnis des QGP ist wichtig für die QCD der Teilchenphysik, aber auch für das Verständnis der frühen Evolution des Universums. Die Theorie vom Urknall nimmt an, daß das Universum ein QGP war im Zeitraum von 10 µs bis ~ 3 min. Dann hat sich das Universum abgekühlt und die Nukleonen und Kerne haben sich gebildet, siehe Fig 4.39.

Aufgaben

4.61. *QCD*: Man zeichne alle QCD Feynman-Graphen für qq-Streuung mit Erzeugung eines Gluons im Endzustand. Man gebe Beispiele für die Farben an.

4.62. *QCD*: Man ergänze Fig. 4.28 durch Angabe der Farben.

4.63. *Jets*: Wie kann die Rate der 3-Jet Ereignisse mit Hilfe der QCD abgeschätzt werden? Hilfe: Man überlege die wesentlichen Faktoren der Matrixelemente und bilde das Verhältnis von 3-Jet zu 2-Jet Ereignissen.

4.64. *Hadronisation*: Man zeige, daß bei der Hadronisation die Farbladung nur erhalten werden kann, wenn zwischen den Jets farbige Quarks oder Gluonen ausgetauscht werden.

4.65. *Jets und Hadronisation*: Man zeichne den Feynman-Graphen mit farbigen Quarks und Gluonen bei der Reaktion $e^+e^- \to \gamma^* \to q\bar{q}g \to$ 3 Jets.

4.66. *Hadronisation*: Man zeichne einen Graphen der Hadronisation eines 3-Jet Ereignisses mit Berücksichtigung der Flavor-Erhaltung.

4.67. *Hadronisation*: Ist die Hadronenkomposition aus γ^*- und Z^0-Austausch gleich? Begründung!

4.68. *Hadronisation*: Durch welche Messungen können die invarianten Massen von π^0, $\rho^\pm$, ρ^0, Φ, Δ^{++} und Λ^0 bestimmt werden?

4.69. *Hadronisation*: Wie genau kann die invariante Masse des ρ^0 gemessen werden? Der Impuls des ρ^0 sei $p(\rho^0) = 0.5\,\text{GeV}/c$. Die Meßgenauigkeit soll aus Gl. (2.45) entnommen werden.

4.70. *Partonmodell der Hadronerzeugung in e^+e^--Reaktionen*: Man berechne den Wert von R für die drei leichten Quarkflavors. Dann nehme man das c- und das b-Quark hinzu. Man gebe die Werte mit und ohne Farbfaktor an. Ist die Meßgenauigkeit für die gemachten Aussagen ausreichend?

4.71. *Die laufende Kopplungskonstante $\alpha_s(Q^2)$*: Man berechne $\alpha_s(Q^2 = (9.4\,\text{GeV})^2)$ numerisch. NB! Das ist die Masse der $\Upsilon(1S)$ – *Resonanz*.

4.72. *Das Pion in der QCD*: Man zeichne den Graphen des Pions mit seinen farbigen Konstituenten und der bindenden Wechselwirkung. Welche Möglichkeiten gibt es?

4.73. *Gluonium*: Welche J^P Quantenzahlen sind für Gluonia mit 2 bzw. 3 Konstituenten-Gluonen möglich?

4.74. *Struktur der Nukleonen*: Man berechne $F_2(x)$ mit dem Partonmodell und den gemessenen Werten von q_v der Figuren.

4.75. *Struktur der Nukleonen*: Man schätze den Gültigkeitsbereich der Stoßnäherung ab.

4.76. *Struktur der Nukleonen*: Was bedeutet "inkohärente Summe der Wechselwirkungen"? Zu welchem Ergebnis würde eine kohärente Summe führen? Warum ist die inkohärente Summe richtig?

4.77. *Struktur der Nukleonen*: Man begünde, warum man die Messung der Strukturfunktion der Nukleonen durch Streuung an Kernen messen kann. Hilfe: Man vergleiche die Bindungsenergie der Kerne mit der Stoßenergie.

4.78. *Struktur der Nukleonen*: Man ermittle aus Fig. 4.27 den kinematischen Bereich, in dem die Skalenerhaltung gültig ist.

4.79. *Struktur der Nukleonen*: Man erkläre die Skalenverletzung mit Worten.

4.80. *Struktur der Nukleonen*: Man vergleich $\alpha_s(Q^2)$ aus Gl. (4.72) mit der Fig. 4.34.

4.5 Quantenchromodynamik

4.81. *Quark-Gluon-Plasma*: Man schätze aus der Fig. 4.40 die gesamte geladene Multiplizität ab.

4.82. *Quark-Gluon-Plasma*: Man rechne die Temperatur von 170 MeV in Kelvin um.

4.83. *Quark-Gluon-Plasma*: Warum wurden bei den CERN Pb-Strahlen 158 GeV/Nukleon erreicht, wenn das CERN-SPS auf 400 GeV beschleunigen kann?

4.84. *Quark-Gluon-Plasma*: Man berechne die Energie des CERN Pb-Strahls im Laborsystem. Welches ist die Energie im Schwerpunktsystem? Welches die eines Nukleons?

4.85. *Quark-Gluon-Plasma*: Wie groß ist die Längenkontraktion der kollidierenden Teilchen bei den Schwerionenreaktion zur Erzeugung des QGP (im Schwerpunktsystem)?

4.86. *Quark-Gluon-Plasma*: Man vergleiche die Entstehung und den Zerfall des QGP mit der kurzzeitigen Erwärmung einer Flüssigkeit.

4.87. *Quark-Gluon-Plasma*: Um wieviel ist die Temperatur, die bei der Erzeugung des QGP maximal erreicht werden kann (siehe Fig. 4.41) höher als die Temperatur im Sonneninneren ($T_{\text{Sonne}}^{\text{innen}} = 2 \cdot 10^7$ K)? Daraus schätze man die Energie der thermischen γ-Strahlung des QGP ab.

4.6 Schwere Quarks und Hadronen

> *Schwere Charme- (c-) und Bottom- (b-)Quarks* wurden durch schmale Resonanzen hoher Masse als $c\bar{c}$- bzw. $b\bar{b}$-Zustände entdeckt. Die Messung des Spektrums dieser "*Quarkonium*"-Zustände bestätigt die Annahme, daß die starke WW zwischen den Quarks und Antiquarks bei kleinen Abständen einen *asymptotisch freien Term* und bei großen Abständen einen *Term zur Einschließung der Quarks* hat. Damit sind die Grundannahmen der *QCD* auch für gebundene Zustände bestätigt. Gebundene Zustände zwischen c- bzw. b-Quarks und den leichten Quarks u, d, s ergeben *schwere Mesonen* bzw. *Baryonen*.

4.6.1 Entdeckung der Charme- und Bottom-Quarks

a) Entdeckung des Charme-Quarks

Bei höheren Massen $\geq 2\,\text{GeV}/c^2$ werden die Resonanzen wegen des größeren Phasenraums immer breiter. Sie überlappen sich, eine Auflösung wurde nahezu unmöglich. Ein neuer Ansatz ist, e^+e^--Paare des Endzustands zu messen. Sie entstehen durch die Kette (V = Vektormeson, $J^P = 1^-$)

$$\boxed{pp \to VX,\ V \to \gamma^* \to e^+e^-}\ . \tag{4.102}$$

Die Vektormesonen haben dieselben Quantenzahlen wie das Photon, wodurch die Reaktionskette ermöglicht wird. Die Zerfälle $V \to e^+e^-$ sind für ρ^0, ω und Φ gemessen.

Die *Suche nach schweren Vektormesonen* erfolgte mit einem Paarspektrometer (d.h. mit zwei symmetrischen Armen) im Jahre 1974 am 33 GeV Protonensynchrotron des BNL. Durch die Reaktion

$$p + A \to X + V,\ V \to \gamma^* \to e^+e^- \tag{4.103}$$

wurde, zur allgemeinen Überraschung bei $M_{e^+e^-} = 3.1\,\text{GeV}/c^2$ eine schmale Resonanz gefunden (Fig. 4.44a). Das experimentelle Problem ist, die $e^\pm$ unter den zahlreichen $\pi^\pm$ eindeutig zu identifizieren.

Ebenfalls im Jahr 1974 wurde bei SLAC am e^+e^--Speicherring SPEAR die Strahlenergie hochgefahren. Beim Scan wurde bei der Energie $E_{\text{cm}} = 3.1$ GeV eine schmale Resonanz gefunden. Fig. 4.44b zeigt dies für die Endzustände "Hadronen" und e^+e^-.

4.6 Schwere Quarks und Hadronen

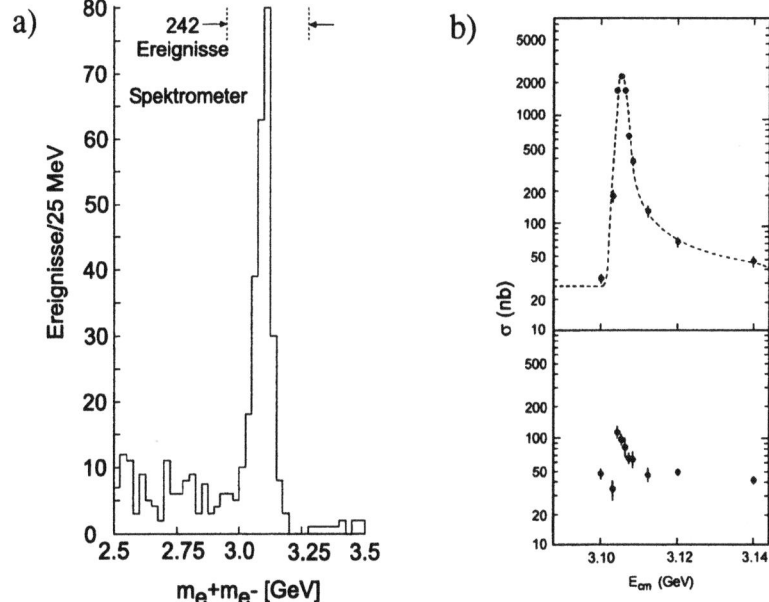

Fig. 4.44 a) Die Entdeckung der J/ψ-Resonanz im e^+e^--Endzustand. Experiment der MIT-Gruppe am BNL (1974). b) Die Entdeckung der J/ψ-Resonanz mit dem e^+e^--Anfangszustand. Oben: $e^+e^- \to h$, unten: $e^+e^- \to e^+e^-$. Der Wirkungsquerschnitt ist der "sichtbare WQ" und noch nicht auf die Detektorakzeptanz korrigiert (im wesentlichen $|\cos\theta| < 0.8$). Experiment am SLAC (1974)

Beide Experimente beobachten dieselbe Resonanz. Sie heißt $J/\psi(3.1)$. Während für die Suche nach einer unbekannten Resonanz ein Experiment zur Produktion in pA-Stößen leichter erfolgreich sein kann (da es einen "wide band beam" verwendet), können die Experimente an Speicherringen (die mühsam scannen müssen) alle Zerfälle der Resonanzen gut messen. Ein neues Gebiet der Teilchenphysik hat sich geöffnet.

Die *Quantenzahlen* des J/ψ werden aus den Produktions- und Zerfallskanälen ermittelt. Elektromagnetische Erzeugung und Zerfall in e^+e^- zeigen, daß J^P von γ und J/ψ gleich sind, nämlich $J^P = 1^-$. Es wird nur ein (neutrales) Teilchen bei 3.1 GeV/c^2 beobachtet, d.h. Isospin $I = 0$. Am Speicherring beobachtet man, daß der Zerfall in eine ungerade Zahl von Pionen erfolgt, aber nicht in $\pi\pi$. Daraus ergibt sich die G-Parität (Kap. 4.3.4) zu $G = -1$ und die C-Parität $C = -1$. Für das $J/\psi(3.1)$ ist

$I^G(J^{PC}) = 0^-(1^{--})$.

b) Entdeckung des Bottom-Quarks

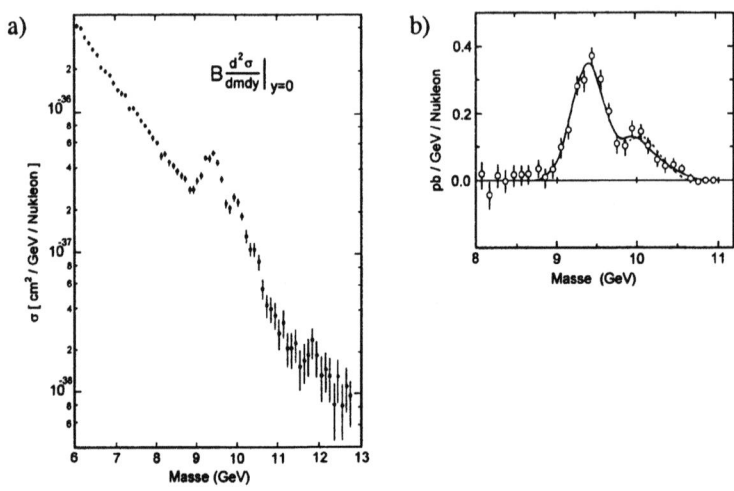

Fig. 4.45 Die Entdeckung der Υ-Resonanz im $\mu^+\mu^-$-Endzustand. Experiment am FNAL (1977). a) Der Wirkungsquerschnitt pro Massenintervall bei der Rapidität $y = 0$, b) Auschnitt mit den beiden Resonanzen $\Upsilon(1S)$ und $\Upsilon(2S)$ bei 9.46 bzw. 10.02 GeV

Im Jahre 1977 hat ein Experiment am FNAL bei noch höheren Massen als beim BNL im $\mu^+\mu^-$-Endzustand nach *schmalen Resonanzen* gesucht. Fig. 4.45 zeigt, daß bei 9.46 GeV/c^2 die $\Upsilon(1S)$- und bei 10.02 GeV/c^2 die (schwächere) $\Upsilon(2S)$-Resonanz gefunden wurden. Beide Resonanzen sitzen auf einem hohen, steil abfallenden Untergrund von μ-Paaren.

Nach der Entdeckung der Υ-Resonanzen am FNAL wurde bei DESY der e^+e^--Speicherring DORIS für höhere Energien aufgestockt. Fig. 4.46 zeigt die Ergebnisse des Scans über beide Resonanzen.

Fig. 4.47 vergleicht die beiden Messungen. Man erkennt die wesentlich bessere Massenauflösung an den e^+e^--Speicherringen.

c) Warum sind es neue Effekte?

Die Messung an e^+e^--Speicherringen erlaubt die Messung der totalen Breite $\Gamma_{\text{tot}} = \Gamma_{ee} + \Gamma_{\mu\mu} + \Gamma_{\tau\tau} + \Gamma_h$. Die *relativistische Breit-Wigner Re-*

4.6 Schwere Quarks und Hadronen 293

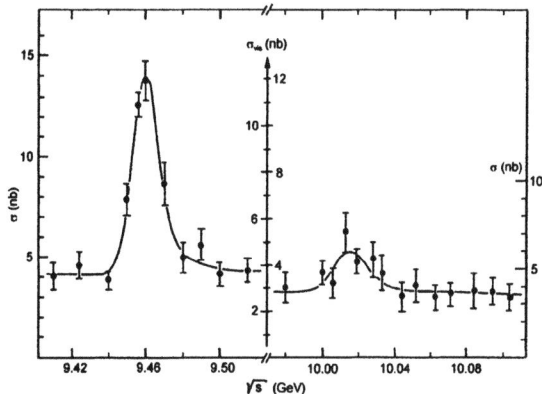

Fig. 4.46 Die Messung der $\Upsilon(1S)$ und $\Upsilon(2S)$-Resonanzen durch e^+e^--Anregung. Experiment der LENA-Kollaboration bei DESY (1978)

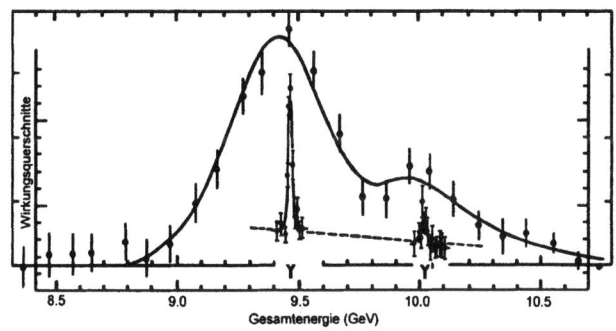

Fig. 4.47 Vergleich der Messsungen der Υ-Resonanzen mit $pp \to \Upsilon X \to \mu^+\mu^- X$ und mit $e^+e^- \to \Upsilon \to$ Hadronen. Experimente von FNAL bzw. DESY

sonanzformel für den Endzustandskanal i lautet (Γ_{ee} repräsentiert die Partialbreite des Anfangszustands, W ist die Gesamtenergie des Anfangszustands)

$$\boxed{\begin{aligned} \sigma_i(W) &= (2J+1) \cdot \frac{(\hbar c)^2 \cdot \pi}{W^2} \cdot \frac{\Gamma_{ee} \cdot \Gamma_i}{(W-m)^2 + (\Gamma_{tot}/2)^2} \\ &= \frac{12\pi \cdot (\hbar c)^2}{m^2} \cdot \frac{\Gamma_{ee} \cdot \Gamma_i}{\Gamma_{tot}} \quad \text{auf der Resonanz} \end{aligned}} \quad (4.104)$$

Durch Messung von $e^+e^- \to \Upsilon(1S) \to e^+e^-$, $\to \mu^+\mu^-$ und $\to h$ erhält man Γ_h, $\Gamma_{ee} = \Gamma_{\mu\mu}$ und Γ_{tot}. In der Praxis wird über die Resonanzkurve integriert und die Energieauflösung der Strahlen, die Detektorakzeptanz sowie die Strahlungskorrekturen, die durch γ-Emission insbesondere im Anfangszustand nötig sind, hineingefaltet. Die Ergebnisse sind in Tab. 4.10 zusammengestellt.

Tab. 4.10 Massen und Breiten der $J^P = 1^-$ Resonanzen der Quarkonia. Man beachte, daß $\psi(3770)$ und $\Upsilon(4S)$ wesentlich breiter sind, sie zerfallen mit durchgehenden Quarklinien

Resonanz	Masse m MeV/c²	Γ_{ee} keV/c²	Γ_{tot} keV/c²	Γ_h %
J/ψ	3'096.88 ±0.04	5.26 ± 0.37	87 ± 5	87.7 ± 0.5
$\psi(2S)$	3'685.96 ±0.13	2.12 ± 0.18	277 ± 31	98.1 ± 0.3
$\psi(3770)$	3'769.9 ±2.5	0.26 ± 0.04	23.6 ± 2.7 MeV/c²	$\to D\bar{D}$ $\approx 100\%$
$\Upsilon(1S)$	9'460.30 ±0.26	1.32 ± 0.05	52.5 ± 1.8	92.5
$\Upsilon(2S)$	10'023.26 ±0.31	0.520 ± 0.032	44 ± 7	$\approx 99\%$
$\Upsilon(3S)$	10'355.2 ±0.5	0.45 ± 0.03	26.3 ± 3.5	$\approx 95\%$
$\Upsilon(4S)$	10'580.0 ±3.5	0.248 ± 0.031	14 ± 5 MeV/c²	$\to B\bar{B}$

Die Zerfallsbreite der Resonanzen mit Massen bis zu ~ 2 GeV/c² ist $\Gamma \approx (0.1 - 0.2) \cdot m$. Man erkennt, daß die neuen Resonanzen erheblich schmäler sind. Es ist dieser Faktor $\sim 10^4$, der für die neuen Resonanzen eine neue Deutung verlangt.

d) Physikalische Erklärung der schmalen Resonanzen

Nach der Entdeckung des J/ψ im November 1974[19] erschienen im ersten Januarheft der Zeitschrift "Physical Review Letters" 12 Arbeiten zur Deutung der schmalen, schweren Resonanz. Die richtige sagte:
Die leichten Resonanzen zerfallen nach Fig. 4.21 mit durchgehenden Quarklinien. Wenn eine Resonanz aus schweren Quarks aufgebaut ist, kann dieser Zerfallsmodus wegen der Energie-Erhaltung verboten sein. Die Deutung der J/ψ-Resonanz ist, daß sie aus einem schweren *Charme-Quark* c und seinem Antiquark $\bar{c}$ aufgebaut ist[20], analog das Υ aus b- und $\bar{b}$-Quarks:

$$\boxed{J/\psi = c\bar{c}, \quad \Upsilon = b\bar{b}}. \tag{4.105}$$

Der Zerfall nach Fig. 4.21 ist verboten, da die Charme-Mesonen zu schwer sind. Nach der QCD ist noch ein anderer Zerfall möglich:

$$\boxed{J/\psi \text{ bzw. } \Upsilon \to 3\,g \to h}. \tag{4.106}$$

Seine Wahrscheinlichkeit ist kleiner, da sie wegen der Emission von drei Gluonen $\sim \alpha_s^3$ ist.

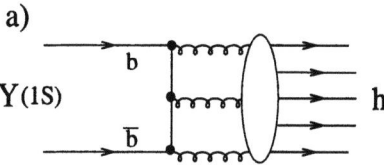

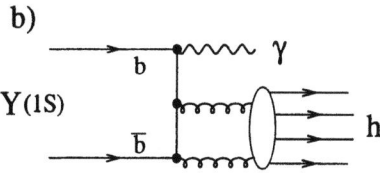

Fig. 4.48
Die Graphen der QCD-Zerfälle der schweren, schmalen Resonanzen J/ψ bzw. $\Upsilon(1S)$. a) J/ψ bzw. $\Upsilon(1S) \to 3\,g \to h$, b) J/ψ bzw. $\Upsilon(1S) \to \gamma + 2g \to \gamma + h$

Warum Zerfall in drei Gluonen? Der Zerfall in *ein* Gluon ist wegen der Farbe verboten, der in *zwei* wegen der J^P-Erhaltung. Damit ist $\Upsilon \to 3\,g$ der erlaubte Zerfall niedigster Ordnung. Die Übergangswahrscheinlichkeit ist damit $\sim \alpha_s^3$.

---

[19] Die Teilchenphysiker sprechen von der "November-Revolution"
[20] Das c-Quark war schon vorher hypothetisch zur Erklärung der $K^0 - \bar{K}^0$-Mischung einführt worden. Beobachtete Ereignisse des Typs $\bar{\nu}_\mu N \to \mu^+ e^- (K^0 \text{ oder } \Lambda^0)$ der Blasenkammer Gargamelle bei CERN hatten diese Hypothese gestützt

J/ψ und Υ haben auch radiative Zerfälle, z.B. $J/\psi \to \gamma g g \to \gamma + h$. Die Übergangswahrscheinlichkeit ist $\sim \alpha \alpha_s^2$. Damit wird das Verhältnis

$$\frac{\Gamma_{3g}}{\Gamma_{\gamma gg}} \sim \frac{\alpha_s^3}{\alpha \alpha_s^2} \sim \frac{\alpha_s}{\alpha} \ . \tag{4.107}$$

Das erlaubt die Messung von α_s. Der Teil des Matrixelements, der vom (nicht exakt zu berechnenden) gebundenen $c\bar{c}$-Zustand herrührt, hebt sich heraus.

4.6.2 Quarkonia

a) Das Termschema der Quarkonia

Wir nehmen an, daß das J/ψ ein Zustand aus einem Charme- und einem Anticharme-Quark, also $c\bar{c}$, ist. Das c-Quark ist das vierte, ein schweres Quark. Die $\Upsilon(1S)$-Resonanz besteht analog aus dem fünften Quark, Bottom-Quark (b) genannt[21] und ist $b\bar{b}$. Diese Zustände werden "*Charmonium*" bzw. "*Bottonium*", allgemein "*Quarkonium*" genannt. Sie ähneln dem Positronium e^+e^-. Wie dieses sollten die Quarkonia angeregte Zustände haben. Deren Entdeckung wird unsere Annahme bestätigen.

Die beiden schweren c- und b-Quarks werden durch ihre Quantenzahlen charakterisiert. Wie für alle Quarks sind sie Spin-$\frac{1}{2}$ Teilchen. Die verschiedenen Quarks unterscheiden sich durch das "*Quarkflavor*", eine Quantenzahl. c-Quarks haben den Flavor "Charme", $C = +1$, b-Quarks das Flavor "Bottom", $B = +1$. Antiteilchen haben jeweils -1, alle anderen Quarks $C = B = 0$. Die Flavorquantenzahl wird bei der starken und der elektromagnetischen WW erhalten, jedoch bei der schwachen verletzt (ebenso wie die Seltsamkeit S). Wie alle Quarks haben auch c und b drittelzahlige elektrische Ladungen. Es ist ($e =$ Elementarladung)

$$\boxed{q_c = +\frac{2}{3} \cdot e \, , \quad q_b = -\frac{1}{3} \cdot e} \ . \tag{4.108}$$

Aus zwei Spin-$\frac{1}{2}$ Teilchen lassen sich ein Spin-1 und ein Spin-0 Zustand bilden. Durch die Erzeugung mit virtuellen Photonen γ^* wissen wir, daß J/ψ bzw. $\Upsilon(1S)$ Spin-1 haben. Der Grundzustand kann Radialanregungen haben, was zu $\psi(2S)$ und $\psi(3.77)$ bzw. $\Upsilon(2S)$, $\Upsilon(3S)$ und $\Upsilon(4S)$ führt. $\Upsilon(2S)$ ist in Fig. 4.46 bei $m = 10.02$ GeV zu sehen. Alle genannten Teilchen wurden in e^+e^--Reaktionen beobachtet.

---

[21]Die Namensgebungen für das 5. und 6. Quark werden aus der Systematik der Quarks (siehe Kap. 4.9) klar

4.6 Schwere Quarks und Hadronen

Tab. 4.11 Die niedrigsten Zustände der Quarkonia. Die Massen sind angegeben, soweit experimentell beobachtet

L	S	J^{PC}	$n^{2S+1}L_J$	$c\bar{c}$	Masse MeV/c^2	$b\bar{b}$	Masse MeV/c^2
0	0	0^{-+}	1^1S_0	η_c	2'980	η_b	
0	1	1^{--}	1^3S_1	J/ψ	3'097	$\Upsilon(1S)$	9'460
1	0	1^{+-}	1^1P_1				
1	1	0^{++}	1^3P_0	χ_{c0}	3'415	χ_{b0}	9'860
1	1	1^{++}	1^3P_1	χ_{c1}	3'510	χ_{b1}	9'893
1	1	1^{++}	1^3P_2	χ_{c2}	3'556	χ_{b2}	9'913
0	0	0^{-+}	2^1S_0	$\eta_c(2S)$	3'594	η_b'	
0	1	1^{--}	2^3S_1	$\psi(2S)$	3'686	$\Upsilon(2S)$	10'023

Tab. 4.11 stellt die möglichen Zustände zusammen und gibt die spektroskopischen Bezeichnungen in Analogie zur Atomphysik wieder. Die Spin-0 Zustände heißen η_c bzw. (nicht beobachtet) η_b. Auch hier gibt es Radialanregungen η_c' bzw. η_b'. Die beiden Quarkkonstituenten können einen Bahndrehimpuls L haben. Durch Kombination mit dem Spin S ergibt sich der Gesamtdrehimpuls $\vec{J} = \vec{L} + \vec{S}$. Die ^3P_J-Zustände sind gemessen. Das resultierende Spektrum ist als Einfügung in Fig. 4.50 zu sehen.

b) Messung des Charmonium-Spektrums

Durch e^+e^--Reaktionen können die $J^P = 1^-$ Zustände angeregt werden. Wie in der Atomphysik können höhere energetische Zustände durch γ-Übergänge in niedrigere übergehen. Für diese Messungen wurde bei SLAC ein Detektor gebaut, der γ-Teilchen im 100 MeV-Bereich besonders gut messen kann, der "Crystal Ball" Detektor (siehe Fig. 4.49). Er besteht aus 672 NaJ(Tl) Detektoren, die einen Raumwinkel von $\Omega = 93\% \cdot 4\pi$ überdecken. Sie sind $16 X_0$ lang und absorbieren damit die γ-Schauer vollständig. Die Kristalle sind trapezförmig mit der Grundfläche eines gleichseitigen Dreiecks. Die γ-Schauer entwickeln sich nicht nur longitudinal, sondern auch transversal. Dadurch deponieren sie Energie im zentralen Kristall, den drei nächsten und neun weiteren Nachbarn. Durch die Bestimmung des Schwerpunkts des Schauers kann der Auftreffpunkt auf $\approx \frac{1}{3}$ der Kristallbreite bestimmt werden. Spurenkammern im Innern des Detektors erlauben geladene Teilchen zu erkennen. Diese deponieren ebenfalls Energie, die für die Messung von γ-Strahlung ausgeschlossen wird.

Die Energie des e^+e^--Speicherrings (SPEAR bei SLAC für dieses Expe-

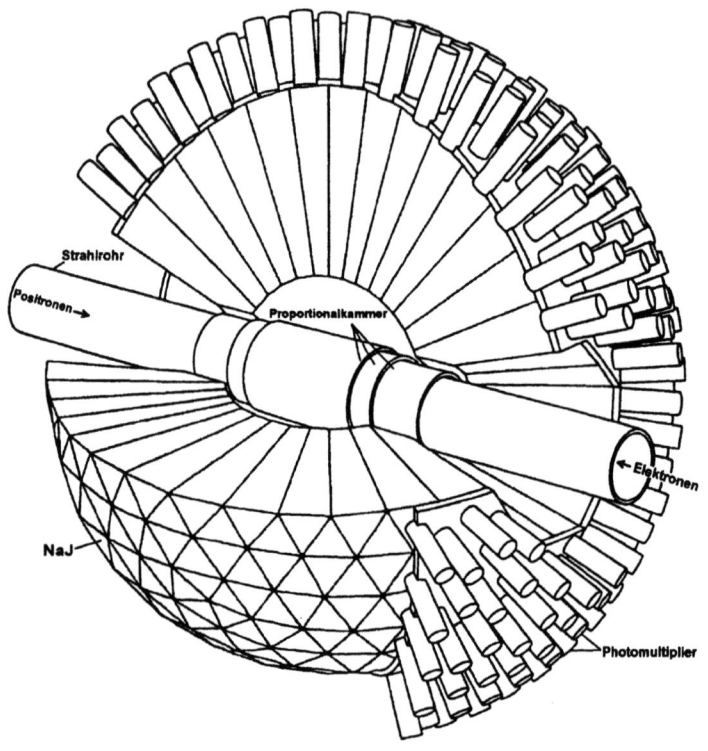

Fig. 4.49 Der Crystal Ball Detektor bei SLAC. Siehe Text

riment) wird auf die $\psi(2S)$-Resonanz bei $E_{\text{cm}} = 3.686$ GeV eingestellt. Tab. 4.12 listet die Zerfälle.

Die hohe Übergangsrate $\psi(2S) \to \pi\pi J/\psi(1S)$ zeigt, daß beide Teilchen zur selben Familie gehören. Die χ_c Zustände werden durch die Strahlungsübergänge gefunden. Da $\sim \frac{1}{3}$ der Hadronen $\pi^0(\to \gamma\gamma)$ (Isospin!) sind, haben wir einen hohen Untergrund an γ's, auf dem die Linien der γ's zu den χ_c's sitzen. Es wurden insgesamt $\sim 2 \cdot 10^6$ $\psi(2S)$ Zerfälle beobachtet. Fig. 4.50 zeigt das gemessene γ-Spektrum. Man erkennt die Übergänge $\psi(2S) \to \gamma\chi_{c0,1,2}$, gefolgt von $\chi_{c0,1,2} \to \gamma J/\psi(1S)$, und von $\psi(2S) \to \gamma\eta_c(1S)$ und $\psi(2S) \to \gamma\eta_c'(2S)$. Insgesamt werden neun γ-Linien gemessen. Die Verzweigungsverhältnisse sind in Tab. 4.12 angegeben.

4.6 Schwere Quarks und Hadronen

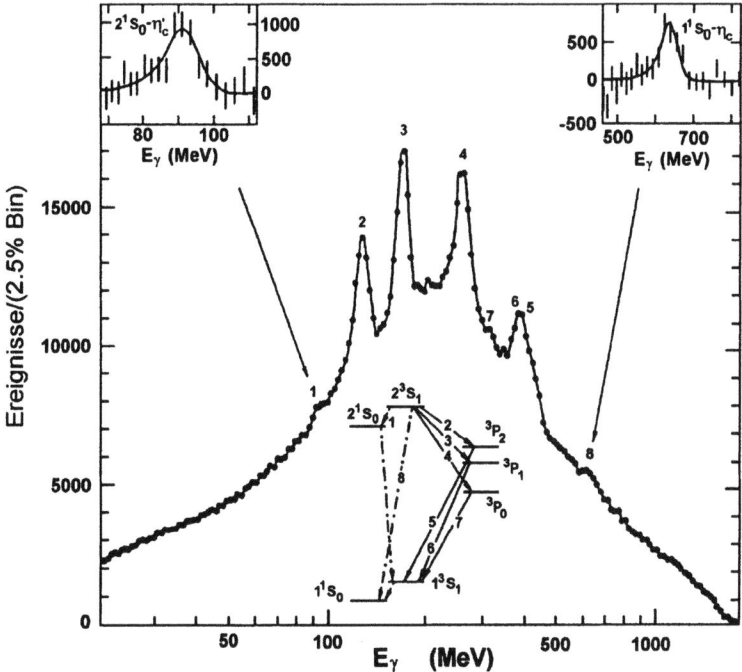

Fig. 4.50 Das γ-Spektrum des Endzustands der Reaktion $e^+e^- \to \psi(2S) \to \gamma +$ Hadronen. Daten des Crystal Ball Experiments bei SLAC (ab 1979). Man beachte den logarithmischen Maßstab des Abszisse

Damit ist das Spektrum des Charmonium experimentell gemessen. Das Modell zur Erklärung der schmalen schweren Resonanzen ist bestätigt. Ebenso ist das Bottonium-Spektrum in Übereinstimmung mit den Erwartungen des Quarkoniummodells.

c) Das QCD Modell der Quarkonia

Wie erwähnt sind die Quarkoniumsysteme ($c\bar{c}$ bzw. $b\bar{b}$) mit dem Positronium vergleichbar. Während bei letzterem die WW rein elektromagnetisch ist, ist es bei den Quarkonia die starke. Ein einfaches QCD-Modell sagt: Die starke WW besteht aus einem asymptotisch freien Term und einem,

Tab. 4.12 Die $\psi(2S)$ Zerfälle. Verzweigungsverhältnisse (BR) sind gerundet

		BR			BR
$\psi(2S) \to$	$\ell^+\ell^-$	1.8 %			
	$J/\psi + X$	57 %			
	$\pi^+\pi^- J/\psi$	32 %			
	$\pi^0\pi^0 J/\psi$	18 %			
	$\eta J/\psi$	3 %			
	$\gamma + \chi_{c0}$	9.3 %	$\chi_{c0} \to$	$\gamma + J/\psi$	6.6 %
	$\gamma + \chi_{c1}$	8.7 %	$\chi_{c1} \to$	$\gamma + J/\psi$	27.2 %
	$\gamma + \chi_{c2}$	7.8 %	$\chi_{c2} \to$	$\gamma + J/\psi$	13.5 %
	$\gamma + \eta_c$	0.3 %			
	$\gamma + \eta_c'$				
$J/\psi \to$	$\gamma + \eta_c$	1.3 %			

der die Einschließung beschreibt. Man macht den Ansatz:

$$V(r) = -\frac{\alpha_s}{r} + \text{konst.} \cdot r \quad . \tag{4.109}$$

Der erste Term beschreibt, in Analogie zur Coulomb-WW, den 1-Gluon-Austausch und ist der asymptotisch freie Anteil (er wird klein bei großen Abständen). Der zweite Term wird groß bei wachsendem Abstand und modelliert die Einschließung der Quarks.

Diese einfache Vorstellung, die jedoch die wesentlichen Aussagen der QCD berücksichtigt, beschreibt die Messungen recht gut. Durch Hinzufügung von Spin-Spin und Spin-Bahn Termen werden alle Zustände des $c\bar{c}$ und des $b\bar{b}$ Systems befriedigend erklärt.

d) Υ-Zerfall und der Spin der Gluonen

Beim Zerfall $\Upsilon \to 3g \to h$ ist die Energie hoch genug, daß die Gluonen in Jets hadronisieren können. Damit kann die Winkelverteilung des Thrusts gemessen werden. Die Theorie wird in Analogie zum Zerfall des Spin-1 Orthopositroniums entwickelt. Man beobachtet die vorausgesagte Winkelverteilung. Dabei wurde implizit davon ausgegangen, daß der Spin der Gluonen $s_g = 1$ ist, weil $s_\gamma = 1$ ist. Wenn man eine Theorie für Spin-0 Gluonen niederschreibt, ergibt sich eine andere Winkelverteilung, die experimentell widerlegt wird. Das Experiment hat damit den Spin-1 der Gluonen nachgewiesen.

4.6.3 Hadronen mit Charme- und Bottom-Flavor

Wir haben die leichten Hadronen aus den leichten Quarks u, d und s aufgebaut. Damit haben sich das Mesonennonett und das Baryonenoktett und -dekuplett ergeben. Wenn das c-Quark hinzukommt, gibt es weitere Zustände. In Fig. 4.51 werden I_3 und S in der Ebene aufgetragen, nach oben die Charme-Quantenzahl. In der mittleren Ebene des Dodekaeders (12-Eck) finden wir die bekannten leichten Mesonen. Bei Charme $C = +1$ gibt es: $c\bar{u} = D^0$, $c\bar{d} = D^+$ und $c\bar{s} = D_s^+$. Außer diesen (und den Mesonen mit $C = -1$) gibt es ein weiteres neues Meson: η_c mit $I = 0$. Die Namen der $J^P = 1^-$ Mesonen können der Figur entnommen werden.

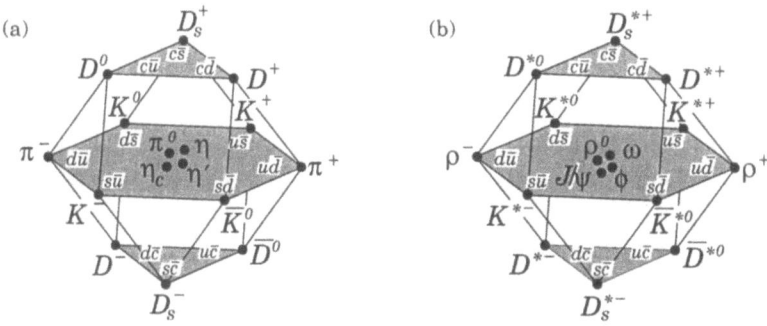

Fig. 4.51 Darstellung der Charme-Mesonen mit a) $J^P = 0^-$, b) $J^P = 1^-$

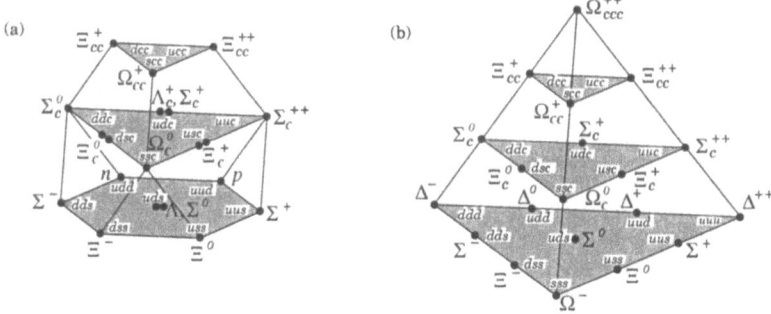

Fig. 4.52 Darstellung der Charme-Baryonen mit a) $J^P = (1/2)^+$, b) $J^P = (3/2)^+$

Fig. 4.52 zeigt die Baryonen mit Charme. Für Spin-$\frac{1}{2}$ ist z.B. $udc = \Lambda_c^+$, $ssc = \Omega_c^0$ und $ucc = \Xi_{cc}^{++}$. Für Spin-$\frac{3}{2}$ gibt es ein Baryon mit drei c-

Quarks: $ccc = \Omega_{ccc}^{++}$. Ganz analog ist die Spektroskopie der Hadronen mit b-Quarks. Erwähnt seien $u\bar{b} = B^+$, $b\bar{u} = B^-$, $d\bar{b} = B^0$ und $\bar{d}b = \bar{B}^0$,[22] $s\bar{b} = B_s^0$ und $c\bar{b} = B_c^+$. Alle diese Teilchen sind beobachtet. Die Hadronenspektroskopie ist experimentell bestätigt. Die c- und b-Hadronen zerfallen durch die schwache WW (siehe Kap. 4.7.7).

4.6.4 Aufgaben

4.88. $e^+e^- \to h$ *im Kontinuum:* Man berechne numerisch die Wirkungsquerschnitte für $e^+e^- \to h$ mit Hilfe von Gl. (4.82) unterhalb der J/ψ- und der $\Upsilon(1S)$-Resonanzen.

4.89. *Schwere Quarks:* Man schätze Γ_{ee} für J/ψ und für $\Upsilon(1S)$ aus den Figuren ab. Hilfe: Eine erste Näherung erhält man mit $\Gamma_h \approx \Gamma_{\text{tot}}$.

4.90. *"Neue Resonanzen":* Man überprüfe, ob die $\Upsilon(1S)$-Resonanz schon durch die FNAL Messungen als schmale Resonanz erkannt werden konnte.

4.91. *Zerfall der Quarkonia:* Man begründe unter Benennung der jeweiligen Erhaltungssätze, warum die Zerfälle des J/ψ in 1 bzw. 2 Gluonen verboten sind.

4.92. *Crystal Ball Detektor:* a) Wie lang sind die Kristalle des Detektors? Hilfe: Tab. 2.2. b) Man zeichne die Dreiecke einer Kristallgruppe auf. Welche Kristalle müssen zur Energiemessung der Schauer herangezogen werden?

4.93. *Crystal Ball Detektor:* Wie genau kann die Flugrichtung eines γ mit dem Detektor gemessen werden? Angaben: Länge der e^+e^--WW-Zone ≈ 3 cm, Abstand der Kristalle vom WW-Punkt $= 25$ cm, Seitenlänge der Kristalle $= 5$ cm (720 Kristalle überdecken den vollen Raumwinkel 4π).

4.94. *Messung der ^3P_J-Zustände des Charmoniums:* Man berechne die Verzweigungsverhältnisse für die Kaskadenübergänge $\psi(2S) \to \gamma\chi_{cJ}$, $\chi_{cJ} \to \gamma J/\psi$. Welche Rate erwartet man, wenn die Nachweiswahrscheinlichkeit für ein gut meßbares γ (keine Überlagerung mit benachbarter Energieablage) $\epsilon \approx 30\%$ beträgt?

---

[22]Man beachte die (historisch bedingte) Notation: Die s- und b-Quarks haben die Seltsamkeit bzw. Bottom-Quantenzahl $= -1$, sodaß die Mesonen $K^+ = u\bar{s}$ bzw. $B^+ = u\bar{b}$ für diese Quantenzahlen den Wert $+1$ haben

4.6 Schwere Quarks und Hadronen

4.95. *Messung der ^3P_J-Zustände des Charmoniums*: Man diskutiere die Analyse der Ereignisse $\psi(2S) \to \gamma\gamma\ell\ell$. Man berechne das Verzweigungsverhältnis. Was erwarten Sie für die Nachweiswahrscheinlichkeit der γ's? NB! Man beachte, daß die beiden Leptonen $\ell\ell$ unter 180° auseinander fliegen.

4.96. *Quarkonia*: Man vergleiche die Massenaufspaltung auf Grund der Spin-Bahn-Kopplung mit der der Spin-Spin-Kopplung für $c\bar{c}$ und (soweit möglich) für $b\bar{b}$. Hilfe: Für die ^3P_J-Zustände bildet man eine "Schwerpunkt"-Masse durch $m_{sp} = \sum_J (2J+1) \cdot m_J / \sum_J (2J+1)$.

4.97. *Schwere Hadronen*: Man gebe den Quarkinhalt des Mesons B_s und der Baryonen Λ_{cb}, Σ_{cb}, Ξ_b und Ξ_{cb} an. Welche Ladungszustände sind möglich? Man gebe den Isospin an.

4.7 Schwache Wechselwirkung und CP-Verletzung

Die *schwache Wechselwirkung zwischen vier Fermionen* wird am besten beim μ-*Zerfall* $\mu^+ \to e^+ \nu_e \bar{\nu}_\mu$ (vier Leptonen!) studiert. Die *Fermi Kopplungskonstante* ist $G_F = 1 \cdot 10^{-5} \cdot m_p^{-2} \cdot (\hbar c)^3$. Die Fermionen sind linkshändig, die Antifermionen rechtshändig (*Paritätsverletzung*).
Der *schwache Zerfall der Hadronen*, z.B. des π^+, wird durch den Zerfall der Konstituentenquarks beschrieben. Der Zerfall der Hadronen mit s-, c- und b-Quarks folgt *Auswahlregeln*: Die Flavor-Quantenzahlen Seltsamkeit, Charme und Bottom werden immmer nur um eine Einheit geändert. Da die Seltsamkeit bei der schwachen Wechselwirkung nicht erhalten wird, sind die *Quarkeigenzustände* der schwachen Wechselwirkung *Mischungen* aus denen der starken Wechselwirkung mit dem *Cabibbo-Winkel* $\sin\theta_C$. Zerfälle mit $|\Delta S| = 1$ haben die Kopplungskonstante $G_F \cdot \sin\theta_C$. Bei Mischung von drei Quarkfamilien enthält die *CKM-Matrix* drei Mischungswinkel und eine Phase.
Die Entdeckung des τ-*Leptons* zeigt, daß es drei Leptonfamilien gibt. Dabei gilt die $e - \mu - \tau$-*Universalität*.
Der *direkte Nachweis der Neutrinos* erfolgt durch den inversen β-Zerfall. Experimente mit hochenergetischen Neutrinos haben gezeigt: $\nu \neq \bar{\nu}$ und $\nu_\mu \neq \nu_e$. Die *Leptonenquantenzahlen* sind Erhaltungsgrößen.
Die *Struktur der Nukleonen* kann auch mit ν-Strahlen untersucht werden. Die Strukturfunktionen sind gleich (bis auf Konstanten wegen der unterschiedlichen Ladungen) wie bei e/μ-Streuung. Die punktförmigen Konstituenten der Nukleonen tragen drittelzahlige Ladungen, sind also Quarks. Die Nukleonen enthalten neben den drei Valenzquarks auch virtuelle Quark-Antiquark-Paare und Gluonen.
K^0 in $\bar{K}^0$ (und umgekehrt) können durch einen Prozeß 2. Ordnung der schwachen Wechselwirkung oszillieren. Dabei beobachtet man die *CP-Verletzung*. Die Zeit hat eine bevorzugte Richtung. Dasselbe wurde bei $B^0/\bar{B}^0$ gemessen.

4.7 Schwache Wechselwirkung und CP-Verletzung

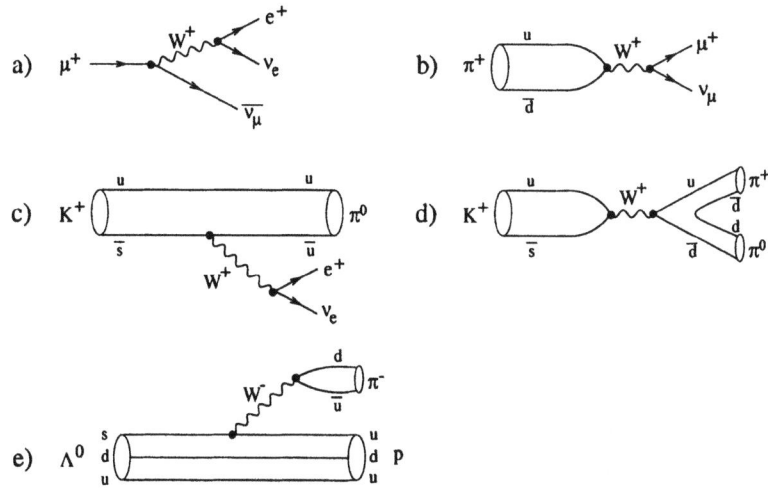

Fig. 4.53 Beispiele von Feynman-Graphen der Zerfälle durch schwache Wechselwirkung. Zerfälle von: a) μ, b) π, c) und d) K^+, e) Λ^0

4.7.1 Überblick

Die *schwache WW* ist uns erstmals im *β-Zerfall* begegnet. Dieser hat der Physik zwei Überraschungen bereitet: die Existenz eines neuen Teilchens, des *Neutrinos* und die *Paritätsverletzung*. Die (erweiterte) Fermi-Theorie konnte beide Phänomene gut beschreiben. Jedoch hat Heisenberg schon kurz nach Fermi gezeigt, daß die Theorie der Unitarität widerspricht, d.h. sie kann nur eine Näherung sein. Der Ausweg ist, daß es sich nicht um eine punktförmige 4-Fermionen Wechselwirkung handelt, sondern daß ein *schweres W-Boson* ausgetauscht wird. Bei niedrigen Energien ergibt sich eine effektive 4-Fermion WW. Wir werden dies in Kap. 4.8 behandeln, schreiben die Graphen aber jetzt schon so, wie es richtig ist. Wir greifen auch bei der Schreibweise der Neutrinos voraus. Es gibt Neutrinos (ν) und Antineutrinos ($\bar{\nu}$). Zudem sind die Neutrinos, die zusammen mit Elektronen auftreten, unterschiedlich von denen der Myonen ($\nu_e \neq \nu_\mu$).

Wir lernen verschiedene Typen von Zerfällen kennen:
1. rein leptonische,
2. semileptonische und
3. rein hadronische.

Die beiden letzten werden wir im Quarkbild der Hadronen beschreiben.

Damit ergibt sich ein einheitliches Bild aller Teilchenzerfälle, auch der

der schweren Quarks. Man muß jedoch berücksichtigen, daß die Teilchenzustände der schwachen Wechselwirkung Mischungen aus denen der starken WW sind – eine weitere Überraschung der schwachen WW. Aber damit können wir dann von der *universellen schwachen WW* sprechen. Darin sind auch die Zerfälle eines *dritten Leptons*, des τ (sprich: tau) und seines Neutrinos ν_τ eingeschlossen. Ebenso werden ν-induzierte Reaktionen mit beschrieben.

Die schwache WW zwischen vier Fermionen können wir (analog zur QED, Kap. 4.1) als *"Strom-Strom-WW"* beschreiben:

$$H_\text{schw WW} \sim |G_F \cdot j^\mu j_\nu|^2 \text{ , mit z.B. } j^\mu = \bar\nu_\mu \Omega \mu^+, \, j_\nu = e^+ \Omega \nu_e \quad (4.110)$$

(Notation: Operator des erzeugten Teilchens, der (V-A)-WW, des vernichteten Teilchens). Eine Erweiterung auf alle Zerfälle und Reaktionen der schwachen WW ist leicht zu sehen.

Die schwache WW hat noch eine weitere Überraschung bereit gehalten: die *Verletzung der CP-Symmetrie* ($C\!\!\!/\!P$).

4.7.2 Der μ-Zerfall

Das Myon (μ) wurde 1937 in der kosmischen Strahlung entdeckt. Eine stoppende Spur der Masse $(105.658'389 \pm 0.000'034)$ MeV sendet ein Elektron aus. Die Fermi-Theorie des β-Zerfalls war schon bekannt. Danach mußte der μ-Zerfall (in heutiger Notation)

$$\boxed{\mu^+ \to e^+ + \nu_e + \bar\nu_\mu} \quad (4.111)$$

sein. Die Lebensdauer ist $\tau_\mu = (2.19703 \pm 0.00004) \cdot 10^{-6}$ s. Damit wird die Kopplungskonstante

$$\boxed{\begin{aligned} G_F &= (1.166'39 \pm 0.000'01) \cdot 10^{-5} \cdot (\hbar c)^3 \text{ GeV}^{-2}, \\ &\approx \frac{1 \cdot 10^{-5}}{(m_p c^2)^2} \cdot (\hbar c)^3 \end{aligned}} \quad .(4.112)$$

Der μ-Zerfall ist wichtig, weil er die erste *rein leptonische Reaktion* war[23]. Die Kopplungskonstanten des β- und des μ-Zerfalls sind fast gleich[24]. So wurde die Idee der "universellen schwachen Wechselwirkung" geboren. Dazu muß aber auch der Wechselwirkungsansatz gleich, d.h. eine (V-A)-Wechselwirkung sein. Dies wurde durch die Messung des Elektronenspektrums beim μ-Zerfall bestätigt.

---
[23] Beim β-Zerfall von Kernen spielt immer das Kernmatrixelement eine Rolle
[24] Innerhalb der ursprünglichen Meßgenauigkeit waren sie gleich

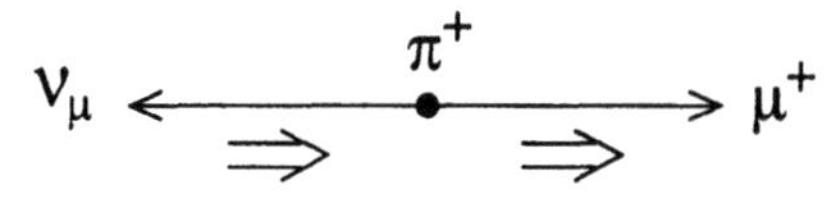

4.7 Schwache Wechselwirkung und CP-Verletzung

Fig. 4.54
Die Helizitätsunterdrückung des π-Zerfalls. $\longrightarrow$: Impuls, $\Longrightarrow$: Spin

$$\nu_\mu \longleftarrow \quad \overset{\pi^+}{\bullet} \quad \longrightarrow \mu^+$$
$$\Longrightarrow \qquad \Longrightarrow$$

μ^--Leptonen können von Kernen eingefangen werden, bilden zunächst myonische Atome und werden dann durch die Reaktion

$$\boxed{\mu^- + {}^A_Z X \to {}^A_{Z-1} Y + \nu_\mu} \tag{4.113}$$

vernichtet. Auch hier findet man die gleiche Kopplungskonstante.

4.7.3 Die π-Zerfälle

In Photoemulsionen, die in großer Höhe exponiert worden waren, fand man 1947 stoppende Spuren, von denen eine Spur mit konstanter Länge ausging. Das Pion und sein Zerfall

$$\boxed{\pi^+ \to \mu^+ + \nu_\mu} \tag{4.114}$$

waren entdeckt worden. Der Graph ist in Fig. 4.53 gezeigt. Dabei haben wir von der heutigen Kenntnis der Quarkstruktur des Pions Gebrauch gemacht. Die Lebensdauer wurde zu $\tau_\pi = (2.6033 \pm 0.0005) \cdot 10^{-8}$ s gemessen. Das Verzweigungsverhältnis (BR) ist praktisch 100%.

Der Zerfall in ein Elektron hat ein sehr kleines Verzweigungsverhältnis:

$$\boxed{\pi^+ \to e^+ + \nu_e} \quad BR = (1.230 \pm 0.004) \cdot 10^{-4}. \tag{4.115}$$

Der Grund für die Unterdrückung ist die Helizität der Teilchen bei der schwachen WW, Fig. 4.54. Das μ^+ hat als Antiteilchen $h = +1$, das ν_μ $h = -1$. Weil es ein 2-Körperzerfall ist, sind die Impulse entgegengesetzt. Es ergibt sich der longitudinale Spin = 1. Das π hat $J^P = 0^-$. Der π-Zerfall ist helizitätsunterdrückt. Nur die Tatsache, daß die longitudinale Polarisation nicht vollständig ist, sondern $P = \pm v/c$, ermöglicht den π-Zerfall.

Ein noch kleineres Verzweigungsverhältnis BR hat der Zerfall

$$\boxed{\pi^+ \to \pi^0 + e^+ + \nu_e} \quad BR = (1.025 \pm 0.034) \cdot 10^{-8}. \tag{4.116}$$

Der hadronische Anfangs- und Endzustand sind (bis auf die Ladung) gleich. Damit ist der β-Zerfall des Pions ein reiner Fermi-Übergang ($\Delta J = 0$) und das Kernmatrixelement ist $= 1$. Dieser Zerfall erlaubt die Kopplungskonstante G_F ohne theoretische Unsicherheit zu messen.

4.7.4 Zerfälle seltsamer Teilchen

Teilchen mit der Quantenzahl Seltsamkeit $S \neq 0$ werden durch die starke WW assoziiert produziert, d.h. mit Erhaltung von S. Beim Zerfall wird jedoch S verändert. Einige wichtige Zerfälle sind ($\ell = e, \mu$) in Tab. 4.13 aufgeführt.

Tab. 4.13 Einige Zerfälle seltsamer Teilchen mit Verzweigungsverhätnissen BR. Es sind auch Grenzen für nicht auftretende Zerfälle angegeben. K^0-Zerfälle siehe Kap.4.7.8

	(semi-)leptonisch	BR	hadronisch	BR
K^+	$\to \mu^+ \nu_\mu$	63.5 %	$\to \pi^+ \pi^0$	21.5 %
	$\to e^+ \nu_e$	$1.5 \cdot 10^{-5}$	$\to \pi^+ \pi^+ \pi^-$	5.6 %
	$\to \pi^0 e^+ \nu_e$	4.8 %		
	$\to \pi^0 \mu^+ \nu_\mu$	3.2 %		
	$\not\to \pi^+ \pi^+ e^- \bar{\nu}_e$	$< 1.2 \cdot 10^{-8}$		
Λ^0	$\to p e^- \bar{\nu}_e$	$8.3 \cdot 10^{-4}$	$\to p \pi^-$	63 %
			$\to n \pi^0$	37 %
Σ^+	$\to \Lambda e^+ \nu_e$	$2 \cdot 10^{-5}$	$\to p \pi^0$	52 %
	$\not\to n e^+ \nu_e$	$< 5 \cdot 10^{-6}$	$\to n \pi^+$	48 %
Σ^-	$\to \Lambda^0 e^- \bar{\nu}_e$	$6 \cdot 10^{-5}$	$\to n \pi^-$	100 %
	$\to n e^- \bar{\nu}_e$	$1 \cdot 10^{-3}$		
	$\to n \mu^- \bar{\nu}_e$	$4 \cdot 10^{-4}$		
Ξ^0	$\to \Sigma^+ e^- \bar{\nu}_e$	$3 \cdot 10^{-4}$	$\to \Lambda^0 \pi^0$	100 %
	$\not\to \Sigma^- e^+ \nu_e$	$< 9 \cdot 10^{-4}$	$\not\to p \pi^-$	$< 4 \cdot 10^{-5}$
	$\not\to p e^- \bar{\nu}_e$	$< 1 \cdot 10^{-3}$		
Ξ^-	$\to \Lambda^0 e^- \bar{\nu}_e$	$6 \cdot 10^{-4}$	$\to \Lambda^0 \pi^-$	100 %
	$\not\to n e^- \bar{\nu}_e$	$< 3 \cdot 10^{-3}$	$\not\to n \pi^-$	$< 2 \cdot 10^{-5}$
Ω^-	$\to \Xi^0 e^- \bar{\nu}_e$	$6 \cdot 10^{-3}$	$\to \Lambda^0 K^-$	68 %
			$\to \Xi^0 \pi^-$	24 %
			$\to \Xi^- \pi^0$	8 %
			$\not\to \Lambda^0 \pi^-$	$< 2 \cdot 10^{-4}$

Aus dem Vergleich beobachteter und nicht auftretender Zerfälle lassen sich empirische *Auswahlregeln* für schwache Zerfälle ableiten:

$$\boxed{|\Delta S| = 1, \qquad |\Delta I| = \frac{1}{2}} \tag{4.117}$$

und für semileptonische Zerfälle

$$\boxed{\Delta S = +\Delta Q} \tag{4.118}$$

4.7 Schwache Wechselwirkung und CP-Verletzung   309

Hinzu kommt die Beobachtung, daß die schwachen Zerfälle immer durch geladene intermediäre Bosonen $W^\pm$ vermittelt werden (siehe Kap. 4.8 für die neutrale schwache WW).

Die Lebensdauer des K^+ ist mit $\tau_{K^+} = 1.24 \cdot 10^{-8}$ s nur unwesentlich kürzer als die des π^+. Wegen des größeren Phasenraums (höhere Masse) und mehr Zerfallskanälen erwartet man eine kürzere Lebensdauer. Die WW-Konstante ist scheinbar kleiner.

N. Cabibbo hat 1963 folgende Überlegung vorgestellt: Die Quarks der starken WW sind Eigenzustände zur Seltsamkeit. Diese wird durch die schwache WW verletzt. Die Quarkzustände der schwachen WW sind deshalb Mischungen der Quarkzustände der starken WW. Diese wird beschrieben durch eine unitäre Drehung im Raum der Quarks:

$$\boxed{\begin{pmatrix} d \\ s \end{pmatrix}_{\text{schwach}} = \begin{pmatrix} \cos\theta_C & \sin\theta_C \\ -\sin\theta_C & \cos\theta_C \end{pmatrix} \begin{pmatrix} d \\ s \end{pmatrix}_{\text{stark}}} \,. \quad (4.119)$$

Der Winkel θ_C heißt Cabibbo-Winkel. Die effektive Kopplungskonstante für $|\Delta S| = 1$ Zerfälle wird

$$\boxed{G_{|\Delta S|=1} = \sin\theta_C \cdot G_F} \,. \quad (4.120)$$

Aus der Rate der Zerfälle seltsamer Teilchen (Tab. 4.13) folgt

$$\boxed{\sin\theta_C = 0.222 \pm 0.004} \,. \quad (4.121)$$

Für alle Zerfälle seltsamer Teilchen wird die $(V-A)$-WW bestätigt. Bei den ersten Beobachtungen seltsamer Mesonen um 1955 hat man sich gewundert, daß es Teilchen derselben Masse (m_K) gab, die jedoch verschiedene Parität zu haben schienen. Eines zerfiel in 2π und hatte damit die Parität $P = +1$, das andere in 3π mit $P = -1$. Wenn man Paritätserhaltung voraussetzt (was bis 1956 alle Beobachtungen beschrieb außer der hier genannten), mußte man zwei verschiedene Teilchen gleicher Masse annehmen. Lee und Yang haben dann vorgeschlagen, daß die schwache WW die Parität verletzt. Experimente wie die Elektronenpolarisation (Kap. 3.8.8) haben dies bestätigt.

4.7.5 Das τ-Lepton

a) Endeckung

Im Jahre 1976 wurden mit dem Mark-I Detektor (zylindrische Drahtkammern in einem Solenoid-Magneten, mit Schauer- und μ-Nachweis) am Speicherring SPEAR bei SLAC im Bereich von $E_{\text{cm}} \sim 4$ GeV nach Er-

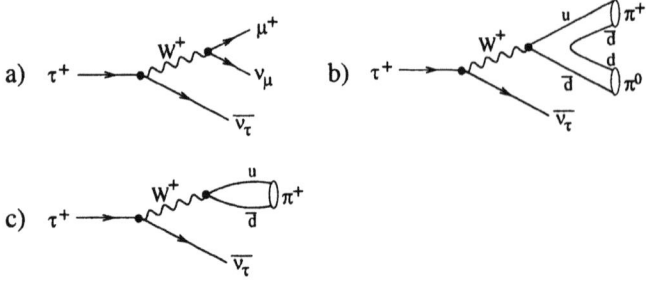

Fig. 4.55 Graphen einiger Zerfälle des τ-Leptons. a) rein leptonisch, b) $\tau^+ \to \bar{\nu}_\tau + \pi^+ + \pi^0$, c) $\tau^+ \to \bar{\nu}_\tau + \pi^+$

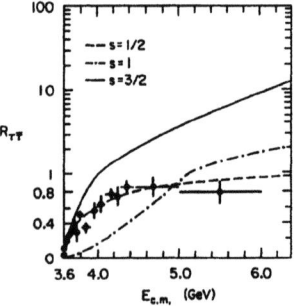

Fig. 4.56
Die Anregungsfunktion der Reaktion $e^+e^- \to \tau^+\tau^-$. Die Messungen werden mit verschiedenen Annahmen für den τ-Spin verglichen. Spin-1/2 wird bewiesen. Die τ-Masse ergibt sich aus dem Schwellenverhalten. Man beachte, daß die τ-Produktion unterhalb der $\psi(3770)$-Resonanz beginnt. Daten des DELCO Experimentes bei SLAC (1979)

eignissen mit einem $e\mu$-Endzustand gesucht. Wegen der Leptonenzahl-Erhaltung kann dieser nicht direkt erzeugt werden. Es ist jedoch möglich, daß primär ein neues, schweres (τ-)Lepton (*griech.* tau) paarweise erzeugt wird, das dann einmal in ein Elektron und einmal in ein μ zerfällt (immer mit Neutrinos). Die Ereignisse wurden gefunden und damit das τ-Lepton entdeckt. Die Reaktion ist

$$\boxed{e^+e^- \to \gamma^* \to \tau^+\tau^- \to \mu^+\nu_\mu\bar{\nu}_\tau + e^-\bar{\nu}_e\nu_\tau}. \tag{4.122}$$

b) Der Spin der τ-Leptonen

Der Beweis, daß es sich um ein Lepton handelt, wird erst durch die Messung des Spins ($\frac{1}{2}$!) und der schwachen WW erbracht. Der Spin kann durch die Anregungsfunktion für die elektromagnetische τ-Paarerzeugung gemessen werden. Fig. 4.56 zeigt das Ergebnis im Vergleich zur QED. Aus der Schwelle und dem Anstieg nach ihr ergibt sich die τ-Masse. Der beste Wert ist $m_\tau = (1'777.03^{+0.30}_{-0.26})$ MeV/c^2.

Die τ-Leptonen haben die τ-Leptonzahl, die erhalten wird.
Die Lebensdauer der τ's wurde aus der Zerfallslänge zu $\tau_\tau = (290.6 \pm 1.1) \cdot 10^{-15}$ s.

c) τ-Zerfälle

Die τ^-'s zerfallen in das ν_τ und ein W^-. Dieses kann dann in alle Teilchen übergehen, soweit es die schwache WW und die Energieerhaltung erlauben. Das sind zunächst die rein-leptonischen Zerfälle in $\mu^- \bar{\nu}_\mu$ und $e^- \bar{\nu}_e$. Aus der Gleichheit der Verzweigungsverhältnisse sieht man, daß die schwache WW für alle Leptonen gleich ist. Das Spektrum der geladenen Leptonen des Endzustands zeigt, daß die τ's durch die übliche $(V - A)$-WW zerfallen.

Das virtuelle W^- kann auch in Quarks zerfallen: $d\bar{u}$ und $s\bar{u}$. Diese können ein π^- bzw. K^- oder, sofern es energetisch erlaubt ist, durch starke WW $q\bar{q}$-Paare aus dem Vakuum erzeugen und mehrere Mesonen im Endzustand bilden (siehe Fig. 4.55). Endzustände bis zu 5 π sind beobachtet worden.

Da alle Kanäle gleiche Stärke haben, können wir die Verzweigungsverhältnisse abschätzen. Dabei muß berücksichtigt werden, daß $s\bar{u}$ "Cabibbounterdückt" ist (wir vernachlässigen ihn zunächst). Wir haben dann $\mu\nu$, $e\nu$ und dreimal $d\bar{u}$ (wegen der drei Farben der Quarks). Man hat somit fünf gleich starke Endzustände. Damit ergeben sich für die beiden reinleptonischen Kanäle je $\sim 20\%$ und für den semi-leptonischen $3 \cdot 20 = 60\%$ in Übereinstimmung mit den Daten.

4.7.6 Die Neutrino-Experimente

a) Experimenteller Nachweis der Neutrinos

Die Neutrinos wurden von Pauli 1930 hypothetisch eingeführt, um beim β-Zerfall die Energieerhaltung nicht zu verletzen. Fermi hat 1934 gezeigt, daß das β-Spektrum mit der ν-Hypothese richtig beschrieben werden kann. Eine erste, indirekte Bestätigung war, daß aus dem Kernrückstoß beim Elektroneneinfang $(e^- + {}^A_Z X \rightarrow {}^A_{Z-1} X' + \nu_e)$ über die Impulserhaltung auf das ν geschlossen werden konnte.

Der *direkte Nachweis der Neutrinos* durch die Reaktion

$$\boxed{\bar{\nu}_e + p \rightarrow n + e^+} \quad (4.123)$$

mußte lange auf sich warten lassen. Wegen der schwachen WW ist der

Wirkungsquerschnitt für elastische $\bar{\nu}_e$-Streuung an Protonen sehr klein:

$$\sigma = \frac{(\hbar c)^2}{\pi} \cdot g_F^2 \cos^2\theta_C \left(1 + 3\left|\frac{g_A}{g_V}\right|^2\right)$$
$$\cdot \left[(E_\nu - \Delta) \cdot \sqrt{(E_\nu - \Delta)^2 - (m_e c^2)^2}\right]$$

$$\sigma(\bar{\nu}_e + p \to n + e^+) = 2.4 \cdot 10^{-44} \frac{cm^2}{(m_e c^2)^2} \cdot [\ldots]$$

(4.124)

mit

$$g_F = \frac{G_F}{(\hbar c)^3} \quad \text{und} \quad \Delta = (m_n - m_p)c^2 \ .$$

Neben der Kopplungskonstanten g_F (in G_F war der Faktor $(\hbar c)^3$ aus dem Ausdruck des Phasenraums beim β-Zerfall mit einbezogen worden; hier muß ein anderer Phasenraum eingesetzt werden) erscheinen der Cabibbo-Winkel θ_C und die Kopplungskonstanten für V- und A-WW, wobei A (Spin-1 von $e\nu$) einen statistischen Faktor 3 gegenüber V (Spin-0 der Leptonen) erhält.

Die Experimente konnten erst durchgeführt werden, als mit den Kernreaktoren intensive $\bar{\nu}_e$-Strahlen zur Verfügung standen. Cowan und Reines nutzten 1956 für den Nachweis in einem Target/Detektor aus flüssigem Szintillator die Signatur: Die Vernichtungsstrahlung des e^+ gibt ein promptes Signal (zwei koinzidente, kollineare γ's), das nach einigen μs (Diffusionszeit des Neutrons) vom Signal des Neutroneneinfangs (γ's aus (n, γ)-Reaktionen) gefolgt wird.

b) Experimente mit hochenergetischen Neutrinos

An Teilchenbeschleunigern wurden seit 1962, zuerst am BNL, ν-Strahlen gebaut. Die hochenergetischen Protonen erzeugen Pionen und Kaonen, die im Fluge in einem Zerfallstunnel in μ's und ν's zerfallen. Die Myonen (und Hadronen) werden abgeschirmt. Der ν-Strahl trifft auf den Detektor. Fig. 4.57a zeigt schematisch den Aufbau. Die ν's durchlaufen auf den letzten 150 m vier Detektoren. Da die π's nicht monoenergetisch sind und ihr Zerfall isotrop ist, hat der ν-Strahl ein breites Energiespektrum. Wenn im Hadronenstrahl eine Energieselektion durchgeführt wird (natürlich unter Intensitätsverlust), kann man Schmalband-ν-Strahlen bauen. Diese haben dann auch eine Ladungsselektion und sind damit nicht mehr ein Gemisch aus ν_μ und $\bar{\nu}_\mu$. Da durch die primären Protonen sowohl π als auch K produziert werden und letztere u.a. durch $K^+ \to \pi^0 e^+ \nu_e$ zerfallen, sind im ν_μ-Strahl auch ν_e beigemischt.

4.7 Schwache Wechselwirkung und CP-Verletzung

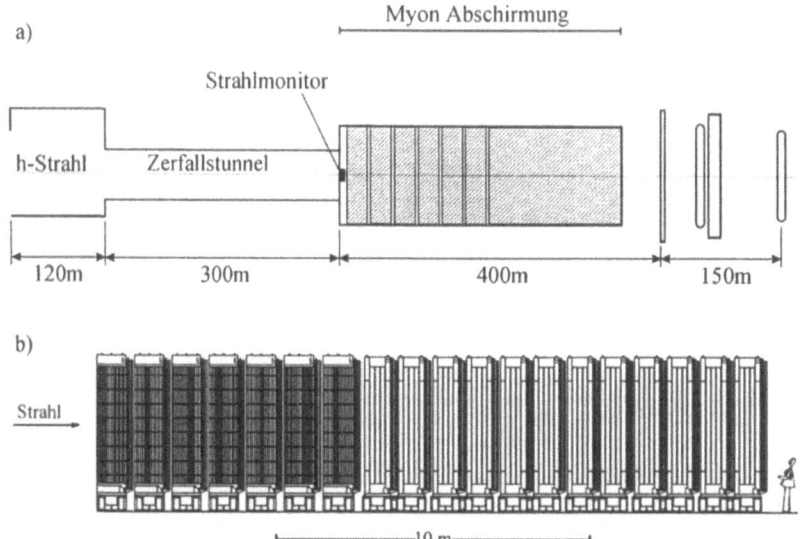

Fig. 4.57 Neutrino-Experimente: a) Überblick: Strahlführung und Detektoren, b) das CDHS-Experiment bei CERN (CERN-Dortmund-Heidelberg, Saclay)(1978). Man beachte die Länge des Experiments. Siehe Text

Fig. 4.57b zeigt einen ν-Detektor. Wegen des kleinen Wirkungsquerschnitts der ν-Reaktionen muß er eine sehr große Masse haben. Er muß die verschiedenen Reaktionsprodukte diskriminieren und messen: μ (große Reichweite im Detektor), Elektronen und den Hadronschauer. Die beiden letzten erfordern ein gute Granularität. Diese ist besonders wichtig, da es neben den "geladenen" auch "neutrale" Reaktionen gibt (siehe Kap. 4.8.2), bei denen statt des μ bzw. e des Endzustands ein nicht sichtbares ν erzeugt wird.

Die Messung der Energie der μ's erfolgt durch toroidal magnetisierte Fe-Absorber (wie bei μ-Experimenten) zusammen mit der Reichweite im Detektor. Elektronen werden durch den elektromagnetischen Schauer, Hadronenjets durch den hadronischen Schauer gemessen.

Um bei den kleinen Wirkungsquerschnitten brauchbare Datenmengen zu erhalten, müssen ν-Experimente mindestens eine von zwei Bedingungen erfüllen: Die Detektoren müssen ein großes Target haben und/oder der ν-Strahl muß sehr intensiv sein. Der CDHS Detektor bei CERN hatte ein Gesamtgewicht von 1'250 t Eisen. Davon sind 750 t das eigentliche

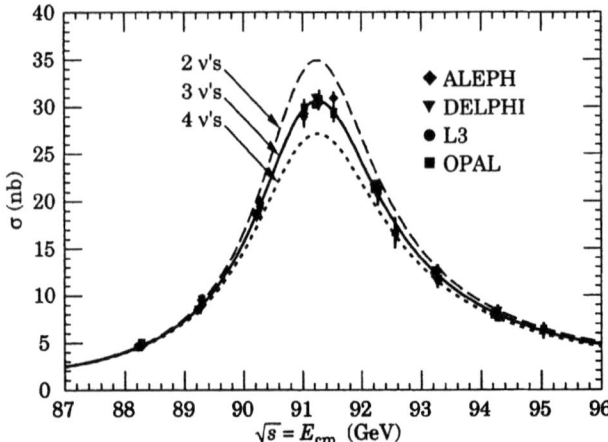

Fig. 4.58 Messung der Zahl der Neutrino-Generationen durch die Breite der Z^0-Resonanz in der Reaktion $e^+e^- \rightarrow Z^0 \rightarrow h$. Die Daten sind in Übereinstimmung mit drei Neutrino-Generationen. Ergebnisse von vier Experimenten am e^+e^--Speicherring LEP bei CERN (1990)

Target ("fiducial volume"), der Rest wurde zur Messung der Ereignisse verwendet. Ein ν-Strahl der 90er Jahre lieferte bei einem Strahlstrom von 10^{13} Protonen/Beschleunigungszyklus $\approx 10^{13}$ ν's/Zyklus. Die nutzbare ν-Intensität nimmt $\sim 1/$Entfernung ab. In einem spezialisierten Detektor (Nomad bei CERN, hohe räumlich Auflösung) von 2 t hatte man damit ≈ 1 ν-Ereignis/Zyklus (1 Beschleunigungszyklus = 14 s).

c) Die Neutrino-Generationen

Zunächst war experimentell nicht gezeigt, daß ν und $\bar{\nu}$ unterschiedlich sind. Ferner wußte man nicht, ob das ν, welches das Elektron begleitet, mit dem ν des μ identisch ist. Daß letzteres nicht der Fall sein könnte, wurde aus der Nicht-Beobachtung des Zerfalls $\mu^+ \not\rightarrow e^+\gamma$ ($BR < 1.2 \cdot 10^{-11}$) geschlossen.

Endgültige Klarheit brachten die Experimente mit hochenergetischen ν's. Die ersten Experimente am BNL (1962) und bei CERN (1963) verwendeten Breitbandstrahlen. Meist stammten die ν's vom π^+-Zerfall mit geringer Beimischung von $K^+ \rightarrow e^+X$. Natürlich waren auch ν's von π^- und $K^{\pm,0}$ im Strahl. Die Experimente zeigten:

4.7 Schwache Wechselwirkung und CP-Verletzung 315

ν-Produktion	ν-Reaktion
$\pi^+ \to \mu^+ \nu_\mu$	$\nu_\mu + n \to \mu^- + p$
$\pi^- \to \mu^- \bar{\nu}_\mu$	$\bar{\nu}_\mu + p \to \mu^+ + n$
$K^+ \to \pi^0 + e^+ + \nu_e$	$\nu_e + n \to e^- + p$
$K^- \to \pi^0 + e^- + \bar{\nu}_e$	$\bar{\nu}_e + p \to e^+ + n$

d.h.

$$\boxed{\begin{array}{c}\nu \neq \bar{\nu} \\ \nu_e \neq \nu_\mu\end{array}} . \qquad (4.125)$$

Man definiert die *Leptonenzahl L*. Es ist $L_e(e^-) = L_e(\nu_e) = +1$, $L_e(e^+) = L_e(\bar{\nu}_e) = -1$, analog für L_μ. Elektronen und Myonen haben eigene Leptonenzahlen. Nach der Entdeckung des τ-Leptons kam noch L_τ hinzu.

Wir kennen jetzt *drei "Generationen"* (oder "Flavors" genannt) von Leptonen: $(e^-, \nu_e), (\mu^-, \nu_\mu), (\tau^-, \nu_\tau)$ und ihre Antiteilchen. Frage: Gibt es weitere Lepton-Generationen? Die experimentelle Antwort wurde am e^+e^--Speicherring LEP bei CERN gegeben. Bei $W = 91.18$ GeV wird das Z^0-Boson erzeugt (siehe Kap. 4.8.4). Es ist der Träger der neutralen schwachen WW. Es zerfällt in Teilchen-Antiteilchen-Paare von Quarks (q), geladenen (ℓ) und neutralen (ν) Leptonen. Die Zerfallsbreite ist

$$\boxed{\Gamma_{\text{tot}}^{Z^0} = \sum_q \Gamma_{q\bar{q}} + \sum_\ell \Gamma_{\ell\bar{\ell}} + \sum_\nu \Gamma_{\nu\bar{\nu}}} . \qquad (4.126)$$

Alle Zerfälle mit Ausnahme der ν-Kanäle können beobachtet werden. Aber die totale Breite des Z^0 hängt von der Zahl der ν-Generationen ab. Fig. 4.58 zeigt, daß es drei ν-Generation gibt. Es kann natürlich noch schwere Neutrinos mit $m_{\nu_{\text{schwer}}} \geq 45$ GeV geben.

d) Messung der Struktur des Protons mit Neutrinos

Die *tief-inelastische ν-Streuung an Nukleonen*, z.B. $\nu_\mu + N \to \mu^- + X$ (N = Nukleon, Proton oder Neutron), bestätigt und ergänzt die Ergebnisse der e/μ-Streuung. Sowohl bei der elektromagnetischen (e/μ-) als auch bei der schwachen WW (ν-Streuung) an Nukleonen bzw. deren (Quark-)Partonkonstituenten handelt es sich um eine Strom-Strom-WW. Wir verwenden deshalb dieselben kinematischen Variablen (siehe Tab. 4.8). Dabei ist der Strom der Nukleon(-Konstituenten) in beiden Fällen gleich. Insbesondere sollten auch bei der ν-Streuung die Strukturfunktionen Skalenverhalten zeigen, d.h. nicht von Q^2 abhängen, sondern nur von $x = Q^2/2m_p\nu$. Wir erwarten die gleiche Struktur der Formeln. Natürlich sind die Ausdrücke für die Vertices und die Propagatoren unterschiedlich. Jedoch sollten die

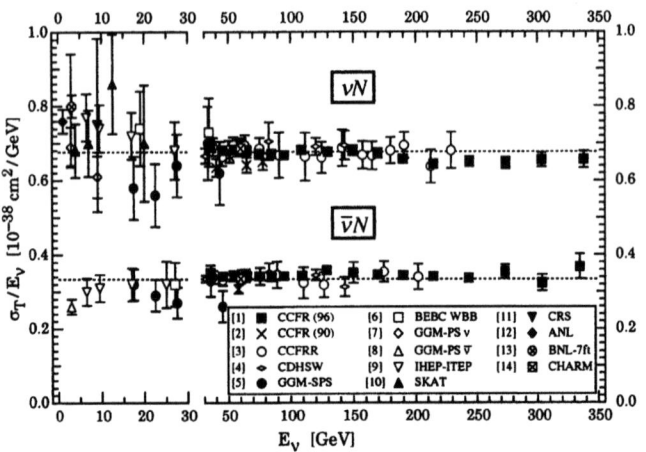

Fig. 4.59 Der totale Wirkungsquerschnitt der Reaktionen $\nu_\mu N \to \mu^- X$ bzw. $\bar\nu_\mu N \to \mu^+ X$. Aufgetragen ist $\sigma_{tot}/E_\nu = f(E_\nu)$. Zusammenfassung der Daten vieler Experimente.

Ausdrücke, die aus dem Nukleonenstrom folgen, identisch sein. Die Rechnung ergibt für den differentiellen Wirkungsquerschnitt bei hohen Energien und im Falle des Scaling

$$\frac{d^2\sigma^{\nu,\bar\nu}}{dx\,dy} = \frac{(\hbar c)^2}{\pi} \cdot g_F^2 \cdot m_p E_\nu \qquad (4.127)$$
$$\cdot \left[(1-y)\cdot F_2(x) + xy^2 \cdot F_1(x) \pm \left(y - \frac{y^2}{2}\right) x \cdot F_3(x)\right]$$

und für den totalen Wirkungsquerschnitt

$$\boxed{\sigma_{tot}^{\nu,\bar\nu} = \frac{(\hbar c)^2}{\pi} \cdot g_F^2 \cdot m_p E_\nu \\ \cdot \int_{x=0}^{1} dx \left[\frac{1}{2}\cdot F_2(x) + \frac{1}{3}\cdot x F_1(x) \pm \frac{1}{3} x F_3(x)\right]} \qquad (4.128)$$

(das obere Vorzeichen gilt für ν-, das untere für $\bar\nu$-Streuung). Die dritte Strukturfunktionen F_3 bei der ν-Streuung rührt von der Paritätsverletzung der schwachen WW her.

Wenn die Strukturfunktionen F nur von x und nicht von E_ν oder Q^2 abhängen, gilt

$$\boxed{\sigma_{tot}^{\nu,\bar\nu} \propto E_\nu^{lab}, \ \propto s} . \qquad (4.129)$$

Fig. 4.59 zeigt, daß dies erfüllt ist. Das Skalenverhalten ist bewiesen.

Im Prinzip gibt es 12 Strukturfunktionen: je 3 für ν und $\bar{\nu}$, jeweils für p und n. Diese Zahl wird verringert auf zwei durch die Ladungssymmetrie und den Zusammenhang zwischen F_2 und F_1 bei der Streuung an punktförmigen Spin-$\frac{1}{2}$ Teilchen (siehe Gl. 4.71). Experimentell ist

$$\sigma_{\text{tot}}^{\nu p} = (0.474 \pm 0.030) \cdot 10^{-38} \text{cm}^2 \cdot \frac{E_\nu}{\text{GeV}} \quad (4.130)$$

$$\sigma_{\text{tot}}^{\bar{\nu} p} = (0.500 \pm 0.032) \cdot 10^{-38} \text{cm}^2 \cdot \frac{E_\nu}{\text{GeV}}. \quad (4.131)$$

Daraus lassen sich $\int F_2(x)$ und $\int F_3(x)$ gewinnen, aus den differentiellen Wirkungsquerschnitten $F_2(x)$ und $F_3(x)$.

Die wesentlichen Ergebnisse für die Struktur der Nukleonen sind:

1. Die x-Abhängigkeit der Strukturfunktionen F_i^{ep} und $F_i^{\nu p}$ ist gleich. Beide zeigen das gleiche Skalenverhalten und die gleiche Skalenverletzung.
2. Die Partonen tragen drittelzahlige Ladungen, sind also Quarks (siehe Gl. 4.71).
3. Die Zahl der Valenzquarks wird gemessen zu $\overset{exp}{=} 2.81 \pm 0.10$, die Erwartung für 3 Valenzquarks wird nach QCD Korrekturen $\overset{theor}{=} 2.74$.
4. Nur 49 % des Nukleonimpulses wird von Quarks und Antiquarks getragen, den Rest führen Gluonen mit sich.
5. Ca. 33 % des Nukleonimpulses tragen die 3 Valenzquarks, ca. 16 % der Quark-Antiquark-See.
6. Abweichungen vom Skalenverhalten werden durch die QCD erklärt.

Das Bild der Nukleonen ist also sehr dynamisch: was man sieht, hängt von Q^2 und x ab.

4.7.7 Zerfälle der Charme- und Bottom-Hadronen

Charme- und Bottom-Hadronen werden, analog wie seltsame Hadronen, durch die starke und die elektromagnetische WW assoziiert produziert mit Erhaltung der Charme- bzw. Bottom-Quantenzahl C bzw. B. Beim Zerfall durch die schwache WW können diese Quantenzahlen, ebenso wie die Seltsamkeit S, verletzt werden.

Experimentell werden die C- bzw. B-Mesonen meist an e^+e^--Speicherringen durch die Reaktionskette

$$\boxed{e^+e^- \to \gamma^* \xrightarrow{\text{z.B.}} c\bar{c} \xrightarrow{\text{z.B.}} D^+D^-} \quad (4.132)$$

erzeugt. Eine Sonderstellung nehmen dabei $\psi(3770)$ und $\Upsilon(4S)$ ein. Ihre Masse liegt knapp oberhalb der Schwelle für assoziierte Produktion (D^+D^-, $D^0\bar{D}^0$ bzw. B^+B^-, $B^0\bar{B}^0$). Weitere Daten kamen vom Speicherring LEP bei CERN durch

$$e^+e^- \to Z^0 \xrightarrow{\text{z.B.}} b\bar{b} \xrightarrow{\text{z.B.}} B^+B^-X \,, \tag{4.133}$$

wobei auch B-Baryonen erzeugt werden können (X = weitere Teilchen von der Hadronisation der Quarks).

Die Lebensdauer der schweren Hadronen erhält man über die Messung der Zerfallslänge. Aufgabe 4.110 zeigt, daß diese bei den LEP Experimenten wesentlich länger und damit leichter zu messen ist. Die Messungen wurden möglich durch die Entwicklung von Mikrovertexdetektoren aus Silizium-Halbleiterdetektoren. Sie können bis zu ~ 3 cm an den Produktionsvertex heran gebracht werden. Der Vertex des Mesonenzerfalls läßt sich messen.

Tab. 4.14 Lebensdauern schwerer Hadronen

	Lebensdauer 10^{-12} s		Lebensdauer 10^{-12} s
$D^\pm$	1.051 ± 0.013	$B^\pm$	1.653 ± 0.028
D^0	0.4126 ± 0.0028	B^0	1.548 ± 0.032
D_s	0.496 ± 0.010	B_s^0	1.493 ± 0.062
		$B_c^\pm$	0.46 ± 0.18

Die Ergebnisse für die Lebensdauern für C- und B-Mesonen sind in Tab. 4.14 zusammengestellt. Sie müssen zusammen mit den Verzweigungsverhältnissen BR der Zerfallskanäle (Tab. 4.15) betrachtet werden. Aus der Liste einiger ausgewählter Zerfälle (Tab. 4.15) kann die Auswahlregel

$$|\Delta C| = |\Delta B| = 1 \tag{4.134}$$

abgeleitet werden. Ferner sieht man, daß sowohl V- als auch A-Übergänge auftreten. Das ist ein Hinweis, daß es sich um dieselbe schwache WW handelt wie beim β-Zerfall. Daß es eine $(V-A)$-WW ist, können nur Polarisationsmessungen zeigen.

Zum weiteren Verständnis betrachten wir die Zerfälle der schweren c- und b-Mesonen auf dem Quarkniveau. Man hat Graphen analog zu Fig. 4.53 und 4.55. Aus den Verzweigungsverhältnissen sieht man, daß

$c \to s$	und	$b \to c$	dominant,
$c \to d$	und	$b \to u$	unterdrückt

sind. Das wird im folgenden Abschnitt 4.7.8 theoretisch beschrieben.

4.7 Schwache Wechselwirkung und CP-Verletzung

Tab. 4.15 Einige Zerfälle von Charme- und Bottom-Mesonen

	(semi-)leptonisch	BR	hadronisch	BR
D^+	$\to \bar{K}^0 \ell^+ \nu_\ell$	6.8 %	$\to \bar{K}^0 \pi^+$	2.9 %
	$\to \pi^0 \ell^+ \nu_\ell$	$3.1 \cdot 10^{-3}$	$\to \pi^0 \pi^+$	$2.5 \cdot 10^{-3}$
	$\to \bar{K}^{*0} \ell^+ \nu_\ell$	4.7 %	$\to K^- \pi^+ \pi^+$	9.0 %
	$\to \rho^0 e^+ \nu_e$	$3.1 \cdot 10^{-3}$	$\to \pi^+ \pi^- \pi^+$	$2.2 \cdot 10^{-3}$
D^0	$\to K^- \ell^+ \nu_e$	3.5 %	$\to K^- \pi^+$	3.8 %
	$\to \pi^- e^+ \nu_e$	$3.7 \cdot 10^{-3}$	$\to \pi^- \pi^+$	$1.5 \cdot 10^{-3}$
	$\to K^+ \ell^- \nu_\ell$	$\leq 1.7 \cdot 10^{-4}$	$\to K^+ \pi^-$	$1.5 \cdot 10^{-4}$
B^+	$\to \bar{D}^0 \ell^+ \nu_\ell$	2.1 %	$\to \bar{D}^0 \pi^+$	0.5 %
	$\to \pi^0 e^+ \nu_e$	$\leq 2.2 \cdot 10^{-3}$	$\to \rho^0 \pi^+$	$\leq 4.3 \cdot 10^{-5}$
	$\to \bar{D}^{*0} \ell^+ \nu_\ell$	5.3 %	$\to \bar{D}^{*0} K^+$	$4.6 \cdot 10^{-3}$
	$\to \rho^0 \ell^+ \nu_\ell$	$\leq 2.1 \cdot 10^{-4}$	$\to J/\psi(1S) K^+$	$1.0 \cdot 10^{-3}$
B^0	$\to D^- \ell^+ \nu_\ell$	10.5 %	$\to D^- \pi^+$	$3.0 \cdot 10^{-3}$
	$\to \pi^- e^+ \nu_e$	$1.8 \cdot 10^{-4}$	$\to \pi^+ \pi^-$	$\leq 1.5 \cdot 10^{-5}$
	$\to D^{*-} \ell^+ \nu_\ell$	5.3 %	$\to D^{*-} \pi^+ \pi^0$	1.5 %
	$\to \rho^- \ell^+ \nu_\ell$	$\leq 2.6 \cdot 10^{-4}$	$\to J/\psi(1S) K^0$	$8.9 \cdot 10^{-4}$

4.7.8 Die CKM-Matrix

Aus den sehr unterschiedlichen Übergangsraten $c \to s$ und $c \to d$ bzw. $b \to c$ und $b \to u$ werden zwei Schlüsse gezogen:

1. Bei den Quarks gibt es, ebenso wie bei den Leptonen, *"Generationen"*. Sie sind:

$$\boxed{\begin{pmatrix} u \\ d \end{pmatrix}_L, \begin{pmatrix} c \\ s \end{pmatrix}_L, \begin{pmatrix} t \\ b \end{pmatrix}_L, \begin{matrix} q = +\frac{2}{3} \cdot e \\ q = -\frac{1}{3} \cdot e \end{matrix}} \quad . \tag{4.135}$$

Die Quarks sind linkshändig (gekennzeichnet durch L), die Antiquarks rechtshändig (R). Jeweils ein $+(2/3) \cdot e$ geladenes und ein $-(1/3) \cdot e$ Quark bilden ein Dublett. So wurde ein 6. Quark, das "Top-Quark" (t), postuliert (1977).

2. Die unterschiedlichen Raten erinnern an die Unterdrückung der ($s \to u$)-Zerfälle. Die physikalischen Gründe sind bei den schweren Quarks die gleichen: Die schwache WW erhält C bzw. B nicht. Die Basis der Quarkzustände der starken WW muß zur Beschreibung der schwachen Zerfälle gedreht werden. Das geschah für ($s \to u$) durch den Cabibbo-Winkel ($\sin \theta_C$). Diese Idee muß jetzt auf drei Basiszustände erweitert werden. Das geschieht durch die *CKM-Matrix* (Cabibbo, Kobayashi, Maskawa).

Die Herleitung erfolgt analog den Euler'schen Winkeln bei der Mechanik des starren Körpers. Man hat drei Winkel, hinzu kommt eine nicht-triviale Phase. Letztere erlaubt es, die CP-Verletzung (*CP*) in den Formalismus mit aufzunehmen (Kap. 4.7.9). Wir geben hier jedoch nicht die Notation in den CKM-Winkeln, sondern zwei Notationen, die heute gebraucht werden. Der Ausgangspunkt ist

$$\begin{pmatrix} d \\ s \\ b \end{pmatrix}_{\text{schwach}} = V_{CKM} \cdot \begin{pmatrix} d \\ s \\ b \end{pmatrix}_{\text{stark}}. \tag{4.136}$$

Die CKM-Matrix ist dann

$$V_{CKM} = \begin{pmatrix} V_{ud} & V_{us} & V_{ub} \\ V_{cd} & V_{cs} & V_{cb} \\ V_{td} & V_{ts} & V_{tb} \end{pmatrix}, \tag{4.137}$$

$$V_{CKM} \approx \begin{pmatrix} 1 - (\lambda^2/2) & \lambda & A\lambda^3(\rho - i\eta) \\ \lambda & 1 - (\lambda^2/2) & A\lambda^2 \\ A\lambda^3(1 - \rho - i\eta) & -A\lambda^2 & 1 \end{pmatrix}. \tag{4.138}$$

Die Notation mit V_{ud} usw. ist selbsterklärend. Die Matrixelemente $V_{qq'}$ können komplex sein. Die Näherung (Terme mit λ^4 wurden vernachlässigt) von Wolfenstein macht die Hierarchie der schwachen Zerfälle deutlich: Am stärksten sind die Übergänge innerhalb einer Generation, die Übergänge der zweiten zur ersten Generation sind um den Faktor $\lambda \stackrel{def}{=} \sin\theta_C$, die von der dritten zur zweiten um $A\lambda^2$ ($A \approx 1$ experimentell), die von der dritten zur ersten um den Faktor $A\lambda^3$ unterdrückt. Die Phase wird ausgedrückt durch $(\rho - i\eta)$. Die vier Variablen sind $\lambda = \sin\theta_C$, A, ρ und η.

Die Messung der CKM-Matrixelemente erfolgt durch β-Zerfälle (von Kernen, π^+, K^-, D^-, B-Mesonen und ν-Reaktionen, also semileptonischen Reaktionen). Die Schwierigkeit ist immer die Berechnung der Kern- bzw. Hadron-Wellenfunktionen. Die Ergebnisse sind:

$$\begin{aligned} |V_{us}| &= 0.220 \pm 0.002 = \sin\theta_C \\ |V_{cb}| &= 0.040 \pm 0.002 \\ |V_{ub}| &= 0.0036 \pm 0.0008 \end{aligned} \tag{4.139}$$

Wir fassen zusammen und schreiben das Matrixelement der schwachen WW auf. In Kap. 3.8.4 haben wir die Fermi-WW als punktförmige 4-Fermionen-WW behandelt. In Analogie zur QED schreiben wir

$$H_{i \to f} \sim G_F \cdot (j \cdot j), \tag{4.140}$$

4.7 Schwache Wechselwirkung und CP-Verletzung

wobei j der "Strom" der schwachen WW (in Analogie zum elektromagnetischen Strom) ist:

$$j_{\text{schwach}} \sim \sum_{\ell=e,\mu,\tau} (\ell^- \Omega \nu_\ell) + \sum_{\substack{q=u,c,t, \\ q'=d,s,b}} (q \Omega V_{CKM} q'). \quad (4.141)$$

Ω symbolisiert den Operator für die $(V-A)$-WW[25].

4.7.9 K^0-Zerfälle und CP-Verletzung

a) Das $K^0 - \bar{K}^0$ System

K^0- bzw. $\bar{K}^0$-Mesonen werden durch die starke WW assoziiert erzeugt, d.h. mit Erhaltung der Seltsamkeit S, z.B. durch die Reaktion $p\bar{p} \to K^0 K^- \pi^+$. Die Eigenzustände der starken WW sind:

	Quarks	S
K^0	$\bar{s}d$	+1
$\bar{K}^0$	$s\bar{d}$	−1

Der Zerfall erfolgt durch die schwache WW. Diese erhält die Seltsamkeit *nicht*. K^0 und $\bar{K}^0$ können nicht unterschieden werden. Die beiden Zustände mischen beim Zerfall.

Zur Konstruktion eines schwachen $K^0/\bar{K}^0$ Zustands gehen wir von der Erfahrung beim β-Zerfall aus, daß wohl die Parität P und die Ladungskonjugation[26] C einzeln verletzt werden, daß jedoch die Kombination CP erhalten wird. Die CP-Eigenzustände sind zusammen mit Zerfallskanälen (mit gleicher CP) und den Lebensdauern in Tab. 4.16 angegeben. Der Unterschied in den Lebensdauern rührt vom unterschiedlichen Phasenraum her. Dieser ist eine Funktion der Differenz der Massen des K^0 und der Zerfallsprodukte. K^0 und $\bar{K}^0$ können durch einen Prozeß zweiter Ord-

Tab. 4.16 K^0-Mischungsmatrix: CP-Eigenzustände von $K^0/\bar{K}^0$

CP	Zustand	Zerfall	τ in s
+1	$K_1^0 = (K^0 + \bar{K}^0) \cdot \frac{1}{\sqrt{2}}$	$2\pi: \pi^+\pi^-, \pi^0\pi^0$	$0.89 \cdot 10^{-10}$
−1	$K_2^0 = (K^0 - \bar{K}^0) \cdot \frac{1}{\sqrt{2}}$	$3\pi: \pi^+\pi^-\pi^0, \pi^0\pi^0\pi^0$	$0.52 \cdot 10^{-8}$
		$\pi^\pm \ell^\mp \nu_\ell$	

nung der schwachen WW ($|\Delta S| = 2$) ineinander übergehen und sich

---

[25] Die explizite Theorie erfordert die Kenntnis der Dirac-Theorie (siehe Lehrbücher der Quantentheorie)
[26] Die Ladungskonjugation C transformiert ein Teilchen in sein Antiteilchen

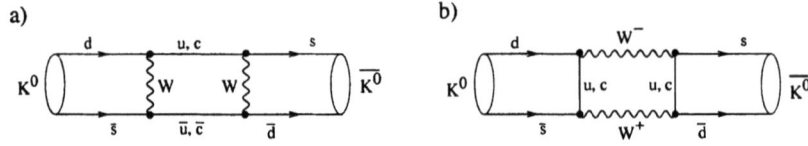

Fig. 4.60 Graphen der Mischung von K^0 und $\bar{K}^0$ Mesonen

mischen. Fig. 4.60 zeigt, daß dies durch bekannte Kopplungen möglich ist. Alle Vertices sind bekannt.

b) Regeneration

K^0's werden durch hadronische Reaktionen erzeugt. Ein K^0-Strahl besteht aus K_1^0 und K_2^0. K_1^0 zerfällt rasch, übrig bleibt ein K_2^0-Strahl. Dessen beide Komponenten, K^0 und $\bar{K}^0$, haben unterschiedliche starke WW mit Materie. Z.B. kann nur $\bar{K}^0$ die Reaktion $\bar{K}^0 + p \to \pi^+ + \Lambda^0$ haben. Aus dem K_2^0-Strahl wird durch die Reaktion mit Materie $\bar{K}^0$ herausgefiltert, K_1^0 wird "regeneriert" aus K_2^0. Das regenerierte K_1^0 wird durch den Zerfall in $\pi^+\pi^-$ nachgewiesen.

c) Entdeckung der CP-Verletzung beim K^0-Zerfall

Bei Experimenten zur Regeneration von K_1^0 haben Cronin et al. 1964 gefunden, daß auch die langlebige K^0-Komponente, die wir K_L^0 nennen wollen (K_S^0 ist die kurzlebige, $S = short$), in $\pi^+\pi^-$ zerfällt.

$$K_L^0 \to \pi^+\pi^-, \quad BR = (2.056 \pm 0.033) \cdot 10^{-3}. \tag{4.142}$$

Damit ist K_L^0 nicht ein reiner CP-Eigenzustand K_2^0, der in 3π zerfällt. Es enthält auch eine (seltene) K_1^0-Komponente, die in 2π übergeht. Damit war die *CP-Verletzung der schwachen Wechselwirkung* ($\mathcal{CP}$) entdeckt.

Fig. 4.61 zeigt ein neues Experiment zur Messung von $\mathcal{CP}$. Ein externer Protonenstrahl des SPS von 450 GeV Energie und einer Intensität von $15 \cdot 10^{11}$ Protonen/Puls[27] trifft auf ein Target, in dem u.a. K_L^0's erzeugt werden (geladene Teilchen werden durch Magnete abgelenkt). Der durchgehende Protonenstrahl wird abgelenkt und trifft auf ein weiteres Target zur Erzeugung von K_S^0. Die Zerfallsregion ist evakuiert um Regeneration zu vermeiden. Nachgewiesen werden geladene und neutrale Zerfallsprodukte durch einen Dipolmagneten mit vier Driftkammern und einem Szin-

---

[27] Bei der Beschleunigung der Protonen muß synchron das Magnetfeld hochgefahren werden. Dadurch ergibt sich ein Wiederholungszyklus von $1 - 2\,\mathrm{s}$.

4.7 Schwache Wechselwirkung und CP-Verletzung 323

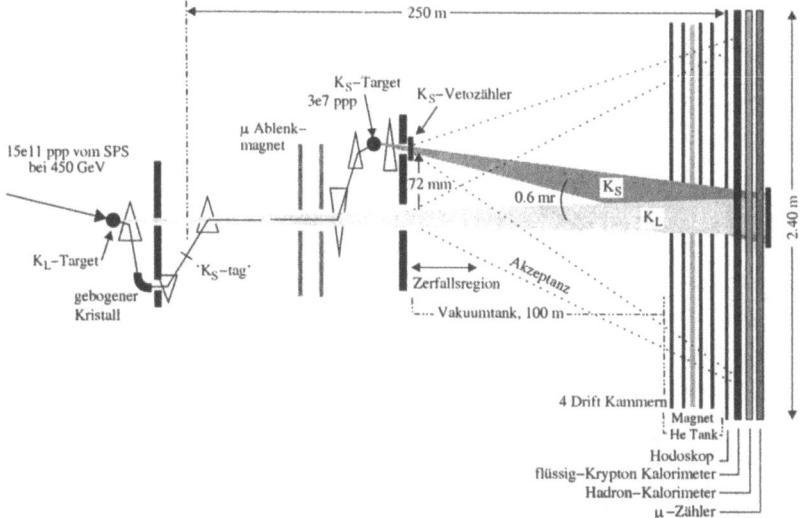

Fig. 4.61 Experimentelle Anordnung zur Messung der CP-Verletzung. Siehe Text. Man beachte die sehr unterschiedlichen horizontalen und vertikalen Maßstäbe. Experiment NA 48 von CERN

tillationshodoskop zum Triggern, einem Kalorimeter aus flüssigem Krypton für Elektron- und γ-Schauer, einem Hadronkalorimeter (das auch als μ-Filter dient) und μ-Zählern. Damit können geladene und neutrale Zerfallskanäle von K_L^0 und K_S^0 gleichzeitig mit demselben Detektor gemessen werden. Dadurch werden systematische Fehler der Messung vermieden.

d) Die zeitliche Entwicklung des Zerfalls $K^0/\bar{K}^0$

Wir erinnern zunächst, wie die Wellenfunktion und die Übergangsrate eines zerfallenden Zustands beschrieben werden (Zerfallsbreite $\Gamma = 1/\tau$, τ =Lebensdauer):

$$\begin{aligned}\psi(t) &= \psi(0)\cdot\exp\left[\frac{i}{\hbar}\left(E+\frac{i}{2}\Gamma\right)t\right]\\ |\psi(t)|^2 &= |\psi(0)|^2\cdot\exp\left[-\frac{\Gamma}{\hbar}\cdot t\right] = |\psi(0)|^2\cdot\exp\left[-\frac{t}{\tau}\right]\end{aligned} \qquad (4.143)$$

Wegen der Verletzung der Seltsamkeit und der CP-Invarianz bei der schwachen WW sind deren Eigenzustände (K_S^0, K_L^0) Funktionen der Eigen-

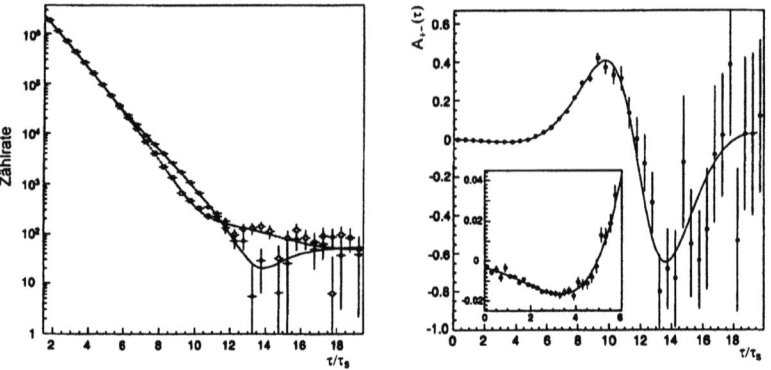

Fig. 4.62 $K^0/\bar{K}^0$-Zerfälle. a) Die Zerfallskurven von K^0 (offene Kreise) und $\bar{K}^0$ (gefüllte Kreise), b) die Asymmetrie. Die Zeit wird in Einheiten der Lebensdauer τ_S des K^0_S angegeben

zustände zur Seltsamkeit (K^0, $\bar{K}^0$):

$$\begin{pmatrix} K^0_S \\ K^0_L \end{pmatrix} = \begin{pmatrix} 1+\epsilon & 1-\epsilon \\ 1+\epsilon & -(1-\epsilon) \end{pmatrix} \cdot \begin{pmatrix} K^0 \\ \bar{K}^0 \end{pmatrix} \cdot \frac{1}{\sqrt{1+|\epsilon|^2}}. \quad (4.144)$$

ϵ ist der Parameter der $\mathcal{CP}$.

Die zeitliche Entwicklung sieht man am einfachsten, wenn man den Zerfall eines reinen K^0- bzw. $\bar{K}^0$-Zustands betrachtet. Dieses Experiment wurde von der CPLEAR Kollaboration bei CERN durchgeführt. Die K^0 bzw. $\bar{K}^0$ Produktion erfolgt durch die Reaktionen

$$\begin{aligned} \bar{p}p &\to K^0 K^- \pi^+ \\ &\to \bar{K}^0 K^+ \pi^- \, . \end{aligned} \quad (4.145)$$

Durch den Nachweis eines K^- wird ein K^0 angezeigt, durch K^+ ein $\bar{K}^0$.

Die $K^0/\bar{K}^0$ sind eine kohärente Mischung von K^0_S und K^0_L:

$$\begin{aligned} |K^0\rangle &= \frac{1}{\sqrt{2}} \left[(1-\epsilon) \cdot |K^0_S\rangle + (1-\epsilon) \cdot |K^0_L\rangle \right] \\ |\bar{K}^0\rangle &= \frac{1}{\sqrt{2}} \left[(1+\epsilon) \cdot |K^0_S\rangle - (1+\epsilon) \cdot |K^0_L\rangle \right] \end{aligned} \quad (4.146)$$

4.7 Schwache Wechselwirkung und CP-Verletzung

Die Zerfallsrate R(t) in den Endzustand $\pi^+\pi^-$ wird

$$R_{K^0, \bar{K}^0}(t) = \frac{1 \mp 2\mathcal{R}e(\epsilon)}{2} \cdot [\exp(-t/\tau_S) + |\eta_{+-}|^2 \exp(-t/\tau_L)] \\ \pm 2|\eta_{+-}| \cdot [\exp(-t/2\tau_S - t/2\tau_L) \cdot \cos(\Delta m \cdot t - \Phi_{+-})]$$

$$\eta_{+-} = |\eta_{+-}| \cdot e^{i\Phi_{+-}} = \frac{A(K_L^0 \to \pi^+\pi^-)}{A(K_S^0 \to \pi^+\pi^-)} \quad (4.147)$$

mit $\Delta m = m(K_L^0) - m(K_S^0)$, oberes Vorzeichen für K^0, unteres für $\bar{K}^0$. $A(K_{S,L}^0 \to \pi^+\pi^-)$ ist hier die (komplexe) Amplitude des Zerfalls.

Man definiert die Asymmetrie $A(t)$ durch

$$A(t) = \frac{R_{\bar{K}^0}(t) - R_{K^0}(t)}{R_{\bar{K}^0}(t) + R_{K^0}(t)} \; . \quad (4.148)$$

Fig. 4.62 zeigt die Meßergebnisse. Man erkennt den Zerfall von K^0 und $\bar{K}^0$: Zunächst Abfall mit der Lebensdauer τ_S des K_S^0, am Ende mit τ_L des K_L^0. Im Bereich, wo die Rate beider etwa gleich ist, ist die Interferenz zu beobachten. Diese wird am besten sichtbar durch die Asymmetrie $A(t)$. Bei der sehr guten statistischen Genauigkeit des CPLEAR Experiments sieht man, daß die Interferenz schon bei sehr kurzen Zerfallszeiten beobachtet wird. Eine Anpassung der Daten an die Gl. (4.7.9) liefert (Zusammenfassung aller Experimente, auch derer für $K_{S,L}^0 \to \pi^0\pi^0$):

$$\begin{aligned} |\eta_{+-}| &= (2.276 \pm 0.017) \cdot 10^{-3} \\ \Phi_{+-} &= (43.3 \pm 0.5)^0 \\ |\Delta m| &= (3.489 \pm 0.008) \cdot 10^{-6} \, \text{eV} \\ |\eta_{00}| &= (2.262 \pm 0.017) \cdot 10^{-3} \\ \Phi_{00} &= (43.2 \pm 1.0)^0 \end{aligned} \quad (4.149)$$

In Gl. (4.149) sieht man einen kleinen Unterschied zwischen $|\eta_{+-}|$ und $|\eta_{00}|$. Dies ist ein Hinweis, daß noch andere Prozesse als in Fig. 4.60 zur $C\!P$ beitragen. Ein Maß dafür ist die Größe

$$\left|\frac{\epsilon'}{\epsilon}\right| = \frac{1}{6} \cdot \left(1 - \left|\frac{\eta_{00}}{\eta_{+-}}\right|^2\right) \quad (4.150)$$

$$\stackrel{exp}{=} \frac{1}{6} \cdot \left(1 - \frac{\Gamma(K_L^0 \to \pi^0\pi^0)}{\Gamma(K_S^0 \to \pi^0\pi^0)} \cdot \frac{\Gamma(K_S^0 \to \pi^+\pi^-)}{\Gamma(K_L^0 \to \pi^+\pi^-)}\right)$$

$$= (1.72 \pm 0.28) \cdot 10^{-3} \quad \text{(Stand Herbst 2001)} \; .$$

Das Experiment in Fig. 4.61 ist zur präzisen Messung dieser kleinen, aber wichtigen, Zahl angelegt.

e) Deutung und Bedeutung der CP-Verletzung

Eine Betrachtungsweise der Physik ist, die *Symmetrien der Naturgesetze* aufzuklären. Die Gesetze der klassischen Physik und der starken und elektromagnetischen WW sind invariant bei Raumspiegelung (Parität P), Landungsvertauschung (Landungskonjugation C) und Zeitumkehr (T). Anschaulich: Die Naturvorgänge und ihr Spiegelbild können nicht unterschieden werden. Sie verlaufen vorwärts und rückwärts in der Zeit gleich. Die Reaktionen sind für Teilchen und Antiteilchen identisch. Die schwache WW verletzt die Parität maximal, die Teilchen haben eine Schraubenrichtung. Aber beim β-Zerfall war die Kombination CP erhalten (wenigstens bei der damaligen Meßgenauigkeit). Beim K^0-Zerfall wurde dann die CP-Verletzung ($C\!\!\!/\,P$) als kleiner Effekt gefunden.

In der Quantenfeldtheorie wurde unter sehr allgemeinen Annahmen (Unitarität und Superposition der Amplituden) die Erhaltung der Kombination CPT von Symmetrieoperationen gezeigt. Aus der CPT-Erhaltung folgt die Gleichheit der Massen und der Zerfallsbreiten von Teilchen und Antiteilchen. Diese wurden für $K^0 - \bar{K}^0$ vom CPLEAR Experiment bei CERN experimentell bestätigt. Eine Erweiterung der Überlegungen, die zu Gl. (4.146) führen, schließt CPT-Verletzung ein. Eine CPT-Asymmetrie ist $A_{CPT} = (2.0 \pm 2.2_{stat} \pm 0.5_{syst}) \cdot 10^{-3}$ (der statistische und der systematische Fehler werden getrennt angegeben) und mit Null, d.h. CPT-Erhaltung, verträglich. Die Gleichheit der Massen und Zerfallsbreiten ist

$$|m(K^0) - m(\bar{K}^0)| = (0.04 \pm 6.91) \cdot 10^{-9}\text{eV}$$
$$|\Gamma(K^0) - \Gamma(\bar{K}^0)| = (0.02 \pm 1.46) \cdot 10^{-8}\text{eV} \ . \qquad (4.151)$$

Man beachte, daß die Massen der $K^0_{S,L}$-Mesonen *nicht* gleich sind.

Aus CPT-Erhaltung und CP-Verletzung folgt eine T-Verletzung, d.h. *die Zeit hat eine Richtung*. Die Oszillation $\bar{K}^0 \to K^0$ ist häufiger als $K^0 \to \bar{K}^0$.

Hängt dieser Pfeil der Zeit mit einer anderen Asymmetrie des Universums, der Asymmetrie Materie-Antimaterie, zusammen? Im Prinzip ist es eine mögliche Erklärung. Wir wissen jedoch nicht, ob die beobachtete $C\!\!\!/\,P$ quantitativ ausreicht.

f) $B^0 \bar{B}^0$-Mischung und CP-Verletzung

Was für das $K^0 - \bar{K}^0$-System gilt, sollte ebenso für $B^0 - \bar{B}^0$ gelten. Das ARGUS Experiment bei DESY hat 1987 erstmals die $B^0/\bar{B}^0$-Oszillation beobachtet. Fig. 4.63 zeigt ein Ereignis, bei dem ein B^0 in ein $\bar{B}^0$ übergegangen ist. Der Endzustand enthält zwei $\bar{B}^0$'s.

4.7 Schwache Wechselwirkung und CP-Verletzung

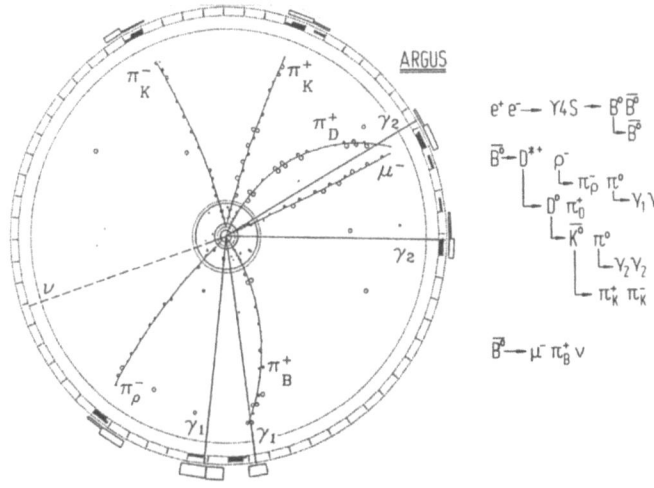

Fig. 4.63 Bild eines Ereignisses des Detektors ARGUS, mit dem am DESY Speicherring DORIS-II die $B^0\bar{B}^0$-Mischung 1987 erstmals gemessen wurde

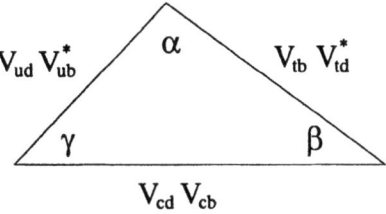

Fig. 4.64
Das Unitaritätsdreieck zur Beschreibung der CP-Verletzung in der CKM-Matrix

Die $C\!P$ wird beschrieben durch die Phase in der CKM-Matrix (Gl. 4.137). Zur Darstellung multiplizieren wir die erste mit der dritten Spalte. Wegen der Unitarität ist

$$V_{ud}V_{ub}^* + V_{cd}V_{cb} + V_{tb}V_{td}^* = 0 \ . \tag{4.152}$$

Wir können in der komplexen Ebene das "Unitaritätsdreieck" aufspannen (Fig. 4.64).

Experimente mit B-Mesonen werden bevorzugt an e^+e^--Speicherringen bei der Energie der $\Upsilon(4S)$-Resonanz durchgeführt. Sie ist ein gebundener $b\bar{b}$-Zustand, dessen Masse wenig oberhalb der $B\bar{B}$-Schwelle liegt. Die Meßgenauigkeit kann durch kinematische Fits verbessert werden. Im Jahre 1999 sind zwei "B-Fabriken" in Betrieb gegangen (bei SLAC/USA mit Detektor "BaBar" und bei KEK/Japan mit "Belle"). Bei ihnen haben die e^+- und e^--Ringe unterschiedliche Energien (aber mit $W = m_{\Upsilon(4S)}$). Dadurch bekommen die B^0-Mesonen einen zusätzlichen Impuls im Laborsystem und wegen der Zeitdilatation eine größere Zerfallslänge. Die zeitliche Entwicklung der $B^0/\bar{B}^0$-Zerfälle kann gemessen werden.

Zur Messung der $C\!P$ mißt man die zeitliche Entwicklung des Zerfalls B^0 bzw. $\bar{B}^0 \to J/\psi K_S^0$. Das zweite, produzierte B^0-Meson wird zur Kennzeichnung (B^0 bzw. $\bar{B}^0$) benutzt. Die Asymmetrie der Zerfälle mit B^0 bzw. $\bar{B}^0$ Kennzeichnung ist ($\Delta m = m(B^0_{schwer}) - m(B^0_{leicht})$)

$$A_{CP}(\Delta t) = +\sin(2\beta) \cdot \sin(\Delta m \Delta t) . \tag{4.153}$$

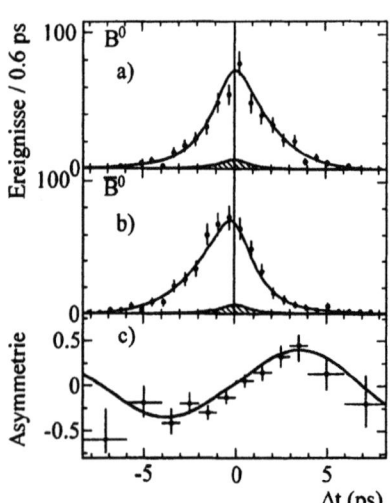

Fig. 4.65
Die Flugzeitdifferenzen Δt von B^0 und $\bar{B}^0$ bei B^0- bzw. $\bar{B}^0$-Kennzeichnung ("tag") und die Asymmetrie. Daten des BaBar Experiments bei SLAC

Die Meßergebnisse sind (Stand: November 2002):

$$\Delta m = (0.489 \pm 0.008) \cdot 10^{12}\, \hbar\mathrm{s}^{-1} \approx 0.3 \cdot 10^{-4}\,\mathrm{eV} \tag{4.154}$$
$$\sin(2\beta) = 0.734 \pm 0.054 \quad (\text{BaBar und Belle}) \tag{4.155}$$

Wenn keine $C\!P$ vorläge, wären alle CKM Matrixelemente reell und $\beta = 0$. Die $C\!P$ im $B^0 - \bar{B}^0$-System ist damit eindeutig nachgewiesen.

4.7.10 Aufgaben

4.98. *μ-Zerfall*: Man zeichne den Graphen des μ-Einfangs im Proton (mit Quarks)!

4.99. *π-Zerfall*: a) Wodurch kann man messen, daß ein Teilchen stoppt?

Man mache quantitative Angaben! b) Wie konnte man zeigen, daß das Zerfallsprodukt des Pions ein Myon ist?

4.100. *π-Zerfall:* Welche physikalischen Effekte tragen zu den unterschiedlichen Zerfallsraten $\pi \to \mu\nu$ und $\pi \to e\nu$ bei?

4.101. *Zerfall seltsamer Teilchen:* Warum ist der Zerfall $K^+ \to \pi^0 e^+ \nu_e$ nicht helizitätsunterdrückt? Ist es eine Fermi- oder GT-WW?

4.102. *Zerfall seltsamer Teilchen:* Man gebe die Unterdrückung der Rate des Zerfalls seltsamer Teilchen durch Vergleich der Raten von $K^+ \to \pi^0 e^+ \nu_e$ und $\pi^+ \to \pi^0 e^+ \nu_e$ an!

4.103. *Zerfall seltsamer Teilchen:* Auf Grund welcher Auswahlregeln sind einige Zerfälle in Tab. 4.13 verboten?

4.104. *τ-Zerfall:* Wie groß ist die Zerfallslänge eines τ-Leptons, das bei $E_{cm} = 90$ GeV erzeugt wurde?

4.105. *τ-Zerfälle und Cabibbo-Winkel:* Man schätze das Verzweigungsverhältnis $(\tau^- \to \nu_\tau K^-)/(\tau^- \to \nu_\tau \pi^-)$ ab!

4.106. *ν-Experimente:* a) Man berechne die Zerfallslänge eines π von 200 GeV/c. b) Man berechne die Reichweite eines μ von 100 GeV in Eisen (Annahme: Minimumionisation). Man überprüfe die Resultate am Aufbau des ν-Experiments.

4.107. *ν-Experimente:* Man schätze der Ereignisrate beim CDHS Experiment ab.

4.108. *ν-Experimente:* Man zeichne die Graphen für die ν_μ- und $\bar{\nu}_\mu$-Streuung am Proton und am Neutron. Daraus begründe man die Ladungssymmetrie $F_i^{\nu p} = F_i^{\bar{\nu} n}$ und $F_i^{\bar{\nu} p} = F_i^{\nu n}$. Hilfe: Man lege dem Argument die Strom-Strom-WW zugrunde.

4.109. *Leptonzahl:* Auf Grund welcher Quantenzahlen sind die Zerfälle $\tau^- \to \mu^- \gamma$ und $\tau^- \to e^- \eta$ verboten?

4.110. *Lebensdauern schwerer Mesonen:* Man schreibe die Formel für die Messung der Lebensdauer mit Hilfe der Zerfallslänge auf und berechne die Zerfallslänge für Teilchen mit $t_{\text{Zerfall}} = (1/2)\tau$: a) für B-Mesonen aus $\Upsilon(4S)$-Zerfällen $(m(\Upsilon(4S)) = 10.58$ GeV/c$^2)$, $m(B) = 5.279$ MeV/c$^2)$, b) für B-Mesonen aus Z^0-Zerfällen, der Impuls sei $p(B) = 30$ GeV/c.

4.111. *Lebensdauern schwerer Mesonen*: Wieviel Standardabweichungen beträgt der Unterschied der Lebensdauern von $B^{\pm}$- und B^0-Mesonen?

4.112. *Zerfall schwerer Mesonen*: Warum ist die Rate des Zerfalls $D^+ \to \mu^+ \nu_\mu$ sehr klein (BR = $(8^{+17}_{-5}) \cdot 10^{-4}$)? Wie ist qualitativ die Erwartung für $D^+ \to e^+ \nu_e$?

4.113. *Zerfall schwerer Mesonen*: Warum ist der Zerfall $D^+ \to K^+ \pi^0$ verboten? Man zeichne das Diagramm!

4.114. *Zerfall schwerer Mesonen*: Welche Zerfallskanäle (Tab. 4.15) sind V-, welche A-WW? Man zeichne Diagramme mit Impuls und Spin der Teilchen.

4.115. *Zerfall schwerer Mesonen und CKM-Matrix*: a) Man zeichne einige Diagramme (Tab. 4.15) auf dem Quarkniveau. Man gebe die effektiven Kopplungskonstanten an den Vertices an. b) Wie a) für $B^+ \to \bar{D}^0 K^+$.

4.116. *CKM-Matrix*: Man gebe den Unterschied der schwachen Kopplung beim μ- und beim β-Zerfall numerisch an.

4.117. *Strom-Strom-WW*: Man zeige, daß mit dem Ansatz Gl. (4.141) alle bekannten Prozesse der schwachen WW beschrieben werden.

4.118. *CP-Verletzung*: Man zeige in Gl. (4.144), daß K^0_S, K^0_L für $\epsilon = 0$ zu K^0_1, K^0_2 wird.

4.119. *CP-Verletzung*: Man zeige, daß aus $\cancel{CP}$ ein Überschluß von semileptonischen Zerfällen in e^- (über e^+) folgt.

4.8 Elektroschwache Wechselwirkung

Der erfolgreichen Fermi-Theorie des β-Zerfalls liegt eine *punktförmige Wechselwirkung von vier Fermionen* zugrunde. Jedoch *divergiert* der Wirkungsquerschnitt bei höheren Energien und würde die Unitarität verletzen. Die Einführung eines *geladenen intermediären Bosons* $W^{\pm}$, analog dem Photon γ bei der elektromagnetischen Wechselwirkung, verbessert die Theorie, macht sie jedoch noch nicht konsistent. Das Teilchenpaar, das an das $W^{\pm}$ koppelt, ist immer geladen, z.B. $e^-\bar{\nu}_e$ ($q = -1$) oder $u\bar{d}$ ($q = +1$). Die Entdeckung der *neutralen schwachen Wechselwirkung* (1973) durch z.B. $\nu_\mu e^- \to \nu_\mu e^-$, zeigte, daß auch ein *neutrales intermediäres Boson* Z^0 existiert. Damit wurde die Idee der "*elektroschwachen Wechselwirkung*" realistisch. Sie brachte die *Vereinheitlichung* der elektromagnetischen und der schwachen Wechselwirkungen. Die "geladenen Ströme" werden durch $W^{\pm}$-, die "neutralen" durch $\gamma - Z^0$-Austausch bewirkt. Die Mischung von γ und Z^0 wird durch den *schwachen Mischungswinkel* $\sin\theta_W$ beschrieben. Die Massen der schweren intermediären Bosonen ergeben sich aus θ_W. Die Theorie wurde durch die Messung der $\gamma - Z^0$-Interferenz, die Entdeckung der $W^{\pm}$ und Z^0-Bosonen und den Nachweis des $W^+W^-Z^0$-Vertex bestätigt. Präzisionsmessungen der elektroschwachen Wechselwirkung bei Z^0-Zerfällen erlaubten, höhere Ordnungen der GWS-Theorie experimentell zu beobachten. Die Theorie enthält als wichtigen Bestandteil den *Higgs-Mechanismus*, einer Kopplung an ein skalares Feld. Die intermediären Bosonen können Masse haben. Die Theorie ist renormierbar. Der Higgs-Skalar wurde experimentell noch nicht beobachtet.

Als 6. Quark wurde das *Top-Quark* entdeckt. Seine Ladung ist $q_t = +\frac{2}{3} \cdot e$, seine Masse $m_t = 174$ GeV. Die oberen Grenzen für die *Massen der Neutrinos* sind sehr klein. Jedoch wurde durch ν-Oszillationen, z.B. $\nu_\mu \to \nu_\tau$, gezeigt, daß kleine Massendifferenzen zwischen den Neutrinos existieren.

4.8.1 Divergenz der Fermi-Theorie

Die Fermi-Theorie des β-Zerfalls (aufgestellt 1934) ist sehr erfolgreich, sie kann alle β-Zerfälle einheitlich beschreiben. Jedoch hat Heisenberg schon 1936 gezeigt, daß sie bei hohen Energien divergiert und die Unitarität verletzt. Sie ist eine Näherung für kleine Energien.

Wir betrachen die Reaktion (Fig. 4.66a)

$$\nu_e + e^- \rightarrow \nu_e + e^- \tag{4.156}$$

zunächst für die punktförmige 4-Fermionen WW. Der Wirkungsquerschnitt ist[28] (s = Gesamtenergie^2)

$$\frac{d\sigma}{dq^2} = \frac{g_F^2}{\pi} \cdot (\hbar c)^2 , \tag{4.157}$$

$$\sigma_{\text{tot}} = \frac{g_F^2}{\pi} \cdot (\hbar c)^2 \cdot s . \tag{4.158}$$

Der Wirkungsquerschnitt in der Fermi-Theorie steigt mit s an.

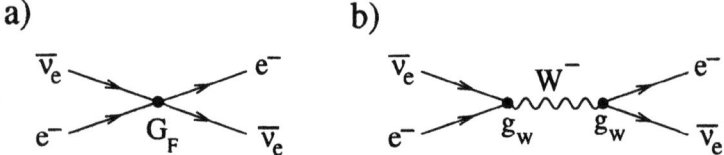

Fig. 4.66 Graphen der Reaktion $\bar{\nu}_e + e^- \rightarrow e^- + \bar{\nu}_e$, a) für punktförmige schwache WW, b) mit $W^\pm$-Austausch

Die Streutheorie (Kap. 1.6) liefert eine obere Schranke für Wirkungsquerschnitte:

$$\sigma_{\max} = \pi \lambda^2 \cdot \sum_{l=0}^{l_{\max}} (2l+1) . \tag{4.159}$$

Für eine punktförmige WW (wie die Fermi-WW) ist $l = 0$. Mit der Unbestimmtheitsrelation $\lambda = \hbar/p^*$ (p^* = Impuls im Schwerpunktsystem) folgt die Unitaritätsgrenze

$$\boxed{\sigma_{\max} = \pi \cdot \frac{(\hbar c)^2}{(p^* c)^2} = \frac{4\pi \cdot (\hbar c)^2}{s}} . \tag{4.160}$$

Die Unitaritätsgrenze fällt mit s ab.

$\sigma_{\max}$ muß immer größer sein als σ_{tot}:

$$\frac{4\pi(\hbar c)^2}{s} > \frac{g_F^2}{\pi} \cdot s \cdot (\hbar c)^2 , \tag{4.161}$$

$$W < 600\,\text{GeV} , \qquad p^* < 300\,\text{GeV} .$$

Oberhalb dieser Energie verletzt der Ansatz von Fermi die Unitarität.

---

[28]Zur Herleitung siehe Lehrbücher der theoretischen Teilchenphysik

4.8 Elektroschwache Wechselwirkung

Zur Lösung dieses Widerspruchs wird die punktförmige WW ersetzt durch eine mit Austausch eines intermediären Bosons $W^\pm$ (Fig. 4.66b). Dieses muß geladen sein, weil wir (vor 1973) nur geladene schwache Ströme beobachtet haben. Es muß sehr schwer sein, weil die schwache WW bei niedrigen Energien sich sehr gut durch eine punktförmige 4-Fermionen-WW beschreiben läßt. Man beachte, daß die Kopplungskonstante für den $W^\pm e^- \bar{\nu}_e$-Vertex g_W ist. Mit dem intermediären Boson $W^\pm$ erscheint in der Streuamplitude der Propagator

$$\frac{1}{m_W^2 + q^2} \tag{4.162}$$

und der Wirkungsquerschnitt für $\nu_e e^- \to \nu_e e^-$ wird anstelle von Gl. (4.157)

$$\frac{d\sigma}{dq^2} = \frac{g_W^4}{\pi} \cdot \left(\frac{1}{m_W^2 + q^2}\right)^2 \cdot (\hbar c)^2 \; . \tag{4.163}$$

Man erhält eine Verbesserung des Hochenergieverhaltens.

Für kleine (Vierer-)Impulsüberträge $|q|^2 \ll m_W^2$ können wir die Matrixelemente von Fig. 4.66a) und b) vergleichen. Es ist (mit allen Faktoren)

$$\frac{g_F}{\sqrt{2}} = \frac{g_W^2}{8\, m_W^2} \; . \tag{4.164}$$

4.8.2 Die Entdeckung der neutralen schwachen Wechselwirkung

Wir kennen durch Teilchenzerfälle nur die schwache WW der "geladenen Ströme", die immer aus einem geladenen Lepton und seinem zugehörigen Neutrino bestehen. Analoge "neutrale schwache Ströme" mit zwei geladenen Leptonen oder zwei Neutrinos können in der Kernphysik nicht beobachtet werden, da sie zwischen Zuständen erfolgen würden, zwischen denen auch die sehr viel häufigeren γ-Übergänge erlaubt sind. Bei Teilchenzerfällen kann nach "Flavor-ändernden" neutralen Strömen, z.B. $K^+ \to \pi^+ \nu \bar{\nu}$, gesucht werden. Sie wurden nicht gefunden ($BR = (1.5^{+3.4}_{-1.2}) \cdot 10^{-10}$).

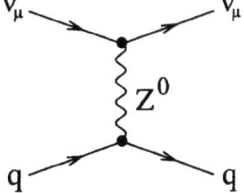

Fig. 4.67
Graph der neutralen schwachen WW: Z^0-Austausch in der Reaktion $\nu_\mu + q \to \nu_\mu + q$

Flavor-erhaltende neutrale Ströme wurden 1973 bei CERN in der Blasenkammer "Gargamelle"[29] durch die Reaktionen

$$\boxed{\begin{aligned} \nu_\mu e^- &\to \nu_\mu e^- \\ \nu_\mu q &\to \nu_\mu q \end{aligned}} \tag{4.165}$$

entdeckt (die Quarks q = u oder d sind in Nukleonen der schweren Kerne gebunden). Aus der Rate konnte geschlossen werden, daß es sich um Prozesse der schwachen WW handelt. Die Reaktion erfolgt durch den Austausch eines schweren neutralen Bosons Z^0 (Fig. 4.67). Die Experimente zum Nachweis der neutralen Ströme sind schwierig. Das einlaufende ν_μ hinterläßt keine Spur und das auslaufende auch nicht. Zur Messung hat man nur Energie und Richtung der Teilchen des Endzustands. Zudem ist der Endzustand von Gl. (4.165) (oben) identisch mit dem der Reaktion $\nu_e e^- \to e^- \nu_e$, die durch $W^\pm$-Austausch erfolgen kann. Man muß also den Anteil der ν_e im Strahl gut kennen. Der Endzustand der Gl. (4.165) (unten) kann durch Neutronen, die im μ-Filter des ν-Strahls entstehen, erzeugt werden. Die Gargamelle Kollaboration konnte zeigen, daß die beobachteten Endzustände nicht von Neutronen, sondern wirklich von ν_μ-Reaktionen herrühren.

Die ep-Reaktionen erfolgen bei niedrigen Energien durch γ-Austausch. Bei hohen $Q^2 \approx m_Z^2$ kommt ein Z^0-Austausch hinzu, die neutrale schwache WW. In demselben Energiebereich, $Q^2 \approx m_W^2$, sind Reaktionen der geladenen schwachen WW,

$$e^+ + d \to \bar{\nu}_e + u , \tag{4.166}$$

an d-Quarks ist möglich. Fig. 4.68 zeigt $d\sigma/dQ^2$ für neutrale und geladene Reaktionen. Man erkennt, daß bei hohen Q^2 beide etwa gleich stark werden (der Unterschied rührt daher, daß die geladene Reaktion nur am d-Quark erfolgen kann). Fig. 2.26 zeigt je ein Ereignis der neutralen und der geladenen schwachen WW im ZEUS Detektor am ep-Speicherring HERA bei DESY.

4.8.3 Vereinheitlichung zur elektroschwachen Wechselwirkung

Mit der Einführung der schweren Bosonen $W^\pm$ und Z^0 haben wir die wesentlichen Bausteine für eine konsistente, d.h. nicht-divergente, Theorie der schwachen WW. Es zeigt sich, daß diese eine *vereinheitlichte Theorie*

---

[29] Gargamelle war eine Schwerflüssigkeitsblasenkammer, gefüllt mit Freon (CF_3Br) und später auch Propan (C_3H_8). Die Targetmasse war 3 t. Mit Schwerflüssigkeitsblasenkammern erhält man höhere Targetmassen, muß jedoch mit schweren Kernen arbeiten anstatt mit flüssigem H_2.

4.8 Elektroschwache Wechselwirkung

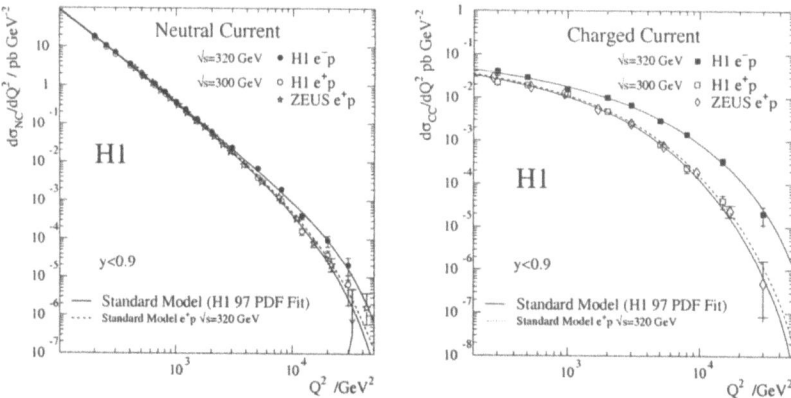

Fig. 4.68 Die Q^2-Abhängigkeit des Wirkungsquerschnitts der ep-Reaktionen. Links: "neutrale Ströme" mit $(\gamma + Z^0)$-Austausch, rechts: "geladener Strom" mit $W^\pm$-Austausch. Man beachte die unterschiedlichen Ordinaten der beiden Figuren. Bei hohen Q^2 werden beide WW gleich stark. Der Unterschied zwischen e^-p und e^+p bei den geladenen Strömen rührt davon her, daß die Protonen zwei u-Quarks, aber nur ein d-Quark haben. In den unteren Bildern ist die Abweichung der Daten von der Vorhersage des Standard-Modells gezeichnet. Das Standard-Modell wird bestätigt. Daten der Experimente am ep-Speicherring HERA bei DESY

der elektromagnetischen (γ-Austausch) und der schwachen WW ($W^\pm$- bzw. Z^0-Austausch) ist. Wir betrachten die Reaktion

$$\nu_e + \bar{\nu}_e \to W^+ + W^- \ . \tag{4.167}$$

Sie kann durch zwei Graphen erfolgen (Fig. 4.69). Im Fall a) wird ein virtuelles Elektron e^* im t-Kanal ausgetauscht, im Fall b) ein Z^0-Boson im s-Kanal. Während die Wirkungsquerschnitte für die Graphen a) und b) getrennt divergieren, heben sich die Divergenzen bei gleichzeitiger Berechnung beider Graphen (d.h. auch der Hinzunahme des Interferenzterms) auf.

Im nächsten Schritt betrachten wir den Prozeß

$$e^+ + e^- \to W^+ + W^- \ . \tag{4.168}$$

Fig. 4.70 zeigt die drei möglichen Graphen. Wie bei Fig. 4.69 erhält man einen endlichen Wirkungsquerschnitt. Während oben bei beiden Graphen die gleiche schwache Kopplungskonstante eingesetzt werden mußte, werden hier ein elektromagnetischer und ein schwacher Prozeß zusammen-

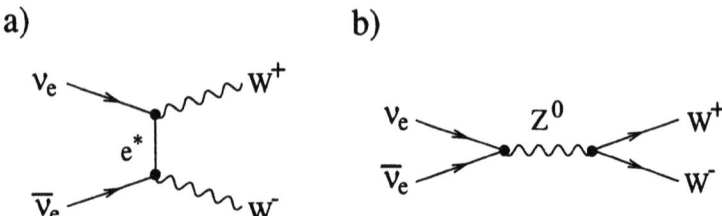

Fig. 4.69 Graphen der Reaktion $\nu_e \bar{\nu}_e \to W^+W^-$, a) Austausch eines virtuellen Elektrons e^* im t-Kanal, b) Austausch des intermediären Bosons Z^0 im s-Kanal

geführt (Kopplungskonstanten e bzw. g_W). Das geht nur unter der Bedingung

$$e \approx g_W .\tag{4.169}$$

Damit können wir eine erste Abschätzung der Masse der intermediären Bosonen bekommen:

$$\lim_{q^2 \to 0} \frac{g_W^2}{q^2 + m_Z^2} \approx \frac{g_F}{\sqrt{2}}, \quad \Rightarrow \quad m_Z \approx 30\,\text{GeV}/c^2 .\tag{4.170}$$

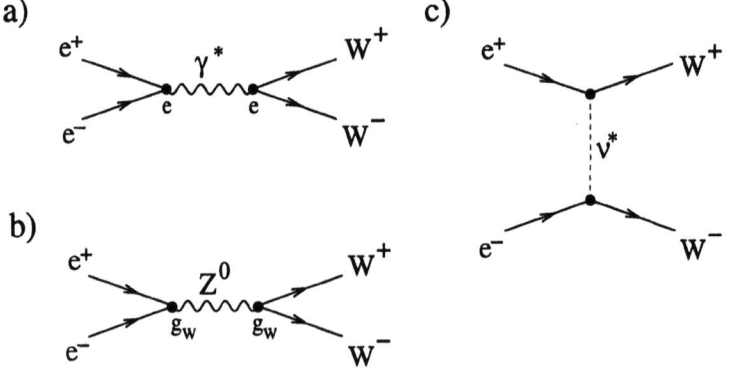

Fig. 4.70 Graphen der W^+W^--Produktion durch e^+e^-. a) Austausch eines virtuellen γ^*, b) Austausch eines intermediären schweren Bosons Z^0, c) Austausch eines virtuellen Neutrinos im t-Kanal

γ und Z^0 haben beide $J^P = 1^-$ und können interferieren. Man schreibt

$$e = g_W \cdot \sin\theta_W ,\tag{4.171}$$

4.8 Elektroschwache Wechselwirkung

wobei die Kopplungskonstanten e und g_w über den elektroschwachen Mischungswinkel $\sin\theta_W$, auch "Weinberg-Winkel" genannt, verbunden sind. Er muß experimentell bestimmt werden (Kap. 4.8.4). Die Theorie ergibt für die Massen der schweren Bosonen dann

$$\boxed{m_W = \frac{37.4\,\text{GeV}}{\sin(\theta_W)}, \quad m_Z = \frac{75\,\text{GeV}}{\sin(2\theta_W)}}. \tag{4.172}$$

Unsere Betrachtung ist eine Hinführung zur GWS-Theorie (S. Glashow, S. Weinberg, A. Salam, 1961-72). Sie besagt: Es gibt ein Isotriplett $W^{(1)}$, $W^{(2)}$, $W^{(3)}$, das die schwache WW vermittelt, und einen Isoskalar A für die elektromagnetische WW. Aus $W^{(1)}$ und $W^{(2)}$ ergeben sich, analog den Spin-ändernden Operatoren $\sigma_\pm$, die intermediären Bosonen W^+ und W^-, die die "geladene schwache WW" tragen. Die neutrale Komponente $W^{(3)}$ und A mischen sich zu Z^0 für die "neutrale schwache WW" und dem masselosen γ für die elektromagnetische WW. Alle vier Austauschteilchen haben Spin-1.

Die Kopplungskonstanten für die schwache WW der $W^\pm$- bzw. Z^0-Bosonen an Leptonen und Quarks (g_W) und der elektromagnetischen WW (e) hängen über den elektroschwachen Mischungswinkel $\sin\theta_W$ (auch Weinberg-Winkel genannt) gemäß Gl. (4.171) zusammen. Es gibt, ähnlich wie in der QCD, die 3-Boson-Vertices $Z^0W^+W^-$ und γW^+W^-.

Die Theorie wurde für masselose Austauschbosonen entwickelt. Wir wissen aber, daß $m_\gamma = 0$ und $m_{Z^0} = 91$ GeV ist. Die Symmetrie der Theorie ist gebrochen. Die gegenwärtige theoretische Lösung ist der Higgs-Mechanismus.

4.8.4 Experimentelle Bestätigung der elektroschwachen Theorie

a) $\gamma - Z^0$-Interferenz

Die $\gamma - Z^0$-Interferenz ist eine eindeutige Vorhersage der Theorie der elektroschwachen WW. Da die schwache WW (d.h. der Z^0-Austausch) paritätsverletzend ist, ergibt sich bei der Reaktion $e^+e^- \to \gamma/Z^{0*} \to \mu^+\mu^-$ eine "vorwärts-rückwärts Asymmetrie". Fig. 4.71 zeigt den differentiellen Wirkungsquerschnitt dieser Reaktion, wie er von den vier Experimenten übereinstimmend am e^+e^--Speicherring PETRA bei DESY in den 80er Jahren erstmals gemessen wurde. Man erkennt deutlich eine Abweichung vom vorwärts-rückwärts symmetrischen Wirkungsquerschnitt der QED. Gleiche Messungen wurden für alle Endzustände mit geladenen Leptonen und Quarks gemacht.

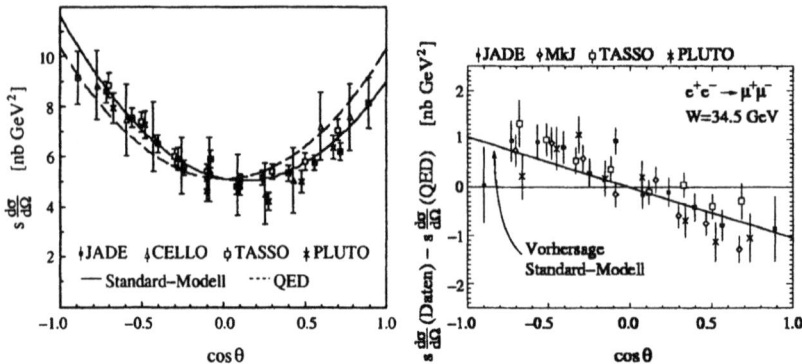

Fig. 4.71 $\gamma - Z^0$-Interferenz. a) Winkelverteilung bei der Reaktion $e^+e^- \to \gamma/Z^0 \to \mu^+\mu^-$. Man erkennt die vorwärts-rückwärts Asymmetrie, abweichend von der QED, aber in Übereinstimmung mit dem Standard-Modell der elektroschwachen WW. b) Differenz der Daten zur QED Erwartung. Daten von vier Experimenten am e^+e^--Speicherring PETRA bei DESY.

b) Entdeckung der $W^\pm$- und Z^0-Bosonen

Zu Beginn der 80er Jahre wurde das 400 GeV Protonensynchrotron SPS bei CERN zu einem Proton-Antiproton Speicherring ($Sp\bar{p}S$) umgerüstet.

Antiprotonen ($\bar{p}$) werden durch Reaktionen der 30 GeV Protonen des CERN Protonsynchrotrons (PS) mit einem Target erzeugt, eingefangen und im "Akkumulator"-Speicherring angesammelt. Diese $\bar{p}$ haben einen großen Phasenraum (breite Winkel- und Impulsverteilung des Strahls). Der wesentliche Schritt, der die $p\bar{p}$-Experimente ermöglicht hat, war die "Kühlung" der $\bar{p}$, wodurch ihr Phasenraum verkleinert wird. Bei CERN wurde die *stochastische Kühlung* verwendet[30]. Abweichungen von der Sollbahn werden gemessen. Nach einem halben Umlauf erhält das Antiproton einen magnetischen Kick, der es auf die Sollbahn zurückbringt. Das ist möglich, weil die Signallaufzeit im Kabel in der Diagonalen des Akkumulators kürzer ist als die Laufzeit der Antiprotonen.

Protonen und Antiprotonen werden im SPS auf 270 GeV gegenläufig beschleunigt, sodaß eine Schwerpunktenergie von $W = 540$ GeV erreicht wird. Die intermediären $W^\pm$-Bosonen werden erzeugt durch die Reaktion

---

[30] Es gibt auch die "Elektronenkühlung". Die Antiprotonen wechselwirken mit parallel laufenden langsamen Elektronen und werden dadurch gekühlt.

4.8 Elektroschwache Wechselwirkung 339

der schwachen WW

$$p + \bar{p} \overset{z.B.}{\to} u + \bar{d} + X \to W^+ + X \qquad (4.173)$$

und zerfallen ebenfalls durch die schwache WW

$$W^+ \to \ell^+ \nu_\ell \quad \text{oder} \quad \to q_i \bar{q}_j - \text{Jets} \quad (i \neq j) . \qquad (4.174)$$

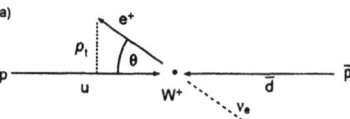

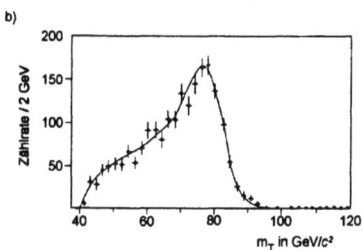

Fig. 4.72
Messung der Masse der $W^\pm$-Bosonen. Die Reaktionskette ist:
$p\bar{p} \to W^\pm + X$,
$W^\pm \to e^\pm + \not{p}_t$.
Aufgetragen ist die transversale Masse der Leptonen. Es ergibt sich ein "Jacobi-Peak". Daten des UA2 Experiments bei CERN

Die beste Signatur für die experimentelle Suche ist der Nachweis eines hochenergetischen Leptons mit großem Transversalimpuls in einem Ereignis mit großem fehlenden Transversalimpuls $\not{p}_t$, der dem nicht beobachtetem Neutrino zugeschrieben wird. Fig. 4.72 zeigt die "transversale Masse" solcher Ereignisse. Daraus ergibt sich die Masse m_W des $W^\pm$-Bosons zu (Mittelwert aller Daten)

$$m_W = (80.419 \pm 0.056)\,\text{GeV} . \qquad (4.175)$$

Zum Nachweis der Z^0-Bosonen wurden ebenfalls $p\bar{p}$-Reaktionen verwendet:

$$p + \bar{p} \overset{z.B.}{\to} u + \bar{u} + X \to Z^0 + X . \qquad (4.176)$$

Die beste Signatur ist der Zerfall in zwei geladene Leptonen:

$$Z^0 \to \ell^+ \ell^- . \qquad (4.177)$$

In Fig. 4.73 sind die Energien der beiden Elektronen über dem Polar- und Azimutwinkel θ bzw. Φ aufgetragen. Die Masse des Z^0 berechnet man aus der invarianten Masse.

Die besten Informationen über das Z^0-Boson wurden am e^+e^--Speicherring LEP bei CERN gewonnen durch die Reaktion

$$e^+ e^- \to Z^0 \to \ell^+ \ell^- \quad \text{oder} \quad \to q\bar{q} \to \text{Jets} . \qquad (4.178)$$

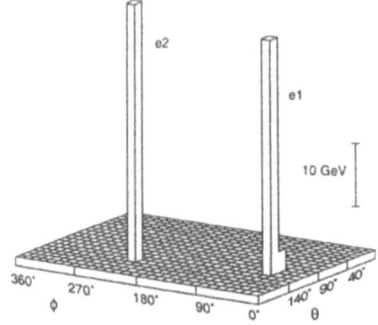

Fig. 4.73
Nachweis und Messung der Masse der Z^0-Bosonen. Die Reaktionskette ist $p\bar{p} \to Z^0 + X$, $Z^0 \to e^+e^-$. Aufgetragen ist die Energie der beiden Leptonen über dem Polar- und Azimutwinkel θ bzw. Φ. Daten des UA2 Experiments bei CERN

Man erhält eine Resonanz im Wirkungsquerschnitt (siehe Fig. 4.58). Daraus gewinnt man die Masse des Z^0 zu

$$\boxed{m_Z = (91.1882 \pm 0.0022)\,\text{GeV}}\,. \tag{4.179}$$

c) WWZ-Kopplung

Nach der stufenweisen Energie-Erhöhung des e^+e^--Speicherrings LEP bei CERN auf knapp über 200 GeV war die Messung der W-Paarbildung möglich geworden durch

$$e^+e^- \to W^+W^-\,. \tag{4.180}$$

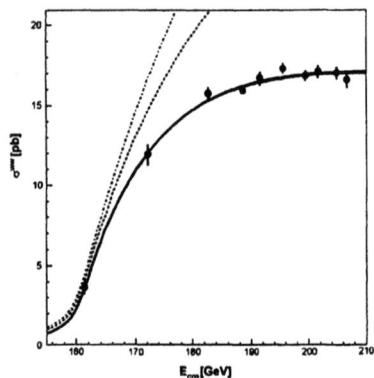

Fig. 4.74
Messung der $Z^0W^+W^-$-Kopplung durch W^+W^--Produktion in der Reaktion $e^+e^- \to Z^0 \to W^+W^-$. Die Messungen sind in Übereinstimmung mit der Theorie der elektroschwachen WW (durchgezogene Linie). Gestrichelte Linie: Modell ohne ZWW-Vertex, strichpunktierte Linie: Nur ν_e^*-Austausch. Daten von LEP-II bei CERN

Fig. 4.74 zeigt den Wirkungsquerschnitt σ^{WW} dieser Reaktion in Abhängigkeit von der Energie. Die Daten sind in Übereinstimmung mit der Theorie der elektroschwachen WW. Modelltheorien ohne den ZWW-Vertex oder mit nur ν_e-Austausch werden vom Experiment abgelehnt. Die Signatur

4.8.5 Messungen mit Z^0-Zerfällen

Der e^+e^--Speicherring LEP bei CERN lief von 1989-95 auf der Energie der Z^0-Resonanz und in deren Nähe (siehe Fig. 4.58). Dabei hat jedes der vier Experimente $\sim 4.5 \cdot 10^6$ hadronische Ereignisse gesammelt. Im Jahre 1996 erfolgte stufenweise eine Erhöhung der Energie bis zu $W = 209$ GeV, um den $Z^0W^+W^-$-Vertex messen zu können. Jedes Experiment hat 10^4 Ereignisse beobachtet. Damit waren Präzisionsmessungen möglich. Über die Messung der Zahl der ν-Flavors (Kap. 4.7.5) und des ZWW-Vertex (Kap. 4.8.4) wurde bereits berichtet.

Ein wesentlicher Parameter der elektroschwachen WW ist der Mischungswinkel $\sin \theta_W$. Die elektroschwache WW muß die Paritätsverletzung widergeben, d.h. sie muß eine V- und eine A-WW (mit unterschiedlichen Kopplungskonstanten) enthalten. Die Theorie liefert:

$$\boxed{\begin{aligned} g_V^f &= (t_3^f - 2 \cdot q^f \cdot \sin^2 \theta_W) \\ g_A^f &= t_3^f \end{aligned}} . \tag{4.181}$$

f steht für "Fermion" (z.B. μ oder u-Quark), t_3^f ist die dritte Komponente des schwachen Isospins von Teilchen f (in Analogie zum Isospin der Kern- und Hadronenphysik). Es ist

$$\begin{aligned} t_3 &= +\tfrac{1}{2} \quad \text{für} \quad \text{u, c, t, } \nu\text{'s} \\ &= -\tfrac{1}{2} \qquad\qquad \text{d, s, b, } \ell^- \end{aligned} .$$

q ist die elektrische Ladung in Einheiten der Elementarladung. Man erkennt, daß die Interferenz von γ und Z^0 sich nur in der V-WW bemerkbar macht.

Für die vorwärts-rückwärts Asymmetrie der Reaktion $e^+e^- \to f\bar{f}$ liefert die Theorie

$$d\sigma = \sigma_0 \cdot (1 + A_{FB} \cdot \cos\theta) \cdot d\cos\theta , \tag{4.182}$$

$$A_{FB}^f = \frac{3}{4} \cdot A_f \cdot A_e , \tag{4.183}$$

$$\boxed{A^f = \frac{2 g_V^f g_A^f}{g_V^{f\,2} + g_A^{f\,2}}} . \tag{4.184}$$

Aus den Messungen der vorwärts-rückwärts Asymmetrien kann $\sin \theta_W$

gewonnen werden (Zusammenfassung aller Messungen [Par 00]):

$$\boxed{\sin^2 \theta_W = 0.23147 \pm 0.00016} \quad . \tag{4.185}$$

4.8.6 Der Higgs-Mechanismus

Der Higgs-Mechanismus[31] erlaubt, den Teilchen, insbesondere den intermediären Bosonen $W^\pm$ und Z^0, Masse zu geben. Das Higgs-Teilchen H (Wellenfunktion Φ) ist ein Skalar (Spin-0). Das Higgs-Potential

$$V_H = -\mu^2 (\Phi^\dagger \Phi) - \lambda (\Phi^\dagger \Phi)^2 \tag{4.186}$$

hat für $\mu^2 < 0$ einen Vakuumserwartungswert $\neq 0$. Dadurch wird die Symmetrie gebrochen, das γ bleibt masselos und das Z^0 bekommt Masse. Ein wesentlicher Schritt der Theorie war, daß t'Hooft und Veltman (1971) zeigen konnten, daß die Theorie bei Symmetriebrechung noch renormierbar ist, d.h. endliche Wirkungsquerschnitte liefert.

Die Kopplungskonstante des Higgs-Skalars ist proportional zur Masse m_f der erzeugten Teilchen:

$$\boxed{g_H \propto m_f} \quad , \qquad \Gamma(H \to \bar{f}f) \propto m_f^2 \quad . \tag{4.187}$$

Das ist die Grundlage für die experimentelle Suche nach Higgs-Teilchen. Die Produktion kann z.B. erfolgen durch

$$\boxed{e^+ e^- \to Z^{0*} \to Z^0 + H} \tag{4.188}$$

und der Zerfall (falls $m_H < 2\,m_W$) bevorzugt durch

$$\boxed{H \to b\bar{b} \to 2\,b - \text{Jets}} \quad . \tag{4.189}$$

Die Messungen der Parameter der elektroschwachen WW haben eine hohe Präzision erreicht. Die Masse der Higgs-Skalare kann durch deren Beitrag zu virtuellen Prozessen eingegrenzt werden (analog zu den Strahlungskorrekturen bei der elektromagnetischen WW, Kap. 4.1.7). Fig. 4.75 zeigt die Wahrscheinlichkeitsverteilung für m_H aus indirekten Messungen. Es ist

$$\boxed{m_H = \left(118^{+62}_{-43}\right) \text{GeV}/c^2} \quad . \tag{4.190}$$

Im Herbst 2000 wurde der e^+e^--Speicherring LEP bei CERN auf höchste Energien aufgestockt ($W = 209$ GeV). Es wurde nach Ereignissen gemäß Gl. (4.188) und (4.189) gesucht. Einige Kandidaten wurden gefunden, jedoch reichte die statistische Genauigkeit für eine Entdeckung nicht aus. Die LEP Experimente geben eine untere Grenze von $m_H > 114.1 \text{GeV}/c^2$

---

[31]Er wurde 1964 vom britischen Physiker P. Higgs (1964) vorgeschlagen

4.8 Elektroschwache Wechselwirkung

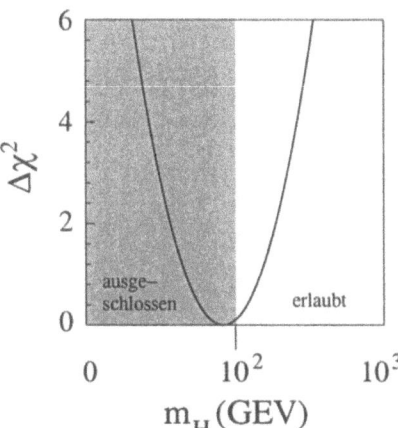

Fig. 4.75
Masse des Higgs-Bosons. Wahrscheinlichkeitsverteilung für m_H aus Strahlungskorrekturen. Die Grenze der direkten Suche ist eingezeichnet

(95% Vertrauensintervall) an. Die experimentelle Aufgabe ist, die Higgs-Ereignisse aus einem 10^5 mal höheren Untergrund an $e^+e^- \to q\bar{q}$ Ereignissen zu selektieren.

Diese zentrale Frage bleibt für weitere Experimente an der nächsten Generation von Beschleunigern offen.

4.8.7 Entdeckung des Top-Quarks

Wir kennen jetzt fünf Quarks: Zwei mit Ladung $+\frac{2}{3}$, drei mit $-\frac{1}{3}$. Die Quarks scheinen einer Ordnung zu folgen:

$$q = \begin{array}{l} +\frac{2}{3} \\ -\frac{1}{3} \end{array} : \begin{array}{lll} u & c & ? \\ d & s & b \end{array} .$$

Frage: Gibt es ein sechstes Quark, das die Ladung $+\frac{2}{3}$ hat und das der Partner zum Bottom-Quark b ist? Wir können die Frage präzisieren. Die Messung der vorwärts-rückwärts Asymmetrie erlaubt auch die Messung des schwachen Isospins des b-Quarks. Er ist $t_3^b = -\frac{1}{2}$. Damit sollte es einen Partner geben.

Die Physiker mußten lange suchen und wurden erst bei sehr hohen Energien fündig. Das experimentelle Programm $e^+e^- \to t\bar{t}$ suchte bis zu $W = 44$ GeV nach Schwellen im Wirkungsquerschnitt: Ohne Erfolg.

Erstmals aus der Messung der $B^0-\bar{B}^0$-Mischung durch ARGUS bei DESY und aus den zunehmend präziseren Messungen der elektroschwachen WW konnte mit der Theorie der Strahlungskorrekturen (virtuelle Teilchen) die Masse des 6. Quarks zu ca. 160 GeV vorhergesagt werden.

Im Jahre 1992 wurde das Protonensynchrotron des Fermi National Accelerator Laboratory (FNAL) zu einem $p\bar{p}$-Speicherring umgebaut, der $W = 1.8$ TeV erreicht (deshalb "Tevatron" genannt). Damit wurde 1994 das t-Quark experimentell nachgewiesen.

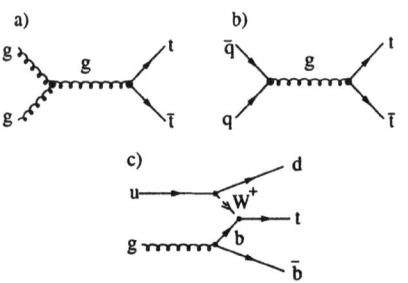

Fig. 4.76
Die Graphen der Produktion des Top-Quarks

Die Produktion erfolgt am besten durch

$$\boxed{g \rightarrow t\bar{t}}.$$ (4.191)

Die Kopplung an Gluonen ist flavor-unabhängig, aber natürlich durch Energie-Erhaltung beschränkt und durch den kleinen Phasenraum (wenn die t-Masse sehr hoch ist) unterdrückt. Fig. 4.76 zeigt die Graphen der drei Prozesse mit der größten Wahrscheinlichkeit. Das Gluon kann entweder durch gg-Fusion oder durch $q\bar{q}$-Vernichtung erzeugt werden. Der dritte Prozeß ist ein Gemisch aus schwacher und starker WW: $u \rightarrow d + W^{+*}$, $W^{+*} \rightarrow t + \bar{b}$, Energie-Erhaltung wird durch ein virtuelles Gluon gewährleistet. Die Produktionsquerschnitte sind sehr klein: $\sigma_{t\bar{t}} \approx 100$ pb, zu vergleichen mit $\sigma_{\text{tot}} \approx 50$ mb. Gemäß der CKM-Matrix (Kap. 4.7.8) zerfällt das t-Quark bevorzugt durch

$$\boxed{t \rightarrow b + W^+}.$$ (4.192)

Das $W^{\pm}$ kann leptonisch und hadronisch zerfallen. Jeder Kanal ist gleich häufig, jedoch ist die Farbe als Gewichtsfaktor zu berücksichtigen. Tab. 4.17 nennt die wesentlichen Zerfallskanäle (siehe CKM-Matrix, BR = Verzweigungsverhältnis):

Tab. 4.17 Die wesentlichen Zerfallskanäle der intermediären W-Bosonen

Zerfallskanal	Gewicht	BR
$W^+ \rightarrow \ell^+ \nu_\ell$	3 ℓ's	$3 \cdot \frac{1}{9} = \frac{1}{3}$
$W^+ \rightarrow u\bar{d}$	3 Farben	$3 \cdot \frac{1}{9} = \frac{1}{3}$
$W^+ \rightarrow c\bar{s}$	3 Farben	$3 \cdot \frac{1}{9} = \frac{1}{3}$

Tab. 4.18 listet Endzustände von $t\bar{t}$-Produktion und Zerfall auf (cc = *engl.*

4.8 Elektroschwache Wechselwirkung

charge conjugate = ladungskonugiert):

Tab. 4.18 Die wesentlichen Endzustände für die Suche nach t-Quarks

Zerfallskanal	BR		
$t\bar{t} \to$ $e^+\nu_e b\, e^-\bar{\nu}_e\bar{b}$	$\frac{1}{9}\cdot\frac{1}{9}$	$=\frac{1}{81}$	
$\mu^+\nu_\mu b\, \mu^-\bar{\nu}_\mu\bar{b}$	$\frac{1}{9}\cdot\frac{1}{9}$	$=\frac{1}{81}$	
$e^+\nu_e b\, \mu^-\bar{\nu}_\mu\bar{b} + cc$	$2\cdot\frac{1}{9}\cdot\frac{1}{9}$	$=\frac{2}{81}$	
$e^+\nu_e b\, q\bar{q}\bar{b} + cc$	$2\cdot\frac{1}{9}\cdot\frac{3\cdot 2}{9}$	$=\frac{12}{81}$	
$\mu^+\nu_\mu b\, q\bar{q}\bar{b} + cc$	$2\cdot\frac{1}{9}\cdot\frac{3\cdot 2}{9}$	$=\frac{12}{81}$	

Die Signatur für den Top-Nachweis ist damit:

1. Nachweis von 1 oder 2 Leptonen (e oder μ) mit großem Transversalimpuls p_t. Da m_t sehr groß ist, wird $t\bar{t}$ bevorzugt in Ruhe erzeugt und es treten große p_t auf.
2. Fehlender Transversalimpuls $\not{p}_t$ als Anzeichen für 1 oder 2 Neutrinos.
3. Nachweis von 2 b-Jets, die durch die Messung des Flugwegs der B^0-Mesonen als solche identifiziert werden.
4. Alternativ: ein 4-Jet Ereignis (davon 2 b-Jets), 1 Lepton mit großem p_t und großes $\not{p}_t$ für das ν.

Fig. 4.77 zeigt ein Ereignis.

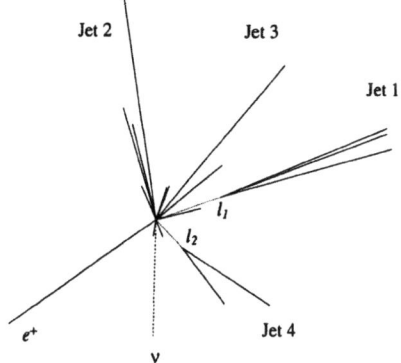

Fig. 4.77
Ein Ereignis $p\bar{p} \to t\bar{t} + X \to e^+ + \nu + 2b - \text{Jets} + 2\,\text{Jets} + X$, wie es der Silizium-Vertex-Detektor sieht. Es ist $l_1 = 4.5\,mm$, $l_2 = 2.2\,mm$. Damit sind Jet-1 und Jet-4 als b-Jets identifiziert. Daten des CDF Detektors am FNAL

Da der Wirkungsquerschnitt für t-Produktion sehr klein ist, spielt der Untergrund aus Ereignissen mit ähnlicher Signatur eine wesentliche Rolle. Nicht von Interesse sind "weiche" QCD Ereignesse mit kleinem p_t. Von den Ereignissen mit großem p_t sei z.B. $p\bar{p} \to Z^0 X$ angeführt. Es ist $\sigma_{Z^0} \approx 2\,nb \approx 20 \cdot \sigma_{t\bar{t}}$. Der Zerfall $Z^0 \to \ell^+\ell^-$ ist groß. Die Signatur "Leptonen mit großem p_t" ist erfüllt, 2 b-Jets können auftreten. Die Unterdrückung dieses Untergrunds muß im wesentlichen durch die p_t-Balance erfolgen. Da alle Untergrundprozesse bekannt und gemessen sind, können sie mit Monte-Carlo Rechnungen von den Daten abgezogen werden.

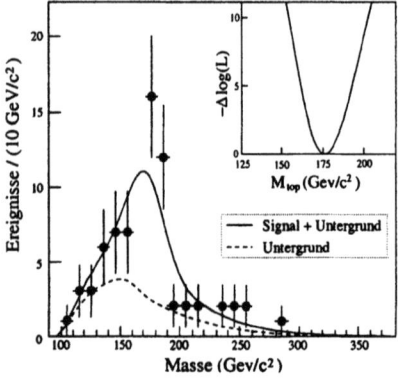

Fig. 4.78
Invariante Masse von $t\bar{t}$ in der Reaktion $p\bar{p} \to t\bar{t} + X \to 4$ Jets $+ X$. Eingezeichnet sind die Daten, die Abschätzung des Untergrunds und die Summe Signal + Untergrund. Aus der Wahrscheinlichkeit für den Fit an theoretische Modelle wird m_t gewonnen. Daten des CDF Detektors am FNAL

Fig. 4.78 zeigt eine Messung der $t\bar{t}$-Produktion. Man findet [Par 00]:

$$\boxed{m_t = (174.3 \pm 5.1)\,\text{GeV}} \; . \tag{4.193}$$

Das Top-Quark hat die Flavor-Quantenzahl "Top" $= +1$.

4.8.8 Neutrino-Oszillationen

Wir haben bisher die ν-Massen immer $= 0$ gesetzt. Die experimentellen oberen Grenzen sind sehr niedrig (verglichen mit $m_{\ell^\pm}$). Wir kennen kein theoretisches Argument, daß $m_\nu = 0$ sein sollte. Also: messen!

Wenn Neutrinos Masse haben, müssen nicht nur linkshändige ν_L, sondern auch rechtshändige ν_R existieren (da die Helizität von Teilchen mit Masse vom Bezugssystem des Beoachters abhängt).

An der schwachen geladenen WW nehmen nur ν_L (bzw. $\bar{\nu}_R$) teil. Die ν_R haben keine elektromagnetische und auch keine starke WW, aber die neutrale schwache WW und die Gravitation. Sie werden "steril" genannt (ν_s).

Wenn $m_\nu \neq 0$ ist, sind Neutrino-Oszillationen, z.B. $\nu_\mu \to \nu_\tau$, möglich. Der Formalismus ist ähnlich dem der $B^0 - \bar{B}^0$-Oszillation. ν-Oszillationen wurden in Erwägung gezogen, als ein Mangel an solaren Neutrinos (ν_e) beobachtet wurde (siehe Kap. 4.12).

Ähnlich wie bei den Quarks sind die Masseneigenzustände der Neutrinos (ν_i, $i = 1, 2, 3$) unterschiedlich von den Eigenzuständen der schwachen

4.8 Elektroschwache Wechselwirkung

WW ($\nu_{a,b,c} = \nu_{e,\mu,\tau}$). Die Transformation ist (hier für den Fall von zwei ν-Zuständen)

$$\begin{pmatrix} \nu_a \\ \nu_b \end{pmatrix} = \begin{pmatrix} \cos\theta_\nu & \sin\theta_\nu \\ -\sin\theta_\nu & \cos\theta_\nu \end{pmatrix} \begin{pmatrix} \nu_1 \\ \nu_2 \end{pmatrix}. \qquad (4.194)$$

Es gibt, analog zu den $B^0\bar{B}^0$-Oszillationen, eine zeitliche Entwicklung. Die Übergangsrate $R_{\nu_a \to \nu_b}$ (*engl.* "appearance") von ν_b aus ν_a zur Zeit t ist

$$R_{\nu_a \to \nu_b} = \sin^2(2\theta_\nu) \cdot \sin^2\left(\frac{\delta m^2}{4(\hbar c)} \cdot \frac{t}{p_\nu}\right), \qquad (4.195)$$

$$R_{\nu_a \to \nu_b} = \sin^2(2\theta_\nu) \sin^2\left(1.27 \cdot \frac{\text{GeV}}{E_\nu} \cdot \frac{L}{\text{km}} \cdot \frac{\delta m^2}{(\text{eV})^2}\right). \qquad (4.196)$$

Die Rate

$$R_{\nu_b \to \nu_a} = 1 - \sin^2(2\theta_\nu) \sin^2\left(1.27 \cdot \frac{\text{GeV}}{E_\nu} \cdot \frac{L}{\text{km}} \cdot \frac{\delta m^2}{(\text{eV})^2}\right) \qquad (4.197)$$

gibt das Verschwinden (*engl.* "disappearance") von ν_b an. Dabei ist $\delta m^2 = m_1^2 - m_2^2$ die Differenz der quadrierten Ruheenergien der beiden ν's, L der Flugweg und E_ν die Energie der Neutrinos. Um die ν-Oszillationen nachzuweisen, muß $\frac{L}{E_\nu}$ variiert werden.

Die Suche nach ν-Oszillationen erfolgte an Kernreaktoren mit niederenergetischen ν's aus Spaltprodukten und an ν-Strahlen der Teilchenbeschleuniger. So konnten Werte von $\delta m^2 > 10^{-1}\,(\text{eV})^2$ und $\sin^2(2\theta_\nu) < 10^{-2}$ ausgeschlossen werden.

Beobachtet hat ν-Oszillationen das Super-Kamiokande Experiment (Nachfolger von Kamiokande) in Japan. Die Quelle waren "atmosphärische" ν's, die Zerfallsprodukte der kosmischen Strahlung sind. Es sind meist ν_μ, aber auch ν_e und $\bar{\nu}$'s. Der Detektor befindet sich in einer Mine in 1'000 m Tiefe. Damit gelangen außer ν's nur noch sehr hochenergetische Myonen zum Detektor. Der Detektor besteht aus 50 kt Wasser, davon 22.5 kt als Targetmasse. Das Wasser ist hochgereinigt, um Untergrund durch Radioaktivität zu vermeiden. Gemessen wird die Cherenkov-Strahlung der Teilchen im Wasser durch 12'000 speziell entwickelte Photomultiplier mit 50 cm Durchmesser. Die Cherenkov-Strahlung erlaubt die Messung der Richtung der Teilchen, seiner Geschwindigkeit und die Unterscheidung von μ's und e's (letztere haben Vielfachstreuung und geben diffuse Cherenkov-Ringe).

Die erste überzeugende Beobachtung war (Fig. 4.79), daß die Raten für Ereignisse mit μ's und e's vom Zenitwinkel θ_z unterschiedlich abhängen ($\cos\theta_z = +1$ bedeutet "Teilchen von oben", $\cos\theta_z = -1$ "Teilchen von unten", d.h. das Neutrino wurde in der Atmosphäre über der dem Detektor

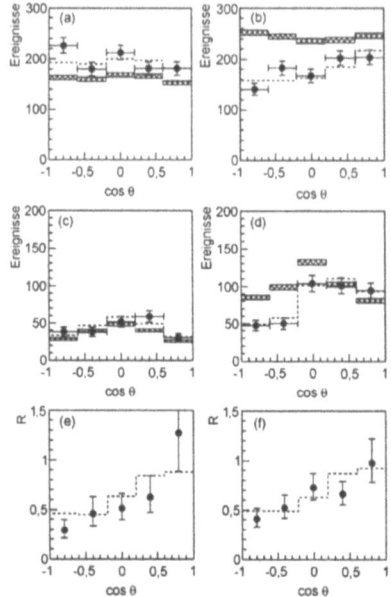

Fig. 4.79
Der Nachweis atmosphärischer Neutrinos. Abhängigkeit der Zahl der Ereignisse vom Zenithwinkel $\cos\theta_z$. Siehe Text. Fette Linie: Erwartung ohne ν-Oszillation, gestrichelte Linie: mit ν-Oszillation. Daten des Kamiokande Experiments (414 d Meßzeit)

gegenüber liegenden Seite der Erde erzeugt). Das Experiment zeigt: Die Verteilung der ($\nu_e \to e$)-Ereignisse entspricht der Erwartung. Für $\nu_\mu \to \mu$ beobachtet man jedoch deutlich weniger Ereignisse von unten (also mit langem Flugweg der ν's durch die Erde). Der Effekt ist für sub-GeV Ereignisse weniger ausgeprägt als für multi-GeV Ereignisse. Die Neutrinos sind auf dem langen Weg verschwunden. Die Daten werden deutlicher, wenn man das Verhältnis der ν_μ- zu den ν_e-Ereignissen, geteilt durch die Erwartung durch Monte-Carlo Rechnungen, bildet:

$$R = \frac{(N_\mu/N_e)_{\text{Daten}}}{(N_\mu/N_e)_{\text{MC}}} \; . \tag{4.198}$$

Fig. 4.79 zeigt die Abhängigkeit der Zahl der Ereignisse vom Zenithwinkel $\cos\theta_z$ für: a) ν_e-Ereignisse mit $E_\nu < 1\,\text{GeV}$, b) ν_μ mit $E_\nu < 1\,\text{GeV}$, c) ν_e mit $E_\nu > 1\,\text{GeV}$, d) ν_μ mit $E_\nu > 1\,\text{GeV}$, e) Verhältnis R für Kamiokande Experiment, f) R für Super-Kamiokande Experiment.

Der Effekt wird durch eine Neutrino-Oszillation gedeutet. Fig. 4.80 zeigt das Ergebnis der Auswertung dieser Daten im Diagramm δm^2 vs. $\sin^2(2\theta_\nu)$. Die Daten sind verträglich mit

$$\boxed{\begin{aligned}\delta m^2 &= 3.5 \cdot 10^{-3}\,(\text{eV})^2 \\ \sin^2(2\theta_\nu) &= 1.0\end{aligned}} \; . \tag{4.199}$$

4.8 Elektroschwache Wechselwirkung

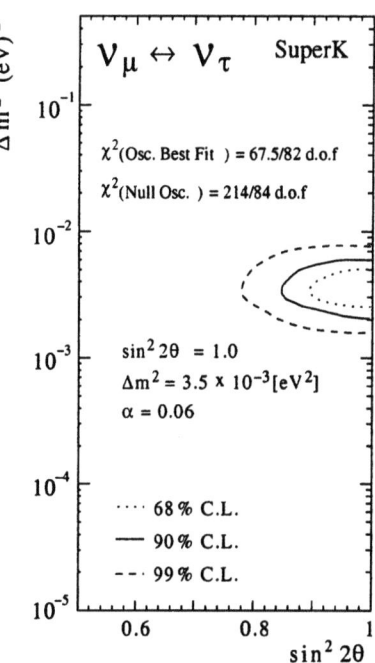

Fig. 4.80
Neutrino-Oszillationen, Verschwinden von ν_μ. Im Diagramm δm^2 vs. $\sin^2(2\theta_\nu)$ ist der Bereich rechts der Kurven erlaubt. Die Kurven sind für 99 %, 90 % bzw. 68 % Vertrauensintervall. $\nu_\mu \to \nu_\tau$ Oszilationen werden angenommen, da für ν_e kein Verschwinden gefunden wurde, wohl aber für ν_μ. Daten des Kamiokande Experiments

Damit haben wir einen experimentellen Hinweis auf Neutrino-Oszillationen[32] und $m_\nu \neq 0$.

Ein weiteres Experiment (Messung der ν-Oszillationen durch das SNO Experiment) besprechen wir in Kap. 4.12. Andere sind in Vorbereitung.

4.8.9 Aufgaben

4.120. *Neutrale elektroschwache Wechselwirkung:* Man zeichne in Fig. 4.68 auf der Abszisse die Z^0-Masse ein und vergleiche die Wirkungsquerschnitte für die neutrale und die geladene WW und für e^+p und e^-p. Welche Unterschiede für e^+p und e^-p erwartet man?

4.121. $\gamma-Z^0$-*Interferenz:* Man schätze aus Fig. 4.71 den Wert von $\sin^2\theta_W$ ab.

---

[32] Einfügung während der Drucklegung: Der "Vater" von (Super-)Kamiokande, Masatoshi Koshiba, hat für diese Leistung den Nobelpreis für Physik des Jahres 2002 erhalten

4.122. *Intermediäre Bosonen:* Man schätze aus Fig. 4.73 die Masse des Z^0 ab.

4.123. *WW-Produktion:* Welcher Bruchteil aller hadronischen Ereignisse sind bei $W = 180$ GeV WW-Ereignisse?

4.124. *W-Zerfälle:* Wie groß ist der Beitrag des Zerfalls $W^+ \to u\bar{s}$?

4.125. *Top-Erzeugung:* Man gebe die Signatur für die Einfach-Top Erzeugung (Fig. 4.76c) an.

4.126. *Top-Nachweis:* Wie groß kann der Transversalimpuls p_t des geladenen Leptons bei der Reaktion von Fig. 4.77 maximal sein?

4.127. *Relative Stärke der Wechselwirkungen:* Man zeichne die Graphen der Reaktion $q + q \to q + q$ für die starke, die elektromagnetische und die neutrale schwache Wechselwirkung. Man schätze aus den Kopplungskonstanten und den Propagatoren die relativen Häufigkeiten ab.

4.128. *Helizität von Teilchen mit Masse:* Man zeichne Impuls und Spin eines Neutrinos und begründe, warum ein Neutrino mit Masse nicht rein linkshändig sein kann. Man kann es auch mit einer Lorentz-Transformation zeigen.

4.129. *ν-Oszillationen:* Man prüfe den Zahlenwert in Gl. 4.196 nach.

4.130. *ν-Oszillationen:* Wie lange muß der ν-Flugweg sein, um für $\delta m^2 = 3.8 \cdot 10^{-3}$ (eV)^2 einen Effekt zu sehen? Man gebe das optimale E_ν an (Berücksichtigung des Wirkungsquerschnitts für den ν-Nachweis).

4.9 Standardmodell und Ausblick

Das *Standard-Modell* faßt unsere Kenntnisse über die Teilchen des Femto-Universums und ihre Wechselwirkungen zusammen. Die *Materieteilchen* haben Spin-1/2. Die *Quarks* tragen drittelzahlige Ladungen und unterliegen allen Wechselwirkungen. *Leptonen* sind die elektrisch neutralen Neutrinos und die ganzzahlig geladenen Leptonen. Sie haben keine starke WW. Die Fermionen lassen sich zu Dubletten zusammenfassen. Wir kennen drei *Generationen* von Dubletten. Zu jedem Teilchen gibt es ein Antiteilchen. Die Teilchen sind punktförmig.
Die Wechselwirkung zwischen Teilchen wird durch *Austauschteilchen* vermittelt. Diese haben Spin-1. Die *starke Wechselwirkung* wird beschrieben durch die QCD. Sie erfolgt aufgrund der Farbladung der Quarks durch den Austausch von Gluonen. Es gibt drei Farben. Die acht Gluonen sind ebenfalls farbig, sie tragen Farbe-Antifarbe. Die *elektroschwache Wechselwirkung* ist die Vereinigung der elektromagnetischen und der schwachen Wechselwirkung. In der Theorie der elektroschwachen Wechselwirkung sind die Austauschteilchen das Photon und die intermediären Austauschbosonen $W^\pm$ für die geladene schwache Wechselwirkung (geladene Ströme) und das Z^0 für schwache neutrale Ströme. γ- und Z^0-Austausch interferieren. Die *Gravitation* konnte noch nicht analog beschrieben werden.
Die QCD und die Theorie der elektroschwachen WW sind Eichtheorien. Die Prozesse können durch die Störungsrechnung berechnet werden. Das Standard-Modell braucht viele Parameter, die experimentell gemessen werden müssen.
Mögliche *Erweiterungen des Standard-Modells* sind: 1. Vereinheitlichung der Materiebausteine Quarks und Leptonen durch eine tiefer liegende Struktur, 2. Vereinheitlichung der starken und der elektroschwachen Wechselwirkung, 3. Vereinheitlichung von Materie- und Austauschteilchen, und 4. Einbeziehung der Gravitation.
Die Grundfrage der Teilchenphysik ist, die sehr unterschiedlichen Massen von Teilchen zu erklären. Der Higgs-Mechanismus bietet dazu eine Möglichkeit.

4.9.1 Zusammenfassung: Teilchen und Wechselwirkungen

Unsere Kenntnis über die kleinsten Bausteine der Materie und über die Wechselwirkungen zwischen ihnen lassen sich zusammenfassen:
Wir kennen Materieteilchen und Wechselwirkungen durch Austauschteilchen.

a) Materieteilchen

Sie haben alle Spin-$\frac{1}{2}$. Sie treten in zwei verschiedenen Formen auf: *Quarks* und *Leptonen*. Wir kennen sechs verschiedene Quark-"Flavors" und ebenso sechs Leptonflavors. Die Quarks haben alle Wechselwirkungen, die Leptonen *nicht* die starke. Beide, Quarks und Leptonen, lassen sich zu Dubletten zusammenfassen. Drei *Generationen* von Dubletten wurden beobachtet.

Die Quarkdubletts sind:

$$\begin{pmatrix} u \\ d \end{pmatrix}, \begin{pmatrix} c \\ s \end{pmatrix}, \begin{pmatrix} t \\ b \end{pmatrix} \quad \begin{array}{l} q = (+2/3) \cdot e \\ q = (-1/3) \cdot e \end{array} \quad . \quad (4.200)$$

Jedes Quarkdublett kommt in drei Farben (z.B. rot, grün, blau) vor.

Die Leptonendubletten sind:

$$\begin{pmatrix} \nu_e \\ e^- \end{pmatrix}, \begin{pmatrix} \nu_\mu \\ \mu^- \end{pmatrix}, \begin{pmatrix} \nu_\tau \\ \tau^- \end{pmatrix} \quad \begin{array}{l} q = 0 \cdot e \\ q = (-1) \cdot e \end{array} \quad . \quad (4.201)$$

Zu allen Teilchen gibt es Antiteilchen.

Quarks und Leptonen sind nach heutiger Erfahrung *punktförmig* mit

$$r < 10^{-18}\,m \sim 10^{-3} \cdot r_{\text{Proton}} \,. \quad (4.202)$$

b) Wechselwirkungen und Austauschteilchen

Zwischen den Materieteilchen gibt es bis zu drei verschiedene Wechselwirkungen. Die Wechselwirkung erfolgt immer durch die Übertragung von "Austauschteilchen". Sie haben alle Spin-1. Wir kennen:

- Die *starke WW*, deren Ladung die Farbe ist (es gibt drei Farben), erfolgt durch den Austausch von *Gluonen* (g), die ein Farboktett bilden.

- Die *elektroschwache WW* (als Vereinigung der elektromagnetischen und der schwachen WW) wird durch Austausch von schweren Bosonen W^+, W^- für die *geladenen schwachen Ströme*, des schweren Z^0 für die *neutralen schwachen Ströme* und des Photons (γ) für die *elektromagnetische WW*

4.9 Standardmodell und Ausblick

Die Prozesse mit Z^0- und γ-Austausch interferieren. Die schwache geladene WW findet immer zwischen linkshändigen Teilchen und rechtshändigen Antiteilchen statt (Paritätsverletzung der schwachen WW),

• Die Gravitation ist die am längsten bekannte WW (Isaac Newton, 1687), konnte aber wegen ihrer Schwäche (relativ zu den anderen WW) bei den Massen der elementaren Teilchen noch nicht erforscht werden.

Tab. 4.19 stellt die Wechselwirkungen zusammen.

Tab. 4.19 Zusammenfassung der bekannten Wechselwirkungen zwischen Materieteilchen und der Austauschteilchen. Siehe Text

Wechselwirkung	Austauschteilchen	
starke WW	g	
elektroschwache WW	W^+, W^-	"geladene Ströme"
	Z^0	"neutrale Ströme"
	γ	elektromagnetische WW
Gravitation	Graviton	

Dieses "*Standard-Modell*" faßt alle experimentellen Ergebnisse und die in den vorhergehenden Kapiteln besprochenen Theorien zusammen.

4.9.2 Eichtheorien

Die Theorien der WW im Standard-Modell, die QCD für die starke WW und die Theorie der elektroschwachen WW, sind *Eichtheorien*.

Wir wollen die grundlegende physikalische Vorstellung der Eichtheorien am Beispiel der Beschreibung der elektromagnetischen WW eines Elektrons mit einem Photon in der nicht-relativistischen Quantentheorie betrachten[33].

Eine Eichtheorie begegnet uns erstmals in der klassischen Elektrodynamik. Wenn man das elektrische ($\vec{E}$) und das magnetische Feld ($\vec{B}$) durch Potentiale Φ und $\vec{A}$ ausdrückt, ist

$$\vec{B} = rot\vec{A},$$
$$\vec{E} = -grad\Phi - \frac{\partial \vec{A}}{\partial t}. \qquad (4.203)$$

---
[33]Nur in der nicht-relativistischen Quantentheorie muß die Kenntnis des theoretischen Formalismus *nicht* vorausgesetzt werden.

Die Potentiale sind jedoch nicht eindeutig. Durch die "Eichtransformation"

$$\vec{A} \rightarrow \vec{A} + \mathrm{grad}\chi \,,$$
$$\Phi \rightarrow \Phi - \frac{\partial \chi}{\partial t} \,, \tag{4.204}$$

wobei $\chi(\vec{r}, t)$ eine beliebige Funktion ist, erhält man dieselben elektrischen und magnetischen Felder. Die klassische Maxwell-Theorie ist eichinvariant.

In der nicht-relativistischen Quantenmechanik lautet die Schrödinger-Gleichung für die Bewegung eines Elektrons im elektromagnetischen Feld

$$-\frac{\hbar}{i} \cdot \frac{\partial \psi}{\partial t} = \frac{1}{2m} \cdot \left(\frac{\hbar}{i} \vec{\nabla} - e\vec{A} \right)^2 \psi + e\Phi\psi \,. \tag{4.205}$$

Gl. (4.205) ist eichinvariant, falls die Wellenfunktion durch

$$\psi(\vec{r}, t) \rightarrow \psi(\vec{r}, t) \cdot \exp(i\, e\, \chi(\vec{r}, t)) \tag{4.206}$$

transformiert wird. Wegen der $\vec{r}$- und t-Abhängigkeit von ψ spricht man von einer lokalen Phasentransformation (im Gegensatz zu $\psi \rightarrow \psi \cdot \exp\alpha$ mit $\alpha = $ konst, das eine globale Phasentransformation ist).

Die Eichinvarianz der Wechselwirkung erfordert eine Phase der Wellenfunktion, die von $\vec{r}$ und t abhängt.

Alle möglichen Funktionen $U = \exp(i\,e\,\chi(\vec{r}, t))$ bilden eine Gruppe, deren Elemente den Betrag 1 haben und die unitär sind wegen $U^*U = 1$. Sie heißt U(1)-Gruppe. Die Forderung, daß die Wellenfunktionen invariant gegen U(1) Transformationen sind, bedingt umgekehrt, daß die Transformation der Potentiale nach Gl. (4.204) erfolgt.

Die elektromagnetische WW wird gekennzeichnet durch die U(1) Gruppe. Die elektroschwache Wechselwirkung wird durch eine SU(2)×U(1) Gruppe beschrieben, die QCD durch eine $SU(3)_c$ Gruppe (c steht für *color* = Farbe, zu unterscheiden von der SU(3) Symmetrie der Quarkflavors).

In Eichtheorien gibt es immer erhaltene Ströme und damit Ladungserhaltung. Das ist wohl die wichtigste Eigenschaft von Eichtheorien. Die Eichbosonen (die wir bisher Austauschteilchen genannt hatten) sind masselos. Ebenso wichtig ist die Renomierbarkeit der Eichtheorien.

4.9.3 Fragen an das Standardmodell

Das Standard-Modell beschreibt ein umfangreiches Erfahrungsmaterial mit wenigen Bausteinen und Wechselwirkungen (je eine Gleichung) erfolgreich. Trotzdem sind die Physiker damit nicht zufrieden. Der Grund ist, daß im Standard-Modell sehr viele Parameter gebraucht werden, die experimentell gemessen werden müssen und dann in die Theorie eingefügt werden. Man glaubt, daß es eine tiefer liegende Theorie geben müsse.

Die freien Parameter des Standard-Modells sind:
12 Massen für die 6 Quarks und die 6 Leptonen,
3 Kopplungskonstanten der WW: α_s, α, $\sin\theta_W$,
4 Quarkmischungsparameter (CKM-Matrix),
4 ν-Mischungsparameter,
1 Masse des Higgs-Bosons.

Die Entdeckung des Higgs-Teilchens zur Erzeugung der Massen der schweren $W^\pm$- und Z^0- Bosonen steht noch aus.

4.9.4 Vorschläge für eine Erweiterung der Standardmodells

Erweiterungen des Standard-Modells, die mit weniger, möglichst nur einer Kopplungskonstanten und einem Wechselwirkungsansatz auskommen, werden in folgenden Richtungen gesucht:

1. Eine Vereinheitlichung der zwei verschiedenen Materiebausteine, den Leptonen (ℓ) und den Quarks (q), kann erreicht werden durch die Annahme einer Substruktur unter den Quarks und Leptonen. Man braucht mindestens zwei elementare Bausteine. Man erwartet eine endliche Ausdehnung der Leptonen und Quarks. Deren Beobachtung, die, wie erwähnt, (noch?) nicht erfolgt ist, wäre ein starker Hinweis. Ferner sollten Protonen instabil sein und z.B. durch $p \to e^+ \pi^0$ zerfallen. Experimente haben $\tau_p > 10^{31}...10^{33}$ a ergeben (Vergleich: Alter des Universums $\approx 2 \cdot 10^{10}$ a). Die Erhaltung der Baryonenzahl wird also bestätigt. Es gibt keinen Hinweis auf eine Substruktur.

2. Eine Vereinheitlichung der starken und der elektroschwachen WW zur GUT (= grand unified theory) in Analogie zur Vereinheitlichung der elektromagnetischen mit der schwachen WW käme mit nur einem Wechselwirkungsansatz aus. Durch Symmetriebrechung bei verschiedenen Energien entstehen die beobachteten WW, die den Energiebereich bis $\approx 100\,\text{GeV}$ abdecken. Es stellt sich auch die Frage, ob es weitere, noch schwerere intermediäre Bosonen $W^{\pm *}$ und Z^{0*} gibt.

3. Die supersymmetrische Theorie (SUSY) strebt eine Vereinheitlichung der Materie- und der Wechselwirkungsteilchen an. Zu jedem Spin-1/2 Teilchen wird ein supersymmetrisches Spin-0 Teilchen angenommen ("squarks" bzw. "sleptons" genannt = supersymmetrische Partner der Quarks bzw.

Leptonen). Ebenso gibt es z.B. zum $W^{\pm}$ das "wino" mit Spin-1/2. Supersymmetrische Theorien haben den Vorteil, daß sie nicht renormiert werden müssen. Durch Berechnung gemessener Effekte mit SUSY Theorien und Abschätzung der SUSY Parameter aus virtuellen Beiträgen glaubt man, daß die Beobachtung der SUSY-Teilchen mit der nächsten Generation von Beschleunigern (siehe Kap. 4.10) möglich sein sollte.

4. Schließlich kann man die Gravitation in die Vereinheitlichung einschließen und die Theorie der Supergravitation (SUGRA) formulieren.

5. Die Stringtheorie (= Saitentheorie) beschreibt die Teilchen nicht durch Punkte, sondern durch Saiten. Damit sind weitere Freiheitsgrade möglich.

Tab. 4.20 faßt die Linien der Theorie zusammen.

Tab. 4.20 Schema der Theorien zur Vereinheitlichung der Elemente des Standard-Modells. Siehe Text

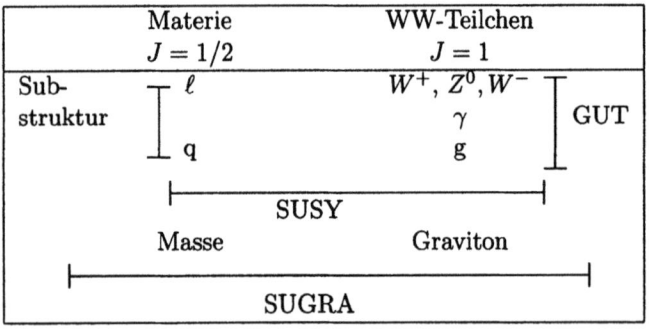

Es muß betont werden, daß es noch keine experimentellen Hinweise für die Gültigkeit dieser Theorien gibt. Jedoch gehen die Bemühungen der Experimentalphysiker in diese Richtungen.

4.9.5 Grundfrage der Teilchenphysik

Es bleibt die grundlegende Frage: *Was ist der Ursprung der Masse?* Die Massen der beobachteten Quarks spannen einen sehr weiten Bereich: Für das Top-Quark[34] haben wir $m_t = 174\,\text{GeV}$ gefunden. Die leichten Quarks sind nur in gebundenen Zuständen (oder in Jets) enthalten. Hadron-Modelle geben den Massenbereich $m_u = 1...5\,\text{MeV}$ an. Ebenso ist die Spannbreite der Massen der Leptonen sehr groß: $m_\tau = 1.78\,\text{GeV}$, $m_e = 0.511\,\text{MeV}$, $m_{\nu_e} < 3\,\text{eV}$ aus direkten Messungen. Die Beobachtung der ν-

---

[34] m ist hier die Ruheenergie der Teilchen

Oszillationen weist auf sehr kleine Differenzen der Massen der ν-Flavors hin.

Eine Lösung des Problems der Teilchenmassen sollte auch Aufschluß darüber geben, warum die Teilchen in Generationen angeordnet sind. Wird es bei höheren Energien noch mehr als die drei Generationen geben? Auch die Massen der Austauschteilchen spannen ein sehr breites Spektrum: $m_\gamma = 0$, $m_g \stackrel{th}{=} 0$, aber $m_W = 80\,\text{GeV}$, $m_Z = 91.2\,\text{GeV}$.
Tab. 4.21 faßt die Werte der Massen zusammen.

Tab. 4.21 Zusammenfassung der Daten über die Massen der Materie- und der Austauschteilchen

u: (1...5) MeV	c: (1.15...1.35) GeV	t: (174.3 ± 5.1) GeV
d: (3...9) MeV	s: (75...170) MeV	b: (4.0...4.4) GeV
ν_e : < 3 eV	ν_μ : < 0.19 MeV	ν_τ : < 18.2 MeV
e^-: 0.5109 MeV	μ^-: 105.66 MeV	τ^-: 1'777 MeV
g: 0	γ: 0	$W^\pm$: (80.419 ± 0.056) GeV
		Z^0: (91.1882 ± 0.0022) GeV

In Kap. 4.8.6 haben wir den Higgs-Mechanismus, einen möglichen Mechanismus zur Erzeugung der Massen, besprochen. Durch die Präzisionsmessungen bei LEP konnte über virtuelle Prozesse die Masse des Higgs-Skalars eingegrenzt werden. Dessen Entdeckung (oder die Widerlegung!) ist ein wesentlicher Schritt für die Teilchenphysik.

Die wesentliche Frage ist: *Sind die Massen eine intrinsische Eigenschaft der Materie oder sind sie die Folge von Wechselwirkungen?* Durch die starke Wechselwirkung entstehen die Massen der leichten Hadronen.

Die Schlußbemerkung muß sein: *Die Antwort auf diese Fragen müssen wir der Natur und dem Experiment überlassen!*

4.9.6 Aufgaben

4.131. Man verifiziere die Eichinvarianz der Schrödinger-Gleichung mit Wechselwirkung durch Einsetzen der transformierten Potentiale und Wellenfunktionen.

4.132. Man stelle die Massen aller Teilchen in einem Diagramm dar.

4.10 Der Wissenschaftsbetrieb der Teilchenphysik

Die primären Instrumente der Teilchenphysiker sind Teilchenbeschleuniger[35] – und zwar immer größere, um immer kleinere Strukturen der Materie erforschen zu können. Zudem sind die Detektoren groß und komplex mit vielen unterschiedlichen Komponenten. Die Analyse der Experimente erfordert umfangreiche Rechnungen zur Rekonstruktion der Ereignisse und zur physikalischen Auswertung. Die physikalischen Annahmen, ausgearbeitet in der theoretischen Teilchenphysik, werden in Monte-Carlo Rechnungen simuliert und durchlaufen den Detektor, bevor auch diese "Monte-Carlo Ereignisse" rekonstruiert und physikalisch ausgewertet werden. Es ist evident, daß ein solches Programm Teamarbeit erfordert – nicht nur wegen der Menge der Arbeit, sondern wegen der Vielfalt der Expertise, die zusammenkommen muß.

Teilchenphysiker arbeiten in Kollaborationen. Diese bauen einen Detektor, führen die Messungen durch und werten sie aus. An den Kollaborationen sind (Physik-)Institute aus aller Welt beteiligt. Ein Institut entwickelt eine Komponente des Detektors, baut sie im eigenen Institut und stellt sie der Kollaboration zur Verfügung. Die Rechenprogramme für die Auslese der Daten sowie für deren Auswertung gehören zum "Lieferumfang". Die Arbeiten werden von Diplomanden, Doktoranden, Wissenschaftlichen Mitarbeitern und Professoren zusammen mit Technikern erledigt. Zur Installation der Detektorkomponenten, deren Pflege und zur Mitarbeit am Schichtbetrieb zur Datennahme (die Experimente laufen typischerweise 300 Tage pro Jahr) sowie zur Teilnahme an den Kollaborationstreffen ist die zeitweise Anwesenheit am Ort der Teilchenbeschleuniger notwendig. Die Gruppenarbeit erfordert eine gute Organisation. Die Arbeitssprache in der Teilchenphysik ist Englisch.

Die zur Zeit betriebenen großen Teilchenbeschleuniger weltweit sind:
a) in Europa: Das europäische Gemeinschaftslabor CERN/Genf (Protonen und Schwerionen, pp-Collider LHC im Bau, e^+e^--Speicherring LEP abgeschlossen) und das deutsche, international genutzte Labor DESY in Hamburg (ep-Speicherring),
b) in den USA: FNAL in Batavia bei Chicago ($p\bar{p}$-Collider), BNL auf Long Island (Schwerionen), SLAC in Stanford/CA (e^+e^-), Cornell in Ithaca/NY (e^+e^-),
c) in Rußland: Protvino bei Moskau (p), Novosibirsk (e^+e^-),
d) in Japan: KEK in Tsukuba (e^+e^-),

---

[35]Da die Instrumente der Teilchenphysiker groß sind, sind sie gut sichtbar. Deshalb muß über den Aspekt "Großforschung" gesprochen werden.

4.10 Der Wissenschaftsbetrieb der Teilchenphysik

e) in China: Beijing (e^+e^-).

Hinzu kommen Beschleuniger mit niedrigeren Energien für Sonderfragen.
Der Informationsfluß in der Teilchenphysik läuft zunächst innerhalb der Kollaborationen, viel über Internet. Es gibt die 2-jährlichen internationalen Konferenzen, die immer den Kontinent wechseln. In den Zwischenjahren hat sich die Lepton-Photon Konferenz von einer Spezialkonferenz zu einer "großen" Konferenz entwickelt. Spezialkonferenzen gibt es für viele Fragen der Physik und der Instrumente. Für Doktoranden gibt es "Schulen", z.B. in Deutschland seit 1969 die Herbstschule für Hochenergiephysik in Maria Laach.

Wie kann es weitergehen? Die e^+e^--Speicherringe bei SLAC und KEK sind zur Messung der CP-Verletzung bei B-Mesonen im Jahr 2000 in Betrieb gegangen, bei BNL der Schwerionenspeicherring. FNAL schließt ein umfangreiches Programm zum "Upgrade" in 2001 ab, ebenso DESY für HERA. CERN hat mit dem Bau eines pp-Colliders begonnen. DESY stellte 2001 die Pläne für einen $2 \cdot 250\,GeV$ e^+e^--Linearcollider vor. Alle Labors haben aktive Programme zur Beschleunigerentwicklung.

Die ausstehenden physikalischen Fragen haben wir in Kap. 4.9 besprochen. Die Entdeckung einer neuen Schicht der Materie (Quarks und Leptonen), das Verständnis der starken Wechselwirkung und die Vereinheitlichung der schwachen und elektromagnetischen Kraft zur elektroschwachen Wechselwirkung sind die bisherigen Erkenntnisse. Schon diese Aufzählung zeigt, daß noch Aufgaben zum Verständnis der Materie vor uns liegen. An den Instrumenten für Experimente dazu wird gearbeitet.

4.11 Kosmische Strahlung

Die *kosmische Strahlung* fällt ständig vom Weltraum auf die Erde ein. Auf *Meereshöhe* besteht die harte (durchdringende) Komponente aus Myonen, die weiche aus Elektronen und Photonen. Ihre Intensität nimmt mit der geographischen Breite zu. Teilchen mit niedriger Energie werden durch das Magnetfeld der Erde abgeschirmt. Die *primäre kosmische Strahlung* wird direkt durch Detektoren in Ballonen (> 20 km Höhe) oder in Satelliten gemessen. Die Messung der weniger häufigen Teilchen hoher Energie erfolgt indirekt durch Luftschauer auf der Erde. Das Spektrum der primären Strahlung fällt mit $E^{-2.7}$ ab, oberhalb des Knies ($E_\gamma = 4 \cdot 10^{15}$ eV) mit $E^{-3.0}$. Die chemische Zusammensetzung der primären kosmischen Strahlung ist die des Sonnensystems (mit Ausnahme von Veränderungen durch Kernreaktionen). Die gängige Annahme der *Herkunft* der kosmischen Strahlung ist, daß sie bei der Explosion von Supernovae entsteht. Die Teilchen werden durch das intergalaktische Magnetfeld in der Galaxie gehalten. Die *Beschleunigung* der Teilchen der primären kosmischen Strahlung erfolgt durch zeitlich veränderliche Magnetfelder. Diese können durch die Bewegung des ionisierten interstellaren Gases oder durch aktive Regionen der Galaxie erzeugt werden.

Ein neues Arbeitsgebiet ist die *Astroteilchenphysik*, die experimentelle Techniken der Teilchenphysik auf astrophysikalische Fragestellungen anwendet. Von Interesse sind: 1. Die Messung der *kosmischen Strahlung höchster Energien* ($E > 10^{20}$ eV). 2. Die Suche nach *Punktquellen* der kosmischen Strahlung. Letzteres ist möglich durch γ-*Astrophysik*, mit der Objekte mit unregelmäßigen Ausbrüchen von TeV Photonen gefunden wurden. Einen anderen Zugang bietet die ν-*Astrophysik*. ν-Emission bei der Explosion der Supernova SN 87-a wurde beobachtet. Das *Standard-Modell der Sonne* wurde durch die Messung der ν_e-Emission der Sonne bestätigt. Dabei wurden für die Teilchenphysiker ν-*Oszillationen* gemessen.

4.11.1 Die Entdeckung der kosmischen Strahlung

Um das Jahr 1912 waren Ionisationskammern und Geiger-Müller-Zähler die einzigen elektronischen Meßgeräte der Kernphysik. Sie hatten immer

4.11 Kosmische Strahlung

einen "Nulleffekt", der auf Umgebungsstrahlung durch Radioaktivität in der Natur zurückgeführt wurde. V. Hess wollte dies mit seiner Ionisationskammer überprüfen. Er hat das Instrument deshalb bei einem Ballonaufstieg (bis 5'000 m Höhe) betrieben. Zur Überraschung stieg der Nulleffekt mit der Höhe an. V. Hess hatte die kosmische Strahlung entdeckt und gab die richtige Deutung.

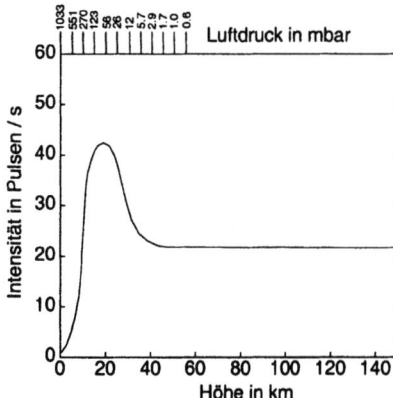

Fig. 4.81
Die Abhängigkeit der Intensität der kosmischen Strahlung von der Höhe. Es ist auch der Luftdruck angegeben

Fig. 4.81 skizziert das Ergebnis neuerer Experimente zur Höhenabhängigkeit der kosmischen Strahlung.

4.11.2 Die kosmische Strahlung auf Meereshöhe

Die kosmische Strahlung auf Meereshöhe besteht hauptsächlich aus Myonen. Die Intensität für vertikalen Einfall ist

$$I(E_\mu > 1\,\text{GeV}/c) \approx 70\,\text{m}^{-2}\,\text{s}^{-1}\,\text{sr}^{-1}\,. \tag{4.207}$$

Experimentatoren, die Detektoren mit kosmischer Strahlung testen wollen, kennen für horizontal aufgestellte Detektoren die Zahl

$$I \approx 1.5\,\text{dm}^{-2}\,\text{s}^{-1}\,. \tag{4.208}$$

Die Winkelverteilung ist $\propto \cos^2 \theta_z$ für $E_\mu \approx 3\,\text{GeV}$, ändert sich jedoch mit E_μ (θ_z ist der Winkel zum Zenith).

Neben der harten Komponente (den Myonen) hat die kosmische Strahlung auch eine weiche Komponente aus Elektronen ($e^\pm$) und Photonen. Deren Intensität ist

$$I(E_{e,\gamma} > 10\,\text{MeV}) \approx 30\,\text{m}^{-2}\,\text{s}^{-1}\,\text{sr}^{-1}\,. \tag{4.209}$$

Die weiche kosmische Strahlung kann z.B. durch Blei abgeschirmt werden.

Die Teilchen der kosmischen Strahlung auf Meereshöhe sind Folgeprodukte der Kernreaktionen der primären kosmischen Strahlung mit den Kernen der oberen Lufthülle. Dabei entstehen Pionen und Kaonen, die schließlich in Myonen, Elektronen ($e^{\pm}$) und Photonen (aus π^0) zerfallen und auf die Erde treffen. Wegen dieses Prozesses versteht man, daß μ^+ gegenüber μ^- überwiegen. Die einfallende Strahlung besteht hauptsächlich aus Protonen.

Zum Verständnis der kosmischen Strahlung ist es wichtig, deren freie Weglänge in der Atmosphäre zu kennen. Der Wirkungsquerschnitt für Protonen mit Kernen geht $\propto A^{0.8} \cdot \sigma_{tot}(pp)$. Damit wird $\sigma(p+N,O) \approx 300$ mb. Die Wechselwirkungslänge Λ_0 ist die Weglänge, für die die Zahl der durchgehenden Teilchen auf e^{-1} absinkt. Es ist

$$\frac{N_A \Lambda_0 \rho}{A} \cdot \sigma_{tot}(p+N,O) = 1, \tag{4.210}$$

$$\Lambda_0 \rho \approx 80 \frac{g}{cm^2}. \tag{4.211}$$

Die Höhe der Luftsäule ist $1030 \, g/cm^2$, also $\approx 12 \, \Lambda_0$. Die primäre kosmische Strahlung wird im Mittel 12mal wechselwirken, bevor sie auf Meereshöhe ankommt.

Die kosmische Strahlung sieht auf dem Weg zur Erde zuerst das Erdmagnetfeld. Wir schätzen ab, welchen Impuls die Teilchen haben müssen, um das Magnetfeld zu durchdringen. Das Magnetfeld der Erde hat ein Dipolmoment $\mu = 8.1 \cdot 10^{22}$ Joule/Tesla. Das Magnetfeld berechnen wir über das Vektorpotential $\vec{A} = -\mu_0 \vec{\mu} \times \vec{\nabla} \frac{1}{r}$. Das Magnetfeld ist dann

$$\boxed{\vec{B}_{Erde} = \vec{\nabla} \times \vec{A} = \frac{\mu_0 \mu}{r^3} (\cos \lambda \cdot \vec{e}_\lambda - 2 \cdot \sin \lambda \cdot \vec{e}_r)} \tag{4.212}$$

(λ = geographische Breite, $\vec{e}_\lambda$ = Einheitsvektor in Nordrichtung, $\vec{e}_r$ = Einheitsvektor in Zenithrichtung). Ein Teilchen beschreibt im Magnetfeld eine Bahn mit Radius ρ:

$$\boxed{\rho = \frac{p \cdot c}{Z \cdot e \cdot B}}. \tag{4.213}$$

Wir definieren, daß ein Teilchen vom Erdfeld unbeeinflußt bleibt, wenn $\rho > r_{Erde}$ ist. Man findet für Protonen $p > 60 \, GeV/c$.

Teilchen mit kleinerer Energie werden vom Magnetfeld eingefangen und kreisen um die Feldlinien. Dadurch schirmt das Magnetfeld die niederenergetische primäre kosmische Strahlung ab.

Es werden Ereignisse beobachtet, in denen innerhalb einer Fläche von einigen m^2 ein Bündel von Myonen den Detektor durchdringt. Diese Luftschauer(P. Auger, 1938) rühren von Reaktionen bei sehr hohen Energien her, z.B. Primärenergien $E_0 > 100\,\text{TeV}$. Es bildet sich eine Teilchenkaskade, bei der die Reaktionsprodukte wieder Sekundärreaktionen hervorrufen (ähnlich dem elektromagnetischen Schauer). Die Kaskade hat in einer Höhe von $\approx 20\,\text{km}$ das Maximum der Teilchenzahl. Die Teilchen der primären Strahlung sind meist Protonen, in der Kaskade hat man ein Gemisch von $\pi^\pm$, π^0, $K^{\pm 0}$, Nukleonen und Kernbruchstücken, darunter radioaktive (z.B. $^{14}_{6}\text{C}$). Die Teilchen werden durch Ionisation in der Luft abgebremst und zerfallen. Übrig bleiben im wesentlichen die Zerfallsprodukte $\mu^\pm$, $e^\pm$ und γ's.

Die Luftschauer erlauben die Messung der primären kosmischen Strahlung bei Energien $> 10^{14}\,\text{eV}$ und sind deshalb ein aktuelles Forschungsgebiet.

4.11.3 Die primäre kosmische Strahlung

a) Messungen der primären kosmischen Strahlung

Die kosmische Strahlung auf Meereshöhe kann uns nur beschränkt Auskunft über Fragen geben, die die Astrophysik stellt. Man muß die primäre kosmische Strahlung untersuchen.

Die *Messung der primären kosmischen Strahlung* erfolgt *direkt* durch Ballonaufstiege in sehr große Höhen (bis zu 40 km mit 3 t Nutzlast) und mit Satelliten bzw. dem Space Shuttle, später auf der International Space Station (ISS). Die Instrumente waren anfangs Photoemulsionen. Zunehmend werden elektronische Meßgeräte einschließlich Magneten zur Impulsmessung, Detektoren zur Teilchenidentifikation und Kalorimeter zur Energiemessung hochgeschickt. Es können das Spektrum und die chemische Zusammensetzung der primären kosmischen Strahlung gemessen werden.

Wegen der mit der Energie stark abfallenden Intensität der kosmischen Strahlung ist eine direkte Messung für Energien oberhalb $10^6\,\text{GeV}$ nicht möglich. Die Messung erfolgt dann *indirekt* über die "ausgedehnten Luftschauer". Es werden großflächige Detektorfelder (für Energien $> 10^5\,\text{GeV}$ mindestens $10^4\,\text{m}^2$) aufgestellt. Der Luftschauer wird durch Stichproben gemessen. Die Meßfläche kann 2% der Nachweisfläche betragen.

Die Ergebnisse über die primäre kosmische Strahlung sind:

Das Spektrum der kosmischen Strahlung (Fig. 4.82) folgt einem Potentialgesetz:

$$\boxed{\frac{dN}{dE} \sim E^{-\gamma}}. \tag{4.214}$$

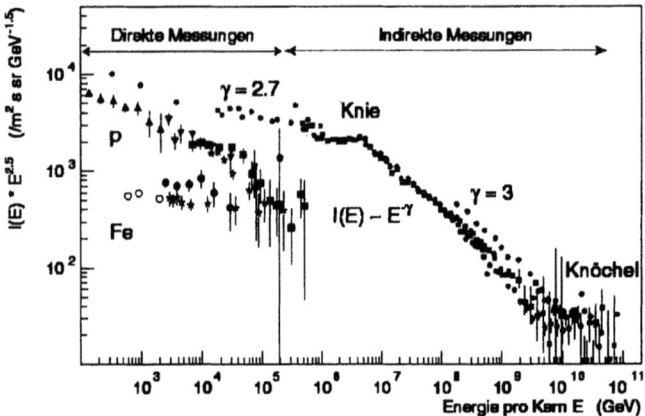

Fig. 4.82 Das Spektrum der kosmischen Strahlung für $E > 10^2$ GeV. Der steile Abfall ist durch die Auftragung von $I(E) \cdot E^{2.5}$ flach dargestellt. Obere Daten: Alle Teilchenarten, Protonen und Kerne sind eingezeichnet. Für $E > 10^6$ GeV ist eine Trennung nicht möglich. Man beachte den doppelt-logarithmischen Maßstab. Zusammenfassung vieler Experimente

Der Abfall für Energien von 10^2 bis $4 \cdot 10^6$ GeV ist mit $\gamma = 2.7$ steil. Nach dem "Knie" ist der Abfall noch steiler ($\gamma = 3$) bis zu $E = 10^{10}$ GeV. Oberhalb von 10^{10} GeV (dem "Knöchel") scheint das Spektrum wieder flacher zu werden. Die höchsten gemessenen Energien sind einige 10^{11} GeV. Die Rate oberhalb der Erdatmosphäre ist $I_{\text{oberhalb}} \approx 10^3 \, \text{m}^{-2} \, \text{s}^{-1} \, \text{sr}^{-1}$, also zehnmal größer als auf Meereshöhe. Die Messungen für Energien $> 10^5$ GeV müssen mit Luftschauern erfolgen.

Die Ursache des Knies ist unbekannt. Das Auftreten von Ereignissen oberhalb von $5 \cdot 10^{10}$ GeV ist unverständlich. Bei diesen Energien sollten die Protonen mit der 2.7 K Hintergrundstrahlung die $\Delta(1238)$ Resonanz bilden, die sofort in $N + \pi$ zerfällt und so die Energie der primären Protonen in der Milchstraße begrenzt.

Die *chemische Zusammensetzung der primären kosmischen Strahlung* zeigt Fig. 4.83. Von den 98% Kernen (2% sind Elektronen) stellen Protonen mit 87% den Hauptanteil, gefolgt von Helium mit 12% und 1% schweren Elementen. Die relative Häufigkeit der Elemente in der primären kosmischen Strahlung ist im wesentlichen gleich der des Sonnensystems und somit gleichen Ursprungs. Jedoch ist sie für die leichten Elemente (Li, Be, B) in der kosmischen Strahlung um bis zu 10^6 mal höher. Das deutet darauf

4.11 Kosmische Strahlung

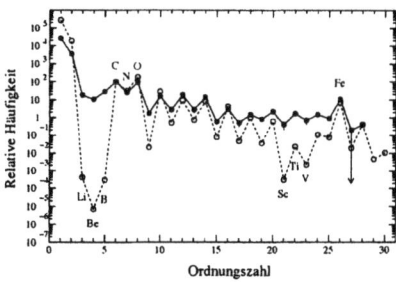

Fig. 4.83
Die Häufigkeit der chemischen Elemente in der primären kosmischen Strahlung. Die Angaben sind alle relativ zu Kohenstoff (C). Volle Punkte: Primäre kosmische Strahlung, offene Punkte: Häufigkeit im Sonnensystem. Siehe Text

hin, daß die leichten Elemente der kosmischen Strahlung durch Spallation aus schweren Elementen, die mit diffusen Protonen reagieren, entstanden sind. Man schätzt daraus den Zeitraum des Verweilens in der Galaxie zu $10^6 - 10^7$ a ab. Im Vergleich zum Alter der Sonne handelt es sich um junge Materie. Das Spektrum der verschiedenen Elemente ist gleich, wenn man die kinetische Energie pro Nukleon aufträgt (Fig. 4.84).

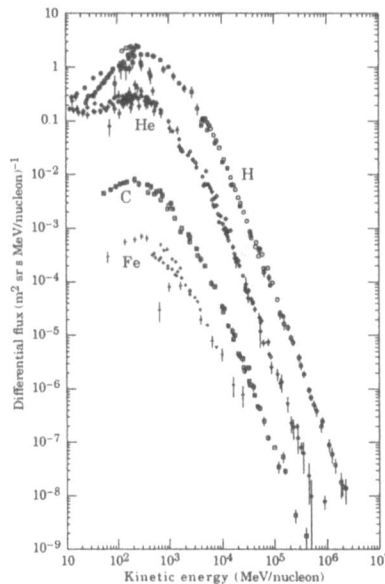

Fig. 4.84
Das Spektrum der primären kosmischen Strahlung für verschiedene Elemente. Der differentielle Fluß wird aufgetragen gegen die kinetische Energie pro Nukleon

b) Die Herkunft der kosmischen Strahlung

Die primäre kosmische Strahlung ist nicht solaren Ursprungs. Sie ist nicht mit dem Sonnenzyklus moduliert.

Kommt die kosmische Strahlung aus unserer Galaxie oder ist sie außergalaktisch? Dazu schätzen wir den Krümmungsradius der kosmischen Strahlung im galaktischen Magnetfeld ab (Gl. 3.6). Das galaktische Magnetfeld ist $B_{gal} = 3 \cdot 10^{-10}$ T. Für die Teilchen höchster Energie mit $p = 10^{11}$ GeV/c erhält man den Krümmungsradius $\rho_{kosm.Str.} \approx 10^{21}$ m. Das ist zu vergleichen mit dem Radius der Galaxie[36] von $r \approx 15$ kpc $= 4.5 \cdot 10^{20}$ m. Es folgt, daß die beobachtete kosmische Strahlung in der Galaxie eingefangen ist. Sie muß hier ihren Ursprung haben. Wir sehen aber auch, daß die Suche nach kosmischer Strahlung mit $E > 10^{11}$ GeV für die Frage nach dem Ursprung äußerst wichtig ist.

Die Abschätzung der mittleren freien Weglänge der kosmischen Strahlung in der Galaxie geht von einer (Nukleonen-)Materiedichte von $\rho_N \approx$ 1 Proton/cm^3 aus. $\sigma_{tot}(pp)$ bei höchsten Energien können wir aus Fig. 4.11 zu ≈ 300 mb extrapolieren. Damit wird die freie Weglänge $\Lambda = 1/(\rho_N \cdot \sigma) \approx 3 \cdot 10^{24}$ cm $\approx 10^3$ kpc. Das ist größer als die Dicke der galaktischen Scheibe (an den Rändern, wo die Sonne steht) von ≈ 300 pc. Das gilt auch für den Radius der Scheibe von 15 kpc. Die kosmische Strahlung kann sich in der Galaxie in erster Näherung frei bewegen.

Die totale Energiedichte der kosmischen Strahlung, $u_{kosm.Str.}$ berechnen wir aus deren Fluß I(E) (Fig. 4.82):

$$u_{kosm.Str.} = \frac{4\pi}{\beta c} \cdot \int E \cdot I(E) \cdot dE , \qquad (4.215)$$

$$\boxed{u_{kosm.Str.} \approx 1 \frac{eV}{cm^3}} . \qquad (4.216)$$

c) Quelle und Beschleunigung der kosmischen Strahlung

Die kosmische Strahlung hat "hohe" Energien, d.h. $E >$ einige MeV, wie sie bei Kernreaktionen, z.B. in den Sternen, auftreten können. Neben der Quelle der kosmischen Strahlung müssen wir nach dem Mechanismus der Beschleunigung fragen.

c1) Supernovae als Quelle der kosmischen Strahlung

Die Energiedichte wurde in Gl. (4.216) abgeschätzt. Daraus ergibt sich die gesamte Energiedichte $U_{kosm.Str.}$ in der Galaxie zu

$$U_{kosm.Str.} = \rho_{kosm.Str.} \cdot V_{Galaxie} \approx 10^{68} \, eV . \qquad (4.217)$$

---

[36]Die astronomische Längeneinheit 1 Parsec = 1 pc = 206'265 Erdbahnradien = $3.08 \cdot 10^{13}$ km = 3.26 Lichtjahre entspricht etwa der mittleren Entfernung zwischen den Sternen

4.11 Kosmische Strahlung

Mit der Aufenthaltszeit der kosmischen Strahlung in der Galaxie (hier nicht abgeleitet) von $\tau_{\text{Aufenthalt}} \approx 10^{16}$ s wird die benötigte Leistung (= Luminosität), um die Energiedichte aufrecht zu erhalten

$$L_{\text{kosm.Str.}} = \frac{U_{\text{kosm.Str.}}}{\tau_{\text{Aufenthalt}}} \approx 10^{52} \frac{\text{eV}}{\text{s}} . \tag{4.218}$$

Diese benötigte Energie kann von Supernovae geliefert werden. Bei der Explosion einer Supernova von $10\,M_\odot$ (Sonnenmassen) wird Materie mit einer Geschwindigkeit von $v = 0.01 \cdot c$ ausgeschleudert. In unserer Galaxie erfolgt 1 Explosion/30 a (T_{SN} = mittlere Zeit zwischen zwei Supernovae-Ausbrüchen). Das ergibt eine Luminiszenz L_{SN} der Supernovae von

$$L_{\text{SN}} = \frac{1}{2} \cdot (10\,M_\odot) \cdot v^2 \cdot \frac{1}{T_{\text{SN}}} \tag{4.219}$$

$$\approx 3 \cdot 10^{53} \frac{\text{eV}}{\text{s}} = 30 \cdot L_{\text{kosm.Str.}} . \tag{4.220}$$

Ausbrüche von Supernovae können also die Rate des kosmischen Strahlung erklären.

c2) Mechanismus der Beschleunigung

Wir haben gesehen (Kap. 2.3.2), daß Beschleunigung geladener Teilchen immer durch elektrische Felder erfolgen muß. Diese können in der Galaxie durch sich ändernde Magnetfelder gemäß der Maxwell'schen Gleichung

$$\boxed{\vec{\nabla} \times \vec{E} = -\frac{\partial \vec{B}}{\partial t}} . \tag{4.221}$$

entstehen. Wir stellen zwei Mechanismen dafür vor.

1. E. Fermi (1949) geht davon aus, daß das interstellare Gas (meist H) zu $\approx 5\%$ ionisiert und damit elektrisch leitend ist. Dieses Ionengas nimmt an der Rotation der Galaxie teil. Dadurch entsteht ein ("eingefrorenes", weil an Materie gebundenes) Magnetfeld. Dessen Stärke wurde zu $\approx 10^{-10}$ T abgeschätzt. Die Geschwindigkeit der Teilchen ist $\approx 30\,\text{km/s} = 10^{-4} \cdot c$. Die Beschleunigung der Teilchen der kosmischen Strahlung geschieht durch elastische Stöße mit dem sich ändernden Magnetfeld. Wegen der niedrigen Geschwindigkeit der Felder ist der Energiegewinn pro Stoß sehr klein ($\approx 10\,\text{eV}$). Die Durchführung der Rechnung ergibt ein Potenzgesetz für das Spektrum der kosmischen Strahlung (Gl. 4.214). Durch Vergleich mit dem gemessenen Exponenten $\gamma = 2.7$ findet man als mittlere Zeit zwischen zwei Stößen $1.7 \cdot 10^8$ s. Die Verweilzeit der Teilchen ($\approx 10^7$ a) in der Galaxie reicht aus, die gemessenen Energien zu erreichen.

2. Ein anderer Vorschlag geht davon aus, daß in aktiven Regionen der Galaxie, z.B. der starken Röntgenquelle Cygnus X-3, sehr hohe Magnetfelder auftreten können. Wenn diese Quelle und Beschleuniger wären, müßte man Punktquellen der kosmischen Strahlung finden.

NB! Es muß betont werden, daß die Ideen, die hier dargestellt wurden, wohl ein konsistentes Bild der Entstehung und Beschleunigung der kosmischen Strahlung ergeben, jedoch nicht durch Beobachtungen nachgeprüft werden konnten.

4.11.4 Astroteilchenphysik

Messungen der kosmischen Strahlung haben bis in die 1950er Jahre wesentliche Beiträge zur Teilchenphysik geliefert (Entdeckung des Positrons, des Myons, des Pions und der seltsamen Teilchen). Heute sind astrophysikalische Fragestellungen in den Mittelpunkt gerückt. Das Spezialgebiet "Astroteilchenphysik" ist entstanden. Mit den Instrumenten der Teilchenphysik werden astrophysikalische Fragen beantwortet: Struktur und Entstehung der Materie in den Anfängen des Universums.

Im Mittelpunkt stehen dabei:
1. Suche nach Antimaterie in der primären kosmischen Strahlung,
2. Messung kosmischer Strahlung höchster Energien,
3. Suche nach Punktquellen der kosmischen Strahlung.

a) Suche nach Antimaterie in der primären kosmischen Strahlung

Alle beobachteten Objekte (Erde, Sonne, Galaxien) bestehen aus Materie und nicht aus Antimaterie. Andererseits erzeugen alle bekannten Wechselwirkungen (starke und elektroschwache) Materie und Antimaterie immer zusammen (paarweise bzw. assoziiert). Eine grundlegende Frage an die Physik und Astrophysik ist, wodurch der Überschuß an Materie im Universum entstanden ist. In Kap. 4.7.8 haben wir die CP-Verletzung kennengelernt, die die Entstehung von Materie gegenüber Antimaterie bevorzugt. Es bleibt jedoch die Frage, ob im Universum noch Antimaterie vom "Big Bang" übriggeblieben ist.

Die Suche nach Antimaterie kann nur in der primären kosmischen Strahlung erfolgen. Antiprotonen wurden beobachtet. In allen Ballonexperimenten zusammen wurden über 10^3 $\bar{p}$ gefunden. Sie entstehen durch Reaktionen der Teilchen der kosmischen Strahlung untereinander. Die beobachtete Rate $(1\,\bar{p}/10^5...10^6\,p)$ ist in Übereinstimmung mit dieser Erwartung. Ein Hinweis auf primordiale Antimaterie kann nur durch die Beobachtung von

4.11 Kosmische Strahlung

Antikernen geliefert werden. Die experimentelle Grenze für Antihelium ist heute

$$\boxed{\frac{\text{Antihelium}}{\text{Helium}} < 10^{-6}}.\tag{4.222}$$

Der endgültige Nachweis für primordiale Antimaterie wäre die Entdeckung von Antikohlenstoff.

Das AMS Experiment (Alpha Magnetic Spectrometer) ist in Vorbereitung und soll auf der ISS (= International Space Station) fliegen, was lange Meßzeiten ermöglicht[37].

Die Experimente zur Suche nach Antimaterie sollten auch empfindlich sein für die Suche nach dunkler Materie[38].

b) Messung der Luftschauer höchster Energie

Das KASCADE Experiment (Karlsruhe Shower Core Array Detector) hatte auf einer Fläche von $200 \cdot 200\,\text{m}^2$ 252 Detektorstationen. Es konnten Ereignisse bis zu $E \approx 10^{16}$ eV beobachtet, zwischen Proton- und Kerninduzierten Schauern diskriminiert und deren Spektren gemessen werden.

Um zu Energien über 10^{20} eV zu kommen, werden wesentlich größere Flächen benötigt (Rate bei 10^{20} eV: 0.05 Ereignisse/(km² · a). In der argentinischen Pampa wird durch eine internationale Kollaboration das "Pierre-Auger-Experiment" aufgebaut. Es wird auf einer Fläche von $3 \cdot 10^3\,\text{km}^2$ errichtet (Planung für die endgültige Fertigstellung: Bis 2004).

c) Suche nach Punktquellen der kosmischen Strahlung

Wir haben gesehen, daß die Richtung der geladenen Teilchen der kosmischen Strahlung von Magnetfeldern (der Erde und das interstellare) verfälscht wird. Damit kommen nur zwei Komponenten der kosmischen Strahlung für die Suche nach Punktquellen in Frage.

c1) γ-Astrophysik

Die Menschheit hat von Anbeginn Informationen über die Sterne durch das sichtbare Licht bekommen. Seit Mitte des 20sten Jahrhunderts wurde der Spektralbereich der elektromagnetischen Strahlung erheblich erweitert, zuerst durch Radar und das nahe Infrarot. Sichtbares Licht und

---

[37] Daten eines Flugs mit dem Space Shuttle liegen vor
[38] Aus der Bewegung der Sterne in einer Galaxie kann auf die anziehende Masse geschlossen werden. Diese ist größer als die Masse der leuchtenden Sterne. Es muß im Universum "dunkle Materie" geben

Radar sind die einzigen Spektralbereiche, für die die Lufthülle der Erde durchlässig ist. Eine direkte Messung anderer Spektralbereichte ist nur möglich, wenn sich Meßgeräte oberhalb der Erdatmosphäre befinden. Ballonaufstiege in große Höhen oder Satelliten wurden als Träger verwendet. So wurde im UV-, IR- und Röntgen[39]-Bereich gemessen. Der Satellit ROSAT sei als Beispiel genannt.

Die Messung hochenergetischer Strahlung ($E > 10^5$ eV) ist wichtig, weil diese von Überresten von Sternexplosionen herrühren können. Diese sind kompakt (Neutronensterne oder schwarze Löcher) oder Schockfronten von abgestoßenen Sternhüllen.

Eine indirekte Messung ist möglich durch γ-induzierte Luftschauer. So können Spektralbereiche mit geringem Fluß gemessen werden, indem großflächige Anordnungen längere Zeit (als mit Satelliten möglich) eingesetzt werden. Eine neue Meßmethode ist: Der Detektor wird in einer Wüste in großer Höhe (> 2 km) mit vielen sternklaren Nächten aufgestellt. Gemessen wird das Cherenkov-Licht in Luft. Im HEGRA Experiment (High Energy Gamma Ray Astronomy) auf der Insel La Palma wurden fünf Teleskope simultan verwendet. Diese betrachten den Luftschauer unter verschiedenen Blickrichtungen. Das ermöglicht die Rekonstruktion der Energie und der Richtung der primären Teilchen. Und insbesondere können über die Schauerentwicklung primäre γ-Schauer von Schauern primärer Hadronen und Kerne unterschieden werden.

Zwei Ergebnisse der γ-Astronomie seien erwähnt:
1. Der Crab-Nebel ist das Überbleibsel der Supernova von 1054 n.Chr. Die Lichtkurve wurde von chinesischen Astronomen gemessen. Heute ist es ein 33 ms Pulsar. Die Synchrotronstrahlung durch Elektronen in einem Magnetfeld von $\approx 10\,\mu$T wurde bis zu $E_\gamma \approx$ einige GeV gemessen.
2. Photonen im TeV-Bereich wurden von extragalaktischen Quellen beobachtet. Die nahen Markarian Galaxien Mkn 421 (300 Mio. Lichtjahre entfernt) und Mkn 501 emittieren im TeV-Bereich kurze Lichtblitze. Es sind "aktive Galaxien".

Weitere Experimente zur γ-Astronomie sind in Planung. Besonders interessieren sich die Astrophysiker für die Südhalbkugel, da diese den Blick in das Zentrum unserer Galaxie erlaubt (H.E.S.S. Experiment (= High Energy Stereoscopic System) in Namibia).

---

[39] Der Nobelpreis für Physik des Jahres 2002 wurde zur Hälfte an Ricardo Giacconi für die "Entdeckung von kosmischen Röntgenquellen" verliehen

4.11 Kosmische Strahlung

c2) ν-Astrophysik

Neutrinos entstehen bei den unterschiedlichsten Reaktionen in Sternen. Die Hauptreihensterne, die ihre Energie durch Kernfusion beziehen, emittieren ν_e's (siehe Kap. 4.12). Bei der Explosion von Supernovae erfolgt die Abkühlung der heißen und dichten Materie zum Teil durch ν-Emission:

$$e^+ + e^- \rightarrow \nu_x + \bar{\nu}_x , \qquad (x = e, \mu, \tau) . \tag{4.223}$$

Dieser Prozeß kann durch $W^\pm$- und Z^0-Austausch erfolgen.

Die Beobachtung von Punktquellen mit ν's ist astrophysikalisch von höchster Bedeutung.

Da die Neutrinos elektrisch neutral sind und kein magnetisches Moment besitzen, werden sie von intergalaktischen Magnetfeldern nicht beeinflußt. Andererseits ist der Wirkungsquerschnitt sehr klein (weshalb sie auch durch interstellare und intergalaktische Magnetfelder nicht gestört werden). Große Detektoren sind erforderlich. Die Abschirmung gegen Höhenstrahlung erfordert deren Aufstellung in großer Tiefe. Das Detektormaterial muß von radioaktiven Verunreinigungen gesäubert werden.

Messungen mit Untergrund-ν-Detektoren brachten drei Ergebnisse:

1. Es wurden *atmosphärische Neutrinos*, die in den Luftschauern der kosmischen Strahlung entstehen, nachgewiesen. Es sind meist ν_μ bzw. $\bar{\nu}_\mu$. Durch präzise Messungen war es dem (Super-)Kamiokande Experiment möglich, Neutrino-Oszillationen $\nu_\mu \rightarrow \nu_\tau$ nachzuweisen (siehe Kap. 4.8.8).

2. *Solare Neutrinos* wurden gemessen (siehe Kap. 4.12). Sie stammen aus dem Inneren der Sonne und nicht, wie das sichtbare Licht der Sonne und der Sterne, von deren Oberfläche. Ein neues Experiment (SNO) kann die Übereinstimmung der Messung des ν-Flußes mit dem Standard-Modell der Sonne (SSM) berichten. Gleichzeitig hat es ν-Oszillationen $\nu_e \rightarrow \nu_x$ gemessen.

3. *Neutrinos aus der Explosion einer Supernova* wurden beobachtet. In der großen Magellan'schen Wolke (eine Begleitgalaxie unserer Milchstraße, 180'000 Lichtjahre entfernt) wurde am 23. Februar 1987, gegen 9:30 Greenwich-Zeit, eine Supernova-Explosion durch den Anstieg der Lichtemission beobachtet (SN 1987-a). Zwei Untergrund-ν-Detektoren beobachteten Neutrinos der SN 1987-a. Der Kamiokande-Detektor (siehe Kap. 4.8.8) hatte zwölf Ereignisse[40]. Ein Experiment nahe Cleveland/USA bestätigte die Beobachtung. Die Signale waren um 7:35 registriert worden, also

---
[40] Auch diese Messung wurde wurde bei der Verleihung des Nobelpreises für 2002 an Masatoshi Koshiba erwähnt

~2 h vor dem Eintreffen der Lichtsignale. Durch diese Messungen (Rate und Energie des ν's) konnte auf die Temperatur des kollabierten Sterns (35 bis 45 M K $= 3 \cdot 10^3 \cdot T_\odot$) sowie die durch ν-Emission freigesetzte Energie geschlossen werden (10^{12} × Energieabstrahlung der Sonne). Erstmals konnten die Theorien über den Gravitationskollaps experimentell betätigt werden.

Es sind mehrere *neue ν-Teleskope* in der Entwicklung oder im Bau. Erwähnt sei AMANDA (Antarctic Muon and Neutrino Detector Array). Das Detektormaterial ist das ewige Eis des Südpols. 19 Stränge mit insgesamt 675 Photomultipliern werden 2 km tief ins Eis gesenkt. Gemessen wird das Cherenkov-Licht. Dazu mußte vorher die Lichtdurchlässigkeit von gepreßtem Eis (abhängig von den Luftblasen!) untersucht werden. Die "Detektormasse" ist 30-mal der von Super-Kamiokande. Erkauft wird dies mit einer hohen Energieschwelle für den ν-Nachweis, die oberhalb der Energie der solaren Neutrinos liegt. Erste Ergebnisse liegen vor.

4.11.5 Aufgaben

4.133. *Rate der kosmischen Strahlung:* Wieviel Teilchen der kosmischen Strahlung durchdringen einen Menschen pro Tag (= 24 h)? Man berücksichtige die unterschiedliche Körperlage bei Tag und bei Nacht.

4.134. *Strahlenbelastung durch kosmische Strahlung:* Man schätze die Strahlenbelastung durch erhöhte kosmische Strahlung bei einem Transatlantikflug (Dauer: 8 h, Flughöhe: 10'000 m) ab.
Hilfe: Man benutze Tab. 2.3 und Fig. 4.81.

4.135. *Weg der kosmischen Strahlung:* Man berechne die mittlere Zerfallslänge eines Myons von 10 GeV/c.

4.136. *Weg der kosmischen Strahlung:* In welcher Höhe entsteht die erste Generation der Teilchen der Luftschauer?

4.137. *Erdmagnetfeld und kosmische Strahlung:* Man berechne die Stärke des Magnetfelds der Erde auf Meereshöhe und am Nordpol. Wirkt die Abschirmung durch das Magnetfeld überall gleich? Wann werden Astronauten durch kosmische Strahlung stark belastet?

4.138. *Primäre kosmische Strahlung:* Wie groß ist der Restdruck der Luftsäule oberhalb eines Forschungsballons in 40 km Höhe? Man gebe die Materiedichte auch in Wechselwirkungslängen an.

4.11 Kosmische Strahlung

4.139. *Primäre kosmische Strahlung:* a) Man gebe das Potenzgesetz des Spektrums der kosmischen Strahlung (Gl. 4.214) aus Fig. 4.82 numerisch an. b) Bei welchen Energien ist die Intensität der primären kosmischen Strahlung $10/\text{m}^2 \cdot \text{min}$, $5/\text{m}^2 \cdot \text{min}$, $1/\text{m}^2 \cdot \text{a}$, $65/\text{km}^2 \cdot \text{a}$?

4.140. *Ausgedehnte Luftschauer:* Ab welcher Energie bewegen sich die Messungen der ausgedehnten Luftschauer in (teilchen-)physikalischem Neuland? Gegenwärtig höchste Energie von Speicherringen ist $2 \cdot 1\,\text{TeV}$ bei FNAL, zukünftig $2 \cdot 7\,\text{TeV}$ mit LHC bei CERN.

4.141. *ν-Astronomie:* Man zeichne die Graphen für die Reaktion $e^+e^- \to \nu_e \bar{\nu}_e$ auf.

4.12 Astrophysik: Neutrinos von der Sonne

Die *Sonne* erhält ihre *Stabilität* gegen die Gravitation aus dem Druck der heißen Materie im Innern. Der Energielieferant ist die *Kernfusion*. Die Energie wird durch Strahlungstransport nach außen befördert (Zeitskala $\sim 1\,\mathrm{M\,a}$). Nur die Strahlung von der Sonnenoberfläche ist optisch sichtbar. Bei der Kernfusion im Sonneninnern entstehen *Neutrinos* (ν_e). Sie erlauben einen spontanen Blick ins Sonneninnere. Ihr *Nachweis* gelang erstmals durch die Reaktion $^{37}_{17}\mathrm{Cl}(\nu_e, e^-)^{37}_{18}\mathrm{Ar}$, jedoch wegen der hohen Schwelle nur für Neutrinos aus einem Nebenzweig der Fusionskette. Experimente mit $^{71}_{31}\mathrm{Ga}(\nu_e, e^-)^{71}_{32}\mathrm{Ge}$ konnten Neutrinos aus dem Hauptzweig ppI nachweisen. Beide Experimente sammeln die Daten während 1-4 Wochen und messen die Reaktionsprodukte radiochemisch. Eine Beobachtung der ν-Reaktion und die Messung der Richtung (von der Sonne) wurde über die Reaktion $\nu_e e^- \to e^- \nu_e$ möglich, wobei das Cherenkov-Licht des gestreuten Elektrons nachgewiesen wird. Alle Experimente haben Neutrinos von der Sonne gemessen, jedoch weniger als die Sonnenmodelle erwarten ließen.

Das *SNO Experiment* verwendet ein $\mathrm{D_2O}$ Target. Damit können drei Reaktionen nachgewiesen werden: $\nu_e + d \to p + p + e^-$, $\nu_x + d \to p + n + \nu_x$ und $\nu_x + e^- \to \nu_x + e^-$. Während die erste Reaktion nur von ν_e's induziert wird, ist insbesondere die zweite für alle ν-Flavor empfindlich, also $x = e, \mu, \tau$. Das Ergebnis ist: Die *Gesamtzahl der Neutrinos* entspricht der Erwartung des *Standard-Modells der Sonne*. Jedoch wurde das Fehlen von ν_e's bestätigt. Die ν_e's sind durch ν-*Oszillationen* in $\nu_{\mu,\tau}$ übergegangen.

4.12.1 Woher bezieht die Sonne die Energie?

Die Frage, die am Anfang steht, ist: Woher bezieht die Sonne die Energie, die sie abstrahlt? Sie konnte gestellt werden nach der Entdeckung der Energieerhaltung (1842).

Von Helmholtz versuchte 1854 eine Lösung mit der Kontraktionstheorie. Die Sonne bezieht die abgestrahlte Energie aus der Kontraktion aufgrund der Gravitation. Eine Verringerung des Sonnenradius um $\Delta R = 43\,\mathrm{m/Jahr}$ ist nötig, um die Ausstrahlung aufrecht zu erhalten. Wenige Jahre später hat Lord Kelvin gezeigt, daß die Energiegewinnung aus der Kontraktion

4.12 Astrophysik: Neutrinos von der Sonne 375

nur 30 Millionen Jahre gut geht, dann ist diese Energiequelle erloschen. Diese Zeitperiode heißt seither die Helmholtz-Kelvin-Zeit T_{HK}. Damit war die Kontraktionstheorie zusammengebrochen. Schon damals war bekannt, daß die Erde und das Leben auf der Erde älter waren.

Das Problem der Energiequelle der Sonne, diese wichtige Frage an die Naturwissenschaftler, blieb dann 60 Jahre unerledigt liegen.

Im Jahre 1919 hat Rutherford die erste künstliche Kernreaktion beobachtet. Ein Jahr später, 1920, hat Eddington vorgeschlagen, daß die Sonne ihre Energie aus Kernreaktionen bezieht. Man hat ihm sofort entgegengehalten, daß dies nicht möglich sei, weil in der Sonne Kernreaktionen wegen der geringen thermischen Energie der Kerne aufgrund der Coulomb-Barriere nicht stattfinden können. Es wird überliefert, daß sich Eddington über diesen Einwand hinwegsetzte mit der Bemerkung, man müsse eben nach Wegen suchen, daß die Kernreaktionen doch stattfinden können. Im Jahre 1928 fanden Gamow, Condon und Gurney unabhängig den Tunneleffekt. Die solare Energie-Erzeugung durch Kernreaktionen war damit prinzipiell möglich.

Im Jahre 1938 war genügend kernphysikalisches Detailwissen bekannt, so daß Bethe und von Weizsäcker unabhängig voneinander eine Kette von Kernreaktionen angeben konnten, die zur Kernfusion in der Sonne führen können. Wir würden heute sagen, sie haben ein Modell gemacht. Bethe bekam insbesondere für diese Arbeiten 1967 den Nobelpreis.

Wir glauben heute, daß bei den Temperaturen in der Sonne nicht der Bethe-Weizsäcker-Zyklus abläuft, sondern die sogenannte Proton-Proton-Kette. Sie wurde erstmals, und für die damaligen Kenntnisse verfrüht, von Atkinson und Houtermans 1929 vorgeschlagen. Ab 1954 sind dann, beginnend mit Lauritson und W.A. Fowler, am California Institute of Technology die Kernreaktionen der pp-Kette quantitativ im Rahmen des Spezialgebiets "Nukleare Astrophysik" untersucht worden. Wir werden dies besprechen.

Die Frage der Energie-Erzeugung ist jedoch nur ein Teilaspekt. Wir müssen vorher einen Blick in die Astrophysik werfen.

4.12.2 Grundbegriffe der Astrophysik

i) Die Grundfrage der Astrophysik

Die Grundfrage der Astrophysik lautet: Woher rührt die Stabilität der Sterne trotz der Wirkung der Gravitation? Welche Gegenkräfte wirken gegen die Gravitation?

Wir kennen heute drei solche Kräfte, die für Sterne in unterschiedlichen Entwicklungsstadien wirken:

a) In der Sonne und allen Hauptreihensternen (siehe Kap. 4.12.2iii) arbeitet gegen die Gravitation der Druck eines idealen Gases, als das die ionisierte Materie der Sonne wirkt. Die Erwärmung erfolgt durch Kernfusion.

b) Bei den weißen Zwergen wirkt der Druck des entarteten Elektronengases.

c) Bei noch schwereren Sternen wirkt der Druck des entarteten Neutronengases (Neutronensterne).

Wenn auch der Druck des entarteten Neutronengases nicht mehr ausreicht, um gegen die Gravitation den Stern stabil zu halten, wirkt nur noch die Gravitation und der Stern kollabiert. Es entsteht ein schwarzes Loch.

ii) Sonnenmodelle

Man will die Zustandsgrößen Temperatur, Druck und Volumen der Sonne kennenlernen. Diese sind eine Funktion vom Abstand r von der Sonnenmitte. Die physikalischen Grundlagen sind:

1. Das *hydrostatische Gleichgewicht*. Wenn die Sonne trotz des Drucks der Gravitation stabil sein soll, muß ein Gegendruck

$$\boxed{\frac{dP}{dr} = -\frac{G \cdot m(r) \cdot \rho(r)}{r^2}} \qquad (4.224)$$

von innen nach außen wirken. Zur Ableitung denkt man sich eine dünne Kugelschale (Dicke dr) im Abstand r von der Sonnenmitte. $m(r)$ ist die Masse innerhalb der Schale, $\rho(r)$ die Dichte auf der Schale.

2. Die *Zustandsgleichung* der Sonnenmaterie liefert einen Ausdruck für die Dichteverteilung $\rho(r)$ in der Sonne. Die Dichte der Sonnenmaterie ($\bar{\rho} = 1.4\,\text{g/cm}^3$) ist die eines festen Körpers. Da sie jedoch wegen der hohen Temperatur ionisiert ist, verhält sie sich wie ein ideales Gas:

$$\boxed{P(r) = \frac{\rho(r) \cdot kT(r)}{\mu(r) \cdot m_\text{H}}}. \qquad (4.225)$$

$\mu(r)$ ist dabei das mittlere Molekulargewicht der Sonne, also eine Funktion der Zusammensetzung aus Wasserstoff, Helium und schweren Elementen und m_H ist die Masse des Wasserstoffs.

3. *Strahlungstransport*. Um die Temperaturverteilung $T(r)$ in der Sonne bestimmen zu können, müssen wir etwas über den Energietransport vom Sonneninnern zur Oberfläche wissen. Die Temperatur an der Oberfläche

4.12 Astrophysik: Neutrinos von der Sonne

wird zu 6000 K gemessen, die im Inneren aus der Zustandsgleichung zu 12 bis 15 Millionen Grad berechnet. Der Energietransport spielt also eine sehr zentrale Rolle. Man überlegt sich, daß er nicht durch Wärmeleitung oder Konvektion erfolgt, sondern durch Strahlung.
Die Luminosität $L(r)$ der Abstrahlung einer Kugelschale ist

$$L(r) = -4\pi r^2 \cdot \frac{4}{3} \cdot \frac{1}{\kappa(r) \cdot \rho(r)} \cdot \frac{d}{dr}\left(\sigma T^4\right). \tag{4.226}$$

Dabei muß die Opazität $\kappa(r)$ aus den physikalischen Prozessen der Absorption der Strahlung gewonnen werden. Es sind dies: Thomson-Streuung von Photonen an Elektronen und Photo-Ionisation. Die Wirkungsquerschnitte dieser beiden Reaktionen sind um 10 Größenordnungen unterschiedlich. Nur detaillierte Sonnenmodelle können genauere Aussagen über die Luminosität machen.

4. *Energie-Erzeugung* in der Sonne. Die Energie-Erzeugungsrate sei $\varepsilon(r)$. Der Mittelwert berechnet sich aus der gemessenen Sonnenluminosität zu

$$\bar{\varepsilon}_\odot = \frac{L_\odot}{M_\odot} = 2.0 \, \frac{\text{erg}}{\text{g} \cdot \text{s}} = 1.25 \cdot 10^6 \, \frac{\text{MeV}}{\text{g} \cdot \text{s}}. \tag{4.227}$$

Die Energieproduktion bewirkt eine Luminosität

$$\frac{dL}{dr} = 4\pi r^2 \cdot \rho(r) \cdot \varepsilon(r). \tag{4.228}$$

Wie wir im historischen Überblick gesehen haben, glaubt man heute, daß die Energieproduktion durch Kernfusion erfolgt (Kap. 4.12.3).

5. Die *Lösung des Gleichungssystems* (Gl. 4.224) – (Gl. 4.228) erfolgt unter Hinzunahme von Rand- und Anfangswerten. Es sind dies: Der Radius $R_\odot$ der Sonne, die Masse $m(R_\odot) = M_\odot$, die gemessene Luminosität $L(R_{odot}) = L_\odot$, die Oberflächentemperatur $T_\odot$ und die Oberflächendichte $\rho(R_\odot) = 0$.

Schwierigkeiten macht die chemische Zusammensetzung der Sonnenmaterie. Sie geht ein in das mittlere Molekulargewicht $\mu(r)$ und insbesondere in die Opazität $\kappa(r)$, auch in $\varepsilon(r)$. Sie ist für das Sonneninnere experimentell nicht bekannt. Man nimmt an, daß die für die Sonnenoberfläche spektroskopisch ermittelte Zusammensetzung die ursprüngliche Zusammensetzung war, als die Sonne aus einer Gaswolke entstand. Man kann dann das Sonnenmodell zeitabhängig bis zu unseren Tagen berechnen.

6. Einige *Ergebnisse der Sonnenmodelle* sind in Fig. 4.85 zusammengestellt. Temperatur, Luminosität, Energieproduktionsrate sowie die Rate der Produktion von Neutrinos wird als Funktion des Radius r dargestellt.

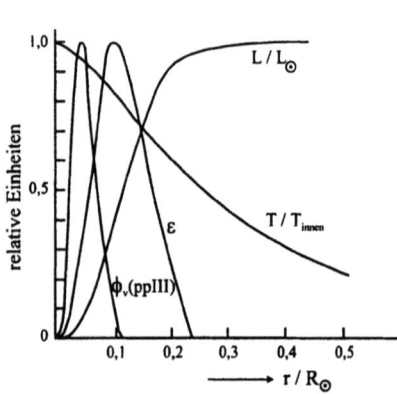

Fig. 4.85
Einige Ergebnisse der Sonnenmodelle. Gezeigt ist der Verlauf der Temperatur T (in Einheiten der Temperatur des Sonneninneren T_{innen}.), der Luminosität L (in Einheiten der beobachteten Luminosität $L_\odot$ der Oberfläche), der Energieerzeugungsrate ε (in willkürlichen Einheiten) sowie der Neutrinoproduktionsrate ϕ_ν (für die Neutrinos der ppIII-Reaktionskette, die im Experiment von Davis nachgewiesen werden können, in willkürlichen Einheiten) in Abhängigkeit vom Radius r (in Einheiten des Sonnenradius $R_\odot$).

iii) Das Hertzsprung-Russell-Diagramm

Wir wollen noch die Frage beantworten, ob die Sonne ein "normaler, durchschnittlicher" Stern ist oder ob sie eine Ausnahme darstellt. Dazu stützen wir uns auf das astrophysikalische Beobachtungsmaterial.

Es wird zusammengefaßt im *Hertzsprung-Russell-Diagramm*. Man trägt in ein Diagramm die gemessene Luminosität und die gemessene Oberflächentemperatur der Sterne ein (Fig. 4.86). Man findet, daß 95% aller Sterne in einem schmalen Band liegen. Die Sonne ist ein solcher *Hauptreihenstern*. Sie ist damit ein guter Vertreter der "normalen" Sterne.

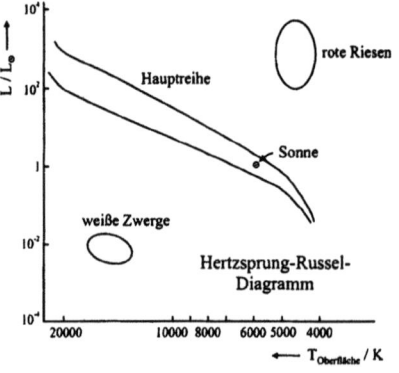

Fig. 4.86
Das Hertzsprung-Russell-Diagramm (schematisch). Man trägt die gemessene Luminosität L (in Einheiten der Sonnenluminosität $L_\odot$) gegen die Oberflächentemperatur im doppelt-logarithmischen Maßstab auf. Jedem Stern entspricht ein Punkt in diesem Diagramm. Es liegen 95% aller Sterne in einem schmalen Band, der Hauptreihe. Auch die Sonne liegt auf der Hauptreihe.

4.12.3 Energie-Erzeugung durch Kernfusion

i) Energiegewinn durch Kernreaktionen

Die Energie, die die Sonne freisetzt, wird aus der Bindungsenergie der Atomkerne gewonnen. Fig. 3.4 zeigt die Bindungsenergie/Nukleon B/A als Funktion der Nukleonenzahl A. Die wesentlichen Aussagen sind:

1. Die mittlere Bindungsenergie/Nukleon ist maximal für mittelschwere Kerne wie Eisen.
2. Durch Spaltung schwerer Kerne in zwei mittelschwere wird Energie gewonnen.
3. Durch Fusion leichter Kerne wird Energie gewonnen.

Bei der Fusion $4\,p \rightarrow {}^4He$ ("Wasserstoffverbrennung") wird besonders viel Energie gewonnen. Man hat zunächst den "normalen" Energiegewinn, wie er sich aus der interpolierten Kurve $E/A = f(A)$ ergibt. Zudem hat ${}^4He$ noch eine besonders hohe Bindungsenergie. In der Kernphysik wird das dadurch erklärt, daß ${}^4He$ ein doppelt magischer Kern ist. Insgesamt werden bei der Fusion $4\,p \rightarrow {}^4He$ $26.7313\,MeV$ frei, das sind $6.8\,MeV/Nukleon$ oder $0.7\,\%$ der Ruheenergie.

Durch weitere Fusionsprozesse $14 \cdot {}^4He \rightarrow {}^{56}Ni$ werden nur noch $2\,MeV$ pro Nukleon gewonnen. Die Wasserstoffverbrennung ist also die Reaktion mit der größten Ausbeute.

ii) Kernfusion durch die "Proton-Proton-Kette"

Wir müssen jetzt eine spezifische *Kette von Kernreaktionen* angeben, über die die Wasserstoffverbrennung abläuft. Dazu sind Detailkenntnisse der Kernphysik nötig. Die erste Kette, die angegeben wurde (1939), war der Bethe-Weizsäcker-Zyklus, bei dem ${}^{12}C$ als Katalysator verwendet wird. Heute glaubt man, daß dieser Zyklus erst bei Sternen mit ca. $20 \cdot 10^6\,K$ Zentraltemperatur abläuft. In der Sonne sollte eine andere Reaktionskette, die sogenannte *pp*-Kette, ablaufen. Sie ist in Fig. 4.87 zusammengestellt.

Die *pp-Kette* beginnt mit einer Reaktion der schwachen Wechselwirkung, deren Rate die Energiegewinnung im Stern bestimmt. Alle anderen Reaktionen folgen praktisch augenblicklich. Die Kette hat drei Zweige.

Wenn schon genügend ${}^4He$ erzeugt ist, kann der zweite Zweig (*pp*II) ablaufen. Dabei entsteht ${}^7Be$, das durch Elektronen- oder durch Protonen-Einfang vernichtet wird (*pp*II bzw. *pp*III). Die Verzweigungsverhältnisse, die die heutige "Standard-Theorie" liefert, sind angegeben.

pp-Zyklus

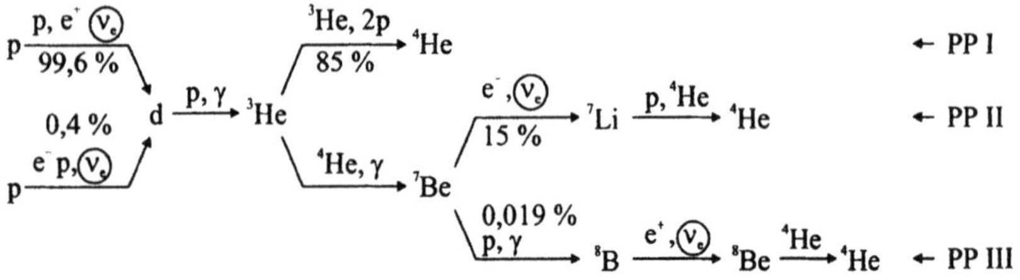

```
         p, e⁻ (νₑ)              ³He, 2p
    p ─────────── \             / ────── ⁴He                              ← PP I
        99,6 %     \    p,γ   /   85 %
                    d ──── ³He           e⁻,(νₑ)      p,⁴He
        0,4 %      /          \        / ────── ⁷Li ────── ⁴He            ← PP II
        e⁻ p,(νₑ) /            \⁴He,γ /  15 %
    p ──────────                 \──── ⁷Be
                                      \ 0,019 %
                                       \ p,γ           e⁺,(νₑ)     ⁴He
                                        └───── ⁸B ────────── ⁸Be ───── ⁴He  ← PP III
```

Fig. 4.87 Die Fusionsreaktionen der Proton-Proton-Kette. Eingezeichnet sind die drei Zweige mit den Verzweigungsverhältnissen nach dem "Standard-Modell". Die Reaktionen sind in kernphysikalischer Notation A(a,b)B (jedoch ohne die Klammern) angegeben.

Man fragt natürlich, warum man diese Reaktionen angibt und nicht andere. Der Grund ist, daß hinter jeder Reaktion sich eine Menge kernphysikalischer Kenntnisse verbirgt, die nicht nur qualitativ, sondern quantitativ die astrophysikalisch bekannte Energieabstrahlung der Sonne ergeben müssen. Ein Beispiel sei kurz angedeutet:

Man konnte zunächst vermuten, daß die Kette ppI durch die Reaktionen

$$^3\text{He} + p \rightarrow {}^4\text{Li} + \gamma \,, \tag{4.229}$$

$$^4\text{Li} \rightarrow {}^4\text{He} + e^+ + \nu_e \tag{4.230}$$

beendet wird. Die Ketten ppII und ppIII wären dann erheblich unterdrückt. Diese Beendigung von ppI ist jedoch nicht möglich, da ^{4}Li als gebundener Zustand nicht existiert (auch nicht als instabiler Kern). Das ist in der Kernphysik sorgfältig untersucht.

iii) Kernreaktionen bei thermischen Energien

1. *Die thermische Energie der Sonne.* Obwohl uns die Temperatur des Sonneninneren mit 15 Mio. K sehr hoch erscheint, ist die mittlere thermische Energie der Atome bzw. Ionen nur 1.3 keV. Diese geringe Energie der Reaktionen bringt kernphysikalische Probleme.

2. *Die Reaktionsrate bei thermischen Energien.* Zwei Effekte werden bestimmend: a) Die geringe Energie der stoßenden Teilchen. Der Wirkungsquerschnitt muß über die Maxwell'sche Geschwindigkeitsverteilung gemittelt werden. b) Der abstoßende Coulomb-Wall kann wegen des Tunneleffekts durchdrungen werden. Er ist im Vergleich zum Radius des anzie-

henden Kernpotentialtopfes sehr groß. Deshalb muß dem Wirkungsquerschnitt ein Faktor
$$\exp\left(-\frac{2\pi Z_1 Z_2 \alpha}{v/c}\right) \tag{4.231}$$
hinzugefügt werden.

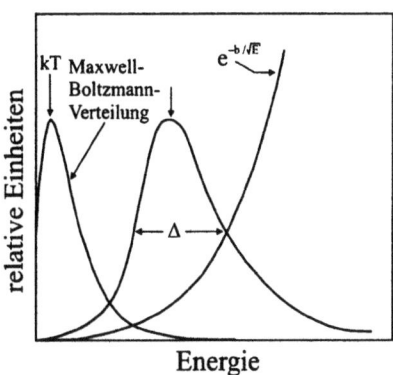

Fig. 4.88
Die effektive Wechselwirkungsenergie E_0 der Kernreaktionen bei thermischen Energien. Die Reaktionsrate ist gleich dem Produkt aus der Maxwell'schen Geschwindigkeitsverteilung (linke Kurve) und dem Gamow-Faktor für den Tunneleffekt am Coulomb-Wall (rechte Kurve). Die Reaktionsrate (mittlere Kurve hat bei der effektiven Wechselwirkungsenergie E_0 ein Maximum.

Fig. 4.88 zeigt schematisch das Zusammenwirken der beiden Effekte. Es ergibt sich eine effektive Wechselwirkungsenergie E_0. Der über die Geschwindigkeitsverteilung gemittelte Wirkungsquerschnitt $\langle \sigma_v \rangle$ wird stark temperaturabhängig:

$$\langle \sigma_v \rangle \propto \frac{\exp(3E_0 / kT)}{(T/(10^6 \, K))^{2/3}} . \tag{4.232}$$

Für zwei wichtige Reaktionen der pp-Kette findet man:
$$p + p \to d + e^+ + \nu_e \quad : \quad \langle \sigma_v \rangle \sim T^{4.5}$$
$$^7Be + p \to {}^8B + \gamma \quad : \quad \sim T^{13.5}$$

Es muß erwähnt werden, daß die Wirkungsquerschnitte geladener Teilchen im Labor meist nur für $\geq 100\,\text{keV}$ gemessen wurden. Es muß zur solaren Energie hinunter extrapoliert werden. Das geht gut, falls in diesem Energiebereich keine Resonanz liegt.

4.12.4 Neutrino-Emission bei der solaren Kernfusion

In Kap. 4.12.3 haben wir gesehen, daß beim Wasserstoffbrennen $4\,p \to$ ^{4}He die Bilanz der elektrischen Ladung durch β^+-Zerfälle ausgeglichen wird. Dabei treten dann die (solaren) Neutrinos auf, mit denen wir uns im Folgenden beschäftigen wollen.

i) Der Neutrinofluß ϕ_ν

Der gesamte Neutrinofluß ϕ_ν auf der Erde läßt sich sehr leicht berechnen aus

$$\phi_\nu = \frac{\text{solare Energieeinstrahlung}}{\text{Energiegewinn / Reaktionskette}} \cdot 2 \frac{\text{Neutrinos}}{\text{Reaktionskette}}$$

$$= \frac{2 \text{ cal}/\text{cm}^2 \cdot \text{min}}{26.7 \text{ MeV}} \cdot 2\nu$$
$$= 6.67 \cdot 10^{10} \frac{\nu}{\text{cm}^2 \text{ s}}$$

Der gesamte Neutrinofluß ist also sehr groß. Nur wegen des sehr kleinen Wirkungsquerschnitts der Neutrinos (nur einige Neutrinos von den $6.7 \cdot 10^{10}$ werden eine Wechselwirkung in der Erde erleiden) haben sie keinen Einfluß.

Die Berechnung des gesamten Neutrinoflusses zeigt, daß er modellunabhängig ist, sofern nur die Grundvorstellung (Energieproduktion durch Kernfusion) richtig ist. Details der Fusion gehen nicht in den Gesamtfluß, wohl aber in das Spektrum ein.

ii) Das Spektrum der solaren Neutrinos

Zur Vorhersage des Spektrums der solaren Neutrinos muß man sich die Kernreaktionen der *pp*-Kette (oder eines anderen Modells) einzeln vornehmen und für jede einzelne das Neutrino-Spektrum aus Endpunktenergie, Form des Spektrums und Verzweigungsverhältnis ausrechnen. Es ist in Fig. 4.89 für die "Standard-Theorie" wiedergegeben. Es besteht im wesentlichen aus drei Komponenten. Am häufigsten, aber auch am energieärmsten, sind die Neutrinos aus der $pp \to de^+\nu_e$-Reaktion. Im *pp*II-Zweig liefert der Elektroneneinfang von ^{7}Be zwei Linien (entsprechend dem Übergang in den Grundzustand und einen angeregten Zustand von ^{7}Li). Für den eventuellen Nachweis solarer Neutrinos ist jedoch das Spektrum des *pp*III-Zweiges von besonderer Bedeutung. Er ist wohl wegen des kleinen Verzweigungsverhältnisses des *pp*III-Zweiges intensitätsarm, hat aber eine hohe Endpunktenergie und ist damit am besten nachweisbar.

4.12 Astrophysik: Neutrinos von der Sonne

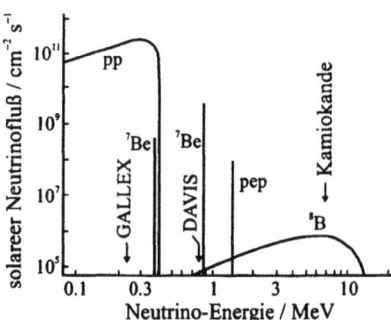

Fig. 4.89
Das Spektrum der solaren Neutrinos nach dem "Standard-Modell" von Bahcall et al. Man beachte den doppelt-logarithmischen Maßstab. Die Einheiten des Neutrinoflusses ϕ_ν sind $\nu/(\text{cm}^2 \cdot \text{s}^{-1} \cdot \text{MeV}^{-1})$. Eingezeichnet sind die Schwellenergien für drei Experimente: Gallex, Davis und (Super-)Kamiokande.
NB: Die Gesamtzahl der Neutrinos ist modellunabhängig $\phi_\nu = 6.67 \cdot 10^{10}\,\nu/(\text{cm}^2 \cdot \text{s}^{-1})$

4.12.5 Beobachtung der solaren Neutrinos

Der Nachweis solarer Neutrinos hat für die Astrophysik eine grundlegende Bedeutung. Der kleine Wirkungsquerschnitt der Neutrinos erschwert wohl ihre Messung, aber Neutrinos können uns direkte Information über das Sterninnere liefern. Durch Nachweis elektromagnetischer Strahlung (sei es im sichtbaren oder im Radiowellen-Bereich) erhält man nur Informationen über die Sternoberfläche. Der Nachweis solarer Neutrinos ist das Experimentum crucis für das Sonnenmodell der Astrophysik.

a) Das Davis Experiment

Seit dem Jahre 1967 betreiben R. Davis und Nachfolger vom Brookhaven National Laboratory (BNL) ein Experiment zum Nachweis solarer Neutrinos in der Homestake Mine in Lead/South Dakota/USA[41].

Die Nachweisreaktion ist

$$\boxed{\nu_e + {}^{37}_{17}\text{Cl} \rightarrow {}^{37}_{18}\text{Ar} + e^-}, \tag{4.233}$$

wobei das entstandene ^{37}Ar durch seinen Zerfall, einem Elektroneneinfang ($T_{1/2} = 35\,\text{d}$), nachgewiesen wird:

$$^{37}_{18}\text{Ar} + e^- \rightarrow {}^{37}_{17}\text{Cl} + \nu_e\,. \tag{4.234}$$

Die Reaktion wurde 1946 von Pontecorvo und Alvarez zum Nachweis von Neutrinos vorgeschlagen.

---

[41] Raymond Davis wurde 2002 für sein Pionierexperiment mit dem Nobelpreis für Physik ausgezeichnet

Der Wirkungsquerschnitt der Nachweisreaktion (Gl. 4.233) steigt wie bei allen Neutrino-Reaktionen mit der Energie an. Zudem hat diese Reaktion eine Schwelle von 0.814 MeV. Deshalb kann mit ihr nur der hochenergetische Teil des solaren Neutrino-Spektrums nachgewiesen werden. In der Praxis sind das die Neutrinos aus dem ^{8}B-Zerfall. Sie haben jedoch nur ein Verzweigungsverhältnis von $2 \cdot 10^{-4}$. In Kap. 4.12.3.iii) haben wir gesehen, daß der ppIII-Zweig der solaren Fusionsreaktionen sehr stark temperaturabhängig ist ($\propto T^{13.5}$). Wir haben somit über den Neutrino-Nachweis (Gl. 4.233) ein Thermometer zur Messung der Temperatur im Sonneninnern.

Die erwartete Rate der ^{37}Ar-Produktion, gegeben durch

$$\text{Rate}\left(^{37}\text{Ar}\right) = \text{Zahl der }^{37}\text{Cl} - \text{Kerne} \cdot \phi_\nu \cdot \sigma_{\text{Nachweis}}, \quad (4.235)$$

ergibt sich mit dem oben diskutierten Neutrino-Fluß ϕ_ν des "Standard"-Sonnenmodells und der Nachweiswahrscheinlichkeit für den im folgenden Paragraphen zu besprechenden Detektor von Davis zu

$$\text{Erwartete Rate}\left(^{37}\text{Ar}\right) = 1.8\ ^{37}\text{Ar}\,/\,\text{d}.$$

Der Detektor besteht aus einem 100 000 Gallonen (= 390000 l $\hat{=}$ $2.3 \cdot 10^{30}$ ^{37}Cl − Atome) großen Tank, in dem sich C_2Cl_4 (mit 25 % ^{37}Cl) als Nachweissubstanz befindet. Diese wurde gewählt, weil sie in den benötigten großen Mengen billig erhältlich ist. Das gemäß Reaktion (Gl. 4.233) erzeugte ^{37}Ar wird ca. 1 Monat im Detektor angesammelt. Danach wird es mit Helium als Trägersubstanz aus dem Tank herausgespült. Im nächsten Arbeitsgang wird das Argon aus dem He-Ar-Gemisch ausgefroren. Das ist mit den ca. 50 erwarteten ^{37}Ar-Atomen natürlich nicht möglich. Man setzt deshalb vorher noch 1.27 cm^3 des stabilen ^{36}Ar-Isotopes zu.

Der Nachweis des ^{37}Ar-Zerfalls erfolgt durch die Auger- Elektronen (innerer Photoeffekt), die vom Tochteratom ^{37}Cl (Reaktion Gl. 4.234) bei der Umordnung der Elektronenhülle nach dem Elektroneneinfang ausgesandt werden. Sie haben 2.8 keV Energie, ihre Ausbeute ist 50 % pro ^{37}Ar-Zerfall (in der anderen Hälfte der Fälle wird charakteristische Röntgenstrahlung emittiert). Die Messung geschieht durch ein spezielles Proportionalzählrohr mit sehr kleinem Nulleffekt. Eine weitere Unterdrückung des Untergrunds wird durch Messung der Primärionisation (= Energieverlust) und der Anstiegszeit (= kurze Reichweite der sehr niederenergetischen Auger-Elektronen) eines jeden Pulses erreicht.

Der Test des Detektors erfolgt durch die Messung der Ausbeute beim Auswaschen. Das ^{36}Ar Trägergas wird zu 95 % wiedergewonnen, das Auswaschen des großen Tanks mit Helium funktioniert also. Zur Überprüfung, ob im Detektor erzeugtes ^{37}Ar ausgespült und nachgewiesen werden kann,

4.12 Astrophysik: Neutrinos von der Sonne

wurde folgender Versuch unternonmen: In die Mitte des Tanks wird eine (Radium-Beryllium-)Neutronenquelle eingebracht. Die Neutronen erzeugen Protonen durch ^{35}Cl$(n,p)^{35}$S, diese produzieren dann ^{37}Ar durch ^{37}Cl$(p,n)^{37}$Ar. Das so erzeugte ^{37}Ar wird nachgewiesen.

Die Rate wird oft in einer praktischen Einheit, den *solar neutrino units* SNU,

$$1\,\text{SNU} = 1\text{Ereignis}/(\text{s} \cdot 10^{36}\,\text{Targetatome})\,, \tag{4.236}$$

angegeben. Aufgrund des *"standard solar model"* (SSM) wird für das Experiment von Davis in der Homestake Mine eine

$$\text{Rate}_{\text{SSM}} = (7.6^{+1.3}_{-1.1})\,\text{SNU} \tag{4.237}$$

erwartet. Die experimentellen Resultate werden in Tab. 4.22 zusammengefaßt.

b) Die Gallium Experimente

Das Experiment von Davis in der Homestake Mine hat nachgewiesen, daß ν_e's von der Sonne emittiert werden, jedoch mit reduzierter Rate. Eine mögliche Ursache ist, daß es nur die Neutrinos von ^8B sehen kann. Diese rühren von einem Nebenzweig des *pp*-Zyklus her, der zudem stark temperaturabhängig ist. Das Gallex Experiment verwendet eine Nachweisreaktion, deren Schwelle auch Neutrinos des *pp*I Zyklus zu beobachten erlaubt (Fig. 4.89):

$$\boxed{^{71}_{31}\text{Ga}\,(\nu_e,\,e^-)\,^{71}_{32}\text{Ge}}\,. \tag{4.238}$$

Die Schwelle liegt bei 232 keV und damit unter der Endpunktenergie der Neutrinos von $p + p \to d + e^+ + \nu_e$ bei 423 keV. Das Germanium muß chemisch extrahiert werden. Es erfolgt ein Elektroneneinfang $(T_{1/2} = 11.43\,\text{d})$

$$^{71}_{32}\text{Ge}\,(e^-,\nu_e)\,^{71}_{31}\text{Ga}\,, \tag{4.239}$$

wobei die Auger-Elektronen (E = 10.4 keV) gemessen werden.

Das SAGE Experiment (Soviet American Gallium Experiment) in Baksan/ Kaukasus/ Sowjetunion verwendet metallisches Gallium. Der Gallex Detektor befindet sich im Gran Sasso Tunnel/I, hat 100 t Masse und verwendet GaCl$_3$. Er lief von 1990-97. GNO (Gallium Neutrino Observatory) ist eine Fortführung (nach Verbesserungen) von Gallex. Alle Experimente müssen das Germanium chemisch extrahieren zur Messung der Produktionsrate.

c) Das (Super-)Kamiokande Experiment

Beide bisher besprochenen Experimente haben ν-Reaktionen integriert und radiochemisch nachgewiesen. Eine direkte Beobachtung der Reaktionen solarer Neutrinos gelang im Kamiokande, später im Super-Kamiokande Experiment (siehe Kap. 4.7.7). Die Nachweisreaktion ist die elastische Streuung von ν_e an Elektronen des Wassers im Detektor (Fig. 4.90):

$$\boxed{\nu_e + e^- \rightarrow e^- + \nu_e}. \tag{4.240}$$

Der Wirkungsquerschnitt ist gut bekannt. Die gestreuten Elektronen wer-

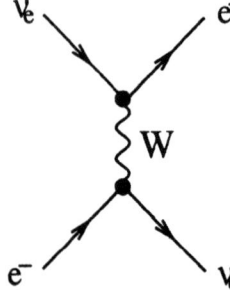

Fig. 4.90
Der Graph der $\nu_e\,e^-$-Streuung durch "geladene Ströme".

den durch das Cherenkov-Licht gemessen. Die Schwelle liegt mit 8 MeV sehr hoch, nur Anteile der ^{8}B Neutrinos können nachgewiesen werden (Fig. 4.89). Jedoch ist die Messung der Richtung der Neutrinos und ihrer Energie möglich.

Fig. 4.91 zeigt, daß tatsächlich Neutrinos aus der Sonne beobachtet wurden[42]. Eine Abschätzung des Untergrunds ist möglich.

d) Zusammenfassung der Ergebnisse

Tab. 4.22 faßt die Ergebnisse der besprochenen Experimente zusammen. Alle Experimente haben solare Neutrinos mit großer Sicherheit nachgewiesen. Jedoch ist stets die Rate kleiner als das Standard-Modell der Sonne erwarten ließ. Das gilt nicht nur für die Neutrinos aus ^{8}B-Zerfällen, sondern auch für die des ppI Zyklus.

Die Bedeutung des Nachweises und auch der Messung der Rate für die Sonnenmodelle für die Astrophysik wurde erwähnt. So ist es nicht verwunderlich, daß sich viele Arbeiten mit dem "Rätsel der solaren Neutrinos" beschäftigten. In Verdacht kam zuerst die Kernphysik, die das Matrixele-

---

[42] Auch diese Messung wurde bei der Verleihung des Nobelpreises 2002 an Masatoshi Koshiba gewürdigt

4.12 Astrophysik: Neutrinos von der Sonne

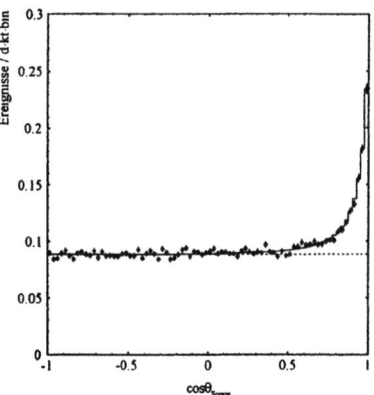

Fig. 4.91
Die Messung der Richtung solaren Neutrinos aus dem *pp*III Zyklus. Aufgetragen ist die Richtung der gemessenen Elektronen aus der Reaktion $\nu_e\, e^- \to e^-\, \nu_e$ gegen $\cos\theta_{\text{Sonne}}$. Neutrinos aus der Sonne werden nachgewiesen. Daten des Super-Kamiokande (SK) Experiments

Tab. 4.22 Zusammenfassung der Ergebnisse der Experimente zum Nachweis solarer Neutrinos. Angegeben sind auch der statistische und der systematische Fehler der Daten (erster bzw. zweiter Fehler) sowie der erwartete Fluß aus dem Standard-Modell der Sonne

Experiment	gemessener Fluß	SSM Fluß	Einheiten
Homestake	$2.56 \pm 0.16 \pm 0.16$	$7.6^{+1.3}_{-1.1}$	SNU
SAGE	$67.2^{+7.2}_{-7.0}{}^{+3.5}_{-3.0}$	128^{+9}_{-7}	SNU
Gallex	$77.5 \pm 6.2\, {}^{+4.3}_{-4.7}$	128^{+9}_{-7}	SNU
GNO	$65.8^{+10.2}_{-9.6}{}^{+3.4}_{-3.6}$	128^{+9}_{-7}	SNU
Kamiokande	$(2.80 \pm 0.19 \pm 0.33) \cdot 10^6$	$(5.05^{+1.1}_{-0.8}) \cdot 10^6$	$\text{cm}^{-2}\text{s}^{-1}$
Super-Kam.	$(2.32 \pm 0.03^{+0.08}_{-0.07}) \cdot 10^6$	$(5.05^{+1.1}_{-0.8}) \cdot 10^6$	$\text{cm}^{-2}\text{s}^{-1}$

ment $|\psi^*(^{37}\text{A})\,\Omega\,\psi(^{37}\text{Cl})|$ berechnen muß. Die Kerne mit $A=37$ wurden gründlich gemessen. Ergebnis: Das Matrixelement ist gut bekannt. Als nächstes wurden die Sonnenmodelle einer Prüfung unterzogen. Die physikalischen Prozesse, die der Opazität κ zu Grunde liegen, wurden im Labor gemessen. Es ergaben sich keine wesentlichen Änderungen der Vorhersage. Mängel im Sonnenmodell wurden auch durch das Gallex Experiment, das den *pp*I Zyklus mißt, ausgeschlossen. Schließlich wurde als Erklärung vorgeschlagen, daß die ν_e's, die in der Sonne erzeugt werden, durch Oszillationen in ein anderes ν-Flavor auf dem Weg zur Erde verschwinden.

Die Lösung des "Rätsels der solaren Neutrinos" kam durch das SNO Experiment.

4.12.6 Messung der ν-Oszillationen und des totalen ν-Flußes durch SNO

Eine Klärung brachten die Messungen des SNO Experiments (Sudbury Solar Neutrino Observatory) in Sudbury/Ontario/Kanada. In 2'092 m Tiefe befindet sich ein Detektor (Fig. 4.92) von 1 kt ultrareinem D_2O. Reaktionen darin werden von 9'456 Photomultipliern registriert. Dieser aktive Detektor ist umgeben von ultrareinem H_2O zur Abschirmung radioaktiver Strahlung und zur Messung der kosmischen Strahlung. Der kugelförmige Detektor hat einen Durchmesser von 17.8 m. Der Detektor wird getriggert, wenn $\geq$ 18 Photomultiplier innerhalb von 93 ns ansprechen. Das ergibt eine Triggerrate von 6-8 Hz (+ weitere Trigger zur Diagnostik des Detektors).

Der entscheidende Vorteil der Verwendung von Deuterium als Targetmaterial ist, daß ein vollständiger Satz von Daten genommen werden kann. Insbesondere können die erwarteten ν_e's durch geladene Ströme (CC) nachgewiesen werden, aber auch andere Neutrino-Flavor x durch neutrale Ströme (NC) und durch elastische Streuung (ES):

$$\begin{array}{ll} \nu_e + d \to e^- + p + p & \text{CC} \\ \nu_x + d \to \nu_x + p + n & \text{NC} \\ \nu_x + e^- \to \nu_x + e^- & \text{ES} \end{array} \quad (4.241)$$

Gemessen werden Neutrinos aus dem ^{8}B-Zerfall mit einer Schwelle von 5 MeV. Der Nachweis geschieht entweder über die sekundären Neutronen (diese wiederum über die γ-Strahlung beim Neutroneneinfang oder über Rückstoßprotonen) oder über die sekundären Elektronen. Aus der Richtung der letzteren kann auf die Richtung der Neutrinos geschlossen werden. *Sie kommen von der Sonne.*

ϕ_e wurde direkt gemessen durch die CC Reaktion. Aus den NC und CC Reaktionen kann $\phi_{\nu_{\mu,\tau}}$ durch $\phi_{\nu_{\mu,\tau}} = \phi_{NC} - \phi_{CC}$ berechnet werden. Zu ϕ_{ES} tragen für ν_e sowohl CC als auch NC Reaktionen bei, für $\phi_{\nu_{\mu,\tau}}$ nur NC. Eine genaue Rechnung ergibt $\phi_{ES} = \phi_e + 0.154\,\phi_{\nu_{\mu,\tau}}$.

Die Ergebnisse des Experiments (Mai 2002) sind in Tab. 4.23 und in Fig. 4.93 angegeben, zusammen mit der Erwartung des Standardmodells der Sonne (SSM). Man sieht:

1. Der verminderte ν_e-Fluß (gegenüber dem SSM), gemessen mit einer CC Reaktion, wird bestätigt.
2. Der solare ν-Fluß, gemessen mit den NC Reaktionen, ist höher und stimmt mit der Erwartung des SSM überein.

4.12 Astrophysik: Neutrinos von der Sonne

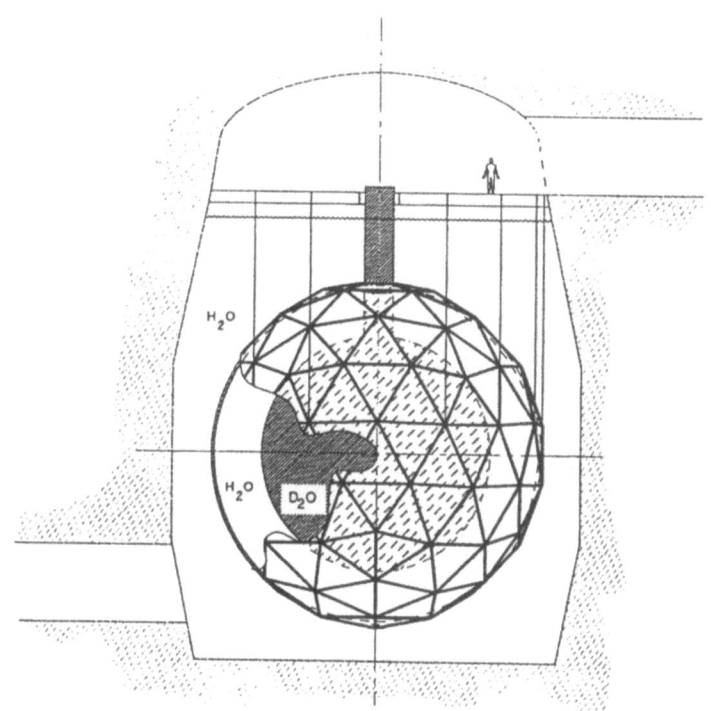

Fig. 4.92 Der SNO Detektor zum Nachweis solarer Neutrinos. Das Target ist 1 kt D_2O. Das umgebende H_2O dient zur Abschirmung von Radioaktivität des Gesteins und der Messung der kosmischen Strahlung. Siehe Text

Tab. 4.23 Der Fluß solarer Neutrinos. Die Messungen sind "geladene Ströme" (CC), "neutrale Ströme" (NC) und "elastische Streuung" (ES). Die Vorhersage des "Standardmodells der Sonne" (SSM) ist angegeben. Ergebnisse des SNO Experiments (Daten von Mai 2002)

CC	ϕ_{ν_e}	=	$(1.76^{+0.05}_{-0.05}(\text{stat})^{+0.09}_{-0.09}(\text{syst})) \cdot 10^6$	$\text{cm}^{-2}\text{s}^{-1}$
NC	ϕ_{ν_x}	=	$(5.09^{+0.44}_{-0.43}(\text{stat})^{+0.46}_{-0.43}(\text{syst})) \cdot 10^6$	$\text{cm}^{-2}\text{s}^{-1}$
ES	ϕ_{ν_x}	=	$(2.39^{+0.24}_{-0.23}(\text{stat})^{+0.12}_{-0.12}(\text{syst})) \cdot 10^6$	$\text{cm}^{-2}\text{s}^{-1}$
$\not\nu_e$	$\phi_{\nu_{\mu,\tau}}$	=	$(3.41^{+0.45}_{-0.45}(\text{stat})^{+0.48}_{-0.45}(\text{syst})) \cdot 10^6$	$\text{cm}^{-2}\text{s}^{-1}$
SSM	ϕ_{SSM}	=	$(5.05^{+1.01}_{-0.81}) \cdot 10^6$	$\text{cm}^{-2}\text{s}^{-1}$

3. Die $\not\nu_e$-Komponente (d.h. die fehlenden ν_e's) ist $\neq 0$ mit einer statisti-

schen Genauigkeit von 5.3 σ (Standardabweichungen). Das ist Evidenz für eine ν_e Flavor-Oszillation (wahrscheinlich nach $\nu_{\mu,\tau}$). Die ν-Flavoränderung wird von SNO unabhängig von Sonnenmodellen nachgewiesen.

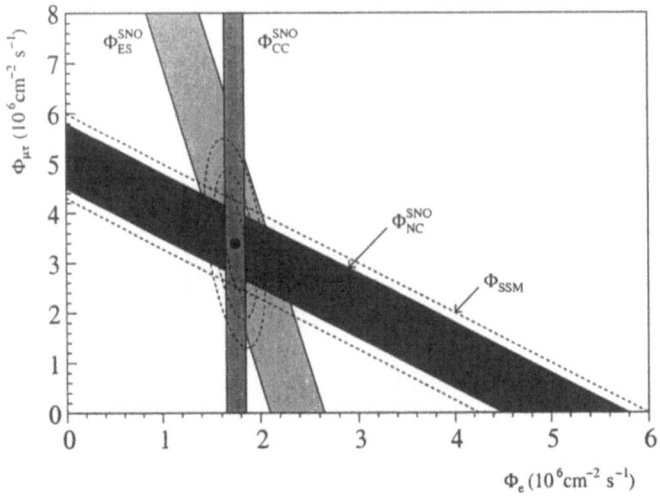

Fig. 4.93 Solare ν-Flüsse ϕ_e und $\phi_{\nu_{\mu,\tau}}$. Siehe Text. Eingezeichnet sind die Meßwerte ± 1 Standardabweichung. Die Drei Messungen treffen sich in einem Punkt. Er ist mit den Fehlerellipsen für 68%, 95% und 99% Vertrauensintervall gegeben. Ergebnisse des SNO Experiments

Das SNO Experiment hat einen deutlichen Hinweis auf eine Tag-Nacht Asymmetrie der ν-Raten. Gl. (4.242) gibt die Definition und die Ergebnisse.

$$A_{TN} = \frac{\phi_N - \phi_T}{\frac{1}{2}(\phi_N + \phi_T)}, \qquad (4.242)$$

$$A_{TN}^{CC} = (+14.0 \pm 6.3^{+1.5}_{-1.4})\%,$$
$$A_{TN}^{ES} = (-17.4 \pm 19.5^{+2.4}_{-2.2})\%,$$
$$A_{TN}^{NC} = (-20.4 \pm 16.9^{+2.4}_{-2.5})\%.$$

Insbesondere zeigt auch das Spektrum der sekundären Elektronen eine Tag-Nacht Abhängigkeit. Daraus können die Parameter der ν-Oszillationen (Gl. 4.195) ermittelt werden. Die wahrscheinlichste Lösung für $\nu_e \to \nu_{\mu,\tau}$ ist

$$\boxed{\delta m^2 = 5.0 \cdot 10^{-5} (\text{eV})^2, \qquad \text{tg}^2 \theta_\nu = 0.34} \,. \qquad (4.243)$$

Nach einer ersten Meßperiode wird der SNO Detektor verbessert (höhere

4.12 Astrophysik: Neutrinos von der Sonne   391

Nachweiswahrscheinlichkeit für Neutronen, d.h. für NC Reaktionen).

4.12.7 Eine Lehre für die Wissenschaftler

Physik und Astronomie haben sich während der gesamten Wissenschaftsgeschichte befruchtet. Newton hat erstmals zwei Kräfte vereinheitlicht, die des freien Falls (Physik) und die der Planetenbewegung (Astronomie). Spektrallinien wurden im Sternenlicht gesehen, bevor sie im Labor untersucht werden konnten. Diese Forschungen führten schließlich zur Atomphysik und zur Quantenmechanik. Die Sonnenmodelle sind Anwendungen physikalischer Gesetze auf die Materie der Sterne. Dazu hat die Kernphysik durch die Erkenntnis der Energiequelle der Sterne einen entscheidenden Beitrag geleistet.

Das SNO Experiment gibt uns die bislang letzte Frucht der Zusammenarbeit. Durch eine Meßtechnik, die in der Kern- und Teilchenphysik entwickelt wurde, konnte das Sonnenmodell der Astrophysik bestätigt werden. Und gleichzeitig wurde durch den Nachweis von ν-Oszillationen (hier der ν_e) ein wesentlicher Beitrag zur Teilchenphysik geleistet.

Die Physiker und alle (Natur-)Wissenschaftler werden daran erinnert, daß die großen wissenschaftlichen Entdeckungen oft aus der Verschmelzung von zwei Disziplinen hervorgebracht wurden. Interdisziplinäre Kenntnisse sind erforderlich.

4.12.8 Aufgaben

4.142. *Kernreaktionen bei thermischen Energien:* Man berechne die Breite des abstoßenden Coulomb-Walls für pp-Reaktionen von thermischen Protonen in der Sonne. Man vergleiche mit der Breite des anziehenden Potentials der Kernkräfte.

4.143. *Kernreaktionen bei thermischen Energien:* Um welchen Faktor wird der Wirkungsquerschnitt durch den Tunneleffekt gegenüber Teilchen mit $v = c$ verkleinert?

4.144. *ν-Oszillation mit SNO:* Man trage die SNO Ergebnisse (Gl. 4.243) für $\nu_e \to \nu_{\mu,\tau}$ in Fig. 4.80 (die die Oszillation $\nu_\mu \to \nu_\tau$ zeigt) ein.

5 Molekülphysik

5.1 Einführung

> In der Molekülphysik beschäftigen wir uns mit der Herleitung, der Bestimmung und dem Verständnis von physikalisch messbaren Eigenschaften von Molekülen ausgehend von ihrem mikroskopischen Aufbau. Als Ausgangspunkt des theoretischen Verständnisses dient uns einmal mehr die Schrödingergleichung als Grundgleichung zur Beschreibung des Verhaltens mikroskopischer Systeme. Charakteristisch für die Molekülphysik ist dabei, daß im Gegensatz zum Wasserstoffatomproblem der Atomphysik selbst für das einfachste Molekül, dem H_2^+-Molekülion, keine analytische Lösung der Schrödingergleichung existiert und wir deshalb auf verschiedene Näherungsverfahren angewiesen sind.

Zunächst wollen wir definieren, was wir im Folgenden unter einem Molekül verstehen wollen:

Definition 5.1 (Molekül) Ein Molekül ist ein System aus mehreren Atomen (bzw. mehreren Atomkernen und Elektronen), welches lange genug zusammenhält, um daran Messungen durchführen zu können.

Der Zusammenhalt der Atome im Molekül wird dabei durch die elektromagnetische Wechselwirkung gewährleistet:

$$\text{Atome} \xrightarrow{\text{elektromagnetische Kräfte}} \text{Moleküle}$$

Die starke und die schwache Wechselwirkung sind für das Gebiet der Molekülphysik unbedeutend auf Grund ihrer geringen Reichweite; die Gravitationswechselwirkung ist hingegen auf molekularer Ebene unbedeutend auf Grund ihrer geringen Stärke.

5.1 Einführung

Voraussetzung für das Zustandekommen einer Molekülbindung ist, daß der Zusammenbau mehrerer Atome zu einem Molekül mit einem Energiegewinn verbunden ist, d.h. daß die *Bindungsenergie*, definiert durch

$$E_b = -\left(E_m - \sum_i E_a^i\right) > 0 \qquad (5.1)$$

positiv ist, wobei wir folgende Größen eingeführt haben:

E_m: Molekülenergie
E_a^i : Energie des i-ten Atoms des Moleküls

Die *Lebensdauer des Moleküls* ist dabei abhängig vom Verhältnis E_b/k_BT wobei k_BT die thermische Energie bei der Temperatur T und k_B den Boltzmannfaktor darstellen.

Die *Charakterisierung der Moleküle* kann nach folgenden Merkmalen erfolgen:

1. Anzahl und Art der Atome in einem Molekül.
2. Räumliche Anordnung der Atome (sehr entscheidend für die Moleküleigenschaften, z.B. im Vergleich Kettenmolekül ↔ Ringmolekül).
3. Art der chemischen Bindung.
4. Größe der Bindungsenergie E_b bzw. Grundzustandsenergie E_m.
5. Molekulare Anregungen, wobei wir unterscheiden wollen zwischen
   - Elektronischer Anregung,
   - Vibrations- (Schwingungs-) Anregung, sowie
   - Rotationsanregung.

Als Ausgangspunkt der theoretischen Behandlung dient, wie in der Einleitung bereits erwähnt, die *Schrödingergleichung*

$$H\psi\left(\vec{R}_i, \vec{r}_j\right) = E\psi\left(\vec{R}_i, \vec{r}_j\right) \qquad (5.2)$$

mit der Gesamtwellenfunktion ψ und dem Hamiltonoperator

$$\begin{aligned}H = &-\frac{\hbar^2}{2}\sum_i \frac{1}{M_i}\Delta_{\vec{R}_i} - \frac{\hbar^2}{2m}\sum_j \Delta_{\vec{r}_j} \\ &+ \frac{1}{2}\frac{e^2}{4\pi\epsilon_0}\sum_{i\neq i'}\frac{Z_i Z_{i'}}{\left|\vec{R}_i - \vec{R}_{i'}\right|} + \frac{1}{2}\frac{e^2}{4\pi\epsilon_0}\sum_{j\neq j'}\frac{1}{|\vec{r}_j - \vec{r}_{j'}|} \\ &- \frac{e^2}{4\pi\epsilon_0}\sum_{i,j}\frac{Z_i}{\left|\vec{R}_i - \vec{r}_j\right|}\end{aligned} \qquad (5.3)$$

Dabei haben wir folgende Größen eingeführt:

$\vec{R}_i$: Kernkoordinaten
$\vec{r}_j$: Elektronenkoordinaten
M_i : Kernmassen
m : Elektronenmasse
e : Elementarladung
Z_i : Kernladungszahl des i-ten Kerns
$\hbar$: Planck'sches Wirkungsquantum dividiert durch 2π
ϵ_0 : Dielektrizitätskonstante.

Wir wollen nun im Folgenden die Lösung dieser Vielteilchen-Schrödingergleichung zunächst am Beispiel der beiden einfachsten Moleküle, dem H_2^+-Molekülion und dem H_2-Molekül, diskutieren.

5.2 Die einfachsten Moleküle: H_2^+ und H_2

> Im Folgenden sollen ausgehend von der Betrachtung der beiden einfachsten Moleküle, dem H_2^+ und dem H_2, wichtige *Näherungsverfahren der Molekülphysik* wie beispielsweise die Born-Oppenheimer-Näherung, die Molekülorbital-Näherung, die Heitler-London-Näherung sowie die Näherung der Valenzbindung vorgestellt werden. Ferner wollen wir die Begriffe *bindende* und *antibindende Orbitale* einführen und veranschaulichen.

5.2.1 H_2^+ - Molekülion

Das H_2^+-Molekülion besteht aus zwei Protonen (im Folgenden als A und B bezeichnet) und einem Elektron. Es liegt somit ein Dreikörperproblem vor.

Die *Schrödingergleichung* für das H_2^+-Molekülion lautet:

$$H\psi\left(\vec{R}_i, \vec{r}\right) = E\psi\left(\vec{R}_i, \vec{r}\right) \tag{5.4}$$

mit dem Hamiltonoperator

$$H = -\frac{\hbar^2}{2M}\sum_i \Delta_{\vec{R}_i} - \frac{\hbar^2}{2m}\Delta_{\vec{r}} + U\left(\vec{R}_i, \vec{r}\right) \tag{5.5}$$

5.2 Die einfachsten Moleküle: H_2^+ und H_2

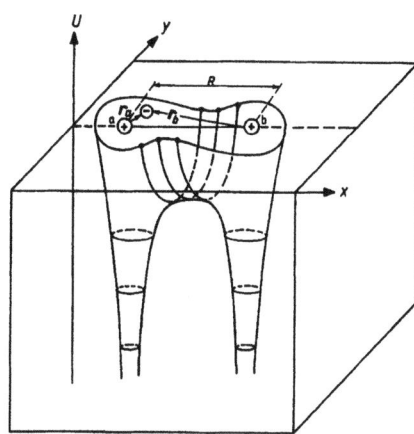

Fig. 5.1 Das Potential zweier benachbarter Atomkerne (A, B) für ein Elektron, das sich in der (x,y)-Ebene bewegt; nach [Sti 89]

und dem Ausdruck für die potentielle Energie

$$U\left(\vec{R}_i, \vec{r}\right) = \frac{e^2}{4\pi\epsilon_0} \left(\frac{1}{\left|\vec{R}_A - \vec{R}_B\right|} - \frac{1}{\left|\vec{R}_A - \vec{r}\right|} - \frac{1}{\left|\vec{R}_B - \vec{r}\right|} \right) \quad (5.6)$$

Diese Schrödingergleichung ist in der vorliegenden Form nicht analytisch lösbar. Wir werden daher eine Näherung einführen müssen, welche sich sowohl für das Gebiet der Molekülphysik als auch, wie wir in Kapitel 6 noch sehen werden, für das Gebiet der Festkörperphysik von zentraler Bedeutung erwiesen hat.

Die Born-Oppenheimer-Näherung

Wir betrachten zunächst nur die Elektronenbewegung im Feld *festgehaltener* Kerne. Diese Näherung wird dadurch motiviert, daß die Elektronen eine sehr viel kleinere Masse verglichen mit den Atomkernen besitzen und sich folglich ihre Bewegung auf einer sehr viel schnelleren Zeitskala abspielt als diejenige der Kerne.

Damit vereinfacht sich die Schrödingergleichung, da der Ausdruck für die kinetische Energie der Kerne entfällt:

$$\left[-\frac{\hbar^2}{2m} \Delta_{\vec{r}} + U(R, \vec{r}) \right] \psi_{el}(R, \vec{r}) = E(R)\, \psi_{el}(R, \vec{r}) \quad (5.7)$$

mit dem Kernabstand
$$R = \left|\vec{R}_A - \vec{R}_B\right| \tag{5.8}$$
und dem Ausdruck für die potentielle Energie
$$U(R, \vec{r}) = U_{el}(R, \vec{r}) + U_{Kern}(R) \tag{5.9}$$
Diese vereinfachte Schrödingergleichung kann nun in folgender Form umgeschrieben werden:
$$\left[-\frac{\hbar^2}{2m}\Delta_{\vec{r}} + U_{el}(R, \vec{r})\right]\psi_{el}(R, \vec{r}) = \underbrace{[E(R) - U_{Kern}(R)]}_{E_{el}(R)}\psi_{el}(R, \vec{r}) \tag{5.10}$$

Dabei wurde die Wellenfunktion des Elektronensystems ψ_{el} sowie dessen Gesamtenergie $E_{el}(R)$ eingeführt. Der Kernabstand R tritt hier nur noch als *Parameter* auf.

Die Behandlung der Kernbewegung erfolgt nun in einem zweiten Schritt durch das Aufstellen einer Schrödingergleichung, in der die Energie des Elektronensystems $E_{el}(R)$ als potentielle Energie auftritt:
$$\left[-\sum_i \frac{\hbar^2}{2M_i}\Delta\vec{R}_i + E_{el}(R)\right]\psi_{Kern}\left(\vec{R}_i\right) = E_{Kern}\,\psi_{Kern}\left(\vec{R}_i\right) \tag{5.11}$$

Hierbei wurde die Wellenfunktion ψ_{Kern} des Systems der Atomkerne sowie dessen Gesamtenergie E_{Kern} eingeführt.

Als Folge der Born-Oppenheimer-Näherung ergibt sich eine Separation der Gesamtwellenfunktion in ein Produkt der Elektronenwellenfunktion und der Kernwellenfunktion:
$$\boxed{\psi\left(\vec{R}_i, \vec{r}_j\right) = \psi_{el}\left(\vec{R}_i, \vec{r}_j\right) \cdot \psi_{Kern}\left(\vec{R}_i\right)} \tag{5.12}$$

Diese Näherung ist genau dann gut, falls $\psi_{el}(\vec{R}_i, \vec{r}_j)$ nur wenig mit den Kernkoordinaten $\vec{R}_i$ variiert.)

Als weitere Folge der Born-Oppenheimer-Näherung läßt sich die Gesamtenergie des Moleküls als Summe der Energie des Elektronensystems und der Energie des Kernsystems schreiben:
$$\boxed{E = E_{el} + E_{Kern}} \tag{5.13}$$

Somit erhalten wir für das H_2^+- Molekül nun folgende zu lösende Schrödingergleichung für das Elektronensystem:
$$\Delta_{\vec{r}}\,\psi_{el}(R, \vec{r}) + \frac{2m}{\hbar^2}\left[E_{el}(R) + \frac{e^2}{4\pi\epsilon_0}\left(\frac{1}{r_a} + \frac{1}{r_b}\right)\right]\psi_{el}(R, \vec{r}) = 0 \tag{5.14}$$

5.2 Die einfachsten Moleküle: H_2^+ und H_2 397

mit den Abständen des Elektrons von den beiden Kernen A und B:

$$r_a = |\vec{R}_A - \vec{r}| \qquad (5.15)$$

$$r_b = |\vec{R}_B - \vec{r}| \qquad (5.16)$$

Diese Schrödingergleichung ist separierbar in elliptischen Koordinaten (siehe Übungsaufgabe 5.1).

Als Ergebnis erhalten wir die *Elektronenenergie* E_{el} in Funktion des Kernabstands R, wie in Abb. 5.2 gezeigt.

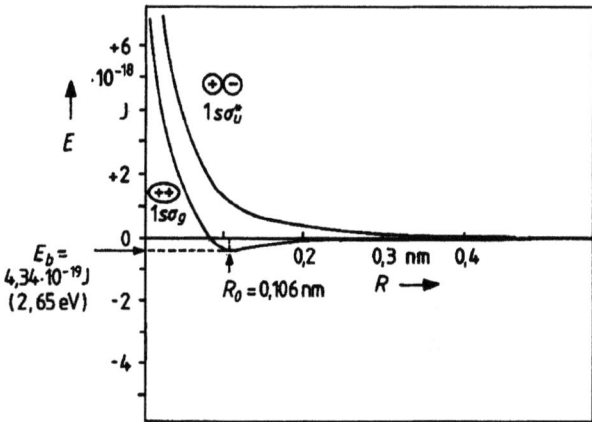

Fig. 5.2 Energie des Wasserstoff-Molekülions (H_2^+) als Funktion des Protonenabstands R. Aufgetragen ist die Gesamtenergie des bindenden (σ_g) und des antibindenden (σ_u^*) Grundzustands. Als Nullpunkt der Energieskala wurde die Gesamtenergie der beiden freien Teilchen (H und H$^-$) gewählt. Die Molekülbindungsenergie E_b = 2.65 eV entspricht dem Energiegewinn beim Zusammenfügen eines Protons und eines neutralen Wasserstoffatoms. Als Gleichgewichtsabstand der beiden Protonen ergibt sich R_0 = 0.106 nm; nach [Sti 89]

Als Wellenfunktionen des H_2^+-Molekülions („*Molekül-Orbitale*") erhält man, wie auch im Falle des H_2-Moleküls (siehe Kap. 5.2.2), Lösungen einer Gestalt wie in Abb. 5.3 dargestellt.

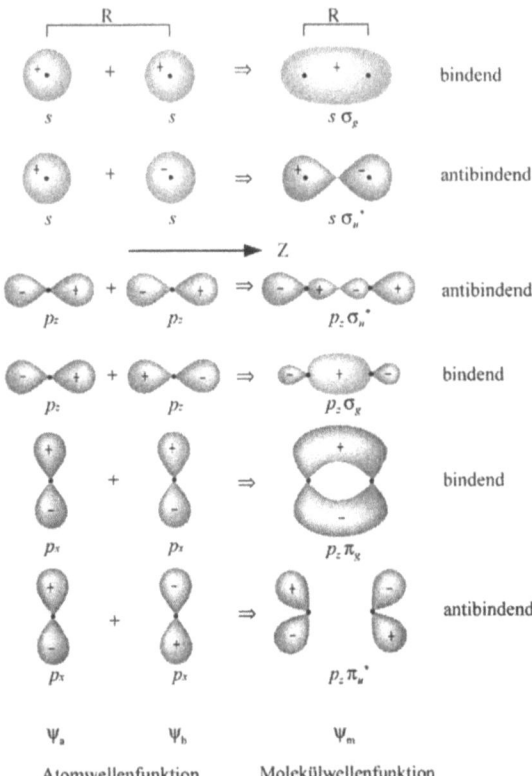

Fig. 5.3 Einige Wellenfunktionen des Wasserstoff-Moleküls, zusammengesetzt aus denjenigen freier H-Atome. Links sind die Wellenfunktionen der beiden getrennten H-Atome (großer Abstand R) dargestellt, rechts diejenigen der zum Molekül vereinigten (kleines R); nach [Sti 89]

Dabei wird folgende Unterscheidung getroffen:

Bindende Orbitale

besitzen eine Elektronendichte $|\psi_m|^2$, welche in der Mitte zwischen den Kernen *größer* ist als die Summe von $|\psi_a|^2$ und $|\psi_b|^2$. Hierdurch wird die Coulomb-Abstoßung der positiv geladenen Kerne vermindert, was zu einer Erniedrigung der Gesamtenergie führt.

Antibindende Orbitale

besitzen eine Elektronendichte $|\psi_m|^2$, welche in der Mitte zwischen den Kernen *kleiner* ist als die Summe von $|\psi_a|^2$ und $|\psi_b|^2$. Dies führt zu einer

5.3 Verschiedene Näherungsverfahren

verstärkten Coulomb-Abstoßung der Kerne und somit zu einer Erhöhung der Gesamtenergie.

5.2.2 Das H_2 - Molekül

Das H_2-Molekül ist aus zwei Protonen und zwei Elektronen aufgebaut. Es handelt sich somit um ein Vierkörperproblem. Die Schrödinger-Gleichung hierzu ist nun nicht mehr separierbar, auch nicht unter Verwendung der Born-Oppenheimer-Näherung. Wir sind daher auf weitere Näherungsverfahren angewiesen, die im Folgenden vorgestellt werden sollen.

5.3 Verschiedene Näherungsverfahren·

Ohne das (komplizierte) quantenmechanische Problem der Lösung der Vielteilchen-Schrödingergleichung für das H_2^+-Molekülion bzw. das H_2-Molekül anzugehen, können wir bereits auf der Basis einfacher Näherungsverfahren einige Grundzustandseigenschaften ableiten.

5.3.1 Molekülorbital-Näherung

Im Rahmen der Molekülorbital-Näherung geht man bei der Konstruktion der Molekülwellenfunktionen von (linearen) Überlagerungen von Atomwellenfunktionen für vorgegebene Kernpositionen aus. Dieses Vorgehen wird auch als LCAO (linear combination of atomic orbitals)-Ansatz bezeichnet:

$$\psi^{MO} = \sum_{\ell} c_\ell \psi_\ell \qquad (5.17)$$

wobei ψ_ℓ als Atomwellenfunktion („Atomorbital") die Bewegung des Elektrons um den ℓ-ten Kern beschreibt.

Beispiel: H_2^+-Molekülion

Für zwei Kerne (A, B) ergibt sich:

$$\begin{aligned}\psi_{AB} &= c_1 \psi_A + c_2 \psi_B \\ &= N \cdot [\psi_A + \tau \psi_B]\end{aligned} \qquad (5.18)$$

Auf Grund der Symmetrie des H_2^+-Molekülions kann man die Atomorbitale vertauschen:

$$\psi_{BA} = N \cdot [\psi_B + \tau\psi_A] ,\qquad(5.19)$$

wobei die den Molekülwellenfunktionen zugeordneten Wahrscheinlichkeitsdichten identisch sein müssen:

$$|\psi_{AB}|^2 \stackrel{!}{=} |\psi_{BA}|^2 \Rightarrow \tau = \pm 1 \qquad(5.20)$$

Somit ergeben sich folgende Lösungen:

$\psi_g = N_g [\psi_A + \psi_B]$, was dem bindenden σ_g-Orbital entspricht, sowie

$\psi_u = N_u [\psi_A - \psi_B]$, was dem antibindenden σ_u-Orbital entspricht.

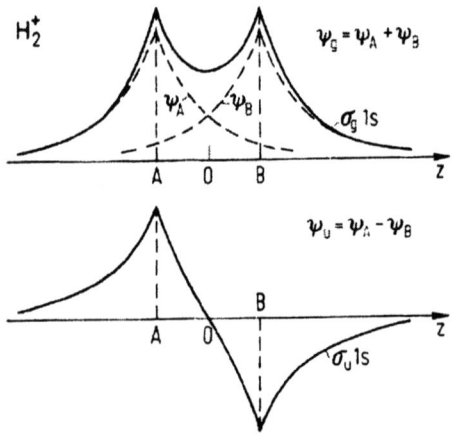

Fig. 5.4 Die Molekülorbitale $\psi(\sigma_g 1s)$ und $\psi(\sigma_u 1s)$ des Wasserstoffmolekülions und ihre Zusammensetzung aus den Wasserstoff-1s-Atomorbitalen ψ_A und ψ_B; nach [BS 92]

Beispiel: H_2-Molekül

Im Falle des H_2-Moleküls kann ein stabiler Grundzustand erwartet werden, wenn wir beide Elektronen in ein bindendes σ_g-Molekülorbital hineinbringen. Wir müssen jedoch beim Auffüllen der Molekülorbitale zusätzlich den Elektronenspin berücksichtigen und dabei das Pauliprinzip beachten. Das Pauli-Prinzip besagt, daß nur dann zwei Elektronen den gleichen Orbitalzustand besetzen können, wenn die beiden zugehörigen Elektronenspins antiparallel stehen.

5.3 Verschiedene Näherungsverfahren

Als Ansatz für die Wellenfunktion des Grundzustands können wir schreiben:

$$\begin{aligned}
\psi_{gg}^{MO} &= \psi_g(1) \cdot \psi_g(2) &(5.21)\\
&= N'_{gg}\left[\psi_A(1) + \psi_B(1)\right] \cdot \left[\psi_A(2) + \psi_B(2)\right] &(5.22)\\
&= N'_{gg}\left[\psi_A(1)\psi_A(2) + \psi_B(1)\psi_B(2)\right.\\
&\qquad \left. +\psi_A(1)\psi_B(2) + \psi_A(2)\psi_B(1)\right], &(5.23)
\end{aligned}$$

wobei beispielsweise $\psi_A(1)$ das Elektron 1 um Kern A beschreibt.

Falls die beiden Elektronenspins parallel stehen, so muß ein Elektron in ein antibindendes Orbital gebracht werden:

$$\begin{aligned}
\psi_{gu}^{MO} &= \psi_g(1) \cdot \psi_u(2) &(5.24)\\
&= N'_{gu}\left[\psi_A(1) + \psi_B(1)\right] \cdot \left[\psi_A(2) - \psi_B(2)\right] &(5.25)\\
&= N'_{gu}\left[\psi_A(1)\psi_A(2) - \psi_B(1)\psi_B(2)\right.\\
&\qquad \left. -\psi_A(1)\psi_B(2) + \psi_A(2)\psi_B(1)\right]. &(5.26)
\end{aligned}$$

Die Frage nach der Stabilität eines Moleküls wird letztlich darauf zurückgeführt, *ob* und *wieviele bindende* bzw. *antibindende Elektronenorbitale* auftreten.

5.3.2 Heitler-London-Näherung

Der Ausgangspunkt der Heitler-London-Näherung ist, daß bei Annäherung der Atome und Bildung eines Moleküls die äußeren *Valenzelektronen* als *ununterscheidbar* angesehen werden.

Beispiel: H$_2$-Molekül

Im Falle des H$_2$-Moleküls existieren genau zwei Möglichkeiten der Kombination der Atomwellenfunktionen, so daß die zugehörige Wahrscheinlichkeitsdichte unabhängig von der Vertauschung der beiden Elektronen 1 und 2 ist:

$$\psi_s^{HL} = N_s\left[\psi_A(1)\psi_B(2) + \psi_A(2)\psi_B(1)\right] \qquad (5.27)$$

$$\psi_a^{HL} = N_a\left[\psi_A(1)\psi_B(2) - \psi_A(2)\psi_B(1)\right] \qquad (5.28)$$

Dabei sind die Wellenfunktionen ψ_s symmetrisch und ψ_a antisymmetrisch bezüglich einer Vertauschung der Elektronen 1 ↔ 2.

Die beiden Elektronenspins können zu symmetrischen Spinfunktionen („Spins parallel"):

$$\chi_s(1) = \chi_\uparrow(1) \cdot \chi_\uparrow(2) \tag{5.29}$$

$$\chi_s(2) = \chi_\downarrow(1) \cdot \chi_\downarrow(2) \tag{5.30}$$

$$\chi_s(3) = \chi_\uparrow(1) \cdot \chi_\downarrow(2) + \chi_\uparrow(2) \cdot \chi_\downarrow(1) \tag{5.31}$$

oder zu einer antisymmetrischen Spinfunktion („Spins antiparallel") kombiniert werden:

$$\chi_a = \chi_\uparrow(1) \cdot \chi_\downarrow(2) - \chi_\uparrow(2) \cdot \chi_\downarrow(1) \tag{5.32}$$

Da die Gesamtwellenfunktion ϕ gemäß des Pauliprinzips antisymmetrisch sein muß, ergeben sich zwei Möglichkeiten:

$$\phi_1 = \psi_s^{HL} \cdot \chi_a \tag{5.33}$$

$$\phi_2 = \psi_a^{HL} \cdot \chi_s \tag{5.34}$$

Welche dieser beiden Wellenfunktionen beschreibt nun den stabilen Grundzustand? Zur Beantwortung dieser Frage gehen wir wieder von der Schrödingergleichung aus und formen diese etwas um:

$$H\psi = E\psi \tag{5.35}$$

$$\int \psi^* H \psi d\tau = \int \psi^* E \psi d\tau \tag{5.36}$$

$$\Rightarrow \quad E = \frac{\int \psi^* H \psi d\tau}{\int \psi^* \psi d\tau} \tag{5.37}$$

mit

$$H = H_1 + H_2 + U \tag{5.38}$$

$$= \left(-\frac{\hbar^2}{2m} \Delta_{\vec{r}_1} - \frac{e^2}{4\pi\epsilon_0} \cdot \frac{1}{\left|\vec{R}_A - \vec{r}_1\right|} \right) \tag{5.39}$$

$$+ \left(-\frac{\hbar^2}{2m} \Delta_{\vec{r}_2} - \frac{e^2}{4\pi\epsilon_0} \cdot \frac{1}{\left|\vec{R}_B - \vec{r}_2\right|} \right)$$

$$+ \frac{e^2}{4\pi\epsilon_0} \left(\frac{1}{\left|\vec{R}_A - \vec{R}_B\right|} - \frac{1}{\left|\vec{R}_A - \vec{r}_2\right|} - \frac{1}{\left|\vec{R}_B - \vec{r}_1\right|} + \frac{1}{\left|\vec{r}_1 - \vec{r}_2\right|} \right)$$

5.3 Verschiedene Näherungsverfahren

In Born-Oppenheimer-Näherung ergibt sich
a) mit der symmetrischen Funktion ψ_s^{HL}

$$E_s^{HL}(R) = 2E_{Ry} + \frac{C+A}{1+S^2}, \qquad (5.40)$$

b) mit der antisymmetrischen Funktion ψ_a^{HL}

$$E_a^{HL}(R) = 2E_{Ry} + \frac{C-A}{1-S^2}, \qquad (5.41)$$

mit dem Kernabstand

$$R = \left|\vec{R}_A - \vec{R}_B\right| \qquad (5.42)$$

und der Bindungsenergie des Elektrons im Grundzustand des H-Atoms („Rydbergenergie")

$$E_{Ry} \simeq 13.6 \text{ eV} \qquad (5.43)$$

Dabei haben wir folgende Größen eingeführt:

„Überlappintegral":

$$S = \int \psi_A^* \psi_B d\tau \qquad (5.44)$$

„Coulombintegral":

$$C = \int\int \psi_A(1)^* \psi_B(2)^* U \psi_A(1) \psi_B(2) d\tau_1 d\tau_2 \qquad (5.45)$$

„Austauschintegral":

$$A = \int\int \psi_B(1)^* \psi_A(2)^* U \psi_A(1) \psi_B(2) d\tau_1 d\tau_2 \qquad (5.46)$$

Offensichtlich wird eine stabile Konfiguration mit einer positiven Bindungsenergie nur im Falle einer antiparallelen Spineinstellung erzielt, während eine parallele Spineinstellung zu einem instabilen Zustand führt. Somit beschreibt

$$\phi_1 = \psi_s^{HL} \cdot \chi_a \qquad (5.47)$$

den Grundzustand des H_2-Moleküls. Die Energiedifferenz zwischen E_s^{HL} und E_a^{HL} beträgt:

$$E_a^{HL} - E_s^{HL} = \frac{2\left(CS^2 - A\right)}{(1-S^4)} \qquad (5.48)$$

Im Rahmen einer *effektiven spinabhängigen Wechselwirkung* können wir diese Energiedifferenz alternativ interpretieren, indem wir schreiben:

$$E_{\uparrow\uparrow} - E_{\uparrow\downarrow} = \frac{2\left(CS^2 - A\right)}{(1-S^4)} =: -J_{12} \qquad (5.49)$$

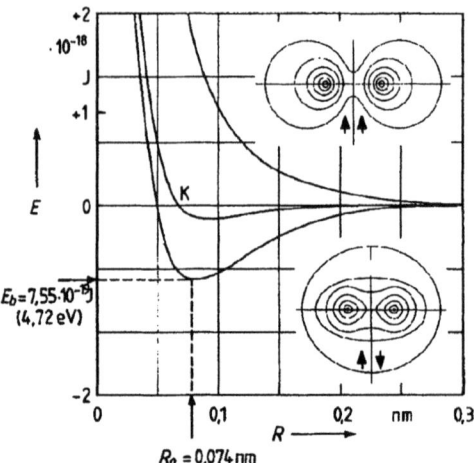

Fig. 5.5 Energie des neutralen Wasserstoff-Moleküls H_2 als Funktion des Kernabstands R. Aufgetragen ist die Gesamtenergie der beiden energetisch niedrigsten Zustände mit parallelem bzw. antiparallelem Elektronenspin. Als Nullpunkt der Energieskala wurde die Gesamtenergie der beiden neutralen H-Atome ($R \to \infty$) gewählt. Die mit „K" bezeichnete Kurve ist das Ergebnis einer klassischen Rechnung ohne Berücksichtigung des Pauli-Prinzips. Als Bindungsenergie ergibt sich E_b=4.72 eV und als Gleichgewichtsabstand der beiden Protonen R_0=0.074 nm; nach [Sti 89]

und hierzu einen *effektiven Hamiltonoperator (Modell-Hamiltonoperator)* für die sogenannte „Austausch-Wechselwirkung" einführen:

$$H_{\text{Spin-Spin}} = -J_{12}\, \vec{s}_1 \cdot \vec{s}_2 \qquad (5.50)$$

Dabei bezeichnen $\vec{s}_1$ und $\vec{s}_2$ die Spins der beiden Elektronen.

Für das H_2-Molekül gilt:

$$J_{12} < 0 \qquad \text{bzw.} \qquad E_{\uparrow\downarrow} < E_{\uparrow\uparrow}\,, \qquad (5.51)$$

d.h. die antiparallele Spineinstellung ist energetisch begünstigt.

5.3.3 Vergleich zwischen Molekülorbital–Näherung und Heitler–London–Näherung

Am Beispiel des H_2-Moleküls entsprechen sich offensichtlich:

$$\psi_{gg}^{MO} \longleftrightarrow \psi_s^{HL} \qquad (5.52)$$

5.3 Verschiedene Näherungsverfahren

$$\psi_{gu}^{MO} \longleftrightarrow \psi_a^{HL} \tag{5.53}$$

Der Unterschied besteht jedoch darin, daß ψ^{MO} Terme enthält, welche Zuständen entsprechen, bei denen sich *beide* Elektronen entweder bei Kern A *oder* bei Kern B aufhalten.

In ψ^{MO} werden daher *Ionenstrukturen* der Form A^+B^- und A^-B^+ mitberücksichtigt, in ψ^{HL} dagegen nicht!

Im Allgemeinen werden im Ansatz für ψ^{MO} die Ionenterme beträchtlich überschätzt, im Ansatz für ψ^{HL} hingegen unterschätzt.

Die Verhältnisse bei *nicht* homonuklearen Molekülen liegen meistens dazwischen.

5.3.4 Näherung der Valenzbindung

Beim Zusammenbau der Moleküle aus einzelnen Atomen werden die inneren, fest gebundenen Atomelektronen als unbeeinflußt angenommen. Nur die äußeren *„Valenzelektronen"* in nicht abgeschlossenen Schalen, welche unter dem Einfluß des durch die inneren Elektronen abgeschirmten elektrischen Feldes der Atomkerne und des elektrischen Feldes der übrigen Valenzelektronen im Molekül stehen, sind für die chemische Bindung und für viele physikalische Eigenschaften des Moleküls verantwortlich.

Wir wollen im Folgenden die Atome nicht mehr aufgebaut denken aus Atomkern und allen übrigen Elektronen, sondern aus einem „Atomrumpf" oder „Ion", bestehend aus dem Atomkern und den inneren Elektronen, sowie aus den Valenzelektronen.

Mit dieser Vereinbarung: Atomkern + innere Elektronen = „Atomrumpf" = „Ion" bekommt die Schrödingergleichung folgende Form:

$$H\psi\left(\vec{R}_i, \vec{r}_j\right) = E\psi\left(\vec{R}_i, \vec{r}_j\right) \tag{5.54}$$

mit

$$\begin{aligned} H = & -\frac{\hbar^2}{2}\sum_i \frac{1}{M_i}\Delta_{\vec{R}_i} - \frac{\hbar^2}{2m}\sum_j \Delta_{\vec{r}_j} + \frac{1}{2}\sum_{i\neq i'} U_{\text{ion}}\left(\left|\vec{R}_i - \vec{R}_{i'}\right|\right) \\ & + \frac{1}{2}\frac{e^2}{4\pi\epsilon_0}\sum_{j\neq j'} \frac{1}{|\vec{r}_j - \vec{r}_{j'}|} + \sum_{i,j} U_{el,ion}\left(\vec{r}_j, \vec{R}_i\right) \end{aligned} \tag{5.55}$$

wobei die auftretenden Größen nun folgende Bedeutung haben:

mit $\vec{R}_i$: Ionenkoordinaten
 $\vec{r}_j$: Valenzelektronenkoordinaten
 M_i : Ionenmassen
 m : Elektronenmasse
 $U_{\text{ion}}\left(\left|\vec{R}_i - \vec{R}_{i'}\right|\right)$: Wechselwirkungspotential (Paarpotential) zwischen zwei Ionen am Ort $\vec{R}_i$ und $\vec{R}_{i'}$.
 $U_{\text{el,ion}}\left(\vec{r}_j, \vec{R}_i\right)$: Wechselwirkungspotential zwischen Ion am Ort $\vec{R}_i$ und Valenzelektron am Ort $\vec{r}_j$.

Darauf aufbauend können wiederum die bereits diskutierten Näherungen (Born-Oppenheimer-, Molekülorbital- und die Heitler-London-Näherung) angewandt werden.

Beispiel: Li_2-Molekül

Li-Atomrumpf = Atomkern + abgeschlossene K-Schale
Valenzelektron = $2s$-Elektron
$\Rightarrow$ Behandlung des Li_2-Moleküls analog zum H_2-Molekül, mit dem Unterschied, daß die $1s$- durch die $2s$-Atomwellenfunktion ersetzt werden muß:

$$\psi_{A,B}^{(1s)}(1,2) \longrightarrow \psi_{A,B}^{(2s)}(1,2) \tag{5.56}$$

5.4 Hybridisierung

Unter einer *Hybridisierung* versteht man eine Mischung von Atomorbitalen. Hierzu muß Energie innerhalb eines Atoms aufgebracht werden; durch größeren Überlapp der Valenzorbitale der Atome beim Zusammenbau zum Molekül kann jedoch ein *zusätzlicher* Gewinn an Bindungsenergie resultieren, der den inneratomaren Energiebetrag überkompensiert.

Die Voraussetzung für das Auftreten einer Hybridisierung kann wie folgt formuliert werden:

$$E_b > E_{\text{Spin-Bahn}}^{\text{Atom}} \tag{5.57}$$

mit E_b : Bindungsenergie des Moleküls
 $E_{\text{Spin-Bahn}}^{\text{Atom}}$: Spin-Bahn-Kopplungsenergie eines seiner Atome

Die Beschreibung von Hybridorbitalen kann wie folgt am Beispiel von Li

5.4 Hybridisierung

erfolgen:

Beispiel:
Li → Mischung von 2s- und 2p-Orbitalen

$$\varphi_{A,B} = \psi_{A,B}^{(2s)} \cos\alpha + \psi_{A,B}^{(2p)} \sin\alpha \tag{5.58}$$

mit einem Parameter α als Maß für den Grad der Hybridisierung.

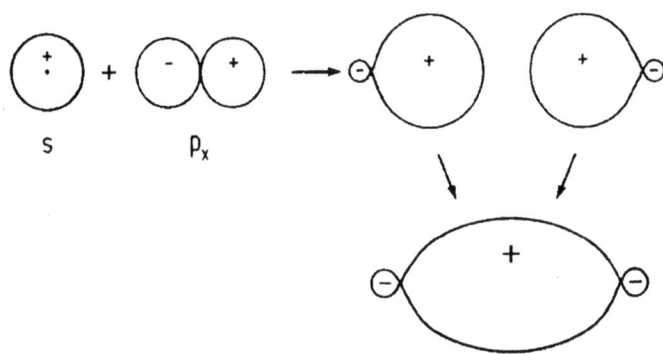

Fig. 5.6 Bildung eines sp–Hybrid–Atomorbitals und Molekülbindung durch zwei sp–Hybrid–Atomorbitale; nach [BS 92]

Beispiel Kohlenstoff (C): Kohlenstoff besitzt 2p-Valenzelektronen, tritt aber häufig in Verbindung mit anderen Wertigkeiten auf:

- CH_4 (Methan):
  → sp^3-Hybridisierung; führt zu Tetraedermolekül.
- $H_2C = CH_2$ (Ethylen):
  → sp^2- Hybridisierung; führt zu ebenem Molekül.
- $HC \equiv CH$ (Azetylen):
  → sp-Hybridisierung; führt zu linearem Molekül.
- C_6H_6 (Benzol):
  → sp^2-Hybridisierung; führt zu ebenem ringförmigem Molekül.

Beim Benzol ist interessant, daß sich von den insgesamt 42 Elektronen

- (6 x 2) C-Elektronen in der inneren K-Schale,
- (6 x 3) C-Elektronen und (6 x 1) H-Elektronen in *lokalisierten* σ-Bindungen, sowie
- (6 x 1) C-Elektronen in *delokalisierten* π- Bindungen befinden; diese π-Elektronen sind frei beweglich über den gesamten Benzolring.

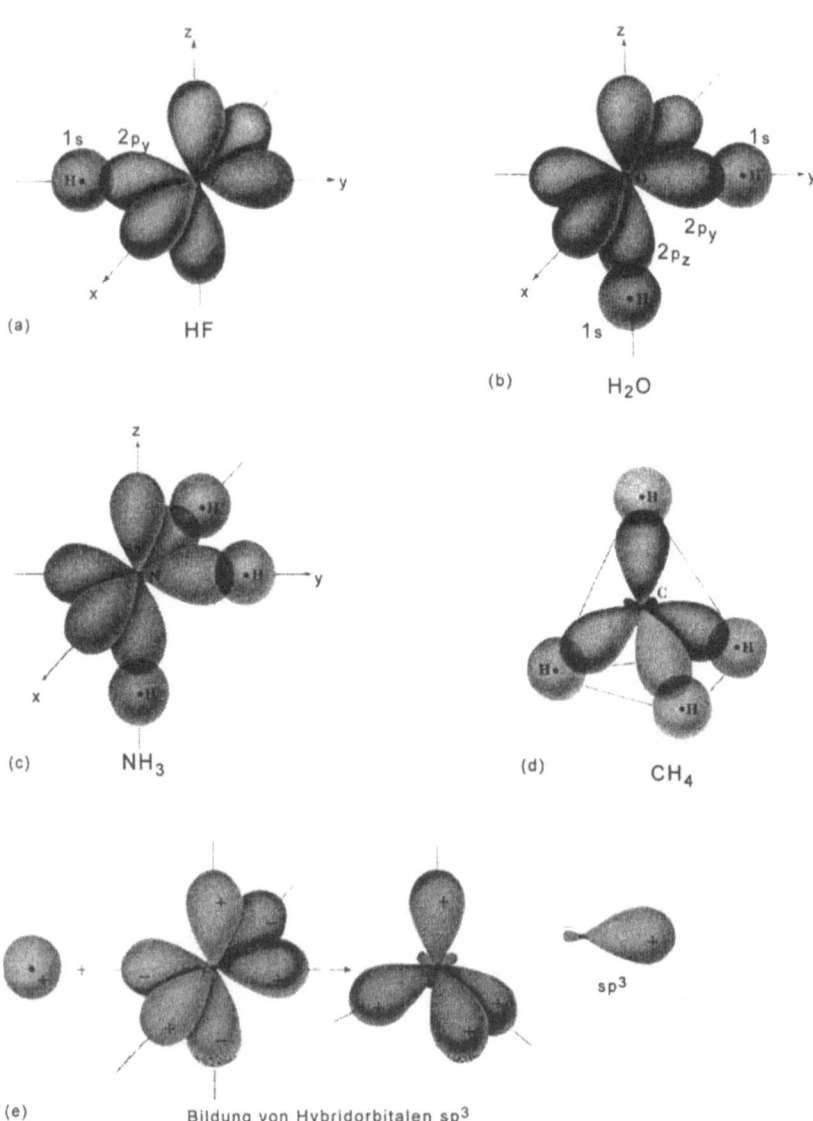

Fig. 5.7 Die räumliche Struktur einiger einfacher Moleküle, dargestellt als Überlagerung von Atomwellenfunktionen; nach [Sti 89]

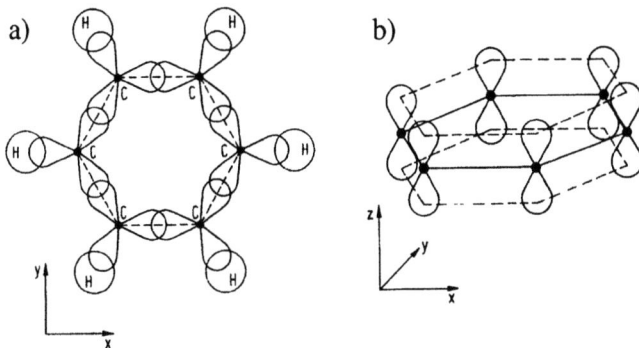

Fig. 5.8 Aufbau des Benzolmoleküls. a) σ-Bindung, b) π-Bindungen durch p_z-Orbitale; nach [BS 92]

5.5 Arten der chemischen Bindung

Im Folgenden wollen wir die verschiedenen Arten der chemischen Bindung phänomenologisch beschreiben und bezüglich ihrer Stärke, ihrer Richtungsabhängigkeit und der Ausdehnung der zugehörigen Wellenfunktionen klassifizieren. Hierfür müssen wir zunächst die wichtigen Begriffe der *Elektronenaffinität* und der *Elektronegativität* einführen.

Elektronenaffinität E_A

Es handelt sich dabei um diejenige Energie, die bei der Anlagerung eines Elektrons an ein neutrales Atom frei wird.

Elektronegativität χ_A

Dies ist ein Maß für die Tendenz eines Atoms innerhalb eines Moleküls, ein bindendes Elektron zu sich heranzuziehen. Die Elektronegativität ist wie folgt definiert:

$$\chi_A = 4.0 - 0.374\sqrt{E_{AB} - \sqrt{E_{AA} \cdot E_{BB}}}, \qquad (5.59)$$

wobei E_{ik} die Bindungsenergien der Moleküle AB, AA, BB in kcal/30 Mol bzw. $2.31 \cdot 10^{-22}$ J/Molekül darstellen.

Tab. 5.1 Elektronegativitäten wichtiger Elemente

H						
2.1						
Li	Be	B	C	N	O	F
1.0	1.5	2.0	2.5	3.0	3.5	4.0
Na	Mg	Al	Si	P	S	Cl
0.9	1.2	1.5	1.8	2.1	2.5	3.0
K	Ca	Sc	Ge	As	Se	Br
0.8	1.0	1.3	1.8	2.0	2.4	2.8
Rb	Sr	Y	Sn	Sb	Te	I
0.8	1.0	1.3	1.8	1.9	2.1	2.5

Ionisierungsenergie E_I:

Hierbei handelt es sich um diejenige Energie, die aufgewandt werden muß, um ein Elektron von einem neutralen Atom zu entfernen.

Es gilt: $\chi_A \approx K(E_A + E_I)$ mit einem Proportionalitätsfaktor ($K \approx 0.184$).

Je größer die Ionisierungsenergie und die Elektronenaffinität eines Atoms sind, desto stärkere Tendenz zeigt es, in einer Verbindung Elektronen an sich zu ziehen.

5.5.1 Kovalente Bindung

Die kovalente Bindung tritt auf bei homonuklearen Molekülen (Beispiele: $H_2, N_2, O_2, \cdots$) sowie bei heteronuklearen Molekülen mit *kleiner* Elektronegativitätsdifferenz (Beispiele: CH_4, σ-Bindung von $C_6H_6, \cdots$).

Charakteristisch für die kovalente Bindung ist (vergleiche Abbildung 5.9 unten):

- Die bindenden Elektronen befinden sich vorwiegend in der Mitte zwischen den Atomen (sind lokalisiert),
- die Bindung ist gerichtet,
- es handelt sich um die *stärkste* chemische Bindung,
- sie führt zu den *kleinsten* Atomabständen.

5.5 Arten der chemischen Bindung

5.5.2 Ionische Bindung

Die ionische Bindung tritt bei heteronuklearen Molekülen mit *großer* Elektronegativitätsdifferenz ($\Delta \chi > 1.5$) auf. (Beispiele: Alkalihalogenide NaCl, KBr, CsF usw.).

Charakteristisch für die ionische Bindung ist (vergleiche Abbildung 5.9 oben):

- Ein oder mehrere Elektronen verlagern sich fast ganz von einem Atom zu einem anderem (sind stark lokalisiert),
- die Bindung ist nicht gerichtet.

5.5.3 Metallische Bindung

Die metallische Bindung ist charakterisiert durch delokalisierte Bindungselektronen, die sich zwischen den Atomen frei bewegen können. (Beispiel: π-Bindung von C_6H_6).

5.5.4 Wasserstoffbrücken-Bindung

Die Wasserstoffbrückenbindung tritt in H-haltigen Verbindungen wie beispielsweise H_2O und H-haltigen organischen Molekülen auf.

Charakteristisch für die Wasserstoffbrückenbindung ist:

- Ein bindendes Elektron gehört einem Wasserstoffatom, dessen Kern ebenfalls an einer Bindung beteiligt ist, d.h. das H-Atom ist insgesamt an *zwei* Nachbaratome gebunden, obwohl Wasserstoff sonst nur einwertig vorkommt.

5.5.5 Van-der-Waals-Bindung

Die Van-der-Waals-Bindung tritt im Falle abgeschlossener Elektronenschalen auf, wie sie bei den Edelgasen vorliegen.

Charakteristisch für die Van-der-Waals-Bindung ist:

- Die anziehende Wechselwirkung resultiert von wechselseitig induzierten Dipolen auf Grund von Ladungsfluktuationen,
- die Bindung ist nicht gerichtet,
- es handelt sich um die schwächste Form der chemischen Bindung.

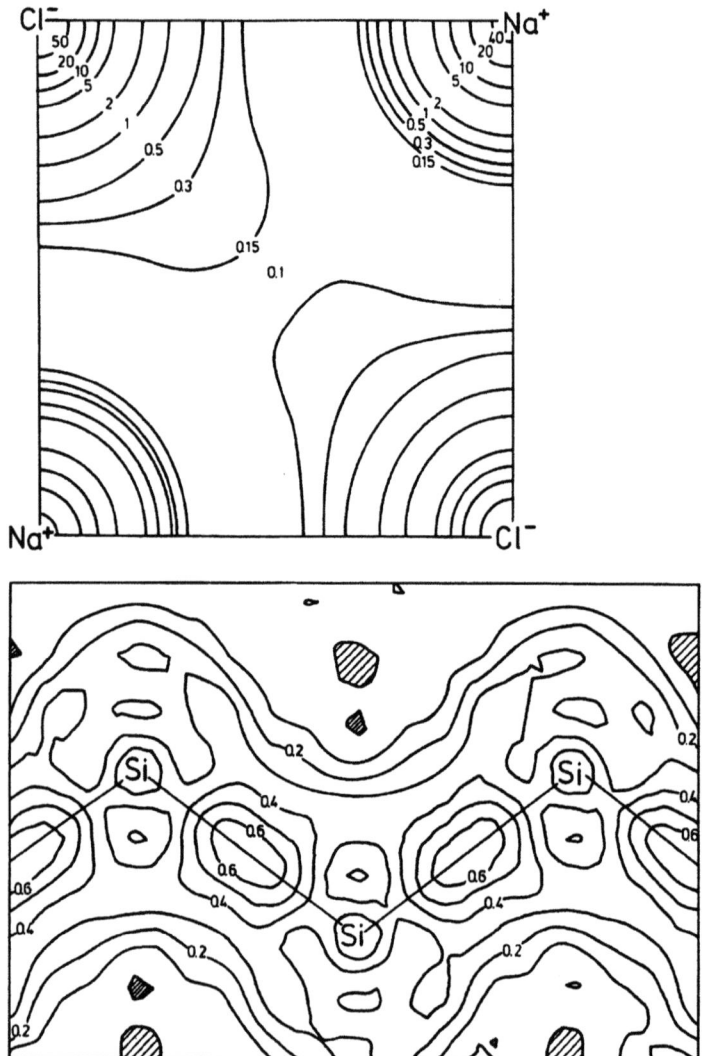

Fig. 5.9 Elektronendichten der Valenzelektronen in dem typischen Ionenkristall von NaCl und in einem typischen kovalent gebundenen Kristall Si. Deutlich erkennt man die Konzentration der Ladung entlang der Bindungsrichtung zwischen den Si-Atomen, während bei der Ionenbindung die Elektronen im wesentlichen kugelsymmetrisch um die Ionen verteilt sind; nach [IL 02]

5.6 Empirische Wechselwirkungspotentiale

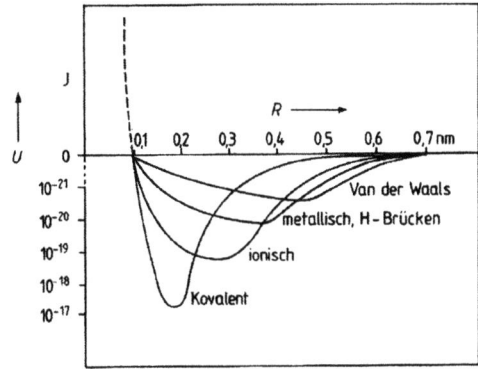

Fig. 5.10 Angenäherter Potentialverlauf für die fünf Bindungstypen. Die Potentiale sind bei $R = 0.1$ nm auf Null normiert. Der Ordinatenmaßstab ist logarithmisch im Bereich zwischen 10^{-21} J und 10^{-17} J, zwischen 0 und 10^{-21} J linear. Der Nullpunkt der Energieskala entspricht der Energie der freien Atome für $R \to \infty$; nach [Sti 89]

5.6 Empirische Wechselwirkungspotentiale

> In diesem Abschnitt wollen wir uns mit der Form des Wechselwirkungspotentials $U(R)$ für die verschiedenen Bindungstypen beschäftigen. Dabei werden wir sowohl verschiedene Möglichkeiten einer analytischen Beschreibung des Wechselwirkungspotentials als auch verschiedene experimentelle Methoden zu deren Bestimmung kennenlernen.

Das Wechselwirkungspotential besitzt grundsätzlich zwei Anteile:

- Einen abstoßenden Teil bei kleinen Kernabständen R (verursacht durch das Pauli-Prinzip),
- einen anziehenden Teil bei größeren Kernabständen R.

Der Potentialverlauf wird qualitativ durch die Tiefe des Potentialminimums, welche die Stärke der Bindung repräsentiert, sowie durch die Lage des Potentialminimums, welche den Gleichgewichtsabstand zwischen den Atomen bestimmt, charakterisiert.

Für eine analytische Beschreibung des Wechselwirkungspotentials sind folgende (empirische) Modellpotentiale gebräuchlich (es handelt sich dabei ausschließlich um Paarpotentiale):

1. Lennard-Jones-Potential: Dieses Potential liefert eine gute Beschreibung für Edelgase, welche der Van-der-Waals-Wechselwirkung unterliegen:

$$U(R) = 4\epsilon \left[\left(\frac{\sigma}{R}\right)^{12} - \left(\frac{\sigma}{R}\right)^6 \right] \quad (5.60)$$

Der erste Term beschreibt den abstoßenden Teil, der zweite Term den anziehenden Teil des Potentials. Letzterer ist durch die attraktive Van-der-Waals-Wechselwirkung gegeben. Die Bindungsenergie $E_b = -U(R_0)$ und der Gleichgewichtsabstand R_0 werden durch die Parameter ϵ und σ bestimmt (siehe Übungsaufgabe 5.2).

2. Alternativer Ansatz: Alternativ kann der abstoßende Teil des Potentials mit einer Exponentialfunktion beschrieben werden:

$$U(R) = \lambda e^{-R/\varphi} - \left(\frac{\sigma'}{R}\right)^6 \quad (5.61)$$

3. Für die Ionenbindung kann folgendes Modellpotential zugrunde gelegt werden:

$$U(R) = \frac{B}{R^n} - \frac{ZZ'e^2}{4\pi\epsilon_0 R} \qquad \text{mit} \quad 10 \le n \le 16 \quad (5.62)$$

Dabei beschreibt der erste Term wiederum den repulsiven Teil, der zweite Term den attraktiven Teil des Potentials. Letzterer ist gegeben durch die Coulombwechselwirkung zwischen zwei entgegengesetzt geladenen Ionen mit den Ladungen (Ze) und (Z'e).

4. Für die gerichteten kovalenten Bindungen ist die Beschreibung mittels Paarpotentialen im Allgemeinen nicht geeignet. Es müssen hierfür komplizierte Modellpotentiale konstruiert werden.

Experimenteller Zugang zu den Wechselwirkungspotentialen:

1. Streuexperimente von Atomen:
Aus der gemessenen Winkelverteilung der Streuintensität $I(\theta)$ lassen sich Aussagen über das Wechselwirkungspotential gewinnen (siehe Abschnitt 6.3.3).
2. Rasterkraftmikroskopie:
Aus der gemessenen Kraft-Abstands-Abhängigkeit einer atomar scharfen Spitze und einer gegenüberliegenden Probe können ebenfalls Rückschlüsse auf den Verlauf des Wechselwirkungspotentials gezogen werden.

5.7 Molekulare Anregungen

> Bis jetzt stand die Frage nach dem *Grundzustand* der Moleküle im Vordergrund. Ähnlich wie im Bereich der Atomphysik existieren jedoch auch bei Molekülen *angeregte Zustände* des Elektronensystems. Darüber hinaus können bei Molekülen Anregungen auftreten, welche durch Kernbewegungen verursacht werden, wie beispielsweise *Schwingungs-* oder *Rotationsanregungen*. Hieraus resultiert eine Vielzahl möglicher Übergänge zwischen verschiedenen Zuständen, die zu komplexen *Molekülspektren* mit sogenannten *Schwingungs-* und *Rotationsbanden* führt.

Im Folgenden wollen wir die verschiedenen möglichen Molekülanregungen näher betrachten. Dabei treffen wir folgende Unterscheidung:
1. Elektronische Anregungen (E_{el}) und
2. Anregungen, welche eine Kernbewegung involvieren:
2a) Vibrations- (Schwingungs-) Anregungen (E_{vib}) sowie
2b) Rotationsanregungen (E_{rot}).

Auf Grund der Separierbarkeit der Elektronen- und Kernbewegung (Born-Oppenheimer-Näherung) läßt sich die Gesamtenergie eines Molekülzustands als Summe von Einzelbeiträgen ausdrücken:

$$E_{ges} = E_{el} + \underbrace{E_{vib} + E_{rot}}_{E_{Kern}} \tag{5.63}$$

Die Gesamtwellenfunktion ergibt sich wie folgt als Produktfunktion:

$$\psi\left(\vec{R}_i, \vec{r}_j\right) = \psi_{el}\left(\vec{R}_i, \vec{r}_j\right) \cdot \underbrace{\psi_{vib}\left(\vec{R}_i\right) \cdot \psi_{rot}\left(\vec{R}_i\right)}_{\psi_{Kern}(\vec{R}_i)} \tag{5.64}$$

5.7.1 Elektronische Anregung

Bei einer elektronischen Molekülanregung richten sich die Intensitäten der Übergänge nach dem Franck-Condon-Prinzip. Dieses besagt:

Klassische Formulierung (Franck):
Der „Elektronensprung" erfolgt, verglichen mit der Schwingungsbewegung der Kerne, so schnell, daß vor und nach dem Elektronensprung die Kerne dieselbe Lage und dieselbe Geschwindigkeit besitzen.

Quantenmechanische Formulierung (Condon):
Die Wahrscheinlichkeit dafür, daß in einem Molekül ein Übergang vom Grundzustand ψ_0 zu einem angeregten Zustand ψ_n stattfindet, ist proportional dem Quadrat des Übergangsmoments $|D|^2$ mit

$$D = \int \psi_n^* \left(\sum_i e\vec{R}_i + \sum_j e\vec{r}_j \right) \psi_0 d\tau \tag{5.65}$$

mit $\vec{R}_i, \vec{r}_j$: Ortsvektoren der Kerne und der Elektronen,
$d\tau$: Volumenelement aller Koordinaten.

Im Zusammenhang mit Auswahlregeln für Übergänge zwischen verschiedenen Energieniveaus ist die Frage nach der Existenz eines permanenten Dipolmomentes wichtig. Wir können hierfür folgende Unterscheidung treffen:

1. Hochsymmetrische Moleküle (z.B. $H_2, N_2, O_2, CO_2, CH_4, C_6H_6$ usw.):
Besitzen kein permanentes Dipolmoment, allenfalls ein induziertes Dipolmoment (z.B. verursacht durch ein äußeres elektrisches Feld).
2. Asymmetrische Moleküle, bei denen die Schwerpunkte der positiven und negativen Ladungen nicht zusammenfallen (z.B. H_2O, Alkalihalogenide etc.):
Besitzen ein permanentes Dipolmoment, welches typischerweise 100x größer als ein induziertes Dipolmoment ist.

Der experimentelle Zugang zu den Dipolmomenten $\vec{\mu}_e$ erfolgt durch die Messung der dielektrischen Suszeptibilität χ_e bzw. der relativen Dielektrizitätskonstante ϵ_r:

$$\chi_e = \frac{\left|\vec{P}_e\right|}{\epsilon_0 \left|\vec{E}\right|} = \frac{|\mu_e|}{V\epsilon_0 \left|\vec{E}\right|} = \epsilon_r - 1 \tag{5.66}$$

Hierbei bezeichnet $\vec{P}_e$ die elektrische Polarisation, $\vec{E}$ das elektrische Feld und V das Volumen.

5.7.2 Vibrations-/ Schwingungsanregung

Wir wollen uns hier beschränken auf die Behandlung eines zweiatomigen Moleküls mit den Massen M_1 und M_2. Ferner betrachten wir nur kleine Schwingungsamplituden, für die eine harmonische Näherung des Potentialverlaufs gerechtfertigt ist.

Die Frequenzen der Molekülschwingung im Modell des linearen harmoni-

5.7 Molekulare Anregungen

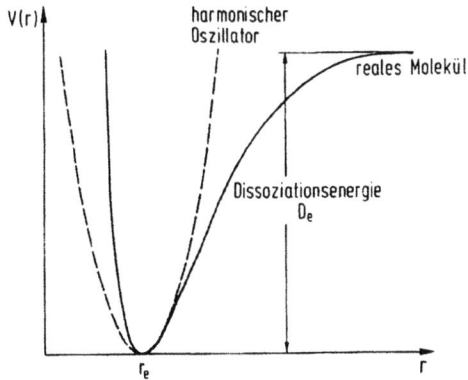

Fig. 5.11 Potentialnäherung für den harmonischen Oszillator; nach [BS 92]

schen Oszillators sind dann gegeben durch:

$$\omega_{\text{vib}} = \sqrt{K \left(\frac{1}{M_1} + \frac{1}{M_2} \right)} \tag{5.67}$$

Die möglichen Energiezustände eines quantenmechanischen harmonischen Oszillators sind:

$$\boxed{E_{\text{vib}} = \left(v + \frac{1}{2} \right) \hbar \omega_{\text{vib}}} \tag{5.68}$$

mit v=0,1,2... (Schwingungsquantenzahl).

Die Vibrationsenergien liegen dabei in der Größenordnung: $k_B T_R < E_{\text{vib}} < E_{\text{el}}$, d.h. daß bei Raumtemperatur T_R die Schwingungszustände meist „eingefroren" sind.

Für die Übergangsfrequenz zwischen zwei Vibrationszuständen gilt:

$$\nu_{\text{vib}} = \frac{\Delta E_{\text{vib}}}{h} \tag{5.69}$$

und demnach für $\Delta v = 1$:

$$\nu_{\text{vib}}(v \to v+1) = \frac{1}{2\pi} \sqrt{K \left(\frac{1}{M_1} + \frac{1}{M_2} \right)} \tag{5.70}$$

Aus gemessenen Frequenzen ν_{vib} der Schwingungsübergänge (Spektralbereich: Infrarot) ergeben sich folglich die Atommassen M und die Kraftkonstanten K.

Einen experimentellen Zugang zu den Übergangsfrequenzen verschafft die

Beobachtung der Absorption elektromagnetischer Strahlung. Dabei spaltet jede zu einem elektronischen Übergang gehörende „Spektrallinie"in sogenannte „*Schwingungsbanden*"auf.

Verallgemeinerung: Schwingungen N-atomiger Moleküle

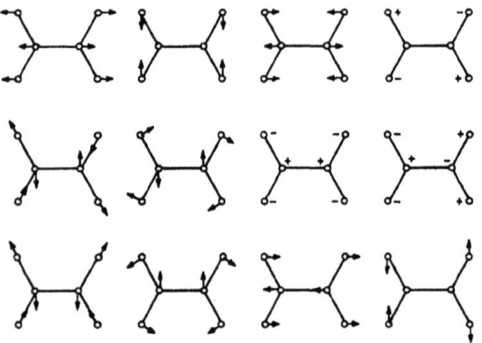

Fig. 5.12 Die zwölf Schwingungsmoden des Äthylenmoleküls (C_2H_4). Die Pfeile bezeichnen die Schwingungsrichtungen; „+" und „-" bedeuten Schwingungen senkrecht zur Zeichenebene; nach [Sti 89]

Die Schwingungsbewegung der in einem N-atomigen Molekül gebundenen Atome kann als lineare Überlagerung voneinander unabhängiger harmonischer Schwingungen („Normalschwingungen") aufgefaßt werden. Insgesamt existieren (3N-6) solcher *„Normalschwingungen"*. Dies entspricht gleichzeitig der Zahl der Schwingungsfreiheitsgrade.

5.7.3 Rotationsbewegung

Wir wollen uns hier wiederum auf die Behandlung eines linearen (z.B. zweiatomigen) Moleküls beschränken.

Die Rotationsenergie eines Rotators mit einem Freiheitsgrad ist gegeben durch:

$$E_{\text{rot}} = \frac{\theta \omega^2}{2} = \frac{|\vec{L}|^2}{2\theta}, \tag{5.71}$$

wobei

θ : das Trägheitsmoment und

$|\vec{L}|$: der Betrag des Bahndrehimpulses ist.

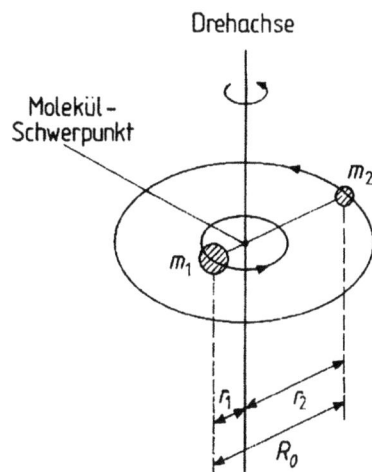

Fig. 5.13
Rotation eines zweiatomigen Moleküls; nach [Sti 89]

Nach den Regeln der Quantenmechanik ist der Drehimpuls quantisiert gemäß

$$|\vec{L}| = \sqrt{J(J+1)}\hbar \tag{5.72}$$

mit $J = 0,1,2$ ... (Rotationsquantenzahl).

Folglich erhält man folgenden Ausdruck für die Energieniveaus des quantenmechanischen Rotators:

$$\boxed{E_{\text{rot}} = \frac{J(J+1)\hbar^2}{2\theta}} \tag{5.73}$$

Die Rotationsenergien liegen dabei in der Größenordnung

$$E_{\text{rot}} \lesssim k_B T_R < E_{\text{vib}} < E_{\text{el}}, \tag{5.74}$$

d.h. daß die Rotationszustände bei Raumtemperatur im allgemeinen angeregt sind.

Für die Übergangsfrequenz zwischen zwei Rotationszuständen gilt:

$$\nu_{\text{rot}} = \frac{\Delta E_{\text{rot}}}{h} \tag{5.75}$$

und demnach für $\Delta J = 1$:

$$\nu_{\text{rot}}(J \to J+1) = \frac{(J+1)\hbar}{2\pi\theta} \tag{5.76}$$

Aus gemessenen Frequenzen ν_{rot} der Rotationsübergänge (Spektralbereich: fernes Infrarot für leichte Moleküle bzw. Mikrowellen für schwere Moleküle) ergeben sich folglich das Trägheitsmoment θ, die Winkelgeschwindigkeit ω und, bei bekannten Atommassen, deren Abstände im Molekül.

Einen experimentellen Zugang zu den Übergangsfrequenzen verschaffen die Beobachtung der Absorption elektromagnetischer Strahlung sowie die Lichtstreuung („Raman-Streuung").

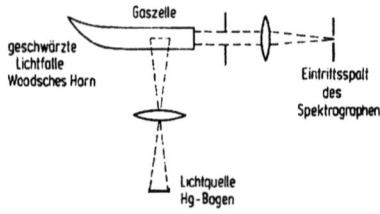

Fig. 5.14
Zur Messung des Raman-Spektrums; nach [BS 92]

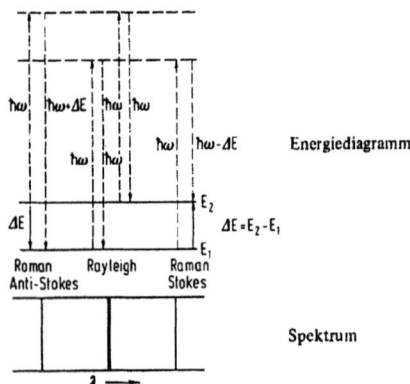

Fig. 5.15 Energiediagramm für die Deutung der Raman- und Rayleigh-Streuung. Die gestrichelten Linien stellen virtuelle Übergänge dar. Unten ist das beobachtete Spektrum dargestellt; nach [BS 92]

5.7.4 Molekülspektrum

Ein Molekülspektrum ist gekennzeichnet durch eine Folge elektronischer Übergänge, die wiederum in Schwingungsbanden aufspalten. Die Schwingungsbanden ihrerseits besitzen nochmals eine Unterstruktur, welche durch die Anregung von Rotationsübergängen zustandekommt.

5.7 Molekulare Anregungen

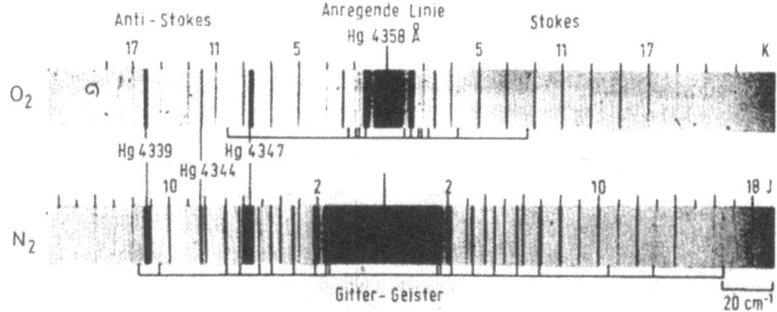

Fig. 5.16 Rotations–Raman–Spektren von N_2 und O_2; nach [BS 92]

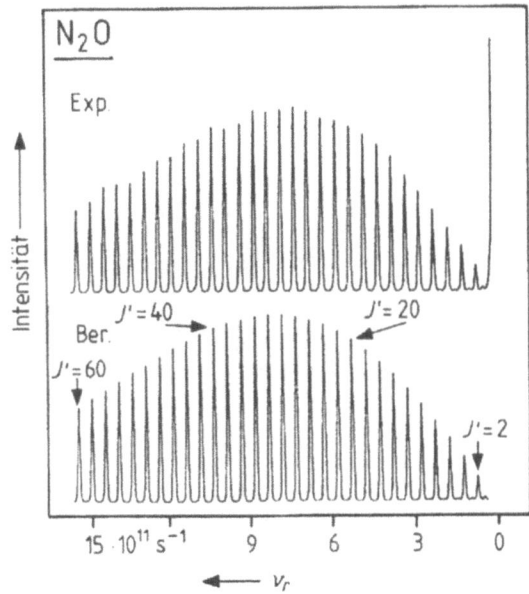

Fig. 5.17 Raman–Rotationsspektrum von Distickstoffoxid. Oben: gemessen, unten: berechnet. Die eingestrahlte Frequenz liegt auf der Abszisse bei $\nu_{\rm rot} = 0$. Wird ein Molekül zur Rotation angeregt, so verliert das eingestrahlte Licht die Rotationsenergie $E_{\rm rot} \overset{\sim}{=} h\nu_{\rm rot}$. Seine Frequenz wird dadurch um ν_{rot} verkleinert. Das hier gezeigte Spektrum entspricht einem Zweiphotonen–Raman–Prozeß mit $\Delta J = \pm 2$; nach [Sti 89]

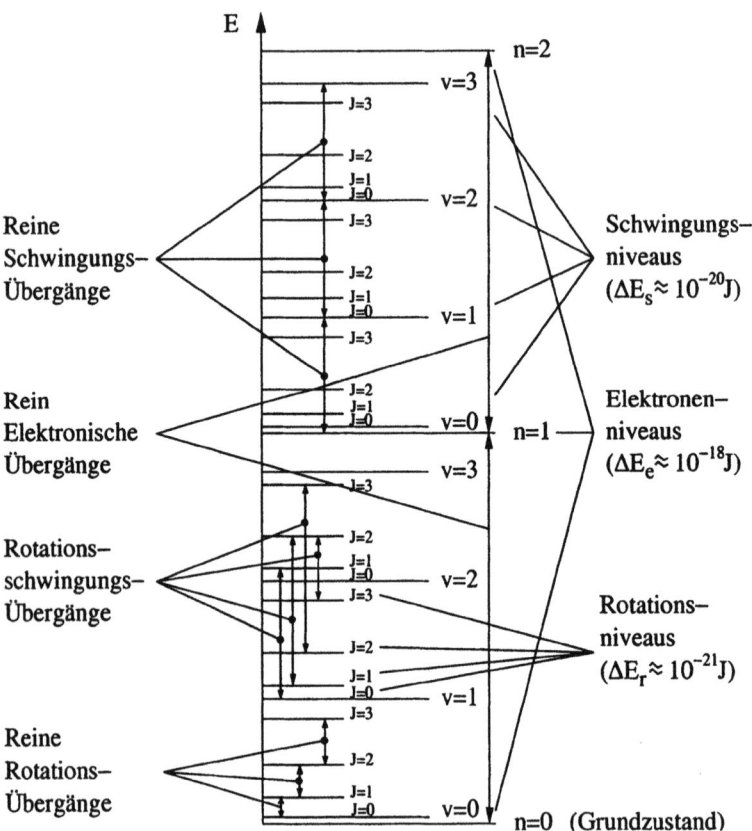

Fig. 5.18 Gesamtes Energieniveauschema eines Moleküls. Es bedeuten: n elektronische (Orbital-)Quantenzahl, v Schwingungsquantenzahl, J Rotationsquantenzahl; nach [Sti 89]

5.7 Molekulare Anregungen

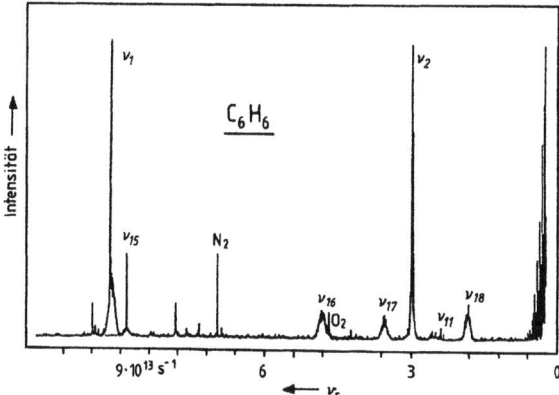

Fig. 5.19 Schwingungsspektrum von Benzol (C_6H_6). Es handelt sich hier um ein Raman-Spektrum ähnlich demjenigen in Abb. 5.17. Die eingestrahlte Lichtfrequenz liegt bei $\nu_s = 0$. Wird ein Molekül zu Schwingungen angeregt, so verschiebt sich die Frequenz des durchgehenden Lichts nach unten; nach [Sti 89]

5.7.5 Aufgaben

5.1. H_2^+-Molekül:
Bestimme die Schrödingergleichung des H_2^+-Moleküls, wenn man die beiden Wasserstoffkerne als unendlich schwere Teilchen mit festem gegenseitigen Abstand R betrachtet. Die Entfernung des Elektrons von den beiden Protonen sei r_a bzw. r_b.

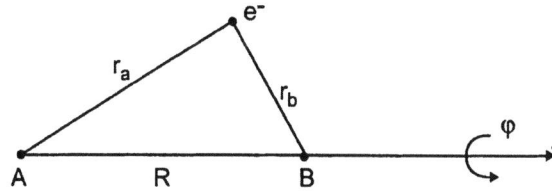

Führe elliptische Koordinaten $\xi = (r_a + r_b)/R, \eta = (r_a - r_b)/R$ und den Drehwinkel φ um die AB-Achse ein. Zeige, daß sich die Schrödingergleichung durch den Ansatz $X(\xi) Y(\eta) e^{im\varphi}$ separieren läßt. (Bemerkung: Die Bestimmung der Lösung kann nur mit numerischen Methoden oder Reihenentwicklungen erfolgen und soll nicht durchgeführt werden.)

5.2. *Wechselwirkungspotentiale*:
Skizziere und diskutiere das LENNARD-JONES-PAARPOTENTIAL zwischen zwei Edelgasatomen:

$$U(R) = 4\epsilon \left[\left(\frac{\sigma}{R}\right)^{12} - \left(\frac{\sigma}{R}\right)^6\right]$$

Zeige: ϵ ist das Potentialminimum und σ der Punkt R, für den $U(R) = 0$ ist. Für verschiedene Edelgase sind folgende Werte gefunden worden:

	ϵ		σ	
Ne	3.1	meV	2.74	Å
Ar	10.4	meV	3.40	Å
Kr	14.0	meV	3.65	Å
Xe	20.0	meV	3.98	Å

Wähle ein Edelgas aus und berechne den Kraftverlauf zwischen zwei Nachbaratomen. Welcher Gleichgewichtsabstand zwischen zwei Atomen ist zu erwarten? Welchen Wert hat das Paarpotential für diesen Abstand R_0, verglichen mit dem bei doppeltem Abstand?

5.3. *Rotationsspektrum*:
Man betrachte ein starres, zweiatomiges Molekül. Der quantenmechanische Ausdruck für die Energieniveaus dieses Systems lautet:

$$E_{\text{rot}} = \frac{\hbar^2}{2\theta} J(J+1) ,$$

wobei J die Rotationsquantenzahl bezeichnet.

a. Zeige, daß das Trägheitsmoment $\theta = \mu R_0^2$ ist, wobei μ die reduzierte Masse und R_0 den Atomabstand bezeichnet.

b. Zeichne das Niveauschema des starren Rotators für den Fall des CO-Moleküls $(R_0 = 1.13 \text{ Å})$ und bestimme die Energie des ersten angeregten Zustandes.

c. Rotationsbewegung eines H_2-Moleküls: Wie groß muß die Temperatur T sein, damit der Zustand mit $J = 1$ thermisch angeregt werden kann? (Abstand der H-Atome im H_2-Molekül: 0.75 Å.)

6 Festkörperphysik

6.1 Einführung

> In der Festkörperphysik beschäftigen wir uns mit Systemen, die aus einer sehr großen Zahl ($\approx 10^{23}/\text{cm}^3$) von Atomen bzw. Molekülen mit Abständen von typischerweise 2 - 5 Å unter dem Einfluß der *elektromagnetischen Wechselwirkung* zusammengesetzt sind. Die starke und die schwache Wechselwirkung mit ihrer geringen Reichweite sowie die Gravitationswechselwirkung mit ihrer geringen Stärke sind, wie schon in der Molekülphysik, unbedeutend.

Beim Zusammenbau der großen Zahl von Atomen bzw. Molekülen gibt es verschiedene Möglichkeiten der resultierenden Struktur, die wir wie folgt klassifizieren können:

$$\text{Atome / Moleküle} \xrightarrow{\textit{elektromagnetische Kräfte}} \text{Festkörper}$$

A) *Räumlich homogene Strukturen* mit:
1. Periodischer Atomanordnung: → Kristalle (charakterisiert durch langreichweitige Translationsordnung). Die Untersuchung der Eigenschaften kristalliner Festkörper ist Gegenstand der traditionellen Festkörperphysik.
2. Quasiperiodischer Atomanordnung: → Quasikristalle (charakterisiert durch langreichweitige Bindungsorientierungsordnung *ohne* Translationsordnung). Quasikristalle wurden erstmals 1984 entdeckt und sind noch heute Gegenstand intensiver Grundlagenforschung.
3. Nichtperiodischer Atomanordnung: → Amorphe Festkörper bzw. Gläser (charakterisiert durch das Fehlen einer langreichweitigen Ordnung; eine gewisse Nahordnung ist jedoch in der Regel vorhanden).

B) *Räumlich inhomogene Strukturen* mit → Grenzflächen, zum Beispiel
- zwischen identischen Kristallen verschiedener Orientierung (polykristalline Materialien),
- zwischen verschiedenen kristallinen Phasen (Entmischungssysteme),
- zwischen kristallinen und amorphen Bereichen,
- zwischen verschiedenen Materialien (z.b. Übergänge zwischen Metall und Halbleiter oder zwischen n-Halbleiter und p-Halbleiter, Halbleiter-Heterostrukturen, metallische Multilagensysteme etc.),
- zwischen Festkörper und Vakuum (Oberflächen), etc.

In der vorliegenden Einführung in die Struktur der Materie wollen wir uns ausschließlich auf die Herleitung, die Bestimmung und das Verständnis der Eigenschaften kristalliner Festkörper mit räumlich homogener, periodischer Struktur konzentrieren. Dabei sind für uns vor allem die kollektiven Eigenschaften von Systemen mit einer großen Zahl von Atomen von Interesse. Beispiele für solche kollektiven Eigenschaften sind:

- Festkörperbindung (Kohäsion)
- Kollektive Schwingungsanregungen (Gitterdynamik)
- Elektronenstruktur (Energiebänder)
- elektrische Leitfähigkeit
- thermische Leitfähigkeit
- Ferroelektrizität
- Ferromagnetismus
- Supraleitung
- Phasenübergänge, etc.

Dabei handelt es sich um viele neue Eigenschaften, welche die einzelnen Bestandteile des Systems nicht besitzen, sondern erst durch das Zusammenwirken einer großen Zahl von Atomen zustandekommen. Daraus ziehen wir die wichtige Schlußfolgerung:

Die Systemeigenschaften sind *nicht* einfach die summativen Eigenschaften der einzelnen Teilchen; deren *Wechselwirkungen* können zu neuen Phänomenen führen.

Eine interessante Fragestellung ist dann natürlich, wie sich die kollektiven Eigenschaften makroskopischer Systeme beim Übergang Atom → Molekül → Cluster → Festkörper entwickeln.

Unser Problem ist nun, wie man Systeme bestehend aus $\approx 10^{23}$ Atomen überhaupt behandeln kann, zumal wir in der Molekülphysik gesehen hatten, daß die Lösung der Schrödingergleichung selbst für ein scheinbar so einfaches System wie das H_2^+-Molekülion erhebliche Probleme bereitet und letztlich nur noch auf der Basis von Näherungsverfahren erfolgen

6.1 Einführung

kann. Einen wichtigen Zugang zur Behandlung von Eigenschaften kristalliner Festkörper eröffnen:

1. Die *Symmetrien* eines Festkörpers:
Die Invarianz eines kristallinen Festkörpers gegenüber der Anwendung gewisser Symmetrieoperationen führt zu einer erheblichen Vereinfachung bei der Lösung der Schrödingergleichung.
2. Die Konzepte der *Thermodynamik* und der *statistischen Physik*:
Die Einführung von verallgemeinerten bzw. thermodynamischen „Feldern", der Temperatur T und dem Druck p (neben den fundamentalen elektrischen und magnetischen Feldgrößen $\vec{E}$ und $\vec{B}$), liefern eine Basis zur *Beschreibung* von Eigenschaften makroskopischer Systeme. Hingegen stellt die *Zurückführung* der Eigenschaften makroskopischer Systeme (z.B. Phasenübergänge) auf die Eigenschaften der einzelnen Atome *und* ihrer Wechselwirkungen nach wie vor eine große Herausforderung dar.

6.2 Chemische Bindung in Festkörpern

> Bevor wir uns der Herleitung und der Bestimmung von Festkörpereigenschaften widmen, wollen wir zunächst qualitativ verstehen, warum das Zusammenbringen einer großen Zahl von Atomen überhaupt zu einem makroskopisch gebundenen Zustand in Form eines Festkörpers führen kann. Die Ursache für die *Festkörperbindung* ist letztlich die durch die Aufspaltung der Energieniveaus bei Annäherung der Atome ermöglichte Absenkung der Elektronenenergie, welche trotz erhöhter Abstoßung der Kerne zu einer Verminderung der Gesamtenergie (bis zum Gleichgewichtsabstand) führt.

Wir wollen diesen Sachverhalt zunächst am Spezialfall eines eindimensionalen periodischen Kristalls näher betrachten.

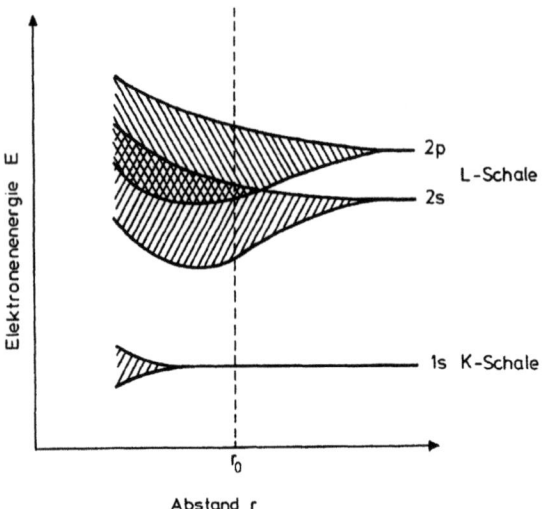

Fig. 6.1 Aufspaltung der Energieniveaus bei Annäherung einer großen Zahl gleicher Atome der ersten Reihe des Periodensystems aneinander (schematisch). Der Abstand R_0 soll etwa den Gleichgewichtsabstand in einer chemischen Bindung charakterisieren. Tiefliegende Atomniveaus spalten wenig auf und behalten deshalb weitgehend ihren atomaren Charakter; nach [IL 02]

6.2 Chemische Bindung in Festkörpern

Das Potential eines solchen eindimensionalen periodischen Kristalls läßt sich wie folgt darstellen:

$$U_{\text{per}}(x) = \sum_n U_{\text{at}}(x - na) \qquad \text{mit } n \in \mathbb{Z}, \tag{6.1}$$

wobei U_{at} das atomare Potential darstellt.

Der zugehörige Hamiltonoperator lautet:

$$H = \frac{-\hbar^2}{2m} \frac{d^2}{dx^2} + U_{\text{per}}(x) \tag{6.2}$$

Daraus folgt folgende Form der Schrödingergleichung:

$$H\psi(x) = E\psi(x)$$
$$\frac{-\hbar^2}{2m} \cdot \frac{d^2}{dx^2}\psi(x) + \left(\sum_n U_{\text{at}}(x - na)\right)\psi(x) = E\psi(x) \tag{6.3}$$

Als Ansatz für die Wellenfunktion $\psi(x)$ wählen wir einfach eine lineare Überlagerung von Atomwellenfunktionen χ_{at}:

$$\psi(x) = \sum_m c_m(k) \cdot \chi_{\text{at}}(x - ma) \tag{6.4}$$

χ_{at} erfüllt die Schrödingergleichung des atomaren Problems:

$$\frac{-\hbar^2}{2m} \cdot \frac{d^2}{dx^2}\chi_{\text{at}}(x) + U_{\text{at}}(x)\chi_{\text{at}}(x) = E_{\text{at}}\chi_{\text{at}}(x) \tag{6.5}$$

Der Ansatz für die Wellenfunktion $\psi(x)$ hat sehr große Ähnlichkeit mit dem LCAO-Ansatz in der Molekülphysik (vgl. Abschnitt 5.3.1). In der Festkörperphysik wird dieser Ansatz als „*tight-binding-Näherung*" bezeichnet, da er von einer Überlagerung stark gebundener *atomarer* Zustände ausgeht. Die tight-binding-Näherung ist sicherlich im Grenzfall großer Gitterkonstanten a gerechtfertigt, da in diesem Fall nur ein geringer Überlapp zwischen Atomwellenfunktionen von verschiedenen Atomen existiert, d.h.

$$U_{\text{at}}(x - na) \cdot \chi_{\text{at}}(x - ma) \tag{6.6}$$

ist klein, außer für $n = m$. Damit ist irgendeine atomare Wellenfunktion χ_{at} bereits eine ungefähre Lösung der Schrödingergleichung für den hypothetischen eindimensionalen Kristall.

Wir wollen im Folgenden die Form der Wellenfunktion $\psi(x)$ näher bestimmen. Aus der Eigenschaft der Periodizität des Kristallpotentials:

$$U_{\text{per}}(x + \ell a) = U_{\text{per}}(x) \qquad \text{mit } \ell \in \mathbb{Z} \tag{6.7}$$

folgt:

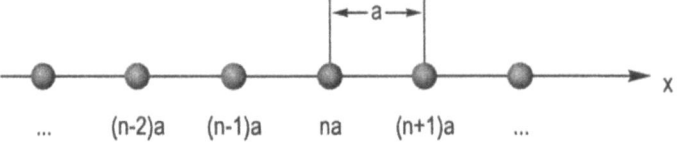

Fig. 6.2 Spezialfall: Eindimensionaler, periodischer Kristall mit der Gitterkonstanten a

$$|\psi(x + \ell a)|^2 = |\psi(x)|^2 \tag{6.8}$$

$$\Rightarrow \quad \psi(x) = \psi_k(x) = \sum_m e^{ikma}\chi_{at}(x - ma) \tag{6.9}$$

Die möglichen Energiezustände bestimmen wir aus:

$$H\psi_k(x) = E\psi_k(x) \tag{6.10}$$

$$\Rightarrow \quad E = \int \psi_k^*(x) H \psi_k(x) dx \tag{6.11}$$

In diesen Ausdruck für die Energie können wir die oben angegebene Form des Hamiltonoperators sowie der Wellenfunktion einsetzen. Nach einigen Umformungen erhalten wir als Ergebnis:

$$E = E(k) = E_{at} - \alpha - 2\gamma \cos(ka) \tag{6.12}$$

Dabei sind α und γ Parameter, wobei γ mit dem Überlapp der Atomwellenfunktionen zusammenhängt. Die graphische Form der Lösung ist in Abbildung 6.3 dargestellt:

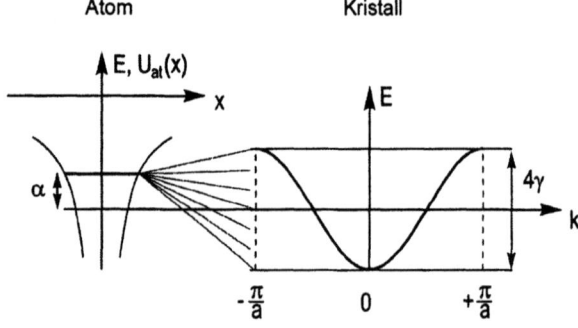

Fig. 6.3 Aufspaltung des atomaren Energiezustands E_{at} in ein *Energieband* des Kristalls

6.2 Chemische Bindung in Festkörpern

Werden N-Atome mit Energiezuständen E_{at} zu einem Kristall zusammengesetzt, so ist jeder dieser Energiezustände zunächst N-fach besetzt bzw. „entartet". Bei abnehmendem Abstand zwischen den Atomen spaltet jeder dieser Energiezustände in *Energiebänder* auf, welche jeweils aus N Zuständen zusammengesetzt sind. In dem durch Gleichung (6.12) gegebenen Ausdruck für die Energiezustände des eindimensionalen periodischen Kristalls in tight-binding-Näherung beschreibt der Parameter γ die Breite des Energiebandes und der Parameter α die Größe der Absenkung der Energie der Bandmitte gegenüber der Lage des atomaren Energieniveaus. Diese Absenkung erklärt letztlich, warum der gebundene Festkörperzustand überhaupt stabil ist.

Nachdem wir nun am Beispiel des eindimensionalen periodischen Kristalls eine allgemeine Begründung für die Stabilität eines Festkörpers gegeben haben, wollen wir nun wieder, ähnlich wie in der Molekülphysik, die verschiedenen Formen der chemischen Bindung phänomenologisch - diesmal in Gestalt einer Tabelle - gegenüberstellen.

Arten der chemischen Bindung in Festköpern und deren Vergleich:

Tab. 6.1 Die verschiedenen Arten der chemischen Bindung in Festkörpern

	Typische Bindungsenergie (in eV/Atom)	Ausdehnung der Wellenfunktion	Richtungsabhängigkeit	Beispiele
Kovalente Bindung	4 - 7	gering (Konzentration jeweils zwischen zwei Nachbarn)	gerichtete Bindung	Isolatoren: Diamant... Halbleiter: Si, Ge...
Ionische Bindung	3.5 - 4	extrem gering (auf Ionen konzentriert)	ungerichtete Bindung	Isolatoren: NaCl, CsCl...
Metallische Bindung	2 - 4	groß	ungerichtete Bindung	Alkalimetalle: Li, Na, K... Edelmetalle: Cu, Ag, Au...
Wasserstoffbrückenbindung	~ 0.1	gering	„gerichtete Bindung"	H_2O (Eis)
Van-der-Waals-Bindung	~ 0.1	extrem gering	ungerichtete Bindung	kondensierte Edelgase

6.3 Festkörperstruktur

> Nachdem wir die Frage nach den kohäsiven Kräften, die einen Festkörper zusammenhalten, beantwortet haben, wollen wir uns nun der Frage nach der *strukturellen Ordnung* des Festkörpers widmen. Dabei werden wir sowohl eine geeignete Beschreibung von Kristallstrukturen einführen als auch experimentelle Methoden zu deren Bestimmung.

Wenn wir typischerweise 10^{23} Atome zu einem Festkörper zusammenfügen, so stellt sich natürlich sofort die Frage:

Welche Struktur nimmt der Festkörper bevorzugt ein?

oder anders gefragt:

Welche Struktur besitzt minimale Gesamtenergie?

Die Antwort lautet:

Ein globales (*nicht* lokales) Energieminimum wird bei einem Festkörper, aufgebaut aus einer Atomsorte, nur dann erreicht, wenn von jedem Atom aus die Umgebung identisch ist. Dies ist gleichbedeutend mit einer dreidimensionalen periodischen Anordnung mit wohldefinierten Gleichgewichtsabständen, d.h. einem kristallinen Zustand!

Dieser Sachverhalt liefert die Begründung dafür, daß wir uns in dieser Einführung in die Struktur der Materie auf die Behandlung kristalliner Festkörper konzentrieren wollen. Im Folgenden kommt es nun zunächst auf eine geeignete Beschreibung von Kristallstrukturen sowie deren experimentellen Bestimmung an, bevor wir die physikalischen Eigenschaften kristalliner Festkörper durch Lösung der Schrödingergleichung herleiten werden.

6.3.1 Beschreibung von Kristallstrukturen (Kristallographie)

Bei der Beschreibung von Kristallstrukturen hat sich die Einführung des sogenannten „Bravais-Gitters" als grundlegendes Konzept zur Beschreibung der periodischen Anordnung von sich wiederholenden Struktureinheiten (Atome, Gruppen von Atomen, Moleküle) des Kristalls als äußerst vorteilhaft erwiesen. Wir wollen zunächst definieren, was wir unter einem Bravais-Gitter verstehen wollen:

6.3 Festkörperstruktur

Definition 6.1 (Bravais-Gitter) Es existieren zwei äquivalente Definitionen:

a) Ein n-dimensionales Bravaisgitter besteht aus allen Punkten mit Translations- oder Gittervektor $\vec{R}$ darstellbar als

$$\vec{R} = \sum_{i=1}^{n} n_i \vec{a}_i \qquad (6.13)$$

mit $\vec{a}_i$: Basisvektoren bzw. fundamentale Translationsvektoren
n_i: ganze Zahlen ($n_i \in \mathbb{Z}$).

b) Ein Bravaisgitter besteht aus einer unendlichen Ansammlung diskreter Punkte in Anordnung und Orientierung exakt gleich erscheinend, unabhängig davon, von welchem dieser Punkte man diese Ansammlung betrachtet.

Eine wichtige Eigenschaft des Bravaisgitters ist seine Translationsinvarianz, d.h. das Bravaisgitter wird bei der Translation um einen Gittervektor $\vec{R}$ in sich selbst übergeführt.

Beispiele für Bravaisgitter:

In zwei Dimensionen existieren 5 verschiedene Bravaisgitter. (Abb. 6.4)

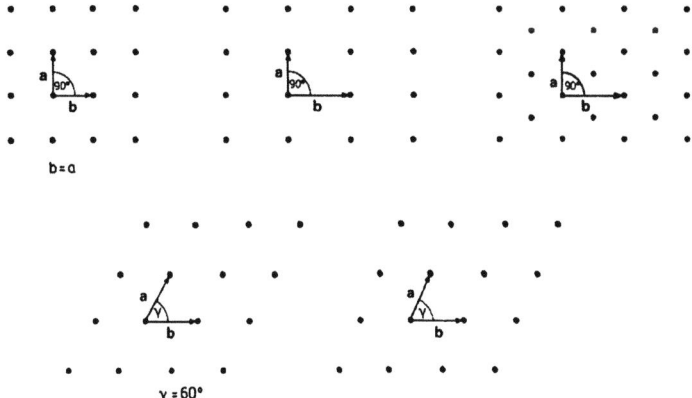

Fig. 6.4 Die 5 verschiedenen Bravaisgitter der Ebene; nach [IL 02]

In drei Dimensionen existieren 14 verschiedene Bravaisgitter. (Abb. 6.5)

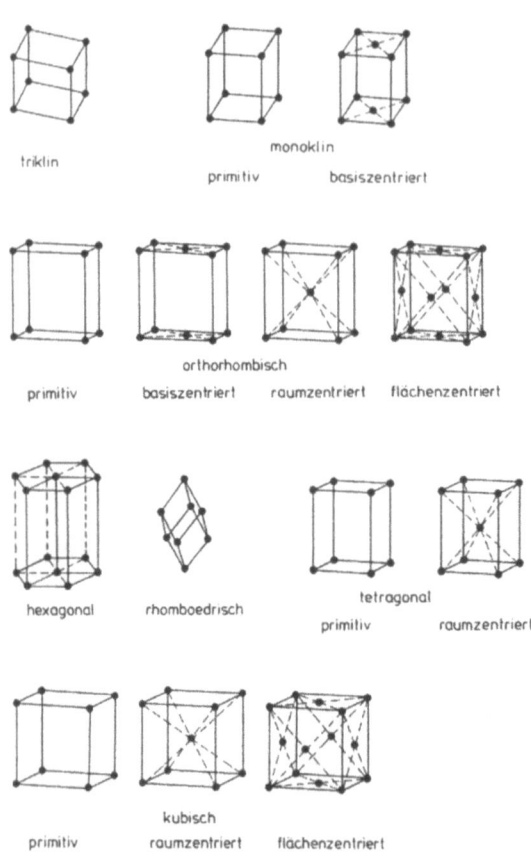

Fig. 6.5 Die 14 verschiedenen Bravaisgitter des Raumes. Die beiden zentrierten kubischen Gitter sowie das hexagonale Gitter sind für die Festkörperphysik besonders wichtig; nach [IL 02]

Bei der Beschreibung von Kristallstrukturen hat sich auch der Begriff der Koordinationszahl als nützlich erwiesen:

Definition 6.2 (Koordinationszahl) Die Koordinationszahl gibt die Zahl der nächsten Nachbaratome an.

Beispiele für Koordinationszahlen:

Einfach kubisches Gitter : 6
Kubisch raumzentriertes Gitter : 8
Kubisch flächenzentriertes Gitter : 12

6.3 Festkörperstruktur

Als weiteren wichtigen Begriff für die Beschreibung von Kristallstrukturen wollen wir die Einheitszelle bzw. Elementarzelle einführen. Dabei wollen wir drei verschiedene Arten von Elementarzellen unterscheiden:

1. *Primitive (oder „einfach primitive") Elementarzelle*
Diese Elementarzelle wird aufgespannt von den Basisvektoren $\vec{a}_i$ des Bravaisgitters. Sie besitzt:
- kleinstmögliches Volumen,
- ein Gitterpunkt pro Zelle,
- im Allgemeinen jedoch *nicht* die volle Symmetrie des Bravaisgitters.

2. *Gebräuchliche Elementarzelle*
Diese Elementarzelle wird aufgespannt aus einer Linearkombination der Basisvektoren $\vec{a}_i$ des Bravaisgitters. Sie
- ist größer als die einfach primitive Elementarzelle,
- besitzt jedoch die volle Symmetrie des Bravaisgitters.

3. *Wigner-Seitz-Zelle*
Diese dritte und für die Festkörperphysik wichtigste Art der Elementarzelle ist wie folgt definiert:

Definition 6.3 (Wigner-Seitz-Zelle) Die Wigner-Seitz-Zelle ist der Raumbereich, welcher alle Punkte enthält, die näher zu einem beliebig herausgegriffenen Gitterpunkt als zu irgendeinem anderen Gitterpunkt liegen.

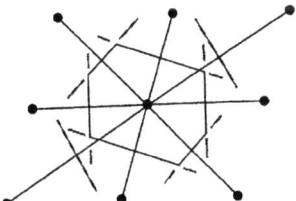

Fig. 6.6
Die Wigner-Seitz-Zelle

Die Wigner-Seitz-Zelle kann auf der Basis folgender Konstruktionsvorschrift erhalten werden:

1. Zeichne die Verbindungsgeraden von einem Gitterpunkt zu allen seinen Nachbarn.
2. Konstruiere die Mittelsenkrechten (zweidimensionaler Fall) bzw. die Mittelsenkrechtebenen (dreidimensionaler Fall) zu den jeweiligen Verbindungsgeraden.
3. Das *kleinste*, so entstandene Volumen ist die Wigner-Seitz-Zelle.

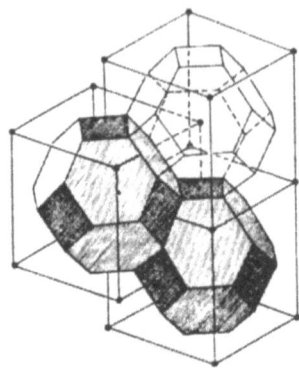

Fig. 6.7
Stapelung von Wigner-Seitz-Zellen des kubisch raumzentrierten Gitters

Die Wigner-Seitz-Zelle besitzt per Definition:
- kleinstmögliches Volumen,
- ein Gitterpunkt pro Zelle,
- die volle Symmetrie des Bravaisgitters.

Man beachte:

Die Konstruktionsvorschrift der Wigner-Seitz-Zelle basiert *nicht* auf der Periodizität des Bravaisgitters. Ihre Anwendung ist auch auf nichtperiodische Gitter möglich. Die resultierenden Zellen werden dann „Voronoi-Zellen" genannt. Diese spielen eine wichtige Rolle bei der Beschreibung der Struktur amorpher Festkörper.

Wir kommen nun zum Begriff der eigentlichen Kristallstruktur:

Definition 6.4 (Kristallstruktur) Die Kristallstruktur ist eindeutig durch die Angabe des Bravaisgitters und einer Basis definiert.

Abb. 6.8 zeigt hierzu ein Beispiel.

Die Klassifikation der Kristallstrukturen erfolgt auf der Grundlage vorhandener Symmetrien. Neben der stets vorhandenen Translationssymmetrie können zusätzlich folgende Punktsymmetrien vorliegen:

- Spiegelung an einer Ebene
- Inversion (Punktspiegelung)
- Drehungen
- Drehung und gleichzeitige Inversion (Drehspiegelung)

Die Bedeutung der Symmetrien liegt insbesondere in der erheblichen Vereinfachung der Lösung der Schrödingergleichung, wie wir insbesondere in den Abschnitten 6.5 und 6.9 noch sehen werden.

6.3 Festkörperstruktur

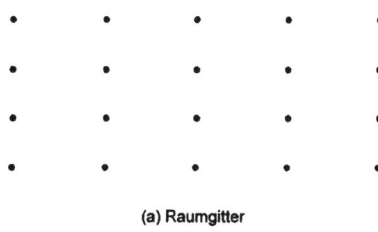

(a) Raumgitter

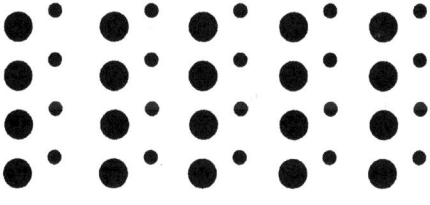

(b) Basis aus zwei verschiedenen Ionen

(c) Kristallstruktur

Fig. 6.8 (a) Zweidimensionales Bravaisgitter; (b) Basis aus zwei verschiedenen Ionen; (c) Kristallstruktur. Die Kristallstruktur entsteht, indem zu jedem Gitterpunkt des Bravaisgitters (a) eine Basis (b) hinzugefügt wird. Wenn man (c) betrachtet, kann man die Basis erkennen und danach ein Bravaisgitter finden. Ohne Bedeutung ist die Lage der Basis in Bezug auf ihren Gitterpunkt.

Im Folgenden wollen wir diskutieren, welche Kristallstrukturen bevorzugt bei den in Abschnitt 6.2 eingeführten Bindungstypen auftreten:

1. **Kovalent gebundene Festkörper**
Die kovalente Bindung ist gerichtet. Dadurch wird die Kristallstruktur weitgehend durch die Bindungswinkel bestimmt.
Wichtige Beispiele sind:
a) Das Diamantgitter (siehe Abbildung 6.9):
- kubisch flächenzentriertes Gitter,
- Basis besteht aus zwei *identischen* Atomen,
- Koordinationszahl: 4 (tetraedrische Konfiguration),
- Beispiele: Diamant, Si, Ge, α-Sn

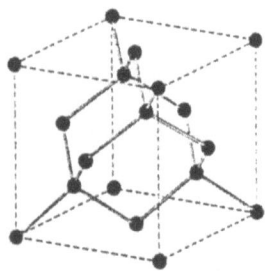

Fig. 6.9
Die Kristallstruktur von Diamant; deutlich ist die tetraedrische Bindung zu erkennen

b) Die Zinkblendestruktur (siehe Abbildung 6.10):
- kubisch flächenzentriertes Gitter,
- Basis besteht aus zwei *verschiedenen* Atomsorten,
- Koordinationszahl: 4,
- Beispiele: ZnS, GaAs, GaP, InSb, III – V – Halbleiter ...

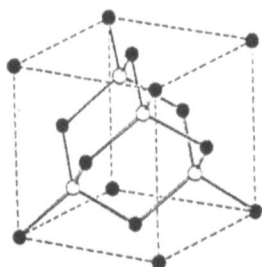

Fig. 6.10
Die Kristallstruktur von kubischem Zinksulfid.

6.3 Festkörperstruktur

2. Ionenkristalle

Die ionische Bindung ist *nicht gerichtet*. Daher ist die Kristallstruktur weitgehend durch die Bedingung optimaler Raumerfüllung bestimmt. Dies führt zu einer möglichst dichten Kugelpackung mit der höchstmöglichen Koordinationszahl 12.
Beispiele sind:
a) Das Cäsiumchlorid-Gitter (siehe Abbildung 6.11):
- einfach kubisches Gitter,
- Basis besteht aus einem Cs- und einem Cl-Atom.

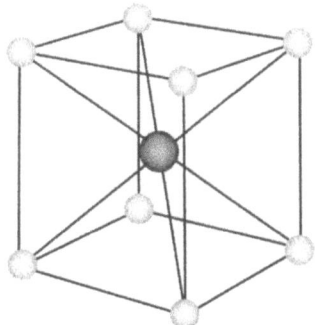

Fig. 6.11
Kristallstruktur von Cäsiumchlorid. Das Raumgitter ist einfach kubisch; die Basis besteht aus einem Cs^+-Ion bei $(0,0,0)$ und einem Cl^--Ion bei $(1/2,1/2,1/2)$.

b) Das Natriumchlorid-Gitter (siehe Abbildung 6.12):
- kubisch flächenzentriertes Gitter,
- Basis besteht aus einem Na- und einem Cl-Atom.

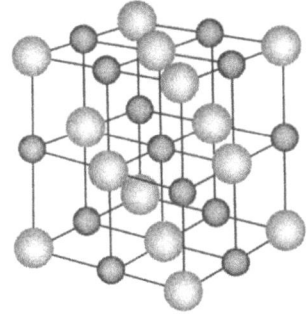

Fig. 6.12
Die Kristallstruktur von Natriumchlorid kann aufgebaut werden, indem man abwechselnd Na^+- und Cl^--Ionen auf die Gitterpunkte eines einfach kubischen Gitters setzt. Im Kristall ist jedes Ion umgeben von sechs nächsten Nachbarn der entgegengesetzten Ladung. Das Raumgitter ist kubisch flächenzentriert, und die Basis besteht aus einem Cl^--Ion bei $(0,0,0)$ und einem Na^+-Ion bei $(1/2,1/2,1/2)$. Das Bild zeigt eine gebräuchliche kubische Zelle.

3. Metalle

Die metallische Bindung ist *nicht* gerichtet. Daher wird die Kristallstruktur wie im Fall der Ionenkristalle durch die Bedingung optimaler Raumerfüllung bestimmt, was wiederum bevorzugt zur möglichst dichten Kugelpackung mit der Koordinationszahl 12 führt.

a) Kubisch flächenzentriertes Gitter, *face-centered cubic* (fcc):
- kubisch dichteste Kugelpackung,
- Koordinationszahl: 12,
- Stapelfolge: ABCABC ...,
- primitive Elementarzelle enthält ein Basisatom,

Beispiele : Cu, Ag, Au, Al ...
             Ni, Pd, Pt, Ir, γ-Fe ...

b) Hexagonal dichteste Packung:
- hexagonal dichteste Kugelpackung,
- Koordinationszahl: 12,
- Stapelfolge: ABABAB ...
- primitive Elementarzelle enthält zwei Basisatome,
- Beispiele: Be, Mg, Ca, Co, Zn, Cd...

c) Kubisch raumzentriertes Gitter, *body-centered cubic* (bcc):
- keine dichteste Kugelpackung,
- Koordinationszahl: 8,
- primitive Elementarzelle enthält ein Basisatom,

Beispiele : Li, Na, K, Rb, Cs ...
             V, Nb, Ta, Mo, W ...
             Cr, α-Fe ...

4. *Edelgaskristalle*

Die Van-der-Waals-Bindung ist *nicht* gerichtet, d.h. es wird wiederum eine möglichst dichte Kugelpackung angestrebt.

Beispiele : Ne, Ar, Kr, Xe $\rightarrow$ kubisch dichteste Packung
             He $\rightarrow$ hexagonal dichteste Packung

Bisher sind wir bei der Beschreibung von Kristallstrukturen immer von einem periodischen „Idealkristall" ausgegangen. Es werden jedoch bei realen Kristallen immer Abweichungen von einer streng periodischen Struktur auftreten. Die verschiedenen Formen einer solchen Fehlordnung in Kristallen wollen wir im Folgenden klassifizieren:

1) Punktdefekte (siehe Abbildung 6.13):

a) Geometrischer Art:

- Leerstelle
- Eigenatom auf Zwischengitterplatz

6.3 Festkörperstruktur

b) Chemischer Art (Verunreinigung oder Dotierung):

- Fremdatom auf Gitterplatz
- Fremdatom auf Zwischengitterplatz

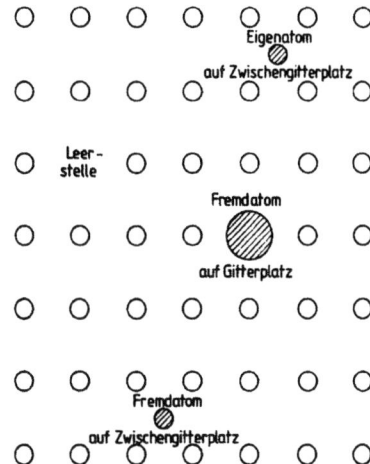

Fig. 6.13
Verschiedene Punktfehler im Kristallgitter; nach [Sti 89]

2) Liniendefekte (siehe Abbildung 6.14):

- Stufenversetzung
- Schraubenversetzung

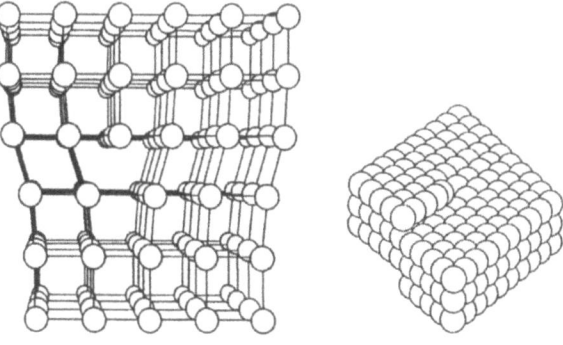

Fig. 6.14 Versetzungen: (a) Stufenversetzung; (b) Schraubenversetzung; nach [Sti 89]

3) Flächendefekte:
- Stapelfehler
- Korngrenze
- Grenzfläche/Oberfläche

6.3.2 Aufgaben

6.1. *Einfache Kristallstrukturen*:
Bestimme den Abstand zwischen nächsten und übernächsten Nachbarn in der kubisch raumzentrierten und kubisch flächenzentrierten Struktur. Gebe die Koordinationszahl für folgende Gitter an: Einfach kubisch, kubisch flächenzentriert und Diamant.

6.2. *Einheitszellen*:
Gebe an und skizziere die gebräuchliche, die einfach primitive und die Wigner-Seitz-Zelle für das kubisch raumzentrierte und das kubisch flächenzentrierte Gitter.

6.3. *Wigner-Seitz-Zelle*:
Zeichne in folgendem zweidimensionalen Gitter die Wigner-Seitz-Zelle ein.

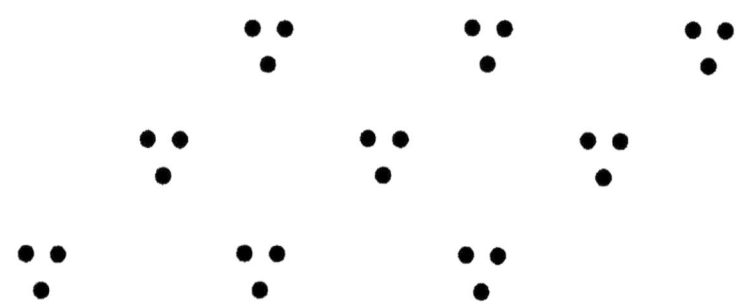

6.4. *Einführung des reziproken Gitters*:
Zeige für ein rechtwinkliges Bravaisgitter, daß sich mit der Translationsinvarianz

$$f\left(\vec{r}+\vec{R}\right) = f\left(\vec{r}\right) \tag{6.14}$$

und der Fourierzerlegung

$$f\left(\vec{r}\right) = \sum_K A_K e^{i\vec{K}\vec{r}} \tag{6.15}$$

6.3 Festkörperstruktur

eine Definition für die Vektoren $\vec{K}$ des reziproken Gitters ergibt. Gebe die Komponenten von $\vec{K}$ an. Wie sieht der Zusammenhang zwischen den Basisvektoren $\vec{a}_i$ des direkten Gitters und den Basisvektoren $\vec{b}_i$ des reziproken Gitters aus?

6.5. Direktes und reziprokes Gitter:
Zeige, daß das reziproke Gitter eines kubisch flächenzentrierten Bravaisgitters kubisch raumzentriert ist und umgekehrt.

Hinweis:

Eine einfach primitive Elementarzelle der oben genannten Gitter kann durch die folgenden Translationsvektoren beschrieben werden:

Kubisch flächenzentriertes Gitter: Kubisch raumzentriertes Gitter:

$\vec{a}_{1f} = a_f \left(\vec{i} + \vec{j} \right)/2$ $\vec{a}_{1r} = a_r \left(\vec{i} + \vec{j} - \vec{k} \right)/2$

$\vec{a}_{2f} = a_f \left(\vec{j} + \vec{k} \right)/2$ $\vec{a}_{2r} = a_r \left(-\vec{i} + \vec{j} + \vec{k} \right)/2$

$\vec{a}_{3f} = a_f \left(\vec{k} + \vec{i} \right)/2$ $\vec{a}_{3r} = a_r \left(\vec{i} - \vec{j} + \vec{k} \right)/2$

$\vec{i}$, $\vec{j}$ und $\vec{k}$ sind die Einheitsvektoren in x-, y- und z-Richtung; a ist die Kantenlänge der kubischen Elementarzelle.

6.3.3 Experimentelle Bestimmung von Kristallstrukturen

Nachdem wir im vorangegangenen Abschnitt gelernt haben, wie wir Kristallstrukturen geeignet beschreiben können, wollen wir uns nun der Frage widmen, wie man experimentell Informationen über die Anordnung der Atome in einem Festkörper gewinnen kann. Hierfür gibt es grundsätzlich zwei verschiedene Möglichkeiten:

1. *Streuexperimente (Beugung) mit*
a) Röntgenstrahlung,
b) Neutronen,
c) Elektronen, etc.

2. *Direkte Abbildung im Ortsraum (Mikroskopie) mit*
a) Feldionenmikroskop,
b) Transmissionselektronmikroskop,
c) Rastertunnelmikroskop, etc.

Streuexperimente

Wir wollen uns zunächst mit der Behandlung von Streuexperimenten beschäftigen. In Abbildung 6.15 ist die allgemeine Geometrie eines Streuexperiments dargestellt. Die einfallende Strahlung, charakterisiert durch die Wellenlänge λ und den Wellenzahlvektor $\vec{k}$ tritt in Wechselwirkung mit einem Festkörper. Die Intensität der gestreuten Stahlung, charakterisiert durch den Wellenzahlvektor $\vec{k}'$ bzw. den Streuvektor $\vec{K} = \vec{k} - \vec{k}'$ (vgl. Abb. 6.16) wird unter dem Streuwinkel θ mittels eines geeigneten Detektors registriert.

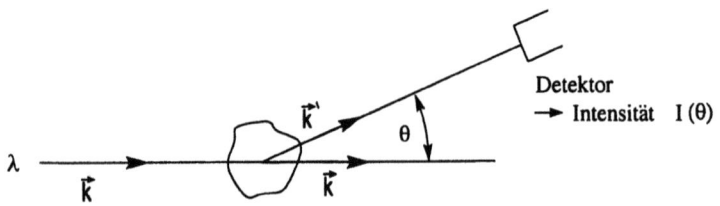

Fig. 6.15 Schematische Darstellung eines Streuexperiments

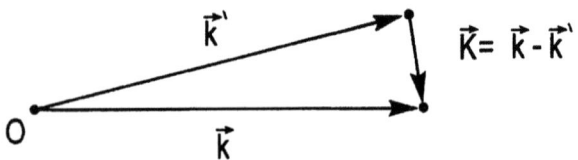

Fig. 6.16 Definition des Streuvektors $\vec{K}$

1. Streuexperimente mit Röntgenstrahlung

Wir wollen zunächst untersuchen, welche Energie der Röntgenstrahlung benötigt wird, um Festkörperstrukturen mit Atomabständen im Ångströmbereich analysieren zu können. Aus dem Zusammenhang zwischen Energie E und Wellenlänge λ

$$E = \frac{hc}{\lambda} \tag{6.16}$$

folgt, daß wir bei einer geforderten Wellenlänge $\lambda = 1$ Å eine Energie von $E \approx 12$ keV brauchen. Für die Erzeugung derartiger Röntgenstrahlung kommen zwei Arten von Quellen in Betracht:
- Laborröntgenröhre (siehe Abbildung 6.17)
- Synchrotronstrahlungsquelle (siehe Abbildung 6.18)

Bei der Laborröntgenröhre treffen hochenergetische Elektronen auf eine

6.3 Festkörperstruktur

Anode (z.B. aus Cu, Mo usw.) auf. Es entsteht Röntgenstrahlung mit zwei Anteilen:

a) *Bremsstrahlung* mit kontinuierlichem (weißen) Spektrum und scharf definierter kurzwelliger Grenzwellenlänge λ_{min}.

b) *Charakteristische (monochromatische) Strahlung*, welche durch das Auffüllen von Löchern in inneren Atomschalen, die durch das „Herausschlagen" von Elektronen erzeugt wurden, entsteht. (Beispiel: Der Übergang eines Elektrons von der L-Schale zur tieferliegenden K-Schale führt zur „K_α-Linie", welche für Cu bei 1.541 Å und für Mo bei 0.709 Å liegt.)

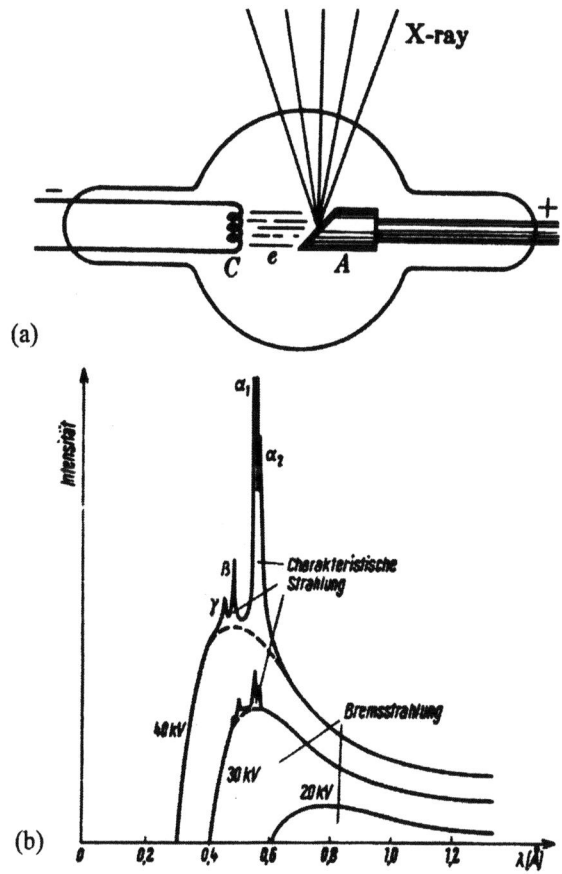

Fig. 6.17 (a) Schematische Darstellung einer Laborröntgenröhre sowie (b) deren Strahlungsintensitätsverteilung für verschiedene Beschleunigungsspannungen

Bei der Synchrotronstrahlung handelt es sich um eine äußerst intensive Röntgenquelle mit großem Wellenlängenbereich, 100%-iger Polarisation und scharfer Bündelung. Sie entsteht infolge der Abstrahlung von auf Kreisbahnen umlaufenden hochenergetischen Elektronen. Die Wechselwirkung der Röntgenstrahlung mit Materie erfolgt über die Elektronenhülle der Atome. Daher ist Röntgenstrahlung nicht geeignet für den Nachweis verschiedener Isotope. Ferner stellt der Nachweis leichter Atome ein Problem dar, da die Streuintensität proportional zu Z^2 ist.

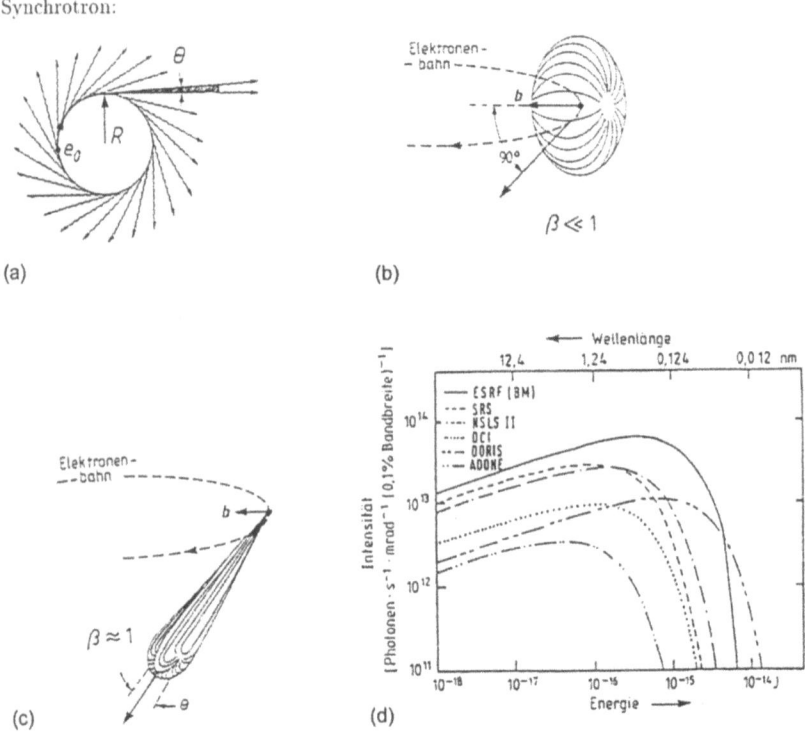

Fig. 6.18 (a) Entstehung der Synchrotronstrahlung; Θ: Öffnungswinkel eines Lichtbündels. (b) Strahlungscharakteristik für nichtrelativistische und (c) für relativistische Elektronen; $\beta = v/c$; b: momentane Beschleunigung. (d) Spektrale Verteilung der Strahlungsdichte verschiedener Synchrotrons.

6.3 Festkörperstruktur

2. Streuexperimente mit Neutronen

Wiederum wollen wir zunächst die Frage beantworten, welche Energie die verwendete Strahlung besitzen muß, um Atomabstände im Ångströmbereich auflösen zu können. Aus der $E(\lambda)$-Beziehung für Teilchenstrahlung

$$E = \frac{h^2}{2M_n\lambda^2} \qquad (6.17)$$

folgt, daß bei einer geforderten Wellenlänge $\lambda = 1\text{Å}$ eine Energie von $E \approx 0.08$ eV benötigt wird, d.h. man braucht *thermische* Neutronen. Deren Erzeugung kann auf zwei verschiedene Arten erfolgen:
a) Forschungsreaktor
b) Spallationsquelle (250-1000 MeV-Beschleuniger, bei dem schwere, neutronenreiche Elemente wie Pb, Ta, W, Bi, U als Target verwendet werden; liefert *gepulsten* Neustronenstrahl).

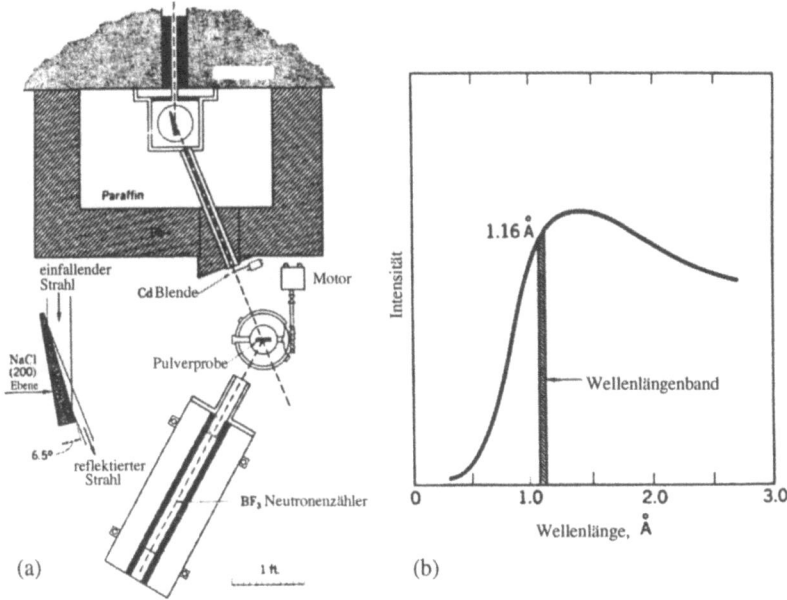

Fig. 6.19 (a) Schematische Darstellung eines typischen Neutronenstreuexperiments. (b) Spektrum thermischer Neutronen.

Die Wechselwirkung der Neutronen mit Materie erfolgt über die Kernkräfte im Bereich der Atomkerne mit einer typischen Ausdehnung von 10^{-15} m. Diese können bei den verwendeten Energien als klassische (punktförmige) Streuzentren behandelt werden. Eine zusätzliche Wechselwirkung kann über das magnetische Moment der Neutronen mit den magnetischen

Momenten der d- und f-Elektronen im Kristall zustandekommen.
Die Neutronenstrahlung besitzt vielseitige Anwendungen:
• Bestimmung der *Atomanordnung*
Dabei existieren Vorteile gegenüber der Röntgenstrahlung bei der Detektion leichter Atome sowie bei der Unterscheidung verschiedener Isotope (Wirkungsquerschnitte sind deutlich verschieden).
• Untersuchung *magnetischer* Strukturen bzw. Überstrukturen mit polarisierten Neutronen.
• Untersuchung von *Anregungen* des Festkörpers durch *inelastische* Neutronenstreuung (vergleiche Abschnitt 6.5.5).
Auf Grund des Energiebereichs (meV anstatt keV bei Röntgenstrahlung) ist die Neutronenstrahlung hervorragend geeignet zur Untersuchung von Gitterschwingungen, Spindichtewellen, etc.

3. *Streuexperimente mit Elektronen*
Für Elektronen ist die $E(\lambda)$-Beziehung analog zu derjenigen von Neutronen:

$$E = \frac{h^2}{2m_e\lambda^2} \tag{6.18}$$

Allerdings ist auf Grund der kleineren Masse der Elektronen eine höhere Energie von $E \approx 150$ eV notwendig, um auf eine Wellenlänge von $\lambda = 1$ Å zu kommen. Die Erzeugung von Elektronenstrahlen kann beispielsweise mittels Glühkathode (W, LaB_6) oder mittels Feldemissionskathode erfolgen.
Die Wechselwirkung der Elektronen mit Materie erfolgt über die Elektronenhülle der Atome, wobei diese Wechselwirkung viel stärker ist als im Fall der Röntgenstrahlung, da es sich bei Elektronen um geladene Teilchen handelt.
Anwendungen der Elektronenstrahlen liegen in der

• Transmissionselektronenbeugung an gedünnten Proben mittels hochenergetischer Elektronen (keV- bis MeV-Bereich),
• niederenergetischen Elektronenbeugung in Reflexion an Oberflächen (10 – 100 eV-Bereich),
• Untersuchung magnetischer Strukturen an Oberflächen mit spinpolarisierten Elektronen.

Allgemeines Streuproblem

Bei der Behandlung des allgemeinen Streuproblems zur Bestimmung der (statischen) Festkörperstruktur gehen wir von einem zeitunabhängigen Streupotential aus, welches sich als Summe der Potentiale $V_a(\vec{r})$ der ein-

6.3 Festkörperstruktur

zelnen (statischen) Streuzentren ergibt:

$$V(\vec{r}) = \sum_{j=1}^{N} V_{a_j}(\vec{r} - \vec{r}_j) \quad (6.19)$$

Wir müssen nun nach Lösungen der Schrödingergleichung suchen

$$\left[-\frac{\hbar^2}{2m}\Delta + V(\vec{r})\right]\psi = E\psi \quad (6.20)$$

unter Verwendung der oben angegebenen Form des Streupotentials. In sogenannter „kinematischer Näherung" (auch „1. Born'sche Näherung" genannt) kann man unter *Vernachlässigung von Mehrfachstreuung* folgende Form der Wellenfunktion für $r \to \infty$ angeben:

$$\psi(\vec{r},t) = \psi_e(\vec{r},t) + \psi_g(\vec{r},t) \quad (6.21)$$
$$= \left[e^{i\vec{k}\cdot\vec{r}} + f(\theta)\frac{e^{ikr}}{r}\right]e^{-i\omega_0 t} \quad (6.22)$$

Die Wellenfunktion für $r \to \infty$ läßt sich somit als Überlagerung der einlaufenden ebenen Welle und einer auslaufenden Kugelwelle der Amplitude f(θ) darstellen.

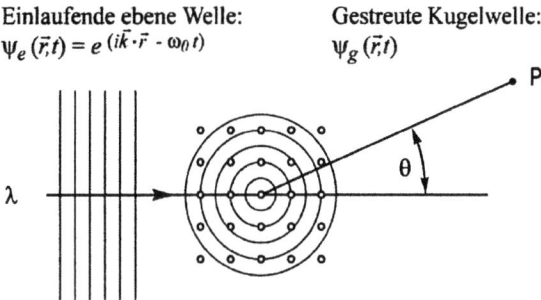

Fig. 6.20 Geometrie des allgemeinen Streuproblems

Man beachte, daß die Frequenz $\omega_0 = E/\hbar$ identisch ist für die einlaufende und die gestreute Welle als Folge der Zeitunabhängigkeit des Streupotentials. Daraus folgt, daß ebenso die Energie E_e der einfallenden Strahlung und die Energie E_g der gestreuten Strahlung identisch sind ($\to E_e = E_g$). Daher rührt auch die Bezeichnung „elastische Streuung" her.

Die Streuamplitude $f(\theta)$ ergibt sich aus dem Streupotential durch Fouriertransformation:

$$f(\theta) = konst. \cdot \int e^{i\vec{K}\cdot\vec{r}} V(\vec{r})\, d\vec{r} = konst. \cdot V(\vec{K}) \qquad (6.23)$$

mit dem Streuvektor $\vec{K} = \vec{k} - \vec{k}'$.

Wir wollen im Folgenden die Bedeutung der Streuamplitude näher diskutieren. Hierzu betrachten wir zunächst den „differentiellen Streuquerschnitt" definiert durch:

$$\begin{aligned}\frac{d\sigma}{d\Omega} &= \frac{\text{Stromdichte der gestreuten Teilchen in den Raumwinkel } d\Omega}{\text{Stromdichte der einfallenden Teilchen}} \\ &= \frac{1}{j_e} \cdot \frac{dj_g}{d\Omega} \propto I(\theta) \end{aligned} \qquad (6.24)$$

Die Teilchenstromdichte $\vec{j}$ läßt sich nach den Regeln der Quantenmechanik wie folgt durch die Wellenfunktion ψ ausdrücken:

$$\vec{j} = \frac{\hbar}{2mi}\left(\psi^* \vec{\nabla}\psi - \psi \vec{\nabla}\psi^*\right) \qquad (6.25)$$

Daraus folgt:

$$j_e = \frac{\hbar k}{m} \qquad (6.26)$$

$$\frac{j_g}{d\Omega} = \frac{\hbar k}{m}|f(\theta)|^2 \qquad (6.27)$$

und somit:

$$\frac{d\sigma}{d\Omega} = |f(\theta)|^2 \propto I(\theta). \qquad (6.28)$$

Zu beachten ist:

1. $I(\theta)$ ist Meßgröße, *nicht* $f(\theta)$, d.h. das Streupotential $V(\vec{r})$ ist nicht auf direkte Weise durch einfache Fouriertransformation der Meßdaten zu erhalten.
2. Da $f(\theta)$ und $V(\vec{r})$ über eine Fouriertransformation auseinander hervorgehen, folgt: Je kleiner die Strukturen sind, die durch Streuexperimente noch aufgelöst werden sollen, desto größer muß der Streuvektor $|\vec{K}|$ und damit auch der Wellenzahlvektor $|\vec{k}|$ der verwendeten Welle betragsmäßig sein.

6.3 Festkörperstruktur

Berechnung der Streuamplitude $f(\theta)$ bei Streuung an einem Zentrum

Wir wollen nun die spezielle Form der Streuamplitude für die verschiedenen Arten der verwendeten Strahlung näher betrachten. Dabei gehen wir zunächst von der Streuung an einem einzigen Zentrum aus.

a) *Röntgenstreuung:*
Im Fall der Röntgenstreuung ist die atomare Streuamplitude (auch „Atomformfaktor" genannt) gegeben durch:

$$f_a(\theta) = konst. \cdot \int e^{i\vec{K}\cdot\vec{r}} V_a(\vec{r}) d\vec{r}, \tag{6.29}$$

wobei das Streupotential bestimmt wird durch die Ladungsverteilung der Elektronen in der Atomhülle:

$$\rho(\vec{r}) = e\,|\psi_{\text{Atom}}(\vec{r})|^2 \tag{6.30}$$

b) *Neutronenstreuung:*
Im Fall der Neutronenstrahlung erfolgt die Streuung am Atom*kern*, welcher als punktförmiges Streuzentrum aufgefaßt werden kann. Damit kann das Streupotential als δ-Funktion dargestellt werden und für die Streuamplitude ergibt sich somit:

$$f(\theta) = konst. =: a \tag{6.31}$$

Die Konstante a wird als „Streulänge" bezeichnet. Diese variiert für verschiedene Isotope und kann positiv *oder* negativ sein.

c) *Elektronenstreuung:*
In diesem Fall ist das Streupotential wiederum durch die Ladungsverteilung der Elektronen in der Atomhülle bestimmt. Bei der Elektronenstreuung kann jedoch im Allgemeinen die Mehrfachstreuung nicht mehr vernachlässigt werden, so daß die kinematische Näherung keine Gültigkeit mehr besitzt.

Berechnung der Streuamplitude $f(\theta)$ bei Streuung an mehreren Zentren

Bei der Streuung an mehreren Zentren kann das Streupotential als Summe der Potentiale der einzelnen Streuzentren dargestellt werden:

$$V(\vec{r}) = \sum_{j=1}^{N} V_{a_j}(\vec{r} - \vec{r}_j) \tag{6.32}$$

Daraus folgt für die Streuamplitude:

$$f(\theta) = konst. \cdot \int e^{i\vec{K}\cdot\vec{r}} V(\vec{r}) d\vec{r} \tag{6.33}$$

$$= konst. \cdot \sum_j \int e^{i\vec{K}\cdot\vec{r}} \, V_{a_j}(\vec{r}-\vec{r}_j) \, d\vec{r} \tag{6.34}$$

Wir führen nun eine Variablensubstitution durch: $\vec{x} = \vec{r}-\vec{r}_j$ und erhalten:

$$f(\theta) = konst. \cdot \sum_j e^{i\vec{K}\cdot(\vec{x}+\vec{r}_j)} \, V_{a_j}(\vec{x}) \, d\vec{x} \tag{6.35}$$

$$= konst. \cdot \sum_j e^{i\vec{K}\cdot\vec{r}_j} \underbrace{\int e^{i\vec{K}\cdot\vec{x}} \, V_{a_j}(\vec{x}) \, d\vec{x}}_{V_{a_j}(\vec{K}) \, \propto \, f_{a_j}(\theta)} \tag{6.36}$$

Somit erhalten wir folgende Darstellung der Streuamplitude bei der Streuung an mehreren Zentren:

$$f(\theta) = konst. \cdot \sum_j f_{a_j}(\theta) \, e^{i\vec{K}\cdot\vec{r}_j} \tag{6.37}$$

mit $\quad f_{a_j}(\theta) \quad$: Atomformfaktor (beinhaltet Eigenschaft des *Einzelatoms*)

$\quad e^{i\vec{K}\cdot\vec{r}_j} \quad$: Phasenfaktor, auch „Strukturamplitude" genannt (beinhaltet Eigenschaft der *Atomanordnung*)

Als Spezialfall betrachten wir eine Anordnung von N Streuzentren bestehend aus nur einer Atomsorte. In diesem Fall ist der Atomformfaktor für alle Streuzentren identisch und kann vor die Summe gezogen werden:

$$f(\theta) = konst. \cdot f_a(\theta) \sum_{j=1}^{N} e^{i\vec{K}\cdot\vec{r}_j} \tag{6.38}$$

Schließlich erhalten wir folgendes Ergebnis für die gemessene Intensitätsverteilung:

$$I(\theta) \propto |f(\theta)|^2 \tag{6.39}$$

$$\propto \left|V_a(\vec{K})\right|^2 \left|\sum_{j=1}^{N} e^{i\vec{K}\cdot\vec{r}_j}\right|^2 \tag{6.40}$$

$$\propto \left|V_a(\vec{K})\right|^2 \cdot N \cdot S(\vec{K}) \tag{6.41}$$

Dabei haben wir den sogenannten *„Strukturfaktor"* eingeführt, der wie folgt definiert ist:

$$S(\vec{K}) = \frac{1}{N} \left|\sum_{j=1}^{N} e^{i\vec{K}\cdot\vec{r}_j}\right|^2 \tag{6.42}$$

6.3 Festkörperstruktur

Dieser beinhaltet die Information über die eigentliche Festkörperstruktur und hängt über eine Fouriertransformation mit der „*Paarkorrelationsfunktion*" $g(\vec{r})$ zusammen:

$$g(\vec{r}) = 1 + konst. \int \left[S(\vec{K}) - 1 \right] e^{i\vec{K}\cdot\vec{r}} d\vec{K} \tag{6.43}$$

Die Paarkorrelationsfunktion beschreibt die Wahrscheinlichkeit im Ortsraum, von einem herausgegriffenen Atom ausgehend im Abstand r wieder ein Atom zu finden.

Betrachten wir nun einen Idealkristall, dessen Atompositionen beschrieben werden können durch:

$$\vec{r}_j = \vec{R} + \vec{u}_j \tag{6.44}$$

mit

$$\vec{R} = n_1 \vec{a}_1 + n_2 \vec{a}_2 + n_3 \vec{a}_3 \tag{6.45}$$
$$\vec{u}_j = u_1 \vec{a}_1 + u_2 \vec{a}_2 + u_3 \vec{a}_3 , \tag{6.46}$$

wobei $\vec{a}_i$ die Basisvektoren des zugrundeliegenden Bravaisgitters darstellen und $n_i \in \mathbb{Z}$ sowie $u_i \in \mathbb{Q}$ sein sollen.

Daraus folgt für die Streuamplitude im allgemeinen Fall verschiedener atomarer Streuzentren:

$$f(\theta) \propto \sum_j V_{a_j}(\vec{K}) e^{i(\vec{K}\cdot\vec{u}_j)} \cdot \sum_{(n_1,n_2,n_3)} e^{i(\vec{K}\cdot\vec{R})} \tag{6.47}$$

mit $\sum_j V_{a_j}(\vec{K}) e^{i(\vec{K}\cdot\vec{u}_j)}$: *Geometrische Strukturamplitude*,

beinhaltet Informationen über die Geometrie der Basis;

und $\sum_{(n_1,n_2,n_3)} e^{i(\vec{K}\cdot\vec{R})}$: *Kristallstrukturamplitude*,

beinhaltet Informationen über die Kristallstruktur.

Die Kristallstrukturamplitude ist verantwortlich für das Auftreten scharfer Intensitätspeaks (*Bragg-Reflexe*, Entdeckung 1913 durch Bragg). Folglich nutzen Streuexperimente (Beugungsexperimente) die Periodizität der Kristalle optimal aus.

Experimentelle Methoden der Röntgenstreuung an Kristallen

Es existieren drei verschiedene experimentelle Verfahren der Röntgenstrukturanalyse, die im Folgenden gegenübergestellt werden sollen:

a) *Drehkristall-Verfahren* (Abb.6.21)
Beim Drehkristall-Verfahren wird monochromatische Strahlung verwendet. Die Probe in Form eines Einkristalls wird gedreht, während der Detektor ortsfest bleibt.

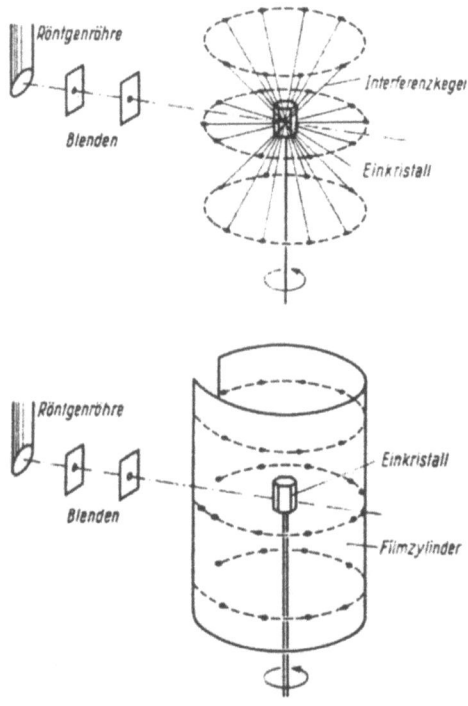

Fig. 6.21 Strahlengang bei der Drehkristall-Methode

b) *Pulver- oder Debye-Scherrer-Verfahren* (Abb.6.22)
Beim Debye-Scherrer-Verfahren wird ebenfalls monochromatische Strahlung verwendet. Die Probe liegt in diesem Fall jedoch als Pulver vor, das aus vielen, zufällig orientierten kleinen Kristallen besteht. Das Debye-Scherrer-Verfahren ist damit äquivalent zur Drehkristall-Methode, wobei die Drehachse alle möglichen Richtungen im Raum einnehmen kann.

c) *Von Laue-Verfahren* (Abb.6.23)
Beim von Laue-Verfahren verwendet man im Gegensatz zur Drehkristall- und Pulver-Methode kontinuierliche (weiße) Röntgenstrahlung. Die Probe, in diesem Fall wiederum ein Einkristall, bleibt dabei ebenso wie der Detektor ortsfest. Das Muster der Beugungsreflexe spiegelt die Symme-

6.3 Festkörperstruktur

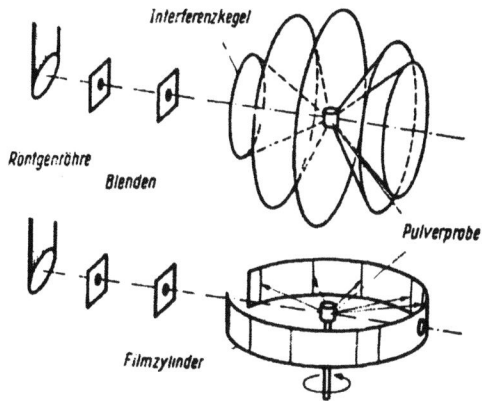

Fig. 6.22 Strahlengang bei der Pulver-Methode (DEBYE-SCHERRER-HULL- Verfahren)

trie des Kristalls sehr schön wider, so daß mittels dieser Methode eine Orientierung von Einkristallen erfolgen kann.

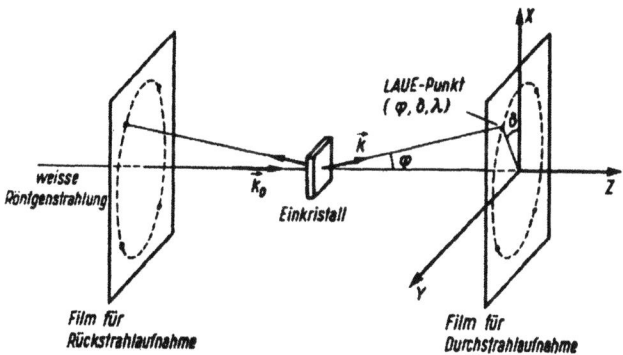

Fig. 6.23 LAUE-Verfahren

Mikroskopie

Alternativ zur Beugung kann eine Strukturanalyse durch *direkte* Abbildung der Atomanordnung im Ortsraum basierend auf mikroskopischen Methoden erfolgen. Als Beispiele wollen wir drei verschiedene Verfahren der Mikroskopie anführen:

a) *Feldionenmikroskopie (FIM)*
Beim Feldionenmikroskop befindet sich in einem mit Heliumgas gefüllten Gefäß eine feine Metallspitze (Anode) mit einem Krümmungsradius von etwa 100 nm gegenüber einem Leuchtschirm (Kathode) mit einem Krümmungsradius von etwa 10 cm. Zwischen beiden liegt eine Spannung von etwa 100 kV an. Unmittelbar vor der Spitze herrscht eine Feldstärke von etwa 10^8 V/cm. In diesem starken Feld werden neutrale Heliumatome (He^0) so stark polarisiert, daß dies zu ihrer Ionisation führt. Sie bewegen sich dann als He^+-Ionen geradlinig den Feldlinien folgend auf den Leuchtschirm zu. Dort erzeugen sie ein 10^6-fach vergrößertes Abbild der Spitze. Das Bild eines Spitzenatoms hat also etwa 0.1 mm Durchmesser.

Das Feldionenmikroskop konnte erstmals einzelne Atome direkt sichtbar machen. Allerdings bleibt seine Anwendung auf die Bestimmung der Atomanordnung an Spitzen beschränkt.

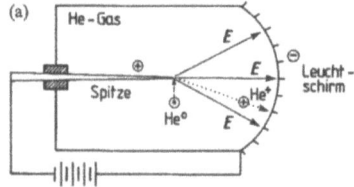

Fig. 6.24
Schematische Darstellung eines Feldionenmikroskops; nach [Sti 89]

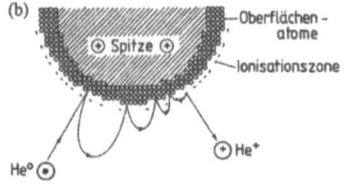

Fig. 6.25
Vergrößerte Zeichnung der Spitze mit ihren Oberflächenatomen. Unmittelbar vor den obersten Atomen ist die elektrische Feldstärke und damit die Ionisierungswahrscheinlichkeit besonders hoch; nach [Sti 89]

b) *Hochauflösende Transmissionselektronen-Mikroskopie (TEM)*
Bei der Transmissionselektronenmikroskopie erfolgt eine Abbildung von Atomsäulen mittels Durchstrahlung einer gedünnten Probe. Typische Elektronenenergien liegen dabei in der Größenordnung von 100 keV bis einigen MeV.

c) *Rastertunnel- und Rasterkraft-Mikroskopie (RTM/RKM)*
Beim Rastertunnelmikroskop wird eine scharfe metallische Spitze, welche am vordersten Ende ein einzelnes Sondenatom aufweist, einer zu untersuchenden, elektrisch leitenden Festkörperoberfläche bis auf weni-

6.3 Festkörperstruktur

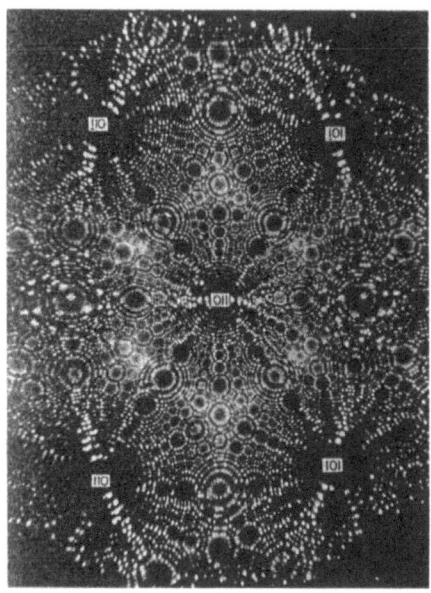

Fig. 6.26 Bild einer Wolframspitze von etwa 45 nm Krümmungsradius. Jeder Lichtfleck entspricht einem Spitzenatom. Der Abstand benachbarter Atome beträgt 0.3 nm. Die vierzählige Symmetrie des Bildes spiegelt die kubische Kristallstruktur des Wolframs wider; nach [Sti 89]

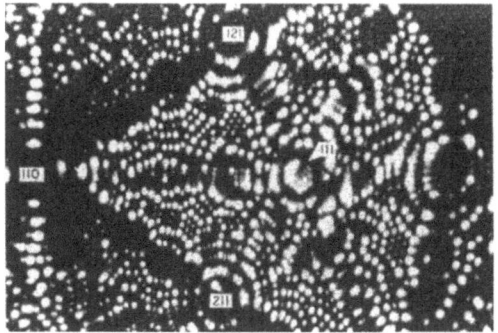

Fig. 6.27 Feldionenmikroskopisches Bild einer Schraubenversetzung auf einer [110]-Ebene von Molybdän; nach [Sti 89]

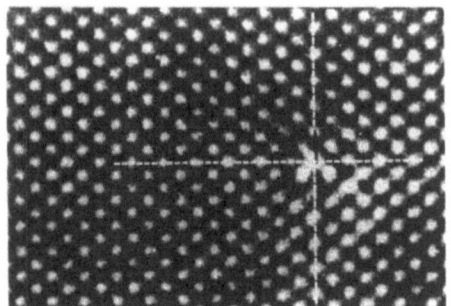

Fig. 6.28 Elektronenmikroskopisches Bild einer Stufenversetzung in Germanium; nach [Sti 89]

ge Ångström angenähert. Bei solch kleinen Abständen zwischen Spitze und Probe kann nach Anlegen einer elektrischen Spannung auf Grund des quantenmechanischen Elektronentunneleffekts ein Strom fließen, welcher äußerst stark (exponentiell) vom Abstand zwischen Spitze und Probe abhängt. Eine Veränderung dieses Abstands um nur ein Ångström bewirkt bereits eine Änderung des Tunnelstroms um einen Faktor 10.

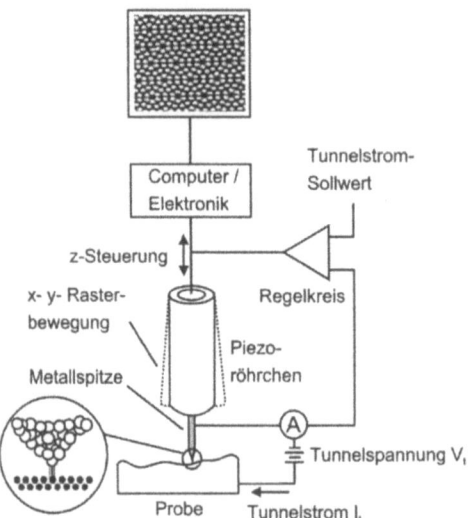

Fig. 6.29 Schematischer Aufbau eines Rastertunnelmikroskops; nach [Wie 94]

Somit lassen sich durch die Messung dieses Tunnelstroms sehr leicht Di-

6.3 Festkörperstruktur

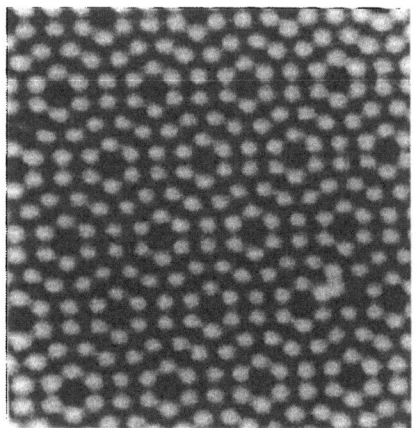

Fig. 6.30
Rastertunnelmikroskop-Aufnahme einer sauberen Si(111)-(7 × 7) Oberfläche. Die Kantenlänge der zweidimensionalen rhombohedrischen Einheitszelle, gebildet durch die dunklen Ecklöcher, beträgt 26.9 Å. Zwei Defekte (ein verschobenes Adatom im rechten unteren Teil des Bildes sowie ein reagiertes Adatom oder eine Verunreinigung an der Oberfläche im linken oberen Teil des Bildes) sind zu beobachten.

stanzen im Ångström- oder sogar im Subångström-Bereich bestimmen. Beim zeilenweisen Abrastern der Probenoberfläche mit der Sondenspitze unter Konstanthaltung des Tunnelstroms wird die Spitze in erster Näherung in konstantem Abstand zur Festkörperoberfläche gehalten. Das Aufzeichnen der vertikalen Position der Sondenspitze während des Rasterprozesses erlaubt dann eine Konturenkarte der Festkörperoberfläche auf atomarer Skala zu erhalten. Die feinen Bewegungen der Sondenspit-

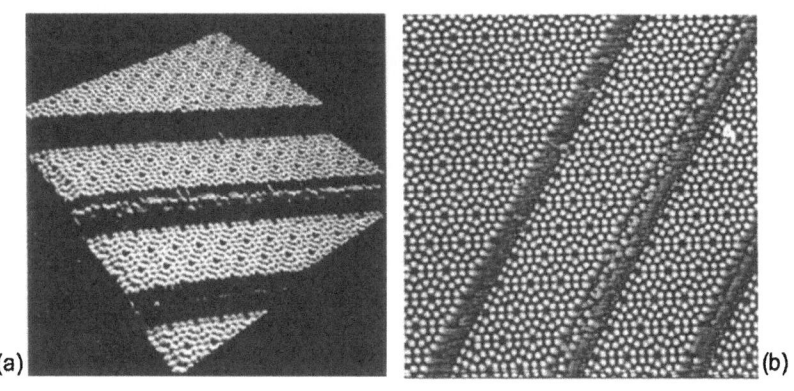

Fig. 6.31 (a) Perspektivisches Rastertunnelmikroskop-Bild eines 320 Å × 360 Å-großen Ausschnitts auf einer Si(111)-(7 × 7) Oberfläche. Das Bild wurde im Konstant-Strom-Verfahren aufgenommen. Drei Stufen, die viermal so hoch sind wie eine Doppelstufe, grenzen enge (7 × 7)-rekonstruierte Terrassen ab. (b) Zugehöriges Aufsichtsbild

ze werden dabei durch die Verwendung piezoelektrischer Stellelemente realisiert. Durch das Anlegen einer elektrischen Spannung erfahren diese eine Längenänderung, welche bis in den Subångström-Bereich kontrolliert gesteuert werden kann. Das Aufzeichnen dieser Steuerspannungen kann somit direkt als Maß für die Position der Sondenspitze herangezogen werden.

Vergleich Beugung – Mikroskopie

Abschließend sollen tabellarisch die Vor- und Nachteile der Beugungs- und Mikroskopie-Verfahren gegenübergestellt werden:

Tab. 6.2 Vergleich zwischen Beugung und Mikroskopie

	Beugung	Mikroskopie
Idealkristall	+	–
	(Beugungsexperimente erreichen eine wesentlich höhere Genauigkeit bei der Bestimmung von Atompositionen)	
Fehlordnung / Defekte	–	+
	(Mikroskopie ist wesentlich empfindlicher auf Abweichungen von idealer Periodizität, da die Information direkt im Ortsraum erhalten wird.)	

6.3.4 Aufgaben

6.6. *Grundlagen der Strukturbestimmung*:
Welche Energien entsprechen einer Wellenlänge von 1.2Å bei Röntgen-, Elektronen- und Neutronenstrahlung? Welchen Temperaturen entsprechen diese Energien?

6.7. *Atomformfaktor*:
Die Ladungsverteilung der Elektronen in einem Wasserstoffatom ist im Grundzustand kugelsymmetrisch und gegeben durch

$$\rho(r) = \frac{1}{\pi a_0^3} e^{\frac{-2r}{a_0}}, \tag{6.48}$$

6.3 Festkörperstruktur

wobei a_0 der Bohr'sche Radius von 0.53 Å ist. Berechne den atomaren Formfaktor für Wasserstoff und stelle diesen als Funktion von

$$K = \frac{4\pi \sin \frac{\theta}{2}}{\lambda} \qquad (6.49)$$

graphisch dar.

6.8. Differentieller Streuquerschnitt:
Begründe den Ausdruck für den quantenmechanischen Strom:

$$\vec{j} = \frac{\hbar}{2mi} \left(\psi^* \vec{\nabla} \psi - \psi \vec{\nabla} \psi^* \right).$$

Berechne damit durch Vergleich des Stroms der ein- und der auslaufenden Welle den differentiellen Streuquerschnitt.
Benutze folgende Geometrie des Streuproblems:

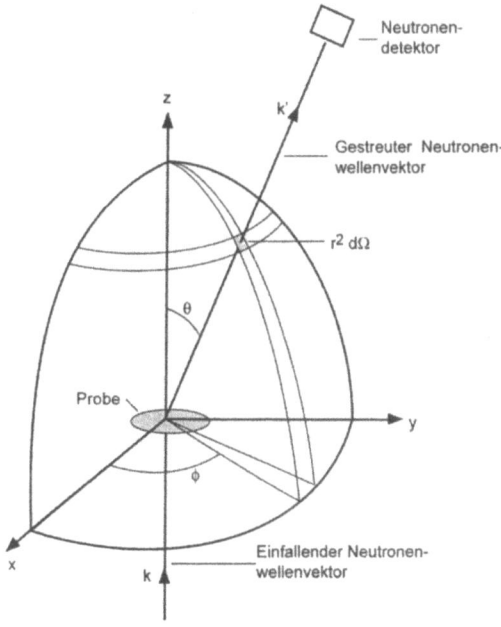

6.4 Einteilung der Festkörperphysik

> Im vorangegangenen Abschnitt stand die Frage nach der Beschreibung und der Bestimmung der Festkörperstruktur, d.h. der Anordnung der Atome, im Vordergrund. Hingegen wollen wir uns nun der Frage nach der Herleitung und der experimentellen Untersuchung *physikalischer Festkörpereigenschaften* widmen. Dabei stellt sich das Problem der enorm großen *Vielfalt von Erscheinungen* bei makroskopischen Systemen, was die Frage aufwirft, wie wir die verschiedenen Phänomene überhaupt sinnvoll klassifizieren wollen. Als Ausgangspunkt hierzu dient uns wiederum die *Schrödingergleichung* für das Vielteilchensystem, welche uns Zugang zum mikroskopischen Verständnis der makroskopischen Festkörperphänomene liefert.

Wir wollen wie in der Molekülphysik (Abschnitt 5.3.4) mit der Näherung der Valenzbindung arbeiten, also folgende Vereinbarung treffen: Der Atomkern und die inneren Elektronen bilden den „Atomrumpf" bzw. ein „Ion" (Anzahl im Festkörper: N) mit Koordinaten $\vec{R}_i$. Daneben gibt es Valenzelektronen (Anzahl im Festkörper: N_e) mit Koordinaten $\vec{r}_j$. Damit liegt ein $(N + N_e)$ - Vielteilchensystem vor. Der Hamiltonoperator H hierzu ist gegeben durch:

$$H = \underbrace{-\frac{\hbar^2}{2}\sum_{i=1}^{N}\frac{1}{M_i}\Delta_{\vec{R}_i}}_{H^{\text{kin}}_{\text{ion}}} \underbrace{-\frac{\hbar^2}{2m}\sum_{j=1}^{N_e}\Delta_{\vec{r}_j}}_{H^{\text{kin}}_{\text{el}}} + \underbrace{\frac{1}{2}\sum_{i\neq i'}U_{\text{ion}}\left(\left|\vec{R}_i - \vec{R}_{i'}\right|\right)}_{H_{\text{ion-ion}}}$$

$$+ \underbrace{\frac{1}{2}\frac{e^2}{4\pi\epsilon_0}\sum_{j\neq j'}\frac{1}{|\vec{r}_j - \vec{r}_{j'}|}}_{H_{\text{el-el}}} + \underbrace{\sum_{i,j}U_{\text{el,ion}}\left(\vec{r}_j, \vec{R}_i\right)}_{H_{\text{el-ion}}} + H_{\text{ext}} + \cdots \quad (6.50)$$

Hierbei ist der Wechselwirkungsterm $H_{\text{ion-ion}}$ in Paarpotentialnäherung gegeben; der Term H_{ext} stellt die Wechselwirkung des Vielteilchensystems mit äußeren magnetischen und elektrischen Feldern dar.

Eine Einteilung der Festkörperphysik kann auf der Basis der Betrachtung von *Teilproblemen*, welche jeweils nur *Teile* des Gesamthamiltonoperators miteinbeziehen, erfolgen.

6.4 Einteilung der Festkörperphysik

Beispiele:

1. *Ionensystem:*
a) Gitterschwingungen (Gitterdynamik):
$$H = H_{\text{ion}}^{\text{kin}} + H_{\text{ion}-\text{ion}} \tag{6.51}$$
b) Wechselwirkung der Gitterschwingungen mit elektromagnetischer Strahlung (Optik):
$$H = H_{\text{ion}}^{\text{kin}} + H_{\text{ion}-\text{ion}} + H_{\text{ext}}(\vec{E}, \vec{B}) \tag{6.52}$$

2. *Elektronensystem:*
a) Modell freier Elektronen (Elektronengas):
$$H = H_{\text{el}}^{\text{kin}} \tag{6.53}$$
b) Freie Elektronen im Magnetfeld:
$$H = H_{\text{el}}^{\text{kin}} + H_{\text{ext}}(\vec{B}) \tag{6.54}$$
c) Elektronen mit Wechselwirkung:
$$H = H_{\text{el}}^{\text{kin}} + H_{\text{el}-\text{el}} \tag{6.55}$$
d) Elektronen im periodischen Potential:
$$H = H_{\text{el}}^{\text{kin}} + H_{\text{el}-\text{el}} + H_{\text{el}-\text{ion}} \tag{6.56}$$
e) Elektronensystem in Wechselwirkung mit elektromagnetischer Strahlung (Metalloptik):
$$H = H_{\text{el}}^{\text{kin}} + H_{\text{el}-\text{el}} + H_{\text{ext}}(\vec{E}, \vec{B}) \tag{6.57}$$

3. *Ionensystem und Elektronensystem mit Wechselwirkungen:*
$$H = H_{\text{ion}}^{\text{kin}} + H_{\text{ion}-\text{ion}} + H_{\text{el}}^{\text{kin}} + H_{\text{el}-\text{el}} + H_{\text{el}-\text{ion}} \tag{6.58}$$

usw.

Wir wollen im Folgenden systematisch eine Auswahl dieser Teilprobleme näher diskutieren, wobei wir mit der Gitterdynamik beginnen werden.

6.5 Gitterdynamik

> Im Folgenden wollen wir die Dynamik des Ionensystems beschreiben, wofür wir sowohl die kinetische als auch die potentielle Energie der Ionen berücksichtigen müssen, während das Elektronensystem bei der Auslenkung der Ionen aus den Gleichgewichtspositionen im Grundzustand verbleibt. Allerdings stellt sich als Folge der Auslenkung der Ionen eine neue Elektronenverteilung mit höherer Gesamtenergie ein. Die rücktreibende Kraft in die Gleichgewichtsposition der Ionen wird also letztlich durch das Elektronensystem vermittelt, dessen Energie als Funktion der Positionen der Atomrümpfe die Rolle eines Potentials für die Wechselwirkung zwischen den Ionen übernimmt.

Ebenso wie in der Molekülphysik (vgl. Abschnitt 5.2) wollen wir auch in der Festkörperphysik mit der *Born-Oppenheimer-Näherung* arbeiten, welche uns eine Separation des Ionen- und Elektronenproblems erlaubt.

Wir betrachten in diesem Abschnitt ausschließlich die Dynamik des Ionensystems. Einflüsse des Valenzelektronensystems werden im Ansatz für das Ionenwechselwirkungspotential berücksichtigt.

Der Hamiltonoperator des Gitterdynamik-Problems lautet demnach:

$$\boxed{H = H_{\text{ion}}^{\text{kin}} + H_{\text{ion-ion}}} \tag{6.59}$$

und ist allgemein gegeben durch:

$$H = \underbrace{-\frac{\hbar^2}{2} \sum_{i=1}^{N} \frac{1}{M_i} \Delta_{\vec{R}_i}}_{H_{\text{ion}}^{\text{kin}}} + \underbrace{\frac{1}{2} \sum_{i \neq i'} U_{ion}\left(\vec{r}(\vec{R}_i) - \vec{r}(\vec{R}_{i'})\right)}_{H_{\text{ion-ion}}} \tag{6.60}$$

Dabei haben wir für den Ortsvektor eines Ions, dessen Gitterplatz $\vec{R}$ ist und das um diese Gleichgewichtslage schwingt, die Bezeichnung $\vec{r}(\vec{R})$ eingeführt. Dieser Vektor setzt sich zusammen aus dem Ortsvektor $\vec{R}$ der Gleichgewichtsposition im statischen Gitter sowie dem Vektor $\vec{u}$, der die Auslenkung des Ions um die Gleichgewichtsposition beschreibt:

$$\vec{r}(\vec{R}) = \vec{R} + \vec{u}(\vec{R}) \tag{6.61}$$

Damit erhalten wir folgende Form des Ionenwechselwirkungspotentials:

Fig. 6.32
Ein um $\vec{u}(\vec{R})$ ausgelenktes Ion mit Gleichgewichtslage $\vec{R}$

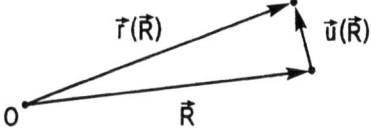

$$U := \frac{1}{2} \sum_{i \neq i'} U_{\text{ion}} \left(\vec{r}(\vec{R}_i) - \vec{r}(\vec{R}_{i'}) \right) \tag{6.62}$$

$$= \frac{1}{2} \sum_{\vec{R}_i \neq \vec{R}_{i'}} U_{\text{ion}} \left(\vec{R}_i - \vec{R}_{i'} + \vec{u}(\vec{R}_i) - \vec{u}(\vec{R}_{i'}) \right) \tag{6.63}$$

Als Näherung betrachten wir zunächst nur *kleine* Auslenkungen, d.h.
$$\left| \vec{u}(\vec{R}) \right| \ll \text{Abstand nächster Nachbarn}$$
und damit auch:
$$\left| \vec{u}(\vec{R}_i) - \vec{u}(\vec{R}_{i'}) \right| \ll \left| \vec{R}_i - \vec{R}_{i'} \right| \tag{6.64}$$

Unter dieser Voraussetzung können wir eine Entwicklung in eine Taylorreihe durchführen und erhalten:

$$U = \frac{1}{2} \sum_{i \neq i'} U_{\text{ion}} \left(\vec{R}_i - \vec{R}_{i'} \right) \tag{6.65}$$

$$+ \frac{1}{2} \sum_{i \neq i'} \left(\vec{u}(\vec{R}_i) - \vec{u}(\vec{R}_{i'}) \right) \cdot \vec{\nabla} U_{\text{ion}} \left(\vec{R}_i - \vec{R}_{i'} \right) \tag{6.66}$$

$$+ \frac{1}{4} \sum_{i \neq i'} \left[\left(\vec{u}(R_i) - \vec{u}(\vec{R}_{i'}) \right) \cdot \vec{\nabla} \right]^2 U_{\text{ion}} \left(\vec{R}_i - \vec{R}_{i'} \right) \tag{6.67}$$

$$+ \mathcal{O} \left[\left(\vec{u}(\vec{R}_i) - \vec{u}(\vec{R}_{i'}) \right)^3 \right] \tag{6.68}$$

Wir betrachten nun die einzelnen Terme in dieser Reihe:
$U = U_0 + U_1 + U_2 + U_3 + ...$

1. Term:

$$U_0 = \frac{1}{2} \sum_{i \neq i'} U_{\text{ion}} \left(\vec{R} - \vec{R}_{i'} \right) \tag{6.69}$$

$$= konst. \tag{6.70}$$

Es handelt sich hierbei um die potentielle Energie der Gleichgewichtslage. Beispielsweise wären für einen Ionenkristall die einzelnen Terme der

Summe gegeben durch:

$$U_{\text{ion}}\left(\vec{R}_i - \vec{R}_{i'}\right) = \frac{B}{\left|\vec{R}_i - \vec{R}_{i'}\right|^n} \pm \frac{ZZ'e^2}{4\pi\epsilon_0 \left|\vec{R}_i - \vec{R}_{i'}\right|} \quad (6.71)$$

(vgl. Abschnitt 5.6)

Mit den Bezeichnungen N : Anzahl der Ionen im Kristall
R : Abstand nächster Nachbarn
$$p_{ii'} = \frac{\left|\vec{R}_i - \vec{R}_{i'}\right|}{R}$$

ergibt sich für die gesamte potentielle Energie:

$$U_0 = \frac{N}{2} \left(\frac{B}{R^n} \sum_{i \neq i'} \frac{1}{p_{ii'}^n} + \frac{ZZ'e^2}{4\pi\epsilon_0 R} \sum_{i \neq i'} \frac{\pm 1}{p_{ii'}} \right) \quad (6.72)$$

wobei

$$A := \sum_{i \neq i'} \frac{\pm 1}{p_{ii'}} \quad (6.73)$$

als „Madelung-Konstante" bezeichnet wird.

2. Term:
$U_1 = 0$, da sich im Gleichgewicht alle wirkenden Kräfte auf jedes einzelne Ion aufheben.

3. Term:
Es handelt sich dabei um den in den Auslenkungen quadratischen Term U_2, der auch als „harmonisches Potential" U_{harm} bezeichnet wird. Ein Abbruch der Taylorreihe nach diesem Term führt zur sogenannten „harmonischen Näherung".

4. und höhere Terme:
Diese werden als „anharmonische" Beiträge zum Potential bezeichnet: U_{anharm}.

Somit können wir das Ionenwechselwirkungspotential auch in folgender Form schreiben:

$$U = U_0 + U_{\text{harm}} + U_{\text{anharm}} \quad (6.74)$$

Wir wollen nun zunächst eine *klassische* Behandlung der Gitterdynamik an Hand *einfacher* Beispiele im Rahmen der *harmonischen* Näherung vorstellen. In einem zweiten Schritt werden wir dann die Ergebnisse einer quantenmechanischen Behandlung dieses Problems vorstellen und diskutieren.

6.5.1 Gitterschwingungen in einer eindimensionalen periodischen Struktur

a) Eindimensionales Bravaisgitter mit einatomiger Basis (einatomare lineare Kette)

Als Modell hierzu betrachten wir im Folgenden die Ionen als starre Kugeln der gleichen Masse M, verbunden durch masselose Federn der gleichen Federkonstante c.

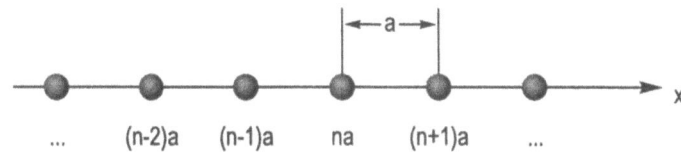

Fig. 6.33 Statische einatomare lineare Kette

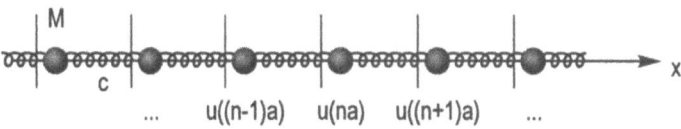

Fig. 6.34 Gitterschwingungen in einer einatomaren linearen Kette

Die Bewegungsgleichung für die Masse M am Gitterplatz (na) in „harmonischer Näherung" lautet:

$$M\ddot{u}(na) = F(na) = -\frac{\partial U_{\text{harm}}}{\partial u(na)} \tag{6.75}$$

In der Näherung der *nächsten Nachbarwechselwirkung* gilt:

$$\begin{aligned} U_{\text{harm}}^{nN} &= \frac{1}{2}c\left(u\left(na\right) - u\left((n-1)a\right)\right)^2 \\ &+ \frac{1}{2}c\left(u\left(na\right) - u\left((n+1)a\right)\right)^2 \end{aligned} \tag{6.76}$$

Einsetzen in die Bewegungsgleichung liefert:

$$M\ddot{u}(na) = -c\left[2u\left(na\right) - u\left((n-1)a\right) - u\left((n+1)a\right)\right] \tag{6.77}$$

Für N Atome folgt daraus ein System von N gekoppelten Differentialgleichungen, dessen Lösung von den gewählten *Randbedingungen* abhängt.

Es hat sich als vorteilhaft erwiesen, spezielle *periodische* bzw. *zyklische Randbedingungen* nach BORN-VON KARMAN einzuführen:

$$u(na) = u((n+N)a) \qquad (6.78)$$

Dies entspricht der Vorstellung, daß die lineare Kette zu einem Kreis verbogen wird, wobei das N-te Atom noch über eine Feder mit dem ersten Atom verbunden wird.

Die Konsequenzen dieser Wahl von Randbedingungen sind:

- Physikalisch:
Es treten keine Reflexionen an den Enden der Kette auf.
- Mathematisch:
Die *Translationsinvarianz* bleibt auch für einen endlichen Kristall mit N Atomen erhalten. Damit läßt sich das System von N gekoppelten Differentialgleichungen auf eine einzige Differentialgleichung reduzieren!

Als Lösungsansatz wählen wir eine ebene Welle mit Wellenzahlvektor k und Frequenz ω:

$$u(na,t) = u_0 e^{i(kna-\omega t)} \qquad \text{mit n} \in \mathbb{Z} \text{ und } \omega > 0 \qquad (6.79)$$

Aus der periodischen Randbedingung folgt folgende Form für die möglichen Wellenzahlvektoren:

$$\begin{aligned} u(na) &= u((n+N)a) \\ e^{ikna} &= e^{ik(n+N)a} \\ e^{ikNa} &= 1 \\ kNa &= 2\pi\ell \qquad \text{mit } \ell \in \mathbb{Z} \\ k &= \frac{2\pi}{a} \cdot \frac{\ell}{N} =: k_\ell \end{aligned} \qquad (6.80)$$

Man beachte hierbei:
Eine Welle, die durch den Wellenzahlvektor k_ℓ charakterisiert ist, unterscheidet sich in keiner Weise von einer Welle, die durch den Wellenzahlvektor $k_{\ell+mN}$ (m $\in \mathbb{Z}$) charakterisiert ist. Es genügt also, folgenden Wertebereich für den Index ℓ bzw. den Wellenzahlvektor k zu betrachten:

$$\ell \quad : \quad -\frac{N}{2} \ \ldots\ldots\ +\frac{N}{2}$$

$$k \quad : \quad -\frac{\pi}{a} \ \ldots\ldots\ +\frac{\pi}{a}$$

Dieser Wertebereich für den Wellenzahlvektor wird auch als „*1. Brillouinzone*" bezeichnet. Einsetzen des Ansatzes für $u(na,t)$ in die Bewegungsgleichung liefert:

$$M\omega^2 \, e^{ikna} = c\left(2 - e^{-ika} - e^{+ika}\right) e^{ikna} \qquad (6.81)$$

6.5 Gitterdynamik

Daraus folgt:

$$\omega^2 = \frac{2c}{M}(1 - \cos ka) \qquad (6.82)$$

$$= \frac{4c}{M} \cdot \sin^2 \frac{ka}{2} \qquad (6.83)$$

Somit:

$$\boxed{\omega = \omega(k) = 2\sqrt{\frac{c}{M}} \left|\sin \frac{ka}{2}\right|} \qquad (6.84)$$

Dies entspricht der „*Dispersionsrelation*" $\omega(k)$ für einen eindimensionalen, einatomigen Kristall mit Wechselwirkung zwischen nächsten Nachbarn.
Die graphische Darstellung dieser Dispersionsrelation zeigt Abbildung 6.35.

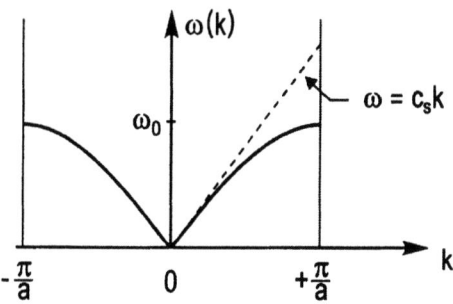

Fig. 6.35 Graphische Darstellung der Dispersionsrelation $\omega(k)$ für einen eindimensionalen, einatomigen Kristall mit Wechselwirkung zwischen nächsten Nachbarn

Man beachte dabei den Grenzfall:

$$k \ll \frac{\pi}{a} \quad \Rightarrow \quad \lambda = \frac{2\pi}{k} \gg a \quad \text{(„Kontinuumsnäherung")} \qquad (6.85)$$

In diesem Grenzfall geht die Dispersionsrelation $\omega(k)$ über in die $\omega(k)$ - Beziehung für *Schallwellen*:

$$\omega(k) = c_s \cdot k \qquad \text{mit } c_s : \text{Schallgeschwindigkeit}$$

Charakteristisch hierbei ist, daß die $\omega(k)$ - Beziehung linear in k wird. Als Folge sind Phasengeschwindigkeit

$$v_{Ph} = \frac{\omega}{k} \qquad (6.86)$$

und Gruppengeschwindigkeit

$$v_{Gr} = \frac{d\omega}{dk} \qquad (6.87)$$

in diesem Fall identisch (gleich c_s), d.h. in der Kontinuumsnäherung ergibt sich eine „*dispersionsfreie*" Ausbreitung von Schallwellen.

Diskussion der Dispersionsrelation $\omega(k)$:

1. Es existiert eine lineare Tangente im Nullpunkt, d.h.:

$$v_{Ph}(k=0) = v_{Gr}(k=0) = c_s \tag{6.88}$$

2. Es existiert eine horizontale Tangente für $k = \pm\frac{\pi}{a}$, d.h.:

$$v_{Gr}\left(k = \pm\frac{\pi}{a}\right) = \left.\frac{d\omega}{dk}\right|_{k=\pm\frac{\pi}{a}} = 0 \tag{6.89}$$

3. Für $\omega > \omega_0 = 2\sqrt{\frac{c}{M}}$ existieren keine Eigenschwingungen des Systems mehr, d.h. ω_0 ist eine *Grenzfrequenz*. Diese korrespondiert wegen

$$|k| = \frac{\pi}{a} \Rightarrow \lambda = \frac{2\pi}{k} = 2a \tag{6.90}$$

mit der kleinstmöglichen Wellenlänge, bei der benachbarte Atome jeweils gegenphasig schwingen (siehe Fig. 6.36).

Fig. 6.36
Jeweils benachbarte Atome bewegen sich in entgegensetzter Richtung.

Das behandelte Modell kann erweitert werden, indem Wechselwirkungen über die nächsten Nachbarn hinaus berücksichtigt werden (vgl. Übungsaufgabe 6.9).

b) Eindimensionales Bravaisgitter mit zweiatomiger Basis

Wir gehen hierbei von einem Modell aus, welches zwei unterschiedliche Massen (M_1, M_2), jedoch identische Federkonstanten c beinhaltet. (Ein Modell, welches identische Massen M, jedoch zwei verschiedene Federkonstanten (c_1, c_2) vorsieht, wäre hierzu mathematisch äquivalent.)

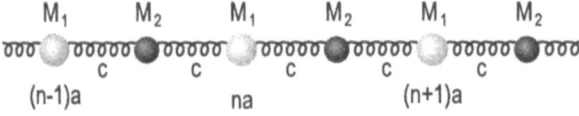

Fig. 6.37 Schematisches Modell eines eindimensionalen Bravaisgitters mit zweiatomiger Basis

6.5 Gitterdynamik

Wiederum können wir die Bewegungsgleichungen aufstellen und zusätzlich periodische Randbedingungen fordern. Dies führt auf ein Differentialgleichungssystem mit zwei Gleichungen, dessen Lösungen nun zwei *„Zweige"* (ω_- und ω_+) der Dispersionsrelation ergeben (vgl. Übungsaufgabe 6.10). Die graphische Darstellung der Lösungen sieht nun folgendermaßen aus:

Dabei führen wir folgende Bezeichnungen ein:

Akustischer Zweig:
Der akustische Zweig beschreibt im Grenzfall $k \to 0$ die (dispersionsfreie) Ausbreitung von Schallwellen.

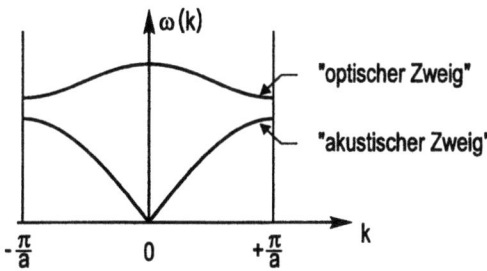

Fig. 6.38 Graphische Darstellung des Dispersionsverhaltens eines linearen, zweiatomigen Kristalls mit Wechselwirkung zwischen nächsten Nachbarn.

Optischer Zweig:
Der optische Zweig beschreibt im Grenzfall $k \to 0$ das Gegeneinanderschwingen der beiden existierenden Untergitter (M_1, M_2). Dieses entspricht einer (infrarotaktiven) *Dipolschwingung*, welche an ein äußeres elektromagnetisches Wechselfeld ankoppeln kann.

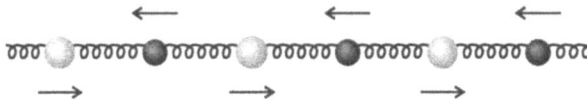

Fig. 6.39 Dipolschwingung im optischen Zweig für den Grenzfall $k \to 0$

6.5.2 Gitterschwingungen in einer dreidimensionalen periodischen Struktur

Bei der bisherigen Diskussion haben wir uns auf einen eindimensionalen Kristall beschränkt und dabei Auslenkungen der Atome nur entlang der linearen Kette betrachtet (longitudinale Schwingungen). Wir wollen jetzt die Dispersionsrelation für einen dreidimensionalen Kristall vorstellen, dessen Atome Auslenkungen in drei zueinander senkrechte Richtungen ausführen können.

Auf Grund der zusätzlichen Freiheitsgrade der Atomauslenkung im dreidimensionalen Fall ergeben sich als Lösungen der entsprechend größeren Systeme von Differentialgleichungen zusätzliche Zweige in der Dispersionsrelation.

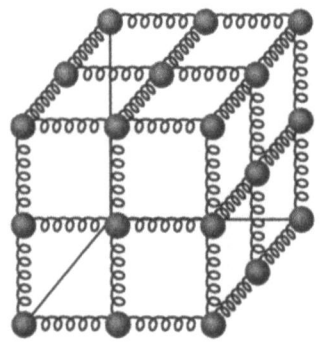

Fig. 6.40
Federmodell eines dreidimensionalen Kristallgitters

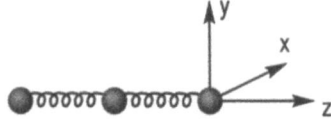

Fig. 6.41
Atomauslenkungen in drei zueinander senkrechte Richtungen

Die wesentlichen Schritte der allgemeinen Behandlung des dreidimensionalen Falls sind hierbei:

1. Aufstellen eines Systems von 3pN gekoppelten Differentialgleichungen, wobei N die Anzahl der Elementarzellen, p die Zahl der Atome pro Elementarzelle und 3 die Zahl der Dimensionen angeben.
2. Wahl von periodischen Randbedingungen. Hieraus folgt die Existenz einer Translationssymmetrie für den endlichen Kristall:

$$U_{\text{harm}}\left(\vec{R}_i, \vec{R}_{i'}\right) = U_{\text{harm}}\left(\vec{R}_i - \vec{R}_{i'}\right) \qquad (6.91)$$

Damit ist eine Reduktion des ursprünglichen Differentialgleichungssystems auf ein System von 3p gekoppelten Differentialgleichungen möglich. Das Ausnutzen weiterer Symmetrien (Punktsymmetrien) des Kristalls erlaubt gegebenenfalls eine weitere Reduktion des Diffentialgleichungssystems.
3. Lösungssatz in der Form ebener Wellen mit Wellenzahlvektor $\vec{k}$ und Frequenz ω.

6.5 Gitterdynamik

4. Als Lösung des Differentialgleichungssystems ergibt sich eine Dispersionsrelation $\omega_s(\vec{k})$; $s = 1 \ldots 3p$ mit $3p$ Zweigen, davon 3 akustische und $3(p-1)$ optische Zweige. Somit ergeben sich $3p$ unabhängige Schwingungen, sogenannte „*Normalschwingungen*", mit Frequenz $\omega_s(\vec{k})$.

Man beachte hierbei:

1. Die *Translationssymmetrie* des Kristalls impliziert eine Periodizität im „$\vec{k}$-*Raum*", d.h. der Wertevorrat von $\vec{k}$ ist endlich durch die Wahl zyklischer Randbedingungen. Insgesamt gibt es N verschiedene diskrete $\vec{k}$-Werte. Basierend auf der Periodizität im $\vec{k}$-Raum ist es *sinnvoll*, ein Gitter in diesem Raum zu definieren, das sogenannte „*reziproke Gitter*". Es wird aufgebaut aus reziproken Gittervektoren (z.B. im eindimensionalen Fall gegeben durch: $G_m = m \cdot \frac{2\pi}{a}$).
2. Die Existenz von zusätzlichen *Punktsymmetrien* des Kristalls führt zu einer *Entartung* von Zweigen (entweder für bestimmte k-Werte oder sogar von ganzen Zweigen).
3. Die Zeitumkehrsymmetrie impliziert: $\omega_s(\vec{k}) = \omega_s(-\vec{k})$.

Wir wollen im Folgenden die Ergebnisse für die Fälle einer einatomigen und einer zweiatomigen Basis qualitativ diskutieren.

a) *Dreidimensionales Bravaisgitter mit einatomiger Basis:*
Es treten sowohl ein „longitudinaler Zweig" (L), analog zum eindimensionalen Fall, als auch „transversale Zweige" (T) auf, die je nach Symmetrieeigenschaften des zugrundeliegenden Kristallgitters entartet sein können oder nicht.

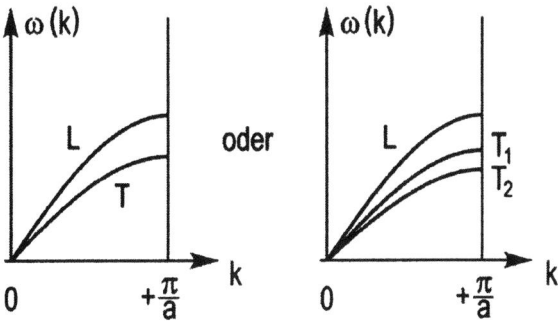

Fig. 6.42 Dispersionsverhalten eines dreidimensionalen Bravaisgitters mit *einatomiger* Basis

b) *Dreidimensionales Bravaisgitter mit zweiatomiger Basis:*
Im Fall einer zweiatomigen Basis treten wiederum analog zum eindimensionalen Fall zusätzliche optische Zweige auf, so daß wir nun auf Grund der zusätzlichen Freiheitsgrade der Atomauslenkung zwischen insgesamt vier verschiedenen Arten von Zweigen unterscheiden müssen:
1. Longitudinal optische Zweige (LO)
2. Transversal optische Zweige (TO)
3. Longitudinal akustische Zweige (LA)
4. Transversal akustische Zweige (TA)

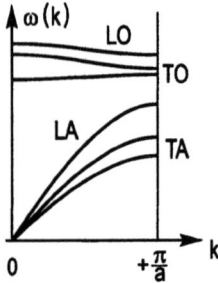

Fig. 6.43
Dispersionsverhalten eines dreidimensionalen Bravaisgitters mit *zweiatomiger* Basis

Die Grenzen des verwendeten Modells sind vor allem durch die folgenden beiden Punkte gegeben:
1. Die Beschreibung der Wechselwirkung zwischen den Ionen durch ein *Paarpotential* bzw. durch *Federkräfte* ist nur dann sinnvoll, wenn die chemischen Bindungskräfte die Eigenschaft von *Zentralkräften* besitzen, was zum Beispiel bei Ionenkristallen der Fall ist. Bei kovalent gebundenen Festkörpern mit gerichteten Bindungen liefert ein Paarpotentialansatz keine befriedigende Beschreibung.
2. Anharmonische Anteile des Wechselwirkungspotentials wurden nicht berücksichtigt. Insbesondere vergrößern sich mit steigender Temperatur die Auslenkungen der Ionen aus ihren Gleichgewichtslagen und anharmonische Effekte werden immer deutlicher sichtbar.

6.5.3 Wechselwirkungsfreies Phononengas

Nachdem wir im vorangegangenen Abschnitt die klassische Behandlung der Gitterdynamik anhand einfacher Modellsysteme vorgestellt haben, wollen wir nun einen Ausblick auf die quantenmechanische Behandlung der Gitterdynamik in harmonischer Näherung geben. Hierbei existieren zwei äquivalente Beschreibungen der Gitterdynamik im Rahmen der Quantentheorie, die im Folgenden einander gegenübergestellt werden sollen:

6.5 Gitterdynamik

Beschreibung durch einen harmonischen Oszillator ⟷ *Beschreibung durch Phononen*

„1. Quantisierung"

Die Lösung der Schrödingergleichung für den harmonischen Oszillator führt auf eine Quantenzahl n, welche die möglichen Energiezustände charakterisiert gemäß der Beziehung:
$E_n = (n + 1/2)\hbar\omega$

„2. Quantisierung"

Die Behandlung des gitterdynamischen Problems im Rahmen der sogenannten 2. Quantisierung führt auf eine „Besetzungszahl" n, welche die Zahl vorhandener „Phononen" der Energie $\hbar\omega$ beschreibt. Dabei sind Phononen als „Quasiteilchen" zu verstehen, welche elementare Anregungen des Gittersystems darstellen.

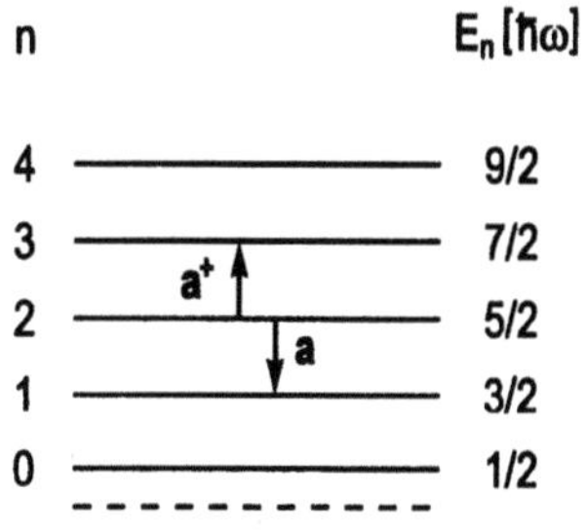

Fig. 6.44
Mögliche Energiezustände der Gitterschwingungen nach quantenmechanischer Behandlung

n		$E_n [\hbar\omega]$
4		9/2
3		7/2
2	a^+ ↑ ↓ a	5/2
1		3/2
0		1/2

Hierbei sind:

$a^\dagger(a)$: Operatoren, welche die Anregung (Abregung) des Oszillators vom Niveau $n \to n \pm 1$ beschreiben.

$a^\dagger(a)$: Operatoren, welche die Erzeugung (Vernichtung) eines Phonons der Energie $\hbar\omega$ beschreiben.

In harmonischer Näherung können die Gitterschwingungen als

- System ungekoppelter harmonischer Oszillatoren
- System wechselwirkungsfreier Phononen

beschrieben werden

Das Phononenbild liefert letztlich eine Teilchenbeschreibung der Gitterdynamik, welche analog ist zur Quantentheorie des elektromagnetischen Feldes. (Dort existiert ein Dualismus von dem Bild elektromagnetischer Wellen und dem Photonenbild.) Phononen sind ebenso wie Photonen ununterscheidbare *Bose-Teilchen* und gehorchen der *Bose-Einstein-Statistik*. Die Beschreibung der Gitterschwingungen als ein *wechselwirkungsfreies*

Gas von Phononen ist dabei nur in harmonischer Näherung möglich. (In harmonischer Näherung ist die Hamiltonfunktion eine positiv definite quadratische Form, welche diagonalisiert werden kann. Dadurch läßt sich der zugeordnete Hamiltonoperator in eine Summe unabhängiger Anteile zerlegen.) Anharmonische Effekte führen zu einer Wechselwirkung zwischen den Phononen.

Sinn der Phononenbeschreibung:

Aus dem System

> Ionen *mit* Wechselwirkung, beschrieben durch ein harmonisches Potential

wird das System

> Phononen *ohne* Wechselwirkung

Letzteres ist konzeptionell sehr viel einfacher. Dies führt auf ein allgemeines Konzept in der Festkörperphysik, nämlich die:

> Einführung *elementarer Anregungen ("Quasiteilchen")*, welche *keine* oder nur *geringe* Wechselwirkung untereinander haben!

Im Rahmen des Phononenbildes können wir nun folgende Begriffe einführen:

- die Phononendispersion: $\omega_s(\vec{k})$
- die Energie eines Phonons des Zweigs s im Zustand $\vec{k}$:
$$E_{\vec{k},s} = \hbar\omega_{\vec{k},s} \tag{6.92}$$
- die Gesamtenergie des Gittersystems:
$$E_{n_{\vec{k},s}} = \sum_{\vec{k},s} \hbar\omega_{\vec{k},s}\left(n_{\vec{k},s} + \frac{1}{2}\right) \tag{6.93}$$

mit $n_{\vec{k},s}$: Besetzungszahl der Phononen des Zweigs s im Zustand $\vec{k}$.
- der "Quasiimpuls" eines Phonons:
$$\vec{p}_{\vec{k}} = \hbar\vec{k} \tag{6.94}$$

Man beachte hierbei:

Der Quasiimpuls der Phononen ist *nicht* mit den Impulsen der Gitteratome zu verwechseln, für die gilt:
$$\sum_i M_i \vec{v}_i = 0! \tag{6.95}$$

Auf Grund der Periodizität im reziproken Raum ist der Quasiimpuls nur bis auf $\hbar\vec{G}$ (mit einem reziproken Gittervektor $\vec{G}$) definiert.

6.5.4 Phononenzustandsdichte

Nachdem wir im vorangegangenen Abschnitt die Phononen als elementare Anregungen des Gittersystems kennengelernt haben, wollen wir nun den wichtigen Begriff der Phononenzustandsdichte einführen:

Definition 6.5 (Phononenzustandsdichte $D(\omega)$) $D(\omega)d\omega$ = Zahl der Phononenzustände im Frequenzintervall ω bis $\omega + d\omega$.

Diese Zahl der Phononenzustände im Frequenzintervall ω bis $\omega + d\omega$ ist gegeben durch die Dichte der Zustände im k-Raum: $D(k) = V/(2\pi)^3$ multipliziert mit dem Volumen des k-Raums zwischen den Flächen $\omega(k) = konst.$ und $\omega(k) + d\omega(k) = konst.$:

$$D(\omega)d\omega = \frac{V}{(2\pi)^3} \int_{\omega}^{\omega+d\omega} d^3k \qquad (6.96)$$

Betrachten wir zunächst den Spezialfall einer Dimension. Aus Kapitel 6.5.1 ist bekannt:

$$k_\ell = \frac{2\pi}{a} \cdot \frac{\ell}{N} \quad \Rightarrow \quad \Delta k = k_\ell - k_{\ell-1} = \frac{2\pi}{Na} \qquad (6.97)$$

Die Dichte der Zustände im k-Raum ist somit:

$$D(k) = \frac{Na}{2\pi} \qquad (6.98)$$

Das „Volumen" des k-Raums zwischen ω und $\omega + d\omega$ ist durch $2\,|dk|$ gegeben, da $\omega(-k) = \omega(k)$ gilt.

Somit erhalten wir:

$$D(\omega)\,d\omega = D(k)\,2\,|dk| = \frac{Na}{\pi}\,|dk| \qquad (6.99)$$

Daraus folgt:

$$D(\omega) = \frac{Na}{\pi} \left| \frac{d\omega}{dk} \right|^{-1} \qquad (6.100)$$

Aus diesem Zusammenhang ergeben sich folgende Konsequenzen:

$$\frac{d\omega}{dk} = konst. \quad \Rightarrow \quad D(\omega) = konst.$$

$$\frac{d\omega}{dk} = 0 \quad \Rightarrow \quad D(\omega) \text{ besitzt Singularität}$$

(sogenannte „*van Hove – Singularität*")

Beispiele:

1. *Eindimensionale Kontinuumstheorie*

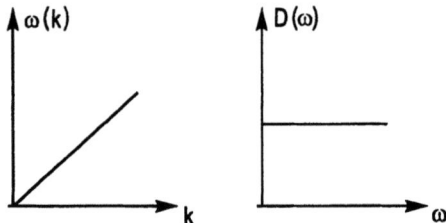

Fig. 6.45 Dispersion und Zustandsdichte im eindimensionalen Kontinuumsgrenzfall

2. *Eindimensionaler, einatomiger Kristall*

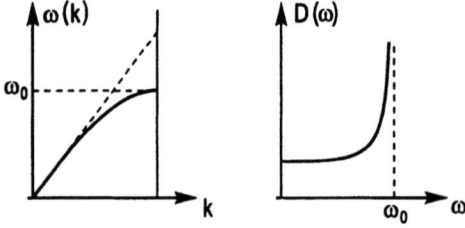

Fig. 6.46 Dispersion und Zustandsdichte eines *einatomigen* Kristalls im eindimensionalen Fall

3. *Eindimensionaler, zweiatomiger Kristall*

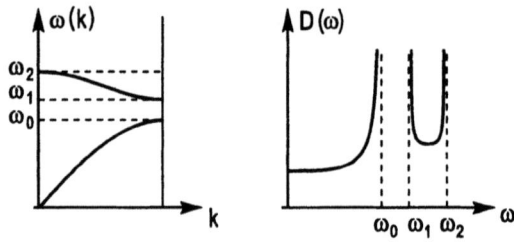

Fig. 6.47 Dispersion und Zustandsdichte eines *zweiatomigen* Kristalls im eindimensionalen Fall

6.5 Gitterdynamik

Im dreidimensionalen Fall können wir folgende Zerlegung durchführen:

$$d^3k = df_\omega dk_\perp \tag{6.101}$$

mit $dk_\perp$: Anteil senkrecht zur Fläche $\omega(k) = konst.$
df_ω : Flächenelement in dieser Fläche

Mit

$$d\omega = \left|\vec{\nabla}_{\vec{k}}\omega\right| dk_\perp \tag{6.102}$$

folgt:

$$\boxed{D(\omega)d\omega = \frac{V}{(2\pi)^3}d\omega \int\limits_{\omega=konst.} \frac{df_\omega}{\left|\vec{\nabla}_{\vec{k}}\omega\right|}} \tag{6.103}$$

Beispiel:

Homogenes, isotropes, elastisches Kontinuum mit Schallgeschwindigkeit c_L für longitudinale Wellen und c_T für die beiden (entarteten) transversalen Zweige.

⇒ Die Fläche $\omega_s(k) = konst.$ stellt eine Kugeloberfläche dar, und es gilt:

$$\left|grad_{\vec{k}}\omega_s\right| = konst. = c_s, \qquad s = L, T \tag{6.104}$$

$$\int\limits_{\omega_s=konst.} df_\omega = 4\pi k^2 = 4\pi \frac{\omega_s^2}{c_s^2} \tag{6.105}$$

Somit finden wir:

$$D_s(\omega)d\omega = \frac{V}{(2\pi)^3}d\omega \frac{1}{c_s}4\pi\frac{\omega^2}{c_s^2} \tag{6.106}$$

und damit für die Zustandsdichte des Zweigs s:

$$D_s(\omega) = \frac{V}{2\pi^2} \cdot \frac{\omega^2}{c_s^3} \tag{6.107}$$

Als Gesamtzustandsdichte ergibt sich:

$$D(\omega) = \sum_s D_s(\omega) = \frac{V}{2\pi^2}\left(\frac{1}{c_L^3} + \frac{2}{c_T^3}\right)\omega^2 \tag{6.108}$$

Man beachte hierbei:
In Kontinuumsnäherung (d.h. im Grenzfall $\omega \to 0$) gilt:

$D(\omega) \propto \omega^2$ (dreidimensionaler Fall)
$D(\omega) \propto konst.$ (eindimensionaler Fall)

und allgemein:

$D(\omega) \propto \omega^{d-1}$ (d-dimensionaler Fall)

Als Normierungsbedingung für die Zustandsdichte des Zweigs s müssen wir fordern:

$$\int_0^\infty D_s(\omega)d\omega = N \qquad (6.109)$$

und schließlich für die Gesamtzustandsdichte:

$$\int_0^\infty D(\omega)d\omega = \sum_s \int_0^\infty D_s(\omega)d\omega = 3pN \qquad (6.110)$$

Im Folgenden wollen wir nun einige einfache Modell - Phononenzustandsdichten einführen:

1. *Einstein-Modell*

Das Einstein-Modell geht von einer Gitterschwingung mit nur einer einzigen möglichen Frequenz ω_E („Einstein-Frequenz") aus. Die zugehörige Phononenzustandsdichte kann somit durch eine Deltafunktion beschrieben werden. Berücksichtigt man zusätzlich die Normierungsbedingung, so erhalten wir folgende Einstein'sche Modellzustandsdichte:

$$D_E(\omega) = 3pN\delta(\omega - \omega_E) \qquad (6.111)$$

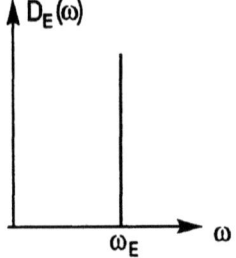

Fig. 6.48
Einstein'sche Phononenzustandsdichte

Diese Modellzustandsdichte eignet sich beispielsweise zur Beschreibung eines optischen Zweigs, besonders wenn dieser schmal ist (im Fall $M_1 \gg M_2$).

2. *Debye-Modell*

Das Debye-Modell basiert auf dem Kontinuumsgrenzfall und liefert für den dreidimensionalen Fall wie bereits diskutiert eine Phononenzustandsdichte mit einer ω^2- Abhängigkeit:

$$D_D(\omega) = \frac{9pN}{\omega_D^3}\omega^2 \qquad (6.112)$$

mit der Debye'schen Grenzfrequenz ω_D gegeben durch die Normierungs-

6.5 Gitterdynamik

bedingung:
$$\int_0^{\omega_D} D_D(\omega)d\omega = 3pN \qquad (6.113)$$

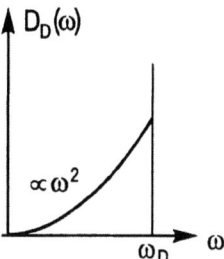

Fig. 6.49
Debye'sche Phononenzustandsdichte

3. Realistische Phononenzustandsdichten

Realistische Phononenzustandsdichten zeigen eine Übereinstimmung mit dem Debye-Modell für $\omega \to 0$ (Kontinuumsnäherung), jedoch eine starke Abweichung vom ω^2-Verhalten für $\omega \gg 0$. Grundsätzlich existiert eine Maximalfrequenz ω_{max}, oberhalb derer die Phononenzustandsdichte Null wird. (siehe Abb. 6.50)

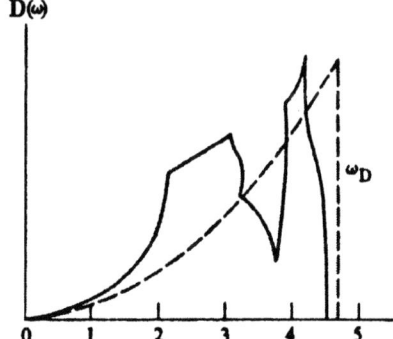

Fig. 6.50
Berechnetes Frequenzspektrum der Phononen in Kupfer

6.5.5 Experimentelle Bestimmung der Phononendispersion und der Phononenzustandsdichte

Ähnlich wie bei der Strukturbestimmung können wir auch im Fall der experimentellen Bestimmung der Phononendispersion und der Phononenzustandsdichte wiederum Streuexperimente heranziehen. Dabei erinnern wir uns, daß für die Streuung am *statischen* Gitter für die Frequenz und den Wellenzahlvektor der gestreuten Wellen galt (vgl. Kapitel 6.3.3):

$$\omega_g = \omega_0 \quad \text{(„elastische Streuung")} \tag{6.114}$$

$$\vec{k}_0 - \vec{k}_g = \vec{K} \quad (\vec{K} : \text{Streuvektor}) \tag{6.115}$$

$$\left|\vec{k}_g\right| = \left|\vec{k}_0\right| \tag{6.116}$$

Bei der Behandlung des Streuproblems für das dynamische Gitter müssen nun zusätzlich Zeitabhängigkeiten im Streupotential berücksichtigt werden. In diesem Fall findet man für die Frequenz und den Wellenzahlvektor der gestreuten Welle:

$$\omega_g = \omega_0 \pm \omega\left(\vec{k}\right) \quad \text{(„inelastische Streuung")} \tag{6.117}$$

$$\vec{k}_0 - \vec{k}_g \pm \vec{k} = \vec{G} \quad (\vec{G}: \text{reziproker Gittervektor}) \tag{6.118}$$

Dies entspricht Erhaltungssätzen für

die Energie : $\hbar\omega_g = \hbar\omega_0 \pm \hbar\omega(\vec{k})$,
  wobei $\hbar\omega\left(\vec{k}\right)$ die Phononenenergie darstellt;

Quasiimpuls : $\hbar\vec{k}_0 - \hbar\vec{k}_g \pm \hbar\vec{k} = \hbar\vec{G}$,
  wobei $\hbar\vec{k}$ den Quasiimpuls des Phonons darstellt, welcher nur bis auf $\hbar\vec{G}$ (mit einem reziprokem Gittervektor $\vec{G}$) definiert ist.

Bei der Streuung am dynamischen Gitter wird also Energie und Impuls an das Phononensystem abgegeben (bzw. vom Phononensystem aufgenommen). Man bezeichnet diese daher als „inelastische Streuung". Das Ziel ist dabei eine optimale Anpassung der Energie und des Impulses der Streustrahlung an die Energie und den (Quasi-) Impuls der Phononen. Hierzu wollen wir im Folgenden Vergleiche zwischen den Eigenschaften von Licht, Röntgenstrahlung und Neutronenstrahlung anstellen.

Tab. 6.3 Vergleich der Eigenschaften von Licht, Röntgenstrahlung und thermischen Neutronen bezüglich der Untersuchung von Phononen.

	Energie	Impuls
Licht	angepaßt	relativ klein
Röntgenstrahlung	viel zu groß	angepaßt
thermische Neutronen	angepaßt	angepaßt

Als Schlußfolgerung halten wir fest, daß mittels thermischer Neutronen

6.5 Gitterdynamik

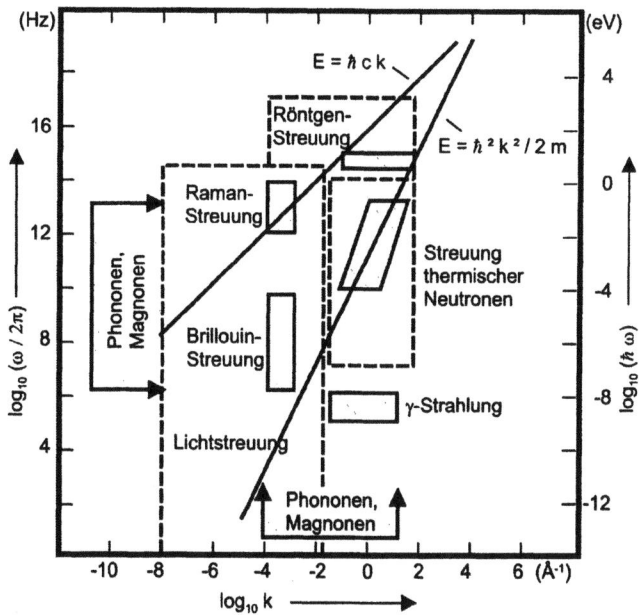

Fig. 6.51 $(\omega - k)$-Bereiche für die Streuung von Neutronen und Photonen

sich die vollständige Phononendispersion $\omega(\vec{k})$ und somit auch die Phononenzustandsdichte $D(\omega)$ durch *inelastische* Streuexperimente ausmessen läßt, da alle Werte von ω und $\vec{k}$ erreichbar sind.

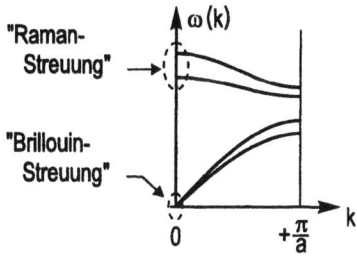

Fig. 6.52
Inelastische Lichtstreuung kann nur Teile der Phononendispersion für kleine k-Werte abdecken.

Bei der inelastischen Lichtstreuung unterscheiden wir zwischen der sogenannten „Stokes-Streuung" (Emission eines Phonons) und der sogenannten „Anti-Stokes-Streuung" (Absorption eines Phonons). Ferner unterscheidet man je nach Energie- bzw. Frequenzbereich zwischen der „Raman-Streuung" und der „Brillouin-Streuung".

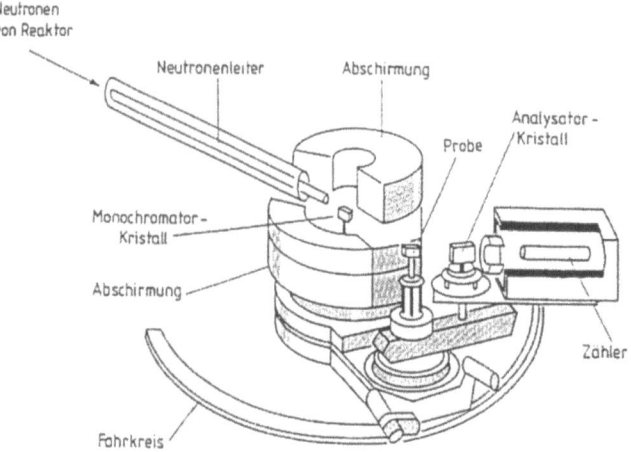

Fig. 6.53 Schematische Darstellung eines Dreiachsen-Spektrometers für die Neutronendiffraktometrie. Die drei vertikalen Drehachsen befinden sich am Ort von Monochromatorkristall, Probe und Analysatorkristall.

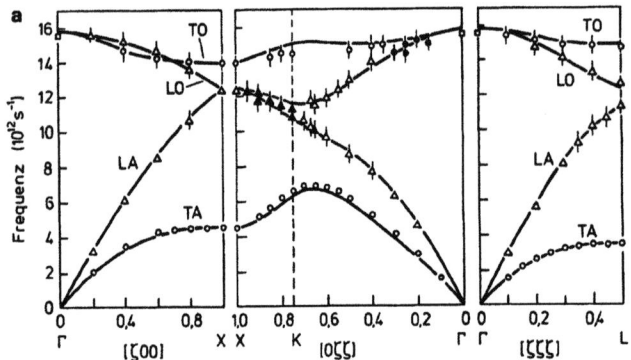

Fig. 6.54 Experimentell bestimmte Phononendispersionsdaten $\omega(k)$ für die drei kristallographischen Hauptrichtungen in Silizium, gemessen mittels inelastischer Neutronenstreuung. Die durchgezogenen Kurven wurden mit einem Gittermodell berechnet. Bei den durch den Nullpunkt gehenden Dispersionskurven schwingen benachbarte Atome gleichphasig (akustische Phononen), bei den anderen Dispersionskurven gegenphasig (optische Phononen). Die Schwingungsrichtung der Atome ist entweder longitudinal (Δ) oder transversal ($\circ$).

6.5.6 Spinwellen

Die Gitterionen können zusätzlich einen Spin $\vec{S}$ tragen, welche durch die Austausch-Wechselwirkung

$$H_{\text{spin-spin}} = -J \sum_{i \neq i'} \vec{S}_i \cdot \vec{S}'_i \qquad \text{J: Austauschenergie} \qquad (6.119)$$

miteinander gekoppelt sind (vgl. Kapitel 5.3.2). In diesem Fall ergibt sich die Möglichkeit der Anregung von Spinwellen!

Die Dispersionsrelation für Spinwellen in einer eindimensionalen einatomigen Spinkette mit Gitterkonstanten a und ferromagnetischer Kopplung ($J > 0$) ist gegeben durch:

$$\boxed{\omega(k) = \frac{2JS}{\hbar} \sin^2\left(\frac{ka}{2}\right)} \qquad (6.120)$$

Die zugehörigen elementaren Anregungen der Spinwellen werden als *Magnonen* bezeichnet. Man beachte dabei die Analogie:

Gitterwellen ⟷ Spinwellen
Phononen ⟷ Magnonen

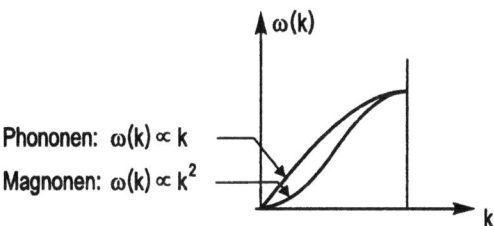

Fig. 6.55 Vergleich zwischen Phononen- und Magnonen-Dispersionsrelation.

Im Fall eines Gitters mit Basis erhalten wir weitere Zweige des Magnonenspektrums.

Der experimentelle Zugang zur Magnonendispersionsrelation erfolgt wiederum durch inelastische Neutronenstreuung. Dabei ist entscheidend, daß Neutronen selbst einen Spin besitzen, welcher in Wechselwirkung mit den Spinwellen treten kann.

6.5.7 Aufgaben

6.9. *Einatomige lineare Kette mit langreichweitiger Wechselwirkung:*
Leite die Dispersionsrelation für die einatomige lineare Kette ohne die Annahme von nur nächster Nachbarwechselwirkung her. Wie sieht der langwellige Grenzwert der Dispersionsrelation aus? Stelle die Dispersionsrelation graphisch für den Fall von nächster und übernächster Nachbarwechselwirkung dar!

6.10. *Phononendispersionsrelation:*

a) *Dispersionsrelation einer zweiatomigen linearen Kette*
Stelle die Bewegungsgleichung für eine zweiatomige lineare Kette mit unterschiedlichen Massen M_1, M_2, und der Federkonstanten c auf. Bestimme, diskutiere und zeichne für diesen Fall die Dispersionsrelation!

b) *Zweiatomige lineare NaCl-Kette*
Gegeben sei eine NaCl-Kette (Atomgewichte: Na: 23 und Cl: 35.5) mit dem Atomabstand 2.8 Å und der Federkonstanten c = 15 N/m.

i) Man zeige, daß für die akustischen Phononen in der Nähe von $k = 0$ keine Dispersion auftritt.

ii) Für die optischen Phononen berechne man die Phasen- und die Gruppengeschwindigkeit für die extremen Punkte $k = 0$ und $k = \pi/2a$.

iii) Wie breit sind die beiden Energiebänder der Phononen und der verbotene Bereich in eV?

iv) Man berechne die Wellenlänge eines Lichtquants, das dieselbe Energie hat wie die optischen Phononen bei $k = 0$. Die experimentell bestimmte Wellenlänge der Reststrahlung von NaCl beträgt 61 μm.

6.6 Makroskopische Festkörpereigenschaften im thermodynamischen Gleichgewicht

> Das zentrale Anliegen der modernen Festkörperphysik ist die Rückführung der phänomenologischen, makroskopisch wahrnehmbaren Festkörpereigenschaften auf die mikroskopischen Eigenschaften des Vielteilchen-Ionen- und Elektronensystems. Dabei wollen wir zwischen makroskopischen Festkörpereigenschaften innerhalb und außerhalb des thermodynamischen Gleichgewichts unterscheiden.

Makroskopische Festkörpereigenschaften werden bestimmt durch:

a) Elektromagnetische Felder: $\vec{E}, \vec{B}$ und
b) „verallgemeinerte" oder „thermodynamische Felder": T, p (Temperatur und Druck).

Die *statistische Mechanik* liefert den Zusammenhang zwischen Temperatur und Druck einerseits und den mikroskopischen Systemeigenschaften andererseits:

$$\boxed{\begin{aligned} T &= \frac{1}{k_B}\left(\frac{\partial ln\Omega}{\partial E}\right)^{-1} \\ p &= k_B T \frac{\partial \ln\Omega}{\partial V} = \left(\frac{\partial \ln\Omega}{\partial E}\right)^{-1}\frac{\partial \ln\Omega}{\partial V} \end{aligned}} \qquad (6.121)$$

mit k_B : Boltzmann-Konstante (Maßstabsfaktor),
E : Innere Energie des Systems,
$\Omega(E, N, V)$: „Zustandszahl" = Zahl der quantisierten Energiezustände eines N-Teilchensystems (N $\gg$ 1) im Volumen V und im Energiebereich E und $E + \delta E$.

Zu den Feldgrößen $\left(T, p, \vec{E}, \vec{B}...\right)$ existieren „*thermodynamisch konjugierte Mengengrößen*" $S, V, \vec{\mu}_e, \vec{\mu}_m, ...$ (Entropie, Volumen, elektrisches Dipolmoment, magnetisches Dipolmoment...). Das Produkt von Feldgröße und thermodynamisch konjugierter Größe (S · T, V · p, $\vec{\mu}_e \cdot \vec{E}$, $\vec{\mu}_m \cdot \vec{B}$...) ergibt eine Energie, welche Bestandteil eines thermodynamischen Potentials sein kann.

Feldgrößen sind dabei „*intensive Größen*", deren Betrag unabhängig von der Systemgröße ist, während *Mengengrößen* „*extensive Größen*" sind, deren Betrag proportional zur Anzahl der vorhandenen Teilchen im System ist.

6.6.1 Einteilung

Viele der makroskopischen Festkörpereigenschaften im thermodynamischen Gleichgewicht lassen sich nun klassifizieren über die (lineare) Beziehung:

$$X = \chi^{(XY)} Y \qquad (6.122)$$

wobei X : Mengengröße
Y : Feldgröße
$\chi^{(XY)}$: Lineare „*Antwortfunktion*" bzw.
„*verallgemeinerte Suszeptibilität*", gegeben durch
$\chi^{(XY)} = \frac{\partial X}{\partial Y}$

Die *historisch* eingeführten Materialkonstanten unterscheiden sich im Allgemeinen von den verallgemeinerten Suszeptibilitäten nur durch Normierungsgrößen.

Die Berechnung der verallgemeinerten Suszeptibilitäten erfolgt nach den Methoden der *reversiblen Thermodynamik*:

1. Aufstellen der Hamiltonfunktion bzw. des Hamiltonoperators des Systems.
2. Bestimmung aller möglichen Energiezustände.
3. Bildung der *Zustandssumme* $Z = \sum_i w_i e^{-E_i/k_B T}$, wobei der Index i über alle quantenmechanisch unterscheidbaren Zustände läuft und w_i die Zahl der Zustände mit der Energie E_i angibt (auch Vielfachheit oder „Entartung" genannt).
4. Berechnung der *freien Energie* nach $F = -k_B T \ln Z$.
5. Aus der freien Energie folgen schließlich durch Differenzieren die Mengengrößen X und durch nochmaliges Differenzieren nach den Feldgrößen Y die verallgemeinerten Suszeptibilitäten $\chi^{(XY)}$.

Das Klassifizierungsschema kann in verschiedene Richtungen erweitert werden:

1. Der Zusammenhang zwischen Mengen- und Feldgrößen kann *nichtlinear* sein. Daraus folgen verallgemeinerte Suszeptibilitäten *höherer Ordnung*.
2. Mengen- und Feldgrößen können *anisotrop* sein, was durch *tensorielle* Zusammenhänge beschrieben wird.
3. Feldgrößen können *räumlich* und *zeitlich veränderlich* sein. Daraus folgen *verallgemeinerte Suszeptibilitäten*, welche von *Ort* und *Zeit* bzw. von *Wellenzahl* und *Frequenz* abhängen.

6.6 Makrosk. Festkörpereigenschaften im thermodyn. Gleichgewicht 489

6.6.2 Thermische Eigenschaften des Kristallgitters

a) Wärmekapazität des Phononengases

Die Wärmekapazität ist eine der wichtigsten makroskopischen Festkörpereigenschaften. Sie ist wie folgt definiert:

Definition 6.6 (Wärmekapazität) Die Wärmekapazität C_V beschreibt die Änderung der inneren Energie E bei einer Temperaturänderung unter Konstanthaltung des Volumens:

$$C_V = \left(\frac{\partial E}{\partial T}\right)_V \quad (6.123)$$

(Die Wärmekapazität hängt zusammen mit der verallgemeinerten Suszeptibilität $\chi^{(ST)}$ von Kapitel 6.6.1.)

Die innere Energie des Phononensystems ist gemäß Kapitel 6.5.3 gegeben durch:

$$E_{n_{\vec{k},s}} = \sum_{\vec{k},s} \hbar \omega_{\vec{k},s} \left(n_{\vec{k},s} + \frac{1}{2}\right) \quad (6.124)$$

mit $n_{\vec{k},s}$: Besetzungszahl der Phononen des Zweigs s im Zustand $\vec{k}$.

Es stellt sich nun die Frage, wie groß die Phononen-Besetzungszahlen $n_{\vec{k},s}$ für eine gegebene Temperatur T sind. Die Antwort hierzu liefert die *Bose-Einstein-Verteilung*, welche die *mittlere* Teilchenzahl nicht wechselwirkender *Bosonen* in den verschiedenen Energiezuständen bei der Temperatur T angibt:

$$n_{\vec{k},s} = n_{\vec{k},s}(T) = \frac{1}{e^{\hbar\omega_{\vec{k},s}/k_B T} - 1} \quad (6.125)$$

Somit ist der Beitrag eines Phonons des Zweigs s im Zustand $\vec{k}$ zur thermischen Energie bei der Temperatur T gegeben durch:

$$\epsilon\left(\omega_{\vec{k},s}, T\right) = \hbar\omega_{\vec{k},s} \left(\frac{1}{e^{\hbar\omega_{\vec{k},s}/k_B T} - 1} + \frac{1}{2}\right) \quad (6.126)$$

Die gesamte innere Energie des Phononensystems ergibt sich dann als Summe:

$$E(T) = \sum_{\vec{k},s} \epsilon\left(\omega_{\vec{k},s}, T\right) \quad (6.127)$$

$$= \sum_{\vec{k},s} \hbar\omega_{\vec{k},s} \left(\frac{1}{e^{\hbar\omega_{\vec{k},s}/k_B T} - 1} + \frac{1}{2}\right) \quad (6.128)$$

Dieser Ausdruck kann weiter ausgewertet werden, wenn wir berücksichtigen, daß die Zustände im $\vec{k}$-Raum dicht liegen und somit ein Übergang von der Summe zu einem Integral gerechtfertigt ist:

$$\sum_{\vec{k},s} \longrightarrow \sum_s \int D(k)d^3k \longrightarrow \sum_s \int_0^\infty D_s(\omega)d\omega \longrightarrow \int_0^\infty D(\omega)d\omega \quad (6.129)$$

mit $D(k)$: Dichte der Zustände im k-Raum.
$D(\omega)$: Phononenzustandsdichte (vgl. Kapitel 6.5.4).

Damit erhalten wir:

$$\begin{aligned}
E(T) &= \int_0^\infty \epsilon\left(\omega_{\vec{k},s}, T\right) D(\omega)d\omega \\
&= \int_0^\infty \hbar\omega_{\vec{k},s}\left(\frac{1}{e^{\hbar\omega_{\vec{k},s}/k_BT} - 1} + \frac{1}{2}\right) D(\omega)d\omega \quad (6.130)
\end{aligned}$$

und somit:

$$C_V(T) = \frac{\partial E}{\partial T} = \int_0^\infty \hbar\omega \frac{\partial}{\partial T}\left[\left(e^{\hbar\omega/k_BT} - 1\right)^{-1}\right] D(\omega)d\omega \quad (6.131)$$

Unter Einführung von $\theta := \hbar\omega/k_B$ folgt schließlich:

$$\boxed{C_V(T) = k_B \int_0^\infty \frac{(\theta/T)^2 e^{\theta/T}}{\left(e^{\theta/T} - 1\right)^2} D(\omega)d\omega} \quad (6.132)$$

Wir halten fest, daß die makroskopische Festkörpereigenschaft der Wärmekapazität des Kristallgitters mit der Phononenzustandsdichte, die wir aus den mikroskopischen Eigenschaften des Festkörpers abgeleitet hatten, über die Beziehung 6.132 miteinander verknüpft sind.

Wir wollen nun drei Spezialfälle diskutieren:

1. *Klassischer Grenzfall*
Klassisch erhalten wir aus dem Äquipartitionstheorem folgendes Ergebnis für die innere Energie des Kristallgitters:

$$E^{\text{klass}} = (3pN) \cdot 2 \cdot \frac{1}{2}k_BT = 3nRT \quad (6.133)$$

mit n : Anzahl Mole,
R : universelle Gaskonstante.

6.6 Makrosk. Festkörpereigenschaften im thermodyn. Gleichgewicht

Somit erhalten wir für die „spezifische" Wärmekapazität (bezogen auf 1 Mol):

$$c_V^{\text{klass}} = 3R = konst. \qquad Dulong - Petit - Gesetz$$

H.E. Weber stellte 1875 experimentell folgendes fest (vergleiche Abb. 6.56):
$c_V(T) \xrightarrow{\sim} 3R$ für hohe Temperaturen, aber
$c_V(T) < 3R$ für tiefe Temperaturen!
Dieses experimentelle Ergebnis deutete bereits zu jener Zeit auf ein Versagen der klassischen Physik hin.

2. **Einstein-Modell**
Einstein erkannte 1906, daß das experimentell beobachtete Verhalten $c_V(T) < 3R$ für tiefe Temperaturen ein Quanteneffekt ist! Er führte folgende Modell-Phononenzustandsdichte ein (vgl. Kapitel 6.5.4):

$$D_E(\omega) = 3pN \cdot \delta(\omega - \omega_E) \tag{6.134}$$

und erhielt hiermit für die spezifische Wärmekapazität:

$$c_V^E(T) = 3R \frac{(\theta_E/T)^2 e^{\theta_E/T}}{\left(e^{\theta_E/T} - 1\right)^2} \tag{6.135}$$

unter Einführung von $\theta_E = \hbar\omega_E/k_B$ („Einstein-Temperatur").

Für $T \gg \theta_E$ folgt $c_V^E(T) \to 3R$ (klassischer Grenzfall).
Für $T \ll \theta_E$ folgt $c_V^E(T) \to 0$ jedoch nicht mit experimentell beobachtetem T^3-Verhalten.

3. **Debye-Modell**
Debye führte 1911 folgende Modell-Phononenzustandsdichte ein, die den Kontinuumsgrenzfall beschreibt (vgl. Kapitel 6.5.4):

$$D_D(\omega) = \frac{9pN}{\omega_D^3}\omega^2 \tag{6.136}$$

und leitete damit folgenden Ausdruck für die spezifische Wärmekapazität her:

$$\begin{aligned} c_V^D(T) &= 9R\,(T/\theta_D)^3 \int_0^{\theta_D/T} \frac{x^4 e^x}{(e^x - 1)^2} dx \\ &= 3R \cdot D(\theta_D/T) \end{aligned} \tag{6.137}$$

unter Einführung von $\theta_D = \hbar\omega_D/k_B$ („Debye-Temperatur")
und $D(\theta_D/T)$ („Debye-Funktion").

Für $T \gg \theta_D$ folgt $c_V(T) \to 3R$ (klassischer Grenzfall).
Für $T \ll \theta_D$ folgt $c_V(T) \propto (T/\theta_D)^3$ wie experimentell beobachtet! (Vergleiche Abbildung 6.57).

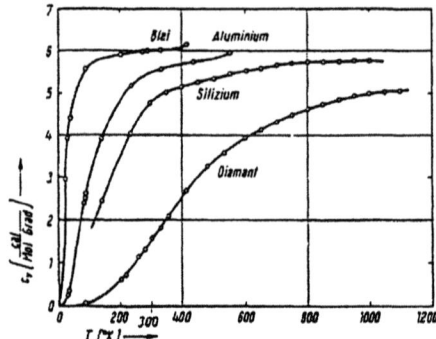

Fig. 6.56 Spezifische Wärmekapazität c_V des Kristallgitters in Funktion der Temperatur T

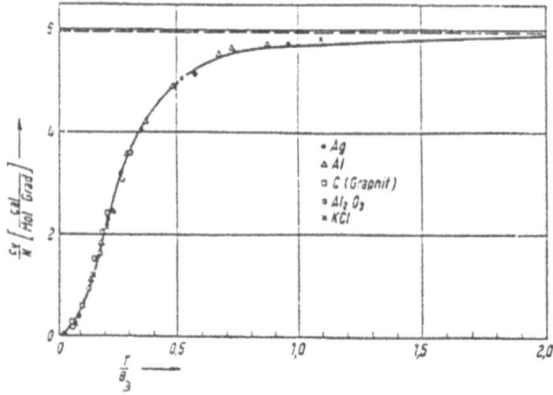

Fig. 6.57 Universelle Darstellung des temperaturabhängigen Verlaufs der spezifischen Wärmekapazität für verschiedene Festkörper

b) **Wärmeausdehnung**

Der Ursprung der Wärmeausdehnung liegt in dem *anharmonischen* Anteil des Wechselwirkungspotentials, den wir bisher noch nicht näher betrachtet haben. Zur Beschreibung der Wärmeausdehnung wird der Volumenausdehnungskoeffizient eingeführt.

6.6 Makrosk. Festkörpereigenschaften im thermodyn. Gleichgewicht

Definition 6.7 (Volumenausdehnungskoeffizient) Der Volumenausdehnungskoeffizient α_V ist definiert durch:

$$\alpha_V = \frac{1}{V}\left(\frac{\partial V}{\partial T}\right) \qquad \left(=\frac{1}{V}\chi^{(VT)}\right) \tag{6.138}$$

mit der gleichzeitig zu erfüllenden Gleichgewichtsbedingung:

$$-\left(\frac{\partial F}{\partial V}\right)_T = p = 0 \quad \text{(spannungsfreier Zustand)}. \tag{6.139}$$

Die Berechnung von α_V gemäß den Vorschriften der Thermodynamik liefert folgendes Ergebnis:

$$\boxed{\alpha_V = \alpha_V(T) = \frac{1}{V\kappa}\sum_{\vec{k},s}\left(-\frac{\partial \ln \omega_{\vec{k},s}}{\partial \ln V}\right)\frac{\partial}{\partial T}\epsilon\left(\omega_{\vec{k},s},T\right)} \tag{6.140}$$

mit

$$\kappa = \frac{1}{V}\left(\frac{\partial p}{\partial V}\right) \quad (\text{„Kompressibilität"}) \tag{6.141}$$

Für viele Gittertypen ist

$$\gamma_G = -\frac{\partial \ln \omega_{\vec{k},s}}{\partial \ln V} \quad (\text{„Grüneisen-Zahl"}) \tag{6.142}$$

nicht stark abhängig von $\omega_{\vec{k},s}$ und man findet:

$$\alpha_V(T) \approx \gamma_G \frac{C_V(T)}{V\kappa} \quad \sim \text{„Grüneisen-Beziehung"}. \tag{6.143}$$

Damit ist α_V näherungsweise proportional zu C_V und zeigt somit ein ähnliches Temperaturverhalten.

6.6.3 Aufgaben

6.11. *Spezifische Wärmekapazität des Kristallgitters*:

a. Berechne die Zustandsdichte der Phononen und die spezifische Wärmekapazität nach dem Debye-Modell. Zeichne den Verlauf der spezifischen Wärmekapazität als Funktion der Temperatur.
b. Berechne die spezifische Wärmekapazität c_V von einem Mol KCℓ für die Temperaturen $T = 0.1$ K, 1 K und 10 K nach dem Debye-Modell ($\theta_D = 230$K für KCℓ). Vergleiche diese Werte mit c_V nach Dulong-Petit.
c. Die Debye-Temperatur von Kupfer beträgt $\theta_D = 315$ K. Welche Wärmemenge ist nötig, um 1 kg Kupfer von 2 K auf 8 K, und welche, um es von 400 K auf 450 K zu bringen?

6.7 Makroskopische Festkörpereigenschaften außerhalb des thermodynamischen Gleichgewichts

6.7.1 Einteilung

Makroskopische Festkörpereigenschaften außerhalb des thermodynamischen Gleichgewichts lassen sich beschreiben durch *Flüsse* (Stromdichten) $\vec{J}_X$ der Mengengrößen X. Für diese gilt

$$\left|\vec{J}_X\right| = \left(\frac{\partial X/\partial t}{A}\right), \tag{6.144}$$

d.h. $\left|\vec{J}_X\right|$ ist die pro Zeiteinheit durch die Querschnittsfläche A fließende Menge der Größe X.

Der Fluß wird getrieben durch eine *„verallgemeinerte Kraft"* $\vec{F}_Y$, welche proportional zum Gradienten einer Feldgröße Y ist:

$$\vec{F}_Y = \vec{\nabla} Y \tag{6.145}$$

Im Fall eines *linearen* Transportprozesses ist der Zusammenhang zwischen Fluß und verallgemeinerter Kraft gegeben durch:

$$\boxed{\vec{J}_X = L_{XY}\vec{F}_Y} \tag{6.146}$$

mit L_{XY} : *„Transportkoeffizienten"* bzw. *„kinetische Koeffizienten"*.

Die Berechnung der Transportkoeffizienten erfolgt nach den Methoden der *irreversiblen Thermodynamik*, beispielsweise unter Verwendung der *Boltzmann-Gleichung*.

Erweiterung:
Falls der Zusammenhang zwischen Fluß und verallgemeinerter Kraft *nichtlinear* ist, müssen Transportkoeffizienten *höherer Ordnung* eingeführt werden.

6.7.2 Wärmeleitung des Kristallgitters

Der Ursprung der Wärmeleitung des Kristallgitters liegt wie im Fall der Wärmeausdehnung im *anharmonischen* Anteil des Wechselwirkungspotentials. Im Phononenbild ist dies leicht einzusehen, da in harmonischer Näherung keine Wechselwirkung zwischen den Phononen existiert und daher auch keine Wärmeleitung über Phonon-Phonon-Streuprozesse möglich ist. Im Fall eines realen Kristalls existieren auf Grund dessen endlicher Ausdehnung jedoch noch zusätzlich Streuprozesse von Phononen an Ober-

6.7 Makrosk. Festkörpereigenschaften außerhalb des thermodyn. Gleichgew.

flächen bzw. Grenzflächen sowie auf Grund vorhandener Fehlordnung zusätzliche Streuprozesse von Phononen an Gitterdefekten.

Zur Beschreibung der Wärmeleitung starten wir mit der *Wärmeleitungsgleichung* nach Fourier:

$$\vec{J}_Q = -\lambda \vec{\nabla} T \tag{6.147}$$

mit $\vec{J}_Q$: Wärmestromdichte (Wärmefluß),
λ : Koeffizient der Wärmeleitfähigkeit.

Für die Berechnung des Koeffizienten der Wärmeleitfähigkeit verwenden wir ein Ergebnis der kinetischen Gastheorie:

$$\lambda = \frac{1}{3V} \bar{v} \Lambda C_V \tag{6.148}$$

mit $\bar{v}$: mittlere Geschwindigkeit der Gasmoleküle,
Λ : mittlere freie Weglänge der Gasmoleküle,
C_V : Wärmekapazität,

und wenden dies auf unser wechselwirkendes Phononengas an, wobei wir eine Summation über alle beteiligten Anregungsmoden durchführen müssen:

$$\boxed{\lambda = \lambda(T) = \frac{1}{3V} \sum_{\vec{k},s} v^{Gr}_{\vec{k},s} \Lambda_{\vec{k},s}(T) \frac{\partial}{\partial T} \epsilon\left(\omega_{\vec{k},s}, T\right)} \tag{6.149}$$

mit $v^{Gr}_{\vec{k},s}$: Gruppengeschwindigkeit ($\partial \omega_{\vec{k},s}/\partial k$),
$\Lambda_{\vec{k},s}$: mittlere freie Weglänge der Phononen.

Im Folgenden wollen wir das Temperaturverhalten des Koeffizienten der Wärmeleitung diskutieren:

- Tiefe Temperaturen ($T \to 0$):
$$\lambda(T) \propto c_V(T) \propto T^3 \tag{6.150}$$
- Mittlere Temperaturen ($0 \ll T < \theta_D$):
$$\lambda(T) \propto \Lambda(T) \propto \exp(\text{konst.} \cdot \theta_D/T) \tag{6.151}$$
- Hohe Temperaturen ($T > \theta_D$):
$$\lambda(T) \propto \Lambda(T) \propto 1/T \tag{6.152}$$

Begründung:
Die Wahrscheinlichkeit P für Phonon-Phonon-Stöße bei hohen Temperaturen verhält sich wie

$$P \propto \frac{n_{\text{Phonon}} k_B T}{\hbar \omega} \tag{6.153}$$

und somit

$$\Lambda(T) \propto \frac{1}{P} \propto \frac{1}{T} \tag{6.154}$$

6.8 Wechselwirkungsfreies Elektronengas

> Nachdem wir bisher die Eigenschaften des Kristallgitters betrachtet haben, wollen wir uns nun den Eigenschaften des (Valenz-) Elektronensystems zuwenden. Dabei gehen wir zunächst vom einfachsten Modell aus, nämlich dem *Modell freier, unabhängiger Elektronen*.

Der Hamiltonoperator im Modell freier, unabhängiger Elektronen ist gegeben durch:

$$H = H_{\text{el}}^{\text{kin}} = -\frac{\hbar^2}{2m} \sum_j \Delta_{\vec{r}_j} \tag{6.155}$$

Somit lautet die Schrödingergleichung:

$$-\frac{\hbar^2}{2m} \sum_j \Delta_{\vec{r}_j} \psi(\{\vec{r}_j\}) = E \psi(\{\vec{r}_j\}) \tag{6.156}$$

Als Lösungsansatz für die Gesamtwellenfunktion im Modell freier, unabhängiger Elektronen können wir ein Produkt von Einteilchenwellenfunktionen wählen:

$$\psi(\{\vec{r}_j\}) = \psi(\vec{r}_1, \ldots, \vec{r}_{N_e}) = \prod_{j=1}^{N_e} \Phi_j(\vec{r}_j) \tag{6.157}$$

mit N_e : Zahl der (Valenz-)Elektronen,
  $\Phi_j(\vec{r}_j)$: Einteilchenwellenfunktionen.

Die Einteilchenwellenfunktionen Φ_j erfüllen dabei die *Einteilchen-Schrödingergleichung*:

$$-\frac{\hbar^2}{2m} \Delta \Phi_j = E_j \Phi_j \tag{6.158}$$

oder

$$\Delta \Phi_j + k_j^2 \Phi_j = 0 \tag{6.159}$$

mit

$$k_j^2 = \frac{2m}{\hbar^2} E_j \tag{6.160}$$

Der Zusammenhang zwischen Einteilchenenergie und Einteilchenwellen-

6.8 Wechselwirkungsfreies Elektronengas

zahlvektor ist somit gegeben durch:

$$\boxed{E_j(k_j) = \frac{\hbar^2 k_j^2}{2m}} \qquad (6.161)$$

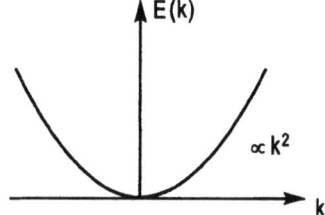

Fig. 6.58
$E(k)$-Beziehung für Einteilchenzustände im Modell freier, unabhängiger Elektronen

Für die Berechnung der Einteilchenwellenfunktionen gehen wir wiederum von *periodischen Randbedingungen* für einen endlichen Kristall mit der Kantenlänge L aus:

$$\Phi_j(x_j + L, y_j, z_j) = \Phi(x_j, y_j + L, z_j) \qquad (6.162)$$
$$= \Phi_j(x_j, y_j, z_j + L) \qquad (6.163)$$
$$= \Phi_j(x_j, y_j, z_j) \qquad (6.164)$$

Damit erhalten wir als Lösungen ebene Wellen beschrieben durch:

$$\Phi_j(\vec{r}_j) = \frac{1}{\sqrt{V}} e^{i \vec{k}_j \cdot \vec{r}_j} \qquad \text{mit } V = L^3. \qquad (6.165)$$

Wir wollen nun im Folgenden aus Gründen einer einfacheren Schreibweise auf den Index j verzichten.

Als Folge der Wahl periodischer Randbedingungen ergeben sich Konsequenzen für den Wertebereich der möglichen Wellenzahlvektoren. Beispielsweise folgt aus:

$$e^{ik_x(x+L)} \stackrel{!}{=} e^{ik_x x}$$
$$e^{ik_x L} = 1 \qquad (6.166)$$

Daraus folgt:

$$k_x L = 2\pi n_x \qquad \text{mit } n_x \in \mathbb{Z} \qquad (6.167)$$

und somit allgemein:

$$k_i = \frac{2\pi}{L} n_i \qquad \text{mit } n_i \in \mathbb{Z}, \; i = x, y, z. \qquad (6.168)$$

Die dabei auftretenden ganzzahligen Tripel (n_x, n_y, n_z) oder die Tripel

(k_x, k_y, k_z) können wir nun als *Quantenzahlen* eines freien Elektrons interpretieren, die dessen Energiezustand eindeutig festlegen:

$$E_{(n_x,n_y,n_z)} = \frac{\hbar^2 k^2}{2m} \qquad (6.169)$$

$$= \frac{\hbar^2 \left(k_x^2 + k_y^2 + k_z^2\right)}{2m} \qquad (6.170)$$

$$= \frac{\hbar^2}{2m} \left(\frac{2\pi}{L}\right)^2 \left(n_x^2 + n_y^2 + n_z^2\right) \qquad (6.171)$$

Eine Darstellung dieses Zusammenhangs im dreidimensionalen Raum der Wellenzahlvektoren liefert als Flächen konstanter Energie *Kugeln*.

Die Zahl der Zustände im Volumenelement d^3k des k-Raums beträgt:

$$D(k)d^3k = \frac{d^3k}{\left(\frac{2\pi}{L}\right)^3} = \frac{L^3}{(2\pi)^3} d^3k = \frac{V}{(2\pi)^3} d^3k \qquad (6.172)$$

Daraus ergibt sich die Zustandsdichte der freien Elektronen im k-Raum (zunächst ohne Berücksichtigung des Spinfreiheitsgrades):

$$D(k) = \frac{V}{(2\pi)^3} \qquad (6.173)$$

Unter Berücksichtigung des Spins ergibt sich auf Grund des Pauli–Prinzips:

$$D(k) = 2 \cdot \frac{V}{(2\pi)^3} \qquad (6.174)$$

Wir wollen nun den wichtigen Begriff der elektronischen Zustandsdichte einführen:

Definition 6.8 (Elektronische Zustandsdichte $D(E)$) $D(E)dE =$ Zahl der Elektronenzustände im Energieintervall E bis $E + dE$

Diese Zahl der Energiezustände zwischen E und $E+dE$ ist gegeben durch:

$$D(E)\, dE = \left(2 \cdot \frac{V}{(2\pi)^3}\right) \cdot \left(4\pi k^2 dk\right) \qquad (6.175)$$

mit

$$k = \left(\frac{2m}{\hbar^2}\right)^{1/2} E^{1/2} \qquad (6.176)$$

$$dk = \frac{1}{2}\left(\frac{2m}{\hbar^2}\right)^{1/2} E^{-1/2}\, dE \qquad (6.177)$$

6.8 Wechselwirkungsfreies Elektronengas

Damit erhalten wir für die Zustandsdichte der freien Elektronen folgenden Ausdruck:

$$D(E) = \frac{V}{2\pi^2} \left(\frac{2m}{\hbar^2}\right)^{3/2} E^{1/2} \tag{6.178}$$

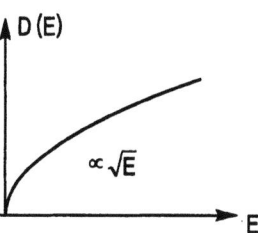

Fig. 6.59
Elektronische Zustandsdichte im Modell freier Elektronen

6.8.1 Grundzustand des Elektronengases für $T = 0$

Wir wollen nun die zur Verfügung stehenden Einteilchenzustände mit den im Kristall vorhandenen (Valenz-) Elektronen auffüllen. Hierbei müssen wir das *Pauli-Prinzip* beachten, welches besagt, daß jeder Zustand (unter Spinberücksichtigung) nur mit einem Elektron besetzt werden darf! Unter Berücksichtigung der Beziehung (6.171) ergibt das Auffüllen der Zustände von kleinen Energien her mit allen N_e (Valenz-) Elektronen im k-Raum eine Kugel („*Fermikugel*") mit Radius k_F („*Fermiwellenzahl*"). Dieser Fermikugelradius (kurz: Fermiradius) läßt sich aus folgender Gleichung bestimmen:

$$\underbrace{\left(2 \cdot \frac{V}{(2\pi)^3}\right)}_{\text{Zustandsdichte im } k\text{-Raum}} \times \underbrace{\left(\frac{4\pi}{3} k_F^3\right)}_{\text{Volumen der Fermikugel}} \overset{!}{=} N_e \tag{6.179}$$

Daraus folgt:

$$\boxed{k_F = \left(3\pi^2 n_e\right)^{1/3}}, \text{ mit } n_e = \frac{N_e}{V} \tag{6.180}$$

Der Fermiradius k_F ist somit allein durch die Elektronenkonzentration n_e bestimmt.

Über den Fermiradius lassen sich nun weitere Größen einführen, die den Grundzustand des Elektronengases für $T = 0$ charakterisieren:

- Fermi–Energie:
$$E_F = \frac{\hbar^2}{2m} k_F^2 \tag{6.181}$$

- Fermi–Impuls:
$$p_F = \hbar k_F \qquad (6.182)$$
- Fermi–Geschwindigkeit:
$$v_F = \frac{\hbar}{m_e} k_F \qquad (6.183)$$
- Fermi–Wellenlänge:
$$\lambda_F = \frac{2\pi}{k_F} \qquad (6.184)$$
- Fermi–Temperatur:
$$T_F = E_F/k_B \qquad (6.185)$$

Die zugehörigen Größenordnungen sollen kurz am Beispiel von Natrium verdeutlicht werden:

$$
\begin{aligned}
n_e &= 2.65 \cdot 10^{22}\,\text{cm}^{-3} \\
k_F &= 0.922\,\text{Å}^{-1} = 0.922 \cdot 10^8\,\text{cm}^{-1} \\
\lambda_F &= 6.8\,\text{Å} \\
v_F &= 1.07 \cdot 10^8\,\text{cms}^{-1} \\
E_F &= 3.24\,\text{eV} \\
T_F &= 3.77 \cdot 10^4\,\text{K}
\end{aligned}
$$

Die experimentelle Bestimmung von k_F erfolgt über den Halleffekt:

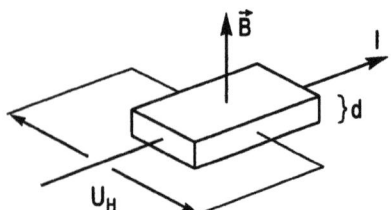

Fig. 6.60
Experimentelle Anordnung zur Messung des Hall–Effekts

Die gemessene Hall-Spannung U_H ist gegeben durch:

$$U_H = R_H \cdot \frac{IB}{d}, \qquad (6.186)$$

wobei I den aufgeprägten Strom, B die Stärke des extern angelegten Magnetfelds und d die Probendicke beschreiben.

Über den Hall-Koeffizienten R_H:

$$R_H = -\frac{1}{e\,n_e} \qquad (6.187)$$

erhält man letztlich:

$$k_F = \left(3\pi^2 \frac{1}{e\,R_H}\right)^{1/3} \qquad (6.188)$$

6.8 Wechselwirkungsfreies Elektronengas

Die *Gesamtenergie* des Systems freier Elektronen im Grundzustand ist gegeben durch:

$$E_{\text{ges}} = \int_0^{E_F} E_j \, D(E_j) \, dE_j \tag{6.189}$$

$$= \frac{2}{5} \cdot \frac{V}{2\pi^2} \left(\frac{2m}{\hbar^2}\right)^{2/3} E_F^{5/2} \tag{6.190}$$

$$= \frac{3}{5} N_e E_F \tag{6.191}$$

Damit ist die mittlere Energie pro Elektron im Grundzustand:

$$\frac{E_{\text{ges}}}{N_e} = \frac{3}{5} E_F \tag{6.192}$$

Man beachte hierbei, daß im Gegensatz zum klassischen Maxwell-Boltzmann-Gas, dessen Teilchen bei $T = 0$ keine Energie besitzen, das quantenmechanische Elektronengas eine beträchtliche *Nullpunktsenergie* aufweist. Diese entspricht einer Temperatur T_E eines klassischen Elektronengases. (T_E wird als „*Entartungstemperatur*" bezeichnet).

Man nennt nun ein Elektronengas „entartet", falls gilt:

$$E_F \gg k_B T \quad \text{bzw.} \quad T \ll T_E \tag{6.193}$$

Das Entartungskriterium legt eine kritische Elektronenkonzentration n_{krit} fest:

$$n_e \gg n_{\text{krit}} = \frac{1}{3\pi^2} \left(\frac{2mk_B}{\hbar^2}\right)^{3/2} T^{3/2} \tag{6.194}$$

Für Raumtemperatur ($T = 300$ K) folgt:

$$n_{\text{krit}} \approx 10^{19} \text{cm}^{-3} \tag{6.195}$$

(Zum Vergleich: Bei einwertigen Metallen, z. B. Na, ist $n_e \approx 10^{22}$ cm^{-3}, d.h. das Elektronensystem ist entartet.)

6.8.2 Elektronengas bei endlicher Temperatur ($T > 0$)

Betrachten wir eine Temperatur $T > 0$, so können auch Energiezustände oberhalb der Fermienergie besetzt werden. Die entscheidende Frage lautet nun, wie groß die mittlere Zahl der Elektronen im Einelektronen-Energiezustand E_j bei einer gegebenen Temperatur T ist. Die Antwort hierzu liefert die *Fermi-Dirac-Verteilung*:

$$F(E_j, T) = \frac{1}{e^{(E_j-\mu)/k_B T} + 1} \tag{6.196}$$

mit dem „*chemischen Potential*" μ, welches die Energieänderung eines Systems angibt, wenn (bei festgehaltenem Volumen V und Entropie S) ein Teilchen hinzugefügt wird.

Wir wollen im Folgenden die Form der Fermi-Dirac-Verteilungsfunktion näher diskutieren. Hierzu betrachten wir zunächst den Grenzfall $T = 0$:

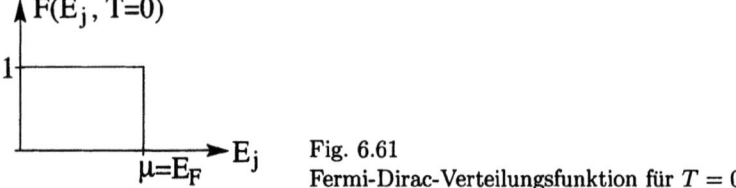

Fig. 6.61
Fermi-Dirac-Verteilungsfunktion für $T = 0$

Bei $T = 0$ ist das chemische Potential der Elektronen gleich der Fermi-Energie:

$$\mu(T=0) = E_F \tag{6.197}$$

und es gilt:

$$F(E_j) = 1 \quad \text{für} \quad E_j < E_F$$
$$F(E_j) = 0 \quad \text{für} \quad E_j > E_F$$

Für $T > 0$ findet eine „thermische Aufweichung" der Fermikante statt:

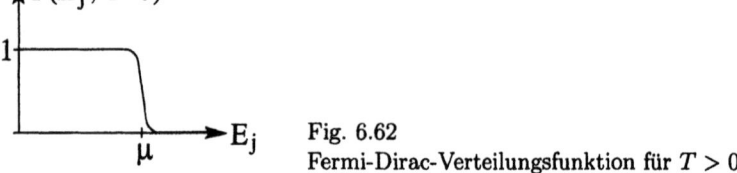

Fig. 6.62
Fermi-Dirac-Verteilungsfunktion für $T > 0$

Die Zahl der Elektronen, deren Energie zwischen E_j und $E_j + dE_j$ bei gegebener Temperatur T liegen, ist gegeben durch

$$dN = N(E_j, T) dE_j \tag{6.198}$$
$$= D(E_j) F(E_j, T) dE_j \tag{6.199}$$

mit einer temperaturabhängigen „*elektronischen Zustandsdichte*" $N(E_j, T)$.

6.8 Wechselwirkungsfreies Elektronengas

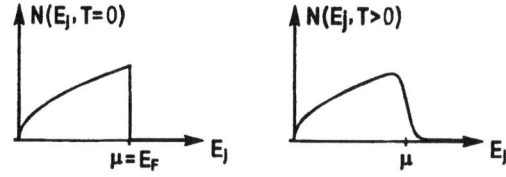

Fig. 6.63 Elektronische Zustandsdichte für $T = 0$ (links) und $T > 0$ (rechts)

Die gesamte innere Energie des Elektronensystems ist demzufolge:

$$E(T) = \int_0^\infty E_j D(E_j) F(E_j, T) dE_j \qquad (6.200)$$

6.8.3 Thermische Eigenschaften des Elektronengases

a) Wärmekapazität

Die Wärmekapazität des Elektronensystems ist gegeben durch:

$$C_V = \left(\frac{\partial E(T)}{\partial T}\right) = \int_0^\infty E_j D(E_j) \left[\frac{\partial}{\partial T} F(E_j, T)\right] dE_j \qquad (6.201)$$

Dabei ergibt die Ableitung $\partial F/\partial T$ nur für die „thermische Aufweichungszone" ($\pm k_B T$) um E_F herum merkliche Beiträge! Unter Verwendung der *Sommerfeld-Entwicklung* (siehe Übungsaufgabe 6.16) findet man:

$$\boxed{C_V = C_V(T) \approx \frac{\pi^2}{3} D(E_F) k_B^2 T = \frac{\pi^2}{2} N_e k_B \left(\frac{T}{T_F}\right)} \qquad (6.202)$$

oder vereinfacht:

$$C_V(T) \approx \gamma T \qquad \text{mit der „Sommerfeld-Konstanten" } \gamma. \qquad (6.203)$$

Klassisch würden wir ein vollkommen anderes Ergebnis erwarten. Das Äquipartitionstheorem würde uns auf folgenden Ausdruck für die innere Energie des Elektronensystems führen:

$$E^{\text{klass}} = (3N_e) \cdot \left(\frac{1}{2} k_B T\right) \qquad (6.204)$$

Daraus folgt:

$$C_V^{\text{klass}} = \frac{3}{2} N_e k_B = konst. \qquad (6.205)$$

Somit erhalten wir für das Verhältnis von quantenmechanischem zu klassischem Ausdruck für die Wärmekapazität des Elektronensystems:

$$\frac{C_V}{C_V^{\text{klass}}} \approx \left(\frac{\pi^2}{3} \cdot \frac{T}{T_F}\right) \approx 10^{-2} \tag{6.206}$$

Der Grund für dieses kleine Verhältnis ist folgender:

Elektronen können im Gegensatz zu Teilchen eines klassischen Gases nur dann Energie aufnehmen, wenn sie energetisch in ihrer Nachbarschaft *freie* Zustände finden (Pauli-Prinzip!). Dies ist jedoch nur in einem Energiefenster im Bereich ($\pm k_B T$) um E_F herum erfüllt. Alle anderen Elektronen sind thermisch inaktiv („eingefroren") und tragen somit nicht zur Wärmekapazität des Elektronengases bei.

Für die gesamte Wärmekapazität des Elektronen- und Gittersystems können wir nun schreiben:

$$C_V^{\text{ges}} = C_V^{\text{El}} + C_V^{\text{Gitter}} \tag{6.207}$$

$$C_V^{\text{ges}}(T) \approx \gamma T + \beta T^3 \tag{6.208}$$

und damit:

$$\boxed{\frac{C_V^{\text{ges}}(T)}{T} \approx \gamma + \beta T^2} \tag{6.209}$$

Darüberhinaus können zusätzliche Anteile von C_V^{ges} auf die Existenz von Phasenübergängen zurückzuführen sein (siehe Fig. 6.64).

b) Wärmeleitung

Für den Koeffizienten der Wärmeleitfähigkeit, die mit einer bestimmten Anregungsmode des Festkörpers verbunden ist, hatten wir in Kapitel 6.7.2 folgenden Ausdruck in Anlehnung an ein Ergebnis der kinetischen Gastheorie verwendet:

$$\lambda = \frac{1}{3V} \bar{v} \Lambda C_V \tag{6.210}$$

Wollen wir diesen Ausdruck nun auch im Fall des Elektronensystems anwenden, so ist zu beachten, daß Elektronen nur in der Nähe von E_F Energie aufnehmen können, wie wir bei der Behandlung der Wärmekapazität des Elektronensystems bereits gelernt haben. Daher müssen wir folgende Substitution durchführen:

$$\bar{v} \longrightarrow v_F$$
$$\Lambda \longrightarrow \Lambda(E_F) \tag{6.211}$$

6.8 Wechselwirkungsfreies Elektronengas

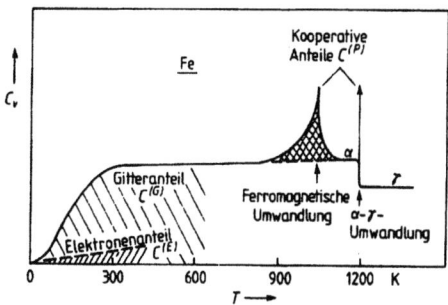

Fig. 6.64 Temperaturabhängigkeit der Wärmekapazität von Eisen im festen Zustand (schematisch). Der Elektronenanteil entspricht der gestrichelten Geraden bei tiefer Temperatur, der magnetische Wechselwirkungsanteil dem kreuzweise schraffierten Bereich zwischen etwa 700 K und 1100 K (Curiepunkt bei 1043 K). Bei 1179 K wandelt sich der kubisch raumzentrierte Kristall (α-Phase) in einen kubisch flächenzentrierten um (γ-Phase). Die Wärmekapazität geht hier gegen Unendlich, weil sich die Energie des Kristals bei einer festen Temperatur sprunghaft ändert.; nach [Sti 89]

und erhalten dann:

$$\lambda^{\text{El}} = \lambda^{\text{El}}(T) = \frac{1}{3V} v_F \Lambda(E_F) C_V(T) \qquad (6.212)$$

Unter Verwendung des im vorigen Kapitel hergeleiteten Ausdrucks für die Wärmekapazität des Elektronensystems ergibt sich schließlich:

$$\lambda^{El}(T) = \frac{\pi^2}{6} n_e v_F \Lambda(E_F) k_B \frac{T}{T_F} \qquad (6.213)$$

6.8.4 Elektrische Transporteigenschaften des Elektronengases

Für die Beschreibung der elektrischen Transporteigenschaften des Elektronensystems legen wir die folgende lineare Transportgleichung nach Ohm zugrunde:

$$\vec{J}_q = \sigma \cdot \vec{\nabla} V = \sigma \vec{E} \qquad (6.214)$$

mit $\vec{J}_q$: Ladungsstromdichte,
V : elektrisches Potential,
$\vec{E}$: elektrische Feldstärke,
σ : elektrische Leitfähigkeit.

Zur Berechnung der elektrischen Leitfähigkeit σ ging Drude um 1900 von folgender klassischer Bewegungsgleichung aus:

$$m\dot{v} + \underbrace{\frac{m}{\tau}v_D}_{\text{„Driftterm"}} = -e|\vec{E}| \qquad (6.215)$$

mit v_D : Driftgeschwindigkeit $\quad (v_D = v - v_{\text{therm}})$
$\quad\tau$: Relaxationszeit $\qquad\qquad (\tau = \Lambda/v)$

Im stationären Fall ($\dot{v}=0$) ergibt sich:

$$v_D = -\frac{e\tau}{m}|\vec{E}| \qquad (6.216)$$

Daraus folgt:

$$\left|\vec{J}_q\right| = -en_e v_D = \frac{e^2 \tau n_e}{m}|\vec{E}| \qquad (6.217)$$

und damit:

$$\sigma = \frac{e^2 n_e \tau}{m} \qquad (6.218)$$

Dieses Ergebnis der klassischen Drude-Theorie muß nun geeignet modifiziert werden, um dem quantenmechanischen Charakter der Elektronen Rechnung zu tragen. Infolge des Pauli-Prinzips können nämlich, analog zur Wärmeleitung, wiederum nur Elektronen in der Nähe der Fermienergie am Stromtransport beteiligt sein. Daher ist folgende Substitution erforderlich:

$$\tau \longrightarrow \tau(E_F) = \Lambda(E_F)/v_F \qquad (6.219)$$

Als Ergebnis erhalten wir schließlich folgenden Ausdruck für die elektrische Leitfähigkeit:

$$\boxed{\sigma = \frac{e^2 n_e}{m} \cdot \frac{\Lambda(E_F)}{v_F}} \qquad (6.220)$$

Betrachten wir nun noch das Verhältnis von elektronischer Wärmeleitfähigkeit und elektrischer Leitfähigkeit:

$$\frac{\lambda^{El}}{\sigma} = \frac{\pi^2}{3}\left(\frac{k_B}{e}\right)^2 T \qquad (6.221)$$

oder vereinfacht:

$$\frac{\lambda^{El}}{\sigma} = L \cdot T \qquad \text{(\textit{„Wiedemann-Franz-Gesetz"})} \qquad (6.222)$$

mit

$$L = \frac{1}{3}\left(\frac{\pi k_B}{e}\right)^2 \qquad (\text{„\textit{Lorenz-Zahl}"}). \qquad (6.223)$$

Die Höhe der elektrischen Leitfähigkeit wird bestimmt durch zwei Streumechanismen für Elektronen:

a) *Streuung an Kristalldefekten (Störstellen)*
Die zugehörige Wahrscheinlichkeit P_{St} für Störstellenstreuung ist temperatur*un*abhängig.

b) *Streuung an Phononen*
Die zugehörige Wahrscheinlichkeit P_{Ph} für Elektron-Phonon-Streuung ist temperaturabhängig, denn es gilt: $P_{Ph}(T) \propto n_{Ph}(T) \propto k_B T/\hbar\omega$ für $T \gg \theta_D$.

Die Gesamtwahrscheinlichkeit für einen Elektronenstreuprozess setzt sich additiv aus den Wahrscheinlichkeiten für die Störstellenstreuung und die Streuung an Phononen zusammen:

$$P_{\text{ges}}(T) = P_{\text{St}} + P_{\text{Ph}}(T) \qquad (6.224)$$

Daraus ergibt sich:

$$\frac{1}{\Lambda_{\text{ges}}} = \frac{1}{\Lambda_{\text{St}}} + \frac{1}{\Lambda_{\text{Ph}}} \qquad (6.225)$$

Der spezifische Widerstand ist gegeben durch:

$$\rho_{\text{ges}} = \frac{1}{\sigma_{\text{ges}}} \propto \frac{1}{\Lambda_{\text{ges}}} \qquad (6.226)$$

und somit folgt:

$$\rho_{\text{ges}}(T) = \rho_{\text{St}} + \rho_{\text{Ph}}(T) \qquad (6.227)$$

mit dem temperaturunabhängigen „Restwiderstand" ρ_{St} und einem temperaturabhängigen Widerstandsanteil, für den gilt:

$$\rho_{\text{Ph}}(T) \propto T \qquad \text{für} \qquad T \gg \theta_D. \qquad (6.228)$$

Man vergleiche hierzu die Fig. 6.65.

6.8.5 Magnetische Eigenschaften des Elektronengases

Im Folgenden betrachten wir ein Elektronengas in einem externen Magnetfeld $\vec{H}$. Die Magnetisierung $\vec{M}$ (magnetisches Dipolmoment pro Volumen) ist mit dem externen Magnetfeld über folgende Beziehung verknüpft:

$$\vec{M} = \chi_m \vec{H} \qquad (6.229)$$

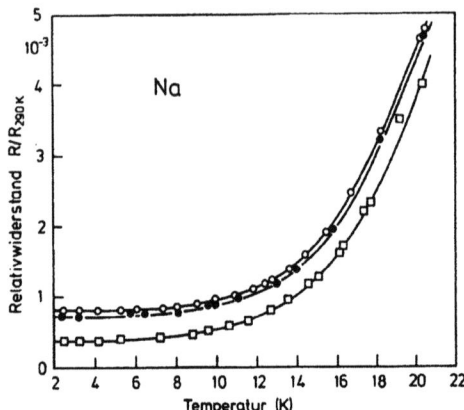

Fig. 6.65 Elektrischer Widerstand R von Natrium bezogen auf den Wert R_{290K} bei Raumtemperatur in Abhängigkeit von der Temperatur T. Die Meßpunkte (○, ●, □) entstammen Messungen an drei verschiedenen Proben mit verschieden hoher Störstellenkonzentration.; nach [IL 02]

mit χ_m : magnetische Suszeptibilität
(beschreibt die Antwort der Materie auf ein äußeres Magnetfeld, vgl. Kapitel 6.6.1).

Es existieren nun zwei Anteile der magnetischen Suszeptibilität χ_m:

$$\chi_m = \chi_m^{\text{Dia}} + \chi_m^{\text{Para}}, \tag{6.230}$$

wobei wir folgende Bezeichnungen eingeführt haben:

χ_m^{Dia} : „*Diamagnetischer*" Anteil
(Dieser Anteil ist vereinfacht darauf zurückzuführen, daß ein äußeres Magnetfeld Kreisströme *induziert*; nach der Lenz'schen Regel ist das mit diesen Kreisströmen verbundene magnetische Dipolmoment, welches also auf die *Bahnbewegung* der Elektronen zurückgeht, seinem verursachenden Magnetfeld entgegengesetzt gerichtet. Hieraus folgt: $\chi_m^{\text{Dia}} < 0$).

χ_m^{Para} : „*Paramagnetischer*" Anteil
(Dieser Anteil ist darauf zurückzuführen, daß ein äußeres Magnetfeld vorhandene *permanente* Dipolmomente, welche auf den *Elektronenspin* zurückgehen, ausrichtet; diese verstärken in der Materie den Einfluß des äußeren Magnetfeldes. Hieraus folgt: $\chi_m^{\text{Para}} > 0$).

6.8 Wechselwirkungsfreies Elektronengas

Man beachte hierbei, daß beide Anteile *nicht*-klassischen Ursprungs sind:
a) Das Bahnmoment muß quantenmechanischen Ursprungs sein, da F^{klass} nicht von $\vec{B}$ abhängt.
b) Der Elektronenspin ist relativistischen und quantenmechanischen Ursprungs.

Zur Berechnung des paramagnetischen Anteils der magnetischen Suszeptibilität χ_m^{Para} starten wir mit dem quantenmechanischen Ausdruck für die Energiezustände eines Elektrons im Magnetfeld $\vec{B}$:

$$E = E_0 - g\,\mu_B\,B\,m_s \tag{6.231}$$

mit

g : g-Faktor des Elektrons
($g \approx 2$ für freie Elektronen),
μ_B : Bohr'sches Magneton,
m_s : magnetische Spinquantenzahl $\left(m_s = \pm\tfrac{1}{2}\right)$.

Daraus folgt:

$$E = \begin{cases} E_0 - \mu_B B & \text{für} \quad \vec{\mu}_e \text{ parallel zu } \vec{B} \\ E_0 + \mu_B B & \text{für} \quad \vec{\mu}_e \text{ antiparallel zu } \vec{B} \end{cases} \tag{6.232}$$

Die elektronische Zustandsdichte $D(E)$ spaltet sich folglich in zwei Teile $D_{\uparrow\uparrow}(E)$ und $D_{\uparrow\downarrow}(E)$ auf:

Fig. 6.66
Zum Paramagnetismus freier Elektronen: Die Zustandsdichteparabel $D(E)$ spaltet in einem Magnetfeld B in zwei gegeneinander verschobene Parabeln auf, so daß ein resultierendes magnetisches Moment von Elektronenspins, parallel zu B orientiert, übrigbleibt (doppelt schraffierte Fläche); nach [IL 02]

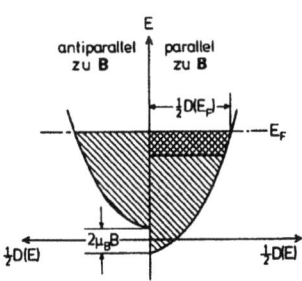

Die Zahl der Elektronen, die ihr Spinmoment nicht kompensieren können, ergibt sich nach Abbildung 6.66 zu:

$$N_{\uparrow\uparrow} - N_{\uparrow\downarrow} = \left[\frac{1}{2}D(E_F)\right] \cdot \left[2\mu_B B\right] \tag{6.233}$$

Unter Verwendung der Beziehungen

$$M = \frac{N_{\uparrow\uparrow} - N_{\uparrow\downarrow}}{V}\mu_B \quad, B = \mu_0 H \tag{6.234}$$

folgt schließlich:

$$\vec{M} = \frac{D(E_F)}{V} \mu_0 \mu_B^2 \vec{H} \tag{6.235}$$

und somit:

$$\boxed{\chi_m^{\text{Para}} = \frac{D(E_F)}{V} \mu_0 \mu_B^2} \tag{6.236}$$

Der diskutierte Fall wird auch als „*Pauli-Paramagnetismus*" der Valenz- bzw. Leitungselektronen bezeichnet. Dieser ist nach Gleichung (6.236) unabhängig von der Temperatur. Man beachte, daß wegen des Pauli-Prinzips wiederum nur Elektronen nahe E_F den entscheidenden Beitrag liefern.

Die Berechnung des diamagnetischen Anteils der magnetischen Suszeptibilität χ_m^{Dia} ist sehr viel aufwendiger als im Fall des paramagnetischen Anteils. Eine umfangreichere Rechnung führt zu folgendem Ergebnis:

$$\boxed{\chi_m^{\text{Dia}} = \frac{1}{3} \cdot \chi_m^{\text{Para}}} \tag{6.237}$$

Dieser Fall wird auch als „*Landau-Diamagnetismus*" der Valenz- bzw. Leitungselektronen bezeichnet. Er ist ebenso wie der Pauli-Paramagnetismus unabhängig von der Temperatur.

Neben dem magnetischen Beitrag der Valenz- bzw. Leitungselektronen gibt es magnetische Beiträge der Ionen:

- *Larmor-Langevin-Diamagnetismus* der Ionen
(im Fall gefüllter innerer Schalen):
→ zugehörige Suszeptibilität χ_m ist unabhängig von T.
- *Van Vleck-Paramagnetismus* der Ionen
(im Fall von nur teilweise gefüllten inneren Schalen; permanentes Bahnmoment vorhanden):
→ zugehörige Suszeptibilität χ_m ist unabhängig von T.
- *Paramagnetismus* vom *Spin* der Ionen:
→ zugehörige Suszeptibilität χ_m ist abhängig von T:

$$\chi_m \propto \frac{1}{T} \qquad (\text{„}Curie\text{-}Gesetz\text{"}) \tag{6.238}$$

Im Fall eines Ferromagneten tritt eine „*spontane Magnetisierung*" im Nullfeld für $T < T_C$ (T_C: Curie-Temperatur) auf:

$$\vec{M}_{\text{spontan}} = \vec{M}\,(T < T_C, H = 0) \tag{6.239}$$

Die Nullfeldsuszeptibilität eines Ferromagneten für $T > T_C$ läßt sich beschreiben durch:

$$\chi_m\,(T > T_C, H = 0) \propto \frac{1}{T - T_C} \qquad (\text{„}Curie\text{-}Weiss\text{-}Gesetz\text{"}) \tag{6.240}$$

6.8.6 Aufgaben

6.12. *Fermi-Gas*:

a) Stelle die Einelektronen-Schödingergleichung für das wechselwirkungsfreie Elektronengas (Modell freier Elektronen) auf. Gebe die Lösung für Einteilchen-Wellenfunktion und Einelektronen-Energie für diese Schrödingergleichung an. Wie sieht die normierte Eigenfunktion bei nachfolgenden Randbedingungen aus? Das Elektronengas wird auf ein festes Volumen V_g beschränkt; dieses Grundgebiet sei ein Quader mit den Kantenlängen L_x, L_y und L_z. Es gelten die periodischen Randbedingungen

$$\Phi(x + L_x, y, z) = \Phi(x, y + L_y, z) =$$
$$= \Phi(x, y, z + L_z) = \Phi(x, y, z) \qquad (6.241)$$

Was folgt aus diesen Randbedingungen für die Komponenten von $\vec{k}$? Zeichne die $E(k)$-Beziehung.

b) Beweise folgendes Theorem: Es gibt genau gleich viele erlaubte Wellenzahlvektoren in einer Brillouinzone wie primitive Elementarzellen im Kristall.

6.13. *Fermikugel*:
Im $\vec{k}$-Raum sind die Flächen konstanter Energie beim Modell freier Elektronen Oberflächen von Kugeln. Die Kugel für $E = E_F$ wird als Fermikugel bezeichnet; ihr Radius sei k_F. Man gebe die Elektronenkonzentration n, die Fermienergie E_F und die Zustandsdichte $D(E_F)$ als Funktion von k_F für $T = 0$ an.

6.14. *Modell freier Elektronen*:
Die Leitungselektronen in einem Metall können approximativ als frei beweglich beschrieben werden, wobei an der Oberfläche Potentialwände das Austreten der Elektronen verhindern. Man berechne für einen Silberwürfel (Dichte $\rho = 10.5$ g/cm^3; ein Leitungselektron pro Silberatom)

a) die Fermienergie,

b) die mittlere kinetische Elektronenenergie,

c) den Druck des Elektronengases.

6.15. *Fermi-Dirac-Verteilungsfunktion*:
In welchem Energiebereich (in Einheiten $k_B T$) fällt die Fermi-Dirac-Verteilungsfunktion von 90% auf 10%? Bis zu welchen Energieabständen (in eV) von der Fermigrenzenergie kann die Fermi-Dirac-Verteilungsfunktion in Form eines Boltzmannfaktors innerhalb von 1% bzw. 10% approximiert werden für die Temperaturen $T = 300$ K, 1000 K und 2500 K?

6.16. *Sommerfeld-Entwicklung:*
Die Sommerfeld-Entwicklung wird verwendet, um Integrale der Form

$$\int_{-\infty}^{+\infty} dE\, F(E,T) f(E) \tag{6.242}$$

mit der Fermi-Dirac-Verteilungsfunktion $F(E,T)$ und einer beliebigen Funktion $f(E)$ zu lösen. Diese Entwicklung soll in zwei Beispielen angewandt werden:

a) *Temperaturabhängigkeit des chemischen Potentials*
Leite den Ausdruck

$$\mu(T) = E_F \left[1 - \frac{\pi^2}{12} \left(\frac{k_B T}{E_F} \right)^2 \right], T \ll T_F \tag{6.243}$$

für die Temperaturabhängigkeit des chemischen Potentials her. Berechne dieses für $T = 300$ K, 1000 K und 2500 K mit $E_F = 6$ eV.

b) *Beitrag der Leitungselektronen zur Wärmekapazität*
Berechne die Wärmekapazität

$$C_V = \gamma \cdot T \tag{6.244}$$

der Leitungselektronen aus $C_V = \left[\frac{\partial E(T)}{\partial T} \right]_V$ mit der Gesamtenergie

$$E(T) = \int_{-\infty}^{\infty} E D(E) F(E,T) dE. \tag{6.245}$$

6.17. *Curie-Gesetz für den Paramagnetismus freier Atome:*
Berechne für ein ideales Gas von N identischen Atomen mit den permanenten magnetischen Momenten $\vec{\mu}$ die Magnetisierung M_Z unter der Wirkung des magnetischen Feldes B_Z bei der Temperatur T. Leite das Curie-Gesetz

$$\chi_m(T) = \frac{C}{T} \tag{6.246}$$

mit der Curie-Konstanten C her.

6.9 Elektronen im periodischen Potential

Das bisher betrachtete einfache Modell freier, unabhängiger Elektronen konnte einige physikalische Eigenschaften einfacher Metalle erstaunlich gut beschreiben. Es lieferte jedoch kein Verständnis für die Existenz verschiedener Materialklassen, die wir als Metalle, Halbleiter und Isolatoren kennen. Deshalb wollen wir nun eine Erweiterung des betrachteten Modells vornehmen, indem wir die Wechselwirkung der Elektronen untereinander sowie die Wechselwirkung der Elektronen mit den Ionen zusätzlich berücksichtigen.

Berücksichtigen wir die Wechselwirkung der Elektronen untereinander sowie die Wechselwirkung der Elektronen mit den Ionen, so lautet der zugehörige Hamiltonoperator:

$$\begin{aligned} H &= H_{\text{el}}^{\text{kin}} + H_{\text{el}-\text{el}} + H_{\text{el}-\text{ion}} \\ &= -\frac{\hbar^2}{2m} \sum_j \Delta_{\vec{r}_j} + \sum_{j \neq j'} U_{\text{el}-\text{el}}(\vec{r}_j, \vec{r}_{j'}) \\ &\quad + \sum_{i,j} U_{\text{el}-\text{ion}}\left(\vec{r}_j, \vec{R}_i\right) \end{aligned} \qquad (6.247)$$

Die Lösung der zugehörigen Schrödingergleichung führt auf ein äußerst kompliziertes Vielteilchenproblem. Die fundamentale Idee besteht nun darin, dieses schwierige Vielteilchenproblem auf ein Einteilchenproblem zu reduzieren, indem die tatsächliche Wechselwirkung zwischen den Valenzelektronen unter sich durch eine *„effektive" Wechselwirkung* zwischen *einem* Valenzelektron und einem *mittleren selbstkonsistenten Feld* ersetzt wird, welches durch die anderen Valenzelektronen und die Ionen erzeugt wird. Das zugehörige Potential U_{per} besitzt dabei die Periodizität des Kristallgitters:

$$U_{\text{per}}(\vec{r}) = U_{\text{per}}\left(\vec{r} + \vec{R}\right) \qquad (6.248)$$

mit Bravais-Gittervektor $\vec{R}$.

Dies führt auf folgende *Ein-Elektronen-Schrödingergleichung*:

$$\left[-\frac{\hbar^2}{2m}\Delta_{\vec{r}} + U_{\text{per}}(\vec{r})\right]\psi(\vec{r}) = E\psi(\vec{r}) \qquad (6.249)$$

Zur Berechnung von U_{per} gibt es verschiedene Näherungsverfahren, beispielsweise die Hartree-Fock-Näherung oder den Dichte-Funktional-Formalismus von Hohenberg, Kohn und Sham, welcher die beste Ein-Elektronen-Beschreibung des Festkörpers liefert.

Ohne auf die konkrete Berechnung von U_{per} an dieser Stelle näher einzugehen, wollen wir im Folgenden einige allgemeine Aussagen über die Form der Wellenfunktionen sowie der Energiezustände herleiten, welche sich allein aus der Periodizität des zugrundeliegenden Potentials herleiten lassen.

6.9.1 Blochtheorem

Das Blochtheorem liefert uns die allgemeine Form der Wellenfunktionen $\psi(\vec{r})$ als Lösung der Ein-Elektronen-Schrödingergleichung mit gitterperiodischem Potential und periodischen Randbedingungen:

$$\psi_{\vec{k}}(\vec{r}) = u_{\vec{k}}(\vec{r}) \cdot e^{i\vec{k}\cdot\vec{r}} \qquad \text{(,,Blochwellen'')} \tag{6.250}$$

mit einer gitterperiodischen Funktion $u_{\vec{k}}(\vec{r})$:

$$u_{\vec{k}}\left(\vec{r}+\vec{R}\right) = u_{\vec{k}}(\vec{r}) \tag{6.251}$$

Eine äquivalente Formulierung des Blochtheorems besagt, daß die Blochwellen folgende Eigenschaft besitzen:

$$\psi_{\vec{k}}\left(\vec{r}+\vec{R}\right) = e^{i\vec{k}\cdot\vec{R}}\psi_{\vec{k}}(\vec{r}) , \tag{6.252}$$

d.h. für eine beliebige Wellenfunktion $\psi_{\vec{k}}(\vec{r})$ ist die Translation um einen Gittervektor $\vec{R}$ gleichwertig mit der Multiplikation des Phasenfaktors $e^{i\vec{k}\cdot\vec{R}}$.

Die Äquivalenz beider Formulierungen des Blochtheorems soll in der Übungsaufgabe 6.18 gezeigt werden. Der Beweis des Blochtheorems selbst kann entweder über die Fourier-Darstellung des gitterperiodischen Potentials

$$U_{\text{per}}(\vec{r}) = \sum_{\vec{G}} U_{\vec{G}}\, e^{i\vec{G}\cdot\vec{r}} \tag{6.253}$$

oder eleganter unter Verwendung der Gruppentheorie über die Herleitung der sogenannten „*irreduziblen Darstellungen*" der *Translationsgruppe* erfolgen.

Zu beachten ist, daß die Blochwellenfunktionen $\psi_{\vec{k}}(\vec{r})$ selbst *nicht* gitterperiodisch sind, dafür jedoch $\left|\psi_{\vec{k}}(\vec{r})\right|^2$!

6.9 Elektronen im periodischen Potential

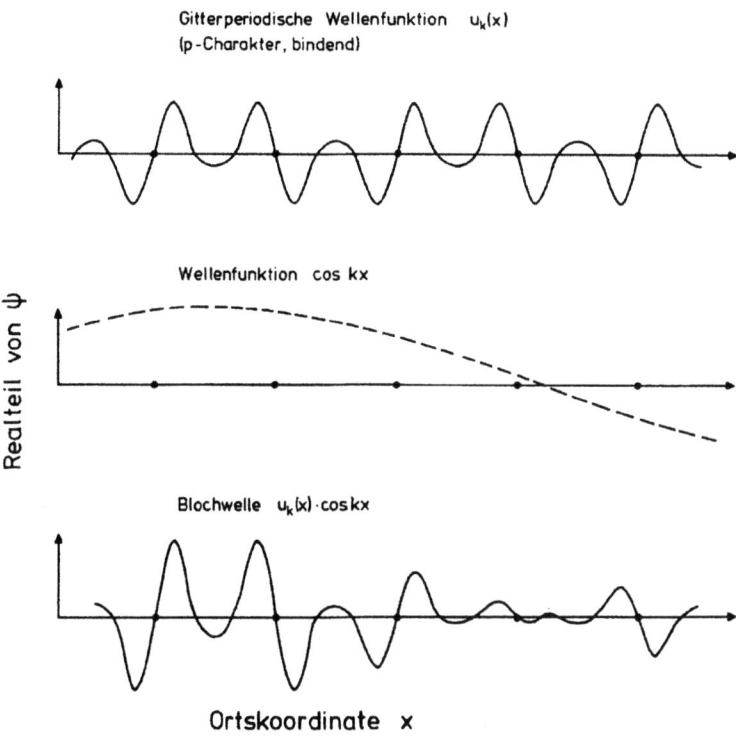

Fig. 6.67 Beispiel der Konstruktion einer Bloch-Welle $\psi_{\vec{k}}(\vec{r}) = u_{\vec{k}}(\vec{r})e^{i\vec{k}\cdot\vec{r}}$ aus einer gitterperiodischen Funktion $u_{\vec{k}}(\vec{r})$ mit p-artigem, bindenden Charakter und einer ebenen Welle.; nach [IL 02]

6.9.2 Bandstruktur

Als nächstes wollen wir auf die Bestimmung der Energiezustände im Fall einer Ein-Elektronen-Schrödingergleichung mit gitterperiodischem Potential eingehen.

Eine Fourierentwicklung (d.h. eine Entwicklung nach ebenen Wellen) für das gitterperiodische Potential $U_{\text{per}}(\vec{r})$ und die gitterperiodische Funktion $u_{\vec{k}}(\vec{r})$ liefert folgende Form der Schrödingergleichung:

$$\left[-\frac{\hbar^2}{2m}\Delta_{\vec{r}} - E + \sum_{\vec{G}} U_{\vec{G}} e^{i\vec{G}\cdot\vec{r}}\right]\left[\sum_{\vec{G}} u_{\vec{G}}(\vec{k})e^{i(\vec{k}+\vec{G})\cdot\vec{r}}\right] = 0 \qquad (6.254)$$

Daraus folgt:

$$\left[\frac{\hbar^2}{2m}\left(\vec{k}+\vec{G}\right)^2 - E\right]u_{\vec{G}}(\vec{k}) + \sum_{\vec{G}'} U_{\vec{G}-\vec{G}'}u_{-\vec{G}'}(\vec{k}) = 0 \qquad (6.255)$$

Die Säkulargleichung zu diesem Gleichungssystem lautet demnach:

$$\det\left\{\left[\frac{\hbar^2\left(\vec{k}+\vec{G}\right)^2}{2m} - E\right]\delta_{\vec{G},\vec{G}'} + U_{\vec{G}-\vec{G}'}\right\} = 0 \qquad (6.256)$$

mit dem Matrixelement:

$$U_{\vec{G}-\vec{G}'} = \frac{1}{V}\int\limits_{EZ} U_{\text{per}}(\vec{r})e^{-i(\vec{G}-\vec{G}')\cdot\vec{r}}d\vec{r} \qquad (6.257)$$

Als Lösungen dieser Säkulargleichung ergibt sich die „*Bandstruktur*":

$$E = E_n(\vec{k}) \qquad (6.258)$$

mit dem „*Bandindex*" n und dem Wellenzahlvektor $\vec{k}$, dessen mögliche Werte durch die gewählten *periodischen Randbedingungen* festgelegt werden.

Wir wollen uns nun die Form der sich ergebenden Bandstruktur am Spezialfall eines schwachen periodischen Potentials veranschaulichen, für welches eine Entwicklung der Wellenfunktionen nach ebenen Wellen noch zweckmäßig ist:

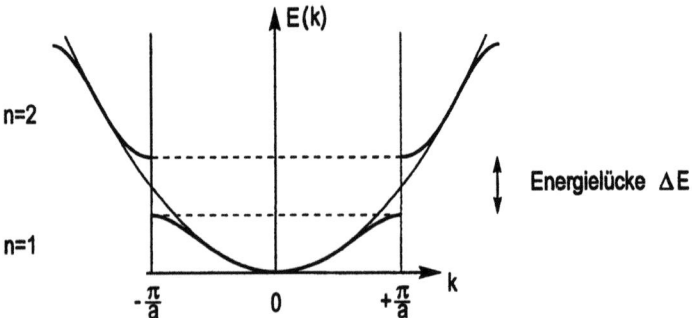

Fig. 6.68 $E(\vec{k})$-Beziehung im Fall eines schwachen periodischen Potentials

Im allgemeinen Fall (kein schwaches Potential) ist das Verfahren der Entwicklung nach ebenen Wellen

$$\psi_{\vec{k}}(\vec{r}) = \sum_{\vec{G}} u_{\vec{G}}(\vec{k})e^{i(\vec{k}+\vec{G})\cdot\vec{r}} \qquad (6.259)$$

6.9 Elektronen im periodischen Potential

jedoch problematisch auf Grund der schlechten Konvergenz der Fourierreihe. (Es müssen typischerweise 10^6 Fourierkoeffizienten $u_{\vec{G}}(\vec{k})$ mitgenommen werden.) Als Ausweg bietet sich eine günstigere Wahl des Funktionensatzes an, nach dem entwickelt wird:

$$\psi_{\vec{k}}(\vec{r}) = \sum_{\vec{G}} a_{\vec{G}}(\vec{k})\psi_{\text{Index}}, \qquad (6.260)$$

wobei ψ_{Index} einen Funktionensatz bezeichnet, der dem vorliegenden Problem angepaßt ist. (Beispiele hierfür sind sogenannte „Orthogonalized Plane Waves" (OPW), „Augmented Plane Waves" (APW), „Augmented Spherical Waves" (ASW) oder sogenannte „Pseudowellenfunktionen".)

Die Idee dabei ist, ψ_{Index} so zu wählen, daß das *effektive* Potential $U_{\text{eff}}(\vec{r})$ in einer äquivalenten Schrödingergleichung

$$\left[-\frac{\hbar^2}{2m}\Delta_{\vec{r}} + U_{\text{eff}}(\vec{r})\right]\psi_{\text{Index}}(\vec{r}) = E\psi_{\text{Index}}(\vec{r}) \qquad (6.261)$$

schwach wird. Damit ergeben sich als Lösungen ähnliche Energiebandstrukturen $E_n(\vec{k})$ wie im bereits betrachteten Spezialfall eines schwachen periodischen Potentials, aber mit modifizierten Wellenfunktionen!

Nachdem wir die möglichen Energiezustände durch Lösung der Ein-Elektronen-Schrödingergleichung erhalten haben, können wir uns im nächsten Schritt der Verteilung der Elektronen des Festkörpers auf diese Energiezustände widmen. Dabei müssen wir das Pauli-Prinzip bzw. die Fermi-Dirac-Statistik berücksichtigen.

Unter der Annahme einer Zahl von N Elementarzellen mit jeweils einem Atom und z Valenzelektronen pro Atom erhalten wir zN Valenzelektronen des Kristalls zur Verteilung. Dem stehen N Energiezustände pro Energieband und 2 Spinfreiheitsgrade pro Energiezustand, also demnach 2N Valenzelektronenzustände pro Energieband gegenüber. Folglich erhalten wir vollständig gefüllte Energiebänder, falls z gerade ist, jedoch ein halbbesetztes Energieband, falls z ungerade ist.

Basierend auf dieser Betrachtung kann nun eine Einteilung der Festkörper in Isolatoren, Halbleiter und Metalle erfolgen:

1. Isolatoren:
- besitzen ein gefülltes oberstes noch besetztes Energieband („*Valenzband*");
- dabei existiert ein großer Energieabstand ΔE zum nächst höheren unbesetzten Energieband („*Leitungsband*"):

$$5\text{eV} \lesssim \Delta E \lesssim 10\text{eV} \qquad (6.262)$$

2. Halbleiter:
- besitzen ein gefülltes Valenzband;
- der Energieabstand zum Leitungsband liegt im Bereich:
$$0\text{eV} < \Delta E \lesssim 2\text{eV} \tag{6.263}$$

3. Metalle:
- besitzen ein nur teilweise gefülltes Energieband oder
- ein gefülltes Energieband, welches jedoch mit dem nächsthöherliegenden unbesetzten Energieband überlappt (vgl. Kapitel 6.2).

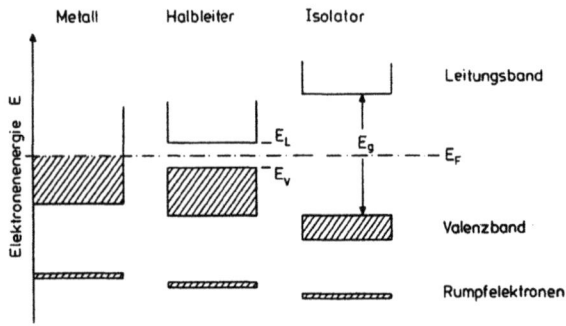

Fig. 6.69 Energieschema für Metalle, Halbleiter und Isolatoren. Metalle haben auch bei $T = 0$ ein teilweise besetztes Band (schraffiert). Bei Halbleitern bzw. Isolatoren liegt die Fermi-Energie zwischen dem besetzten Valenzband und dem unbesetzten Leitungsband.; nach [IL 02]

Die enge Beziehung zwischen Bandstruktur und elektrischer Leitfähigkeit (siehe Fig. 6.70) gründet auf der Tatsache, daß nur teilweise gefüllte elektronische Bänder zum elektrischen Stromtransport beitragen können, nicht jedoch vollständig gefüllte oder vollständig leere Bänder.

6.9.3 Elektronenzustandsdichte

Wir wollen uns nun der im Kapitel 6.8 eingeführten Elektronenzustandsdichte für den Fall von Elektronen in einem periodischen Potential zuwenden. Wie wir im vorangegangenen Abschnitt gesehen hatten, erhalten wir als Lösung der Schrödingergleichung mit einem periodischen Potential eine Bandstruktur, wobei wir jedem Energieband, charakterisiert durch den Bandindex n, eine Zustandsdichte $D_n(E)$ zuordnen können. Die totale Zustandsdichte $D(E)$ ist dann durch die Summe der Zustandsdichten

6.9 Elektronen im periodischen Potential

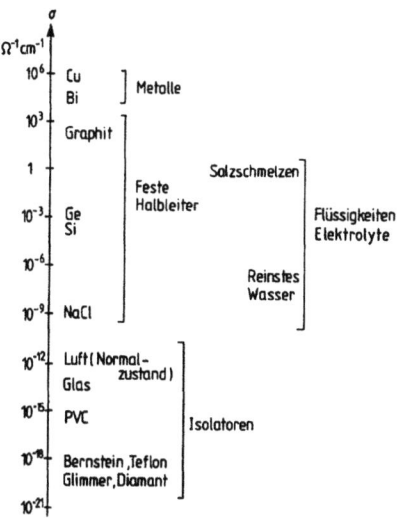

Fig. 6.70 Elektrische Leitfähigkeit verschiedener Stoffe bei Raumtemperatur; nach [Sti 89]

für die einzelnen Energiebänder gegeben:

$$D(E) = \sum_n D_n(E) \qquad (n: \text{Bandindex}) \qquad (6.264)$$

Dabei ist die Zahl der Elektronenzustände pro Energieintervall $D_n(E)dE$ gegeben durch die Dichte der Zustände im k-Raum:

$$D(\vec{k}) = 2 \cdot \frac{V}{(2\pi)^3} \qquad (6.265)$$

multipliziert mit dem Volumen des k-Raums zwischen den Flächen, die durch $E_n(\vec{k}) = $ konst. und $E_n(\vec{k}) + dE_n(\vec{k}) = $ konst. gegeben sind:

$$D_n(E)dE = 2 \cdot \frac{V}{(2\pi)^3} \int\limits_{E_n}^{E_n+dE} d^3k \qquad (6.266)$$

Zerlegen wir analog wie im Fall der Phononenzustandsdichte (Kapitel 6.5.4) wiederum das Volumenelement d^3k in ein Flächenelement df_E auf der Energiefläche und eine k-Komponente senkrecht zu dieser Fläche, so ergibt sich schließlich:

$$D_n(E)dE = \frac{V}{4\pi^3}dE \int_{E_n=konst.} \frac{df_E}{|\vec{\nabla}_{\vec{k}} E_n(\vec{k})|} \quad (6.267)$$

Den Hauptbeitrag zur Elektronenzustandsdichte liefern demzufolge flach verlaufende Energiebänder, da für diese der Gradient im Nenner des Ausdrucks (6.267) klein wird. Im Extremfall treten sogenannte „Van-Hove-Singularitäten" auf, falls

$$\vec{\nabla}_{\vec{k}} E_n(\vec{k}) \to 0 \quad (6.268)$$

gilt.

Die experimentelle Bestimmung der Elektronenzustandsdichte erfolgt entweder über die *Photoemissionsspektroskopie* oder über die *inverse Photoemissionsspektroskopie*, je nachdem, ob wir die besetzten Elektronenzustände ($E < E_F$) oder die unbesetzten Zustände ($E > E_F$) betrachten wollen.

a) *Photoemissionsspektroskopie*
Bei der Photoemissionsspektroskopie erfolgt eine Anregung des Festkörpers mit Photonen. Die als Folge austretenden Photoelektronen werden mittels eines Energieanalysators und Detektors spektroskopiert (siehe Fig. 6.71).

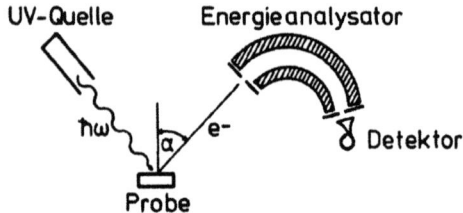

Fig. 6.71 Schema einer Anordnung zur Messung von Photoemissionsspektren. Probe, Energieanalysator und Detektor befinden sich in einer Ultrahochvakuumkammer (Druck < 10^{-8} Pa) und die als UV-Quelle dienende Gasentladungslampe ist an diese fensterlos, differentiell gepumpt, angeflanscht.; nach [IL 02]

Als Anregungsquellen können verwendet werden:
1. UV-Linien von elektronischen Übergängen in Gasentladungen, z.B.:
 – He I-Linie (neutrales He-Atom): 21.2 eV,
 – He II-Linie (einfach ionisiertes He-Ion): 40.8 eV.

6.9 Elektronen im periodischen Potential

2. Charakteristische Röntgenlinien von Röntgenröhren, z.B.:
 - Cu K_α, Al K_α: Bereich 1 – 1.5 keV.
3. Synchrotronstrahlung mit:
 - kontinuierlich abstimmbarer Energie: typischerweise 20 eV – 8 keV,
 - hoher Intensität.

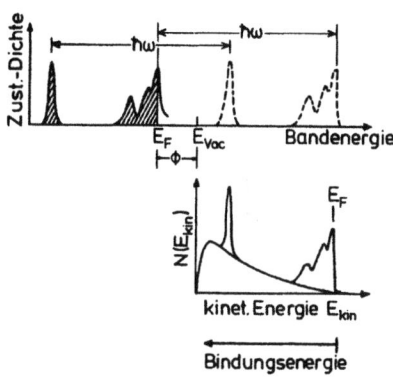

Fig. 6.72 Schema des Meßvorganges bei der Photoemissionsspektroskopie an einem Übergangsmetall, bei dem die Fermi-Energie E_F im oberen Bereich der d-Bänder (besetzter Bereich schraffiert) liegt. $E_{\text{Vac}} - E_F = \phi$ ist die Austrittsarbeit. Die in quasikontinuierliche leere Kristallzustände angeregten Elektronen können austreten und werden als freie Elektronen mit der überschüssigen kinetischen Energie E_{kin} im Vakuum gemessen.; nach [IL 02]

Die Energiebilanz lautet wie folgt:
$$\hbar\omega_{\text{Photon}} = E_B + \phi + E_{\text{kin}}, \qquad (6.269)$$
wobei E_B : Bindungsenergie des Elektrons relativ zu E_F
ϕ : „Austrittsarbeit" ($\phi = E_{\text{Vakuum}} - E_F$)
E_{kin} : Kinetische Energie der „Photoelektronen"

Demnach können bei bekannter Photonenenergie und Austrittsarbeit der Probe durch Messung der kinetischen Energie der Photoelektronen die elektronischen Bindungsenergien im Festkörper bestimmt werden.

b) *Inverse Photoemissionsspektroskopie*
Bei der inversen Photoemissionsspektroskopie erfolgt eine Anregung des Festkörpers mit Elektronen. Detektiert werden in diesem Fall emittierte Photonen (vergleiche hierzu Fig. 6.73).

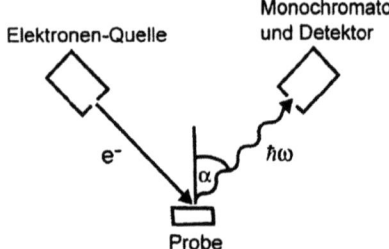

Fig. 6.73
Schema einer Anordnung zur Messung inverser Photoemissionsspektren

6.9.4 Halbleiter

Auf Grund ihrer hohen industriellen Bedeutung wollen wir uns nun noch etwas näher den physikalischen Eigenschaften von Halbleitern zuwenden. Wie wir bereits im Kapitel 6.9.2 diskutiert hatten, ist das Charakteristikum für Halbleiter das Vorhandensein einer Energielücke zwischen der Oberkante des höchsten gefüllten Energiebandes („Valenzband") und der Unterkante des niedrigsten leeren Bandes („Leitungsband") in der Größenordnung von $\Delta E \approx 1$ eV. Diese Energielücke ist im Gegensatz zu Isolatoren klein genug, so daß sich bei Raumtemperatur die „thermische Aufweichung" der Fermi-Dirac-Verteilung bemerkbar machen kann, d.h. es werden einige *Elektronen* thermisch in das *Leitungsband* angeregt, welche ihrerseits „*Löcher*" im *Valenzband* hinterlassen (vergleiche hierzu Fig. 6.74).

Als Folge der thermischen Anregung von Elektronen vom Valenz- ins Leitungsband erhalten wir bei Halbleitern *zwei* Sorten von Ladungsträgern:

1. Elektronen im Leitungsband,
2. Löcher im Valenzband.

Die hierdurch bedingte elektrische *Eigenleitfähigkeit* von Halbleitern kann beschrieben werden durch ein Exponentialgesetz (vergleiche Fig. 6.75):

$$\boxed{\sigma = \sigma_0 \cdot e^{-\Delta E / 2 k_B T}} \qquad (6.270)$$

Diese Eigenleitfähigkeit kann durch geringfügige Zusätze von geeigneten Fremdatomen („*Dotierung*") gezielt um viele Größenordnungen variiert werden. Dabei existieren zwei Möglichkeiten der Dotierung:

a) *n-Dotierung* (vergleiche Fig. 6.76):
Zum Beispiel Einbau von fünfwertigen Elementen (P, As ...), genannt „*Donatoren*", in vierwertige Halbleiter (z.B. Si, Ge).

6.9 Elektronen im periodischen Potential

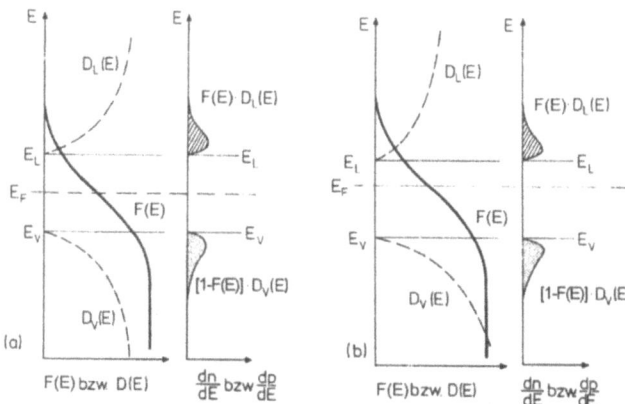

Fig. 6.74 (a) Fermi-Dirac-Verteilungsfunktion $F(E)$, elektronische Zustandsdichte $D(E)$ und Elektronen- (n) bzw. Löcherkonzentration (p) im Leitungs- und Valenzband für den Fall, daß die Zustandsdichten in Leitungs- und Valenzband gleich sind (schematisch). (b) Dieselbe Figur für den Fall ungleicher Zustandsdichten im Leitungs- und Valenzband. Wieder muß die Zahl der Löcher gleich der Elektronen sein. Deswegen liegt jetzt das Fermi-Niveau nicht mehr in der Mitte zwischen Leitungs- und Valenzband und seine Lage ist temperaturabhängig; nach [IL 02]

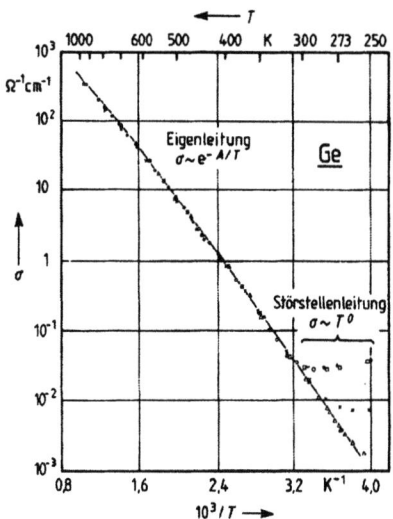

Fig. 6.75
Temperaturabhängigkeit der Leitfähigkeit von Germanium. Die verschiedenen Symbole gehören zu Germaniumkristallen mit verschiedenen Anteilen von Bor und Arsen.; nach [Sti 89]

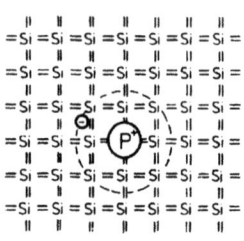

n-dotiertes Silizium

Fig. 6.76
Schematische Darstellung der Wirkung eines Donators in einem Silizium-Gitter. Das fünfwertige Phosphor-Atom wird anstelle eines Silizium-Atoms im Gitter eingebaut. Das fünfte Elektron des Phosphor-Atoms wird zur Bindung nicht benötigt und ist nur schwach an das Phosphor-Atom gebunden. Die Bindungsenergie läßt sich abschätzen, wenn man das System als ein in ein Dielektrikum eingebettetes Wasserstoff-Modell behandelt.; nach [IL 02]

b) *p-Dotierung* (vergleiche Fig. 6.77):
Zum Beispiel Einbau von dreiwertigen Elementen (B, Al ...), genannt „Akzeptoren", in Halbleiter (z.B. Si, Ge).

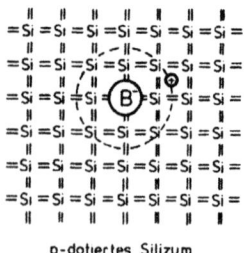

p-dotiertes Silizum

Fig. 6.77
Schematische Darstellung der Wirkung eines Akzeptors in einem Siliziumgitter. Das dreiwertige Bor nimmt ein zusätzliches Elektron aus dem Siliziumgitter auf. Dadurch entsteht ein Loch im Valenzband, das um das negativ geladene Fremdatom kreist. Gitterabstand und Ausdehnung des Störzentrums sind nicht maßstabgetreu. In Wirklichkeit ist der Durchmesser des 1. Bohrschen Radius der „Störstellenbahn" etwa zehnmal so groß wie der Gitterabstand.; nach [IL 02]

Die Elektronen vom Donator können leicht in das Leitungsband angeregt werden, bzw. es können leicht Elektronen vom Valenzband ins Akzeptorniveau angeregt werden (vergleiche hierzu Fig. 6.78).

Daraus resultiert eine elektrische Leitfähigkeit der Form

$$\sigma = \sigma_0 \cdot e^{-\delta E/2k_B T}, \tag{6.271}$$

wobei δE der energetische Abstand des Donatorniveaus von der Leitungsbandkante (n-Dotierung) bzw. der Valenzbandkante vom Akzeptorniveau (p-Dotierung) darstellt.

Halbleiterbauelemente basieren letztlich auf Inhomogenitäten im Halbleiter, wie zum Beispiel inhomogenen Konzentrationsverteilungen von Donator- und Akzeptorstörstellen.

6.9 Elektronen im periodischen Potential

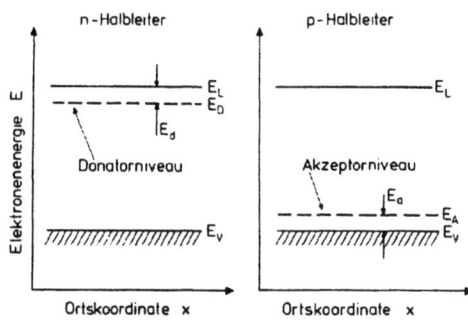

Fig. 6.78 Qualitative Lage der Grundzustandsniveaus von Donatoren und Akzeptoren in Bezug auf die Unterkante des Leitungsbandes E_L bzw. die Oberkante des Valenzbandes E_V. E_d und E_a sind die Ionisierungsenergien der Donatoren bzw. Akzeptoren.; nach [IL 02]

6.9.5 Aufgaben

6.18. *Blochtheorem:*
a.) Zeige die Äquivalenz der beiden Formulierungen des Blochtheorems:

$$I. \quad \psi(\vec{r}) = e^{i\vec{k}\cdot\vec{r}} u(\vec{r}) \text{ mit } u\left(\vec{r} + \vec{R}\right) = u(\vec{r}) \tag{6.272}$$

$$II. \quad \psi\left(\vec{r} + \vec{R}\right) = e^{i\vec{k}\cdot\vec{R}} \psi(\vec{r}). \tag{6.273}$$

b.) Zeige, daß in der „tight-binding"-Methode die Wellenfunktion

$$\psi(x) = \sum_n c_n \chi(x - na), \tag{6.274}$$

welche sich als Linearkombination von atomaren Wellenfunktionen $\chi(x - na)$ ergibt, dem Blochtheorem genügt. Bestimme die Koeffizienten c_n.

6.19. *Kronig-Penney-Modell:*
Zeige am Beispiel des Kronig-Penney-Modells, daß zwischen erlaubten Energiebändern verbotene Zonen liegen können. Zugrundegelegt wird das periodische Potential $U(x)$ einer unendlich langen linearen Kette von Atomen, welches durch eine Folge von Rechteckpotentialen angenähert wird:

$U(x) = 0$ für $0 \leq x \leq a$
$U(x) = U_0$ für $a \leq x \leq a + b$

$U(x) = U(x + a + b)$, d.h $U(x)$ ist periodisch mit der Gitterkonstanten $a + b$.

6.20. *Mathieusche Differentialgleichung und Floquetsche Lösung*:
Löse die eindimensionale Schrödingergleichung mit dem speziellen periodischen Potential
$$U(x) = U_0 + 2U_1 \cos\left(2\pi \frac{x}{a}\right). \tag{6.275}$$
Mit dem so gewählten Potential entspricht die Schrödingergleichung der Mathieuschen Differentialgleichung, die nach Floquet zwei Typen von Lösungen hat:
Ungedämpfte oder *gedämpfte* (aperiodisch abklingende) Wellen.
So können besetzte und unbesetzte Energiebänder dargestellt werden.

6.10 Supraleitung

> Wir haben bisher entweder eine getrennte Behandlung des Ionen- und Elektronensystems vorgenommen oder aber die Wechselwirkung der Elektronen mit dem Ionensystem in einer einfachen Einteilchennäherung beschrieben. Im Folgenden wollen wir das Phänomen der Supraleitung kennenlernen, dessen Verständnis eine explizite Berücksichtigung von allen möglichen Wechselwirkungen, welche im Vielteilchen-Elektronen- und Ionensystem auftreten können, erfordert.

Das Phänomen der Supraleitung wurde im Jahre 1911 durch H.K. Onnes entdeckt. Es ist verbunden mit zwei fundamentalen Beobachtungen:

1. Verschwinden des elektrischen Widerstands unterhalb einer kritischen Temperatur T_c (siehe Fig. 6.79):
$$\rho = 0 \quad \text{bzw.} \quad \sigma = \text{„}\infty\text{"} \quad \text{für} \quad T < T_c \tag{6.276}$$

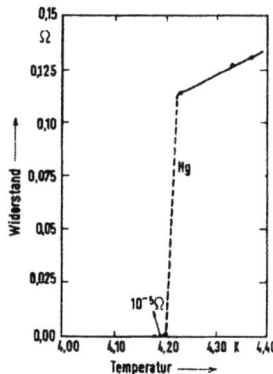

Fig. 6.79
Widerstand einer Quecksilberprobe in Abhängigkeit von der Temperatur. Dieses Diagramm von H.K. Onnes kennzeichnet die Entdeckung der Supraleitung.; nach [Buc 93]

Der experimentelle Nachweis eines verschwindenden elektrischen Widerstands erfolgt über die Induktion eines Dauerstroms (vergleiche Fig. 6.80).

2. Auftreten eines perfekten Diamagnetismus unterhalb der kritischen Temperatur T_c (Meissner-Ochsenfeld-Effekt, Entdeckung 1933):
$$\chi_m^{\text{Dia}} = -1 \quad \text{für} \quad T < T_c, \tag{6.277}$$

d.h. das Magnetfeld kann nicht ins Innere eines Supraleiters eindringen (siehe Fig. 6.81):
$$\vec{B}_{SL} = \mu_0 \left(\vec{H}_{SL} + \vec{M}_{SL} \right) = 0, \quad \text{da} \quad \vec{M}_{SL} = -\vec{H}_{SL} \tag{6.278}$$

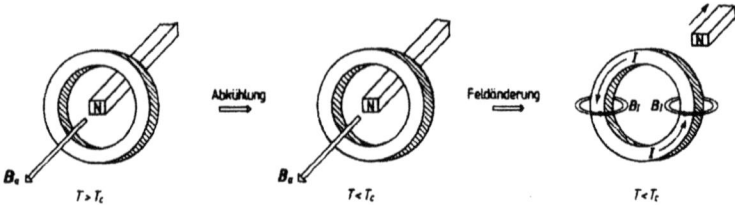

Fig. 6.80 Induktion eines Dauerstroms I in einem Ring durch Abkühlen im Magnetfeld B_a und anschließendes Entfernen des Magneten.; nach [Sti 89]

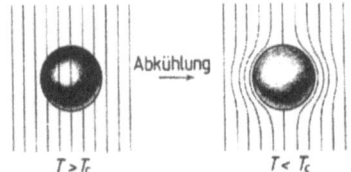

Fig. 6.81
Perfekter Diamagnetismus im Supraleiter (Meissner–Ochsenfeld–Effekt): Verdrängung des Magnetfelds beim Abkühlen unter T_c (schematisch).; nach [Sti 89]

Der experimentelle Nachweis des Meissner-Ochsenfeld-Effekts kann beispielsweise durch die Beobachtung des Schwebens einer supraleitenden Probe oberhalb eines starken Permanentmagneten erfolgen (siehe Fig. 6.82).

Fig. 6.82
Schwebende supraleitende Scheibe aus $YBa_2Cu_3O_7$ über einem starken Ringmagneten aus $SmCo_5$ (mit vertikaler Magnetisierung). Der aus dem Supraleiter verdrängte magnetische Fluß erzeugt eine Kraft, die ihn aus dem Magnetfeld hinausdrängt.; nach [Sti 89]

Der Meissner-Ochsenfeld-Effekt kann dadurch erklärt werden, daß das äußere Magnetfeld Ströme im Supraleiter induziert. Diese bauen nach der Lenz'schen Regel ein Gegenmagnetfeld auf, welches das äußere Feld in diesem Fall vollständig kompensiert. Die Abschirmströme fließen dabei nur in einer sehr dünnen Oberflächenschicht ($\lambda_L \approx 100 - 1000$ Å) des Supraleiters. Es gilt:
$$B(z) = B(0) \cdot e^{-z/\lambda_L}, \qquad (6.279)$$
wobei λ_L die „*London-Eindringtiefe*" genannt wird.

6.10 Supraleitung

Ein Blick auf die historische Entwicklung der höchsten beobachteten kritischen Temperatur T_c zeigt einen rasanten Anstieg nach der Entdeckung der sogenannten Hochtemperatursupraleitung auf der Basis von Kupferoxidverbindungen im Jahre 1986:

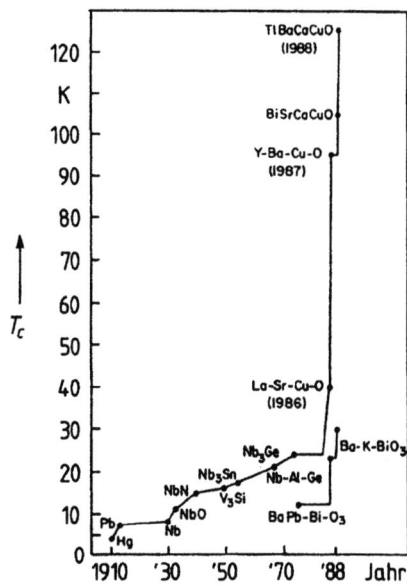

Fig. 6.83 Fortschritte in der Erhöhung der Sprungtemperatur seit der Entdeckung der Supraleitung im Jahre 1911.; nach [Sti 89]

Der mikroskopische Mechanismus der Supraleitung kann nicht mehr im Rahmen der in Kapitel 6.9 eingeführten Ein-Elektronen-Näherung verstanden werden. Vielmehr spielt die Wechselwirkung zwischen den Elektronen durch Austausch sogenannter „virtueller" Phononen nun eine zentrale Rolle. Anschaulich gesprochen führt die Elektron-Gitter-Wechselwirkung im Supraleiter zu einer attraktiven effektiven Elektron-Elektron-Wechselwirkung, die zur Bildung von sogenannten „Cooper-Paaren" Anlaß gibt. Diese können durch *Zeitumkehr-Zustände* beschrieben werden:

$$\left\{\left(\vec{k}\uparrow\right), \left(-\vec{k}\downarrow\right)\right\} \quad \text{(Cooper, 1956)} \tag{6.280}$$

Der mittlere Abstand der beiden Elektronen eines Cooper-Paares ist von der Größenordnung $\xi \approx 4 - 10.000 \text{Å}$ und wird als „Kohärenzlänge" bezeichnet.

Ein tiefergreifendes theoretisches Verständnis der Supraleitung erfordert wiederum eine quantenmechanische Behandlung, welche erstmals durch *B*ardeen, *C*ooper und *S*chrieffer im Jahre 1957 erfolgreich durchgeführt wurde („*BCS-Theorie*").

Die BCS-Theorie liefert Aussagen über:

a) Die Bindungsenergie eines Cooper-Paares bei $T=0$:

$$\Delta(T=0) = 2\hbar\omega_D e^{-1/U^* N(E_F)} \tag{6.281}$$

mit ω_D : Debye-Frequenz,
U^* : attraktives Elektron-Elektron-Wechselwirkungspotential durch Phononenaustausch,
$N(E_F)$: elektronische Zustandsdichte bei E_F.

b) Zusammenhang mit der kritischen Temperatur T_c:

$$2\Delta(T=0) = 3.5 k_B T_c \tag{6.282}$$

c) Die Temperaturabhängigkeit der Bindungsenergie $\Delta(T)$:

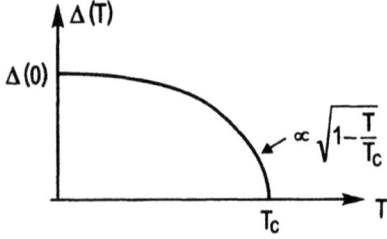

Fig. 6.84
Temperaturabhängigkeit der Bindungsenergie eines Cooper-Paares

Der experimentelle Nachweis der Existenz von Cooper-Paaren kann beispielsweise über die Beobachtung der sogenannten *Flußquantisierung* erfolgen. Hierzu müssen wir von folgender Form der Wellenfunktion des Grundzustands ausgehen, welche uns die BCS-Theorie liefert:

$$\phi_{BCS}(\vec{r}) = e^{i\theta(\vec{r})} \cdot \sqrt{n_s} \tag{6.283}$$

mit $n_s = |\phi_{BCS}|^2$: Cooper-Paar-Dichte,
θ : Phase.

Dieser BCS-Grundzustand ist makroskopisch besetzt. Dies ist möglich, da Cooper-Paare, im Gegensatz zu Elektronen, Bosonen sind, für die das Pauli-Prinzip nicht gilt.

Wir betrachten nun im Folgenden einen supraleitenden Ring. Aus der Eindeutigkeit von $|\phi_{BCS}|^2$ folgt, daß nach einem Umlauf sich die Phase θ um $2\pi n$ ($n \in \mathbb{Z}$) geändert haben muß. Als Konsequenz erhalten wir eine

6.10 Supraleitung

Flußquantisierung

$$\phi = n \cdot \phi_0 \tag{6.284}$$

mit dem elementaren Flußquant:

$$\phi_0 = h/q \approx 2 \cdot 10^{-15} \text{ Tm}^2 \tag{6.285}$$

Hieraus folgt für die Ladung:

$$q = 2e \quad ! \tag{6.286}$$

Somit ist ein direkter Beweis für die Existenz von Elektronenpaaren erbracht.

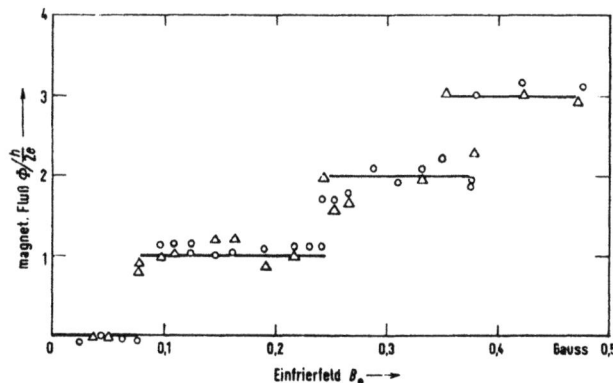

Fig. 6.85 Die Flußquantisierung: Wird ein Ring oder ein Hohlzylinder aus supraleitendem Material in einem schwachen Magnetfeld unter die kritische Temperatur abgekühlt, so wird in ihm Magnetfluß eingefroren. Die Meßpunkte in den Abbildungen stellen die nach dem Abkühlen in einem bestimmten Feld $\mu_0 H$ (Abszisse) erhaltenen Magnetflüsse in Einheiten von $\Phi_0 = h/2e$ (Ordinate) dar. Die stufenförmige Kurve zeigt das quantenhafte Eindringen des Magnetflusses in den Ring; nach [Buc 93]

Der experimentelle Nachweis der Wechselwirkung über Phononen erfolgt durch die Beobachtung des sogenannten Isotopeneffekts, der folgende Abhängigkeit der kritischen Temperatur von der Ionenmasse fordert:

$$\boxed{T_c \propto \Delta \propto \omega_D \propto M_{\text{Ion}}^{-1/2}} \tag{6.287}$$

Die experimentelle Bestimmung der Bindungsenergie Δ eines Cooper-Paares, welche in der Größenordnung von $\Delta \approx 1 - 10$ meV liegt, kann entweder über Infrarot- oder Elektronentunnel-Experimente erfolgen.

Unterhalb der kritischen Temperatur kann ein Aufbrechen der Cooper-Paare und damit eine Zerstörung der Supraleitung durch folgende Einflüsse bewirkt werden:

- hohes Magnetfeld oberhalb einer kritischen Feldstärke: $H > H_c$,
- hoher Transportstrom oberhalb einer kritischen Stromstärke: $J > J_c$.

Die Anwendungen der Supraleitung liegen in den Bereichen Hochstromanwendungen (z.B. supraleitende Kabel, supraleitende Magnete, etc) sowie Niederstromanwendungen (Elektronik, Meßtechnik z.B. SQUID: *s*uperconducting *q*uantum *i*nterferometer *d*evice – ein supraleitendes Magnetometer mit extrem hoher Empfindlichkeit).

7 Weiterführende Literatur

Wir geben eine Auswahl von Büchern, die dem interessierten Leser weiter helfen können.

A) Bücher, deren Kenntnis vorausgesetzt wird:

1. für Atomphysik: Mayer-Kuckuck [MK 97]

2. für Theoretische Physik: Lindner [Lin 97]

B) Folgende weiterführende Literatur wird genannt:

1. für Teilchenbeschleuniger: Wille [Wil 96]

2. für Teilchendetektoren: Kleinknecht [Kle 92]

3. für statistische Analyse der Experimente: Lohrmann, Blobel [BL 98]

4. für Strahlenmessung und -schutz: Krieger [Kri 02]

5. für Kernphysik: Mayer-Kuckuck [MK 02], Nuklidkarte [PKNSE 95]

6. für Angewandte Kernphysik: Hering [Her 99], Schatz, Weidinger [SW 97], Bösiger [Bös 97]

7. für Teilchenphysik: Lohrmann [Loh 90, Loh 92], Williams [Wil 92], Perkins [Per 91]

8. für Kern- und Teilchenphysik: Povh *et al.* [PRSZ 99]

9. für Theoretische Teilchenphysik : Sibold [Sib 01], Böhm, Denner, Joos [BDJ 01]

10. für schwache Wechselwirkung: Grotz, Klapdor-Kleingrothaus [GKK 89]

11. für Neutrinophysik: Schmitz [Sch 97]

12. für Teilchenphysik ohne Beschleuniger: Klapdor-Kleingrothaus, Staudt [KKS 95]

13. für Teilchenastrophysik: Klapdor-Kleingrothaus [KKZ 97]

14. jährliche zusammenfassende Berichte über Kern- und Teilchenphysik einschließlich Instrumenten findet man in: Annual Review of Nuclear and Particle Science [Ann 51], seit 1951

15. Tabellen zur Teilchenphysik (zweijährlich) [Par 00]

16. für Astronomie: Weigert, Wendker [WW 96]

17. für Molekülphysik: Bergmann-Schaefer [BS 92], Engelke [Eng 96]

18. für Festkörperphysik: Kittel [Kit 02], Kopitzki [Kop 02], Ibach-Lüth [IL 02], Busch-Schade [BS 93]

19. für Magnetismus: Nolting [Nol 86]

20. für Supraleitung: Buckel [Buc 93]

Literaturverzeichnis

[Ann 51] Annual Reviews: Annual Review of Nuclear and Particle Science, 4139 El Camino Way, P.O. Box 10139 Palo Alto, CA 94303-0139, USA , ab 1951. Annual Reviews. http://nucl.annualreviews.org

[BDJ 01] Böhm, M.; Denner, A.; Joos, H.: Gauge Theories of the Strong and Electroweak Interaction. 3. Aufl. Stuttgart, Leipzig, Wiesbaden: Teubner 2001

[BL 98] Blobel, V.; Lohrmann, E.: Statistische und numerische Methoden der Datenanalyse. Teubner-Studienbücher : Physik. Stuttgart, Leipzig: Teubner 1998

[Bös 97] Bösiger, P.: Kernspin-Tomographie für die medizinische Diagnostik. Stuttgart: Teubner 1997

[BS 92] Bergmann, L.; Schaefer, C.: Lehrbuch der Experimentalphysik Bd. 4 Teilchen: Bestandteile der Materie. Berlin: Walter de Gruyter 1992

[BS 93] Busch, G.; Schade, H.: Vorlesungen über Festkörperphysik. Basel: Birkhäuserverlag 1993

[Buc 93] Buckel, W.: Supraleitung. 5. Aufl. Weinheim: Physik-Verlag 1993

[Eng 96] Engelke, F.: Aufbau der Moleküle. 3. Aufl. Stuttgart: Teubner 1996

[GKK 89] Grotz, K.; Klapdor-Kleingrothaus, H.: Die schwache Wechselwirkung in Kern-, Teilchen- und Astrophysik. Teubner-Studienbücher: Physik. Stuttgart: Teubner 1989

[Her 99] Hering, W.: Angewandte Kernphysik – Einführung und Übersicht. Teubner-Studienbücher : Physik. Stuttgart: Teubner 1999

[IL 02] Ibach, H.; Lüth, H.: Festkörperphysik. 6. Aufl. Berlin: Springer 2002

[Kit 02] Kittel, C.: Einführung in die Festkörperphysik. 12. Aufl. München: Oldenbourg-Verlag 2002

[KKS 95] Klapdor-Kleingrothaus, H.; Staudt, A.: Teilchenphysik ohne

	Beschleuniger. Teubner-Studienbücher: Physik. Stuttgart: Teubner 1995
[KKZ 97]	Klapdor-Kleingrothaus, H.; Zuber, K.: Teilchenastrophysik. Teubner-Studienbücher: Physik. Stuttgart: Teubner 1997
[Kle 92]	Kleinknecht, K.: Detektoren für Teilchenstrahlung. Stuttgart: Teubner 1992
[Kop 02]	Kopitzki, K.: Einführung in die Festkörperphysik. 4. Aufl. Stuttgart: Teubner 2002
[Kri 02]	Krieger, H.: Strahlenphysik, Dosimetrie und Strahlenschutz. Band 1 u. 2 Aufl. Stuttgart: Teubner 2001 / 2002
[Lin 97]	Lindner, A.: Grundkurs theoretische Physik. Teubner-Studienbücher : Physik, 2. Aufl. Stuttgart: Teubner 1997
[Loh 90]	Lohrmann, E.: Einführung in die Elementarteilchenphysik. Teubner-Studienbücher: Physik, 2. Aufl. Stuttgart: Teubner 1990
[Loh 92]	Lohrmann, E.: Hochenergiephysik. Teubner-Studienbücher: Chemie, 4. Aufl. Stuttgart: Teubner 1992
[MK 97]	Mayer-Kuckuk, T.: Atomphysik : Eine Einführung ; mit 7 Tabellen und 1 Spektraltafel. Teubner-Studienbücher: Physik, 5. Aufl. Stuttgart: Teubner 1997
[MK 02]	Mayer-Kuckuk, T.: Kernphysik : Eine Einführung. Teubner-Studienbücher: Physik, 7. Aufl. Stuttgart: Teubner 2002
[Nol 86]	Nolting, W.: Quantentheorie des Magnetismus. Stuttgart: Teubner 1986
[Par 00]	Partice Data Group: Groom, D.E. et al.: Review of Particle Physics. The European Physical Journal C15 (2000) 1+. http://pdg.lbl.gov
[Per 91]	Perkins, D. H.: Hochenergiephysik. Schriftenreihe: Physik, übers. d. 3. engl. aufl. Aufl. Bonn [u.a.]: Addison-Wesley 1991
[PKNSE 95]	Pfennig, G.; Klewe-Nebenius, H.; Seelmann-Eggbert, W.: Karlsruher Nuklidkarte. 6. Aufl. Karlsruhe: Forschungszentrum Karlsruhe 1995
[PRSZ 99]	Povh, B.; Rith, K.; Scholz, C.; Zetsche, F.: Particles and nuclei : an introduction to the physical concepts ; with 12 tables, and 58 problems and solutions. 2. Aufl. Berlin [u.a.]: Springer 1999
[Sch 97]	Schmitz, N.: Neutrinophysik. Teubner-Studienbücher: Physik. Stuttgart: Teubner 1997
[Sib 01]	Sibold, K.: Theorie der Elementarteilchen. Teubner-Studienbücher: Physik. Stuttgart: Teubner 2001
[Sti 89]	Stierstadt, K.: Physik der Materie. Weinheim: VCH 1989

[SW 97]	Schatz, G.; Weidinger, A.: Nukleare Festkörperphysik – Kernphysikalische Meßmethoden und ihre Anwendungen. Teubner-Studienbücher: Physik, 3. Aufl. Stuttgart: Teubner 1997
[Wie 94]	Wiesendanger, R.: Scanning Probe Microscopy and Spectroscopy. Cambridge: Cambridge University Press 1994
[Wil 92]	Williams, W. S.: Nuclear and particle physics. Oxford: Clarendon Press 1992
[Wil 96]	Wille, K.: Physik der Teilchenbeschleuniger und Synchrotronstrahlungsquellen. Stuttgart: Teubner 1996
[WW 96]	Weigert, A.; Wendker, H.: Astronomie und Astrophysik – Ein Grundkurs. 3. Aufl. Weinheim: Wiley-VCH 1996

A Einheiten, Konstanten und Formeln

A.1 Einheiten

Größe	Einheit	Einheiten-zeichen
Länge	1 Fermi $= 10^{-15}$ m $= 1$ fm	fm
Fläche	1 Barn $= 10^{-24}$ cm^2	b
	1 Millibarn $= 10^{-27}$ cm^2	mb
Zeit	1 Sekunde	s
	1 Stunde $= 3\,600$ s	h
	1 Tag $= 86\,400$ s	d
	1 Jahr $= 31\,536\,000$ s $\approx \pi \cdot 10^7$ s	a
Masse	1 atomare Masseneinheit	
	$= (1/12)\, m(^{12}_{6}C_6) = 1.660\,538\,73(13)\times 10^{-27}$ kg	u
	$= 931.494\,013(37)$ MeV/$c^2 = 1822.89\, m_e$	
	Ruhemasse des Elektrons	
	$= 9.109\,381\,88(72)\times 10^{-31}$ kg	m_e
	$= 5.485\,799\,110(12)\times 10^{-4}$ u	
	$= 0.510\,998\,902(21)$ MeV/c^2	
Energie	1 MeV $= 1.073\,544\times 10^{-3}$ uc^2	
	$= 1.602\times 10^{-13}$ Ws	MeV
Impuls	1 MeV/$c = 5.344\,3\times 10^{-22}$ kg m/s	
Drehimpuls	$\hbar = 6.582\,118\,93(51)\times 10^{-22}$ MeV s	
Elektrische	1 Elementarladung	
Ladung	$= 1.602\,176\,462(63)\times 10^{-19}$ C	e
Magnetisches	1 Bohrsches Magneton	
Dipol-	$= e\hbar/2m_e c = 5.788\,381\,749(43)\times 10^{-11}$ MeV/T	μ_B
moment	1 Kernmagneton	
	$= e\hbar/2m_p c = 3.152\,451\,238(24)\times 10^{-14}$ MeV/T	μ_K

A.2 Wichtige Konstanten und Umrechnungsfaktoren

Wirkungsquantum	$h = 6.626\,068\,76(52) \times 10^{-34}$ W s^2 $\hbar = 1.054\,571\,596(82) \times 10^{-34}$ W s^2 $\hbar c = 197.33$ MeV fm
Lichtgeschwindigkeit	$c = 2.997\,924\,58 \times 10^8$ m/s $[1]c = 2.9979 \times 10^{23}$ fm/s ≈ 30 cm/ns
Massen	
Neutron	$m_n = 939.565\,330(38)$ MeV/c^2
Proton	$m_p = 938.271\,998(38)$ MeV/c^2
Myon	$m_\mu = 105.658\,357(5)$ MeV/c^2
π^0	$m_{\pi^0} = 134.976\,6(6)$ MeV/c^2
$\pi^\pm$	$m_{\pi^\pm} = 139.570\,18(35)$ MeV/c^2
$W^\pm$	$m_{W^\pm} = 80.419$ GeV/c^2
Z^0	$m_{Z^0} = 91.188\,2$ GeV/c^2
Elementarladung	$e = = 1.602\,176\,462(63) \times 10^{-19}$ C
Fermi-Konstante	$G_F = 1.166\,39(1) \cdot 10^{-5}$ (GeV)$^{-2}(\hbar c)^3$ $\approx 10^{-5} \cdot (m_p c^2)^{-2}(\hbar c)^3$
elek.-schw. Mischungs-Winkel	$\sin^2 \theta_W(m_Z) = 0.231\,17(16)$
Kopplung der starken WW	$\alpha_s(m_Z) = 0.118\,5(20)$
Boltzmann-Konstante	$k = 8.617\,4 \times 10^{-11}$ MeV/K $= 1$ eV/11 604 K
Avogadro-Konstante	$N_A = 6.022\,141\,99(47) \times 10^{23}$ mol^{-1}
Molares Normvol.	$V_m = 22.413\,996(39) \times 10^{-3}$ m^3 mol^{-1}
Faraday-Konstante	$F = e N_A = 9.648\,534\,15(39) \times 10^4$ C/mol
Dielektrizitätskonstante (Vakuum)	$\epsilon_0 = 8.854\,187\,817 \times 10^{-12}$ (A s)/(V m)
Permeabilitätskonstante (Vakuum)	$\mu_0 = 1.256\,637\,061\,4 \times 10^{-6}$ (V s)/(A m)
Weitere Produkte und Verhältnisse von Konstanten	$\alpha = e^2/(4\pi\epsilon_0 \cdot \hbar c)$ $\alpha = 1/137.035\,999\,76(50)$ $e/m_e = 1.758\,820\,174(71) \times 10^{11}$ C/kg $e^2/m_e c^2 = r_e = 2.817\,940$ fm $\hbar/m_e c = \lambda_e = 386.159\,2(12)$ fm $\hbar/m_p c = \lambda_p = 0.210\,313\,9(14)$ fm $\hbar^2/m_e e^2 = a_0 = 0.529\,177 \times 10^{-10}$ m $\hbar c/e = 6.582 \times 10^{-13}$ T m^2

A.3 Präfixe für Vielfache und Teile von Einheiten

Präfix	Kurzbezeichnung	Faktor
Exa	E	10^{18}
Peta	P	10^{15}
Tera	T	10^{12}
Giga	G	10^{9}
Mega	M	10^{6}
Kilo	k	10^{3}
Hekto	h	10^{2}
Deka	da	10^{1}
Dezi	d	10^{-1}
Zenti	c	10^{-2}
Milli	m	10^{-3}
Mikro	μ	10^{-6}
Nano	n	10^{-9}
Pico	p	10^{-12}
Femto	f	10^{-15}
Atto	a	10^{-18}

A.4 Abkürzungen

BR	Verzweigungsverhältnis (*engl.* branching ratio)
CM	Schwerpunktsystem
$\cancel{CP}$	CP Verletzung
FWHM	full width at half maximum = volle Breite (einer Gauß-Kurve) auf halber Höhe
GAU	größter anzunehmender Unfall
KKW	Kernkraftwerk
LWR	Leichtwasserreaktor
QCD	Quantenchromodynamik
QED	Quantenelektrodynamik
QGP	Quark-Gluon Plasma
QM	Quantenmechanik
QPM	Quark-Parton Modell
WW	Wechselwirkung

A.4 Abkürzungen

Quellen:
1. Physikalische Blätter, März 2000 (zusammengestellt von W. Wöger, Physikalisch-Technische Bundesanstalt, Braunschweig)
2. Particle Data Tables [Par 00]

Symbolverzeichnis

A	Nukleonenzahl; Aktivität; Fläche; Atomgewicht; Amplitude; Asymmetrie	E_b	Bindungsenergie von Molekülen
$\vec{A}$	Vektorpotential	E_F	Fermienergie
A_μ	Viererpotential	E_g	Energie der Bandlücke
a	Streulänge; bei Halbwertszeit: Jahr; Gitterkonstante	E_I	Ionisierungsenergie
		E_{kin}	kinetische Energie
$\vec{a}_i$	Basisvektor	E_m	Molekülniveau
a_0	Bohr'scher Radius	E_{pot}	potentielle Energie
B	Kernbindungsenergie; Baryonenzahl; Bottom (-Quantenzahl)	E_{Ry}	Rydbergenergie
		e	Elementarladung; elektrische Ladung
		F	Fläche; freie Energie
$\vec{B}$	magnetische Induktion	$F(E)$	Fermi-Funktion
b	Stoßparameter	$F(k)$	Fouriertransformierte
b_i	Basisvektor des reziproken Gitters	$\vec{F}$	Kraft
		F_i	Strukturfunktion
C	(Wärme-)Kapazität; Ladungskonjugation; Charme(-Quantenzahl)	f	Streuamplitude; Frequenz; thermische Nutzung von Neutronen
c	Lichtgeschwindigkeit; Kraftkonstante; spezif. Wärmekapazität	G	G-Parität; Gluonium
		$\vec{G}$	reziproker Gittervektor
		G_F	Fermi-Kopplungskonstante
D	(Energie-)Dosis	g	Fallbeschleunigung; g-Faktor; Entartungsgrad; Gluon
$D(x)$	Zustandsdichte		
d	Abstand; Dicke		
d, D	Zustand mit L=2	$g(r)$	Paarkorrelationsfunktion
E	Energie	g_F	$= G_F/(\hbar c)^3$
$\vec{E}$	elektrische Feldstärke	H	Hamilton-Funktion; Äquivalentdosis
E_A	Elektronenaffinität		
E_a	Atomniveau	$\vec{H}$	Magnetfeld
E_B	Bindungsenergie in Kernen	$\hat{H}$	Wechselwirkungsoperator

Symbolverzeichnis

H_c	kritisches Magnetfeld	n_e	Elektronenkonzentration
h	Plancksche Konstante; Helizität	$n_{\vec{k},a}$	Besetzungszahl
		$\hat{P}$	Paritätsoperator
$\hbar$	$= h/2\pi$	P	Paritätsquantenzahl; Leistung; Übergangsrate; Poisson-Verteilung; Polarisationsgrad
I	Drehimpuls der Kerne; Stromstärke; Intensität; Isospin		
i	imaginäre Einheit	$\vec{P}$	Polarisation
J	Gesamtdrehimpuls; Austauschenergie	p	Druck; Resonanzdurchlässigkeit für Neutronen
$\vec{J}$	Stromdichte (klassisch)		
J_c	kritische Stromdichte	$\vec{p}$	Impuls
J_d	Ionendosis	p, P	Zustand mit L=1
j	Drehimpuls-Quantenzahl $j = l + s$	Q	Quadrupolmoment; Qualitätsfaktor; Viererimpulsübertrag $Q^2 = -q^2$
$\vec{j}$	Stromdichte (quantenmechanisch); Teilchen-Stromdichte	q	elektrische Ladung eines Teilchens; Viererimpulsübertrag; Quark
k	Wellenzahl $= 1/\lambda$; γ-Energie		
$\vec{k}$	Wellenvektor	q^2	Quadrat des Viererimpulsübertrags von γ^*
k_B	Boltzmannfaktor		
k_F	Fermiwellenzahl	R	Widerstand; universelle Gaskonstante; Kernradius; Rate; Verhältnis (engl. Ratio)
L	Bahndrehimpuls; Luminosität; Leptonenzahl		
l	Bahndrehimpulsquantenzahl	$\vec{R}$	Gittervektor
ℓ	Lepton	$\vec{R}_i$	Ionenkoordinaten
M	meist: Matrixelement; Ionenmasse	R_0	Potentialradius
		r	Radius
$\vec{M}$	Magnetisierung	$\vec{r}$	Ortsvektor
m	Masse; magnetische Quantenzahl	$\vec{r}_j$	Elektronenkoordinaten
		r_e	klassischer Elektronenradius
m_e	Masse des Elektrons	$\mathcal{R}e$	Realteil
m_n	Masse des Neutrons	S	resultierender Spindrehimpuls; Seltsamkeit (Strangeness)
m_p	Masse des Protons		
N	Neutronenzahl; Anzahl von Teilchen; Nukleon		
		$S(\vec{K})$	Strukturfunktion
N_A	Avogadro-Konstante; Loschmidt'sche Zahl	$\vec{S}$	Spin
		s	Spinquantenzahl; Zweigindex; Gesamtenergie des Anfangszustands
n	Hauptquantenzahl; Anzahl Mole; Bandindex; Sommerfeld-Parameter		
		s, S	Zustand mit L= 0

T	Temperatur; Isospin-Quantenzahl; Transmissionskoeffizient; Operator der kinetischen Energie; kinetische Energie; Übergangsamplitude; Zeitumkehr	α	Volumen-Ausdehnungskoeffizient; Feinstrukturkonstante
		β	v/c; Deformationsparameter
		Γ	Energiebreite; Zerfallsbreite
		γ	Dirac-Matrizen; Sommerfeld-Konstante; $\gamma = (1-\beta^2)^{-1/2}$
$T_{1/2}$	Halbwertszeit		
T_C	Curietemperatur	Δ	Laplace-Operator; Energielücke eines Supraleiters
T_c	Sprungtemperatur bei Halbleitern		
		δ	Paarungsenergie; Deformationsparameter; Kroneckerdelta
T_F	Fermitemperatur		
t	Zeit; Isospinquantenzahl		
U	elektrische Spannung	ϵ	"schneller" Spaltfaktor; Energiedichte
U_H	Hallspannung		
u	atomare Masseneinheit; Spinoren der Dirac'schen Wellenfunktionen; radiale Wellenfunktion	ϵ_0	elektrische Dielektrizitätskonstante
		ϵ_r	relative Dielektrizitätskonstante
$\vec{u}_j$	Auslenkung der Atome	η	Streuwellen-Amplitude; Elektronenimpuls in $m_e c^2$; Spaltneutronenausbeute
V	Potential, meist Streupotential; Volumen; Vektormeson		
		θ	Polarwinkel; Kernträgheitsmoment
v	(Teilchen-)Geschwindigkeit		
v_D	Driftgeschwindigkeit	θ_D	Debye-Temperatur
v_F	Fermigeschwindigkeit	θ_E	Einstein-Temperatur
v_{Gr}	Gruppengeschwindigkeit	Λ	mittlere freie Weglänge; Konstante der starken Wechselwirkung
v_{Ph}	Phasengeschwindigkeit		
W	Gesamtenergie		
w	Wahrscheinlichkeitsdichte		
X_0	Strahlungslänge	λ	Wellenlänge, $\lambdabar = \lambda/2\pi$; Zerfallskonstante; Wärmeleitfähigkeitskoeffizient; Übergangsrate
x	Ortskoordinate; Impulsanteil des Quark-Partons im Proton		
y	Ortskoordinate; Bruchteil der Energie des primären Elektrons, das vom γ^* übernommen wird	λ_F	Fermiwellenlänge
		λ_L	London-Eindringtiefe
		μ	Beweglichkeit; chemisches Potential; reduzierte Masse; Absorptionskonstante
Z	Kernladungszahl = Ordnungszahl; Zustandssumme		
		$\vec{\mu}$	magnetisches Dipolmoment
z	Ortskoordinate	$\vec{\mu}_e$	elektrisches Dipolmoment

μ_0	magnetische Feldkonstante
μ_B	Bohrsches Magneton
μ_K	Kernmagneton
μ_r	relative Permeabilitätszahl
ν	Frequenz; Energie des γ im Ruhesystem des Protons
$\bar{\nu}$	Neutronenausbeute
ρ	Ladungsdichte; Niveaudichte; Zustandsdichte; spezifischer Widerstand; Krümmungsradius
σ	Wirkungsquerschnitt; Spin-Operator; spezifische el. Leitfähigkeit; (statistischer) Fehler; Pauli-Spinmatrizen
τ	mittlere Lebensdauer; Integrationsvolumen; Isospin-Operator; Zeit (Stoßzeit); Relaxationszeit
$d\tau$	Volumenelement
Φ	Einteilchenwellenfunktion
φ	Azimuthwinkel
ϕ	Austrittsarbeit; magnetischer Fluß
ϕ_0	elementares Flußquant
χ_A	Elektronegativität
χ_e	dielektrische Suszeptibilität
χ_m	magnetische Suszeptibilität
ψ	Wellenfunktion
Ω	Raumwinkel; Operator
ω	Kreisfrequenz
ω_0	Larmorfrequenz; Grenzfrequenz
ω_D	Debyefrequenz
ω_E	Einsteinfrequenz
$\vec{\nabla}$	Nabla-Operator

Sachverzeichnis

Äquipartitionstheorem 490, 503
Überlappintegral 403

Abschirmströme 528
Äquivalentdosis 93
Aktivität 92
Akzeptoren 524
α-Strahlung 25, 37, 104
AMANDA 372
AMS 369
anharmonische Effekte 474, 476
Anregungen
   des Festkörpers 448
   elektronische 415
   elementare 475f.
   molekulare 415
   Schwingungs- 416
   Vibrations- 416
Anreicherung von ^{235}U 200
Anti-Stokes-Streuung 483
Antibindende Orbitale 398
Antiprotonen 233, 338, 344
Antiquarks 250
Antiteilchen 213
Anwendungen
   Meßtechnik 41, 192
   Medizin 41, 194
assoziierte Produktion 232
Astrophysik
   Grundbegriffe 375
   nukleare 375
Astroteilchenphysik 368
Asymmetrie
   vorwärts-rückwärts 341
Atombombe 40, 42
Atomformfaktor 451f.
Atomgewicht 108
Atommodell
   Bohr 5
   Rutherford 37
Atomrumpf 405, 462
Atomwellenfunktionen 408
Ausschließungsprinzip 37
Austausch-Wechselwirkung 404, 485
Austauschenergie 485
Austauschintegral 403
Austauschkraft 125
Austauschteilchen 212
Austrittsarbeit 521
Auswahlregeln 18, 308, 318
Azetylen 407

Bahndrehimpuls
   Quantelung 8
Bandindex 516
Bandstruktur 515f., 518
Baryonen 247f., 271
Baryonenzahl 234f.
Basisvektoren 433, 453
Bausteine der Atome 2
Beijing 359
Benzol 407
Beschleunigerkomplex 66
Beschleunigerphysik 60
Besetzungszahl 475, 489

Sachverzeichnis

β-Spektrum 169
β-Strahlung 37, 104, 141
β-Zerfall 41, 167, 305
  Fermi-Theorie 45, 170, 172
  Form der Wechselwirkung 178
  Kern- 173
  Theorie 41
β-Spektrometer 168
Betatron-Schwingung 62
Bethe-Bloch-Formel 72
Beugung 460
Beugungsexperimente 453
Beugungsreflexe 454
Bhabha-Streuung 219, 223
Bildgebung in der Medizin 196
bindende Orbitale 398
Bindung
  chemische 409, 428, 431
  Ionen- 414
  ionische 411
  kovalente 410
  metallische 411
  Van-der-Waals- 411, 440
  Wasserstoffbrücken- 411
Bindungsenergie 108, 112ff., 122, 393, 406, 521, 530f.
Bindungsorientierungsordnung 425
Biosphäre 201
Blochtheorem 514
Blochwellen 514
BNL 157, 179, 182, 237, 249, 283, 290, 312, 314, 358f., 383
Bohr'sches Magneton 117, 215, 509
Boltzmann-Gleichung 494
Born'sche Näherung 125, 449
Born-Oppenheimer-Näherung 395, 415, 464

Bose-Einstein-Statistik 475
Bose-Einstein-Verteilung 489
Bose-Teilchen 475
Bosonen 489, 530
  intermediäre 333
  neutrale intermediäre 334
Bottonium 296
Bragg-Reflexe 453
Bravais-Gitter 432f.
Bravais-Gittervektor 513
Breit-Wigner-Formel 137
  relativistische 293
Bremsstrahlung 220, 445
Brennstoffzyklus 207
Brillouin-Streuung 483
Brillouinzone 468

^{14}C Datierung 194
Cäsiumchlorid-Gitter 439
Cabibbo-Winkel 309, 319
CERN 262, 283, 295, 313ff., 318, 323f., 334, 338ff., 342, 358f.
charakteristische Strahlung 445
Charmonium 296f.
  Messung 297
Cherenkov-Zähler 83
CKM-Matrix 319, 327, 344
Compton-Effekt 74, 221
Cooper-Paar 529f.
Cooper-Paar-Dichte 530
Cornell 358
Coulomb-Potential 15
Coulomb-Wechselwirkung 71
Coulombintegral 403
CP-Verletzung 304, 320f.
  B^0 326
  Entdeckung 49
  K^0 322
CPT-Invarianz 176, 236
Curie-Gesetz 510
Curie-Temperatur 510

Curie-Weiss-Gesetz 510

Daten 89
Datenerfassung 89
Datenverarbeitung 91
Dauerstrom 527
Debye'sche Grenzfrequenz 480
Debye-Funktion 491
Debye-Modell 480, 491
Debye-Scherrer-Verfahren 454
Debye-Temperatur 491
DESY 34, 58, 66, 238, 256, 281, 292, 326, 334f., 338, 344, 358f.
detailliertes Gleichgewicht 134
Detektoren
　große 86
Deuteron 122
　Potentialmodell 123
Diamantgitter 438
dichte Kugelpackung 439
Dichte-Funktional-Formalismus 514
dielektrische Suszeptibilität 416
differentieller Streuquerschnitt 450
Dipol 411
Dipolmatrixelement 18
Dipolmoment 416
Dipolschwingung 471
Dirac-Gleichung 45, 213
Dispersionsrelation 469ff.
Donatoren 522
Dotierung 522
Drehimpuls 8
　Addition 9
Drehimpulserhaltung 131
Drehkristall-Verfahren 454
Driftgeschwindigkeit 506
Driftkammer 79
Driftterm 506
Drude-Theorie 506

Dubna 157, 186
Dulong-Petit-Gesetz 491
dynamisches Gitter 482

ebene Welle 468, 497, 516
Edelgase 414
Edelgaskristalle 440
effektive Wechselwirkung 513
Eichbosonen 212
Eigenleitfähigkeit 522
Ein-Elektronen-Beschreibung 514
Ein-Elektronen-Schrödingergleichung 513ff., 517
eindimensionaler periodischer Kristall 429
Einheitszelle 435
Einstein-Frequenz 480
Einstein-Modell 480, 491
Einstein-Temperatur 491
Einteilchen-Schrödingergleichung 496
Einteilchenmodell 40
Einteilchenwellenfunktionen 496
Einteilchenzustände 499
elektrische Leitfähigkeit 505ff., 518, 524
elektrische Transporteigenschaften 505
Elektron-Gitter-Wechselwirkung 529
Elektron-Phonon-Streuung 507
e^+e^--Speicherring
　Entwicklung 51
Elektronegativität 409
Elektronen 2, 168, 212, 448
　Entdeckung 44
Elektronenaffinität 409
Elektronenbeugung 5, 448
Elektroneneinfang 173
Elektronenenergie 397, 428

Sachverzeichnis

Elektronengas 496, 499, 501
Elektronenhülle 1
Elektronenkonzentration 499, 501
Elektronenpolarisation
  Messung 176
Elektronenspektrum
  Messung 168
Elektronenspin 400, 402, 508
Elektronentunneleffekt 458
Elektronenzustandsdichte 518
Elektronik 39
elektronische Zustandsdichte 498, 502, 509
Elektronstreuung
  Experimente 260
  Theorie 257
  tief-inelastische 257, 263
Elementarladung 216
Elementarteilchen 2
Elementarzelle 435
  gebräuchliche 435
  primitive 435
Energiebänder 431, 517
Energiebreite 105
Energiedosis 93
Energieerhaltung 130
Energielücke 522
Energieverlust 73
  spezifischer 73
Entartung 473, 488
Entartungskriterium 501
Entartungstemperatur 501
Entwicklung
  geschichtliche 36
Erbschäden 98
Erdmagnetfeld 362
Erhaltungssätze
  bei Kernreaktionen 130
  bei Teilchenreaktionen 235
  Drehimpuls 216

elektrische Ladung 216
Erlangen 105, 176
ESS 157
Ethylen 407
Experiment
  Davis 383
  Gallium 385
  Kamiokande 386
  SNO 388
experimentelle Hilfsmittel 36
extensive Größen 487

Farbe 268, 274
Farbladung
  laufende 275
Farboktett 269
Farbsingulett 270
Farbtriplett 268, 270
Federkräfte 474
Fehlordnung 460
  in Kristallen 440
Feld
  selbstkonsistentes 513
Feldemissionskathode 448
Feldgröße 487f., 494
Feldionenmikroskopie 456
Fermi-Übergang 178
Fermi-Dirac-Statistik 517
Fermi-Dirac-Verteilung 502
Fermi-Energie 499, 502
Fermi-Geschwindigkeit 500
Fermi-Impuls 500
Fermi-Temperatur 500
Fermi-Theorie 170, 305
  Divergenz 331
Fermi-Wellenlänge 500
Fermikante 502
Fermikugel 499
Fermiradius 499
Fermiwellenzahl 499
Ferromagnet 510
Festkörper 2

Festkörpereigenschaften
  makroskopische 487, 494
Festkörperzähler 40
Feynman-Graphen 216
  starke Wechselwirkung 269
Feynman-Variablen 245
Fit, kinematischer 33
Flächendefekte 442
Flüsse 494
Flavor 301
  Quarks 250
Flavors 251, 346
  Quarks 319
Flußquant 531
Flußquantisierung 530
FNAL 292, 344ff., 358f.
Fokussierung 61, 169, 260
Forschungsreaktor 447
Franck-Condon-Prinzip 415
freie Energie 488
ft-Wert 173

g-Faktor 117, 215, 509
G-Parität 253
γ-Astrophysik 369
γ-Spektroskopie 140
γ-Strahlung 37, 104
  Übergangsrate 141
$\gamma - Z^0$-Interferenz 337
Gamow-Teller-Übergang 178
Garching 157
Gasentladungszähler 78
Geiger 25
Geiger-Müller-Zähler 39, 78
geometrische Strukturamplitude 453
Gesamtwellenfunktion 393, 402, 415, 496
Gitterdynamik 464, 474f.
gitterperiodische Funktion 514f.
Gitterschwingungen 467, 471
Gittervektor 433, 514

Gläser 425
Glühkathode 448
Gluonen 269, 272f., 277, 282, 295
  Spin 300
Gluonium 276
Goldene Regel 16, 171
Goldhaber-Experiment 178
Grüneisen-Beziehung 493
Grüneisen-Zahl 493
Gravitation 356
  Entdeckung 47
  Quantenzustände 162
Grenzfläche 426, 442
Grenzfrequenz 470
Grundzustand 499, 501
Gruppengeschwindigkeit 469, 495
GSI 182

H_2-Molekül 399
H.E.S.S. 370
H_2^+-Molekülion 394
Hadronen 2, 250, 272
  Aufbau aus Quarks 251
  Bottom- 301
    Zerfälle 317
  Charme- 301
    Zerfälle 317
  Farbsingulett 270
  Krebstherapie 198
  schwere 290
    Lebensdauer 318
  Spektroskopie 247
  Spektrum 276
  Spin 234
  starke Wechselwirkung 268
  Struktur 277
    Messung 256
  Systematik 48, 250
Hadronisation 271f., 275

Sachverzeichnis 551

Halbleiter 518, 522
Halbleiterzähler 81, 141
Halbwertszeit 105
Hall-Koeffizienten 500
Hall-Spannung 500
Halleffekt 500
Hamiltonoperator 393f., 429, 462, 476, 488, 496, 513
harmonische Näherung 416, 466f., 474f.
harmonischer Oszillator 14, 417, 475
Hartree-Fock-Näherung 514
Harwell 157
HEGRA 370
Heitler-London-Näherung 401, 404
Helizität 175, 307
Hertzsprung-Russell-Diagramm 378
hexagonal dichteste Kugelpackung 440
Higgs-Mechanismus 337, 342, 355
Hochtemperatursupraleitung 529
Hybridisierung 406
Hybridorbitale 406
Hyperonen 247

IAEO 193
Idealkristall 453, 460
ILL 157, 163, 165
Impulserhaltung 130
inelastische Lichtstreuung 483
inelastische Streuexperimente 483
inelastische Streuung 482
Inertialsystem 28
innere Energie 489f., 503
Insel der Stabilität 183
intensive Größen 487

inverse Photoemissionsspektroskopie 521
Ionen 405, 462, 513
Ionendosis 93
Ionenkristalle 439, 465, 474
Ionenwechselwirkungspotential 466
Ionisation 71, 199
Ionisationskammer 39
Ionisierungsenergie 410
irreversible Thermodynamik 494
Isobar 111
Isobarenschnitt 114
Isolator 517
Isospin 38, 231, 235
  schwacher 341
Isospin-Multiplett 248
Isoton 111
Isotop 38, 111, 448, 451
  stabil 114
Isotopeneffekt 531
Isotopie 108
ISS 363

J/ψ-Hadron
  Quantenzahlen 291
  Entdeckung 50, 290
J/ψ
  Zerfall 295
Jülich 157
Jets 271
  2-Jet Ereignisse 271
  3-Jet Ereignisse 272

K-Mesonen 232
k-Raum 473, 490, 498f., 519
K^0
  CP-Verletzung 322
  Regeneration 322
  Zerfall 321, 323
K^0-System 321

Kalorimeter 87
Kamiokande 347ff., 371
KASCADE 369
Kaskadengenerator 38
Kastenpotential 12
KEK 327, 358f.
Kernbausteine 109
Kerne 1f., 25, 37
  deformierte 150
  Grundzustand 110
  instabile 114
  künstlich readioaktive 159
  Ladungsradius 187
  magnetischen Momente 149
  mit seltsamen Bausteinen 181
  stabile 114
  statistisches Modell 151
  Termschemata 144
Kernfusion 112, 378
  Proton-Proton-Kette 379
  solare 375
    Neutrino-Emission 381
Kernkräfte 38, 121, 144, 268, 447
  Ladungsunabhängigkeit 126
  Mesonentheorie 127
  Spinabhängigkeit 126
  Yukawa-Theorie 42, 45, 127
Kernkraftwerke 203
Kernladungszahl 108, 111
Kernmagneton 117
Kernmassen 108
Kernmaterie 40, 152, 188
Kernmodell 40, 140, 145
  optisches 41
Kernniveau
  Lebensdauer 143
  Spin 142
Kernphysik 37
  Anwendungen 191

  Medizin 194
  Geschichte 36
  Meßtechnik 41, 192
  neue Trends 181
Kernpotential 128, 146
  Spin-Bahn Kopplung 147
Kernradius 25, 118
Kernreaktion 22, 129
  Anregungsfunktion 140
  bei thermischen Energien 380
  direkte 137
  künstliche 38
  Mechanismus 135
  Messung 131
  Neutron-induzierte 114
  Neutronen 158
  Theorie 132
  Wirkungsquerschnitt 133
Kernreaktor 39ff., 155, 199, 312
  Steuerung 200
Kernspaltung 39, 112, 159f., 199
Kernspektroskopie 140
  Experimente 140
Kernspin 115
Kernstruktur 38, 144
Kernwellenfunktion 143
Kettenreaktion 200
  Neutronenhaushalt 201
Kinematik 28, 257
kinematische Näherung 449
kinetische Gastheorie 495, 504
kinetische Koeffizienten 494
klassische Physik 3
Klein-Gordon-Gleichung 213
Kohärenzlänge 529
kollektive Eigenschaften 426
Kollektivmodell 40, 150
Kompressibilität 493
Kontinuum 479
Kontinuumsgrenzfall 480, 491

Kontinuumsnäherung 469f., 479
Kontinuumstheorie 478
Konversion
   innere 141
Koordinatentransformation
   relativistische 28
Koordinationszahl 434
Kopplungskonstante
   elektromagnetische 269
   laufende 269
   schwache 306
   starke 269
kosmische Strahlung 44, 362
   Antimaterie 368
   auf Meereshöhe 361
   Beschleunigung 366
   Entdeckung 360
   Herkunft 365
   primäre 363
   Punktquellen 369
   Quelle 366
kovalent gebundene Festkörper 438
Krebstherapie 198
Kristalle 425
Kristallographie 432
Kristallstruktur 436
Kristallstrukturamplitude 453
kritische Temperatur 527, 529ff.
kubisch dichteste Kugelpackung 440
kubisch flächenzentriertes Gitter 440
kubisch raumzentriertes Gitter 440
Kühlung
   stochastische 338
Kurie-plot 172

Längenkontraktion 29
Löcher 522
Laborröntgenröhre 444

Laborsystem 30
Ladungserhaltung 216
Ladungskonjugation 176, 235
Ladungsstromdichte 505
Lamb-Shift 226
Λ^0-Hyperonen 232
Landau-Diamagnetismus 510
Larmor-Frequenz 117, 195
Larmor-Langevin-Diamagnetismus 510
Laue-Verfahren 454
LBL 106, 184
LCAO-Ansatz 399, 429
Lebensdauer
   instabiler Teilchen 238
   mittlere 105
Lebensdauer des Moleküls 393
Leitungsband 517, 522
Lennard-Jones-Potential 414
Lenz'sche Regel 508, 528
Leptonen 2, 218
   Generationen 315
Leptonenzahl 235, 311, 315
lichtelektrischer Effekt 3
Linearbeschleuniger 57
Linearcollider 66
lineare Antwortfunktion 488
lineare Transportgleichung 505
linearer Transportprozeß 494
Liniendefekte 441
Livingston Chart 68
London-Eindringtiefe 528
longitudinale Schwingungen 472
Lorentz-Invarianz 30, 258
Lorenz-Zahl 507
Luftschauer 363, 369
Luminosität 65
LWR 203

Madelung-Konstante 466
magnetische Eigenschaften 507

magnetische Strukturen 448
magnetische Suszeptibilität 508
magnetisches Dipolmoment 507
magnetisches Moment 195, 447
  anomales 226
  Elektronen 215
  Kern 116
Magnetisierung 507
Magnetresonanz-Tomographie 194
Magnonen 485
Magnonendispersionsrelation 485
Marsden 25
Masse, invariante 237, 257
Massendefekt 38, 108, 112
Massenspektrometer 38, 108
Materialkonstanten 488
Materie
  Struktur 2
  zusammengesetzte 2
Matrixelement 16, 171
Maxwell-Boltzmann-Gas 501
Mehrfachstreuung 449
Meissner-Ochsenfeld-Effekt 527f.
Mengengrößen 488, 494
Mesonen 248
  stabile 247
Metalle 439, 518
Methan 407
Metrik 29
Mikroskopie 455, 460
Modell freier, unabhängiger Elektronen 496
Modell-Hamiltonoperator 404
Modell-Phononenzustandsdichte 480, 491
Modellpotential 413
Moderation 161
Molekül 2, 392
  heteronuklear 410
  homonuklear 410
Molekül-Orbitale 397
Molekülorbital-Näherung 399, 404
Molekülschwingung 416
Molekülspektrum 420
Molekülwellenfunktionen 399
Monte-Carlo-Rechnungen 91
Mott-Streuung 186, 259
MRT 195
Multiplizität
  mittlere 243
Multipolstrahlung 18, 142
Myonen 218, 230
  Entdeckung 45
  Paarerzeugung 218, 223
  Zerfall 306
Myonstreuung
  Experimente 261

nächste Nachbarwechselwirkung 467
Näherung der Valenzbindung 405, 462
Näherungsverfahren 399
Nachwärme 206
Nahordnung 425
NaJ-Szintillationszähler 40, 140
Natriumchlorid-Gitter 439
Nebelkammer 38
Neutrino-Experimente 311
Neutrino-Oszillation 346, 349, 371
Neutrinofluß, solarer 382
Neutrinos 41, 168, 170, 180, 230, 305
  atmosphärische 371
  aus Supernova 371
  experimenteller Nachweis 311
  Generationen 314

Sachverzeichnis

hochenergetische 312
Massse 172
 solare 371, 374
  Beobachtung 383
  Spektrum 382
Neutrinostrahlen 49, 312
Neutronen 2, 38, 109, 447
 Abbremsung 157
 Kernreaktion 158
 Moderation 200
 Streuung 158
 thermische 447, 483
Neutronenabschirmung 161
Neutronenaktivierung 192
Neutronendosimetrie 161
Neutroneneinfang 159
Neutronenphysik 155
Neutronenquellen 155
Neutronenstrahlung 482
Neutronenstreuung 451
 inelastische 448, 485
Neutronenzahl 111
Normalschwingungen 418, 473
Novosibirsk 358
ν-Astrophysik 371
ν-Fluß
 totaler von der Sonne 388
ν-Oszillation 371, 388, 390
Nukleonen 144
 Quark-Parton-Modell 277
 Struktur 277, 280, 317
 Substruktur 263
Nuklidkarte 110
Nullfeldsuszeptibilität 510
Nullpunktsenergie 501

optisches Modell 138
optisches Theorem 242
Ordnungszahl 108
ORNL 105, 157
Ortsraum 455

Paarerzeugung 74, 218, 222
Paarkorrelationsfunktion 453
Paarpotential 414, 474
Paarpotentialansatz 474
Paarpotentialnäherung 462
Paramagnetismus 510
Parität 9, 116, 235
 der Hadronen 251
Paritätserhaltung 131
Paritätsverletzung 41, 175, 305, 353
 beim K-Zerfall 309
Partonen 257, 263
Pauli-Paramagnetismus 510
Pauli-Prinzip 10, 188, 400, 402, 498f., 504, 506, 510, 517
Pauli-Spinmatrizen 213
perfekter Diamagnetismus 527
periodische Randbedingungen 468, 472, 497, 514, 516
Phasenübergang 282
Phasengeschwindigkeit 469
Phasenraum 16, 133, 171
Phonon-Phonon-Stöße 495
Phononen 475f., 507
 virtuelle 529
Phononenbild 475, 494
Phononendispersion 476, 481, 483
Phononenenergie 482
Phononengas 474, 489, 495
Phononenzustandsdichte 477, 480f., 483, 490
Photoeffekt 74
Photoelektronen 520f.
Photoemissionsspektroskopie 520
 inverse 520
Photonen 4, 212
 virtuelle 218
Pierre-Auger-Experiment 369

Pionen 42, 271
 Entdeckung 45, 47, 230
 Erzeugung 231
 Zerfall 231, 307
Polarisation 9
Pomeronen 242
Positron 227
Positronen 114, 215, 222f.
 Emission 173
 Entdeckung 45
Positronen-Emissions-Tomographie 197
Positronium 224, 227
Potenial
 optisches 138
Potential
 chemisches 502
 der Kernkraft 128
 effektives 517
 gitterperiodisches 515
 harmonisches 466
 periodisches 513
 QCD inspiriert 300
 Rechteck 13
 Schalenmodell 146f.
 schwaches, periodisches 516f.
 thermodynamisches 487
Potentialtopf 151, 182
Proportionalkammer 79
Proportionalzähler 79
Protonen 2
 Strukturmessung mit Neutrinos 315
Protvino 358
PSI 157
Punktdefekte 440
Punktsymmetrie 436, 473

QCD *siehe* Qantenchromodynamik 267
QED 212, *siehe* Qantenelektrodynamik 212
Quantenchromodynamik 267, 270
 Entwicklung 50
 experimentelle Grundlagen 268
 perturbative 272
 Theorie der 268
Quantenelektrodynamik 44, 211f., 270
 Gültigkeitsgrenzen 227
 Renormierung 47, 225
Quantenmechanik 1, 37
 Grundideen der 3
Quantenzahl 475, 498
 Erhaltung 241
 Flavors 315
 leptonische 218
 τ-leptonische 311
Quark-Gluon-Plasma 41, 282
Quarkflavor 274, 296
Quarkonium 296
 QCD Modell 299
 Termschema 296
 Zustände 297
Quarks 2, 247, 250, 272f., 282, 296
 Bottom 274, 296
 Entdeckung 290, 292
 Charme 274, 296
 Entdeckung 290
 erste Hinweise 48
 freie 276
 Generationen 319
 schwere 290
 Substruktur der Protonen 264
 Suche 254
 Top 319
Quasiimpuls 476, 482

Sachverzeichnis

Quasikristalle 425
Quasiteilchen 475f.
Röntgenröhre 521
Röntgenstrahlung 444, 446, 482
Röntgenstreuung 451, 453
Radioaktivität 36f., 104, 201
  Entdeckung 37
  in Biosphäre 98
  künstliche 39, 114
  natürliche 114
  Zerfall 104
Radium 37
Raman-Streuung 420, 483
Rapidität 244
Rasterkraft-Mikroskopie 456
Rastertunnel-Mikroskopie 456
Rastertunnelmikroskop 456
Raumwinkel 21f.
Reaktionen
  γ-induzierte 242
  hadronische 230
  Lepton-induzierte 256
  Modell 241
Reaktionskette
  strahlenbiologische 95
Rechner 40
Rechteckpotential 13
Relativitätstheorie
  spezielle 28
Relaxationszeit 506
Renormierung 226
Resonanzen 247
  hadronische Zerfälle 253
  schmale
    physikalische Erklärung 295
reversible Thermodynamik 488
reziproke Gitter 473
reziproker Gittervektor 473, 476, 482
Rotationsübergänge 419f.

Rotationsbewegung 418
Rotationsenergie 418
Rotationsspektrum 150
Rotator 419
Rückstoßexperimente 173
Ruhemasse 29
Rutherford 25
Rutherford Streuung 25, 107, 186, 259

Saclay 188
Schalenmodell 40, 145, 153
Schallgeschwindigkeit 469, 479
Schallwellen 469, 471
Schauer
  elektromagnetische 76
  Hadronen 87
Schrödingergleichung 6ff., 16, 144, 393f., 402, 405, 427, 429, 436, 449, 462, 496, 513, 515, 517
  stationäre 162
Schraubenversetzung 441
Schwerionenphysik 182
Schwerionenreaktion 41
Schwerionenstöße 284
Schwerpunktsystem 30
Schwingungsübergänge 417
Schwingungsbanden 418, 420
Schwingungsfreiheitsgrade 418
Seequarks 277
seltsame Teilchen 232
  Entdeckung 45
  Zerfall 308
Seltsamkeit 232, 235, 248f.
Sicherheit 206
Skalenverhalten 263
Skalenverletzung 279
SLAC 256, 260, 263, 290, 297, 309, 327f., 358f.
SNO 371

SNU (solar neutrino units) 385
Sollbahn 61, 338
Sommerfeld-Entwicklung 503
Sommerfeld-Konstante 503
Sonnenmodelle 376
Spätschäden, somatische 96
Spallation 156
Spallationsquelle 447
Speicherring 63
Spin 8, 37, 195
   angeregte Kerne 142
   Elektronen 215
   Hadron 252
   Kerne 115
   Nukleonen 115
   Partonen 264
   Quarks 250
   Relaxation 196
Spinfreiheitsgrad 498, 517
Spinfunktionen 402
Spinkette 485
Spinwellen 485
spontane Magnetisierung 510
Spurdetektor 82
Spurenanalyse 192
SSM(standard solar model) 385, 388
Störstellen 507
Störstellenstreuung 507
Standard-Modell der Sonne siehe SM 371
Stanford 188
Stapelfehler 442
Statistik 83
statistische Mechanik 487
statistische Physik 427
Stern 2
Stoßparameter 23
Störungstheorie
   in QED 225
   zeitabhängige 16, 18
   zeitunabhängige 16
Stokes-Streuung 483
Strahlenbelastung
   durch Atombombenversuche und Kernreaktoren 99
   natürliche 98
   zivilisatorische 98
Strahlendosis 92
Strahlengefährdung 92
Strahlenkrankheit, akute 96
Strahlenschutz 92, 101
Strahlenwirkung
   biologisch-medizinische 94
Strahlungskorrekturen 227
Streuamplitude 26, 450f., 453
Streuexperimente 444, 481
Streulänge 451
Streupotential 448, 450f., 482
Streuproblem 448
Streuprozesse 20
Streutheorie 332
Streuung 20
   elastische 22, 239, 449
   Elektron 218
   Elektronen an Kernen 186
   im Coulomb-Feld 218
   Mott- 259
   Nukleon-Nukleon 125
   quantenmechanische 26
   Rutherford- 23
   tief-inelastische 256, 263, 277
Streuvektor 444, 450
Streuwinkel 444
Ströme
   elektromagnetische 216
   flavor-erhaltende neutrale 334
   geladene 333, 388
   neutrale 333, 388

Sachverzeichnis 559

Struktur der Materie 35, 351
Strukturamplitude 452
Strukturfaktor 452
Strukturfunktion 259, 263, 278, 317
Stufenversetzung 441
Substruktur
 der Nukleonen 263
Super-Kamiokande 347
Superpositionsprinzip 7
Supraleitung 527
Symmetrien 249, 427, 436, 472
Synchrotron 59
Synchrotronschwingungen 62
Synchrotronstrahlung 62, 446, 521
Szintillationszähler 80

Target 20
τ 309f.
 Entdeckung 52
Teilchen 2
 Klassifikation 45f., 352
Teilchenbeschleuniger 36, 38, 40, 54ff.
 Entwicklung 47
 Prinzip 55
 Zweck 54
Teilchendetektor 36, 39, 70
 Entwicklung 48
Teilchenerzeugung 22
Teilchenidentifikation 88
Teilchennachweis
 Prinzip 70
Teilchenoptik 61
Teilchenphysik 351
 Fragestellung 44
 Geschichte 43
Teilchenproduktion
 bei hohen Energien 243
Teilchenstromdichte 450

thermische Aufweichungszone 503
thermische Eigenschaften 489, 503
Thermodynamik 427
thermodynamisch konjugierte Mengengrößen 487
thermodynamische Felder 487
tight-binding-Näherung 429
Top-Quarks
 Entdeckung 52, 343
Tracer-Methode 193
Transistor 35
Translationsinvarianz 433, 468
Translationsordnung 425
Translationssymmetrie 436, 472f.
Transmissionselektronen-Mikroskopie 456
Transmissionselektronenbeugung 448
Transportkoeffizienten 494
Transurane 159, 183
Transversalimpuls 245
Trigger 261
Tröpfchenmodell 40, 113
Tunneleffekt 11, 375

^{235}U-Detektor 164
Übergangsrate, γ-Strahlung 142
Umweltforschung 41, 193
Unitarität 331
Unschärferelation 5, 218
Uran 37, 159

Valenzband 517, 522
Valenzelektronen 401, 405, 462, 496, 499, 513
Valenzorbitale 406
Valenzquarks 277
van Hove-Singularität 477

Van Vleck-Paramagnetismus 510
Van-Hove-Singularitäten 520
Van de Graaff-Generator 56
(V-A)-Wechselwirkung 178, 309
verallgemeinerte Kraft 494
verallgemeinerte Suszeptibilität 488
Vertexdetektor 87
Vibrationsenergien 417
Vibrationsspektrum 150
Vielfachstreuung 74
Vielteilchenproblem 513
Vielteilchensystem 462
Vier-Faktoren-Formel 202
Viererimpuls 29, 32, 218
  Erhaltung 33
Vierervektoren 29, 32
Volumenausdehnungskoeffizient 493
Voronoi-Zellen 436

$W^\pm$ 305, 338
  Entdeckung 52
Wärmeausdehnung 492
Wärmekapazität 489f., 503f.
Wärmeleitfähigkeit 495, 504
Wärmeleitung 494, 504
Wärmeleitungsgleichung 495
Wärmestromdichte 495
Wahrscheinlichkeitsdeutung 7
Wasserstoff-Molekül 398
Wasserstoffatom 411
Wechselwirkung 2, 22, 45f.
  Coulomb- 23
  elektromagnetische 2, 257
  Elektronen 76, 212
  elektroschwache 2, 331, 334
    Entwicklung 51
    experimentelle Bestätigung 337
    Theorie 336
  neutrale schwache 333
  Photonen mit Materie 74
  schwache 2, 304
    Entwicklung 49
    spinabhängige 403
  starke 2, 231, 235, 268
    Reichweite 240
Wechselwirkungskonstante
  β-Zerfall 172
Wechselwirkungspotential 413
Weinberg-Winkel 337, 341
Welle-Teilchen-Dualismus 1, 5
Wellenfunktionen 398
Wellenlänge 444
Wellenzahlvektor 444
Widerstand
  Rest- 507
  spezifischer 507
Wiedemann-Franz-Gesetz 506
Wigner-Seitz-Zelle 435
Winkelkorrelation 143
Wirkungsquerschnitt 17, 20
  bei hohen Energien 239
  differentieller 21f., 241
  Messung des 25
  Neutrinos an Protonen 316
  totaler 21, 27, 239
  Transformation 32
WWZ-Kopplung 340

Υ 292
  Entdeckung 50
  Zerfall 295

Z^0 338
  Entdeckung 52
  Zerfall 341
Zeitdilatation 29
Zeitumkehr 176, 235
Zeitumkehr-Zustände 529
Zeitumkehrinvarianz 131, 134
Zeitumkehrsymmetrie 473

Sachverzeichnis

Zentralkräfte 474
Zerfall 104
  seltsamer Teilchen 308
Zinkblendestruktur 438
Zustand, gebundener 12
Zustandssumme 488
Zweig 471f., 479, 485
  akustischer 471
  longitudinaler 473
  optischer 471, 474, 480
  transversaler 473
Zwischenkernmodell 39, 135, 160
Zwischenkernreaktion 135
zyklische Randbedingungen 468, 473
Zyklotron 39, 58

Teubner Lehrbücher: einfach clever

Theo Mayer-Kuckuk
Kernphysik
Eine Einführung

7., überarb. u. erw. Aufl. 2002. 368 S.
Br. € 32,00
ISBN 3-519-13223-0
Inhalt: Eigenschaften stabiler Kerne - Zerfall instabiler Kerne - Kernkräfte und starke Wechselwirkung - Kernmodelle - Kernreaktionen - Streuung und Kernreaktionen von schweren Ionen - Beta-Zerfall und elektroschwache Wechselwirkung - Einheiten - Konstanten - Umrechnungsfaktoren und Formeln für kernphysikalische Rechnungen

Kopitzki/Herzog
Einführung in die Festkörperphysik

4., überarb. u. erw. Aufl. 2002. 484 S.
Br. € 39,90
ISBN 3-519-33083-0

Werner Stolz
Radioaktivität
Grundlagen - Messung - Anwendungen

4., akt. u. erw. Aufl. 2003. 216 S.
Br. € 29,90
ISBN 3-519-30224-1
Inhalt: Eigenschaften des Atomkerns - Radioaktive Kernumwandlungen - Natürliche und künstliche radioaktive Nuklide - Herstellung radioaktiver Nuklide - Radioaktive Strahlungsquellen - Wechselwirkung und Messung ionisierender Strahlung - Anwendung radioaktiver Nuklide - Strahlenschutz

B. G. Teubner
Abraham-Lincoln-Straße 46
65189 Wiesbaden
Fax 0611.7878-400
www.teubner.de

Stand 1.3.2003. Änderungen vorbehalten.
Erhältlich im Buchhandel oder im Verlag.

Teubner

Teubner Lehrbücher: einfach clever

Horst-Günter Rubahn
Nanophysik und Nanotechnologie

2002. 246 S. Br. € 24,90
ISBN 3-519-00331-7
Inhalt: Mesoskopische und mikroskopische Physik - Strukturelle, elektronische und optische Eigenschaften - Organisiertes und selbstorganisiertes Wachstum von Nanostrukturen - Charakterisierung von Nanostrukturen - Dreidimensionalität - Anwendungen in Optik, Elektronik und Bionik

Klaus Sibold
Theorie der Elementarteilchen

2001. 197 S. Br. € 19,95
ISBN 3-519-03252-X
Inhalt: Grundbegriffe der Quantenfeldtheorie - Symmetrien - Die Elektromagnetische Wechselwirkung - Die schwache Wechselwirkung - Die starke Wechselwirkung: QCD - Renormierung - Experimentelle Tests - Offene Fragen - Einheiten - Die Dirac-Gleichung - Vektorfelder

Stand 1.3.2003. Änderungen vorbehalten.
Erhältlich im Buchhandel oder im Verlag.

B. G. Teubner
Abraham-Lincoln-Straße 46
65189 Wiesbaden
Fax 0611.7878-400
www.teubner.de

Teubner

Teubner Lehrbücher: einfach clever

Martin Hanke-Bourgeois

Grundlagen der Numerischen Mathematik und des Wissenschaftlichen Rechnens

2002. II, 838 S. Br. € 64,90
ISBN 3-519-00356-2

Inhalt: Algebraische Gleichungen - Interpolation und Approximation - Mathematische Modellierung - Gewöhnliche Differentialgleichungen - Partielle Differentialgleichungen

In dieser umfassenden Einführung in die Numerische Mathematik wird konsequent der Anwendungsbezug dargestellt. Zudem werden dem Leser detaillierte Hinweise auf numerische Verfahren zur Lösung gewöhnlicher und partieller Differentialgleichungen gegeben. Ergänzt um ein Kapitel zur Model-lierung soll den Studierenden auf diesem Weg das Verständnis für das Lösungsverhalten bei Differentialgleichungen erleichtert werden. Das Buch eignet sich daher sowohl als Vorlage für einen mehrsemestrigen Vorlesungszyklus zur Numerische Mathematik als auch für Modellierungsvorlesungen im Rahmen eines der neuen Studiengänge im Bereich des Wissenschaftlichen Rechnens (Computational Science and Engineering).

Stand 1.3.2003. Änderungen vorbehalten.
Erhältlich im Buchhandel oder im Verlag.

B. G. Teubner
Abraham-Lincoln-Straße 46
65189 Wiesbaden
Fax 0611.7878-400
www.teubner.de

MIX
Papier aus verantwortungsvollen Quellen
Paper from responsible sources
FSC® C105338

If you have any concerns about our products,
you can contact us on
ProductSafety@springernature.com

In case Publisher is established outside the EU,
the EU authorized representative is:
**Springer Nature Customer Service Center GmbH
Europaplatz 3, 69115 Heidelberg, Germany**

Printed by Libri Plureos GmbH
in Hamburg, Germany